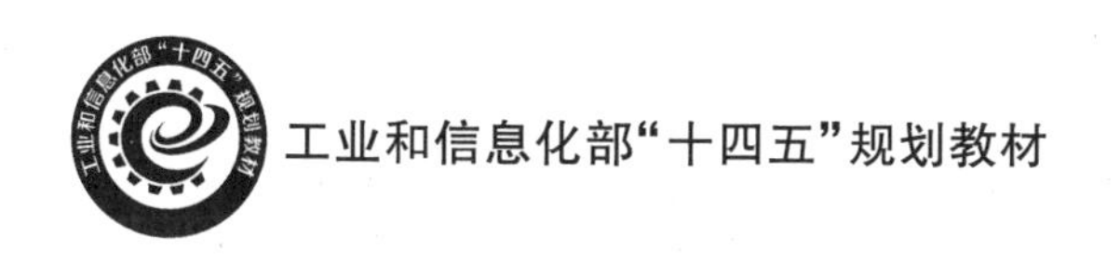

金属表面处理技术

主　编　苗景国
主　审　王向红　李志宏

哈尔滨工程大学出版社
Harbin Engineering University Press

内容简介

本书系统地讲述了金属表面技术的基本概念、工艺方法、应用领域和发展前景,基础理论通俗易懂,基本方法表述清晰,内容设计图文并茂,分析检测手段齐全,引入案例典型鲜明,内容精炼知识面广。其主要包括绪论、金属表面处理技术基础理论、金属表面预处理工艺、金属表面合金化技术、金属表面镀层技术、金属表面转化膜技术、热喷涂技术、涂装技术、堆焊技术、特种表面处理技术、金属表面着色技术、金属表面分析及涂(镀)层性能检测技术等内容,各章节均编写了学习目标和课后习题,便于读者理解和学习。

本书可作为教学用书供中等职业专科院校、高等职业专科院校相关专业在校师生使用,同时也可作为参考用书供从事材料表面工程技术研究人员学习深造使用。

图书在版编目(CIP)数据

金属表面处理技术 / 苗景国主编. —哈尔滨:哈尔滨工程大学出版社, 2024.1
ISBN 978-7-5661-4161-3

Ⅰ. ①金… Ⅱ. ①苗… Ⅲ. ①金属表面处理 Ⅳ. ①TG17

中国国家版本馆 CIP 数据核字(2023)第 235754 号

金属表面处理技术
JINSHU BIAOMIAN CHULI JISHU

选题策划 雷 霞
责任编辑 雷 霞
封面设计 李海波

出版发行 哈尔滨工程大学出版社
社　　址 哈尔滨市南岗区南通大街 145 号
邮政编码 150001
发行电话 0451-82519328
传　　真 0451-82519699
经　　销 新华书店
印　　刷 哈尔滨午阳印刷有限公司
开　　本 787 mm×1 092 mm 1/16
印　　张 25
字　　数 641 千字
版　　次 2024 年 1 月第 1 版
印　　次 2024 年 1 月第 1 次印刷
书　　号 ISBN 978-7-5661-4161-3
定　　价 80.00 元
http://www.hrbeupress.com
E-mail:heupress@hrbeu.edu.cn

编 委 会

前　言

现代高端科技正在向互联网、大数据、智能化、信息化方向快速发展,传统产业也在向高端、节能、绿色、环保方向加速迈进,大部分产品生产加工制作过程也在向智能化、集成化、自动化方向发展,复杂苛刻的工作环境要求产品零部件具有各种优异的性能,尤其是产品表面,以满足零部件在极端环境条件下正常服役。众所周知,所有物体都不可避免地与环境相接触,而真正与环境接触的是物体的表面。长期以来,人们认识到一旦使用的产品、零件等发生表面材料的损耗和流失,就会引起几何形状和尺寸的变化、使用性能的严重破坏,进而降低其使用寿命,甚至不能完成正常的工作。因此,产品零部件加工制作完成后,需要在其表面涂(镀)一层具有各种特殊功能的膜层,对产品进行有效保护,进而延长其使用寿命,为企业降低生产成本。

表面工程是改善机械零件、电子元器件等基体材料表面性能的一门学科。它是将材料表面与基体一起作为一个系统进行整体设计,利用各种物理、化学或机械等方法和技术手段,使材料表面获得与基体不同性能的一个系统工程。表面工程既可对材料表面进行改性,制备出各种性能的涂(镀)层、渗层等覆盖层,又可对报废的机电部件进行修复,还可用来制备新材料,几乎可以成倍地延长机电部件的使用寿命。目前表面工程已成为绿色再制造工程的关键技术之一。

表面工程技术是一门由材料、物理、化学、机械、电子和生物等诸多学科交叉融合而形成的实用性较强的技术。近年来,随着科学技术的快速发展,许多高新技术已逐渐渗透到表面工程技术领域,这势必推动表面工程技术向更高、更快的方向发展,致使表面工程领域的许多新工艺、新技术、新方法得到极大的创新和提高。

本书主编苗景国教授曾在长三角地区、西南地区从事表面镀膜技术方面的教学、科研与技术服务工作 15 年,工作中积累了大量的案例素材,本书也容纳了参编教师及企业专家积累的大量丰硕成果。本书以理论知识为基础,根据职业教育的特点降低理论深度,同时以实践教学为启发,将企业典型案例融入教材,丰富教材内容,在内容选择上力求满足实用性和先进性,做到重、难点突出。

本书共 12 章,包括绪论、金属表面处理技术基础理论、金属表面预处理工艺、金属表面合金化技术、金属表面镀层技术、金属表面转化膜技术、热喷涂技术、涂装技术、堆焊技术、特种表面处理技术、金属表面着色技术、金属表面分析及涂(镀)层性能检测技术等内容,各章节均有学习目标和课后习题。

本书由上海电子信息职业技术学院苗景国教授主编;四川工程职业技术学院章友谊教授、东莞理工学院祝闻博士、德阳市产品质量监督检验所康人木博士对全书内容进行修订;

上海电子信息职业技术学院王向红教授以及四川工程职业技术学院李志宏教授主审，在内容选择和安排上给予了充分的指导，为本书的编写提出了很多宝贵的建议，并对全书内容进行审核。本书参编人员（排名不分先后）有：四川工程职业技术学院张爱华、陈庚、曾舟、蔺虹宾、杜东方、张玉波、方琴、何跃斌、唐华、侯勇、张伟、杜娟、陈洪涛；天津大学材料科学与工程学院郝康达；杭州科技职业技术学院董虹星；常州机电职业技术学院张波；台州职业技术学院郑金杰；江苏科技大学苏州理工学院龚正朋；嘉兴南洋职业技术学院余健和王记彩；上海电子信息职业技术学院徐焱良；中国科学院金属研究所杨延格；武汉材料保护研究所有限公司张德忠；东方电气集团东方汽轮机有限公司巩秀芳、曹晓英、隆彬、李定骏、王伟；四川兴荣科科技有限公司白建军；广汉市金达电镀厂缪培峰；浙江五源科技股份有限公司陆国建；广州超邦化工有限公司郭崇武；四川省表面工程行业协会钟友昭、钟伟。

此外，对本书编写做出贡献的单位提供了大部分图表、数据、案例，并提出了指导性、合理化意见和建议，尤其是提供了大量的表面处理零部件的实物照片和典型案例，极大地丰富了本书的内容。同时，编者在编写本书过程中查阅并引用了大量的参考文献，在此向参考文献作者表示感谢。

由于编者水平有限，加之时间仓促，本书难免有漏误，不妥之处在所难免，恳请广大教师、读者及科研人员对本书内容提出更多的宝贵意见，书中不足之处敬请赐教（E-mail：miaojg70@163.com）。为方便读者使用，本书提供教学资源包（PPT、视频、习题及答案等），可向出版社或主编索取。

编　者

2022 年 12 月

目　　录

第1章　绪　　论

【学习目标】

- 掌握表面工程技术的含义、分类、体系及内容。
- 熟悉表面工程技术在实际生产和生活中的应用。
- 了解表面工程技术今后的发展方向和发展前景。

表面工程技术是一门用于改善机械零件、电子元器件等基体材料表面性能的科学和技术。对于机械零件而言，表面工程主要用于提高零件表面的耐磨性、耐蚀性、耐热性以及抗疲劳强度等性能，以确保现代机械在高速、高温、高压、重载以及强腐蚀介质工况下可靠、持续地运行。对于电子元器件而言，表面工程主要用于提高元器件表面的电、磁、声、光等特殊物理性能，以保证现代电子产品大容量、快传输、小体积、高转换率和高可靠性等特点；对于机电产品的包装及工艺品而言，表面工程主要用于提高表面的耐蚀性和美观性，以实现机电产品优异性能、艺术造型与绚丽外表的完美结合；对生物医学材料而言，表面工程主要用于提高人造骨骼等人体植入物的耐磨性、耐蚀性，尤其是生物相容性，以保证患者的健康并提高其生活质量。

【案例导入】

表面工程中的各项表面技术已广泛应用于各类机电产品中，可以说，没有表面工程，就没有现代机电产品。表面工程是现代制造技术的重要组成部分，是维修与再制造的基本手段。表面工程在节能、节材、保护环境、支持社会可持续发展方面发挥着重要作用，表面工程将成为21世纪工业发展的关键技术之一。表面工程已成为从事机电产品设计、制造、维修、再制造工程技术人员必备的知识，成为机电产品不断创新的知识源泉。机床主轴表面严重磨损及修复后形貌，如图1-1所示。

图1-1　机床主轴表面严重磨损及修复后形貌

1.1 表面工程技术概述

1.1.1 发展表面工程技术的意义

表面工程技术是跨学科、跨行业、跨世纪的新兴领域，它包含着表面物理、固体物理、等离子物理、表面化学、有机化学、无机化学、电化学、冶金学、金属材料学、高分子材料学、硅酸盐材料学，以及物质的输送、热的传递等多门学科，是多种学科相互交叉、渗透与融合而形成的一门新兴学科。表面工程技术主要通过施加各种覆盖层或利用机械、物理、化学等方法，改变材料表面的形貌、化学成分、相组成、微观结构、缺陷状态或应力状态，从而在材料表面得到所期望的成分、组织结构、性能或绚丽多彩的外观。其实质就是要得到一种特殊的表面功能，并使表面和基体性能达到最佳的配合。

表面工程技术之所以日益得到重视，其主要原因可归纳如下：

(1)社会生产、生活的需要

材料的疲劳、断裂、磨损、腐蚀、氧化、烧损、辐照损伤等一般都是从表面开始的，而它们所带来的破坏和损失是十分惊人的。例如，仅腐蚀破坏这一项，全世界每年损失金属就达1亿吨以上，工业发达国家因腐蚀破坏造成的经济损失占国民经济总产值的2%～4%。因此，采用各种表面技术加强材料表面保护具有十分重要的意义。

人类生活中的衣食住行、学习、娱乐、旅游、医疗无不越来越得益于表面工程的成就。衣料的美观、保暖、手感、抗静电，食品的色泽、保鲜、储存、包装，新型建材、房屋装修等都以表面工程为其重要的技术基础。汽车的美观、节油、低噪声，离不开渗透在摩擦副、活化剂、传感器、电子仪表中的表面工程新成果。保护视力的镜片、高级相机镜头、比天然品更美的镀膜首饰、美观舒适的墙体和地面装饰、镀膜玻璃、灯具和发光体、不黏附厨房用具等都有赖于表面工程技术。可以说，人们生活在一个因表面工程而变得越来越美好的环境中。

(2)大幅度提高产品质量

表面工程技术有时对产品质量起着重要甚至关键的作用。工程建筑中的构件、机械装备中的零部件以及工模具等，在性能上以力学性能为主，在许多场合又要求具有良好的耐蚀性和装饰性。表面工程技术在这方面起着防护、耐磨、强化、装饰等重要作用。例如，许多电子电器产品由于表面工程技术有了很大的改进，材料表面成分和结构得到严格的控制，同时又能进行高精度的微细加工，因而不仅做得越来越小，而且生产的重复性、成品率，以及产品的可靠性、稳定性都获得显著提高。许多产品的性能主要取决于材料表面的特性和状态，而表面层很薄，用材很少，因此表面工程技术可以用较低的经济成本来生产优质的产品。

(3)表面修复与再制造

在工程上，生产与维修都是生产力的重要组成部分。维修是保护资源、再生资源且使资源得到充分利用的重要手段。维修是保证设备正常运行和充分发挥效能的基本要素之一，搞好维修是人类可持续发展的重要组成部分。许多机器零部件因表面强度、硬度、耐磨性、耐蚀性等不足而逐渐磨损、剥落、锈蚀，最后导致失效。利用表面工程技术(如堆焊、电刷镀、热喷涂、电镀、黏结等)进行修复，往往不仅能修复尺寸精度，而且能恢复或提高表面性能,使废旧机件恢复“生命力”,保证生产运行,延长设备使用寿命,由此带来的经济效益也是十分可观的。

(4)良好的节能、节材效果

节约能源、节约材料更是表面工程应用最直接的作用。各种表面工程技术大大减少了损失于腐蚀、磨损、疲劳的钢铁构件、管道和设备的数量,延长了建筑物、船舶、桥梁和机器的使用寿命,维持其良好工作状态。例如,金属表面电解法热镀55%Al-Zn合金,可提高材料耐蚀、抗高温氧化、抗SO_2腐蚀等性能,主要用于电气铁路承力钢索、高速公路安全护栏和围网等。不锈钢表面转化膜板式换热器可用于化工行业抗氯离子腐蚀和硫酸行业替代铸铁排管冷却器,性能良好,大大节约了材料,降低了污染。管道钢管热喷玻璃釉技术耐酸碱、耐温度剧变、抗剥落、抗土壤作用,可用于油田替代不锈钢管道。

在热工设备及高温环境下,用表面工程技术在设备、管道及部件上施加隔热涂层,可以减少热损失。在加热元件表面加涂一层远红外辐射涂层,就会使加热元件辐射高密度红外线而不辐射或少辐射可见光,使它成为加热或干燥效率非常高的热源。

在要求耐磨、防腐的情况下,苛刻环境仅是对表面而言,对于心部要求并不高。例如,对于模具,选用高级模具钢可以满足要求,但除了极少的表面部分外,大部分材料的高性能并未发挥作用。因此,若在廉价的基体材料上对表面施以各种处理,使其获得多功能性(防腐、耐磨、耐热、耐高温、耐疲劳、耐辐射、抗氧化等特殊功能)和装饰性表面,则可得到同样的效果,且可大大地节约材料。因为表面处理毕竟仅在深度几微米到几毫米的表面薄层内进行,即便采用贵重材料,成本也很低。大部分镀层工艺实际上都是为了节约贵重金属,虽然表面涂层或改性层甚薄,从微米级到毫米级,但却起到了大量昂贵的整体材料难以达到的效果。

(5)促进了新兴工业的发展

材料表面工程技术对于新兴工业发展的贡献是巨大的,这是因为任何工业的发展,都会对材料提出新的要求,而这些要求往往可通过表面处理来满足。

对高端装备制造业进行分析:以大飞机为标志的航空业,更需要表面工程技术,如铝、镁合金的阳极氧化及其他转化膜,发动机涡轮叶片、排气管等需要热喷涂耐高温材料,隐形飞机除设计外形外,其涂层需要具有吸收雷达波、红外波等功能;以卫星火箭为代表的航天技术,更需要各种烧结及热喷涂技术,以解决热障、超低温、防宇宙射线等问题;以高速铁路为代表的轨道交通,也需要包括达克罗技术在内的高耐蚀表面工程技术;至于海洋工程,需要防盐雾、湿热、冰冷、海风等特种合金电镀层(如锌-镍合金)及其他复合涂层,包括热喷涂在内的各种表面工程技术的综合应用;还有以强化基础配套能力,积极发展数字化、柔性化及系统集成为核心的智能制造装备,尤其需要功能性良好的表面工程技术,因为它是服务于其他专用装备制造业的。

航空航天工业中首先遇到的问题是高热流、高焰流和超高温,这对材料提出了十分苛刻的要求。一般火箭发动机的尾喷管内壁和燃烧室,不仅要承受2 000~3 300 ℃的高温,还要同时经受巨大的热焰流的冲击。飞船或者洲际导弹的头部锥体和翼前沿,由于其具有数倍于声速的速度,与大气层摩擦,空气对其进行气动加热,将产生亿万焦耳的热量,使头部的表面温度高达4 000~5 000 ℃。对于如此高的温度,绝大多数的金属和合金都不能承受,为解决此问题,只能依靠各种形式的隔热涂层、防火涂层和耐烧蚀涂层。这类涂层一般都以热喷涂的方法涂到部件表面上,已在航空发动机、火箭和导弹喷管、推力室、发射台以及宇宙飞船等许多受热部位得到成功应用,可以使基体的温度成百上千摄氏度地降低,以保证基体金属具有足够的强韧性。

目前能源工业越来越受到重视，表面工程技术对能源工业有巨大的贡献。例如，在太阳能的利用中，必须利用涂层来吸收太阳光谱中所有波段的能量。用电子束蒸镀的金属陶瓷层 $Co-Al_2O_3$，作为太阳能吸热器，对太阳能的吸收率可达到95%。太阳能电池过去主要用于空间方面以及小型电器上，但是不能大规模使用这种能源，因为硅单晶因成本高，转换效率已近极限而不能胜任。因此，薄膜硅太阳能电池是一个重要的发展方向，尤其是用气相沉积方法制备的氢化非晶硅太阳能电池十分引人注目，不仅成本低廉，而且转换效率的理论值可达到24%，与基板之间没有晶格匹配和形成异质结等限制。

电子工业也是当今世界发展较快的新兴工业，用沉积法得到的具有电子功能的表面膜可以赋予材料表面功能特性，包括光、电、磁、热、声、吸附、分离等各种物理和化学性能。材料存在的形式或状态与组成粒子（分子、原子、电子等）及其结合的特性有关，在一些特殊条件下材料能以某种不寻常的形式或状态出现，并由此获得各种优异的性能。通过各种条件的控制，制备得到一系列功能性表面层，已作为绝缘膜、电阻器、电容器、电感器、传感器、记忆元件、超导元件、微波声学器件（声波导、耦合器、滤波器、延迟线等）、薄膜晶体管、集成电路基片等，大量用于光电子器件、光源器件、光电探测器件、光电存储器件、光电显示器件、光电信息传输器件、集成光学器件等方面。

例如，40 nm 级的超大规模集成电路、新一代的 IP6V 互联网、5G 手机、多层印刷电路（PCB）板等都需要电镀工艺，尤其是贵金属电镀工艺。有的装置还需要阻燃、导电、绝缘、防辐射等特种功能的涂层，这些都是附加价值高的表面工程技术。因此，我们要特别重视发展电子电镀技术。

新型材料又称先进材料，是高技术的一个组成部分。它们是正在发展的、具有优异性能的材料，也是新技术发展中所必需的物质基础，其中有些新型材料将对今后技术和经济的发展产生深远的影响。表面技术在研制和生产新型材料方面具有十分重要的意义。例如，金刚石薄膜是用热化学气相沉积和等离子体化学气相沉积等技术在低压或常压条件下制得。这种材料硬度高、室温导热性好、绝缘、稳定，在很宽的光波范围内透明，并有较宽的禁带宽度，可作为新一代半导体材料。又如，类金刚石碳膜是一种具有非晶态和微晶结构的含氢碳膜，通常用低能量的碳氢化合物经等离子体分解或碳离子束沉积技术制得。这种材料的一些性能接近金刚石膜，如具有良好的硬度、导热、绝缘、光透过性能。再如，立方氮化硼膜主要用气相沉积方法制得，硬度仅次于金刚石，而耐氧化、耐热性和化学稳定性比金刚石膜更好，并且具有高电阻率、高热导率，掺入某些杂质可成为半导体。超导薄膜主要用真空蒸发、溅射、分子束外延等方法制备，沉积后为非晶态，经高温氧化处理后转变为具有较高转变温度的晶态薄膜。超微颗粒型材料用气相沉积等方法来制备，颗粒尺寸大致为 1~10 nm，称为纳米微粒，在光、电、磁、热、力、化学等方面有着许多奇异的特性。

（6）表面工程技术服务于环境保护及可持续发展

表面工程技术在人们适应、保护和优化环境方面有着一系列应用，而且其重要性日益突出。人们在生产和生活中，使用了各种燃料、原料，产生了大量的 CO_2、NO_2、SO_2 等有害气体，引起温室效应和酸雨，严重危害了地球环境，因此要设法回收、分解和替代它们。用涂覆和气相沉积等表面工程技术制成触媒载体是有效途径之一。膜材料是重要的净化水质的材料，可用于污水处理、化学提纯、水质软化、海水淡化等。这方面的表面工程技术正在迅速发展。用一些表面工程技术制成的吸附剂，可以除去空气、水、溶液中的有害成分，以及具有除臭、吸湿等作用。例如，氨基甲酸乙酰泡沫上涂覆铁粉，经烧结后成为除臭剂，使用场景为冰箱、厨房、厕所、汽车。运用表面化学原理，制成特定的组合电极，如 Cl-Cu 组合电极,用来除去发电厂沉淀池、热交换器、管道等内部的藻类污垢。目前大量使用的能源往往有严重的污染,因此今后要大力推广绿色能源,如太阳能电池、磁流流体发电、热电半导体、海浪发电、风力发电等。表面工程技术是许多绿色能源装置,如太阳能电池、太阳能集热管、半导体制冷器等制造的重要基础之一。

为了保护环境、保护资源,确保可持续发展,表面工程技术正起着和将起到越来越重要的作用。无论是环境监测和评估,还是环境控制、环境改善,都将用到表面工程技术所能提供的最新成果。而且所有表面工程技术的成效,都在不同程度上服务于可持续发展的目标。例如,广泛应用的电镀工艺会产生大量的工业废水,造成环境污染,而沉积新技术可部分取代电镀,有利于环境保护。

(7)绿色再制造工程的关键技术

绿色再制造工程是以产品全寿命周期设计和管理为指导,以优质、高效、节能、节材、环保为目标,以先进制造技术、现代表面技术和高新技术等先进技术为基础,以产业化生产为手段,对废旧产品进行修复和改造等一系列技术措施和工程活动的总称。

先进的表面工程技术是绿色再制造工程的关键技术之一,为绿色再制造工程学科体系的发展和完善提供重要的技术支撑。在实际的工程应用中,许多报废产品的磨损、腐蚀、变形等失效发生在表面或从表面开始,因而适当地运用表面工程技术尤其是纳米表面工程技术,实施报废产品的绿色再制造过程,可保证再制造产品的质量,并对解决我国资源与环境问题、推行可持续发展战略有着重要的影响。

总之,表面工程技术这一内涵深、外延广、渗透力强、影响面宽的综合而通用性强的工程技术业已扩渗入信息技术、生物技术、新材料技术、新能源技术、海洋开发技术、航空航天技术,构成了一个光彩夺目的新科技群,具有实用性、科学性、先进性、广泛性、装饰性、修复性、经济性,其发展前景十分诱人。

1.1.2 发展表面工程技术的目的和作用

表面工程技术是一门广博精深和具有极高实用价值的基础技术,也是一门新兴的边缘性学科。表面工程技术起源于古代,然而只是在进入20世纪以后,随着人们对自然现象的广泛研究以及工业和科学技术的迅速发展,人们才对传统表面工程技术进行了一系列的改进、复合和创新,才促使涌现出大量的现代表面工程技术。

目前各种类型的表面工程技术,从电镀、刷镀、化学镀、氧化、磷化、涂装、黏结、堆焊、熔结、热喷涂、电火花涂敷、热浸镀、搪瓷涂敷、陶瓷涂敷、塑料涂敷、喷丸强化、表面热处理、化学热处理,到后来发展起来的等离子体表面处理、激光表面处理、电子束表面处理、高密度太阳能表面处理、离子注入、物理气相沉积(physical vapor deposition,PVD,包括真空蒸镀、溅射镀膜、离子镀)、化学气相沉积(chemical vapor deposition,CVD,包括等离子体化学气相沉积、激光化学气相沉积、金属有机物化学气相沉积)、分子束外延、离子束合成薄膜技术,以及由多种表面技术复合而成的新一代表面处理技术和各种表面加工技术(如金属的清洗、精整、电铸、包覆、抛光、蚀刻),还有各种表面微细加工技术等,都已在冶金、机械、电子、建筑、宇航、造船、兵器、能源、轻工和仪表等各个部门乃至农业和人们日常生活中有着极其广泛的应用,而且起着越来越重要的作用。表面工程技术应用的广泛性和重要性,使得世界上许多国家特别是经济发达国家,都十分重视其研究和发展。

当代产品的竞争,归结为科技、质量与成本的竞争。表面工程新技术的应用,能使产品不断更新、物美价廉、占领市场并明显提高经济效益。产品的更新换代要求物美价廉、绚丽多彩的外观,各种机件、构件、管道、设备要求延长寿命,这都使得表面工程技术需要对传统和现有的表面工程技术进行革新,要使镀(涂)层质量和性能有所突破,外观(表)绚丽多彩,并能使非金属材料金属化、金属材料非金属化,使各类产品新颖、美观、耐用且价格低廉,这就要求各种新科技、新材料重新组合,相互交融、交叉渗透。这就使传统的表面工程技术从工艺配方、装备、自动控制到相应的分析、检测、鉴别、环保等环节都遇到了新的挑战。

表面工程技术作为材料科学与工程的前沿,一直是人类进步的标志,国民经济建设及社会发展无不依赖于它的开发与应用。它是尖端技术发展的基本条件,也会促进和推动传统产业的技术进步,并引起产业结构的变化,是知识密集、技术密集、保密性强的新产业。现代表面工程技术在国民经济中起着不可估量的作用。

1.2 表面工程技术的体系

表面工程是由多个学科交叉、综合发展起来的新兴学科。它以“表面”为研究核心,在相关学科理论的基础上,根据零件表面的失效机制,以应用各种表面工程技术及其复合为特色,逐步形成了与其他学科密切相关的表面工程基础理论。表面工程学科体系可初步概括为如图 1-2 所示的内涵。

表面工程学的基础理论包括已经比较成熟的腐蚀与防护理论、表面摩擦与磨损理论、正在不断充实的表面失效理论和表面(界面)结合与复合理论等。其中,表面(界面)结合与复合理论是表面工程基础理论的重要支柱之一,它是发展新型表面工程技术、研究涂层性能、开拓其应用的理论基础。

表面工程技术是表面工程学的核心和实质。它是改变和控制零件表面性能的技能、工艺、手段及方法,是电镀和化学镀技术、热喷涂技术、堆焊技术、转化膜技术、热扩渗技术、物理及化学气相沉积等技术群的总称。表面工程学的重要特色之一是发展复合表面工程技术,即综合运用两种或多种表面工程技术,达到“1+1>2”的功效;复合表面工程技术通过多种工艺或技术的协同效应,克服了单一表面工程技术存在的局限性,解决了一系列高新技术发展中特殊的工程技术问题。

表面加工技术也是表面工程的一个重要组成部分。表面层往往具有高硬、高强、高韧等特性,普通的加工方法难以胜任,必须采用特殊的加工方法,如使用超硬工具加工、电解磨削、激光加工等。此外,表面微细加工技术已经成为制作大规模集成电路和微细图案必不可少的加工手段,在电子工业尤其是微电子技术中占有特殊地位。

表面检测技术包含的内容很广,有组织结构分析、表面化学成分分析、表面物理及化学性能检测、表面力学性能检测、表面几何特性检测、表面无损检测等,是属于质量检测及控制方面的技术。

为了更有效地发挥表面工程的应用效果,在确定采用某种表面工程技术之前,要进行科学的表面工程技术设计。在进行技术设计之前,首先要了解需加工或修复零件的性能要求或零件失效分析的结果,如磨损、腐蚀失效分析;再针对上述要求依据工矿条件进行表面工程技术的设计,包括表面层结构、材料和工艺的设计,表面工程设备、施工、车间的设计及经济分析等。表面工程的技术设计体系如图 1-3 所示。

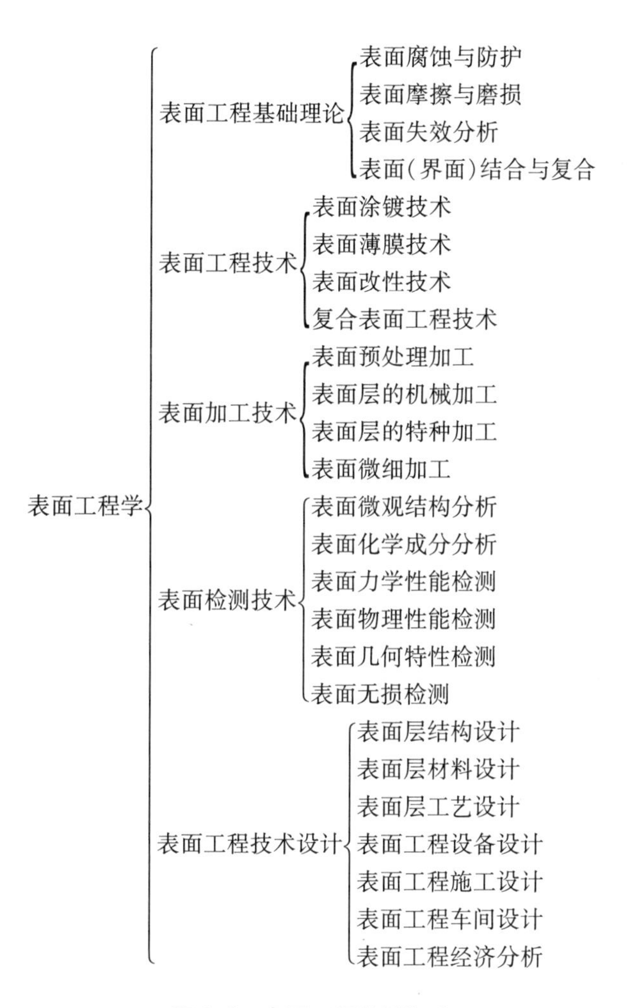

图 1-2 表面工程学科体系

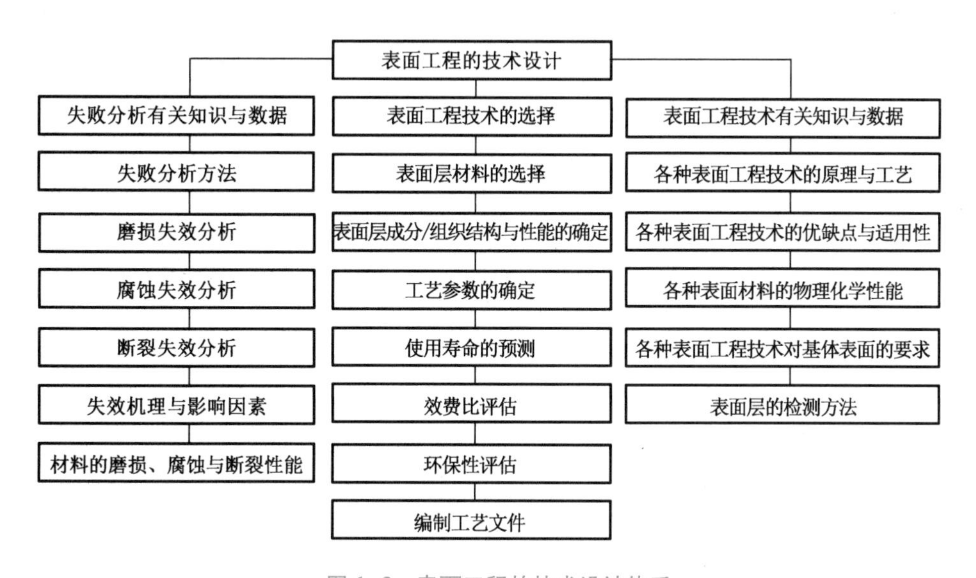

图 1-3 表面工程的技术设计体系

1.3 表面工程技术的分类

国家自然科学基金委员会将表面工程技术分为三类，即表面改性技术、表面处理技术和表面涂覆技术，随着表面工程技术的发展，又出现了综合运用上述三类技术的复合表面工程技术和纳米表面工程技术，如图 1-4 所示。

表面工程技术
- 表面改性技术——通过改变基体材料表面的化学成分，达到改善性能的目的，不附加膜层
- 表面处理技术——不改变基体材料成分，只改变基体材料的组织结构及应力，达到改善性能的目的，不附加膜层
- 表面涂覆技术——在基体材料表面上制备涂覆层，涂覆层的材料成分、组织、应力按照需要制备
- 复合表面工程技术——综合运用多种表面工程技术，通过发挥各表面工程技术的协同效应达到改善表面性能的目的
- 纳米表面工程技术——以传统表面工程技术为基础，通过引入纳米材料、纳米技术达到进一步提升表面性能的目的

图 1-4 表面工程技术分类

1.3.1 表面改性技术

表面改性技术通过改变基体材料表面的化学成分以达到改善表面结构和性能的目的。这一类表面工程技术包括化学热处理、离子注入等。转化膜技术是取材于基体中的化学成分形成新的表面膜层，可归入表面改性类，如图 1-5 所示。

表面改性技术
- 扩散渗入
  - 非金属元素表面渗扩
  - 金属元素表面渗扩
  - 复合元素表面渗扩
- 离子注入
  - 非金属离子注入
  - 金属离子注入
  - 复合离子注入
- 转化膜技术
  - 电化学转化膜
  - 化学转化膜
  - 金属着色技术

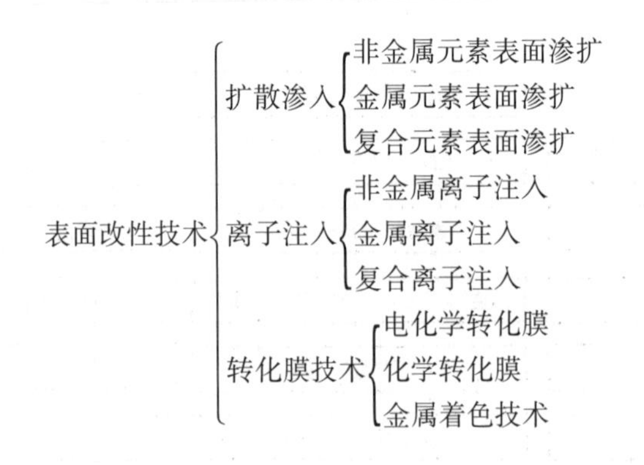

图 1-5 表面改性技术

1.3.2 表面处理技术

表面处理技术不改变基体材料的化学成分，只通过改变表面的组织结构和应力达到改善表面性能的目的。这一类表面工程技术包括表面淬火热处理、表面变形处理以及新发展

的表面纳米化加工技术等,如图 1-6 所示。

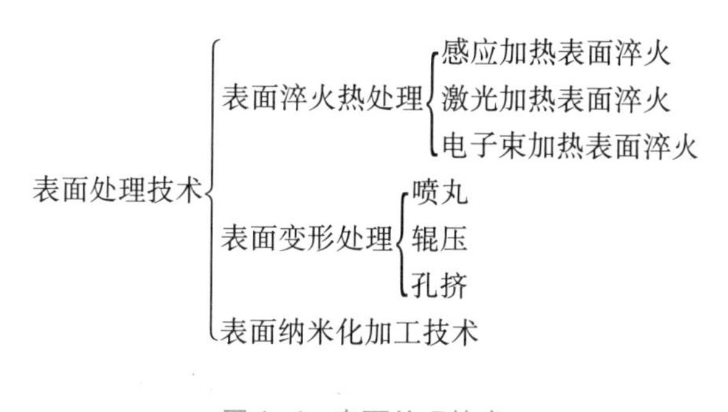

图 1-6 表面处理技术

1.3.3 表面涂覆技术

表面涂覆技术是在基体质材料表面上形成一种膜层。涂覆层的化学成分、组织结构可以和基体材料完全不同,它以满足表面性能、涂覆层与基质材料的结合强度能适应工况要求、经济性好、环保性好为准则。涂覆层的厚度可以是几毫米,也可以是几微米。通常在基体零件表面预留加工余量,以实现表面具有工况需要的涂覆层厚度。表面涂覆和表面改性、表面处理相比,由于它的约束条件少,技术类型和材料的选择空间很大,因而属于此类的表面工程技术非常多,应用最为广泛。表面涂覆类的表面工程技术包括电镀、电刷镀、化学镀、物理气相沉积、化学气相沉积、热喷涂、堆焊、激光束或电子束表面熔覆、热浸镀、黏涂、涂装等。其中,有的表面涂覆技术又分为许多分支,如图 1-7 所示。

在工程应用中,常有无膜、薄膜与厚膜之分。表面改性和表面处理均可归为无膜。薄膜与厚膜属于表面涂覆技术中膜层尺寸的划分问题。目前有两种划分方法,一种是以膜的厚度来界定,如有的学者提出,小于 25 μm 的涂覆层为薄膜,大于 25 μm 的涂覆层为厚膜。

鉴于 25 μm 既不是涂覆层性能的质变点,也不是工艺技术的适应点,笔者支持按功能进行分类的提法,即把各种保护性涂覆层(如耐磨层、耐蚀层、耐氧化层、热障层、抗辐射层等)称为厚膜,把特殊物理性能的涂覆层(如光学膜、微电子膜、信息存储膜等)称为薄膜。

1.3.4 复合表面工程技术

复合表面工程技术是对上述三类表面工程技术的综合运用。复合表面工程技术是在一种基体材料表面上采用了两种或多种表面工程技术,用以克服单一表面工程技术的局限性,发挥多种表面工程技术间的协同效应,从而使基质材料的表面性能、质量、经济性得到优化。

1.3.5 纳米表面工程技术

纳米表面工程技术是充分利用纳米材料、纳米结构的优异性能,将纳米材料、纳米技术与表面工程技术交叉、复合、综合,在基体材料表面制备出含纳米颗粒的复合涂层或具有纳米结构的表层。纳米表面工程技术能赋予表面新的服役性能,使零件设计时的选材发生重要变化,并为表面工程技术的复合开辟了新的途径。

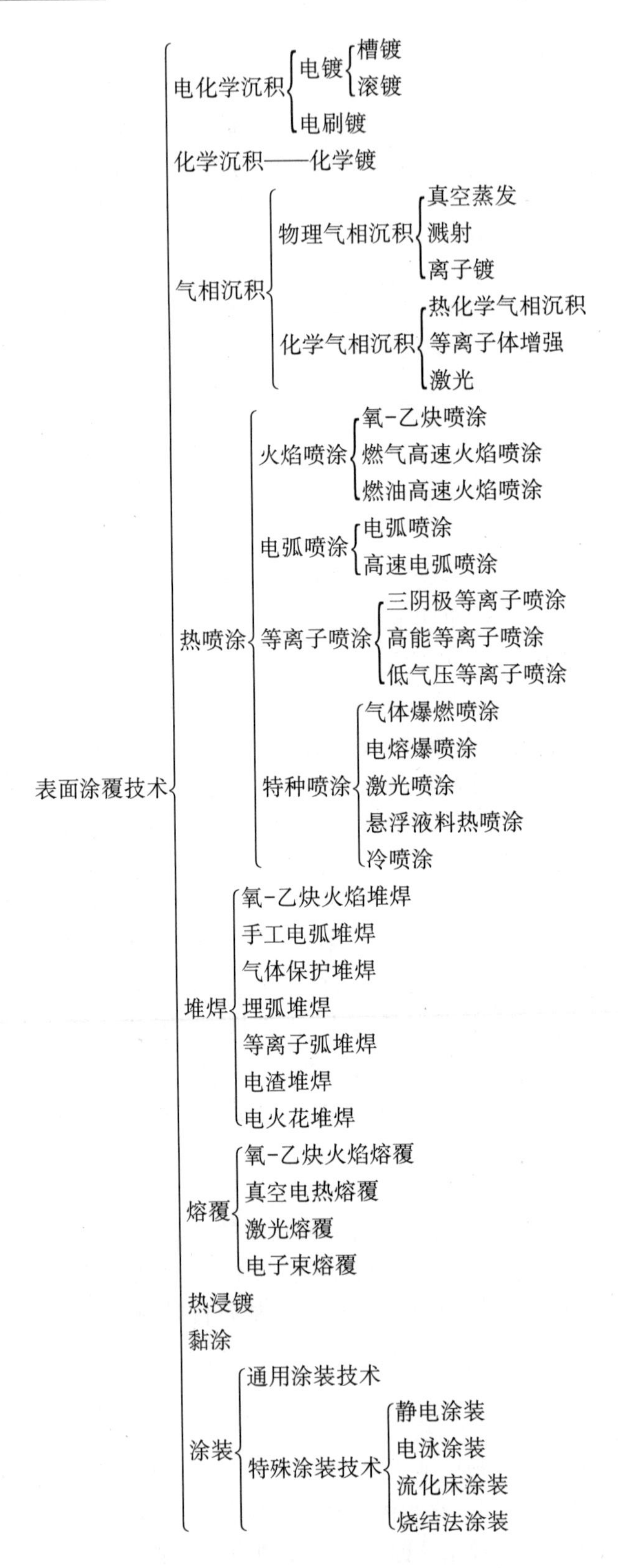
表面涂覆技术
电化学沉积
电镀
槽镀
滚镀
电刷镀
化学沉积——化学镀
气相沉积
物理气相沉积
真空蒸发
溅射
离子镀
化学气相沉积
热化学气相沉积
等离子体增强
激光
热喷涂
火焰喷涂
氧-乙炔喷涂
燃气高速火焰喷涂
燃油高速火焰喷涂
电弧喷涂
电弧喷涂
高速电弧喷涂
等离子喷涂
三阴极等离子喷涂
高能等离子喷涂
低气压等离子喷涂
特种喷涂
气体爆燃喷涂
电熔爆喷涂
激光喷涂
悬浮液料热喷涂
冷喷涂
堆焊
氧-乙炔火焰堆焊
手工电弧堆焊
气体保护堆焊
埋弧堆焊
等离子弧堆焊
电渣堆焊
电火花堆焊
熔覆
氧-乙炔火焰熔覆
真空电热熔覆
激光熔覆
电子束熔覆
热浸镀
黏涂
涂装
通用涂装技术
特殊涂装技术
静电涂装
电泳涂装
流化床涂装
烧结法涂装

图 1-7 表面涂覆技术

1.4 表面工程技术的应用

1.4.1 表面工程的重要性

1. 应用极其广泛

表面工程可以使材料表面获得各种表面性能，用于耐蚀、耐磨、修复、强化、装饰等，也可以应用于光、电、磁、声、热、化学、生物等方面。表面工程所涉及的基体材料，不仅有金属材料，还包括无机非金属材料、有机高分子材料和复合材料。在机械、化工、建筑、汽车、船舶、航天、航空、生物、医用、仪表、电子、电器、信息、能源、纳米、农业、包装等方面所用的各种材料中都可找到表面工程广泛而重要的应用，因此可以说表面工程的应用遍及各行各业，在工业、农业、国防和人们日常生活中占有很重要的地位。

2. 抵御环境作用

材料的磨损、腐蚀、氧化、烧伤、辐照、损坏以及疲劳断裂等，一般都是因环境作用而从表面开始的，它们带来的破坏和损失十分惊人，其经济损失显著超过水灾、火灾、地震和飓风所造成的总和。表面工程可以有效地加强材料的表面保护，具有十分重要的意义。

3. 节约宝贵资源

在许多情况下，构件、零部件和元器件的性能主要取决于表面的特性和状态，因而可以选择较廉价的材料作为基体来生产优质产品。许多产品经过适当的表面处理后，可以成倍甚至数十倍地提高使用寿命，从而节约大量宝贵资源。另外，节约能源也是表面工程的重要任务，尤其在廉价地使用太阳能等方面，表面工程起着关键的作用。

4. 保护人类环境

目前，大量使用的能源往往有严重的污染，因此要大力推广太阳能利用、磁流体发电、热电半导体、海浪发电、风能发电等，以保护人类生存环境。表面工程是许多绿色能源装置（如太阳能电池、太阳能集热管、半导体制冷器等）制造的重要基础。另外，表面工程在净化大气、抗菌灭菌、吸附杂质、去除污垢、活化功能、生物医学、治疗疾病和优化环境等方面也大有可为。

5. 开发新型材料

表面工程在制备高临界温度超导膜、金刚石膜、纳米多层膜、纳米粉末、纳米晶体材料、多孔硅、碳60等新型材料中起着关键作用，同时又是光学、光电子、微电子、磁性、量子、热工、声学、化学、生物等功能器件的研制和生产的最重要的基础之一。表面工程使材料表面具有原来没有的性能，大幅度地拓宽了材料的应用范围，充分发挥了材料的作用。

1.4.2 表面工程在金属材料中的应用

自然界大约75%的化学元素是金属。以金属为基的材料称为金属材料，包括金属和合金，也包括金属间化合物。纯金属的应用较少，通常是制成合金来使用。按照材料所起的作用，金属材料大致可分为金属结构材料和金属功能材料两大类。

1. 在金属结构材料中的应用

金属结构材料主要用来制造建筑中的构件、机械装备中的零部件及工具、模具等，在性能要求上以力学性能为主,同时在许多场合还要求有良好的耐蚀性和装饰性。在这方面表面工程主要起着防护、耐磨、强化、修复、装饰等作用。

(1)防护

表面防护具有广泛的含义,而这里所说的防护主要是指防止材料表面发生化学腐蚀和电化学腐蚀。腐蚀问题是普遍存在的。工程上主要从经济和使用可靠性角度来考虑这个问题。有时宜用廉价的金属制件定期更换腐蚀件,但在大多数情况下必须采用一些措施来防止或控制腐蚀,如改进工程构件的设计、在构件金属中加入合金元素、尽可能减少或消除材料上的电化学不均匀因素、控制工作环境、采用阴极保护法等。另一方面,表面工程通过改变材料表面的成分或结构以及施加覆盖层都能显著提高材料或制件的防护能力。例如,现代的、具有彩色涂层的热镀锌钢板就是在高速连续涂层生产线上生产的。冷轧钢板(厚0.3~2.0 mm)经热镀锌(层厚2.5~25 μm)、磷化(层厚约1 μm)、上底漆(3~6 μm)、上面漆(8~20 μm)等处理后,既有热镀锌钢板的高强度、易成型和锌层的电化学保护作用,又有有机涂层美丽鲜艳的色彩和高的耐腐蚀性,在建筑和家用电器等领域有广泛使用。

(2)耐磨

耐磨是指材料在一定摩擦条件下抵抗磨损的能力。这与材料特性和材料磨损条件(如载荷、速度、温度等)有关,常以磨损量或磨损率的倒数表示。为在一定程度上避免磨损过程中因条件变化及测量误差造成的系统误差,常用相对耐磨性(即两种材料在相同磨损条件下测定的磨损量的比值)来表示。磨损有磨料磨损、黏着磨损、疲劳磨损、腐蚀磨损、冲蚀磨损、微动磨损等类型。正确判断磨损类型,是选材和采取保护措施的重要依据,而表面工程是提高材料表面、制品耐磨性的有效途径之一。例如用真空阴极电弧离子镀膜机,在直径为6~8 mm的高速钢麻花钻头上沉积氮化钛(TiN)薄膜,工作周期约40 min,膜层呈金黄色,膜厚2~2.5 μm,表面硬度大于2 000 HV,附着力划痕试验临界负荷大于60 N,膜层组织致密,细晶结构,使用寿命按GB/T 6135.3—1996《直柄麻花钻》测试,镀TiN钻头的钻削长度平均值为13.8 m,比未镀钻头的1.98 m约高6倍。

(3)强化

强化与防护一样,具有广泛的含义。这里所说的“强化”,主要指通过表面工程来提高材料表面抵御腐蚀和磨损之外的环境作用的能力。有的金属制件要求表面有较高的强度、硬度、耐磨性,而心部保持良好的韧性,以提高使用寿命;也有许多金属制件,要求有高的抗疲劳性能,但疲劳破坏是从材料表面开始的,因此除了提高表面强度、硬度以及降低表面粗糙度外,往往要求材料表面有较大的残余压应力。以最常用的化学热处理渗碳为例:通常对于耐磨的机械零件,多选用低碳钢渗碳,使表面耐磨性显著提高,而心部保持良好的韧性,所以一般不会选用高碳钢渗碳,但有时为了提高机械抗疲劳性能,可以考虑高碳钢在适当条件下进行渗碳淬火,使表层出现残余的压应力,从而大幅度提高疲劳寿命,经渗碳后GCr15轴承钢的接触疲劳寿命比未渗碳的约提高50%便是一个实例。

(4)修复

在工程上,许多零部件因表面强度、硬度、耐磨性等不足而逐渐磨损、剥落、锈蚀,使外形变小以致尺寸超差或强度降低,最后不能使用。表面工程中如堆焊、电刷镀、热喷涂、电镀、黏结等方法,具有修复功能,不仅可以修复尺寸精度,而且还可以提高表面性能,延长使用寿命。例如,有一台大型通风机,它的主轴在运行过程中出现异声,振动严重,经检查发现主轴颈与轴承内圈有间隙,主轴颈磨损量高达5 mm,后来采用氧-乙炔金属末喷涂修复,运行 3 000 h 后进行检查，轴与喷涂层仍结合良好，无剥落，也无开裂，达到了预期的修复要求。

(5)装饰

表面装饰主要包括光亮(镜面、全光亮、亚光、光亮缎状、无光亮缎状等)、色泽(各种颜色和多彩等)、花纹(各种平面花纹、刻花和浮雕等)、仿真(仿贵金属、仿大理石、仿花岗岩等)等多方面的表面处理。

通过表面工程，可以对各种金属材料表面进行装饰，不仅方便、高效，而且美观、经济，故应用广泛。例如汽车和摩托车的轮毂，全世界生产量很大，其中铝合金轮毂美观、质轻、耐久、防腐、散热快、尺寸精度高，经表面处理后又可显著提高防护性能和装饰效果，目前已经成为轮毂制造业的主流产品。表面处理有涂装、阳极氧化、电镀、真空镀膜等，其中涂装法用得最多，电镀和涂装-真空镀膜复合镀方法因可获得近似镜面的装饰效果而正在扩大应用范围。

2. 在金属功能材料中的应用

虽然材料根据所起作用大致可分为结构材料和功能材料两大类，但是并非结构材料以外的材料都可以称为功能材料。实际上，功能材料主要是指那些具有优良的物理、化学、生物和相互转化功能而被用于非结构的高科技材料，常用来制造各种装备中具有独特功能的核心部件。此外，功能材料与结构材料相比较，除了性能上的差异和用途不同之外，另一个重要特点是功能材料与元器件成“一体化”，即常以元器件形式对其性能进行评价。表面工程在金属功能材料中有一系列重要应用，现按性能特点举例如下：

(1)磁学特性

磁学特性是磁性物质最基本的属性之一。物质按其性质可分为顺磁性、抗磁性、铁磁性、反铁磁性和亚铁磁性等物质。其中，铁磁性和亚铁磁性属于强磁性，通常说的磁性材料是指具有这两种磁性的物质。广义的磁性材料除了铁磁性材料，亚铁磁性材料，螺旋形和成角形的磁性、亚铁磁性材料，以及非晶型的散铁磁性、散亚铁磁性材料之外，还包括应用其磁性和磁效应的弱磁性(抗磁性和顺磁性)、反铁磁性材料等。

磁性材料大致分为金属磁性材料和铁氧体磁性材料两大类。按其磁性特性和不同应用，又可分为软磁、永磁、磁记录、矩磁、旋磁、压磁、磁光等材料。这些材料能以多晶、单晶、非晶、薄膜等形式使用。在一些重要领域中，金属磁性薄膜引起人们的关注。例如磁性记录材料，主要包括磁头材料和磁记录介质材料。为了提高记录密度，需要更高的矫顽力和膜层更薄的磁记录介质。早在 20 世纪 70 年代末，人们就开发出以垂直记录磁头和垂直记录介质为基本结构的垂直磁记录方式。目前常用的垂直磁记录介质主要有溅射 Co-Cr 合金膜。垂直记录磁头主要采用长方形的高磁导率膜(如 Ni-Fe 合金膜等)，并使其端部与介质接触，具有记录和再生两用的单磁极型磁头。

(2)电学特性

金属电性材料的种类较多，包括导电金属与合金、超导合金、精密电阻合金、电热合金、电阻温度计金属与合金、电接点合金等。其中不少重要材料与表面工程有关。例如，目前已实用化的铌锡超导合金(主要用于超导磁体)，因质脆而难以加工成型，一般采用先成型然后通过表面扩散的方法制成 Nb_3Sn 型材，也可采用等离子喷涂等方法把 Nb_3Sn 制成多股细丝复合体。又如利用镀覆、塑性加工等方法，将铝的外表面包覆上铜，得到导电性优于铝而密度小于铜的导体，以节省大量的贵金属；在钢线外层包覆铝，兼具钢线的高强度与铝的优良导电性,可用作大跨度的架空导线。

(3)热学特性

材料的热学特性可以用与热有关的技术参数来描述:表征物质热运动的能量随温度变化而变化的热容量,表征物质导热能力的导热系数,表征物体受热时长度或体积增大程度的热膨胀系数,表征均温能力的导热系数,表征物质辐射能力的热发射率,表征物质吸收外来热辐射能力大小的吸收率,等等。这些参数都有一系列的实际应用。例如有一种广泛用于软玻璃封接灯泡、电子管引线的覆铜铁镍合金(又称杜美丝),它是以铁镍合金 4J43 为芯丝,外表镀铜再经硼化处理的一种复合材料,镀铜使其径向膨胀系数基本上与软玻璃一致,同时使导电性和导热性显著提高,而表面硼酸盐层能使玻璃与金属熔合在一起,具有溶剂和保护双重作用,防止铜镀层生成黑色氧化铜,以免造成玻璃封接后芯柱漏气。

(4)光学性能

光波是一种电磁波,通常分为紫外、可见、红外三个波段。光波与其他电磁波都具有波粒两象性。一定波长的电磁波可认为是由许多光子构成的,每个光子的能量为 $h\upsilon$。电磁波辐射强度就是单位时间射到单位面积上的光子数目。电磁波辐射与物质的相互作用表现为电子跃迁和极化效应,而固体材料的光学性质却取决于电磁辐射与材料表面,近表面以及材料内部的电子、原子、缺陷之间的相互作用。由于光波的频率范围包括固体中各种电子跃迁所需的频率,故固体材料对于光的辐射所表现出来的光学性能是很重要的,如反射、折射、吸收、透射、防反射性、增透性、光选择透过性、分光性、光选择吸收、偏光性、光记忆,以及可能产生的发光、色心、激光等。

在光学材料中金属薄膜有重要的用途,其较为突出的光学性能是反射性。例如,在金属-电介质干涉光片中,根据法布里-珀罗干涉仪原理,由两个金属反射膜夹一个介质间隔层组成:在可见光区域,金属反射膜常用 Ag,介质层为 Na_3AlF_6;在紫外光区域,金属反射膜常用 Al,介质层为 MgF。两个或更多个法布里-珀罗滤光片耦合得到矩形多腔带通滤光片,即多半波滤光片,其中反射膜可用金属薄膜。又如在激光技术中,反射膜主要用于激光谐振腔和反射器,而固体激光器采用金属反射镜最多,金属反射膜主要有 Au、Ag、Al、Cu、Cr、Pt 等薄膜(实际使用时通常要加镀电介质保护膜)。

(5)声学性能

声波与电磁波不同,它是一种机械波,即在媒质中通过的弹性波(疏密波)表现为振动的形式。一般在气体、液体中只发生起因于体积弹性模量的纵波,而在固体中因有体积弹性模量和剪切弹性模量,因此除纵波外还会产生横波和表面波,或其他形式的波,如扭转波或几种波的复合。波可以是正弦的,也可以是非正弦的,而后者可分解为基波和谐波。基波是周期波的最低频率分量,谐波是其频率等于基波数倍的周期波分量。声波的频率范围很广,大致包括声频段($20\ \text{Hz} \sim 2\times10^4\ \text{Hz}$)、次生频段($10^{-4} \sim 20\ \text{Hz}$)、超声频段($2\times10^4 \sim 5\times10^8\ \text{Hz}$)、特超声频段($5\times10^8 \sim 10^{12}\ \text{Hz}$)等。各频段的声波都有一些重要应用。声波与电磁波各有一定特点,因而在应用上也各有特色。

工程需求对材料提出各种声学性能要求,如需要高保真传声、声反射、声吸收、声辐射、声接收、声表面波等。目前有一些金属镀膜已用在声学上,例如用气相沉积方法制备纯钛振膜组装成高保真喇叭。如果用真空阴极电弧离子镀等方法制备 DLC(类金刚石薄膜)/Ti 复合扬声器振膜,可以进一步增加频响上限,即提高保真度主观听感,高音清晰嘹亮。

(6)化学特性

化学特性是指只有在化学反应过程中才能表现出来的物质性质,如可燃性、酸性、碱性、还原性、络合性等,这取决于物质的组成、结构和外界条件。

材料通过表面工程可获得所需的化学特性,如选择过滤性、活性、耐蚀性、防沾污性、杀菌性等。例如在化学、石油、食品工业中,为防止产品受污染,往往对生产设备的零部件进行电镀镍,其镀层厚度根据腐蚀环境的严酷程度来决定,通常要求镀镍层的厚度为75 μm。

(7)生物特性

生物医学材料被单独地或与药物一起用于人体组织及器官,具有替代、增强、修复等医疗功能。这类材料不仅要满足强度、耐磨性以及较好的抗疲劳破坏等力学性能的要求,还必须具有生物功能和生物相容性,即满足生物学方面的要求:无毒,化学稳定性,不引起人体组织病变,对人体内各种体液具有足够的抗侵蚀能力。目前金属类材料已大量应用于生物医疗。

例如,人工关节是置换病变或损伤的关节以恢复功能的植入性假体。其除具备良好的生物相容性和化学稳定性之外,还应满足与摩擦、磨损等相关的特殊要求。表面工程在这个领域有独特的应用优势。以钛合金为例,它是一类重要的人工关节材料,质轻,力学性能优良,耐腐蚀性能也很好,但是耐磨性较差。目前,用离子注入法在钛合金材料表面注入N^+、C^+等离子,显著提高了耐磨性能,其效果超过Co-Cr-Mo合金,也超过了镀覆氮化钛(TiN)薄膜等效果,成为新一代的人工关节材料。

(8)功能转换

许多材料具有把力、热、电、磁、光、声等物理量通过"物理效应""化学效应""生物效应"进行相互转换的特性,因而可用来制作重要的器件和装置,在现代科学技术中发挥重要的作用,其中与表面工程有关的金属薄膜或涂层很多,例如透明导电薄膜(电-热转换),目前透明导电薄膜使用最广的是ITO(氧化铟锡)、SnO_2等氧化物。通常认为金属是不透明的,但是一些金属在极薄时却具有良好的可见光透过率和其他的光学性能。其中较为突出的是银(Ag),一方面,它是最好的光波热能反射体,在其厚度控制在12~18 nm时既有良好的远红外光反射率,又有良好的可见光透过率;另一方面,银还具有非常好的导电性能,银膜的电阻率低,因此可在低电压下快速加热,这对于需要在低电压下快速加热,以实现迅速融冰、化雪、去雾、除霜的汽车挡风玻璃等产品来说,具有重要的使用价值。银的缺点是硬度低,不耐磨,易受侵蚀,并且与无机玻璃或有机透明材料的附着力不高,因此必须用其他的合适薄膜层予以保护和增强附着力。同时,还要在光学上匹配。作为以金属为核心的透明导电膜,常用对称的三层膜,如ZnS/Ag/ZnS、TiO_2/Ag/TiO_2、SnO_2/Ag/SnO_2、ITO/Ag/ITO等。这类多层膜一般为电介质/金属层/电介质(dielectric/metal/dielectric),简称D/M/D多层膜。为了更可靠地使用,这类多层膜通常夹在两块黏结玻璃中间,即作为夹层玻璃使用。另一种是薄膜型光衰减器(光-热转换),光无源器是光纤通信设备的重要组成部分,包括光纤连接器、光衰减器、光耦合器、光波分复用器、光隔离器、光开关、光调节器等。其中光衰减器用于光通信线路、系统评估、研究和调整、校正等方面,可以按用户的要求将光信号的能量进行预期的衰减。光衰减器按工作原理可分为直接镀膜型、衰减片型和位移型等多种类型。其中,直接镀膜型(即薄膜型)光衰减器是在光纤维端面或玻璃基体上镀覆金属吸收和反射膜来衰减光能量。金属膜吸收光能后转化为热能释出。常用的蒸镀金属膜有Al、Ti、Cr、W等薄膜。如果采用Al膜,要在上面加镀一层SiO_2或MgF_2薄膜作为保护层。

1.4.3 表面工程在无机非金属材料中的应用

非金属材料包括高分子材料和无机非金属材料。除金属材料和高分子材料以外的几乎所有材料都属于无机非金属材料,主要有陶瓷、玻璃、水泥、耐火材料、半导体、碳材料等。它们具有高熔点、耐腐蚀、耐磨损等优点,以及优良的介电、压电、光学、电磁等性能。作为结构性用途,这类材料的抗拉强度和韧性偏低,应用受到限制。然而,通过表面工程,这些不足可以在一定程度上得到改善,从而扩大了用途。把无机非金属材料作为涂层或镀层,牢固地覆盖在金属材料或高分子材料的表面上,可以显著提高金属材料或高分子材料的耐腐蚀、耐磨损、耐高温等性能,具有很大的使用价值。无机非金属材料作为功能性用途,已经在国民经济和科学技术中发挥着巨大的作用,而表面工程在这个领域中使用与发展,使功能材料的应用更加广泛和重要。

1. 表面工程在无机结构材料中的应用

(1)陶瓷表面的金属化

陶瓷可以通过物理气相沉积、化学气相沉积、烧结、喷涂、离子渗金属、化学镀、镀银(镍)等方法,使表面覆盖金属镀层或涂层,获得金属光泽等优良性能。例如,目前生产金属光泽釉的方法有三种:一是在炽热的陶瓷釉表面直接喷涂有机或无机金属盐溶液;二是用气相沉积等方法在陶瓷釉面上镀覆金属膜;三是在一定组成的釉料中加入适量的金属氧化物再热处理(称为高温烧结法),釉面析出某种金属化合物,使釉面呈现一定的金属光泽,即为陶瓷金属光泽釉。

(2)玻璃表面的强化

普通的无机玻璃是以 SiO_2 为主要成分的硅酸盐玻璃,理论强度很高,如果表面无损伤,理论应力可达 10 000 MPa 以上。在生产中,玻璃是靠与金属辊道接触摩擦带动前进的,玻璃在似软非软的状态下与金属辊上的细小杂质摩擦,使表面产生大量的微裂纹,当玻璃受到拉伸时裂纹端处产生应力集中,玻璃的实际强度只有 40~60 MPa,是理论强度的$\frac{1}{200}$~$\frac{1}{100}$。玻璃受力破碎后,碎片呈片形刀状,容易伤人。

目前主要有两条途径来提高玻璃的强度:一是用表面化学腐蚀、表面火焰抛光和表面涂覆等方法来消除或改善表面裂纹等缺陷,或采取措施,保护玻璃使之不再遭受进一步的破坏;二是采用物理钢化、化学钢化和表面结晶等方法,使玻璃表面形成压力层,即增加一个预应力,来提高玻璃总的抗拉伸应力。例如物理钢化法,是将玻璃放在加热炉中加热到软化点附近,然后在冷却设备中用空气等冷却介质快冷,使玻璃表面形成压应力,内部形成张应力,强度提高了 3~5 倍,耐热冲击可达到 280~320 ℃。又如化学钢化法,是将玻璃放在有一定温度的特定熔液中进行离子交换,利用离子半径的显著差异,使玻璃表面产生压应力和较厚的压应力层。实际效果与离子交换成分、设备及工艺有关。一个典型的数据是:经离子交换后,表面压应力≥400 MPa,压应力层厚度抗冲击性以 227 g 钢球落下而无碎裂的高度为检验指标:厚 1.1 mm 的玻璃,落球高度≥1 m;厚 0.7 mm 的玻璃,落球高度≥0.7 m。如果没有经过化学钢化,则厚 1.1 m 的玻璃的落球高度约为 0.7 m。

(3)陶瓷表面的玻化和微晶化

用于内墙、外墙、地面、厨房和卫生间的陶瓷制品,不仅要有高硬度、耐磨性、耐蚀性和较高强度，还应具有良好的装饰性、抗污性和抗菌性。这需要通过表面工程来达到要求，其中陶瓷制品的表面玻化处理和微晶化处理是两项实用技术。

(4)新型结构陶瓷的表面改性

新型陶瓷有氮化物、碳化物、氧化物等陶瓷，性脆，延性小，容易发生脆性断裂。有些陶瓷如氮化硅等，在高温时容易氧化，造成裂纹、熔洞，以及晶界强度降低和磨损加快，使其在应用上受到很大的限制。目前，结构陶瓷的表面改性方法很多，如表面镀膜、表面涂覆、离子注入、离子萃取等，都能有效改善某些表面性能，从而拓宽了结构陶瓷材料的应用。例如，将无机盐做先驱体、铵盐为催化剂的溶胶-凝胶方法在 SG_4 氧化铝基体表面上制备出结合紧密、无明显界面的 ZrO_2 涂层和 Al_2O_3-ZrO_2 涂层，使 Al_2O_3 基工程陶瓷的表面质量有很大的提高。同时，溶胶层因弥合基体表面微裂纹而显著提高了陶瓷的抗弯强度，一次涂层抗弯强度就提高了29%，两次涂层抗弯强度可提高34%。

(5)金属材料表面陶瓷化

用镀膜、涂覆、化学转化等方法，在金属材料表面形成陶瓷膜或生成陶瓷层，可以获得优异的综合性能，材料心部保持金属的强度和韧性，而表面或表层具有高的硬度、耐磨性、耐蚀性及耐高温性，从而显著提高结构件的使用寿命，拓宽它的用途，尤其能在某些重要场合承担原有金属材料难以承担的工作。例如，用化学气相沉积或等离子体化学气相沉积等方法制备的金刚石薄膜具有一系列优异的性能，其硬度接近天然金刚石，摩擦系数很低，热导率很高，镀覆在硬质合金刀具的基体上，制成金刚石镀膜工具，可以用来代替高压金刚石聚晶工具。

2. 表面工程在无机功能材料中的应用

无机非金属材料有着许多独特的物理、化学、生物等性质以及相互转化的功能，用来制造各种功能器件，产量很大，应用广泛，作用巨大。随着它们的使用和研究的不断深入，人们越来越多地采用表面镀膜、涂覆、改性等方法来改善和提高材料性能，或者赋予材料新的性质和功能，进一步拓宽应用范围。现按材料特性举例说明如下。

(1)电学特性

用气相沉积等方法制备的半导体薄膜、超导薄膜和其他电功能薄膜在现代工业和科学技术中有着许多重要的作用。

①半导体薄膜

半导体可以分为无机半导体和有机半导体两大类。无机半导体又可分为元素和化合物两种类型，主要有硅、锗、砷化镓等。在无机半导体材料和器件的生产中，外延生长是关键技术之一。在单晶衬底上沿某个晶向生长的具有预定参数的单晶薄膜的方法称为外延生长法。工业生产中主要采用化学气相外延、液相外延等方法。在高精密超薄外延方面，则采用分子束外延或金属有机化学气相外延。目前，外延生长技术已广泛用于制备高速电子器件、光电器件、硅器件和电路用薄膜材料等。例如硅单晶的生长方法主要有直拉法、磁控拉制法、悬浮区熔法和化学气相外延法四种。其中，用化学气相外延法生产的外延片，约占整个硅片生产量的35%。

上述方法得到的无机半导体具有优良的性能，但生产成本较高。实际上用简单的陶瓷工艺也可获得某些生产成本较低的半导体陶瓷，但其电阻率容易受温度、光照、电场、气氛、湿度等变化的影响，因此可以将外界的物理量转化为可测量的电信号，从而制成各种传感器。表面工程在陶瓷传感器中有许多应用，并且发展前景良好。

具有间隙结构的碳化物等硬质化合物有着良好的导电性，属于电子导电。还有些陶瓷在适当条件下具有与液体强电解质相似的离子导电。例如在钠硫蓄电池中，钠为负极，硫加石墨毡为正极，管状钠-β 氧化铝陶瓷作为固体电解质，工作温度为 300~350 ℃，电压为 1.8 V，比能量和比功率可分别达 120 Wh/kg 和 180 Wh/kg，属高能电池，并且充放电循环寿命长，原材料丰富，成本低，故受到人们的重视；尚需解决的主要问题是固体电解质的寿命和电导性，以及熔融钠和反应产物多硫化钠对电池结构材料的腐蚀。要解决这些问题，除了改进固体电解质材料和电池结构材料的性能外，采用材料表面覆盖或改性方法，也是主要途径之一。

②超导薄膜

超导陶瓷由于具有完全的导电性和完全的抗磁性，因而在磁悬浮列车、无电阻损耗的输电线路、超导电机、超导探测器、超导天线、悬浮轴承、超导陀螺、超导计算机、高能物理，以及废水净化、去除毒物等领域，有广阔的应用前景。在超导体的发展过程中，超导体的薄膜化越来越受到重视。超导体是完全抗磁性的，超导电流只能在与磁场浸入深度 30~300 nm 相应的表层范围内流动，因此使用薄膜是合适的。目前，超导薄膜已是制作约瑟夫森效应(Josephson effect)电子器件(如开关元件、磁传感器及光传感器等)所必不可少的基础材料。所谓约瑟夫森效应，是库柏电子对隧穿两块超导体之间绝缘薄层的现象，也就是被绝缘薄层(厚度小于 10 nm)隔开的两个超导体之间会产生超导电子隧道的效应。约瑟夫森隧结开关时间为 10^{-12} s，超高速开关时产生的热量仅为 10^{-6} W，耗能低，由它制成的器件运算速度比硅晶体管快 50 倍，产生的热量为硅晶体管的千分之一以下，故能高度集成化。应用约瑟夫森效应还可实现几种极精确的测量，如对极微弱磁场的测量以及对基本物理常数 h/e 的最精确测定。陶瓷超导薄膜有 BI 型化合物膜、三元素化合物膜和高温铜氧化物膜三种类型，具体材料种类很多，成膜方法主要是气相沉积。

③其他电功能陶瓷薄膜

主要有下面几种类型：一是陶瓷导电薄膜，如 In_2O_3、SnO_2、ITO(In_2O_3-SnO_2)、ZnO 等透明导电膜，用于面发热体、显示器、电磁屏蔽、透明电极等；二是陶瓷电阻薄膜，如 Cr-SiO、Cr-MgF_2、Au-SiO 等金属陶瓷混合膜，以及 Ta_2N、(Ti,Ae)N、(Ta,Ae)N、ZrN 等氮化物膜，用于混合集成电路、精密电阻、热写头发热体等；三是介电薄膜材料，即在电场作用下正负电荷中心可相对运动产生电矩的薄膜功能材料，依其电学特性分别有电气绝缘、介电性、压电性、热释电性、铁电性等类型，具体种类很多，用途各异，可以说新型介电薄膜材料的开发和使用，有力地推动了一些科学技术的进步。例如，由 Si_3N_4(介电常数为 $\varepsilon_r \approx 7$)与 SiO_2(ε_r= 3.8)复合的"三明治"膜层在动态随机存取器(DRAM)中做蓄积电荷用的电容器膜，DRAM 在半导体 IC 存储器中占有重要地位。又如金刚石薄膜为制作大规模集成电路基片开辟了新的道路。

(2)磁学特性

随着计算机、信息等产业的迅速发展以及表面加工技术的不断进步，磁性材料除了块状使用外还大力发展薄膜磁性材料，为电子产品和元器件的小型化、集成化和多功能化提供了必要的基础。其中，陶瓷磁性薄膜的发展尤为引人注目。下面列举了陶瓷磁性薄膜的某些重要应用。

①磁记录薄膜材料

磁记录是一种利用磁性物质做记录、存储和再生信息的技术。它包括录音(音频应用)、录像(视频应用)、计算机(硬盘、软盘)、磁卡等方面的应用,具有频率范围宽、信息密度高、信息可以长期保存、失真小、寿命长等优点。磁记录系统主要部分是磁头组体、磁带或磁盘,以及传动装置、记录放大器、伺服系统。

涂覆在磁带、磁盘和磁鼓上面的用于记录和存储信息的磁性材料称为磁记录介质。它主要有氧化物和金属两类,通常要求有较高的矫顽力和饱和的磁化强度,矩形比高,磁滞回线陡直,温度系数小,老化效应小。氧化物中以 $\gamma-Fe_2O_3$ 应用最广泛,其他还有添加 Co 的 $\gamma-Fe_2O_3$、CrO_2、$\alpha-Fe$、Be 铁氧体等。除了涂覆外,还采用真空镀膜方法制备陶瓷磁性薄膜。例如,用溅射镀膜法在硬盘上制作铁氧体 $\gamma-Fe_2O_3$ 磁记录介质,膜厚为 160 nm。还有用 Fe 膜的高温氮化和等离子氮化法制作 Fe-N 基的氮化物磁性薄膜,其兼具优良的磁学物性和耐磨、耐蚀性能,故可用于磁记录介质和磁头两个方面。这种陶瓷性薄膜也可用溅射镀膜法制作。涂覆法制作的磁带是涂覆型介质的一个典型应用,它是在 PET(聚对苯二甲酸乙二酯)带基上涂覆磁性记录层而制成的,其中,磁性记录层由磁性粉末颗粒和聚合物(包括黏结剂、活性剂、增加剂、溶剂等)组成。为了克服颗粒涂覆型介质矩形比较小和剩磁不足等缺点,常采用连续型磁性薄膜。

②巨磁阻锰氧化物薄膜材料

薄膜材料的电阻率由于磁化状态的变化呈现显著改变的现象,称为巨磁电阻效应(giant magnetoresistance effect, GMR effect),它通常用磁电阻变化率表征。1988 年,Baibich 等首次发现$(Fe/Cr)n$ 多层膜的巨磁电阻效应:在 4.2 K 温度,2 T 磁场下的电阻率为零场时的一半,磁电阻变化率 $\Delta\rho/\rho$ 约为 50%,比 FeNi 合金的各向异性磁电阻效应约大一个数量级,呈现负值,各向同性。颗粒膜是微小磁性颗粒弥散分布于如 Co/Cu 等薄膜中所构成的复合体系,也具有巨磁电阻效应。巨磁电阻效应的发现极大地促进了磁电子学的发展和完善,对物理学、材料科学和工程技术的发展有重要意义。

人们研究金属和合金巨磁电阻薄膜的同时,在一系列具有类钙钛矿结构的稀土锰氧化物 $Re_{1-\chi}A_{\chi}MnO_3$(Re 为 La、Nd、Y 等三价稀土离子,A 为 Ca、Sr、Ba 等二价碱金属离子)薄膜及块状材料中观察到具有更大磁阻的超大磁电阻(colossal magnetoresistance, CMR)效应,又称庞磁电阻效应。为简单起见,仍可用 GMR 记述 CMR 效应。目前在锰氧化物中磁阻的普遍定义是 $MR=\Delta\rho/\rho=(\rho_o-\rho_h)/\rho_h\times100\ \%$。其中,$\rho_o$ 是无外加磁场时的电阻,ρ_h 是外加磁场下的电阻。例如,在 La-Ca-Mn-O 系列中,MR 最大为在 57 K 时的 10^8%量级。这可以与超导引起的磁电阻变化相类比。

巨磁电阻材料易使器体小型化、廉价化。它与光电传感器相比,具有功耗小、可靠性高、体积小、价廉和更强的输出信号以及能工作于恶劣的环境中等优点。对于 $Re_{1-\chi}A_{\chi}MnO_3$ 型锰氧化物等材料,获得最大磁阻的温度较低,但可以通过改变掺杂组分(Re, A)和掺杂浓度(χ)来调节体系的磁有序转变温度(50~300 K)和磁阻率(10%~10^8%)。目前,人们对巨磁电阻材料的应用做了多方面探索,如读写磁头、自旋阀器件、激光感生电压、微磁传感器和辐射热仪等,它有着良好的应用前景。

(3)光学特性

陶瓷光学薄膜有着许多重要的应用,包括反射、增透、光选择透过、光选择吸收、分光、偏光、发光、光记忆等,现举例如下。

①介质薄膜材料

介质(dielectric)又称电介质、介质体,指电导<10^{-6} s 的不良导体。MgF_2、ZnS、TiO_2、

ZrO_2、SiO_2、Na_3AlF_6 等一系列介质薄膜在光学应用中起着很大的作用。例如，MgF_2 在波长为 550 nm 波段的折射率约为 1.38，透明区为 0.12~10 μm，与玻璃附着牢固，广泛用作单层增透膜，也可与其他薄膜组合成多层膜。又如按照全电介质多层膜的光学理论，当光学厚度为 $\lambda_0/4$ 的高、低折射率材料膜交替镀覆在玻璃表面时，可以在 λ_0 处获得最大的光反射。高折射率介质膜 TiO_2 与低折射率介质膜 SiO_2 构成的多层膜便是其中一例。

②低辐射膜

在玻璃表面涂镀低辐射膜，称作低辐射镀膜玻璃（low emissivity coated glass），也称 Low-E 玻璃。它在降低建筑能耗上具有重要意义。在住宅建筑中，对室内温度产生影响的热源有两个方面：一是室外的热源，包括太阳直接照射进入室内的热能（主要集中在 0.3~2.5 μm 波段）以及太阳照射到路面、建筑物等物体上而被物体吸收后再辐射出来的远红外热辐射（主要集中在 2.5~40 μm 波段）；二是室内的热源，包括由暖气、火炉、电器产生的远红外热辐射以及由墙壁、地板、家具等物体吸收太阳辐射热后再辐射出来的远红外热辐射，两者都集中在 2.5~40 μm 波段。低辐射膜能将 80%以上的远红外热辐射反射回去（玻璃无低辐射膜时，远红外反射率仅在 11%左右）。使用低辐射玻璃，在冬季的时候，可以将室内暖气及物体散发的热辐射的绝大部分反射回室内，节省了取暖费用；在炎热的夏季，可以阻止室外地面、建筑物发出的热辐射进入室内，节省空调制冷费用。目前，低辐射玻璃的生产方式主要有离线法和在线法两种。离线法是将玻璃原片经切割、清洗等预加工后进行磁控溅射镀膜。在线法是对浮法玻璃在锡槽部位成形过程中采用化学气相沉积技术进行镀膜，此时玻璃处于 650 ℃以上的高温，保持新鲜状态具有较强的反应物性，膜层依次由 SnO_2（厚度 10~50 nm）、氧化物过渡层（厚度 20~200 nm）和 SiO_2 半导体膜（厚度 10~50 nm）组成，膜层与玻璃通过化学键结合很牢固，并且具有很好的化学稳定性与热稳定性。Low-E 玻璃的表面辐射率为 0.84，有着很好的节能效果，而且可见光透过率可达 80%~90%，光反射率低，完全满足建筑物采光、装饰、防光污染等要求。

（4）生物特性

具有一定的理化性质和生物相容性的生物医学材料受到人们的重视。使用医用涂层可在保持基体材料特性的基础上增进基体表面的生物学性质，或阻隔基体材料中离子向周围组织溶出扩散，或提高基体表面的耐磨性、绝缘性等，有力地促进了生物医学材料的发展。例如，在金属材料上涂以生物陶瓷，用作人造骨、人造牙、植入装置导线的绝缘层等。目前，制备医用涂层的表面技术有等离子喷涂、气相沉积、离子注入、电泳等。

除了生物医学材料外，还有一些与人体健康有关的陶瓷涂层材料。例如，水净化器中安装的能活化水的远红外陶瓷涂层装置，水经过活化有利于人的健康。又如用表面工程技术和其他技术制成的磁性涂层敷在人体的一定穴位，有治疗疼痛、高血压等功效，涂敷驻极体膜有促进骨裂愈合等功能。

（5）功能转换特性

通过涂装、黏结、气相沉积、等离子喷涂等方法制备陶瓷涂层或薄膜，可以实现光-电、电-光、电-热、热-电、光-热、力-热、力-电、磁-光、光-磁等转换，有着广泛的应用，举例如下。

①太阳能电池

太阳能电池将光能转换为电能。半导体材料能实现这种功能，其装置称为太阳能电池，是最清洁的能源。太阳能电池的主要材料有单晶硅、多晶硅、非晶硅，还有 GaAs、

GaAlAs、InP、CdS、CdTe 等。它不仅是最重要的空间技术用能源,而且在地面上也获得一定规模的应用。为了使地面太阳能电池的电力成本能与火力发电成本相竞争,须降低材料的成本并提高其转换效率。其中一个重要途径是薄膜化,如非晶硅薄膜、多晶硅薄膜以及 GaAs、CdTe、$CuInSe_2$(CIS)和 $CuIn_xGa_{1-x}Se_2$(CIGS)等化合物薄膜,虽然目前总体目标尚未完全达到,但有着良好的发展前景。

②磁光器体

在磁场作用下,材料的电磁特性发生变化,从而使光的传输特性发生变化,这种现象称为磁光效应。利用磁光效应做成各种磁光器件,可对激光束的强度、相位、频率、偏振方向及传输方向进行控制,如利用磁光法拉第效应可制成调制器、隔离器、旋转器、环行器、相移器、锁式开关、Q 开关等快速控制激光参数的器件,可用在激光雷达、测距、光通信、激光陀螺、红外探测和激光放大器等系统的光路中。目前,磁光效应在计算机存储上的应用也受到重视。

③声表面波滤波器

声表面波(surface acoustic wave,SAW)是一种弹性波,这种波在压电材料表面产生与传播,其振幅随深入材料深度的增加而迅速减小。人们利用这一性质制成了 SAW 滤波器。这种滤波器的应用十分广泛,可以说没有它就谈不上现代通信。压电材料是具有压电效应的材料。所谓压电效应,是指某些电解质在机械应力下产生形变,极化状态发生变化,致使表面产生带电现象。表面电荷密度与应力成正比,称为正压电效应;反之施加外电场,介质内产生机械变形,应变与电场强度成正比,称为逆压电效应。在 SAW 滤波器中,压电元件由压电薄膜和非压电基底组成多层结构,SAW 的传播特性由压电薄膜与基底共同确定。压电薄膜有 ZnO、AlN、CdS、$LiNbO_3$ 等,其中 ZnO 用得最多,由溅射镀膜法制备。

(6)其他重要应用

①传感器薄膜材料

传感器是以敏感器件为核心而制成的能够响应、检测或转移待测对象(如气体、温度、压力、湿度、放射线、离子活度等)信息,将它们转换成电信号再进行测量、控制及信息处理的装置。传感器材料分为半导体、陶瓷、金属材料、有机材料四类。利用半导体、陶瓷的各种功能,以薄膜形式用于传感器极为受到重视,如 SnO_2、ITO、ZnO-In_2O_3、CdO-SnO_2 等薄膜用于气体传感器。又如通过磁控溅射,在 Si 或 MgO 基板上形成 C 轴取向的 $PbTiO_3$ 矩形单元构成传感器阵列,用作温度传感器。

②陶瓷光电子薄膜材料

如在光通信及光信息处理中,为提高半导体激光器、光开关、光分路器、光合路器等工作效率,需要将光封闭于薄膜中,这种薄膜称为光波导,所用的陶瓷薄膜有非晶态的 SiO_2、Nb_2O_5、Ta_2O_5 和晶态的 $LiNbO_3$、$LiTiO_3$、ZnO、PLZT 薄膜等。又如电致发光(electroluminescent,EL)膜通常用掺 Mn 的数百纳米厚的 ZnS 夹在第一绝缘层(SiO_2 和 Si_3N)和第二绝缘层(Si_3N_4 和 Al_2O_3)之间,并在位于其外侧的背面电极 Al 和 ITO 之间施加电压(约 10^6 V/cm),通过电子加速碰撞 ZnS:Mn,荧光体被激发而在复合时发光,主要用于高质量的显示。

③陶瓷保护膜和隔离膜

此类膜最常见的是用于金属的保护膜,它能使金属镜面不受外界侵蚀和增加镜面的机械强度,如 SiO、SiO_2、Al_2O_3、MgF_2 等。实际上,介质保护膜不仅用于金属,还可用于半导体及介质膜本身。激光薄膜中的保护膜,可以用来提高薄膜的抗激光强度。此外,陶瓷薄膜可用作隔离膜,这在微细加工等应用中是很重要的。

1.4.4 表面工程在有机高分子材料中的应用

有机高分子表面覆盖层的制作方法主要有涂装、电镀、化学镀、物理气相沉积、化学气相沉积、印刷等,应用举例如下。

(1)涂装的应用

例如,ABS[丙烯腈(A)、丁二烯(B)、苯乙烯(S)]制品采用丙烯酸清漆、丙烯酸-聚氨酯、金属闪光漆等涂料进行涂装,应用于家电制品、汽车和摩托车零件;又如聚碳酸酯(PC),用双组分的环氧底漆和丙烯酸清漆或聚氨酯面漆进行涂装,应用于汽车外部零部件。涂装的作用主要是保护表面、增加美观和赋予塑料特殊的性能。

(2)电镀的应用

塑料电镀是在塑料基体上先沉积一层薄的导电层,然后进行电镀加工,使塑料既保持密度小、质量轻、成本低等特点,又具有金属的外观、高的强度或其他新的性能。

(3)真空镀膜的应用

真空镀膜即物理气相沉积法,主要有真空蒸镀、磁控溅射和离子镀膜三种方法。它们与塑料电镀相比,优点是可镀制膜层的材料和色泽种类很多,易操作,基体前处理简单,生产效率高,成本低,能耗低,金属材料耗量低,不存在废水、废气、废渣等污染,易于工业化生产,因此获得了广泛的应用,特别是在光学、磁学、电子学、建筑、机械等领域发挥着越来越大的作用。在装饰-防护镀层方面,经常采用"底涂-真空镀-面涂"的复合镀层技术,取得了良好的效果。塑料真空镀膜除了用于装饰性镀膜外,还大量用于功能性镀膜,使塑性表面获得优异的性能。

(4)热喷涂的应用

热喷涂是采用各种热源使喷涂材料加热熔化或半熔化,然后用高速气体使热喷涂材料分散细化并高速撞击在基体表面上形成涂层的工艺过程。其主要特点是:可用各种材料做热喷涂材料;可在各种基体上进行热喷;基体温度一般为 30~200 ℃;操作灵活;涂层范围宽,从几十微米到几毫米。塑料的热喷涂包括两个方面:一是用塑料做喷涂材料,在金属、陶瓷等基材表面形成涂层;二是用其他热喷涂材料,在塑料表面形成涂层,此时要求喷涂温度低于塑料的热变形温度。采用热喷涂方法,可以使材料表面具有不同的硬度、耐磨、耐蚀、耐热、抗氧化、隔热、绝缘、导电、密封、防微波辐射等各种物理、化学性能,对提高产品性能、延长使用寿命、降低成本等起着重要的作用。

(5)印刷的应用

各种印刷技术的发展,使印刷成为塑料产品装饰和标记的主要途径。目前,塑料制品的印刷既包括以包装材料为代表的装潢印刷,还包括以电子产品为代表的功能性印刷。

(6)化学气相沉积的应用

聚合物的化学气相沉积是将需要聚合的单体气体导入反应系统中,利用光等离子体和热等能量的活化,引起聚合反应,形成聚合物薄膜。根据活化手段的不同,聚合物的化学气相沉积可分为几种,主要有:一是光化学气相沉积,即利用直接光激活(多为水银灯光和激光)和利用增感剂激活的方法,使游离基(自由基)活化并聚合成膜,其特点是仅在光照射的部位形成聚合物薄膜;二是等离子体聚合法,即在反应容器中导入单体气体,利用射频放电或辉光放电，使气体活化，通过聚合反应在基板表面形成聚合物薄膜；三是蒸镀聚合法，即以真空蒸镀法为基础，通过热能使单体蒸发和活化，在基板表面发生聚合反应而形成聚合物薄膜。它又可分为两种类型：一种是通过对聚体（二聚物）进行热分解，形成游离基，再经聚合形成聚合物薄膜，或者对单体进行热丝加热使其游离化，经聚合形成聚合物薄膜；另一种是将两种单体同时蒸发，然后在基板上发生缩聚反应或加聚反应，形成聚合物薄膜。蒸镀聚合法有不少实际应用。例如用蒸镀聚合法，在厚度约 120 μm 的非对称聚酰亚胺基底上形成厚度约为 0.2 μm 的聚酰亚胺薄膜，可以提高从水/酒精混合溶液中分离出酒精的功能。又如气阀的关键部件——阀芯，可采用蒸镀聚合法，在阀芯表面沉积一层聚对二甲苯树脂薄膜或聚酰胺薄膜，具有自润滑作用，代替润滑油脂。

1.5 表面工程技术的发展

传统的表面工程技术，诸如表面热处理、表面渗碳及油漆技术，其历史已有几百年甚至上千年。远在 3 000 多年前的商代就出现了青釉，这是用石灰石和黏土制成的无机涂层，人们把这种工艺进一步改进，到了周朝出现了琉璃，即多种色彩的釉，发展到唐朝成了世界闻名的“唐三彩”。近代出土的秦兵马俑佩带的长剑、箭链等，向人们展示了在当时钢件已经采用渗碳、淬火等工艺，铜车马上的镀铬技术改写了表面镀铬技术的历史。

电镀技术也是一门古老的表面工程技术。在相当长的一段历史时期内，电镀仅限于镀覆纯金属，如 Zn、Cu、Ni 等，目前已能成功地镀覆多种合金，甚至可以把陶瓷和金刚石粉末同时镀在要求抗磨的表面上。电刷镀（也称无槽电镀）在修复和局部保护方面有独特的用处。无公害电镀、功能电镀也都是电镀技术的重要进展。

化学镀最早是作为塑料电镀预处理的工艺——塑料表面金属化工艺而着手开发的，近些年，其已作为一门独立的镀覆工艺进行开发、研究和应用。

1937 年研制出自熔性合金粉末，1950 年首次出现自熔性合金表面涂层技术，使热喷涂技术得到发展，自此形成了材料表面工程领域一个十分活跃的新方向。

材料的表面气相沉积是近年来发展最快的一种表面处理新工艺，是提高材料使用性能和寿命的有效途径。化学气相沉积是利用镀层材料的挥发性化合物气体分解或化合反应后沉积成膜，物理气相沉积则是利用真空蒸发、溅射、离子镀等方法沉积成膜。化学气相沉积的历史悠久，可以追溯到 19 世纪末，最早用于高纯金属的精炼、金属丝材和板材的制造，后来用于半导体和磁性体薄膜的制造。以金属材料表面硬化为目的的研究开始于 20 世纪 40 年代末或 50 年代初，最早的应用是在钢上涂覆 TiC，后来沉积在模具钢和高速钢上。化学气相沉积技术的化学反应温度过高，使其使用范围受到了限制，后来相继开发了中温化学气相沉积法（MTCVD）、等离子体增强化学气相沉积法（PCVD）、激光化学气相沉积法（LCVD）等技术。物理气相沉积技术由最初的真空蒸镀，到 1963 年的离子镀技术的应用，再到 20 世纪 70 年代末磁控溅射的出现才有了新的突破。磁控溅射得到迅速的推广应用，曾风靡一时。这些薄膜强化新技术用材广泛、适用面宽，已广泛用于机械制造、冶金工业以及宇航核能等领域。

高能束改性技术是利用高能束与材料表面的相互作用，使其表层发生物理的、化学的和金相的变化，达到表面改性的目的。它包括离子束、激光束和电子束三种方法。利用高能束改性技术,人们可以改变材料的那些对表面特别敏感的性能,如磨损、疲劳、硬度、抗腐蚀性等。20世纪70年代初期以来,在用离子注入方法改变金属材料表面的非电性能方面取得了很大进展。进入20世纪80年代,人们对于离子注入的许多新用途进行了多方面的探索,研究的领域包括:为提高韧性的离子束陶瓷改性,为形成光导的离子注入绝缘体和为改变导电性的离子轰击聚合物。随着应用领域的不断扩大,离子注入技术也不断发展。离子注入和镀膜结合起来,发展了离子束混合和动态离子束混合。激光是20世纪60年代出现的重大科学技术成就之一。自20世纪70年代制造出大功率的激光器以后,便开始用激光加热进行表面淬火。激光和电子束加热,由于能量集中、加热层薄,靠自激冷却,因而淬火变形很小,不需要淬火介质,有利于环境保护,便于实现自动化。激光、电子束用于表面加热,使表面强化技术超出热处理范畴,可以通过熔化-结晶过程、熔融合金化-结晶过程、熔化-非晶态过程,使硬化层的结构与性能发生很大变化。

双层辉光等离子表面冶金技术是在离子氮化的基础上发展起来的,将只适合于进行非金属元素渗入的表面工程技术扩展为包括可进行非金属及金属元素单元或多元共渗的技术领域,开辟了等离子表面冶金的新领域。该技术已成功地在钢铁材料表面形成以W-Mo-Cr-V-C、W-Mo-C、W-Mo-Co-C、W-Mo-Nb-C、Mo-Cr等表面高速钢层、表面高合金高碳耐磨层和表面时效硬化高速钢层;还可以形成高Cr、Cr-Ni、Cr-Ni-Si、Cr-Ni-Al、Cr-Ni-Mo-N、Cr-Ni-Mo-Nb等抗高温氧化合金层、耐腐蚀不锈钢层和表面沉淀硬化不锈钢层,以及表面超合金层(如Ni基合金、Co基合金、Ti基合金等)。

双层辉光技术在制造表面功能梯度材料方面具有广阔的前景。此外,与材料成型工艺结合也是颇具吸引力的发展趋势,比如将渗金属或表面陶瓷化工艺与等离子烧结作业结合到一起,可制造性能优异(耐磨、耐蚀、阻燃)的粉末冶金零件。

材料表面工程技术的进步,表现在传统工艺技术的革新和新工艺的出现。目前,表面工程技术已经成为材料科学技术的一个重要的、非常活跃的领域。1986年10月,在布达佩斯举行的国际材料热处理联合会理事会决定接受表面工程学科,并且决定把联合会改名为"国际热处理及表面工程联合会",联合会主席Bell教授主编《表面工程》杂志。近几十年来,我国表面工程的发展异常迅速。中国机械工程学会于1987年建立了学会性质的表面工程研究所。1988年,出版了中国第一本《表面工程》期刊并连续出版至今。1993年,成立了中国机械工程学会表面工程分会。另外,在国内召开了多次国际或全国性的表面工程学术会议。一些国内外知名专家预言,表面工程将成为主导21世纪工业发展的关键技术之一。

1.5.1 表面工程技术的发展方向

表面工程技术已经历了几千年的使用,每项表面工程技术的形成往往经历了许多的实验和失败。各类表面工程技术的发展也是分别进行、互不相关的。近几十年来,随着经济和科技的迅速发展,表面工程技术的发展状况有了很大的变化,人们开始将各类表面工程技术互相联系起来,探讨它们的共性,阐明各种表面现象和表面特性的本质,尤其是20世纪60年代末形成的表面科学为表面工程技术的开发和应用提供了更坚实的基础,并且与表面工程技术相互依存,彼此促进。在这个基础上,通过各种学科和技术的相互交叉与渗透,表面工程技术的改进、复合和创新会更加迅速,应用更为广泛,必将为人类社会的进步做出更大的贡献。

回顾过去,展望未来,结合我国的实际情况,表面工程技术的发展方向大致可以归纳为以下几个方面。

1. 努力服务于国家重大工程

国家重大工程尤其是先进制造业关系到国家的命脉，重点发展先进制造业中关键零部件的强化与防护新技术，显著提高使用性能和工艺形成系统成套技术，为先进制造的发展提供技术支撑。同时，解决高效运输技术与装备(如重载列车、特种重型车辆、大型船舶、大型飞机等新兴运载工具)关键零部件在服役过程中存在的使用寿命短和可靠性差等问题。另外，国家在建设大型矿山、港口、水利、公路、大桥等项目中，都需要表面工程技术的支撑。

2. 切实贯彻可持续发展战略

表面工程技术可以为人类的可持续发展做出重大贡献，但是在表面工程技术实施过程中，如果处理不当，又会带来许多污染环境和大量消耗宝贵资源等严重问题。为此，要切实贯彻可持续发展战略。这是表面工程技术的重要发展方向，而且在具体实施上有许多事情要做。例如：建立表面工程技术项目环境负荷数据库，为开发生态环境技术提供重要基础；深入研究表面工程技术的产品全寿命周期设计，用优质、高效、节能、环保的具体方法来实施技术，并且努力开展再循环和再制造等活动；尽力采用环保低耗的生产技术取代污染高耗的生产技术；加强“三废”处理和减少污染的研究。如在电镀生产过程中尽可能用三价铬等低污染物取代六价铬高污染物，同时做好“三废”处理工作。

3. 深入研究极端、复杂条件下的规律

许多尖端和高性能产品，往往在极端、复杂的条件下使用，对涂覆、镀层、表面改性等提出了一些特殊的要求，使产品能在严酷环境中可靠服役，有的还要求产品表面具有自适应、自修复、自恢复、自润滑等功能，即有智能表面涂层和薄膜。同时，要研究在极端、复杂条件下材料的损伤过程、失效机理以及寿命预测理论和方法，实现材料表面的损伤预报和寿命预测。

4. 不断致力于技术的改进、复合和创新

表面工程技术是在不断改进、复合和创新中发展起来的，今后必然要沿着这个方向继续迅速发展。具体内容有：改进各种耐蚀涂层、耐磨涂层和特殊功能涂层，根据实际需要开发新型涂层；进一步引入激光束、电子束、离子束等高能束技术；运用计算机等技术，全面实施生产过程自动化、智能化，提高生产效率和产品质量；加快建立和完善新型表面技术，如原子层沉积、纳米多层膜等创新平台，推进重要薄膜沉积设备及自主设计、制造和批量生产；加大复合表面工程技术的研究和应用；将纳米材料、纳米技术引入表面工程技术的各个领域，建立和完善纳米表面工程技术理论；大力发展表面加工技术，尤其关注微纳米加工技术的研究开发；重视研究量子点可控、原子组装、分子设计、仿生表面和智能表面等涂层、薄膜或表面改性技术。

5. 积极开展表面工程技术应用基础理论的研究

表面工程技术涉及的应用基础理论广泛而深入，许多应用的基础理论，如液体及其表面现象、固体及其表面现象、等离子体的性质与产生、固体与气体之间的表面现象、电化学与腐蚀理论、表面摩擦与磨损理论等，对表面工程的应用和发展都有着十分重要的作用。同时，通过对应用基础理论的深入研究和对一些关键技术的突破，逐步实现了在原子、分子水平上的组装和加工，从而制造出新的表面。

6. 继续发展和完善表面分析测试手段

现代科学技术的迅速发展为表面分析和测试提供了强有力的手段。对材料表面性能的各种测试以及对表面结构从宏观到微观的不同层次的表征，是表面工程技术的重要组成部分，也是促使表面工程技术迅速发展的重要原因之一。从实际应用出发，今后需要加快研制具有动态、实时、无损、灵敏、高分辨、易携带等特点的各种分析测试设备、仪器以及科学的测试方法。

1.5.2 表面工程技术的发展前景

表面工程技术在以下领域或工业中有着良好的发展和应用前景。

1. 现代制造领域

表面工程技术是现代制造领域的重要组成部分，并为制造业的发展提供关键的技术支撑。

2. 现代汽车工业

充分利用表面工程技术的各种方法，把现代技术与艺术完美地结合在一起，使汽车成为快捷、舒适、美观、安全、深受人们喜爱的交通工具。

3. 航空航天领域

通过涂、镀等各种技术，提高飞机、火箭、卫星、飞船、导弹等在恶劣环境下的防护性能，使航空航天飞行器避免因环境影响而导致的失效。

4. 冶金石化工业

在冶金石化工业生产中，尤其是在解决各种重要零部件的耐磨、耐蚀等问题中，表面工程技术将继续发挥巨大的作用。

5. 舰船航海领域

在舰船航海领域，表面工程技术有巨大的发展潜力。例如，涂料要满足海洋环境的特殊要求，不仅要用于高性能的舰船，而且还要广泛应用于码头、港口设施、海洋管道、海上构件等，因此必须开发各种新型涂料。

6. 电子电气工业

在电子电气工业生产中需要通过表面工程技术来制备各类光学薄膜、微电子学薄膜、光电子学薄膜、信息储存薄膜、防护薄膜等。

7. 生物医学领域

在生物医学领域，表面工程技术的作用日益突出。例如：使用特殊的医学涂层可以在保持基体材料性质的基础上增加生物活性，阻止基材离子向周围溶出扩散，并且显著提高基体材料表面的耐磨性、耐蚀性、绝缘性和生物相容性。随着老龄化高峰的到来，对特殊生物医学材料的需求越来越多。

8. 新能源工业

太阳能、风能、氢能、核能、生物能、地热能、海洋潮汐能等工业，都对表面工程技术提出了许多需求。近年来，核电站重大事故频发，唤起了人们对太阳能等工业迅速发展的渴望，其中薄膜太阳能电池是一个研究重点。

9. 建筑领域

我国每年建成房屋高达 16 亿~20 亿 m^2，并且还有增长的趋势，其中 95%以上属于高能耗建筑，单位建筑面积采暖能耗为发达国家新建房屋的 3 倍以上，因此对我国来说，建筑节能刻不容缓。采取的措施有在建筑中使用保温隔热墙体材料、低散热墙体材料、智能建筑材料等，而利用新型的表面工程技术来制备低辐射镀膜玻璃、智能窗等，是其中的一项重要措施。

10. 新型材料工业

如制备金刚石薄膜、类金刚石碳膜、立方氮化硼膜、超导膜、LB薄膜、超微颗粒材料、纳米固体材料、超微颗粒膜材料、非晶硅薄膜、微米硅、多孔硅、碳60、纤维增强陶瓷基复合材料、梯度功能材料、多层硬质耐磨膜、纳米超硬多层膜、纳米超硬混合膜等。

11. 人类生活领域

如城市建设、生活资料、美化装饰、大气净化、水质净化、杂质吸附、抗菌灭菌等,人类生存所依赖的环境和资源等都与表面工程技术息息相关。

12. 军事工业

各种军事装备的研究和制造都离不开表面工程技术,这与其他工业有着共同之处,同时军事上有一些特殊的需求要通过特殊的表面处理来满足,如隐身(与装备结构形成整体)、隐蔽伪装(侧重于外加形式)等。

除了以上阐述的领域或工业,表面工程技术还涉及其他许多领域或工业,均有着良好的发展和应用前景。可以说,表面工程技术遍及各行各业,并且与人类的生活紧密相连。表面技术是主导21世纪的关键技术之一,应用广阔,前景光明。不断发展具有我国特色和自主知识产权的新型表面工程技术,是我国全体科学技术工作者的历史使命。

1.6 表面工程技术的内容

1.6.1 应用基础理论

表面工程是一门应用性很强的学科,它涉及的基础理论十分广泛,并且随着表面工程的发展而扩展和深化。本书主要从应用出发,涉及下列应用基础理论:

1. 真空状态及稀薄气体理论

许多表面工程的研究与应用都涉及真空方面的理论和技术,为此要深入研究某些气体尤其是稀薄气体中的现象和基本定律。其中的重点有两个:一是用气体动理论来研究稀薄气体中的现象;二是研究稀薄气体的一些电现象。

2. 液体及其表面现象

液体的聚集状态介于气体和固体之间。液体的表面张力、润湿与毛细管现象、黏滞性、表面吸附等原理在表面工程中经常应用。表面活性剂能显著改善表(界)面性质,应用甚广。

3. 固体及其表面现象

固体材料是工程技术中使用最普遍的材料。固体表面结构不能简单地看作体相结构的终止,而是看作发生了显著的变化:一是化学组成常和体相不同,包括化学组成在表面上的分布和垂直方向上的浓度梯度;二是表面原子往往倾向于进入新的平衡位置,改变原子间的距离,改变配位数,甚至重建表面原子排列结构;三是表面电子结构的改变,例如晶体表面由于原子排列三维平移周期性中断,或因表面重构、吸附等变化而产生的不同于体相的电子能态;四是表面上外来物的吸附。由于上述结构和组成上的变化,固体表面性质有了显著的改变,并且描述三维体相物质属性的定律,已经不能使用于描述固体的表面现象。

因此，掌握表面工程中有关固体及表面结构和组成、表面热力学、表面动力学等方面的知识显得更为重要。

4. 等离子体的性质与产生

自从18世纪中期人们发现物质存在的第四态——等离子体以来，对它的认识和利用一直在不断地深化，尤其是近30年，等离子体的应用范围迅速扩展。现代表面工程已越来越多地采用等离子体技术，将它作为一种低温、高效、节能、无污染的基本方法，在许多工程项目中取得了很大的成功，因此需要深入了解等离子体的性质和产生原因等知识。

5. 固体与气体之间的表面现象

固体分子亦有表面自由能，但是固体不具有流动性，难以通过减小表面积来降低表面自由能，而只能通过吸附，使气体分子在固体表面聚集，以减小气-固表面来降低表面自由能。同时，停留在固体表面上的气体分子在一定条件下可以重新回到气相，即存在解吸。若吸附速率与解吸速率相等，则吸附达到平衡。目前固-气吸附理论已广泛应用于相催化、气相分离纯化、废气处理、色谱分析等生产实际和科学研究中，也在表面工程中得到广泛应用，因此需要掌握吸附类型、吸附曲线、吸附等温式、固-气相催化等理论知识。另外，越来越多的表面镀覆过程是在密闭的容器中、在一定的真空条件下进行的，各种吸附与解吸对容器内压强以及镀覆质量产生显著影响，如果容器内有带电质点，那么还会出现一系列的新现象，因此要深入了解这些现象以及研究得到的理论。

6. 胶体理论

一种或几种物质分散在另一种物质中构成了分散系统，按其分散粒子的大小可大致分为分子分散系统（分散粒子半径小于 10^{-9} m）、胶体分散系统（分散粒子半径为 10^{-9} ~ 10^{-7} m）、粗分散系统（分散粒子半径为 10^{-7} ~ 10^{-5} m）三类。胶体分散系统中的分散粒子可简称为胶体或胶体粒子，它们可以是单个分子（高分子化合物），也可以是多个分子的聚集物，其大小不限于上述三维尺寸范围。胶体粒子可以是固体也可以是液体或气体。胶体分散系统有许多独特的表面性质和其他性质，已在生产实际和日常生活中得到广泛应用，并且在当代科学技术前沿如纳米材料制备、生物膜模拟、LB膜和自组装等技术中也获得重要应用。胶体理论主要是胶体化学，对深入研究胶体、大分子溶液、乳状液和其他各种分散体系及与表面现象有关的体系的物理、化学和力学性质是十分重要的。

7. 电化学与腐蚀理论

电化学是涉及电流与化学反应的相互作用以及电能与化学能相互转化的一门科学。电化学方法的特点是在溶液中施加外电场，由于在电极/溶液界面形成的双电层厚度很薄，电场强度极强，因而属于极限条件下制备的方法。电化学系统包括电极和电解质两部分，其实质为电池，在基础内容上相应分为电极学（电极的热力学和动力学）和电解质学（电介质的热力学和动力学）两方面。电化学在工业上用于电镀、电解、化学电源、金属防蚀以及功能材料制备等重要领域。在腐蚀方面，绝大部分金属腐蚀是电化学原因引起的，研究电化学腐蚀理论对于金属防腐蚀工程有着重要的指导意义。

8. 表面摩擦与磨损理论

自然界中只要有相对运动就一定伴随摩擦。两个相互接触物体在外力作用下发生相对运动或具有相对运动的趋势时，在接触面之间产生切向的运动阻力即摩擦。没有摩擦，人们的生活和生产难以进行，同时，由摩擦造成的磨损又可能带来很大的危害。材料的磨损失效已成为三大失效方式（腐蚀、疲劳、磨损）之一。磨损的过程是很复杂的，按磨损机理可分为黏着磨损、磨料磨损、表面疲劳磨损和磨蚀磨损四个主要类型。每个类型的磨损又可分为若干不同的磨损方式。深入研究磨损理论和各种磨损的具体规律以及磨损的评定方式,对于降低磨损的危害程度是必要的。

1.6.2 表面覆盖工程

表面覆盖工程的内容广泛,主要涉及电镀、化学镀、材料表面化学处理和表面涂覆等。虽然通过物理气相沉积和化学气相沉积得到的镀膜也属于表面覆盖工程,但考虑到它涉及的应用基础理论有一定的独立性,因而从表面覆盖工程的内容中分离出去,按“表面沉积工程”独立阐述。

1.6.3 表面改性工程

表面改性是指采用机械、物理、化学等方法,改变材料表面形貌、化学成分、相组成、微观结构、缺陷状态或应力状态,从而使材料表面获得某些特殊性能。表面改性是一个含义广泛的概念,各种覆盖和沉积等都属于“表面改性”,但为分类需要,常将表面改性限定为“改变材料表面、亚表面的组织结构,从而改变材料的表面性能”,例如,喷丸强化、表面热处理、化学热处理、等离子扩散处理、激光表面处理、电子束表面处理、高密度太阳能表面处理、离子注入表面改性等。

1.6.4 表面沉积工程

气相沉积是利用气相之间的反应,在各种材料表面沉积单层或多层薄膜,从而使材料或制品获得所需要的各种优异性能。这种技术的应用有着十分广阔的前景。

气相沉积需要一个特定的真空环境,使各种气相之间的反应和沉积在材料或制品表面上不致受到大气中气体分子的干扰以及杂质的不良影响。可以说,气相沉积是以真空技术为基础的。

气相沉积有物理气相沉积与化学气相沉积之分。物理气相沉积有真空蒸镀、溅射镀膜、离子镀膜等。化学气相沉积有常压化学气相沉积、低压化学气相沉积、等离子体化学气相沉积、有机金属化学气相沉积和激光化学气相沉积等。物理气相沉积和化学气相沉积在表面工程中有着重要的应用。

1.6.5 表面复合工程

表面工程的一个重要特点是多种学科的交叉、多种表面技术的复合或多种先进技术和适用技术的集成,即把各种表面技术及基体材料作为一个系统工程进行优化设计和优化组合,以最经济或最有效的方式满足工程的需求,因此表面复合工程在表面工程中占有很大的比重。多种技术的优化组合可以取得良好的效果,目前已有许多成功的范例,并且发现了一些重要的规律,通过深入研究,它将发挥越来越大的作用。

1.6.6 表面加工制造

表面加工制造,尤其是表面微细加工或微纳加工(micro-nano fabrication)制造,是表面工程的一个重要组成部分。目前,高新技术不断涌现,大量先进、高端产品对表面加工技术和精细化的要求越来越高。

表面加工制造有微细加工制造和非微细加工制造之分。在微电子工业中的微细加工,通常是指加工尺度从微米到纳米量级的、制造微小尺寸元器件或薄膜图形的先进制造技术,它是微电子工业的发展基础,也是半导体微波技术、声表面波技术、光集成等许多先进技术发展的基础。其他涉及加工尺度从微米到纳米量级的精密、超精密加工制造也越来越多。因此,对于这样的精细加工尺度,可以将微电子工业中的“细微加工制造”一词延伸过来,统称为“微细加工制造”。

1.6.7 表面工程设计

表面工程设计通常要将下列因素综合起来,作为一个系统进行优化设计:

①材料或制品整体的技术和经济指标。

②表面或表层的化学成分、组织结构、膜层厚度、性能要求。

③基体材料的化学成分、组织结构和状态等。

④实施表面处理或加工的流程、设备、工艺及质量监控和检验等设计。

⑤环境评估与环保设计。

⑥原材料、能源、水资源等分析设计。

⑦生产管理和经济成本的分析设计。

⑧施工厂房、场地等选择与设计。

当前,表面工程设计的研究正在不断地深入,逐步形成一种充分利用计算机,借助数据库、知识库、推理机等工具,通过演绎和归纳等科学方法来获得最佳的设计效能。

1.6.8 表面测试分析

现代科学技术为表面测试分析提供了强有力的手段,各种显微镜和分析谱仪的不断出现和完善,使人们有可能精确地直接获取各种表面信息,有条件从电子、原子、分子水平去认识表面现象,从而推动表面工程迅速发展。在工程上,各种表面检测对保证产品质量、分析产品失效原因都是十分必要的。在进行表面分析前对“大量的”或“大面积的”性能进行测量和对有关项目进行检测,才能对表面分析结果有正确的和合理的解释。因此,表面检测和表面分析都是表面工程的重要内容。

课后习题

一、填空题

1. 表面工程技术是一门用于改善机械零件、电子电器元件基体材料________的科学和技术。

2. 对于机械零件而言,表面工程主要用于提高零件表面的________、________、________,以及________等力学性能,以确保现代机械在高速、高温、高压、重载以及强腐蚀介质工况下可靠、持续地运行。

3. 对生物医学材料而言,表面工程主要用于提高人造骨骼等人体植入物的________、________,尤其是________,以保证患者的健康并提高其生活质量。

4. 表面工程技术主要是通过施加各种覆盖层或利用机械、物理、化学等方法,改变材料________、________、________、________、缺陷状态或应力状态,从而在材料表面得到所期望的成分、组织结构和性能或绚丽多彩的外观。

5. 表面工程是由多个学科交叉、综合发展起来的新兴学科。它以“________”为研究核心，在相关学科理论的基础上，根据零件表面的失效机制，以应用________及其________为特色，逐步形成了与其他学科密切相关的表面工程基础理论。

6. 表面工程学的重要特色之一是发展________，即综合运用两种或多种表面工程技术，达到“1+1>2”的功效。

7. 国家自然科学基金委员会将表面工程技术分为三类，即________、________和________，随着表面工程技术的发展，又出现了综合运用上述三类技术的复合表面工程技术和纳米表面工程技术。

8. 表面改性是指通过改变基体表面的________以达到改善表面________和________的目的。这一类表面工程技术包括化学热处理、离子注入等。

9. 表面处理是不改变基体材料的化学成分，只通过改变表面的________达到改善表面性能的目的。这一类表面工程技术包括表面淬火热处理、表面变形处理以及新发展的表面纳米化加工技术等。

10. 在工程应用中，常有无膜、薄膜与厚膜之分。表面改性和表面处理均可归为________。

11. 表面工程在金属结构材料方面的应用主要起着________、________、________、________、________等作用。

12. 非金属材料包括________和________。

13. 聚合物的化学气相沉积是将需要聚合的单体气体导入反应系统中，利用光等离子体和热等能量的活化，引起________，形成聚合物薄膜。

二、名词解释

1. 表面工程技术
2. 表面检测技术
3. 表面改性
4. 表面强化
5. 纳米表面工程技术

三、简答题

1. 为什么表面工程技术日益得到重视？
2. 表面工程的重要性主要体现在哪几个方面？
3. 结合我国的实际情况，表面工程技术的发展方向大致可以归纳为几个方面？
4. 结合我国的实际情况，表面工程技术的发展前景大致可以归纳为几个方面？

课后习题答案

第 2 章　金属表面处理技术基础理论

【学习目标】

- 理解固体材料表面特性、表面能、表面结构、吸附现象；
- 掌握金属表面腐蚀理论基础、腐蚀分类、电化学腐蚀、钝化现象、腐蚀与防护；
- 掌握金属表面摩擦与磨损的概念；
- 了解金属表面疲劳失效现象。

固体是一种重要的物质结构形态，其表面和内部具有不同的性能。人们对固体表面进行大量的研究，形成了一个新的科学领域——表面科学，它包括表面分析技术、表面物理和表面化学三个分支。表面科学是当前世界上最活跃的学科之一，是表面工程技术的理论基础。腐蚀、磨损和疲劳破坏等都是固体表面材料的流失过程，要实现对它们的控制，首先要了解材料表面流失时发生的物理和化学过程，即了解材料表面的结构、状态与特性问题。因此，本章介绍固体材料表面的一些物理、化学基础理论，为正确选择与运用表面工程技术做好理论准备。

2.1　固体材料的表面特性

固体材料分为晶体和非晶体两类。晶体中的原子在三维空间内呈周期性重复排列，而非晶体（如玻璃、木材、棉花等）内部原子的排列是无序的。工程材料中，大部分材料属于晶体，如金属、陶瓷和许多高分子材料，因此本节主要介绍晶体的表面特性。

一般地，将固体-气体或固体-液体的分界面称为表面；固体材料中成分、结构不同的两相之间的界面称为相界；多晶材料内部成分、结构相同而取向不同的晶粒之间的界面称为晶界或亚晶界。

2.1.1　固体的表面能

固体表面的原子和内部原子所处的环境不同。内部的任一原子处于其他原子的包围中，周围原子对它的作用力对称分布，因此它处于均匀的力场中，总合力为零，即处于能量最低的状态；而表面原子却不同，它与气相（或液相）接触，气相分子对表面原子的作用力可忽略不计，因此表面原子处于不均匀的力场之中，所以其能量大大升高，高出的能量称为表面能。表面能的存在使得材料表面易于吸附其他物质。

2.1.2　固体的表面结构

表面工程技术研究的对象是固体材料的表面。固体材料的表面分为三类：理想表面、清洁表面和实际表面。

1. 理想表面

固体材料的结构大体分为晶态与非晶态两类。作为基础,我们以晶态物质的二维结晶学来看理想表面的结构。理想表面是一种理论的、结构完整的二维点阵平面。这里忽略了晶体内部周期性势场在晶体表面中断的影响,也忽略了表面上原子的热运动以及出现的缺陷和扩散现象,还忽略了表面外界环境的作用等,在这些假设条件下将晶体的解离面认为是理想表面。

2. 清洁表面

晶体表面是原子排列面,有一侧是无固体原子的键合,形成了附加的表面能。从热力学来看,表面附近的原子排列总是趋于能量最低的稳定状态。达到这个稳定态的方式有两种:一是自行调整,原子排列情况与材料内部明显不同;二是依靠表面的成分偏析和表面对外来原子或分子的吸附以及这两者的相互作用而趋向稳定态,因而使表面组分与材料内部不同。表 2-1 列出了几种清洁表面的情况,由此看来,晶体表面的成分和结构都不同于晶体内部,一般要经过 4~6 个原子层之后才与体内基本相似,所以晶体表面实际上只有几个原子层范围。另外,晶体表面的最外一层也不是一个原子级的平整表面,因为这样的熵值较小,尽管原子排列做了调整,但是自由能仍较高,所以清洁表面必然存在各种类型的表面缺陷。

表 2-1 几种清洁表面的结构和特点

序号	名称	结构示意图	特点
1	弛豫		表面原子最外层原子与第二层原子之间的距离不同于体内原子间距(缩小或增大;也可以是有些原子间距增大,有些缩小)
2	重构		在平行基底的表面上,原子的平移对称性与体内显著不同,原子位置做了较大幅度调整
3	偏析		表面原子是从体内分凝出来的外来原子
4	化学吸附		外来原子(超高真空条件下主要是气体)吸附于表面,并以化学键合

表 2-1(续)

序号	名称	结构示意图	特点
5	化合物		外来原子进入表面,并且与表面原子键合形成化合物
6	台阶		表面不是原子级的平坦,表面原子可以形成台阶结构

图 2-1 为单晶表面的 TLK 模型。这个模型由 Kossel 和 Stranski 提出。TLK 中的 T 表示低晶面指数的平台(terrace);L 表示单分子或单原子高度的台阶(ledge);K 表示单分子或单原子尺度的扭折(kink)。如图 2-1 所示,除了平台、台阶和扭折外,还有表面吸附的单原子(A)以及平台空位(V)。

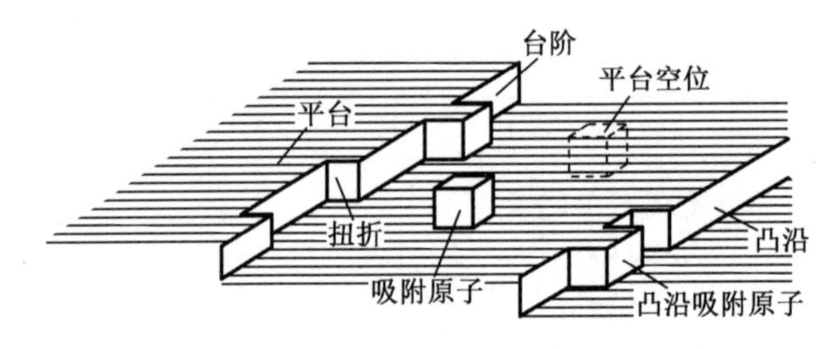

图 2-1 单晶表面的 TLK 模型

单晶表面的 TLK 模型已被低能电子衍射(LEED)等表面分析结果所证实。由于表面原子的活动能力较体内原子大,形成点缺陷的能量小,因而表面上的热平衡点缺陷浓度远大于体内。各种材料表面上的点缺陷类型和浓度都依一定条件而定,最为普遍的是吸附(或偏析)原子。

另一种晶体缺陷是位错(线)。由于位错只能终止在晶体表面或晶界上,而不能终止在晶体内部,因此位错往往在表面露头。实际上位错并不是几何学上定义的线,而近乎是一定宽度的“管道”。位错附近的原子平均能量高于其他区域的能量,容易被杂质原子所取代。如果是螺位错的露头,则在表面形成一个台阶。无论是具有各种缺陷的平台,还是台阶和扭折,都会对表面的一些性能产生显著的影响。例如 TLK 表面的台阶和扭折对晶体生长、气体吸附和反应速度等影响较大。严格地说,清洁表面是指不存在任何污染的化学纯表面,即不存在吸附、催化反应或杂质扩散等一系列物理、化学效应的表面。因此,制备清洁表面是十分困难的,通常需要在 10^{-8} Pa 的超高真空条件下解理晶体,并且进行必要的操作以保证表面在一定的时间范围内处于“清洁”状态。在几个原子层范围内的清洁表面,其偏离三维周期性结构的主要特征应该是表面弛豫、表面重构和表面台阶结构。

3. 实际表面

若固体材料的表面暴露在大气中，或暴露在具有一定大气压的某些元素气氛中，则固体表面将出现吸附、催化、分凝等物理化学过程，使表面结构复杂化。另外，固体材料的表面可能经过切割、研磨、抛光、清洗等加工处理，保持在常温和常压下，也可能处在低真空或高温下，各种外界因素都会对表面结构产生影响。为了描述实际表面的构成，早在1936年西迈尔兹曾把金属材料的实际表面区分为两个范围，如图2-2所示：一是所谓的“内表面层”，包括基体材料层和加工硬化层等；另一部分是所谓的“外表面层”，包括吸附气体层、氧化层等。对于给定条件下的表面，其实际组成及各层的厚度，与表面的制备过程、环境介质以及材料性质有关。因此实际表面结构及性质是很复杂的。

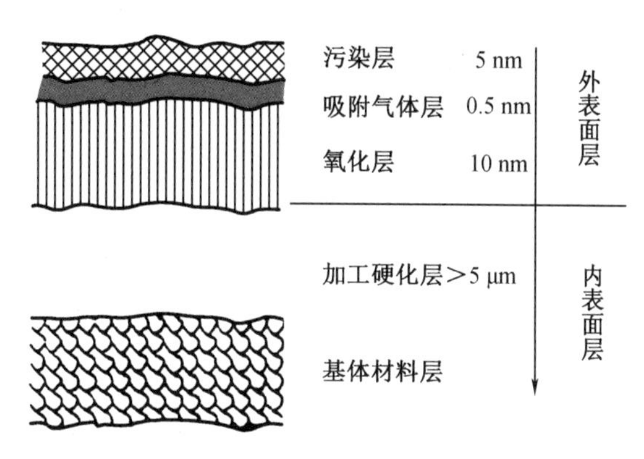

图2-2 金属材料实际表面示意图

实际表面与清洁表面相比较，有下列一些重要情况：

(1)表面粗糙度

经过切削、研磨、抛光的固体表面似乎很平整，然而用电子显微镜进行观察，可以看到表面有明显的起伏，同时还可能有裂缝、空洞等。表面粗糙度是指加工表面上具有由较小间距的峰和谷所组成的微观几何形状的特性。它与波纹度、宏观几何形状误差不同的是：相邻波峰和波谷的间距小于1 mm，并且大体呈周期性起伏，主要是由于加工过程中刀具与工件表面间的摩擦、切削分离工件表面层材料的塑性变形、工艺系统的高频振动及刀尖轮廓痕迹等原因形成的。

表面粗糙度对材料的许多性能有显著的影响。控制这种微观几何形状误差，对于实现零件配合的可靠和稳定，减小摩擦与磨损，提高接触刚度和疲劳强度，降低振动与噪声等有重要作用。因此，表面粗糙度通常要严格控制和评定。其评定参数大约有30种。

表面粗糙度的测量有比较法、激光光斑法、光切法、针描法、激光全息干涉法、光点扫描法等，分别适用于不同评定参数和不同粗糙度范围的测量。

(2)贝尔比(Beilby)层和残余应力

固体材料经切削加工后，在几微米或者十几微米的表层中可能发生组织结构的剧烈变化。例如金属在研磨时，由于表面的不平整，接触处实际上是“点”，其温度可以远高于表面的平均温度，但是由于作用时间短，而金属导热性又好，所以摩擦后该区域迅速冷却下来，原子来不及回到平衡位置，造成一定程度的晶格畸变，深度可达几十微米。这种晶格畸变是随深度变化的，而在最外5~10 nm厚度处可能形成一种非晶态层，称为贝尔比(Beilby)层，其成分为金属和它的氧化层，而性质与体内明显不同。

贝尔比层具有较高的耐磨性和耐蚀性,这在机械制造时可以利用。但是在其他许多场合,贝尔比层是有害的,例如在硅片上进行外延、氧化和扩散之前要用腐蚀法除掉贝尔比层,因为它会感生出位错、层错等缺陷而严重影响器件的性能。

金属在切割、研磨和抛光后,除了表面产生贝尔比层之外,还存在着各种残余应力,同样对材料的许多性能产生影响。实际上残余应力是材料经各种加工、处理后普遍存在的。

残余应力(内应力)按其作用范围大小可分为宏观内应力和微观内应力两类。材料经过不均匀塑性变形后卸载,就会在内部残存作用范围较大的宏观内应力。许多表面加工处理能在材料表层产生很大的残余应力。焊接也能产生残余应力。材料受热不均匀或各部分热胀系数不同,在温度变化时就会在材料内部产生热应力,这也是一种内应力。

微观内应力的作用范围较小,大致有两个层次:一种是其作用范围大致与晶粒尺寸为同一数量级,例如多晶体变形过程中各晶粒的变形是不均匀的,并且每个晶粒内部的变形也不均匀,有的已发生塑性变形,有的还处于弹性变形阶段。当外力去除后,属于弹性变形的晶粒要恢复原状,而已产生塑性流动的晶粒就不能完全恢复,造成了晶粒之间互相牵连的内应力,如果这种应力超过材料的抗拉强度,就会形成显微裂纹。另一种微观内应力的作用范围更小,但却是普遍存在的。对于晶体来说,由于普遍存在各种点缺陷(空位、间隙原子)、线缺陷(位错)和面缺陷(层错、晶界、孪晶界),在它们周围引起弹性畸变,因而相应地存在内应力场。金属变形时,外界对金属做的功大多转化为热能而散失,大约有小于10%的功以应变能的形式储存于晶体中,其中绝大部分用来产生位错等晶体缺陷而引起弹性畸变(点阵畸变)。

残余应力对材料的许多性能和各种反应过程可能产生很大的影响,有利有弊。例如材料在受载时,内应力与外应力一起发生作用。如果内应力方向和外应力方向相反,就会抵消一部分外应力,从而起到有利的作用;如果两者方向相同则相互叠加,起不利作用。许多表面技术就是利用这个原理,即在材料表层产生残余压应力,来显著提高零件的疲劳强度,降低零件的疲劳缺口敏感度。

2.1.3 固体表面的吸附现象

吸附是固体表面最重要的特征之一。由于固体表面上原子或分子的力场是不饱和的,就有吸引其他物质分子的能力,从而使环境介质在固体表面上的浓度大于体相中的浓度,这种现象称为吸附。吸附作用使固体表面能降低,是自发过程。在表面工程技术中,许多工艺都是通过基体与气体或液体表面的接触作用来实现的,因此了解表面对气体和液体的吸附作用规律是非常重要的。

1. 固体表面对气体的吸附

固体表面对气体的吸附可以分为物理吸附和化学吸附两类。

(1)物理吸附

物理吸附是固体与气体原子之间靠范德华力作用而结合的吸附。范德华力存在于任何两个分子之间,所以任何固体对任何气体或其他原子都有这类吸附作用,即吸附无选择性,只是吸附的程度随气体或其他原子的性质不同而有所差异。物理吸附的吸附热较小。物理吸附层可看作蒸气冷凝时形成的液膜,其吸附热数量级与液化热相近,一般小于40 kJ/mol,但物理吸附层不稳定,容易脱附(解吸),对表面结构和性能的影响较小。同时,物理吸附不需要活化能,并且具有较快的吸附速度。

(2)化学吸附

化学吸附是固体与气体原子之间是靠化学键作用而结合的吸附。化学吸附来源于剩余的不饱和键力。吸附时表面与被吸附分子间发生了电子交换,电子或多或少地被两者所共有,其实质上是形成了化合物,即发生了强键结合。显然,并非任何分子(或原子)间都可以发生化学吸附,吸附有选择性,两者间必须能形成强键。化学吸附的吸附热与化学反应热接近,并且明显大于物理吸附热。化学吸附比较稳定,不易脱附,而且发生在特定的固-气体系中,吸附需要活化能,吸附速度较慢。吸附热数量级与化学反应热相近,一般为 80~400 kJ/mol,气体原子在基底上往往通过化学作用来形成覆盖层,或者形成置换式或间隙式合金型结构,对表面结构和性能影响大。物理吸附与化学吸附两者的区别见表 2-2。

表 2-2 物理吸附与化学吸附的区别

吸附性质	物理吸附	化学吸附
吸附力	范德华力,弱	化学键力,强
吸附热	小,接近液化热(1~40 kJ/mol)	大,接近反应热(80~400 kJ/mol)
吸附温度	低温	较高温度
吸附选择性	无,任何固-气体系	有,特定的固-气体系
吸附速率	快,不需活化能	慢,需活化能
吸附层数	单分子层或多分子层	仅单分子层
吸附层结构	基本同吸附层分子结构	形成新的化合态
可逆性	可逆,容易吸附	不可逆,不易吸附

虽然物理吸附和化学吸附有明显的区别,但二者并不是孤立的、截然分开的,对同一固体表面常常既有物理吸附,又有化学吸附。而且,气体先进行物理吸附再发生化学吸附要比先解离再发生化学吸附容易得多。

常见气体对大多数金属而言,其吸附强度大致可按下列顺序排列:$O_2>C_2H_2>C_2H_4>CO>H_2>CO_2>N_2$。

固体表面对气体的吸附在表面工程技术中的作用非常重要。例如,气相沉积时薄膜的形核首先通过固体表面对气体分子或原子的吸附来进行。类似现象在热扩渗工艺的气体渗碳、渗氮等工艺中也存在。

2. 固体表面对液体的吸附

固体表面对液体分子同样有吸附作用,一般是通过液体对固体表面的润湿与铺展来实现的。

(1)润湿作用

润湿是指液体对固体表面浸润、附着的能力。润湿是生活和生产中经常碰到的现象,例如,水滴在洁净的玻璃片上,会展开成一薄层;滴在涂有蜡的玻璃片上,则成为球形。前者称为能润湿,后者称为不能润湿。

能被水润湿的固体叫亲水性固体,如玻璃、氧化物、石英等;不能被水润湿的固体叫憎水性固体,如石蜡、石墨、硫黄等。但通过表面活性物质在固体表面上的吸附,可以改变固体表面的特性,使不能被润湿变为能被润湿,这种表面活性剂称为润湿剂。

液体对固体的润湿能力常用润湿角 θ 来衡量。润湿角 θ 指气、液、固三相接触点上液面的切线与固-液界面之间的夹角。根据 θ 的大小，就可以判断固体能否被液体润湿及润湿的程度，如图 2-3 所示。

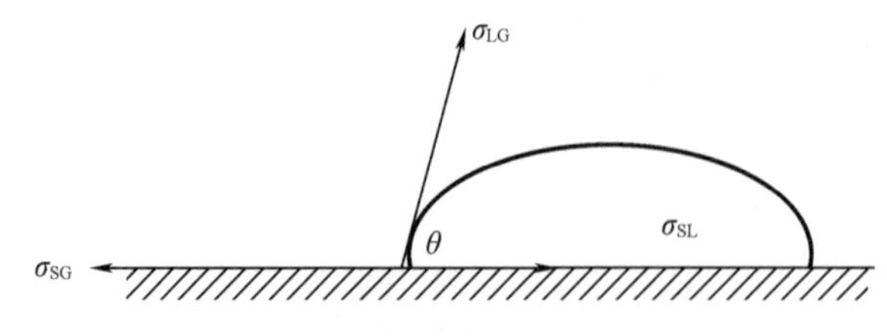

图 2-3 固体的润湿性和润湿角

当 $\theta<90°$ 时，称为润湿。θ 越小，润湿性越好，液体越容易在固体表面展开。

当 $\theta>90°$ 时，称为不润湿。θ 越大，润湿性越不好，液体越不易铺展开，易收缩为球状。若 $\theta=0°$ 和 $\theta=180°$ 时，则相应地称为完全润湿和完全不润湿。

润湿角与界面张力密切相关，其关系一般服从下面的 Young 方程：

$$\sigma_{SG}=\sigma_{SL}+\sigma_{LG}\cos\theta \text{ 或 } \cos\theta=(\sigma_{SG}-\sigma_{SL})/\sigma_{LG} \tag{2-1}$$

式中，σ_{SG} 是固-气的界面张力；σ_{SL} 是固-液的界面张力；σ_{LG} 是液-气的界面张力。

从式(2-1)所示的 Young 方程中可看出，通过增大固-气界面张力 σ_{SG}、降低固-液界面张力 σ_{SL} 和液-气界面张力 σ_{LG} 能够有效地提高润湿性，促进固体对液体的吸附。

(2)铺展系数

表面热力学中，液体在固体表面上的展开能力常用铺展系数 S 的大小来表示，其公式为

$$S_{L/S}=\sigma_{SG}-\sigma_{SL}-\sigma_{LG}=\sigma_{LG}(\cos\theta-1) \tag{2-2}$$

当 $S_{L/S}>0$ 时，液体在固体表面会自动展开；当 $S_{L/S}<0$ 时，液体在固体表面上不铺展。因此可用 S 的大小表示液体在固体表面上的展开能力。$S_{L/S}>0$ 为液体在固体表面自动铺展的基本条件，这意味着 $\sigma_{SG}-\sigma_{SL}>\sigma_{LG}$，此时 Young 方程已不适用，或者说润湿角已不存在。铺展是润湿的最高标准，极限情况下，可得到一个分子层厚度的铺展膜层。

以上所述的表面润湿都是以理想的平滑表面为基础的。当固体表面粗糙度为 i 时，上述各公式必须进行修正，式(2-2)应该修正为

$$S_{L/S}=\sigma_{LG}(i\cos\theta-1) \tag{2-3}$$

由式(2-3)可见，粗糙表面的铺展系数远大于光滑表面。也就是说，在光滑表面上不能自发铺展的液体，在粗糙表面上可能自发铺展。这更说明了表面预处理工艺和表面工程技术实施前的材料表面状态对表面覆盖层的质量影响很大。

(3)润湿理论的应用

润湿理论在工程技术尤其是表面工程技术中应用很广泛。例如，在生产上可以通过改变三个相界面上的 σ 值来调整润湿角，若加入一种使 σ_{SL} 和 σ_{LG} 减小的表面活性物质，可使 θ 减小，润湿程度增大；反之，若加入某种使 σ_{SL} 和 σ_{LG} 增大的惰性表面物质，可使 θ 增大，润湿程度减小。

对于表面重熔、表面合金化、表面覆层及涂装等技术，都希望获得大的铺展系数。常通过表面预处理使材料表面有合适的粗糙度，以及对覆盖层材料的表面成分进行优化设计，使 S 值尽量大些，这样易于得到均匀、平滑的表面。对于一些润湿性差的材料表面，则必须增加中间过渡层。在热喷涂、喷焊和激光熔覆工艺中广泛使用的自熔性合金，就是在常规

合金成分的基础上，加入一定含量的硼、硅元素，使材料的熔点大幅度降低，流动性增强，同时提高喷涂材料在高温液态下对基材的润湿能力而设计的。

日常生活中利用润湿理论的另一个典型例子就是不粘锅表面的不粘涂层。金属炊具在使用的过程中，其底部经常粘有一层难以清洗的锅巴、油渍等物质。在金属炊具的表面涂一层不粘涂层就能较好地解决这一问题，即在铝、钢铁等金属锅表面先预制备打底涂层后，在最表面上涂覆一层憎水性的高分子材料，如聚四氟乙烯(PTFE)等。由于水在该憎水涂层表面不能润湿，在干燥后饭粒也不会与基体紧密黏附而形成锅巴。利用不粘涂层的原理还可制备防腐涂层，即在被保护的材料表面涂覆一层不粘涂层，可以防止材料表面有电解质溶液长期停留，从而避免形成腐蚀原电池。

3. 固体表面的反应

(1)氧化膜的形成

表面化学反应是指吸附物质与固体表面相互作用形成了一种新的化合物，这时无论是吸附还是吸附物质的特性都发生了根本变化。对于腐蚀和摩擦系统，有重大影响的化学反应就是随着氧的吸附发生的氧化反应，其结果是形成表面氧化膜。

由于固体表面与气体会发生作用，因此当固体暴露在一般的空气中时，表面就会吸附氧或水蒸气，甚至在一定的条件下发生化学反应而形成氧化物或氢氧化物。试验证明，在常温常压下，大多数金属表面都覆盖着一层约20个分子层厚的氧化膜。

此外，金属在高温下的氧化也是一种典型的腐蚀现象，所形成的氧化物大致有三种类型：一是不稳定的氧化物，如金、铂等的氧化物；二是挥发性的氧化物，如氧化铝等，它以恒定的、相当高的速率形成；三是在金属表面上形成一层或多层氧化物，这是经常遇到的情况。例如在铁的表面可生成几种铁的氧化物，如图2-4所示。

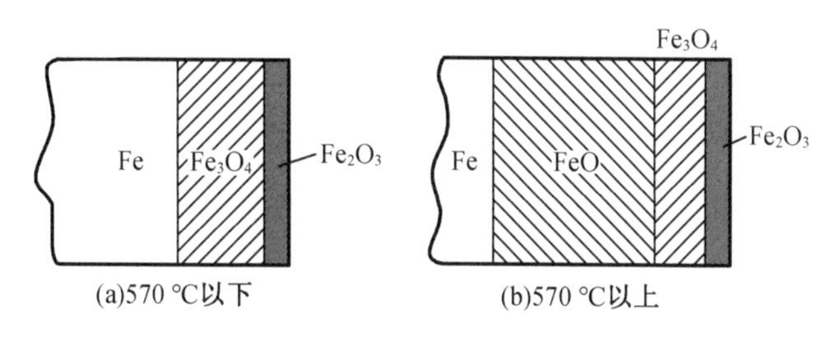

图2-4 铁表面氧化膜结构示意图

(2)金属表面的反应

金属表面的反应是各种金属表面处理工艺中的一个重要过程，是一种多相反应。多相反应的特点是反应在界面上进行，或反应物质通过界面进入相内进行。因此，多相反应除和单相反应一样受温度、浓度、压力等的影响外，还与各种表面现象、表面状态(钝化及活化)及金属的表面催化作用密切相关。

按反应物的聚集状态，多相反应可分为以下几种。

①如金属的大气腐蚀、气相沉积、钢的渗碳、钢的脱碳等。

②如金属在溶液中的溶解、各种液体介质化学热处理、电化学反应等。

③固-固反应在高温下石墨与钢直接接触会发生渗碳反应，但一般的固体渗碳的表面反应实际上属于气-固反应。

④离子-固反应，如离子氮化、离子扩渗。

2.2 金属表面腐蚀理论基础

材料的腐蚀问题遍及工业、农业、国防等国民经济的各个领域。金属是广泛使用的工程材料，凡是有金属材料存在的场合，都不同程度地存在着腐蚀问题。由于腐蚀，大量得之不易的有用材料变成废料。据调查，全世界每 90 s 就有 1 t 钢被腐蚀成铁锈，而炼制 1 t 钢所需的能源则可供一个家庭使用 3 个月。由此可见，腐蚀实际上是对自然资源的极大浪费。在一些工业发达国家，每年因腐蚀造成的直接经济损失约占国民生产总值的 4%；全球每年因腐蚀造成的损失约达 7 000 亿美元，是自然灾害（即地震、台风、水灾等）损失总和的 6 倍。此外，腐蚀破损或断裂不仅导致有害物质的泄漏，污染了环境，有时还会引起突发的灾难性事故，危及人身安全。

人类在与腐蚀现象长期斗争的过程中，不断对腐蚀机理和规律进行深入的研究，建立了一定的基础理论，并探索出了一系列行之有效的腐蚀控制方法。其中采用各种表面工程技术是对材料和工程设备进行腐蚀防护的有效方法。所以，了解腐蚀的基本原理，对利用和开发表面工程新技术、新工艺是非常必要的。

2.2.1 腐蚀的分类

腐蚀的广义定义是指金属和非金属等材料由于环境作用引起的破坏和变质。材料腐蚀的环境复杂，影响因素很多，具有不同的分类方法。腐蚀学科中研究最多的是金属材料的腐蚀。目前金属的腐蚀一般根据以下两种方法分类：按腐蚀机理分类和按腐蚀形态分类。

1. 按腐蚀机理分类

根据腐蚀发生的机理，金属腐蚀可分为化学腐蚀、电化学腐蚀和物理腐蚀三大类。

（1）化学腐蚀

化学腐蚀是指金属表面与非电解质发生纯化学作用而引起的破坏。金属在高温气体中的硫腐蚀、金属的高温氧化均属于化学腐蚀。例如金属和干燥气体（如 O_2、H_2S、SO_2、Cl_2 等）接触时，在金属表面生成相应的化合物（如氧化物、硫化物、氯化物等）。

（2）电化学腐蚀

电化学腐蚀是指金属表面与离子导电的介质发生电化学反应而引起的破坏。电化学腐蚀是最普遍、最常见的腐蚀，如金属在大气、海水、土壤和各种电解质溶液中的腐蚀均属此类。

（3）物理腐蚀

物理腐蚀是指金属由于单纯的物理溶解而引起的破坏。其特点是：当低熔点的金属熔入金属材料中时，会对金属材料产生“切割”作用。由于低熔点的金属强度一般比较低，在受力状态下它将先行断裂，从而成为金属材料的裂纹源。应该说，此类腐蚀在工程中并不多见。

2. 按腐蚀形态分类

根据腐蚀形态，金属腐蚀可分为全面腐蚀、局部腐蚀和应力腐蚀三大类。

（1）全面腐蚀

全面腐蚀也称为均匀腐蚀，是在较大面积上产生的程度基本相同的腐蚀。均匀腐蚀是危险性最小的一种腐蚀。

工程中往往是给出足够的腐蚀余量就能保证材料的机械强度和使用寿命。

均匀腐蚀常用单位时间内腐蚀介质对金属材料的腐蚀深度或金属构件的壁厚减薄量(即腐蚀速率)来评定。《石化管道设计器材选用通则》(SH3059)中规定:腐蚀速率不超过0.05 mm/a 的材料为充分耐腐蚀材料;腐蚀速率为0.05~0.1 mm/a 的材料为耐腐蚀材料;腐蚀速率为0.1~0.5 mm/a 的材料为尚耐腐蚀材料;腐蚀速率超过0.5 mm/a 的材料为不耐腐蚀材料。

(2)局部腐蚀

局部腐蚀又称为非均匀腐蚀,其危害远比均匀腐蚀大,因为均匀腐蚀容易被发觉,容易设防,而局部腐蚀难以预测和预防,往往在没有先兆的情况下,使金属构件突然发生破坏,从而造成重大的火灾或人身伤亡事故。局部腐蚀很普遍,据统计,均匀腐蚀占所有腐蚀中的18%左右,局部腐蚀占了80%左右。

①点蚀

集中在全局表面个别小点上的深度较大的腐蚀称为点蚀,也叫孔蚀。点蚀孔直径等于或小于深度,其形态如图2-5所示。

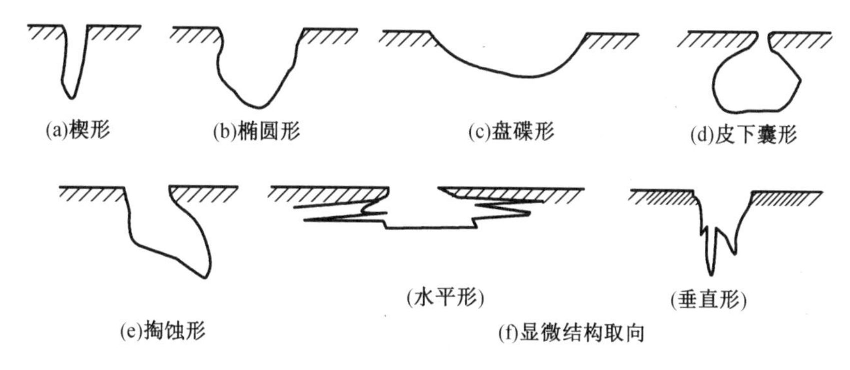

图2-5 点蚀孔的各种剖面形状

点蚀是管道最具有破坏性的隐藏的腐蚀形态之一。奥氏体不锈钢管道在输送含 Cl^- 或 Br^- 的介质时最容易产生点蚀。不锈钢管道外壁如果常被海水或天然水润湿,也会产生点蚀,这是因为海水或天然水中含有一定的 Cl^-。

不锈钢的点蚀过程可分为蚀孔的形成和蚀孔的发展两个阶段。

钝化膜的不完整部位(露头位错、表面缺陷等)作为点蚀源,在某一段时间内呈现活性状态,电位变负,与其邻近表面之间形成微电池,且具有大阴极小阳极面积比,使点蚀源部位金属快速溶解,蚀孔开始形成。已形成的蚀孔随着腐蚀的继续进行,小孔内积累了过量的正电荷,引起外部 Cl^- 的迁入以保持电中性,继之孔内氯化物浓度增加。由于氯化物水解使孔内溶液酸化,又进一步加速孔内阳极的溶解,这种自催化作用的结果,使蚀孔不断向深处发展,如图2-6所示。

溶液滞留容易产生点蚀,增加流速会降低点蚀倾向,敏化处理及冷加工会增加不锈钢点蚀的倾向,固溶处理能提高不锈钢耐点蚀的能力。钛的耐点蚀能力优于奥氏体不锈钢。

碳钢管道也发生点蚀,通常是在蒸气系统(特别是低压蒸气)和热水系统,遭受溶解氧的腐蚀,温度在80~250 ℃时最为严重。虽然蒸气系统是除氧的,但由于操作控制不严格,很难保证溶解氧量不超标,因此溶解氧造成碳钢管道产生点蚀的情况经常会发生。

②缝隙腐蚀

当管道输送的物料为电解质溶液时,在管道内表面的缝隙处,如法兰垫片处、单面焊未焊透处等，均会产生缝隙腐蚀。一些钝性金属如不锈钢、铝、钛等容易产生缝隙腐蚀。

缝隙腐蚀的机理，一般认为是浓差腐蚀电池的原理，即由于缝隙内和周围溶液间氧浓度或金属离子浓度存在差异造成的缝隙腐蚀。缝隙腐蚀在许多介质中发生，但以在含氯化物的溶液中最为严重，其机理不仅是氧浓差电池的作用，还有像点蚀那样的自催化作用，如图 2-7 所示。

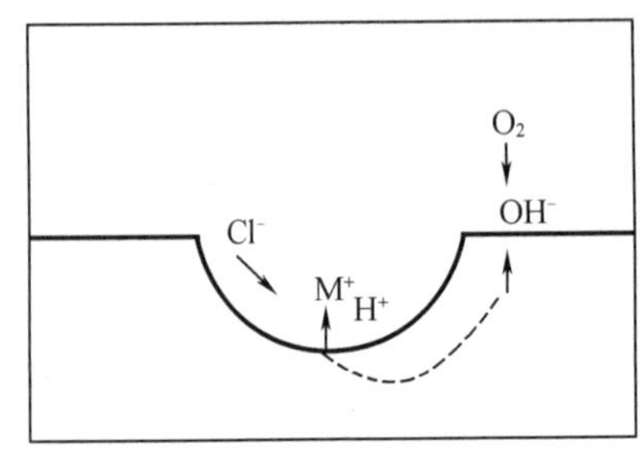

图 2-6 点蚀孔生长机理

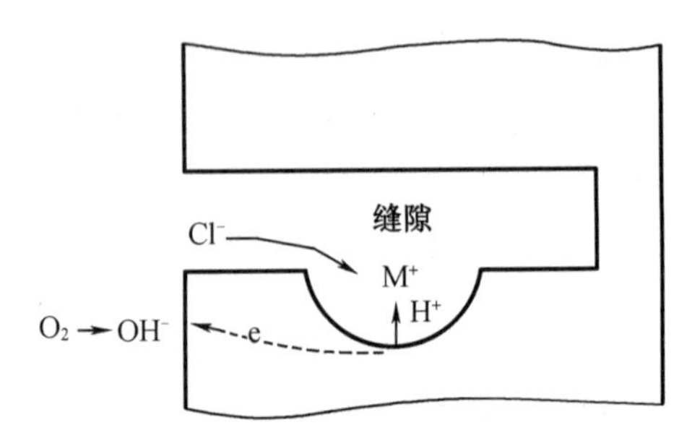

图 2-7 缝隙腐蚀的机理

③焊接接头的腐蚀

焊接接头的腐蚀通常发生于不锈钢管道，有三种腐蚀形式。

a. 焊肉被腐蚀成海绵状，这是奥氏体不锈钢发生的 δ 铁素体选择性腐蚀。为改善焊接性能，奥氏体不锈钢通常要求焊缝含有 3%~10%的铁素体组织，但在某些强腐蚀性介质中会发生 δ 铁素体选择性腐蚀，即腐蚀只发生在 δ 铁素体相(或进一步分解为 σ 相)，结果呈现海绵状。

b. 热影响区腐蚀，造成这种腐蚀的原因是焊接过程中这里的温度正好处于敏化区，有充分的时间析出碳化物，从而产生了晶间腐蚀。晶间腐蚀是腐蚀局限在晶界和晶界附近而晶粒本身腐蚀比较小的一种腐蚀状态，其结果将造成晶粒脱落或使材料机械强度降低。

晶间腐蚀的机理是“贫铬理论”，不锈钢因含铬而具有很高的耐蚀性，其含铬量(质量分数)必须超过 12%，否则其耐蚀性能和普通碳钢差不多。不锈钢在敏化温度范围内(450~850 ℃)，奥氏体中过饱和固溶的碳将和铬化合生成 $Cr_{23}C_6$，沿晶界沉淀析出。由于奥氏体中铬的扩散速度比碳慢，于是生成 $Cr_{23}C_6$ 所需的铅必然从晶界附近获取，从而造成晶界附近区域贫铬。如果含铬量降低到 12%(钝化所需极限含铬量)以下，则贫铬区处于活化状态，作为阳极，它与晶粒之间构成腐蚀原电池，贫铬区阳极面积小，晶粒阴极面积大，从而造成晶界附近贫铬区的严重腐蚀。

c. 熔合线处的刀口腐蚀，一般发生在用 Nb 及 Ti 稳定的不锈钢。刀口腐蚀大多发生在氧化性介质中，刀口腐蚀示意图如图 2-8 所示。

④磨损腐蚀

磨损腐蚀也称为冲刷腐蚀，当腐蚀性流体在弯头、三通等拐弯部位突然改变方向，它对金属及金属表面的钝化膜或腐蚀产物层产生机械冲刷破坏作用，同时又对不断露出的金属新鲜表面进行激烈的电化学腐蚀，从而造成比其他部位更为严重的腐蚀损伤。这种损伤是金属以其离子或腐蚀产物从金属表面脱离，而不是像纯粹的机械磨损那样以固体金属粉末脱落。

如果流体中夹有气泡或固体悬浮物，则最易发生磨损腐蚀。不锈钢的钝化膜耐磨损腐蚀性能较差，钛则较好。蒸气系统、H_2S-H_2O 系统的碳钢管管道弯头、三通的磨损腐蚀均较严重。

⑤冷凝液腐蚀

对于含水蒸气的热腐蚀性气体管道，在保温层中止处或破损处的内壁，由于局部温度降至露点以下，将发生冷凝现象，从而造成冷凝液腐蚀，即露点腐蚀。

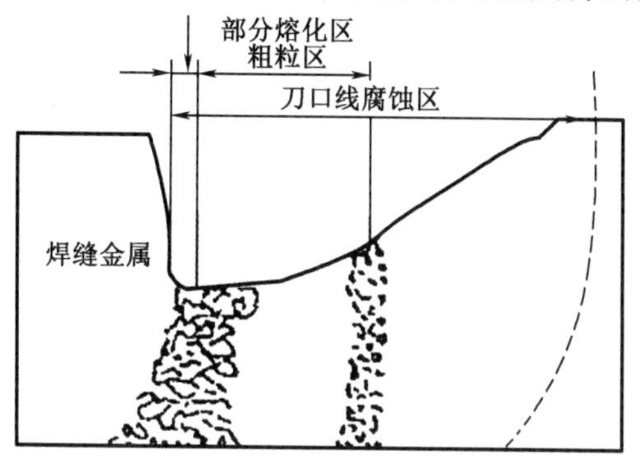

图2-8 刀口腐蚀

⑥涂层破损处的局部大气锈蚀

对于化工厂的碳钢管线，这种腐蚀有时会很严重，因为化工厂区的大气中常含有酸性气体，比自然大气的腐蚀性强得多。

(3)应力腐蚀

金属材料在拉应力和特定腐蚀介质的共同作用下发生的断裂破坏，称为应力腐蚀破裂。发生应力腐蚀破裂的时间有长有短，有经过几天就开裂的，也有经过数年才开裂的，这说明应力腐蚀破裂通常有一个或长或短的孕育期。

应力腐蚀裂纹呈枯树枝状，大体上沿着垂直于拉应力的方向发展。裂纹的微观形态有穿晶型、晶间型(沿晶型)以及两者兼有的混合型。对于管道来说，焊接、冷加工及安装时的残余应力是主要的应力来源。

并不是任何的金属与介质的共同作用都会引起应力腐蚀破裂。其中金属材料只有在某些特定的腐蚀环境中，才会发生应力腐蚀破裂。表2-3列出了容易引起应力腐蚀破裂的管道金属材料和腐蚀环境的组合。

表2-3 易产生应力腐蚀破裂的金属材料和腐蚀环境组合

材料	环境	材料	环境
碳钢及低合金钢	苛性碱溶液 氨溶液 硝酸盐水溶液 含 HCN 水溶液 湿的 CO-CO_2 空气 硝酸盐和重碳酸溶液 含 H_2S 水溶液 海水 海洋大气和工业大气 CH_3COOH 水溶液 $CaCl_2$、$FeCl_3$ 水溶液 $(NH_4)_2CO_3$ H_2SO_4-HNO_3 混合酸水溶液	奥氏体不锈钢	高温碱液如 $NaOH$、$Ca(OH)_2$、$LiOH$ 氯化物水溶液 海水、海洋大气 连多硫酸 高温高压含氧高纯水 浓缩锅炉水 水蒸气(260 ℃) 260 ℃硫酸 湿润空气(湿度90%) $NaCl+H_2O_2$ 水溶液 热 $NaCl+H_2O_2$ 水溶液 热 $NaCl$ 湿的 $MgCl_2$ 绝缘物 H_2S 水溶液

表 2-3(续)

材料	环境
钛及钛合金	红烟硝酸 N_2O_4(含 O_2、不含 NO 24~74 ℃) 湿的 Cl_2(288 ℃、346 ℃、427 ℃) HCl(10%,35 ℃) 硫酸(7%~60%) 甲醇、甲醇蒸气 海水 四氯化碳 氟利昂
铜合金	氨蒸气及氨水溶液 三氯化铁 水、水蒸气 汞 硝酸银
铝合金	NaCl 水溶液 海水 $CaCl_2+NH_4Cl$ 水溶液 汞

①碱脆

金属在碱液中的应力腐蚀破裂称为碱脆。碳钢、低合金钢、不锈钢等多种金属材料皆可发生碱脆。碳钢(含低合金钢)发生碱脆的趋势如图 2-9 所示。

由图 2-9 可知,NaOH 浓度在 5%以上的全部浓度范围内碳钢几乎都可能发生碱脆,碱脆的最低温度为 50 ℃,所需碱液的浓度为 40%~50%,以沸点附近的高温区最容易发生。裂纹呈晶间型,奥氏体不锈钢发生碱脆的趋势如图 2-10 所示。NaOH 质量浓度在 0.1%以上时,18-8 型奥氏体不锈钢即可发生碱脆。以 NaOH 质量浓度为 40%时最为危险,此时发生碱脆的温度约为 115 ℃。超低碳不锈钢的碱脆裂纹为穿晶型,含碳量高时,碱脆裂纹则为晶间型或混合型。当奥氏体不锈钢中加入 2%钼时,则可使其碱脆界限缩小,并向碱的高浓度区域移动。镍和镍基合金具有较高的耐应力腐蚀能力,它的碱脆范围变得狭窄,而且位于高温浓碱区。

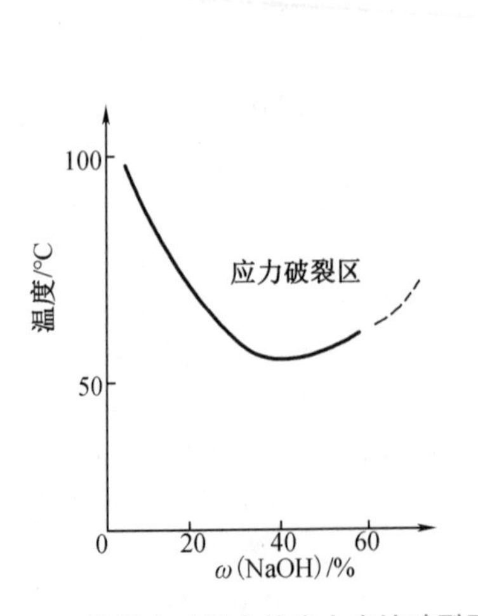

图 2-9 碳钢在碱液中的应力腐蚀破裂区

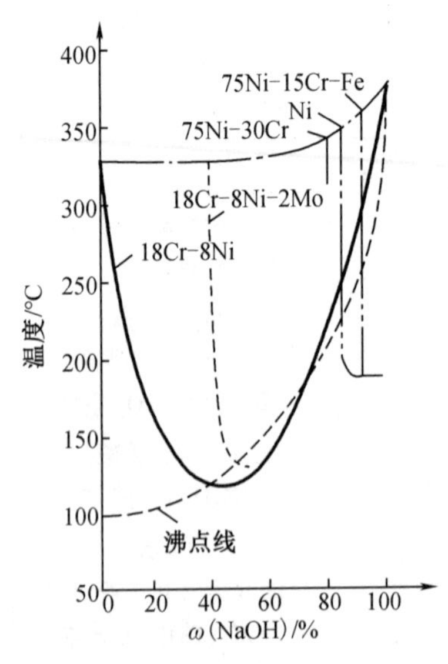

图 2-10 产生应力腐蚀破裂的烧碱浓度与温度关系(曲线上部为危险区)

②不锈钢的氯离子应力腐蚀破裂

氯离子不但能引起不锈钢孔蚀，更能引起不锈钢的应力腐蚀破裂。

发生应力腐蚀破裂的临界氯离子浓度随温度的上升而降低，高温下，氯离子的浓度只要达到 10^{-6}，即能引起应力腐蚀破裂。发生氯离子应力腐蚀破裂的临界温度为 70 ℃。具有氯离子浓缩的条件（反复蒸干、润湿）时最易发生应力腐蚀破裂。工业中发生不锈钢氯离子应力腐蚀破裂的情况相当普遍。

不锈钢氯离子应力腐蚀破裂不仅发生在管道的内壁，发生在管道外壁的事例也屡见不鲜，如图 2-11 所示。

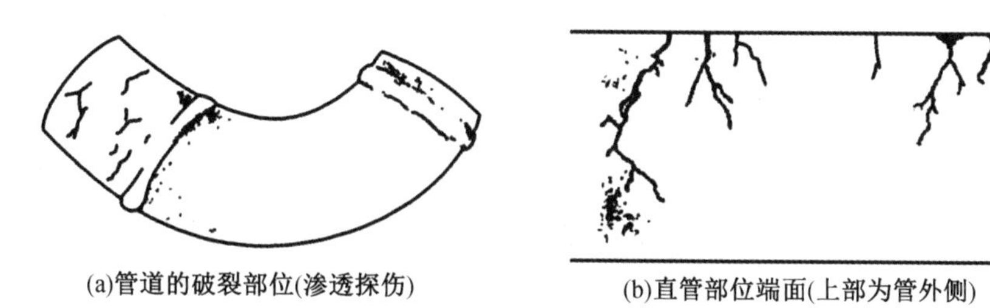

(a)管道的破裂部位(渗透探伤)　　(b)直管部位端面(上部为管外侧)

图 2-11　不锈钢管道应力腐蚀破裂

保温材料被认为是管外侧的腐蚀因素，对保温材料进行分析，其被检验出含有约 0.5%的氯离子。这个数值可认为是保温材料中含有的杂质，或由于保温层破损，浸入的雨水中带入的氯离子并经过浓缩的结果。

③不锈钢连多硫酸应力腐蚀破裂

以加氢脱硫装置最为典型，不锈钢连多硫酸（$H_2S_XO_6$，$X=3\sim5$）的应力腐蚀破裂颇为引人关注。

管道在正常运行时，受 H_2S 腐蚀，生成硫化铁，在停车检修时，硫化铁与空气中的氧及水反应生成了 $H_2S_XO_6$，在 Cr-Ni 奥氏体不锈钢管道的残余应力较大的部位（焊缝热影响区、弯管部位等）产生应力腐蚀裂纹。

④硫化物腐蚀破裂

金属在同时含有 H_2S 及水的介质中发生的应力腐蚀破裂即为硫化物腐蚀破裂，简称硫裂。在天然气、石油采集、加工炼制、石油化学及化肥等工业部门常发生管道、阀门硫裂事故。发生硫裂所需要的时间短则几天，长则几个月到几年不等，但是未见超过十年发生硫裂的事例。

硫裂的裂纹较粗，分支较少，多为穿晶型，也有晶间型或混合型。发生硫裂所需要的 H_2S 浓度很低，只要略超过 10^{-6}，甚至在小于 10^{-6} 的浓度下也会发生。

碳钢和低合金钢在 20~40 ℃温度范围内对硫裂的敏感性最大，奥氏体不锈钢的硫裂大多发生在高温环境中。随着温度的升高，奥氏体不锈钢的硫裂敏感性增加。在含 H_2S 及水的介质中，如果同时含醋酸，或者二氧化碳和氯化钠，或磷化氢，或砷、硒、锑、碲的化合物或氯离子，则对钢的硫裂起促进作用。对于奥氏体不锈钢的硫裂，氯离子和氧起促进作用，304L 和 316L 不锈钢对硫裂的敏感性有如下关系：$H_2S+H_2O<H_2S+H_2O+Cl^-<H_2S+H_2O+Cl^-+O_2$（硫裂的敏感性由弱到强）。

对于碳钢和低合金钢来说，淬火+回火的金相组织抗硫裂最好，未回火马氏体组织最差。钢抗硫裂性能依淬火+回火组织→正火+回火组织→正火组织→未回火马氏体组织的顺序递降。

钢的强度越高，越易发生硫裂，钢的硬度越高，越易发生硫裂。在发生硫裂的事故中，焊缝特别是熔合线是最易发生破裂的部位，这是因为这里的硬度最高。美国腐蚀工程师协会对碳钢焊缝的硬度进行了严格的规定：≤200 HB。这是因为焊缝硬度的分布比母材更复杂，所以对焊缝硬度的规定比母材严格。焊缝部位常发生破裂，一方面是由于焊接残余应力的作用，另一方面是焊缝金属、熔合线及热影响区出现淬硬组织的结果。为防止硫裂，焊后进行有效的热处理十分必要。

⑤氢损伤

氢渗透进入金属内部而造成金属性能劣化称为氢损伤，也称为氢破坏。氢损伤可分为四种不同类型，分别是：氢鼓泡、氢脆、脱碳和氢腐蚀。

a. 氢鼓泡及氢诱发阶梯裂纹

氢鼓泡主要发生在含湿 H_2S 的介质中。钢在这种环境中，不仅会由于阳极反应而发生一般腐蚀，而且由于 S^{2-} 在金属表面的吸附对氢原子复合氢分子有阻碍作用，从而促进氢原子向金属内渗透。当氢原子向钢中渗透扩散时，遇到了裂纹、分层、空隙、夹渣等缺陷，就聚集起来结合成氢分子造成体积膨胀，在钢材内部产生极大压力（可达数百兆帕）。如果这些缺陷在钢材表面附近，则形成鼓泡。如果这些缺陷在钢的内部深处，则诱发裂纹。它是沿轧制方向上产生的相互平行的裂纹，被短的横向裂纹连接起来形成“阶梯”。氢诱发阶梯裂纹轻者使钢材脆化，重者会使有效壁厚减小到管道过载、泄漏甚至断裂。氢鼓泡需要一个 H_2S 临界浓度值。有资料介绍，H_2S 分压在 138 Pa 时将产生氢鼓泡。如果在含湿 H_2S 介质中同时存在磷化氢、砷、碲的化合物及 CN^- 时，则有利于氢向钢中渗透，它们都是渗氢加速剂。氢鼓泡及氢诱发阶梯裂纹一般发生在钢板卷制的管道上。

b. 氢脆

无论以什么方式进入钢内的氢，都将引起钢材脆化，即伸长率、断面收缩率显著下降，高强度钢尤其严重。若将钢材中的氢释放出来（如加热进行消氢处理），则钢的力学性能仍可恢复。氢脆是可逆的。

H_2S-H_2O 介质常温腐蚀碳钢管道能渗氢，在高温高压临氢环境下也能渗氢，在不加缓蚀剂或缓蚀剂不当的酸洗过程能渗氢，在雨天焊接或在阴极保护过度时也会渗氢。

c. 脱碳

在工业制氢装置中，高温氢气管道易产生碳损伤。钢中的渗碳体在高温下与氢气作用生成甲烷，反应式为：$C(\alpha\text{-Fe 中})+2H_2(\alpha\text{-Fe 中})\longrightarrow CH_4$。反应结果导致表面层的渗碳体减少，而碳便从邻近的尚未反应的金属层逐渐扩散到此反应区，于是有一定厚度的金属层因缺碳而变成铁素体。脱碳的结果是造成钢的表面强度和疲劳极限降低。

d. 氢腐蚀

钢受到高温高压氢作用后，其力学性能劣化，强度、韧性明显降低，并且是不可逆的，这种现象称为氢腐蚀。氢腐蚀的历程可用图 2-12 来解释。

氢腐蚀的过程大致可分为三个阶段：孕育期，钢的性能没有变化；性能迅速变化阶段，迅速脱碳，裂纹快速扩展；最后阶段，固溶体中碳已耗尽。

氢腐蚀的孕育期是重要的，它往往决定了钢的使用寿命。

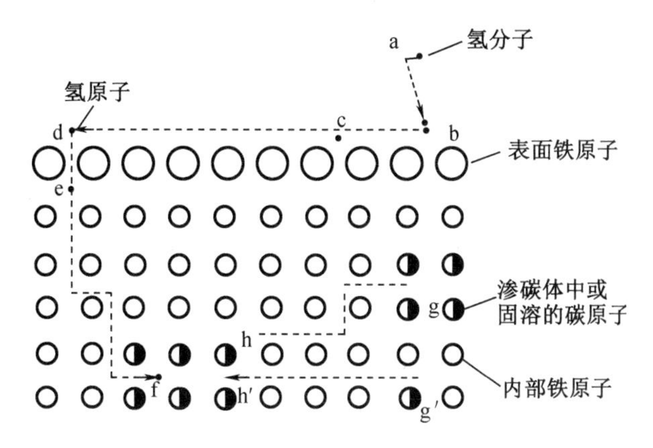

图 2-12　氢腐蚀的历程

氢压力下产生氢腐蚀有一起始温度,它是衡量钢材抗氢性能的指标。低于这个温度氢腐蚀反应速度极慢,以至孕育期超过正常使用寿命。碳钢的这一温度在 220 ℃左右。氢分压也有一个起始点(碳钢在 1.4 MPa 左右),即无论温度多高,低于此分压,只发生表面脱碳而不发生严重的氢腐蚀。

各种抗氢钢发生腐蚀的温度和压力组合条件,就是著名的 Nelson 曲线(在很多管道器材选用标准规范内均有此曲线图,如《石化管道设计器材选用通则》SH3059)。

冷加工变形,提高了碳、氢的扩散能力,对腐蚀起加速作用。某氮肥厂,氨合成塔出口至废热锅炉的高压管道,工作温度为 320 ℃左右,工作压力为 33 MPa,工作介质为 $H_2+N_2+NH_3$ 混合气,应按 Nelson 曲线选用抗氢钢。其中有一异径短管,由于错用了普通碳钢,使用不久便因氢腐蚀而破裂,造成恶性事故,损失非常惨重。

2.2.2　金属的电化学腐蚀

金属在自然环境和工业生产中的腐蚀主要是电化学腐蚀。电化学腐蚀具有一般电化学反应的特征,是一个有电子得失的氧化还原反应。工业用的金属一般都含有杂质,当其浸在电解质溶液中时,发生电化学腐蚀的实质是在金属表面上形成了许多以金属为阳极,以杂质为阴极的腐蚀电池。在绝大多数情况下,这种电池是短路了的原电池。

1. 腐蚀

电池原理将 Zn 片和 Cu 片分别浸入同一容器的稀硫酸溶液中,并用导电线通过毫安表把它们连接起来,发现毫安表的指针立即转动,说明这时已有电流通过。电流的方向是由 Cu 指向 Zn,这就是原电池装置,如图 2-13 所示。产生电流的原因是 Zn 片和 Cu 片两电极在硫酸溶液中的电极电位不同,所以电极电位差是原电池反应的驱动力。在金属腐蚀的研究中,通常规定电极电位较低的电极称为阳极,电极电位较高的电极称为阴极。由于 Zn 的电极电位较低,故 Zn 作为阳极,发生了氧化反应:$Zn \longrightarrow Zn^{2+}+2e$,Zn 阳极不断溶解,以 Zn^{2+} 进入溶液,积累的电子通过导线流向 Cu 阴极,被 H^+ 接受,在 Cu 阴极上发生了还原反应:$2H^++2e \longrightarrow H_2\uparrow$,整个电池的总反应:$Zn+2H^+ \longrightarrow Zn^{2+}+H_2\uparrow$,如果令 Zn 片和 Cu 片直接接触,并一起浸入电解质溶液中,则电子不是通过导线传递,而是通过 Zn 和 Cu 的内部进行直接传递。类似这样的电池,在讨论腐蚀问题时,称为腐蚀原电池或腐蚀电池,如图 2-14 所示。腐蚀电池实质上是一个短路原电池,亦即电子回路短接,电流不对外做功,仅进行氧化还原反应。在上述腐蚀电池中,Zn 为阳极,发生氧化反应,不断溶解;而 Cu 为阴极,溶液

中的 H^+ 发生还原反应，在铜电极上不断析出大量 H_2。腐蚀电池工作的结果是金属 Zn 遭到腐蚀。在自然界中，由不同金属直接接触的构件在海水、大气、土壤或酸、碱、盐水溶液中发生的接触腐蚀，就是由于这种腐蚀电池作用而产生的。

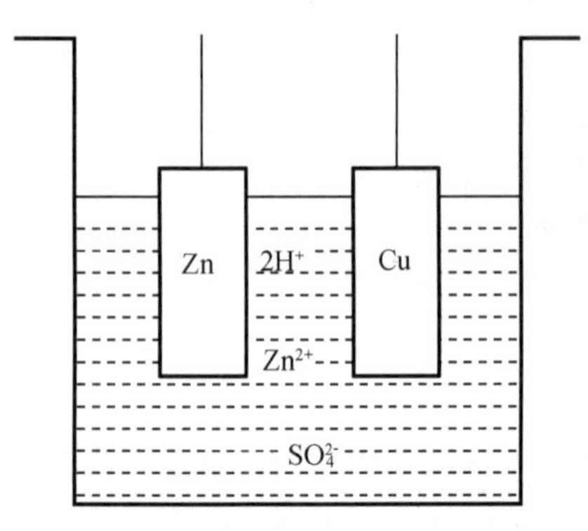

图 2-13 锌与铜在稀硫酸溶液中形成的原电池

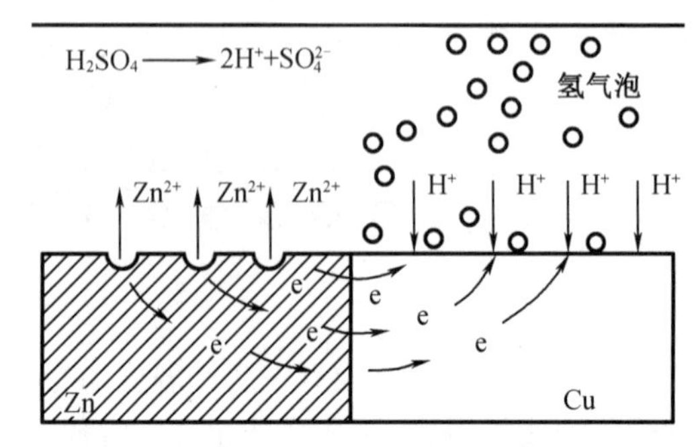

图 2-14 与铜接触的锌在硫酸中形成的腐蚀电池示意图

2. 腐蚀电池的类型

根据组成腐蚀电池的电极大小，可将腐蚀电池分为宏观腐蚀电池和微观腐蚀电池两大类。

(1)宏观腐蚀电池

宏观腐蚀电池电极的极性可用肉眼分辨出来，阴极区和阳极区保持长时间稳定，并常常产生明显的局部腐蚀。常见的宏观腐蚀电池有如下几种。

①异种金属接触电池

异种金属接触电池指当两种或两种以上不同的金属相互接触，并处于某种电解质溶液中形成的腐蚀电池。由于两金属的电极电位不同，故电极电位较低的金属将不断遭受腐蚀而溶解，而电极电位较高的金属却得到了保护。这种腐蚀现象称为电偶腐蚀。例如，铝制容器用铜钉铆接时(图 2-15)，当铆接处与电解质溶液接触，由于铝的电极电位比铜低，便形成了腐蚀电池。其结果是铜电位较高成为阴极，而铆钉周围的铝电位较低成为阳极遭受加速腐蚀。

②浓差电池

由于同一金属的不同部位所接触的溶液浓度不同所构成的腐蚀电池称为浓差电池。最常见的浓差电池有氧浓差电池和溶液浓差电池两种。其中，氧浓差电池是一种存在较普遍、危害性很大的局部腐蚀破坏形式。如果溶液中各部分含氧量不同，就会因氧浓度的差别产生氧浓差电池。贫氧区的金属电极电位较低，构成电池的阳极，而加速腐蚀；富氧区的金属电极电位较高，构成电池的阴极，而腐蚀较轻。

例如，铁桩半浸入水中，靠近水线的下部区域最容易腐蚀(图 2-16)，故常称为水线腐蚀。这是因为在水线处的金属铁直接接触空气，水层中含氧量高；而水线下面的金属铁表面处的氧溶解度低，这样就形成了氧浓差电池，由此导致水线下面铁加速腐蚀。这种水线腐蚀是生产上最为普遍的一种局部腐蚀形式。此外，氧浓差电池还是引起缝隙腐蚀、沉淀物腐蚀、盐滴腐蚀和丝状腐蚀的主要原因。

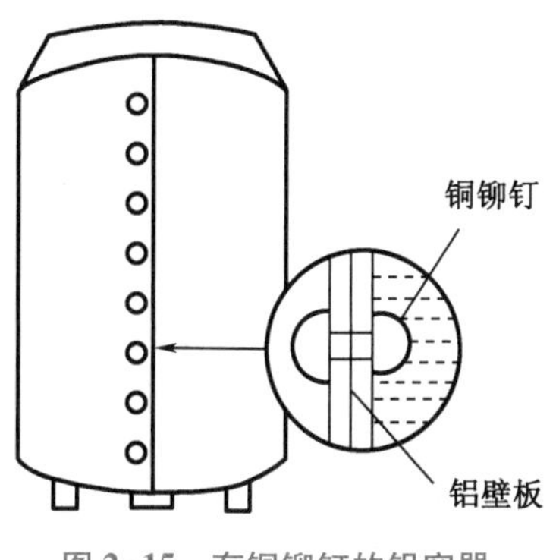

图 2-15 有铜铆钉的铝容器

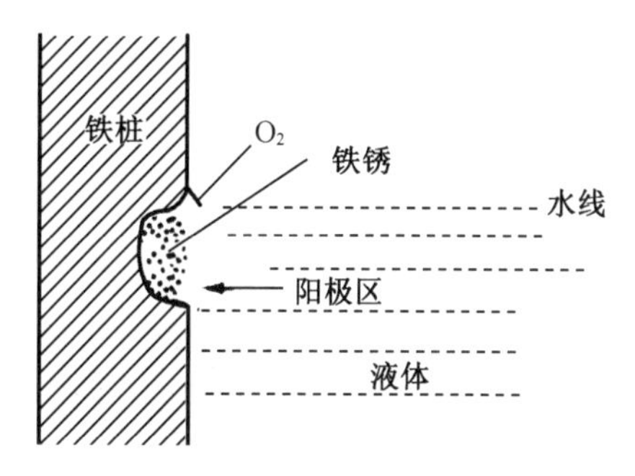

图 2-16 水线腐蚀示意图

③温差电池

温差电池是由于浸入电解质溶液中的金属处于不同的温度区域而形成的,常发生在热交换器、锅炉、浸式加热器等设备中。例如,在检查碳钢制成的换热器时,可发现其高温端比低温端腐蚀严重,这是因为高温部位的碳钢电极电位比低温部位的碳钢电极电位低,而成为腐蚀电池的阳极。但是,铜、铝等在有关溶液中不同温度下的电极行为与碳钢相反。

(2)微观腐蚀电池

由于金属表面的电化学不均匀性,在金属表面产生许多微小的电极,由此而构成的各种各样的微观腐蚀电池,简称为微电池。微电池产生的原因主要有以下几个方面。

①金属化学成分的不均匀性

绝对纯的金属是没有的,尤其是工业上使用的金属常常含有各种杂质。如碳钢中的渗碳体、铸铁中的石墨、工业纯锌中的铁杂质等,这些物质的电极电位都比基体金属高,故作为微电池的阴极,并通过电解质溶液短路形成众多的微电池,从而加速基体金属的腐蚀。含有杂质的工业纯锌形成的微电池原理如图 2-17 所示。此外,合金凝固时产生的偏析造成的化学成分不均匀,也是引起电化学不均匀性的原因。

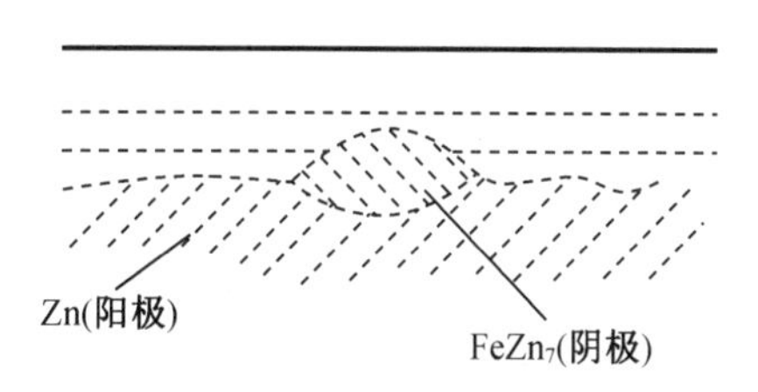

图 2-17 含有杂质的工业纯锌形成的微电池

②金属组织结构的不均匀性

由于金属和合金的晶粒与晶界之间,以及各种不同相之间的电极电位是有差异的,因此在电解质中也可以形成微电池。

③金属表面物理状态的不均匀性

金属在机械加工或构件装配过程中,由于各部位变形或应力分布的不均匀性,都可以形成微电池。一般情况下变形较大和应力集中的部位因电位较低而成为阳极。例如,铁板或钢管弯曲处易发生腐蚀就是这个原因。

④金属表面膜不完整

金属表面膜,通常指钝化膜或其他具有电子导电性的表面膜或涂层。如果这层表面膜存在孔隙或破损，则该处的基体金属通常比表面膜的电极电位低，便形成了膜-孔微电池，孔隙下的基体金属作为阳极遭到腐蚀。例如，ZK60(Mg-Zn-Zr-Mn)-0.2Ca 镁合金在含有 Cl^- 的介质中，由于 Cl^- 对钝化膜的破坏作用，膜破坏处的金属成为微阳极而发生点蚀，如图 2-18 所示。这类微电池又常称为活化-钝化电池，它们与氧浓差电池相配合，是引起易钝化金属的点蚀、缝隙腐蚀、晶间腐蚀和应力腐蚀的重要原因。

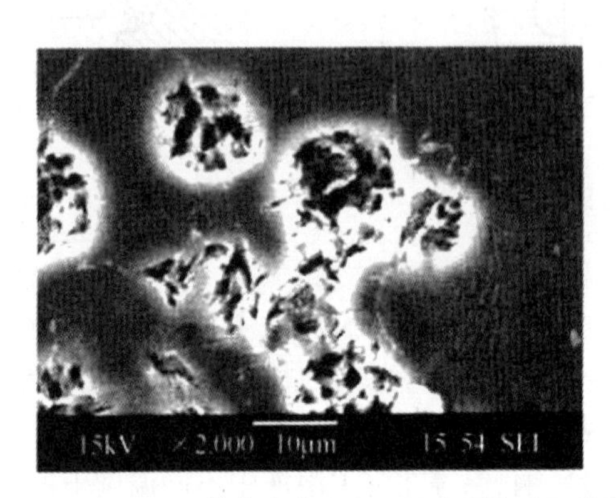

图 2-18 ZK60-0.2Ca 镁合金在 3%NaCl 中浸泡 1 h 的表面形貌

综上所述，在研究电化学腐蚀时，腐蚀电池的形成和作用十分重要，是探讨各种腐蚀类型和腐蚀破坏形态的基础。

3. 腐蚀速度与极化作用

(1)腐蚀速度

在对金属腐蚀的研究中，人们不仅关心金属是否会发生腐蚀，更关心其腐蚀速度的大小。对于全面腐蚀，常用平均腐蚀速度来衡量。通常采用质量法、深度法和电流密度法来表示金属的腐蚀速度。

①质量法

根据单位时间、单位面积上的质量变化来表示腐蚀速度。若腐蚀产物完全脱落或易于全部清除，则常采用失重法；反之，若腐蚀产物全部牢固地附着于试样表面，或虽有脱落但易于全部收集，则往往采用增重法。其计算式为

$$v=\frac{\Delta m}{St}=\frac{|m_0-m_1|}{St} \tag{2-3}$$

式中，v 为腐蚀速度，$g/(m^2 \cdot h)$；$\Delta m=|m_0-m_1|$，为试样腐蚀前质量 m_0 和腐蚀后质量 m_1 的变化量，g；S 为试样的表面积，m^2；t 为试样腐蚀的时间，h。

②深度法

腐蚀深度直接影响金属构件的寿命，因此对其测量更具实际意义。在评定不同密度的金属的腐蚀程度时，采用深度法更合适。深度法是将金属的厚度因腐蚀而减少的量，换算为相当于单位时间(a)内腐蚀掉的厚度(mm)。常用金属腐蚀的失重法与该金属的密度比值表示，可得

$$v_{深}=8.76v_{失}/\rho \tag{2-4}$$

式中，$v_{深}$ 为单位时间内的腐蚀深度，mm/a；$v_{失}$ 为失重腐蚀速度，$g/(m^2 \cdot h)$；ρ 为金属的密度，g/m^3。

③电流密度法

在电化学腐蚀中，金属的腐蚀是由阳极溶解造成的。根据法拉第定律，金属阳极每溶

解 1 mol/L 的 1 价金属，通过的电量为 1 F，即 96 485 C（库仑）。若电流强度为 I，通电时间为 t，则在时间 t 内通过电极的电量为 It，阳极所溶解掉的金属量 Δm 应为

$$\Delta m=\frac{AIt}{nF} \tag{2-5}$$

式中，A 为金属的原子量；n 为金属阳离子的价数；F 为法拉第常数，即 96 485 C/mol。对于均匀腐蚀来说，阳极面积为整个金属面积 S，故腐蚀电流密度 i_{corr} 将为 I/S。根据式（2-5）可得到腐蚀速度 $v_{失}$ 与腐蚀电流密度 i_{corr} 之间的关系：

$$v_{失}=\frac{\Delta m}{St}=\frac{A}{nF}\times i_{corr} \tag{2-6}$$

由式(2-6)可知，金属的腐蚀速度 $v_{失}$ 与腐蚀电流密度 i_{corr} 成正比，即腐蚀电流密度越小，材料的腐蚀速度就越慢。因此，可用腐蚀电流密度 i_{corr} 表示金属的电化学腐蚀速度。

(2)电极极化作用

腐蚀电池工作后，在短路几秒钟到几分钟内，通常会发现电池电流缓慢减小，最后达到一个稳定值。

电流为什么会减小？由于在短时间内电池回路的系统电阻不会发生明显的变化，因此根据欧姆定律，电流的减小只可能是两极间电位差的降低。实验表明，电流的降低主要是由阴极电位降低（$E_C<E_C^\ominus$）和阳极电位升高（$E_A>E_A^\ominus$）同时发生，使平衡电极电位差（$E_C^\ominus-E_A^\ominus$）降低至（E_C-E_A）所造成的，如图 2-19 所示。$E_C^\ominus$ 和 $E_A^\ominus$ 分别为起始时阴极和阳极的平衡电极电位；E_C 和 E_A 分别表示有电流通过时阴极和阳极的电位。

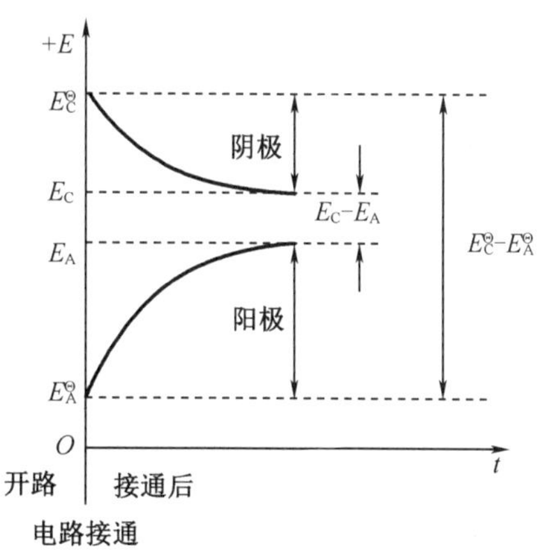

图 2-19　腐蚀电池接通前后电位的变化

这种在腐蚀电池工作后，由于产生电流而引起的电极电位的变化现象称为电极极化现象，简称极化。阴极电位的降低称为阴极极化，阳极电位的升高称为阳极极化。产生极化的原因主要是电化学极化和浓差极化，无论是阴极极化还是阳极极化，都能使腐蚀电池两极间的电位差减小，导致腐蚀电流的迅速减小，从而降低了金属的腐蚀速率。

(3)极化曲线

极化行为常用极化曲线来描述。极化曲线是表示电极电位随极化电流强度 I 或极化电流密度 i 而改变的关系曲线。

在对电化学腐蚀的研究中广泛采用腐蚀极化图，又叫埃文斯(Evans)图。腐蚀极化图是一种电位-电流图，就是把表征腐蚀电池的阳极极化曲线和阴极极化曲线画在同一图上，如图 2-20(a)所示。为方便起见，常常忽略电位随电流变化的细节，将极化曲线简化成直线形式，如图 2-20(b)所示。图中阴极极化曲线和阳极极化曲线相交于一点，交点所对应的电位称为腐蚀电位，用 E_{corr} 表示；腐蚀电位对应的电流称为腐蚀电流，用 I_{corr} 表示。金属就是以此电流不断地腐蚀。

腐蚀电位是一种不可逆的非平衡电位。一般情况下，金属腐蚀电池的阴极和阳极面积是不相等的，但稳态下流过两电极的电流是相等的，因此用 $E-I$ 极化图比较方便，并且对于

均匀腐蚀和局部腐蚀都适用。在均匀腐蚀时,整个金属面同时起阴极和阳极的作用,阴极和阳极面积相等,这时还可采用电位-电流密度($E-i$)极化图。当阴、阳极反应均由电化学极化控制时,由于电位与电流密度或电流强度的对数呈线性关系,此时采用半对数坐标的E-lg i或E-lg I极化图,则更为直观。

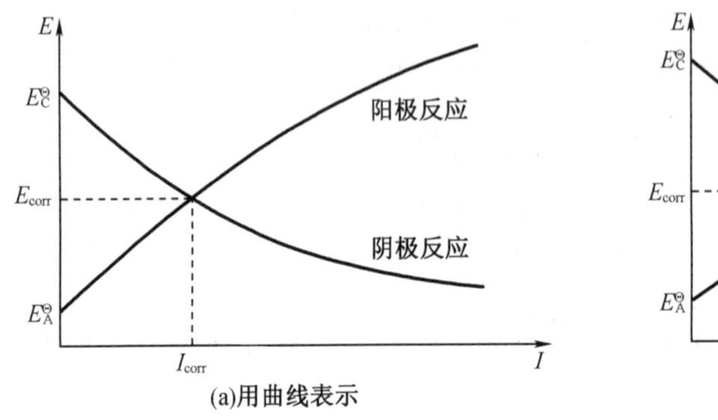

(a)用曲线表示

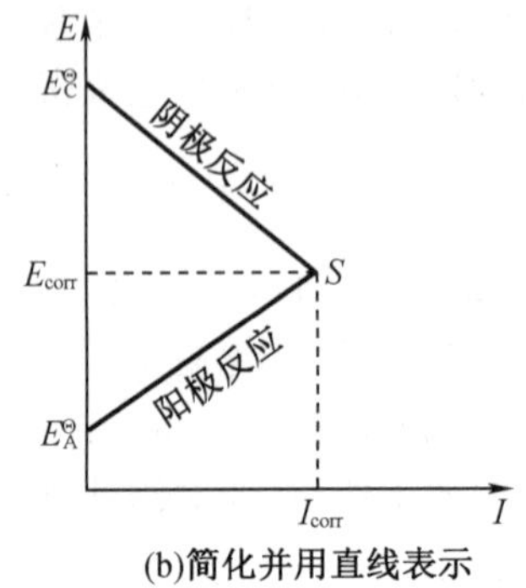

(b)简化并用直线表示

图 2-20 腐蚀极化图

极化曲线可以通过实验测试进行绘制,其实验方法分为恒电流法和恒电位法。无论采用哪种方法,都是要得到极化电位和极化电流两个变量之间的对应数据,然后再根据数据绘制出$E-i$或E-lg i曲线。这种通过实验得到的极化曲线称为实测极化曲线。

为评价涂层的耐腐蚀性能,可利用电化学综合测试系统测定涂层的腐蚀极化曲线。其工作电极为被测对象工件,参比电极为饱和的甘汞电极,辅助电极为钳电极。采用不同的腐蚀溶液,选择实验温度、扫描速率、扫描电压等,获得实测腐蚀极化曲线。通过比较腐蚀电位E_{corr}和腐蚀电流密度i_{corr}来分析腐蚀倾向。例如:采用超声辅助微弧氧化技术在钛合金表面制备Ca-P生物涂层,并添加不同含量的$La(NO_3)_3$,获得Ca-P-La生物涂层。所测得的各种涂层在人体模拟体液中的极化曲线如图2-21所示。图中的曲线(a)为未加$La(NO_3)_3$的涂层极化曲线,其他曲线分别为添加不同含量$La(NO_3)_3$的涂层极化曲线。可以看出,载镧生物涂层的腐蚀电位E_{corr}比无镧生物涂层提高了94~163 mV,而腐蚀电流密度i_{corr}均降低1~2个数量级。其中添加0.17 g/L的$La(NO_3)_3$涂层的电极电位最高,腐蚀电流密度最低,耐腐蚀性最好。

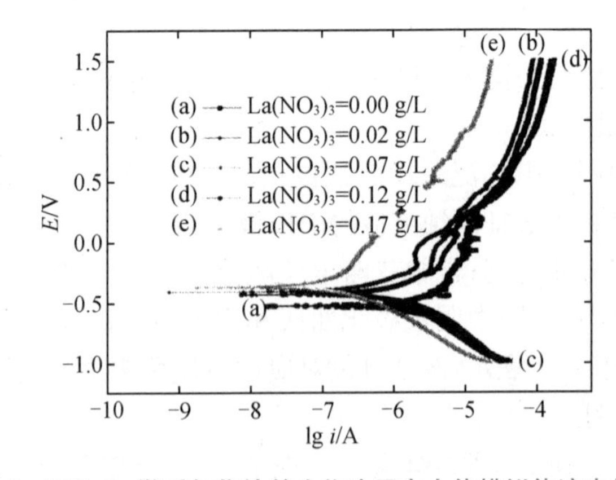

图 2-21 $La(NO_3)_3$微弧氧化钛基生物涂层在人体模拟体液中的极化曲线

2.2.3 金属表面钝化现象

金属表面状态变化所引起的金属电化学行为使它具有贵金属的某些特征(低的腐蚀速率、正的电极电势)。若这种变化因金属与介质自然作用产生,称为化学钝化或自钝化;若该变化由金属通过电化学阳极极化引起,称为阳极钝化。另有一类由于金属表面状态变化引起其腐蚀速率降低,但电极电势并不正移的钝化(如铅在硫酸中表面覆盖盐层引起腐蚀速率降低),称为机械钝化。金属钝化后所处的状态称为钝态。钝态金属所具有的性质称为钝性(或称惰性)。

1. 钝化现象

如果在室温时测试铁片在硝酸中的反应速率以及和硝酸浓度的关系,我们会发现铁的反应速率最初是随着硝酸浓度的增大而增大。当增大到一定浓度时,它的反应速率迅速减小,继续增大硝酸的浓度时,它的反应速率更小,最后不再起反应。此时我们就说铁变得“稳定”了,也就是铁发生“钝化”了。不仅铁可以发生钝化,其他金属也可以发生钝化,如Cr(铬)、Ni(镍)、Co(钴)、Mo(钼)、Al(铝)、Ta(钽)、Nb(铌)和W(钨)等,其中最容易钝化的金属是Cr(铬)、Mo(钼)、Al(铝)、Ni(镍)、Fe(铁)。不仅浓硝酸可以使金属发生钝化,其他强氧化剂如浓硫酸、(高)氯酸、(氢)碘酸、重铬酸钾、高锰酸钾酸性溶液等都可以引起金属钝化。在个别情况下,少数金属能在非氧化剂介质中钝化,如镁在氢氟酸中钝化,钼和铌在盐酸中钝化,不锈钢在硝酸中钝化。

2. 钝化的金属具有的特性

一般来说,钝化后的金属在改变钝化的条件后,仍然在相当程度上保持钝化状态。如:铁在浓硝酸中钝化后,不仅在稀硝酸中保持稳定,而且在水蒸气及其他介质中也能保持稳定;钝化后的铁不能把硝酸铜中的铜置换出来。

3. 金属钝化方法

可将金属浸在浓硝酸、浓硫酸等介质里进行钝化;或把金属作为电极(阳极),通过电流使它发生氧化,当电流密度达到一定程度时,金属就能被钝化。

4. 钝化机理

现在大都认为,金属钝化时由于金属和介质作用,生成一层极薄的肉眼看不见的保护膜。这层膜是金属和氧的化合物。如:在有些情况下,铁氧化后生成结构复杂的氧化物,其组成为Fe_3O_4。钝化后的铁跟没有钝化的铁有不同的光电发射能力。经过测定,铁在浓硝酸中的金属氧化膜的厚度是$3\times10^{-9}\sim4\times10^{-9}$ m。这种膜将金属和介质完全隔绝,从而使金属变得稳定。

有关金属钝化的研究,引导人们去研制新的合金和缓蚀剂,以获得耐破坏的钝化膜,这种钝化膜应当具有侵蚀性阴离子难以扩散的结构、耐机械破坏的延性、低的溶解度、低的电子导电性及良好的再钝化能力。研制具有能促使形成非晶钝化膜的成分和结构的合金,是获得耐破坏钝化膜的重要方向。

金属钝化是一种界面现象,它没有改变金属本体的性能,只是使金属表面在介质中的稳定性发生了变化。产生钝化的原因较复杂,目前对其机理还存在着不同的看法,还没有一个完整的理论可以解释所有的钝化现象。下面扼要介绍目前认为能较满意地解释大部分实验事实的两种理论,即成相膜理论和吸附理论。

(1)成相膜理论

这种理论认为,当金属阳极溶解时,可以在金属表面生成一层致密的、覆盖得很好的固体产物薄膜。这层产物薄膜构成独立的固相膜层,把金属表面与介质隔离开来,阻碍阳极过程的进行,导致金属溶解速度大大降低,使金属转入钝态。

(2)吸附理论

吸附理论认为:金属钝化是由于表面生成氧或含氧粒子的吸附层,改变了金属/溶液界面的结构,并使阳极反应的活化能显著提高的缘故。即由于这些粒子的吸附,金属表面的反应能力降低了,因而发生了钝化。

(3)两种理论的比较

这两种钝化理论都能较好地解释大部分实验事实,然而无论哪一种理论都不能较全面、完整地解释各种钝化机理。这两种理论的相同之处是都认为由于在金属表面生成一层极薄的钝化膜阻碍了金属的溶解,至于对成膜的解释,却各不相同。吸附理论认为,只要形成单分子层的二维膜就能导致金属产生钝化;而成相膜理论认为,要使金属得到保护、不溶解,至少要形成几个分子层厚的三维膜,而最初形成的单分子吸附膜只能轻微降低金属的溶解,增厚的成相膜才能达到完全钝化。此外,两个理论的差异,还有吸附键和化学键之争。事实上金属在钝化过程中,在不同的条件下,吸附膜和成相膜可分别起主要作用。有人企图将这两种理论结合起来解释所有的金属钝化现象,认为含氧粒子的吸附是形成良好钝化膜的前提,可能先生成吸附膜,然后发展成成相膜;认为钝化的难易主要取决于吸附膜,而钝化状态的维持主要取决于成相膜。膜的生长也服从对数规律,吸附膜的控制因素是电子隧道效应,而成相膜的控制因素则是离子通过势垒的运动。

5. 金属钝化的实际应用

钝化能使金属变得稳定,从本质上讲这是由于金属表面上覆盖了一层氧化膜,因而提高了金属的抗腐蚀性能。

为了提高金属的防护性能,可采用化学方法或电化学方法,使金属表面上覆盖一层人工氧化膜,这种方法就是通常所说的氧化处理或发蓝,如在机械制造、仪器制造、武器、飞机及各种金属日用品中,该层氧化膜作为一种防护装饰性覆盖层被广泛地采用。

2.2.4 金属表面腐蚀控制与防护

金属材料的腐蚀是一个普遍存在的严重问题。人们研究材料腐蚀的原因、机理和规律,目的就是采取科学合理的技术措施控制腐蚀。防腐蚀技术方法很多,但归纳起来主要有以下几种。

1. 进行合理的设计

正确选材和发展新型耐蚀材料。根据使用环境的需要,选用具有一定耐蚀能力的材料,如选用不锈钢或含有硅、钒、钛、硼、铬、铝、稀土等合金元素的钢等。如有可能,应尽量采用尼龙、塑料来代替金属。在材料难以满足具体的应用背景下,必须发展新型耐蚀材料。在结构设计上要力求避免形成腐蚀电池的条件,零件的外形也力求简化。选择合适的表面光洁度也可以减轻腐蚀的危害。

2. 采用表面工程技术

在零件和设备的表面制备各种有机、无机保护层和金属保护层,是抵御各类腐蚀的有效手段。表面覆盖层隔绝了基体材料与周围环境介质的接触,可延缓腐蚀进程。覆盖方法有电镀、化学镀、热喷涂、气相沉积、涂装等。金属保护层的金属本身应具有较好的耐蚀性和一定的物理性质,如镍、铬、锌等。非金属保护层常用的有油漆、橡胶、塑料、搪瓷等。化学保护层用化学法或电化学法在金属材料表面覆盖一层化合物的薄膜层,如化学氧化、阳极氧化、磷化、钝化等。表面合金化,如渗碳、渗氮、喷熔、激光合金化、离子注入、堆焊等。

3. 电化学保护

阴极保护法:此法是在被保护的金属表面通入足够大的阴极电流,使其电位变负,从而抑制金属表面上腐蚀电池阳极的溶解速度。根据阴极电流的来源可分为牺牲阳极保护和外加电流的阴极保护两类。牺牲阳极保护法是将电位较负的金属连接在被保护的金属件上,在保护中电位较负的金属为阳极,逐渐腐蚀牺牲掉。一般常用 Al、Mg、Zn 合金作为牺牲阳极材料。外加电流阴极保护是将被保护金属接到直流电源的负极,通以阴极电流,使金属极化到保护电位范围内,达到防腐蚀目的。

阳极保护法:此法是在被保护的金属表面通入足够大的阳极电流,使其电位变正进入钝化区从而防止金属腐蚀。但当介质中含有浓度较高的活性阴离子时,就不宜采用阳极保护法,因此此法的应用是有限的。

4. 加入缓蚀剂

凡是在腐蚀介质中添加少量就能抑制金属腐蚀的化学物质,称为缓蚀剂。按照化学性质,缓蚀剂可分为无机和有机两类。

无机缓蚀剂:无机缓蚀剂能在金属表面形成保护膜,使金属与介质隔开。对铁来说,$Ca(HCO_3)_2$ 在碱性介质中发生作用,析出溶解度很小的碳酸钙,成为相当紧密的保护膜。在中性介质中,$NaNO_3$、$K_2Cr_2O_7$、K_2CrO_4 等氧化物都能做缓蚀剂。

有机缓蚀剂:在酸性介质中,无机缓蚀剂的效率较低,因而常采用有机缓蚀剂,如琼脂、糊精、动物胶、胺、氨基酸、生物碱等。

2.3 金属表面摩擦与磨损

摩擦是自然界里普遍存在的一种现象,只要有相对运动,就一定伴随有摩擦。据估计,消耗在摩擦过程中的能量约占世界工业能耗的30%。在机器工作过程中,磨损会造成零件的表面形状和尺寸缓慢而连续损坏,使得机器的工作性能与可靠性逐渐降低,甚至可能导致零件突然损坏。人类很早就开始对摩擦现象进行研究,取得了大量的成果,特别是近几十年来已在一些机器或零件的设计中考虑了磨损寿命问题。在零件的结构设计、材料选用、加工制造、表面强化处理、润滑剂的选用、操作与维修等方面采取措施,可以有效地解决零件的摩擦磨损问题,提高机器的工作效率,减少能量损失,降低材料消耗,保证机器工作的可靠性。

2.3.1 摩擦

1. 摩擦的定义

两个相互接触的物体在外力的作用下发生相对运动或者相对运动趋势时,在切相面间产生切向的运动阻力,这一阻力又称为摩擦力,表现摩擦力的因数称为摩擦系数。

2. 摩擦的分类

目前,有四种摩擦分类方式:按照摩擦副的运动状态分类,按照摩擦副的运动形式分类,按照摩擦副表面的润滑状态分类和按照摩擦副所处的工况条件分类。这里主要根据摩擦副表面的润滑状态来分类,摩擦可以分为干摩擦、边界摩擦、流体摩擦和混合摩擦,如图2-22所示。

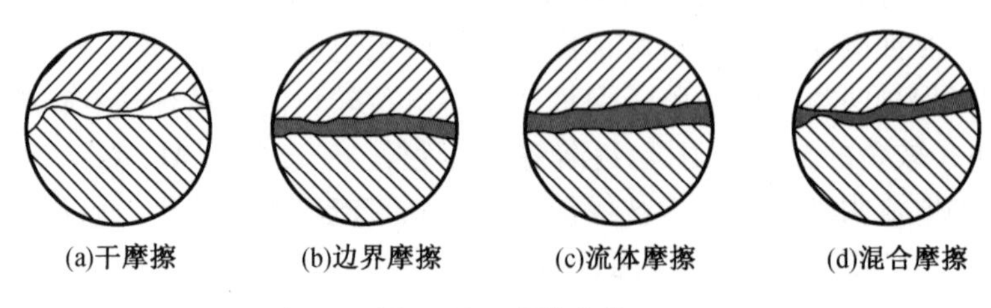

图 2-22 摩擦分类

(1)干摩擦

当摩擦副表面间不加任何润滑剂时,将出现固体表面直接接触的摩擦[图 2-22(a)],工程上称为干摩擦。此时,两摩擦表面间的相对运动将消耗大量的能量并造成严重的表面磨损。这种摩擦状态是失效,在机器工作时是不允许出现的。由于任何零件的表面都会因为氧化而形成氧化膜或被润滑油所湿润,所以在工程实际中,并不存在真正的干摩擦。

(2)边界摩擦

当摩擦副表面间有润滑油存在时,由于润滑油与金属表面间的物理吸附作用和化学吸附作用,润滑油会在金属表面上形成极薄的边界膜。边界膜的厚度非常小,通常只有几个分子到十几个分子厚,不足以将微观不平的两金属表面分隔开,所以相互运动时,金属表面的微凸出部分将发生接触,这种状态称为边界摩擦[图 2-22(b)]。当摩擦副表面覆盖一层边界膜后,虽然表面磨损不能消除,但可以起减小摩擦与减轻磨损的作用。与干摩擦状态相比,边界摩擦状态时的摩擦系数要小得多。

在机器工作时,零件的工作温度、速度和载荷大小等因素都会对边界膜产生影响,甚至造成边界膜破裂。因此,在边界摩擦状态下,保持边界膜不破裂十分重要。在工程中,经常通过合理地设计摩擦副的形状,选择合适的摩擦副材料与润滑剂,降低表面粗糙度,在润滑剂中加入适当的油性添加剂和极压添加剂等措施来提高边界膜的强度。

(3)流体摩擦

当摩擦副表面间形成的油膜厚度达到足以将两个表面的微凸出部分完全分开时,摩擦副之间的摩擦就转变为油膜之间的摩擦,这称为流体摩擦[图 2-22(c)]。形成流体摩擦的方式有两种:一是通过液压系统向摩擦面之间供给压力油,强制形成压力油膜隔开摩擦表面,这称为流体静压摩擦;二是通过两摩擦表面在满足一定的条件下,相对运动时产生的压力油膜隔开摩擦表面,这称为流体动压摩擦。流体摩擦是在流体内部的分子间进行的,所以摩擦系数极小。

(4)混合摩擦

当摩擦副表面间处在边界摩擦与流体摩擦的混合状态时,称为混合摩擦。在一般机器中,摩擦表面多处于混合摩擦状态[图 2-22(d)]。混合摩擦时,表面间的微凸出部分仍有直接接触,磨损仍然存在。但是,由于混合摩擦时的流体膜厚度要比边界摩擦时的大,减小了微凸出部分的接触数量,同时增加了流体膜承载的比例,所以混合摩擦状态时的摩擦系数要比边界摩擦时小得多。

2.3.2 磨损

1. 磨损的定义

摩擦副表面间的摩擦造成表面材料逐渐地损失的现象称为磨损。零件表面磨损后不但会影响其正常工作,如齿轮和滚动轴承的工作噪声增大,而承载能力降低,同时还会影响机器的工作性能,如工作精度、效率和可靠性降低,噪声与能耗增大,甚至造成机器报废。通常,零件的磨损是很难避免的。但是,只要在设计时注意考虑避免或减轻磨损,在制造时注意保证加工质量,在使用时注意操作与维护,就可以在规定的年限内,使零件的磨损量控制在允许的范围内,就属于正常磨损。另外,工程上也有不少利用磨损的场合,如研磨、跑合过程就是有用的磨损。

2. 磨损的分类

在机械工程中,零件磨损是一个普遍的现象。尽管人类已对磨损开展了广泛的科学研究,但是从工程设计的角度看,关于零件的耐磨性或磨损强度的理论仍然不十分成熟。因此,本书仅从磨损机理的角度对磨损的分类做一介绍。根据磨损的机理,零件的磨损可以分为黏着磨损、腐蚀磨损、磨粒磨损、疲劳磨损和微动磨损等,见表2-4。

表2-4 磨损的类型

磨损类型	形成原因	现象	影响因素
黏着磨损	边界摩擦,载荷大,速度高,边界膜破坏,表面尖峰接触	形成材料转移	材料硬度、表面粗糙度、载荷、速度、温度、不同材料配副
磨粒磨损	表面的微峰或外界硬质颗粒进入摩擦面	表面划伤或犁沟现象	环境,表面硬度、粗糙度
疲劳磨损	接触应力反复作用:轴承、齿轮	表层金属剥落,形成点蚀凹坑	表面硬度、粗糙度,润滑油黏度
腐蚀磨损	空气中的酸、润滑油中的无机酸产生化学作用或电化学作用	表面腐蚀并磨损	环境、润滑油的腐蚀性
微动磨损	小振幅、大频率、点或线接触	磨损面积小	载荷

(1)黏着磨损

在摩擦副表面间,微凸出部分相互接触,承受着较大的载荷,相对滑动引起表面温度升高,导致表面的吸附膜(如油膜、氧化膜)破裂,造成金属基体直接接触并"焊接"到一起。与此同时,相对滑动的切向作用力将"焊接"点(即黏着点)剪切开,造成材料从一个表面上被撕脱下来黏附到另一表面上。由此形成的磨损称为黏着磨损。通常是较软表面上的材料被撕脱下来,黏附到较硬的表面上。零件工作时,载荷越大,速度越高,材料越软,黏着磨损就越容易发生。黏着磨损严重时也称为"胶合"。

产生黏着磨损的条件可归纳如下：

①表面纯洁，无吸附膜。金属表面实际上经常存在着吸附膜。常温下只有在塑性变形之后，金属滑移，吸附膜破坏，才能露出纯洁的金属表面。再就是温度升高，能使膜层破坏。

②接触面越近，越易产生黏着；接触点越密，实际接触面越大；原子晶格距离越近，越易产生黏着。

③原子点阵晶格中的能量要超过一定的数值，才能引起黏着。零件的弹性变化，温度升高都会使原子能量增加，活动能力增强，容易产生黏着。

④同名金属易黏着。同名金属原子晶体距离相等，亲合力强，在其他条件相同时，比异名金属易产生黏着。

此外，影响黏着磨损的主要因素有：同类材料比异类材料容易黏着；脆性材料比塑性材料的抗黏着能力高；在一定范围内的表面粗糙度越高，抗黏着能力越强；此外，黏着磨损还与润滑剂、摩擦表面温度及压强有关。

在工程上，可以从摩擦副的材料选用、润滑、控制载荷及速度等方面采取措施来减小黏着磨损。

（2）腐蚀磨损

摩擦过程中，金属与周围介质发生化学或电化学反应而产生的表面损伤，称为腐蚀磨损。农机、矿冶、建材、石油化工、水利及电力等部门的许多机械设备中工作的零件，不仅受到严重的磨粒磨损或冲蚀磨损，还要受到环境介质的强烈腐蚀破坏。生物材料在人体环境下也会产生腐蚀磨损，如新型骨固定材料镁合金微弧氧化 Ca-P 涂层，添加不同含量的 Na_2SiO_3 在人体模拟体液中测定的摩擦系数如图 2-23 所示。涂层在磨损开始阶段，与球首先接触的是涂层表面的疏松层，在磨损过程中易发生脱落，涂层各方面性能不稳定，为不稳定摩擦磨损阶段，大部分涂层在此阶段摩擦系数波动较大。涂层的致密层耐磨性好，不易被磨穿，进入稳定摩擦磨损阶段时，其摩擦性能较稳定。在稳定摩擦磨损阶段，Ca-P 涂层摩擦系数为 0.55，各种添加 Na_2SiO_3 的涂层在模拟体液中的摩擦系数降低了 0.19~0.31，耐磨性能有较大的提高。

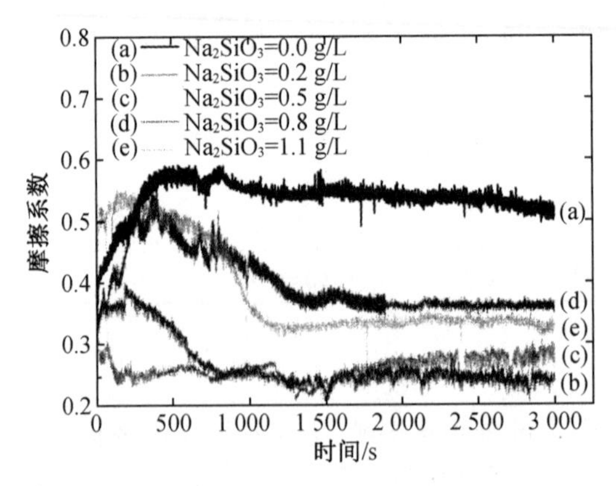

图 2-23　添加不同含量 Na_2SiO_3 的微弧氧化镁基生物涂层在人体模拟体液中的摩擦系数

腐蚀磨损是材料受腐蚀和磨损综合作用的一种复杂过程，可从两个方面来分析：一方面，由于腐蚀介质的作用，在材料表面生成疏松的、脆性的腐蚀产物，随后在磨粒或其他微凸体的作用下很容易破碎并被去除，使材料的磨损量增加。腐蚀对材料流失的影响可占腐蚀磨损总量的70%以上。另一方面,磨损过程也对腐蚀的阳极过程和阴极过程产生了极大的影响,磨损可使腐蚀速度平均增加2~4个数量级。大多数耐蚀金属都是通过在表面形成钝化膜而具有良好耐蚀性的,但是在磨损过程中,当钝化膜遭到不同程度的破坏时,材料裸露出的新鲜表面就会直接与介质发生电化学反应,使阳极溶解速度急剧提高,导致材料脱离表面。

由于介质及材料的性质不同,腐蚀磨损可分为两大类:氧化磨损和特殊介质腐蚀磨损。

①氧化磨损

大气中含有氧,所以氧化磨损是一种最常见的磨损形式,其特征是在金属的摩擦表面沿滑动方向形成匀细的磨痕。钢铁材料在低速滑动摩擦时,由于摩擦热的作用可能形成黑色的 Fe_3O_4 磨屑和松脆的 FeO。

影响氧化磨损的因素有滑动速度、接触载荷、氧化膜的硬度、介质的含氧量、润滑条件及材料性能等。一般来说,氧化磨损比其他磨损轻微得多。使用油脂润滑,把摩擦表面与空气中的氧隔绝开来,可以减缓氧化膜的形成速度,降低氧化磨损。

②特殊介质腐蚀磨损

由于摩擦副与酸、碱、盐等特殊介质发生化学作用而产生的磨损称为介质腐蚀磨损。其机理与氧化磨损相似,但磨损速度快得多。

镍、铬等元素在特殊介质作用下,可形成化学结合力较高、结构较致密的钝化膜,因此,可减轻腐蚀磨损。钨、钼在500 ℃以上其表面可形成保护膜,使摩擦系数减小,因此钨、钼是抗高温腐蚀的重要材料。含银、铜等元素的轴承材料,在温度不高时,与润滑油中的硫化物作用也可生成硫化膜,能起减摩作用。此外,由碳化钨、碳化钛等组成的硬质合金,也都具有高的抗腐蚀磨损能力。

(3)磨粒磨损

落入摩擦副表面间的硬质颗粒或表面上的硬质凸起物对接触表面的刮擦和切削作用造成的材料脱落现象,称为磨粒磨损,也叫磨料磨损。磨粒磨损造成表面呈现凹痕或凹坑,硬质颗粒可能来自冷作硬化后脱落的金属屑或由外界进入的磨粒。加强防护与密封,做好润滑油的过滤,提高表面硬度可以增加零件耐磨粒磨损的寿命。磨粒磨损与摩擦材料的硬度、磨粒的硬度有关。按摩擦表面所受应力和冲击的大小,磨粒磨损分为凿削式磨粒磨损、高应力磨粒磨损和低应力磨粒磨损,如图2-24所示。

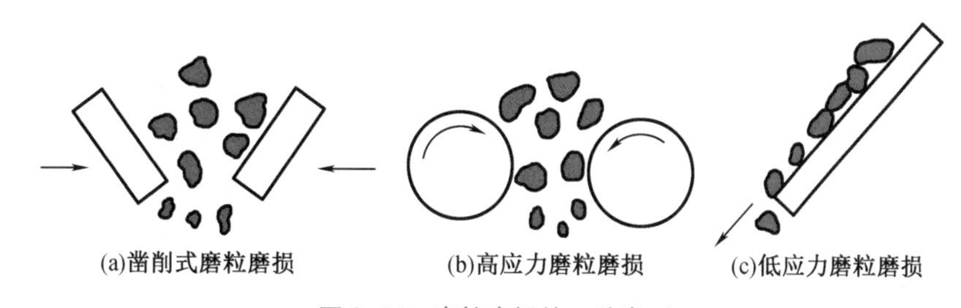

图2-24 磨粒磨损的三种类型

①凿削式磨粒磨损

这类磨损的特征是冲击力大,磨料以很大的冲击力切入金属表面。因此工件受到很高的应力,造成表面宏观变形,并可从摩擦表面凿削下大颗粒的金属,在被磨损表面有较深的沟槽和压痕。如挖掘机的斗齿、矿石破碎机锤头等零件表面的磨损即属于此种磨损形式。

见图 2-24(a)。

②高应力磨粒磨损

这类磨损的特点是应力高,磨料所受应力超过磨料的压碎强度。当磨粒夹在两摩擦表面之间时,局部产生很高的接触应力,磨料不断被碾碎。被碾碎的磨料颗粒呈多边形,擦伤金属,在摩擦表面留下沟槽和凹坑。如矿石粉碎机的腭板,轧碎机滚筒等表面的破坏。见图 2-24(b)。

③低应力磨粒磨损

这种磨损的特征是应力低,磨料作用于摩擦表面的应力不超过它本身的压溃强度。材料表面有擦伤并有微小的切削痕迹。如泥沙泵叶轮的磨损。见图 2-24(c)。

(4)疲劳磨损

疲劳磨损是循环接触应力周期性地作用在摩擦表面上,使表面材料疲劳而引起材料微粒脱落的现象。在滚动摩擦面上,两摩擦面接触的地方产生了接触应力,表层发生弹性变形,在表层内部产生了较大的切应力(这个薄弱区域最易产生裂纹),由于接触应力的反复作用,在达到一定次数后,其表层内部的薄弱区域开始产生裂纹。同时,在表层外部也因接触应力的反复作用而产生塑性变形,材料表面硬化,最后产生裂纹。在裂纹形成的两个表面之间,由于压力的润滑油楔入,裂纹内壁产生巨大的内应力,迫使裂纹加深并扩展,这种裂纹的扩展延伸,就造成了麻点剥落。如滚动轴承和齿轮传动的磨损就属于疲劳磨损。

遭受滚动接触疲劳磨损的表面常出现深浅不同的针状痘、斑状凹坑或较大面积的剥落。所以有人又称其为点蚀或痘斑磨损。

疲劳磨损分为非扩展性和扩展性两类。

①非扩展性疲劳磨损

对于新的摩擦表面,由于接触点少,单位面积上的压力较大,容易产生小麻点。但随着磨合,实际接触面积增大,单位面积承受的压力降低,麻点停止扩大,因而不会明显地影响机件的正常工作。

②扩展性疲劳磨损

当作用在两接触面上的交变应力较大,或材料、润滑油选择不当时,出现的小麻点数量不断增加进而形成麻点的连接现象,形成痘斑状凹坑或大面积剥落。

(5)微动磨损

微动磨损发生于两个做小振幅往复滑动的表面之间,故其磨损是轻微的。在微动磨损时,两表面绝大部分总保持接触,甚至还处于高应力状态,故磨屑溢出的机会少,材料的表层或亚表层萌生裂纹要比一般滑动磨损严重些。因此,常以是否具备以下三个特征作为判断是否发生微动磨损的根据:第一,具有引起微动的振动源,包括机械力、电磁场、冷热循环、流体特征等诱发的振动;第二,磨痕具有方向一致的划痕、硬结斑、塑性变形和微裂纹;第三,磨屑易于聚团,含有大量类似锈蚀产物的氧化物。对于钢铁零件,氧化物以 Fe_2O_3 为主,磨屑呈红褐色。若摩擦副间有润滑油,则流出红褐色的胶状物质。

微动磨损通常发生在紧密配合的轴颈、汽轮机及压气机叶片的配合处,发动机固定处,受振动影响的花键、键、螺栓、螺钉以及引钉等连接件接合面等处。微动磨损不仅改变零件的形状、恶化表面层质量,而且使尺寸精度降低、紧密配合件变松,还会引起应力集中,形成微观裂纹,导致零件疲劳断裂。如果微动磨损产物难以从接触区排走,且腐蚀产物体积往往膨胀,使局部接触压力增大,则可能导致机件胶合,甚至咬死。

3. 磨损的评定方法

对磨损的常用评定方法有磨损量、磨损率、耐磨性等。

(1)磨损量

由磨损引起的材料损失量称为磨损量,它可通过测量长度、体积或质量的变化而得到,并相应地称它们为线磨损量、体积磨损量和质量磨损量。

(2)磨损率

磨损率以单位时间内单位载荷下材料的磨损量表示。

(3)耐磨性

耐磨性又称耐磨耗性,指材料抵抗磨损的性能,它以规定摩擦条件下的磨损率或磨损度的倒数来表示,即耐磨性 = $\mathrm{d}t/\mathrm{d}V$ 或 $\mathrm{d}L/\mathrm{d}V$。材料的耐磨损性能,用磨耗量或耐磨指数表示。

2.3.3 提高金属表面耐磨性的途径

由于摩擦磨损是在相互接触和相对运动的固体表面进行的,因此可从以下三方面来控制材料和机械零件的摩擦磨损:结构的合理设计、摩擦副材料的合理选择和材料的表面改性与强化。

1. 结构的合理设计

工程结构的合理设计是提高零件耐磨性的基础,它包括以下两方面内容。

(1)产品内部结构的合理设计

在满足工作条件的前提下,应尽量降低对耐磨材料的交互作用力,否则再优良的耐磨材料也无法有效提高其磨损寿命。在工程中发现某种零件的耐磨性很差时,首先要考虑能否从设计原理加以改进,降低摩擦力或减小摩擦系数。

(2)设计时的综合分析

应对零件的重要性、维修难易程度、产品成本、使用特点、环境特点等预先进行综合分析。例如,在多数情况下更换轴瓦比换轴更为方便和经济,因而要特别重视轴颈的耐磨性。又如航天、原子能等工业中,产品的可靠性和寿命是第一位的,因此为提高材料的耐磨性可以不惜成本。

2. 摩擦副材料的合理选择

材料的摩擦磨损性能,除与摩擦的具体工况有关外,还与材料的性能密不可分。因此,针对不同的使用条件,选择合理的摩擦副材料也可以达到降低机器零部件摩擦磨损的目的。

对于农业机械、电力机械、矿山机械中承受磨料磨损或冲击磨损的机械零件,要求摩擦副材料应有较高的耐磨性,并具有一定的使用寿命。对于轴承、机床导轨、活塞油缸等机械设备,为保证设备的精度、减少摩擦能量损失和磨损,要求摩擦副材料具有较低的摩擦系数和较高的耐磨性。而对于汽车、火车、飞机的制动器、离合器和摩擦传动装置中的摩擦副材料,应具有高而稳定的摩擦系数和耐磨性。

(1)减摩材料

减摩材料具有低而稳定的摩擦系数、较高的耐磨性和承载能力,特别适合制作轴承等机械零件。常用的减摩材料:巴氏合金、铜基和铝基轴承合金等减摩合金;层压酚醛塑料、尼龙、聚四氟乙烯等非金属减摩材料;由金属粉末(Fe 粉、Cu 粉等)和固体润滑粉末(石墨粉、MoS_2 等)烧结而成的粉末冶金减摩材料;以金属或金属纤维为骨架并浸渍不同润滑剂而制成的金属塑料减摩材料等。

(2)耐磨材料

常用的金属耐磨材料主要有高锰钢、低合金耐磨钢和白口铸铁等。其他的耐磨材料还有硬质合金、金属陶瓷、工程陶瓷材料等。

3. 材料的表面改性与强化

材料或机器零件的磨损都发生在表面,因此表面改性和强化技术是提高材料表面耐磨性的重要途径。一般从两方面入手:一是使表面具有良好的力学性能,如高硬度、高韧度等;二是设法降低材料表面的摩擦系数。

(1)提高材料表面的硬度

在材料的力学性能中,最重要的是硬度。一般情况下,材料的硬度越高,耐磨性越好。提高材料表面硬度的方法很多,表面淬火、合金化和涂镀都可以达到目的,具体内容可见后续各章。在具体选择处理工艺及相关参数时,不仅要注意该工艺的基本优点,还要注意其局限性,并综合考虑实施各工艺的经济性及环境污染等社会问题,才能取得比较理想的效果。

(2)降低材料表面的摩擦系数

通过形成非金属性质的摩擦面或固体润滑膜来降低材料表面的摩擦系数。对于钢材,一般通过各种表面工程技术如渗硫、渗氧、渗氮、氧碳氮共渗,热喷涂层中加固体润滑物质,物理气相沉积、化学气相沉积及离子注入等,使材料表面形成氮化物、氧化物、硫化物、碳化物以及它们的复合化合物的表面层。这些表面层可以抑制摩擦过程中两个零件之间的黏着、焊合以及由此引起的金属转移现象,从而提高其耐磨性。许多表面强化方法往往具有上述两种特性,因而可以明显提高材料的耐磨性。

2.4 金属的磨损与腐蚀机理

1. 磨损机理

(1)黏着磨损机理

由摩擦的黏着理论可知,金属表面微凸体在法向载荷的作用下,当顶端压力达到屈服强度时,就会发生塑性变形而使接触面扩大,直到实际接触面积大到足以支承外载荷时。相对滑动时,界面膜破裂,就会在接触处形成“冷焊”接点。继续滑动又会将接点剪断,随后再形成新的接点。在不断的剪断和形成新的接点的过程中,发生了金属磨损。磨损量的大小取决于节点处被剪断的位置。

如剪切发生在界面上,则磨损轻微;如发生在界面以下,则会使金属从一个表面转移到另一个表面。继续摩擦时,这部分转移物就可能成为磨屑。

如表面有污染膜、吸附膜等表面膜存在时,磨损轻微。由于表面膜的抗剪强度较低,接触点处的表面膜很容易遭到破坏,使新鲜的金属表面暴露,加上摩擦热的影响,金属间形成了很强的黏着,运动时会剪断这些金属黏着点,造成表面损伤,严重时甚至会咬死。

(2)腐蚀磨损机理

一般情况下,腐蚀磨损处于轻微磨损状态,而在高温潮湿环境或特殊腐蚀介质中,则处于严重磨损状态。通常,材料表面与环境先发生化学或电化学反应,然后通过运动(即机械作用)将反应生成物去掉;也有可能由机械作用产生微细的磨屑,然后再起化学作用。

由于介质的性质,介质作用于摩擦面上的状态以及摩擦副材料的不同,腐蚀磨损的状态也不同。大致可以分为以下几类。

①氧化磨损

在大气或有氧环境的磨损过程中,表面生成一层氧化膜,避免了金属之间的直接接触。磨损过程就是氧化磨损。氧化磨损最简单的机理:氧化层形成和生长达到一定厚度,将金属摩擦面隔开,经过摩擦,氧化层脱落,由于金属表面与氧化性介质的反应速度很快,氧化膜从表面磨掉后,会很快形成新的氧化膜。如此周而复始。

一般在空气中磨损速率较低,金属表面沿滑动方向产生匀细的磨痕和红褐色片状 Fe_2O_3 磨屑,或灰黑色丝状 Fe_3O_4 磨屑。在静止状态下,氧化速率由氧或金属离子通过氧化层的扩散速率所决定。在摩擦条件下,这种扩散比较容易进行,说明氧化速率比静止时高。磨合过程中的磨损,几乎完全在氧化膜中进行,而不发生金属黏着和转移。但这并不表示金属不被磨损,高点处氧化膜磨损后,暴露出的金属又被氧化,虽然不发生金属黏着和转移,但表面上金属微凸体的高点在逐渐削平,不过都是以氧化物的形态被磨掉。

在有润滑的环境中,油的氧化物和铁的氧化物起反应生成盐类化合物,脂肪酸与金属形成皂类化合物。在金属磨屑中含有皂类化合物又会催化油的氧化,促使表面氧化而磨损增大。氧的浓度越大,磨损也越大。而某些添加剂如硫化物在没有氧或氧化物的环境中几乎不起极压抗磨作用,只有存在 Fe_3O_4 时才能起很好的作用。这是由于在摩擦热的作用下,润滑剂或添加剂在氧化环境中进行摩擦化学反应,起到极压抗磨的效果,说明氧化又能促使反应膜的生成而降低磨损。

②氢致磨损

鲍烈可夫等发现,在摩擦表面上氢的浓度有所上升,而使磨损加速,称为氢致磨损。其过程如下:

氢可能来自材料本身或环境介质(润滑油、水),在摩擦过程中,力学和化学的作用导致氢析出,并不断地进入摩擦副材料的表面层。

介质中的氢扩散到金属表面的变形层中,由于温度和应力梯度,氢在扩散后形成富集。

氢的渗入使表面变形层出现大量的裂纹源,并在很短的时间内形成非常细小而分散的粉末状磨屑。

氢致磨损不同于钢的氢脆现象,它只是在摩擦过程中,碳氢类化合物断裂的 C-H 吸附在金属表面上引起的。

③其他腐蚀介质的腐蚀磨损

金属摩擦副表面可能与酸、碱、盐等介质起作用。一方面可能生成耐磨性较好的保护膜;但另一方面,随着腐蚀速率的增大,磨损也加快。磨损率通常随腐蚀性的增强而变大(磨损率还取决于摩擦过程中的载荷、速度和温升等条件)。如耐磨性保护膜的生成速度大于磨损速度,则磨损率不受介质腐蚀性的影响,即磨损均发生在保护膜中。如磨损率大于保护膜的生成速度,则将发生较为严重的金属磨损。

如 Ni、Cr 等金属在特殊介质下,易形成化学结合力较强、结构致密的钝化膜,因而可减轻腐蚀磨损。W 和 Mo 等在 500 ℃以上形成保护膜,摩擦系数变小,所以它们是耐高温耐腐蚀的金属材料。而含有 Cd、Pb 等元素的轴承材料,容易被润滑油中的酸性物腐蚀而生成黑斑,并逐渐扩展成海绵状空洞,并于摩擦过程中形成小块剥落。又如 Ag、Cu 等元素,在温度不高时，就会与润滑油中的硫化物起作用生成硫化膜，有减磨作用；而在高温下，这层膜破裂，且在摩擦时剥落，磨损明显加大。

(3)磨粒磨损机理

磨粒磨损机理存在三种假说：微量切削假说，磨损是由于磨粒颗粒在金属表面发生的微量切削；疲劳破坏假说，磨损是由于磨粒在金属表面上产生交变的接触应力引起的；压痕假说，磨损是由于硬质磨粒对塑性材料表面引起压痕，从表面上挤出剥落物。

可以将磨粒看作是具有锥形的硬质颗粒，其在软材料上滑动，犁出一条沟，一部分金属被挤到沟的两边，另一部分则磨成磨屑。图 2-25 所示为锥状微凸体在软表面上犁沟的简图。压入深度为 h，锥底直径为 $2r$(即犁出的沟槽宽度)。在垂直方向的投影面积为 πr^2(圆面积)，软材料的压缩屈服极限 σ_b，法向载荷 N。滑动时只有半个锥面(前进方向的锥面)承受载荷。共有 n 个微凸体。则所受的法向载荷 N 为

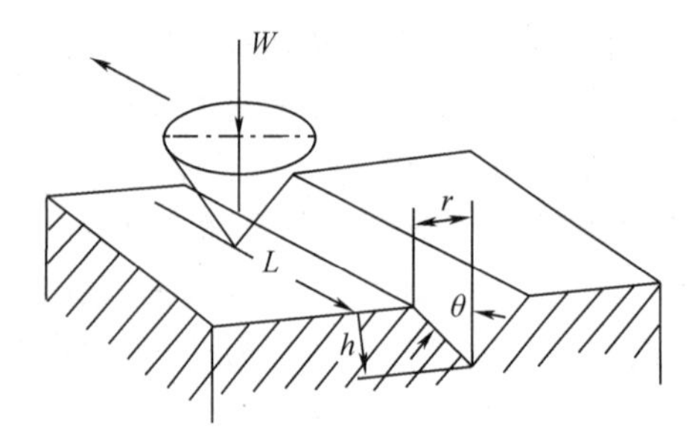

图 2-25 锥状微凸体在软表面上犁沟的简图

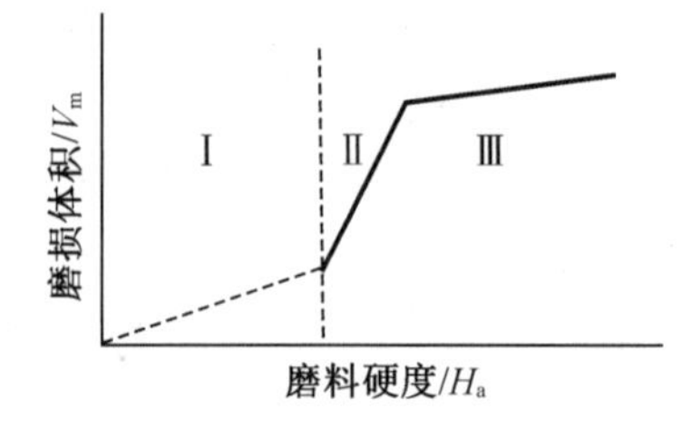

图 2-26 磨料和材料硬度对磨料磨损的影响

$$N = \sum N_i = \sum \frac{1}{2}\pi r^2 \sigma_b = n\frac{\pi r^2 \sigma_b}{2} \tag{2-7}$$

$$n = \frac{2N}{\sigma_b \pi r^2} \tag{2-8}$$

将犁去的体积作为磨损量，如滑动距离为 L，水平方向的投影面积为一个三角形，则单位滑动距离的磨损量(体积磨损量为 $Q=nhrL$) W(磨损率)为

$$W = \frac{Q}{L} = nhr \tag{2-9}$$

$$h = r\tan a \tag{2-10}$$

$$W = \frac{2\tan a}{\pi} \cdot \frac{N}{\sigma_b} = k_a \cdot \frac{N}{H} \tag{2-11}$$

k_a 不仅包含了微凸体的形状因素，还包含磨损类型的区别。一般二体磨损(零件在磨料中工作)取较大值；三体磨损(磨粒夹在摩擦面之间)则取较小值。此式与黏着磨损有同样的形式：与法向载荷成正比，与软材料的硬度呈反比。

前苏联的研究工作者赫鲁晓夫(M. M. Хрущов)认为材料硬度是磨粒磨损最重要的参数。图 2-26 表示了体积磨损 Q 与材料硬度 H_m 和磨粒硬度 H_a 之间的关系。

$H_m \geq 1.3H_a$　为Ⅰ区，低磨损状态；

$0.8H_a < H_m < 1.3H_a$　为Ⅱ区，过渡状态；

$H_m \leq 0.8H_a$　为Ⅲ区，严重磨损状态。

磨粒磨损的过程实质上是材料表面在磨粒的作用下局部区域发生变形、断裂的过程。在此过程中，磨粒对金属接触表面的作用力，可分解为垂直于表面和平行于表面的两个分

力。垂直分力的作用是使磨粒压入表面;平行分力的作用是使磨粒在金属表面上作切向运动,引起表面切向变形和断裂,形成磨屑。

由于条件不同,磨屑形成的机理也不同。有三种形式列于表2-5中。

表2-5 磨料磨损的磨屑

磨屑形式	形成条件	形成机理
塑性磨屑	尖锐有棱角的磨料在塑性材料上连续切削。以凿削性磨损为主	被削表面塑性变形后留有沟槽,作用力大沟槽深,磨屑呈连续状
疲劳磨屑	1. 磨料硬而棱角不尖锐,压入金属表面,直接形成断屑。凿削性磨损中也有这类磨屑	1. 金属被磨料犁皱而不成犁沟。被移动的金属反复疲劳变形形成磨屑
	2. 高应力碾碎性磨损中磨料被金属碾碎,刺入金属表面	2. 磨料以很大的压应力刺入表面,使金属发生变形并前后移动,形成疲劳磨屑
	3. 硬质冲击磨料作用下,金属表面形成凹凸不平的圆坑	3. 反复冲击后,圆坑之间的金属多次变形,形成疲劳磨屑
脆性磨屑	磨料作用在脆性材料上,应力超过材料强度极限	脆性材料不发生塑性变形而直接产生裂纹,随后裂纹扩展,形成碎片状磨屑

(4)疲劳磨损机理

表面疲劳磨损,是在摩擦接触面上不仅承受交变压应力,使材料发生疲劳,同时还存在摩擦和磨损,且表面还有塑性变形和温升,因此,情况比一般疲劳更为严重。

根据弹性力学的赫兹公式可知,无论是点接触还是线接触,表层最薄弱处是在离表面0.786 b 处(b 为点接触或线接触的接触区宽度的1/2)。因为这里是最大剪切应力的作用点,最容易产生裂纹。特别是在滚动加滑动的情况下,最大剪切应力的作用点离摩擦表面更近,就更容易剥落产生磨损。

对于裂纹产生机理有很多研究:

①裂纹从表面产生

在滚动接触过程中,由于外界载荷的作用,表面层的压应力引起表层塑性变形,导致表层硬化,开始出现表面裂纹,如图2-27所示。当润滑油楔入裂纹中[图2-27(a)]滚动体在运动时又将裂纹的口封住。裂纹中的润滑剂被堵在缝中,形成巨大的压力,迫使裂纹向前扩展。经过多次交变后,裂纹将扩展到一定的深度,形成悬臂状态[图2-27(b)],在最弱的根部发生断裂,出现豆斑状的凹坑[图2-27(c)],称为点蚀。这种现象在润滑油黏度低时容易发生。

②裂纹从接触表层下产生

由于接触应力的作用,离表面一定深度(0.786 b)的最大剪切应力处,塑性变形最剧烈。在载荷作用下反复变形,使材料局部弱化,在最大剪应力处首先出现裂纹,并沿着最大剪应力的方向扩展到表面,从而形成疲劳磨损。如在表层下最大剪应力区附近,材料有夹杂物或缺陷,造成应力集中,极易早期产生疲劳裂纹。

③脱层理论（分层理论）

苏（Suh）认为接触的两表面相对滑动，硬表面的峰顶划过软表面时，软表面上每一点都经受一次循环载荷。在载荷的反复作用下，产生塑性变形。塑性变形沿着材料的应力场，扩展到距表面较深的地方，而不是表面上。因此在表面以下，金属出现大量位错，并在表层以下一定距离内将出现位错的堆积，如遇金属中的夹杂或第二相质点，位错遇阻，导致空位的形成和聚集，此处更易发生塑性流动。这些地方往往是裂纹的成核区域（图 2-28）。表层发生位错聚集的位置取决于金属的表面能和作用在位错上正应力的大小。一般面心立方金属的位置比体心立方金属的深。

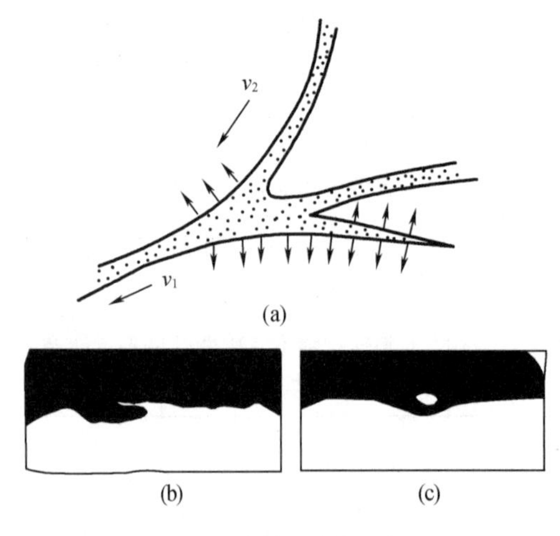

图 2-27 表面裂纹示意图

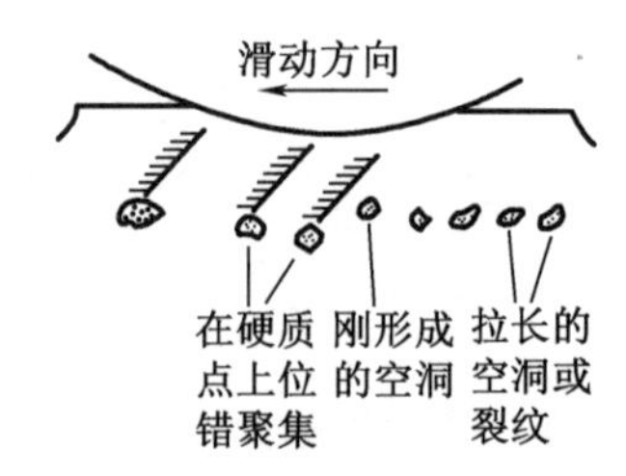

图 2-28 塑性流动的位置

根据表面下的应力分布状况，裂纹都是平行于表面的。每当裂纹受一次循环载荷，就在同样深度处向前扩展一个短距离，扩展到一定的临界长度时，裂纹与表面之间的材料，由于剪切应变而以薄片形式剥落下来。裂纹产生的深度由材料的性质及摩擦系数所决定。

后来，富基坦（Fujita）等用 NiCr 渗碳钢做了实验研究，发现裂纹首先在较浅的部位形成，通过反复接触，产生二次裂纹和三次裂纹，脱层的位置加深。然后，裂纹扩展到表面，而使裂纹上方的金属发生断裂。

④微观点蚀概念

勃士（Berthe）等提出微观点蚀概念。过去分析点蚀是用宏观的赫兹应力分析法，以为接触面是理想光滑的，而实际上表面是粗糙的，真实接触在粗糙表面的峰顶。表面粗糙度使赫兹应力分布发生调幅现象，如图 2-29 的实线所示，虚线为理想表面的赫兹应力分布曲线。

每个峰顶上的接触应力引起的点蚀称为微观点蚀。这种点蚀大约是宏观点蚀的 1/10。这种微观点蚀往往都是宏观点蚀的起因。

（5）微动磨损机理

冯一鸣等将微动磨损随循环次数的变化分成 4 个阶段，如图 2-30 所示，*OA* 段为起始摩擦时，由于金属转移和磨损造成曲线上升；*AB* 段为过渡阶段，从剪切脱落转到磨料磨损；*BC* 段磨料作用下降，磨损速率也下降；最终的 *CD* 段是由于磨屑增多，隔开接触表面，使黏着减轻、磨损速率低而稳定的阶段。

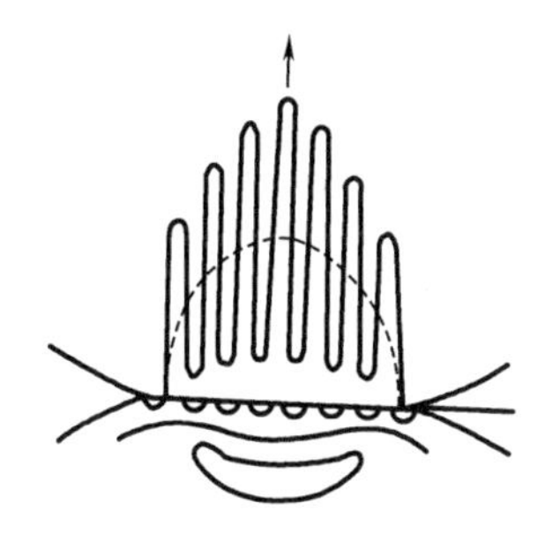

图2-29 赫兹应力分布的调幅现象

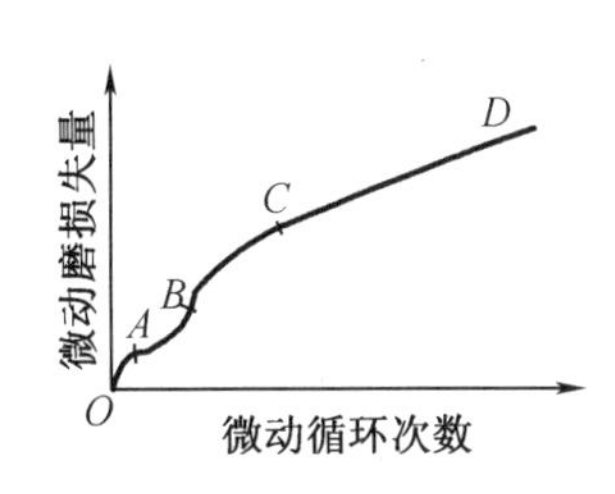

图2-30 微动磨损失重-循环次数关系曲线

微动磨损的机理和影响因素如下:

①黏着的作用

表面粗糙不平,在凸峰处首先开始接触。虽有氧化膜和吸附物质的保护,但由于小振幅的振动,其很快就被破坏,从而形成金属的冷焊接点。这种接点在法向力和切向力的联合作用下,经过多次反复,会在表面下诱发疲劳裂纹。

金属的黏着与摩擦副配对材料有关。同种材料配副中容易发生黏着,配对材料有相同的晶格且原子半径差不多大时,易固溶,易黏着;面心立方晶格的金属比密排六方晶格的金属容易黏着,因其易滑移,容易形成位错。

②磨屑的作用

在微动磨损的初始阶段,黏着材料可能转移到对摩面上,又可能转移回来。不同材料的配偶中,材料从低硬度一方向高硬度一方的表面转移。在此过程中可能形成几种磨屑:转移材料逐步氧化,被逐出表面而成磨屑;连续转移形成的氧化膜反复疲劳产生磨屑;表面凸峰微切削作用产生的磨屑。这类磨屑主要以金属形式脱离母体,但在不断的微动过程中,被粉碎得越来越细,使之具有极大的化学活性,极易氧化。

钢铁的微动磨屑呈红棕色,为 Fe_2O_3,是铁元素的最终氧化物。

微动磨损由于界面上有磨屑存在,所以构成三体磨损,对表面的损伤比一般滑动摩擦的高。但如果金属的硬度高、脆性高,则有时氧化物磨屑可以阻止进一步黏着而起到保护表面的作用。到微动后期,磨屑增多,将表面完全隔开,从而减小黏着,对载荷起着缓冲作用,直到完全阻止微动。

③脱层的作用

微动磨损属于低速滑动。苏(Suh)认为,只有应力循环交变的次数很多,才能形成亚表面裂纹。经实验观察,微动形成的片状磨屑是在原位上由金属破裂而成,而不是由黏着从对摩面上转移来的。

有人提出了微动磨损的模型:表面破裂——亚表面破裂——片状磨屑产生——微动疲劳裂纹萌生。亚表面裂纹的形成,并不是发生在表面下一定深度处,而是在一个深度范围内,因此一个部位可以产生多层薄片磨屑。

④氧化的作用

氧化对微动磨损有很重要的影响和作用,故微动磨损常称为微动腐蚀。

氧化膜可以减缓磨损。氧化膜有一个临界厚度,大于此厚度才能有效地降低磨损。在高温下,氧化膜厚度明显增加,能牢固地与基体结合,可表现出较强的抗微动磨损的能力。

在微动作用下,金属常生成微米量级的釉质氧化膜。它虽是釉质(一般为无定形结构),却有明显的晶型,一般为尖晶石结构。由于其表面光滑,摩擦和磨损明显下降,是一种理想的抗微动磨损的保护膜。

2. 腐蚀机理

见本章 2.2 部分。

2.5 金属表面疲劳失效现象

金属材料的疲劳断裂过程,一般有以下几个阶段:滑移、成核、微观裂纹扩展、宏观裂纹扩展、瞬时断裂。

金属材料产生疲劳裂纹的方式很多。有的产生在金属晶体表面、晶界或金属内部非金属夹杂物与基体交界处;有的产生在金属的"先天"缺陷处,如表面的机械划伤、焊接裂纹、腐蚀小坑、锻造缺陷、脱碳等;有的是因零件的结构形状造成应力集中而成为疲劳裂纹源,如零件上的内、外圆角,键槽,缺口等处。后两种容易产生疲劳裂纹的原因是明显的,因此以下着重讨论第一种无宏观疵病的光滑表面上疲劳裂纹形成的机理。

1. 变应力作用下金属的滑移及疲劳裂纹成核

表面无缺陷的试件,在变应力的作用下金属产生了滑移,造成了晶格的扭曲、晶粒的破裂,若变应力继续作用,上述现象将不断出现,直至金属材料表面某处失去塑性变形的能力而形成疲劳裂纹源,即疲劳裂纹成核。金属表面开始滑移直到疲劳裂纹成核,这是疲劳过程的第一阶段,如图 2-31 所示。裂纹生长到一定的长度以后,逐渐改变方向,最后沿着与拉伸应力垂直的方向生长,这是裂纹扩展阶段即疲劳过程的第二阶段。

关于疲劳裂纹成核的定义,始终还是一个有争论而难以统一的问题,从工程的实际出发,一般规定裂纹长度为 0.05~0.08 mm,即利用一般显微放大镜可以看到的裂纹,称为成核。

多晶体金属的界面,也是疲劳裂纹成核地区。金属中的非金属夹杂物与基体的交界处,往往是疲劳裂纹优先成核地区。

2. 疲劳裂纹的扩展及材料的断裂

金属在表面的滑移带、晶界、相界、切口等处一旦形成了疲劳裂纹核以后,如果继续承受变应力,则裂纹继续扩展。裂纹长度小于 0.05 mm,即成核以前的阶段,称为微观裂纹扩展阶段,也就是疲劳过程的第一阶段。此时疲劳裂纹的扩展速率是缓慢的,$\frac{\mathrm{d}a}{\mathrm{d}N}<3\times10^{-7}$/周,$a$ 为裂纹长度,N 为循环次数,$\frac{\mathrm{d}a}{\mathrm{d}N}$称为裂纹扩展速率。裂纹长度大于 0.05 mm,进入宏观裂纹扩展阶段即疲劳过程的第二阶段时,扩展速率增加,一般$\frac{\mathrm{d}a}{\mathrm{d}N}$在 $10^{-7}\sim10^{-2}$ mm/周范围以内。

随着疲劳裂纹的扩展,当净截面的应力达到材料的拉伸强度时(对高韧性材料),或是疲劳裂纹的长度达到材料的临界裂纹长度时,便发生最终的瞬时断裂。在断口上往往留下清晰的疲劳条带,称为前沿线,这是因为裂纹尖端向前扩展时造成的。典型的疲劳破坏断面见图 2-32。

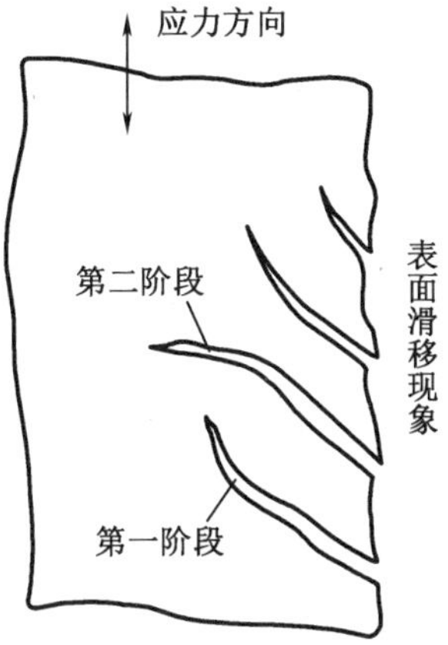

应力方向
第二阶段
表面滑移现象
第一阶段

图 2-31　纯铝第一、二阶段疲劳裂纹扩展示意图

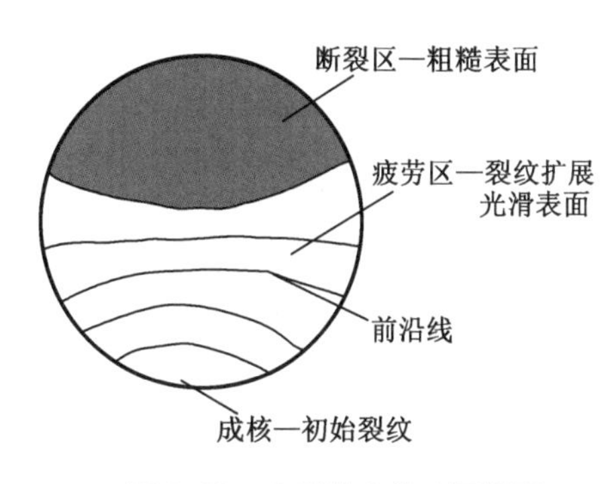

图 2-32　金属的疲劳破坏断面

图 2-33 为压缩螺旋弹簧受切应力时，疲劳失效的典型断面图。从断面可以看出，疲劳破坏是由表面裂纹（图中箭头所指）形成的疲劳源而造成的。

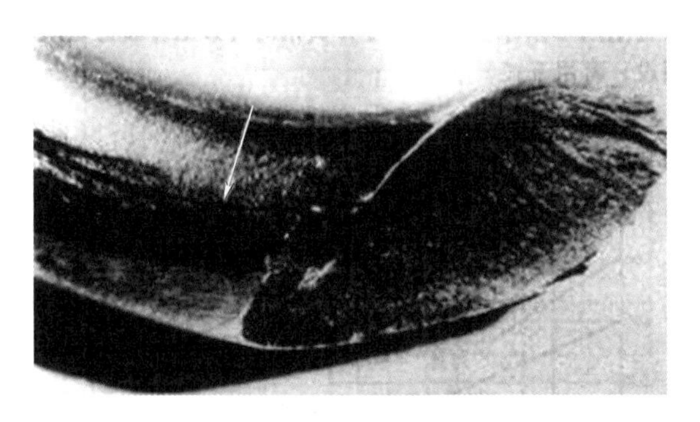

图 2-33　疲劳失效断面图

课后习题

一、填空题

1. 人们对固体表面进行大量的研究，形成了一个新的科学领域——________。

2. 固体表面包括________、________和________三个分支。

3. 固体材料分为________和________两类。

4. 一般地，将固体-气体或固体-液体的分界面称为________。

5. 多晶材料内部成分、结构相同而取向不同晶粒之间的界面称为________或________。

6. ________的存在使得材料表面易于吸附其他物质。

7. 表面工程技术研究的对象是固体材料的表面。固体材料的表面分为三类：________、________和________。

8. 表面粗糙度的测量有________、________、________、________、激光全息干涉法、光点扫描法等，分别适用于不同评定参数和不同粗糙度范围的测量。

9. 由于固体表面上原子或分子的力场是不饱和的，就有吸引其他物质分子的能力，从而使环境介质在固体表面上的浓度大于体相中的浓度，这种现象称为________。

10. 固体表面对气体的吸附可以分为________和________两类。

11. ________是指液体对固体表面浸润、附着的能力。

12. 液体对固体的润湿能力常用________来衡量。

13. 腐蚀的广义定义是指金属和非金属等材料由于环境作用引起的________和________。

14. 根据腐蚀发生的机理,可将其分为________、________和________三大类。

15. 按腐蚀形态分类,可分为________、________和________三大类。

16. 金属材料在拉应力和特定腐蚀介质的共同作用下发生的断裂破坏,称为________。

17. 金属在自然环境和工业生产中的腐蚀主要是________。

18. 对于全面腐蚀,常用平均腐蚀速度来衡量。通常采用________、________和________来表示金属的腐蚀速度。

19. ________是表示电极电位随极化电流强度 I 或极化电流密度 i 而改变的关系曲线。

20. 摩擦是自然界里普遍存在的一种现象,只要有相对运动,就一定伴随有________。

21. 摩擦副表面间的摩擦造成表面材料逐渐地损失的现象称为________。

22. 摩擦过程中,金属与周围介质发生化学或电化学反应而产生的表面损伤,称为________。

23. 对磨损的常用评价方法有:________、________、________等。

24. 金属材料的疲劳断裂过程,一般有以下几个阶段:________、________、________、________、________。

25. 一般情况下,材料的硬度越高,________越好。

二、名词解释

1. 晶体和非晶体

2. 吸附

3. 化学腐蚀

4. 磨损

5. 化学钝化或自钝化

三、简答题

1. 提高金属表面耐磨性的途径有哪些?

2. 请分别从生产和生活中列举出典型例子来说明润湿理论的应用。

3. 简述钝化现象及其应用。

课后习题答案

第3章　金属表面预处理工艺

【学习目标】

- 理解表面预处理的概念、重要性、目的及指标；
- 掌握表面预处理工艺、原理及应用；
- 了解表面预处理禁忌、表面预处理新技术。

现代社会中，工件在加工、运输、存放等过程中，表面往往带有氧化皮、铁锈制模残留的型砂、焊渣、尘土、油及其他污物。要提高金属材料的抗腐蚀性能，更好地保证工件的机械性能和使用性能，就必须对工件表面进行预处理，然后进行下一步的表面处理。例如：对金属表面进行涂层，就要先进行表面清理，否则，不仅影响涂层与金属的结合力和抗腐蚀性能，而且还会使基体金属在即使有涂层防护下也能继续腐蚀，使涂层剥落，影响工件的机械性能和使用寿命。表面技术的种类繁多，各种表面技术都要求与之相适应的表面预处理，以保证处理后的新表面达到设计所要求的性能。图 3-1 为加工制作后表面沾有油污的零部件。

图 3-1　加工制作后表面沾有油污的零部件

为增加图 3-1 所示零部件的耐蚀性，提高其使用寿命，需对其进行化学镀镍，具体工艺流程如下：

化学脱脂→水洗→侵蚀→水洗→活化→水洗→去离子水洗→化学镀镍→去离子水洗→烘干

对图 3-1 所示的零部件进行化学镀镍前需要进行预处理，具体预处理生产工艺流程如下：

①化学脱脂。化学脱脂是为了清除工件表面的污垢，溶液温度为 50 ℃。化学脱脂液配方：NaOH 质量为 20 g，Na_2CO_3 质量为 15 g，OP 乳化剂质量为 2 g，去离子水体积为 500 mL。

②酸洗。酸洗是为了除去工件表面的锈等氧化皮，酸洗溶液温度为 50 ℃。酸蚀溶液配方：H_2SO_4 体积分数为 80 mL/L，HNO_3 体积分数为 10 mL/L。

③活化。酸洗活化是为了清除化学除油后残留的表面氧化物、膜层或残留的吸附物质,并通过腐蚀以活化基体材料表面,也叫弱浸蚀。对于电极电位比镀层金属负的金属材料,此类金属材料可通过置换反应获得催化活性表面。例如,在铁基上化学镀镍,可将铁浸入化学镀镍液中,由于铁的电极电位比镍负而在铁表面上沉积镍,成为引发化学镀反应的成核中心,继而使化学镀镍反应在大面积上持续进行。活化工艺采用的 H_2SO_4 体积分数为 100 mL/L,HCl 的体积分数为 30 mL/L;溶液为弱腐蚀液,活化温度为室温,活化时间为 10~20 s。活化后,放入 70~80 ℃的蒸馏水中停留 30 min 之后放入镀液中开始施镀,一般要求当工件表面有大量细小均匀气泡溢出时停止活化。

3.1 表面预处理的内容

表面预处理就是利用某种工艺方法和手段,使工件的表面得到清理,或者使表面变得粗糙,以保证表面涂(镀)层与金属基体有效地结合。有时,人们又把表面预处理称为表面调整与净化,而将采取各种加工方式使制品(或基材)表面达到一定粗糙度的过程称为表面精整。所有表面处理技术在工艺实施之前都必须对材料进行预处理,以便提高表面覆层的质量以及覆层与基材的结合强度。大量实践证明,预处理是表面处理工程技术能否成功实施的关键因素之一。

3.1.1 表面预处理的重要性

良好的预处理对保证表面处理质量和性能至关重要。如以电镀件生产为例,在生产实际中,很多电镀件的质量事故(如镀层局部脱落、起泡、花斑、局部无镀层等)的发生并不是电镀工艺本身,而是由镀前预处理不当和欠佳所造成的。电镀前预处理作用包括以下几点:

1. 保证电极反应顺利进行

电镀过程必须在电解液与工件被镀表面有良好接触,工件被镀液润湿的条件下才能进行。工件表面的油污、锈层、氧化皮等污物,妨碍电解液与金属基体的充分接触,使电极反应变得困难,甚至因隔离而不能发生。

2. 保证镀层与基体的结合力

在基体金属晶格上外延生长的镀层具有良好的结合力。外延生长要求露出基体金属晶格,任何油污、锈蚀、氧化膜等都会影响电结晶过程。当镀件上附着极薄的,甚至肉眼看不见的油膜或氧化膜时,虽然能得到外观正常、结晶细致的镀层,但是结合强度大为降低,工件受弯曲、冲击或冷热变化时,镀层会开裂或脱落。

3. 保证镀层平整光滑

工件表面粗糙不平,镀层也是粗糙不平的,难以用镀后抛光进行整平。粗糙不平的镀层不仅外观差,耐蚀性也不如平整光洁的镀层。工件上的裂纹、缝隙、砂眼处的污物难以去除,而且积藏碱和电解液,镀件在存放时就渗出腐蚀性液层,使镀层出现“黑斑”或者泛“白点”,大大降低镀层的耐蚀性能。

3.1.2 表面预处理的目的

表面预处理的好坏,不仅在很大程度上决定了各类覆盖层与基体的结合强度,往往还影响这些表面生长层的质量,如结晶粗细、致密度、组织缺陷、外观色泽及平整性等。洁净的待加工表面也是保证其工艺过程顺利进行和得到高质量改性层的基础条件。金属原始表面一般覆盖着氧化层、吸附层及普通沾污层,如图3-2所示。表面预处理的主要内容就是选择适当的方法去除覆盖物,达到与各种表面技术所要求的相符的洁净度。

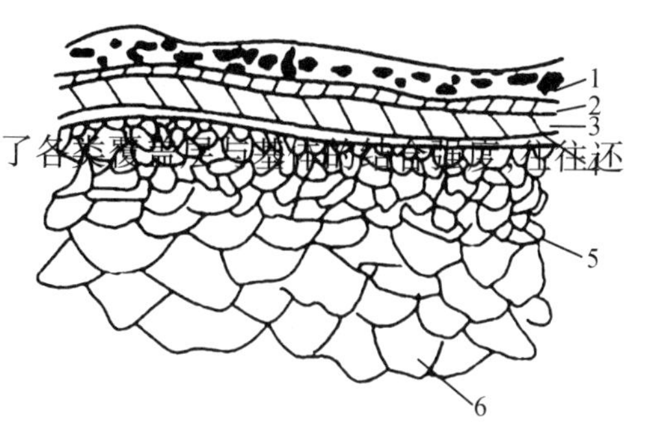

1—普通沾污层;2—吸附层;3—氧化层;4—贝氏层;5—变形层;6—基体。

图3-2 金属原始表面示意图

1. 对工件进行预处理的目的

(1)使工件表面几何形状满足涂镀层的要求,如表面整平或拉毛。

(2)使工件表面清洁程度满足涂镀层的要求,如除油等物理覆盖层或物理吸附层。

(3)除去化学覆盖层或化学吸附层,包括除锈、脱漆、活化,这样才能获得良好的镀层。

2. 对工件进行镀前预处理的内容

镀前预处理的内容包括:整平、除油、浸蚀、表整四个部分。

(1)整平主要是除去工件上的毛刺、结瘤、锈层、氧化皮、灰渣及固体颗粒等,使工件表面平整、光滑。整平主要使用机械方法,如磨光、机械抛光、滚光、喷砂等;化学抛光和电化学抛光用于除去微观不平。

(2)除油也叫脱脂。表面油污是影响金属表面处理质量的重要因素,油污的存在会使表面涂层与基体的结合力下降,甚至使涂层起皮、脱落。除去工件表面油污(包括油、脂、手汗及其他污物)使工件表面清洁的方法有化学除油、电化学除油、有机溶剂除油等。

(3)浸蚀也叫除锈,就是除去工件表面的锈层、氧化皮等金属腐蚀产物。在电镀生产中一般是将工件浸入酸溶液中进行,故称为浸蚀。除去锈层和氧化皮的工序叫强浸蚀,包括化学强浸蚀、电化学强浸蚀。除锈的方法有机械法、化学法和电化学法。

(4)表整是包括表调和表面活化的内容。如磷化表调是增加磷酸钛胶体作为磷化结晶核;活化是除去工件表面的氧化膜,露出基体金属,以保证镀层与基体的结合力。活化也是在酸性溶液中进行,但酸的浓度低,故称为弱浸蚀。

3.1.3 表面预处理的作用

基体表面预处理在表面处理中具有非常重要的地位和作用,具体表现如下:

(1)基体表面预处理为涂层技术做准备。例如,大型钢结构热喷涂锌和铝涂层制备时对预处理的要求是:喷砂处理、干燥,要求无灰尘、无油污、无氧化皮、无锈迹。化学镀镍涂层制备对预处理的要求是:除油—除锈—水洗—闪镀,基体表面无油污,无锈迹,无铅、锌等污染即可。

(2)基体表面预处理质量对此后的涂层制备有很大的影响,增加涂层的功能(防腐蚀、防磨损及特殊功能)。例如,对有磷化和无磷化处理的同一涂层进行盐雾试验,结果大约相差一倍。可见,除油、磷化等预处理对涂层的防锈能力起非常关键的作用。

(3)涂层与基体的附着力,究其实质是一种界面作用力。例如,某些涂料涂层及热喷涂层,基体的结合以机械力为主,这就要求预处理不仅要除油、除锈,还要表面粗化。表面粗化的目的有两个:一是增大涂层与基体的接触面积;二是增加涂层材料与基体表面胶合作用,以加强涂层与基体的附着力。

3.1.4 表面预处理的指标

表面清洁度与表面粗糙度是材料表面处理技术预处理工艺的两个最重要指标。清洁度最早应用于航空航天工业。清洁度表示零件或产品在清洗后在其表面上残留的污物的量。一般来说,污物的量包括种类、形状、尺寸、数量、质量等衡量指标。产品是由零件经过设备加工装配而成,所以清洁度分为零件清洁度和产品清洁度。产品清洁度与零件清洁度有直接的关系,同时还与生产工艺过程、车间环境、生产设备及人员有密切关系。

表面粗糙度是指加工表面具有的较小间距和微小峰谷的不平度。其两波峰或两波谷之间的距离(波距)很小(在 1 mm 以下),它属于微观几何形状误差。表面粗糙度越小,则表面越光滑。表面粗糙度一般是由所采用的加工方法和其他因素所形成的,例如加工过程中刀具与零件表面间的摩擦、切屑分离时表面层金属的塑性变形以及工艺系统中的高频振动等。

3.2 表面预处理工艺

目前生产中常用的预处理工艺通常分为下列几个步骤:

1. 表面整平

表面整平是指通过机械或化学方法去除材料表面的毛刺、锈蚀、划痕、焊瘤、焊缝凸起、砂眼、氧化皮等宏观缺陷,提高材料表面平整度的过程。表面整平除保障表面质量外,还起一定的装饰作用。

2. 表面脱脂

表面脱脂是指用化学或电化学方法除去表面油脂的过程。表面油脂是影响后续表面处理质量好坏的重要因素,表面油脂未除尽会使表面涂层与基体的结合力下降,甚至导致涂层起皮或脱落等现象发生。

3. 表面除锈

表面除锈(也称酸洗)是指用化学或电化学方法除去金属表面的氧化皮或锈迹。常用的表面除锈方法有机械法、化学法和电化学法。

4. 表面活化

表面活化(也称浸蚀)是指用化学或电化学方法露出基材表面的过程。活化的实质就是弱浸蚀,其目的就是露出金属的结晶组织,以保证涂层与基体之间牢固结合。

3.2.1 表面整平

表面整平一般采用磨光、抛光、滚光、振动磨光和刷光。

1. 磨光

磨光工具包括磨光轮和磨光带。磨光轮或磨光带上粘有磨粒,利用粘有金刚砂或氧化铝等磨料的磨轮在高速旋转下以 10~30 m/s 的速度磨削金属表面,除去表面的划痕、毛刺、焊缝、砂眼、氧化皮、腐蚀痕和锈斑等宏观缺陷,提高表面的平整程度。根据要求,一般需选取磨料粒度逐渐减小的几次磨光。当然,对磨料的选用应根据加工材质而定,见表 3-1。

表 3-1 常用磨料及用途

序号	磨料名称	成分	物理性质				用途
			莫氏硬度	韧性	结构形状	外观	
1	人造金刚砂（碳化硅）	SiC	9.2	脆	尖锐	紫黑闪光晶粒	铸铁、黄铜、锌、锡等脆性低强度材料的磨光
2	人造刚玉	Al_2O_3	9.0	较韧	较圆	洁白至灰暗晶粒	可锻铸铁、锰青铜等高韧性、高强度材料的磨光
3	天然刚玉（金刚砂）	Al_2O_3、Fe_2O_3及杂质	7~8	韧	圆粒	灰黑至黑色砂粒	一切金属的磨光
4	硅藻土	SiO_2	6~7	韧	较尖锐	白色至灰红色粉末	通用磨光、抛光材料，宜磨光或抛光黄铜、铝等较软金属
5	浮石	—	6	松脆	无定形	灰黄海绵状块或粉末	适用于软金属及其合金、木材、玻璃、塑料、皮革等的磨光及抛光
6	石英砂	SiO_2 及杂质	7	韧	较圆	白色至黄色砂粒	通用磨料，可用于磨光、抛光、滚光及喷砂等
7	铁丹	Fe_2O_3 及杂质	6~7	—	—	黄色至黑红色粉末	用于钢、铁、铅等材料的磨光及抛光
8	抛光用石灰	CaO	—	—	—	白色块状	一切金属的抛光
9	氧化铬	Cr_2O_3	—	—	—	灰绿色粉末	不锈钢、铬等的抛光

磨光轮依本身材料的不同，又可分为硬轮和软轮两类。如零件表面硬、形状简单或要求轮廓清晰时宜用硬轮（如毡轮），表面软、形状复杂的宜用软轮（如布轮）。新轮或长时间使用后的旧轮一般都需用骨胶液黏结适当型号的磨料。

2. 抛光

抛光是用抛光轮和抛光膏或抛光液对零件表面进行进一步的轻微磨削以降低粗糙度，也可用于镀后的精加工。抛光轮转速较磨光轮更快（圆周速率 20~35 m/s）。抛光轮分为非缝合式、缝合式和风冷布轮。一般形状复杂或最后精抛光的零件用非缝合式；形状简单或镀层用缝合式；大型平面、大圆管零件用风冷布轮。

3. 滚光

滚光是零件与磨削介质（磨料和滚光液）在辊筒内低速旋转而滚磨出光的过程，常用于小零件的成批处理。辊筒多为多边筒形。滚光液为酸或碱中加入适量乳化剂、缓蚀剂等。常用磨料有钉子头、石英砂、皮革角、铁砂、贝壳、浮石和陶瓷片等。

4. 振动磨光

振动磨光是将零件与大量磨料和适量抛磨液置入容器中，在容器振动过程中仅零件表面平整光洁。宜用磨料有鹅卵石、石英砂、陶瓷、氧化铝、碳化硅和钢珠等。

抛磨液是表面活性剂、碱性化合物和水。振动磨光效率比滚光高得多,且不受零件形状的限制,但不适宜于精密和脆性零件的加工。

5. 刷光

刷光是刷光轮装在抛光机上,用刷光轮上的金属丝(钢丝、黄铜丝等)刷,同时用水或含某种盐类、表面活性剂的水溶液连续冲洗去除零件表面锈斑、毛刺、氧化皮及其他污物,还可用于装饰目的进行丝纹刷光和缎面刷光等。

6. 成批光饰

成批光饰是指将工件与磨料、水及化学促进剂一起放到容器中进行加工,以达到除锈、除油、令锐角和锐边倒钝、降低表面粗糙度的目的。成批光饰的特点:一次可成批处理多个工件,效率高,成本低。

以上表面整平中的化学抛光是在适当溶液中,工件仅依靠化学浸蚀作用而达到抛光的过程。其特点有:不用外接电源和导电挂具,工艺简单,可抛光各种形状复杂工件,生产效率高;但抛光液寿命短,溶液调整及再生困难,且抛光质量不如电化学抛光;抛光时通常会产生一些有害气体;特别适用于形状复杂、装饰性加工的大工件。

(1)低碳钢工件化学抛光

低碳钢工件化学抛光成分及工艺见表 3-2。

表 3-2　低碳钢工件化学抛光液配方及工艺条件

配方成分($g \cdot L^{-1}$)及工艺条件	配方 1	配方 2	配方 3
过氧化氢(H_2O_2)	30~50	35~40	70~80
草酸[$(COOH) \cdot 2H_2O$]	25~40	—	—
氟化氢铵 NH_4HF_2	—	10	20
尿素[$(NH_2)_2CO$]	—	20	20
苯甲酸(C_6H_5COOH)	—	0.5~1	1~1.5
硫酸 H_2SO_4	0.1	—	—
pH 值	—	2.1	2.1
润湿剂	—	0.2~0.4	0.2~0.4
温度/℃	15~30	15~30	15~30
时间/min	20~30 至光亮	1~2.5	0.5~2
搅拌	可以搅拌	需要搅拌	需要搅拌

(2)铝及铝合金的化学抛光

磷酸基溶液化学抛光在工业上应用广泛,铝及铝合金化学抛光多用这种方法。有时也可采用非磷酸基溶液化学抛光。

磷酸基溶液化学抛光分两种:一种是含磷酸高于 700 mL/L 的溶液;另一种是含磷酸 400~600 mL/L 的溶液。含磷酸高的溶液对经机械抛光的表面化学抛光后与电抛光表面相当,能用于纯铝、含锌量不高于 8%、含铜量不高于 4%的 Al-Mg-Zn 和 Al-Cu-Mg 合金。含磷酸低的溶液抛光能力差,只适于抛光含铝量高于 99.5%的纯铝,这类溶液的配方及工艺条件见表 3-3。

表 3-3 铝及铝合金磷酸基化学抛光液配方及工艺条件

配方成分($g\cdot L^{-1}$)及工艺条件	配方 1	配方 2	配方 3	配方 4	配方 5	配方 6	配方 7	配方 8
磷酸(H_3PO_4,85%)	850	805	800	700	700	700	500	440
硫酸(H_2SO_4,98%)	—	—	200	—	250	—	400	60
冰醋酸(CH_3COOH)	100	—	—	120	—	—	—	—
硝酸(HNO_3,65%)	50	35	—	30	50	100	100	48
柠檬酸($C_6H_8O_7\cdot H_2O$)	—	—	—	—	—	200	—	—
硫酸铜[$CuSO_4\cdot 5H_2O$]$^{-1}$	—	—	—	—	—	—	—	0.2
硫酸铵[$(NH_4)_2SO_4$]	—	—	—	—	—	—	—	44
尿素[$CO(NH_2)_2$]	—	—	—	—	—	—	—	31
添加剂 WXP-1	—	—	0.2	—	—	—	—	—
温度/℃	80~100	约 80	95~120	100~120	90~115	80~90	100~115	100~120
时间/min	2~15	0.5~5.0	数分钟	2~6	2~6	3~5	数分钟	2~3

电化学抛光:电化学抛光(亦称电解抛光)指在适当的溶液中进行阳极电解,使金属工件表面平滑并产生金属光泽的过程。其抛光过程是通电后,在工件(接阳极)表面会产生电阻率高的稠性黏膜,其厚度在工件表面为非均匀分布:表面微观凸出部分较薄,电流密度较大,金属溶解较快,表面微观下凹处较厚,电流密度较小,金属溶解较慢。正是由于稠性黏膜及电流密度的不均匀,工件表面微观凸处溶解快,凹处溶解慢,随时间推移,工件表面粗糙度降低,逐渐被抛光。

与机械抛光比,电化学抛光的特点如下:工件表面无冷作硬化层;适于形状复杂、线材、薄板和细小件的抛光;生产效率高,易操作。表 3-4 是电化学抛光液配方及工艺条件。

表 3-4 电化学抛光液配方及工艺条件

配方号	电解液成分	温度/℃	电流密度/($A\cdot dm^{-2}$)	电压/V	时间/min	说明		
1	磷酸(H_3PO_4) 铬酸酐(CrO_3) 硫酸(H_2SO_4) 硼酸(H_3BO_3) 氢氟酸(HF) 柠檬酸($C_6H_8O_7\cdot H_2O$) 邻苯二甲酸酐($C_8H_4O_3$)	94	570	—	数分钟	不同金属的电流密度与抛光时间		
						金属	电流密度	时间
						钢	17~40	2~4
						铁	10~15	3.0~3.5
						轻合金	12~40	2
						青铜	18~24	2.0~2.5
						铜	5~15	1.5
						铅	30~70	6
						锌	20~24	2.0~2.5
						锡	7~9	1.5~3.0

表 3-4(续)

配方号	电解液成分	温度/℃	电流密度/$(A \cdot dm^{-2})$	电压/V	时间/min	说明
2	$(H_3PO_4, 98\%)$ 86% 88%(质量分数)	30~100	2~ 100	—	数分钟	可抛光钢铁、铜、黄铜、青铜、镍、铝、硬铝
3	乙醇 144 mL 三氯化铝$(AlCl_3)$ 10 g 氯化锌$(ZnCl_2)$ 45 g 丁醇$(C_4H_{10}O)$ 16 mL 水 32 mL	20	5~30	15~25	—	可用下列任一方法对铝及铝合金、钴、镍、锡、钛、锌进行电抛光:①抛光 1 min,热水洗,如此反复数次;②上下迅速移动阳极,持续 3~6 min
4	硝酸$(HNO_3, 65\%)$ 100 mL 甲酸(CH_3OH) 200 mL	20	100~200	40~50	0.5~1	可抛光铝、铜及铜合金、钢铁、镍及镍合金、锌,使用时应冷却,溶液有爆炸危险,若有浸蚀现象,可降低电流密度

3.2.2 表面脱脂

工件上常见的油分为两类:一类是皂化性油,即不同脂肪酸的甘油酯,能与碱发生皂化反应,生成可溶于水的肥皂和甘油,如各种植物油大多属于此类;另一类是非皂化性油,是各种碳氢化合物,它们不能与碱发生皂化反应,且不溶于碱溶液,各种矿物油如凡士林、机油、柴油、石蜡均属此类。这两类油均不溶于水。常用除油方法的特点及应用范围见表 3-5。

表 3-5 常用除油方法的特点及应用范围

除油方法	特点	应用范围
有机溶剂除油	速度快,能溶解两类油脂,一般不腐蚀零件,但除油不彻底,需用化学或电化学方法进行补充除油,多数溶剂易燃或有毒,成本较高	用于油污严重的零件和易被碱液腐蚀的金属零件的初步除油
化学除油	设备简单、成本低,但除油时间较长	一般零件的除油
电化学除油	除油快、彻底,并能除去零件表面的浮灰、浸蚀残渣等机械杂质,但需要直流电源。阴极除油时,零件容易渗氢,去除深孔内的油污较慢	一般零件的除油或清除浸蚀残渣
擦拭除油	设备简单,但劳动强度大,效率低	大型或其他方法不易处理的零件
辊筒除油	工效高、质量好	精度不太高的小零件

1. 有机溶剂除油

常用的有机溶剂有煤油、汽油、苯类、酮类、氯化烷烃和烯烃等,有机溶剂除油方法有:

(1)浸洗或喷淋

用有机溶剂不断搅拌浸洗工件或用有机溶剂喷淋工件,直到工件表面油污除净为止。但有机溶剂沸点低,易挥发丙酮、汽油、二氯甲烷,勿喷淋,以免发生危险。

(2)蒸气洗

即将有机溶剂装在密闭容器底部,工件挂在溶剂上方,加热溶剂使溶剂蒸气在工件表面冷凝成液体,以将油污洗下落回容器底部。

(3)联合法

即浸洗-蒸气联合或浸洗-喷淋-蒸气联合除油,清洗效果更好。

有机溶剂除油速度快,基本上对工件表面无腐蚀(也有例外)。但除油不彻底,且除油后工件上容易残存有机溶剂,要再用化学方法清洗除去。有机溶剂一般有毒或易燃,不但易出危险,且产生挥发性有机物排放,污染环境,应注意通风、防火、防爆和防毒。特别注意三氯乙烯在紫外线、热(>120 ℃)、氧作用下会产生剧毒光气和腐蚀性极强的氯化氢。故要严防将水带入除油槽,避免阳光直射,铝、镁工件清洗时应尽快取出(因铝、镁催化会导致剧毒)。当有机溶剂中混入油污达25%~30%时,需更换新溶剂。

2. 化学除油

(1)皂化作用

油脂与除油液中的碱起化学反应生成肥皂的过程称为皂化。

一般动植物油中的主要成分是硬脂酸酯,它与氢氧化钠产生皂化反应,反应式为:

$$(C_{17}H_{35}COO)_3C_3H_5+3NaOH \longrightarrow 3C_{17}H_{35}COONa+C_3H_5(OH)_3$$

$(C_{17}H_{35}COO)_3C_3H_5$ 是硬脂酸酯,$C_{17}H_{35}COONa$ 是肥皂,$C_3H_5(OH)_3$ 是甘油。

皂化反应使原来不溶于水的皂化性油脂变成能溶于水(特别是热水)的肥皂和甘油,从而易被除去。

(2)乳化作用

矿物油等非皂化性油脂,只能通过乳化作用才能除去。非皂化性油脂与乳化剂作用生成乳浊液的过程,称为乳化作用。乳化作用的结果是令工件表面的非皂化性油污在乳化剂作用下变成微细油珠,与工件表面分离并均匀分布于溶液中,形成乳浊液,从而达到除油的目的。生产中因皂化时间长,除油大部分是靠乳化作用完成的。

(3)常用除油工艺

①碱性除油。常用碱液除油只能除去工件表面具有皂化性的动、植物油。表3-6为钢铁材料化学除油液配方及工艺。

表3-6 钢铁材料化学除油液配方及工艺

配方成分($g \cdot L^{-1}$)及工艺条件	配方1	配方2	配方3	配方4	配方5
氢氧化钠($NaOH$)	10~15	—	50~100	20	20~30
碳酸钠(Na_2CO_3)	20~30	—	20~40	20	30~40
磷酸三钠($Na_3PO_4 \cdot 12H_2O$)	50~70	70~100	30~40	20	30~40
水玻璃(Na_2SiO_3)	5~10	5~10	5~15	30	—
OP-10乳化剂	—	1~30	—	—	—
表面活性剂	—	—	—	1~2	—
海鸥洗涤剂	—	—	—	—	2~4 mL/L
温度/℃	80~90	80~90	80~95	70~90	80~90
时间	至油除净				

②乳化除油。在煤油、汽油等物质中加入一些表面活性剂及少量的水便成了乳化除油液。这种乳化液除油速度快、效果好,清除黄油及抛光膏效果最好。选择表面活性剂是决定乳化除油液的关键。

③酸性除油。有机或无机酸与表面活性剂可同时除去零件表面的油污和薄氧化层。耐酸塑料酸性除油液配方:重铬酸钾 $K_2Cr_2O_7$,15g;硫酸 H_2SO_4,相对密度 $d=1.84$,300 mL;水 H_2O,20 mL。

3. 电化学除油

把工件挂在阴极或阳极上并放在碱性电解液中,通入直流电,令工件上油污分离下来的工艺称为电化学除油。当金属工件作为一个电极,在电解液中通入直流电时,由于极化作用,金属-溶液界面的界面张力下降,溶液易渗透到油膜下的工件表面并析出大量氢气或氧气。这些气体在溶液中向上浮出时,产生强烈的搅拌作用,猛烈的撞击和撕裂油膜,令其碎成小油珠,迅速与工件表面脱离进入溶液后成为乳浊液,从而达到除油的目的。各种电化学除油方法的特点及应用范围见表 3-7。钢铁工件电化学除油液配方及工艺条件见表 3-8。

表 3-7 各种电化学除油方法的特点及应用范围

除油方式	特点	应用范围
阴极除油(工件接阴极)	阴极上析出的氢气的体积是阳极上析出的氧气体积的两倍,故阴极除油速度快,效果比阳极除油好,基体不受腐蚀,但容易渗氢,溶液中的金属杂质会沉积在零件表面,影响镀层结合力	适用于有色金属,如铝、锌、锡、铅、铜及其合金的除油
阳极除油(工件接阳极)	基体金属不发生氢脆,能除掉零件表面的浸渍残渣和某些金属薄膜,如锌、锡、铅、铬等,但效率较阴极除油低,基体表面会受到腐蚀并产生氧化膜,特别是有色金属腐蚀大	硬质高碳钢、弹性材料零件,如弹簧、弹性薄片等。一般采用阳极除油,但铝、锌及其合金等化学性能较活泼的材料不适用
阴-阳极联合除油(工件接阴极和阳极交替进行)	阴极电解和阳极电解交替进行,能发挥二者的优点,是最有效的电解除油方法。根据零件材料的性质,选择先阴极除油后短时阳极除油;或先阳极除油后短时阴极除油	用于无特殊要求的钢铁件除油

表 3-8 钢铁工件电化学除油液配方及工艺条件

配方成分($g \cdot L^{-1}$)及工艺条件	配方 1	配方 2	配方 3
氢氧化钠(NaOH)	40~60	30~50	10~20
碳酸钠(Na_2CO_3)	20~30	20~30	20~30
磷酸三钠($Na_3PO_4 \cdot 12H_2O$)	30~40	50~70	20~30
硅酸钠(Na_2SiO_3)	10~15	5~10	—
温度/℃	70~80	70~80	70~80
电流密度/($A \cdot dm^{-2}$)	2~5	3~7	5~10

表3-8(续)

配方成分(g·L^{-1})及工艺条件	配方1	配方2	配方3
槽电压/V	8~12	8~12	8~12
阴极除油时间/min	—	—	5~10
阳极除油时间/min	5~10	5~10	0.2~0.5
应用范围	用于一般钢铁和高强度、高弹性钢铁工件		用于形状复杂的低弹性钢铁工件

4. 超声除油

在超声环境中的除油过程称为超声除油。实际上是将超声引入化学或电化学除油,有机溶剂除油或酸洗过程中加强或加速清洗的过程。当超声波射到油膜与工件表面的界面时,无论波被吸收还是被反射,在界面处将产生辐射压强,这个压强将产生两个后果:一个是产生简单的骚动效应,另一个是产生摩擦现象。骚动和摩擦会导致连续清洗,从而加速搅拌。

在液体内,某一区域压强突然减小出现负值时,会引起气体粉碎性爆炸,发生空穴,称为瞬时空化。当压强返回正值时,由于压力突然增大,气泡(空穴)崩溃,瞬时间液体分子间发生碰撞,产生巨大压强脉冲,形成极高的液体加速度打击工件表面油膜,令油污迅速从工件表面脱离。例如,当超声波场强达到0.3 W/cm^2 以上时,溶液在1 s内发生数万次强烈碰撞,碰击力为5~200 kPa,产生极大的撞击能量。

超声除油一般是与其他除油方式联合进行,其独立工艺参数一般是:超声发生器输出功率越大越好,例如1.0 kW,频率15~30 kHz。

3.2.3 表面除锈

钢铁工件表面铁锈最常见的有:氧化亚铁(FeO),灰色,易溶于酸;三氧化二铁(Fe_2O_3),赤色,难溶于硫酸和室温下的盐酸,结构较疏松;含水三氧化二铁($Fe_2O_3 \cdot nH_2O$),橙黄色,易溶于酸;四氧化三铁(Fe_3O_4),蓝黑色(黑皮),难溶于硫酸和室温下的盐酸。

除去金属制品表面锈层的方法有机械法、化学法和电解法三类。

1. 机械法除锈

机械法除锈是对表面锈层进行喷砂、研磨、滚光或擦光等机械处理,在制品表面得到整平的同时除去表面的锈层。

2. 化学法除锈

化学法除锈是用酸或碱溶液对金属制品进行强浸蚀处理,即采用酸与金属材料表面的锈、氧化皮及其他腐蚀产物发生反应,使制品表面的锈层通过化学作用和浸蚀过程所产生氢气泡的机械剥离作用而被除去。化学除锈与机械清理相比,它具有除锈速度快、生产效率高、不受工件形状限制、除锈彻底、劳动强度低、操作方便、易于实现机械化、自动化生产等优点。常用于化学除锈的酸液有盐酸、硫酸、硝酸、氢氟酸、柠檬酸、酒石酸等,以盐酸和硫酸应用最多。例如,盐酸与铁锈及基体可起如下化学反应:

$$Fe_2O_3+6HCl \xlongequal{} 2FeCl_3+3H_2O$$

$$Fe_3O_4+8HCl \xlongequal{} 2FeCl_3+FeCl_2+4H_2O$$

$$FeO+2HCl \xlongequal{} FeCl_2+H_2O$$

$$2Fe+6HCl \equiv 2FeCl_3+3H_2$$

在化学除锈的同时,酸对基体金属表面也有侵蚀作用。因此为防止金属表面的过腐蚀,酸洗液中一般加入少量金属缓蚀剂。一旦表面锈蚀物去净,应立即将工件取出,用清水冲洗掉余酸。然后,用碱液(一般为碳酸钠溶液)中和掉零件表面残余的一些酸液,最后再用水清洗掉上述碱液。对于铝和锌等两性金属,浸湿多采用碱性溶液。

化学除锈的一般工艺过程:除油—冷水洗(2 次)—化学除锈—水洗。水洗是各个工序中必需的步骤,为防止工件附着了前道工序的处理液而影响下道工序的正常进行,水洗后如果不立即进行后续施工,工件应该进行防锈处理。

3. 电解法除锈

电解法除锈是在酸或碱溶液中对金属制品进行阴极或阳极处理除去锈层。阳极除锈是由于化学溶解、电化学溶解和电极反应析出的氢气泡的机械剥落作用。阴极除锈是由于化学溶解和阴极析出氢气的机械剥离作用。电解法除锈分为酸液电解和碱液电解除锈。

酸液电解:酸液电解有三种,即在 5%~20%的硫酸溶液中进行阴极电解、阳极电解、PR 电解。电解浸蚀与化学浸蚀相比,更易迅速除去黏结牢固的氧化皮,而且即使酸液浓度有些变化,也不会有显著影响。

阴极电解(工件作阴极)是指在电流密度为 5 A/dm^2(1~10 A/dm^2)、温度为 65~80 ℃条件下的电解。优点是材料腐蚀少,能保证尺寸精度。但由于激烈析出氢而易引起氢脆。添加缓蚀剂,既能防止金属表面进一步腐蚀,又能减轻氢脆发生。

阳极电解(工件作阳极)是借助于氧化的物理冲刷作用使氧化皮脱落,同时,由于表面产生钝化还能防止腐蚀。此外,还具有不发生氢脆的优点。

PR 电解法是周期性改变工件正负极性的电解方法,它既有阴极电解效果也有阳极电解效果。但在工件作为阴极时,仍避免不了发生氢气和镀层的吸氢现象。PR 电解对除去不锈钢氧化皮是有效的。

碱液电解:酸液电解在去氧化皮或除锈方面效果显著,但处理的表面很粗糙,而且不可避免地有酸雾、氢脆现象发生。为克服上述缺点,并除掉污物、涂料等,应采用碱液电解法。碱电解溶液一般含有氢氧化钠、螯合物及表面活性剂。常见的螯合物有柠檬酸、酒石酸、葡萄糖酸、EDTA 等,尤其葡萄糖酸在碱性循环溶液中具有很强的络合力,形成水溶性葡萄糖酸金属络合盐。电解时,添加表面活性剂并加以搅拌,有助于加速氧化皮或锈层的剥落。

3.2.4 表面活化

零件的表面活化(又称浸蚀)通常在除油后进行。为简化步骤,提高功效,当零件表面油污和锈蚀均不太严重的情况下,可在加油乳化剂的酸液中,将除油和浸蚀两道工序合并进行,又称除油-浸蚀“一步法”或“二合一”。钢铁工件除油-浸蚀联合处理液配方及工艺条件见表 3-9。

表 3-9 钢铁工件除油-浸蚀联合处理液配方及工艺条件

配方成分(g·L^{-1})及工艺条件	配方 1	配方 2	配方 3	配方 4	配方 5	配方 6
硫酸(H_2SO_4)	70~100	100~159	120~160	120~160	150~250	—

表3-9(续)

配方成分(g·L^{-1})及工艺条件	配方1	配方2	配方3	配方4	配方5	配方6
氯化钠(NaCl)	—	—	—	30~50	—	—
盐酸(HCl)	—	—	—	—	—	900~1 000
十二烷基硫酸钠($C_{12}H_{25}SO_4Na$)	8~12	0.03~0.05	—	0.03~0.05	—	—
OP乳化剂	—	—	—	—	—	1~2
六次甲基四胺	—	—	—	—	—	2~3
平平加(102均染剂)	—	15~20	2.5~5	20~25	15~25	—
硫脲[$(NH_2)_2CS$]	—	—	—	0.8~1.2	—	—
温度/℃	70~90	60~70	50~60	70~90	75~85	90~沸点
时间/min	至除净为止				0.5~2	

3.3 表面预处理禁忌

表面处理对环境的影响很大,表面预处理更是如此,尤其是一些预处理中的重污染和有毒药品的使用。目前,环保型配方的研发是今后替代重污染配方的有效途径。铬污染环境及对生产接触工人造成危害,主要是指六价铬。所有铬化物浓度过高时都有毒性,但其中以六价铬毒性最大,三价铬次之,二价铬毒性最小。六价铬化物具有强氧化作用,且水溶性强,对皮肤和黏膜有刺激腐蚀作用,同时又是一种常见的致敏物,为吞入性毒物,皮肤接触可能导致过敏,还可能造成遗传性基因缺陷,吸入可能致癌,对环境有持久危险性。据现场测定表明:在带有局部排气装置的镀铬车间,浓度通常为10~30 μg/m^3。在没有排气装置的车间,浓度达到120 μg/m^3。六价铬是很容易被人体吸收的,它可通过消化道、呼吸道、皮肤及黏膜侵入人体。六价铬化合物在人体内具有致癌作用,还会引起诸多的其他健康问题,如吸入某些较高浓度的六价铬化合物会引起流鼻涕、打喷嚏、瘙痒、鼻出血、溃疡和鼻中隔穿孔。在国际上,六价铬被列为对人体危害最大的8种化学物质之一,是公认的致癌物质。因此,表面预处理对工艺配方要求特别重视。图3-3为被污染的江河水源。

图3-3 被污染的江河水源

电镀就是通过化学置换反应或电化学反应在镀件表面沉积一层金属镀层,通过氧化反应也可在金属制品表面形成一层氧化膜,从而改变镀件或金属制品表面的性能状态,使其满足使用者对制品性能的要求。电镀前的基体表面的状态和清洁程度是保证镀层质量的前提。要获得光亮、平滑、结合力强和耐蚀性强的镀层,基体表面不能粗糙、有锈蚀或者油污的存在,镀前必须进行预处理。有时镀层出现鼓泡、脱落、花斑、裂纹等现象,经实践证明大多是由镀件的预处理不当造成的。因此,要想得到高质量的镀层,必须对镀件进行仔细的预处理。

化学镀是一种新型的金属表面处理技术,该技术以其工艺简便、节能、环保等优点日益受到人们的关注。化学镀使用范围很广,镀金层均匀、装饰性好。在防护性能方面,能提高产品的耐蚀性和使用寿命;在功能性方面,能提高加工件的耐磨性、导电性、润滑性能等特殊功能,因而化学镀已成为全世界表面处理技术的一个发展方向。

下面以电镀预处理技术禁忌为例介绍电镀操作过程的有关禁忌事项。

3.3.1 研磨的禁忌

研磨是用磨料或粘有磨料的磨光轮(或带),将被加工零件表面粗糙不平的地方削平,使其表面变平坦、光滑的过程。

(1)在磨料研磨操作时,禁忌选择研磨磨料粒度不相当,否则达不到工艺要求。

(2)禁用一种磨轮及速度对不同形状、切削量、硬度、表面粗糙度的部件进行处理。选择不同的磨轮既保证加工效率,也避免造成加工不同几何形状的工件变形。

(3)磨光带的使用禁忌是磨光带应保存在阴凉、干燥环境,忌靠近热源,防止其变脆、受潮。

3.3.2 抛光的禁忌

抛光的目的是在零件表面经过粗糙磨光后,进一步降低表面粗糙度,消除金属制件表面的细致不平,使表面出现镜面光泽。由于机械抛光主要还是靠人工完成,所以抛光技术目前还是影响抛光质量的主要原因。

1. 机械抛光禁忌

抛光的机理是在抛光时,抛光轮高速旋转,金属部件与抛光轮摩擦产生高温,使部件塑性提高;在抛光作用下,金属表面产生塑性变形,使微凹处填平,使细微不平的表面进一步得到改善。机械抛光时,有以下操作禁忌:

(1)不同的金属材料,忌使用不当的抛光轮转速。

(2)用砂纸抛光需要利用软的木棒或竹棒;当换用不同型号的砂纸时,抛光方向应变换41°~90°。

(3)当要转换更细一级的砂号时,要注意该级砂号是否完全覆盖上一级(较粗)砂纹,必须清洗双手和工件,这样前一种型号砂纸抛光后留下的条纹阴影即可分辨出来。

(4)在抛光圆面或球面时,使用软木棒可更好地配合圆面和球面的弧度。

(5)较硬的木条(如樱桃木)则更适用于平整表面的抛光。

(6)为了避免擦伤和烧伤工件表面,在用1200#和1500#砂纸进行抛光时必须特别小心。

2. 电解抛光禁忌

电解抛光时,有如下禁忌:

(1)抛光液在其使用初期时会产生泡沫,因此抛光液液面与抛光槽顶部之间的距离不应小于等于15 cm。

(2)不锈钢工件在进入抛光槽之前应尽可能将残留在工件表面的水分除去,因工件夹带过多水分有可能造成抛光面出现严重麻点,局部浸蚀而导致工件报废。

(3)在电解抛光过程中,作为阳极的不锈钢工件,其所含的铁、铬元素不断转变为金属离子溶入抛光液内而不在阴极表面沉积。随着抛光过程的进行,金属离子浓度不断增加,当达到一定数值后,这些金属离子以磷酸盐和硫酸盐形式不断从抛光液内沉淀析出,沉降于抛光槽底部。为此,抛光液必须定期过滤,去除这些固体沉淀物。

(4)在抛光槽运行过程中,除磷酸、硫酸不断消耗外,水分因蒸发和电解而损失,此外,高黏度抛光液不断被工件夹带损失,抛光液液面不断下降,需经常往抛光槽补加新鲜抛光液和水。

(5)中和后污水排放要符合当今环保要求。

(6)本品有腐蚀性,勿入眼、口,勿触皮肤。如误触,立即用清水冲洗,严重者,按强酸烧伤就医。

(7)密封阴凉处保存,长期有效。

3. 化学抛光禁忌

化学抛光是金属制品表面在特定的条件下化学浸蚀的过程。金属表面上微观凸起处,在特定溶液中的溶解速度比微观凹下处的快,结果逐渐被整平而获得光滑、光亮的表面。

(1)化学抛光时,抛光液的配制及适用范围忌不考虑金属材料。

(2)化学抛光时,抛光液的温度忌过高。阳极表面的电解液易发生过热,产生的气体和蒸气可能将电解液从电极表面挤开,从而降低抛光效果,也很难用提高电流密度的方法达到抛光的目的。

3.3.3 脱脂的禁忌

1. 有机溶剂脱脂禁忌

有机溶剂脱脂是利用有机溶剂对油脂的物理溶解作用,将制件表面的油污除去,适用于可皂化和不可皂化的油脂。其注意事项有:

(1)有机溶剂脱脂时忌无安全保护装置。有机溶剂都是易燃物质,操作场所忌有明火,并必须有灭火设备。大多数有机溶剂有毒,忌在通风、防火、防爆等安全措施不好的条件下操作。

(2)有机溶剂中油污量忌超过25%~30%(体积分数)。油污量过多,脱脂能力严重下降。

2. 化学脱脂禁忌

利用热碱液对油脂的皂化和乳化作用,除去皂化性油脂,以及利用表面活性剂的乳化作用除去非皂化性油脂的作用过程称为化学脱脂。化学脱脂应用最广泛的是碱性脱脂、酸性脱脂、乳化脱脂等。化学脱脂质量的好坏主要取决于游离碱度、脱脂液的温度、处理时间、机械作用和脱脂液含油量等因素。

(1)碱性化学脱脂禁忌

碱性化学脱脂成本低,不污染碱蚀液,效果又好,故应用广泛。其使用禁忌如下:

①碱液中氢氧化钠含量忌过高。对钢铁零件脱脂,碱液含氢氧化钠应小于100 g/L。

②对于铜及其合金件,碱液含氢氧化钠应小于20 g/L;而铝则不用浓碱脱脂,最好用碱性盐,如碳酸钠、磷酸钠等。

③清洗时忌直接用冷水洗涤,否则会使皂化产物黏在零件表面,不易完全除去。

④碱性化学脱脂忌温度太低,否则脱脂效率很低。无论哪一种,如在20 ℃以下使用,脱脂时间必须大于10 min。碱性化学脱脂在35~45 ℃下使用效果最好。

(2)酸性脱脂禁忌

酸性脱脂忌水洗不净就放入碱蚀槽中。酸性脱脂只适合于LD31铝合金。酸性脱脂可充分利用铝氧化废酸和除污出光废酸,做到了物尽其用,降低了成本。但有些企业脱脂马虎,例如硫酸脱脂常温下只浸渍十几秒就提出来了,根本没有达到脱脂的目的,而且水洗不净就放到碱蚀槽中。这样带来一系列后患:脱脂不净,则碱蚀不均匀,表面出现不同色泽,其后氧化着色也不均匀;将硫酸等强酸带入碱蚀槽,中和了烧碱,同时硫酸根与碱槽中的铝离子、钠离子反应生成铝明矾,在碱蚀槽中形成颗粒沉淀,还会黏在零部件上造成后续工艺槽的交叉污染。

3. 电化学脱脂禁忌

电化学脱脂忌过高的电流密度,电流密度范围为5~10 A/dm^2。如果过高,则造成槽电压过高,电能消耗大,形成大量碱雾污染空气,而且腐蚀零件。

忌使用高温表面活性剂,否则电解时两极分别析出氢气和氧气,会产生泡沫覆盖在液面上,或溢出槽外,当电极接触不良时可能引起爆炸。

3.3.4 酸洗禁忌

将金属部件浸入酸、酸性盐和缓蚀剂等溶液中,以去除金属表面的氧化膜、氧化皮和锈蚀产物的过程,称为酸蚀或酸洗。可分为化学酸洗和电化学酸洗。酸洗是除去金属表面氧化膜的主要化学方法,一般使用盐酸或硫酸,而不锈钢则使用硝酸及氢氟酸等混合酸。

1. 化学酸洗禁忌

化学酸洗时常采用的浸蚀液浓度忌超标,否则会造成被浸蚀材料腐蚀。通常条件下盐酸一般不超过360 g/L,在加热的条件下使用盐酸浓度更低。硫酸浓度最好控制在100~250 g/L范围,温度控制在50~60 ℃为宜,并且加入适量的缓蚀剂。

用硝酸酸洗时,忌通风差和高温操作。因为用硝酸酸洗时,硝酸反应会放出大量的有毒气体(氮氧化物)和热量。

2. 电化学酸洗禁忌

阳极浸蚀有可能发生基体材料的过浸蚀现象,因此形状复杂或尺寸要求高的零件忌采用阳极浸蚀;浸蚀过程中由于阴极上有氢气析出,可能会发生渗氢现象,使基体金属出现氢脆,因此,高强度钢及对氢脆敏感的合金钢忌采用阴极浸蚀;阳极电流密度为5~10 A/dm^2,过高易引起金属钝化,电能消耗大。阴极电流密度为7~10 A/dm^2,操作温度为60~70 ℃。因此,阳极和阴极酸洗时的电流密度忌超标。

3.3.5 化学镀禁忌

1. 化学镀镍禁忌

化学镀镍忌镍盐含量过高,否则会使沉积速度下降;忌还原剂含量过高,否则镀液的稳定性变差;镀液中忌无稳定剂,稳定剂的加入能有效地控制镍离子的还原和还原反应只在镀层表面进行;酸性镀液的pH值忌低于3,此时化学镀速度很低,实际上已经不能进行化学镀;pH值忌大于6,pH值高,化学镀速度快,但pH值大于6时,易产生亚磷酸镍的沉淀,而引起镀液自发分解;镀液中忌无缓冲剂;用次磷酸盐作还原剂时,操作温度忌超过90~95 ℃,温度过高镀液易分解,且镀后忌无热处理,通过热处理,驱除了镀层及金属中的氢,同时使镀层结构发生转变,大幅度提高镍磷镀层的硬度和耐蚀性。

2. 化学镀铜禁忌

化学镀铜忌溶液中含有铜颗粒，忌其他杂质；工作中忌带入敏化液、活化液；溶液不用时，用稀硫酸将溶液 pH 值调至 9~10；忌将化学试剂直接加入，应在搅拌下加入；溶液温度忌太高，过高的温度会使镀液发生分解；忌无搅拌，搅拌可防止局部温度过高，可采用压缩空气搅拌，反应过程中的氢也随搅拌逸出，否则会引起镀层发脆，表面形成麻点和空隙；镀液的装载量忌过大，装载量过低则效率低，装载量过高则易引起溶液分解。

3.4　表面预处理新技术

1. 超声波清洗

超声波是指频率高于 16 kHz 的高频声波，常用频率范围为 16~24 kHz。超声波清洗以纵波推动清洗液，使液体产生无数微小的真空泡，当气泡受压爆破时，产生强大的冲击波对油污进行冲刷，以及由于气蚀引起的激烈的局部搅拌。同时，超声波反射引起的声压对液体也有搅拌作用。此外，超声波在液体中还具有加速溶解和乳化作用等。因此，对于采用常规清洗法难以达到的清洗要求，以及形状比较复杂或隐蔽细缝的零件的清洗，效果会更好。

超声波清洗效果取决于清洗液的类型、清洗方式、清洗温度与时间、超声波频率、功率密度、清洗件的数量与复杂程度等条件。超声波清洗用的液体有有机溶剂、碱液、水剂清洗液等。最常用的超声波清洗脱脂装置主要由超声波换能器、清洗槽及发生器三部分构成，此外还有清洗液循环、过滤、加热及运输装置等。超声波清洗是一种新的清洗方法，操作简单，清洗速度快，质量好，所以被广泛应用。图 3-4 为超声波清洗机。

图 3-4　超声波清洗机

2. 真空脱脂清洗

真空脱脂清洗是少污染的新型清洗技术，采用的清洗剂是碳化氢系清洗剂，它对人体影响小，刺激性低，无臭。清洗效果达到三乙醇胺同等的清洗度，比碱液好，清洗剂又能回收与再生。真空脱脂清洗装置无公害，是封闭系统，而且安全系数高，生产率高，材料能自动装卸，操作方便。真空脱脂技术，不管是无清洗还是有液体清洗，其今后的应用必将更加广阔。

3. 喷塑料丸退漆(涂料层)

飞机等重要大型构件涂(镀)层，进行表面无损检测，寻找疲劳裂纹和硬性损伤时，首先要进行表面退掉涂料涂层处理(退漆)。传统方法是用化学剂剥离或用砂轮手工打磨，但这两种方法都有缺点，如化学剥离法对金属基体存在腐蚀与损伤；用砂轮打磨易损伤基体，且退涂料涂层的效率很低。最近发展了喷塑料丸退漆新工艺，效果好。

喷塑料丸退漆是将颗粒状塑料，在压缩空气的作用下，通过喷枪高速喷射到工件表面，在塑料丸较锋利的棱角切割和冲撞击打双重作用下，使漆层表面发生割裂和剥离，从而达到高效退漆的目的。

喷塑料丸退漆的主要优点是，由于塑料丸的硬度比漆层高，比基体或镀层与阳极化表面层硬度低,因此喷塑料丸退漆时既不会损伤基体又不会对镀层等造成损伤,同时又为新漆层提供了清洁表面,有利于提高漆层结合力。塑料丸可回收循环使用,且易于与剥离下来的漆层分离。

4. 空气火焰超声速喷砂、喷丸

超声速喷砂粗化是利用压缩空气做动力,将硬质砂粒高速喷射到基体表面,通过砂粒对表面的机械冲刷作用而使表面粗化。喷砂速度为300~600 m/s,喷砂的效率是原始喷砂的3~5倍,因此广泛应用于大型结构件的表面预处理,如桥梁、船舶、锅炉、输出管道等表面涂覆前的表面清理。此外,由于喷砂速度快、表面粗化效果好,常用于对喷涂效果要求高的零件或大型设备喷涂前的表面粗化,以及设备表面受各种自然污染较重(如油漆、水泥、有机与无机积垢)的表面清理。

粗化处理在涂层制备工艺(如热喷涂、涂装及粘涂工艺)中,能增加涂层与基体的"锚钩"效应,减少涂层的收缩应力,从而提高涂层与基体的结合强度。喷砂所用的砂粒,要求硬度高,密度大,抗破碎性好,含尘量低,其粒度大小按所需的表面粗糙度而定。常用的砂粒有刚玉砂(氧化铝)、硅砂、碳化硅、金刚砂等。超声速表面喷丸,是将大量超声速运动的弹丸,喷射到工件表面,使其表面产生一定的塑性变形,从而获得一定厚度的强化层的工艺过程。

课后习题

一、填空题

1. 要提高金属材料的抗腐蚀性能,更好地保证工件的机械性能和使用性能,就必须对工件表面进行________,然后进行下一步的表面处理。

2. 化学镀镍工艺流程如下:________→水洗→________→水洗→________→水洗→去离子水洗→化学镀镍→去离子水洗→烘干。

3. 酸洗活化是为了清除化学除油后残留的表面氧化物、膜层或残留的吸附物质,并通过________以活化基体材料的表面。

4. 表面油污是影响金属表面处理质量的重要因素,油污的存在会使表面涂层与基体的结合力下降,甚至使涂层起皮、脱落,因此生产上常用除油方法去除油污,除油也叫________。

5. ________是指通过机械或化学方法去除材料表面的毛刺、锈蚀、划痕、焊瘤、焊缝凸起、砂眼、氧化皮等宏观缺陷,提高材料表面平整度的过程。

6. ________是指用化学或电化学方法除去表面油脂的过程。

7. ________(也称酸洗)是指用化学或电化学方法除去金属表面的氧化皮或锈迹。

8. 常用的表面除锈方法有________、________和________。

9. ________(也称浸蚀)是指用化学或电化学方法露出基材表面的过程。

10. 活化的实质就是________,其目的就是露出金属的________,以保证涂层与基体之间牢固结合。

11. 表面整平一般采用________、________、________、________和________。

12. ________与________是材料表面处理技术预处理工艺的两个最重要指标。

13. 有机溶剂除油,常用的有机溶剂有________、________、________、________、氯化烷烃和烯烃等。

14. 油脂与除油液中的碱起化学反应生成肥皂的过程称为________。

15. 钢铁工件表面铁锈最常见的是：________、________、________、________。

二、名词解释

1. 表面预处理
2. 粗糙度
3. 表面活化
4. 电化学除油
5. 超声波清洗

三、简答题

1. 请列出化学镀镍的工艺流程。
2. 表面预处理的重要性主要有哪几个方面？
3. 以零部件化学镀镍为例，列举出预处理的具体生产工艺流程。
4. 以铁为例，列出去除铁锈的化学反应及工艺流程图。
5. 简述化学镀镍禁忌。

课后习题答案

第 4 章　金属表面合金化技术

【学习目标】

- 理解热扩渗技术的含义；
- 掌握物理、化学气相沉积技术的原理、分类、特点和应用；
- 了解高能束表面改性技术、激光表面改性技术、电子束表面改性和离子注入表面改性技术。

【导入案例】

产品名称:×××手表刻度盘(图 4-1)

技术关键:电弧离子镀+柱状非平衡闭合磁控溅射 Ti+Al 复合涂层

合作企业:×××有限公司

图 4-1　×××手表刻度盘镀膜示意图

4.1　热扩渗技术

采用加热扩散的方式使欲渗金属或非金属元素渗入金属工件的表面，形成表面合金层的工艺，叫作热扩渗技术，又称化学热处理技术，所形成的合金层叫作扩渗层。热扩渗技术最突出的特点是扩渗层与基体金属之间是冶金结合，结合强度很高，扩渗层不易脱落。这是电镀、化学镀，甚至物理气相沉积等其他方法无法比拟的。

目前，可进行热扩渗的合金元素包括 C、N、B、Si、Zn、Al、Cr、V、Ti、Nb 等，还可进行二元共渗与多元共渗。通过渗入不同的合金元素，可使工件表面获得具有不同组织和性能的扩渗层，从而大大提高工件的耐磨性、耐蚀性和抗高温氧化性，在机械和化工领域中的应用极其广泛。

4.1.1 热扩渗的基本原理和分类

1. 热扩渗的基本原理

(1)扩渗层形成的基本条件

由于扩渗层是渗入元素的原子与基体金属原子相互扩散而形成的表面合金层，因此，形成扩渗层需满足以下几个基本条件。

①渗入元素必须能够与基体金属形成固溶体或金属间化合物。为满足这一要求，溶质原子与基体金属原子相对直径的大小、晶体结构的差异、电负性的强弱等因素必须符合一定条件。

②渗入元素与基体金属之间必须直接接触，一般通过创造各种工艺条件来实现。

③被渗元素在基体金属中要有一定的渗入速度，以满足实际应用要求。因此，可将工件加热到足够高的温度，使溶质元素具有足够大的扩散系数和扩散速度。

④对于依赖化学反应提供活性原子的热扩渗工艺（大多数属此类工艺），该反应必须满足热力学条件。以采用金属氯化物气体作渗剂的热扩渗为例，在扩渗过程中可能生成活性原子的化学反应，不外乎有以下三类：

置换反应　$A+BCl_2(\text{气}) \longrightarrow ACl_2\uparrow+[B]$

还原反应　$BCl_2(\text{气})+H_2 \longrightarrow 2HCl\uparrow+[B]$

分解反应　$BCl_2(\text{气}) \longrightarrow Cl_2\uparrow+[B]$

式中，A为基材金属；B为渗剂元素，设其化合价均为二价。

所谓满足热力学条件是指在一定的扩渗温度下，通过改变反应物浓度或者添加催化剂，或通过提高扩渗温度能够使上述产生活性原子[B]的反应向右进行。

对于渗碳、渗氮和碳氮共渗等间隙原子的热扩渗工艺而言，提供活性原子的化学反应主要是分解反应。而对于渗金属如渗铬、渗钛、渗钒等热扩渗工艺，则主要是以置换反应或还原反应或者两个反应同时发生来提供活性原子。

(2)扩渗层形成机理

无论何种热扩渗工艺，扩渗层的形成都包括介质分解、活性原子的吸收和活性原子的扩散三个阶段。

①介质分解出活性原子，即从化学介质（渗剂）中分解出含有被渗元素的活性原子的过程。只有这种初生态的活性原子才能被金属吸收。例如渗碳就是从渗剂中的CO或CH_4等分解出活性原子[C]的过程：

$$2CO \rightleftharpoons CO_2+[C]$$

$$CH_4 \rightleftharpoons 2H_2+[C]$$

$$CO+H_2 \rightleftharpoons H_2O+[C]$$

反应产生的活性原子[C]就是钢渗碳时表面碳原子的来源。又如气体渗氮，通入氨气与钢件表面发生如下反应：$2NH_3 \rightleftharpoons 3H_2+2[N]$。这个活性原子[N]就是钢渗氮时表面氮原子的来源。

通常，为了增加化学介质的活性，加速反应过程，还需要添加适量的催渗剂。例如：固体渗碳时加入碳酸钠或碳酸钡，渗金属时常用氯化铵作为催渗剂。此外，采用稀土元素也具有很明显的催渗效果。

②活性原子的吸收,即活性原子吸附在基体金属表面上,随后被基体金属吸收,形成最初的表面固溶体或金属间化合物。例如:渗碳和渗氮时,介质分解生成的[C]、活性原子首先被钢件表面所吸附,然后溶入基体金属铁的晶格中。由于碳、氮的原子半径较小,它们很容易溶入 γ-Fe 中形成间隙固溶体,碳也可与钢中的强碳化物元素直接形成碳化物;氮可溶于 α-Fe 中形成过饱和固溶体,然后再形成氮化物。

③活性原子的扩散,即活性原子在高温下向基体金属内部扩散,基体金属原子也同时向渗层中扩散,使扩渗层增厚,即扩渗层的成长过程。扩散的机理主要有三种:间隙式扩散机理、置换式扩散机理和空位式扩散机理。前一种方式在渗入原子半径小的非金属元素,如渗碳、渗氮、氮碳共渗时发生,后两种方式主要在渗金属时发生。

热扩渗层的形成受多种因素制约。一般情况下,在扩渗的初始阶段,活性原子的扩渗速度受到化学介质分解反应速度的控制;而当扩渗层达到一定厚度时,扩渗速度则主要取决于扩散过程的速度。影响化学反应速度的主要因素有反应物的浓度、反应温度和活化剂等。通常,增加反应物浓度,可以加快反应速度;升高温度将加速活性原子的产生速率;加入适当的活化剂,可使化学反应速度成倍提高。在扩散过程中,升高温度较延长时间对加快扩散速度更为有效。

2. 热扩渗工艺的分类

热扩渗工艺的分类方法有多种。按渗入元素化学成分的特点,可分为非金属元素热扩渗、金属元素热扩渗、金属-非金属元素共扩渗和通过扩散减少或消除某些杂质的扩散退火,即均匀化退火。详细的渗入元素分类见表 4-1。

表 4-1 热扩渗技术按渗入元素分类

渗入非金属元素		渗入金属元素		渗入金属-非金属元素	扩散消除某元素
单元	多元	单元	多元		
C	N+C	Al	Al+Cr	Ti+C	H
N	N+S	Cr	Al+Ti	Ti+N	O
S	N+O	Zn	Al+Zn	Cr+C	C
B	N+C+S	Ti		Ti+B	杂质
O	N+C+B	V		Al+Si	
Si	N+C+O	Nb		Al+Cr+Si	

按渗剂在工作温度下的物质状态,热扩渗工艺可分为固体热扩渗、液体热扩渗、气体热扩渗、离子热扩渗和复合热扩渗,如图 4-2 所示。由于篇幅所限,这里仅介绍工业上最常用的热浸镀技术和气体渗碳、渗氮技术,所涉及的其他热扩渗技术请查阅相关资料。

4.1.2 热浸镀

热浸镀(hot dip)简称热镀,是将工件浸入熔融的低熔点金属液中短时间停留,在工件表面发生一系列物理和化学反应,取出冷却后,熔融金属在零件表面形成金属镀层的表面处理技术。此法工艺简单,比电镀容易获得较厚(超过 1 mm)的镀层,使用寿命长。被镀金属材料一般为钢、铸铁及不锈钢等，镀层金属一般为低熔点的 Zn、Al、Sn、Pb 及其合金。

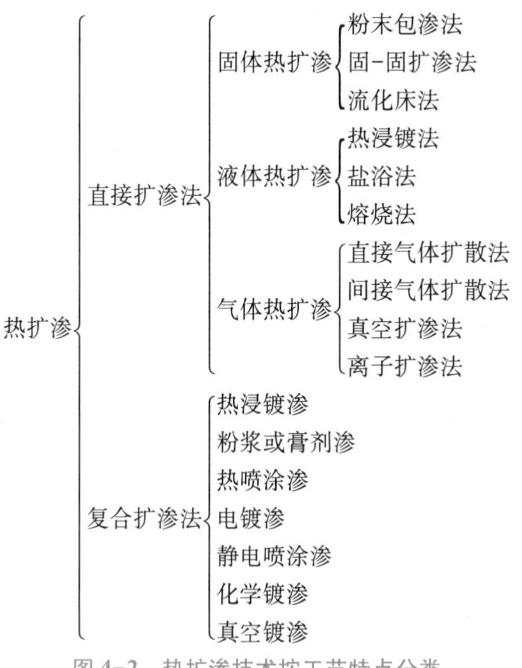

图 4-2　热扩渗技术按工艺特点分类

1. 热浸镀原理

热浸镀时，被镀的基体材料与熔融金属的接触面上发生界面反应，是一个冶金过程，按相应的相图形成由不同相构成的合金层。所以，热浸镀层是由合金层和浸镀金属构成的复合镀层。

以钢铁的热浸镀铝过程为例，说明热浸镀的一般原理，如图 4-3 所示。在镀铝温度下，液态铝对钢表面发生浸润和漫流，而达到两种金属完全接触，发生了铁原子的溶解金层，主要成分为 Fe_2Al_5 相和少量的 $FeAl_3$ 相。

2. 热浸镀工艺方法

热浸镀工艺过程可简单地概括为：预处理→热浸镀→后处理。

预处理除了要将金属表面的油污、铁锈等清理干净外，还需对镀件表面进行活化，以获得利于浸镀的活性表面。后处理包括平整矫直、钝化处理和烘干等工序。热浸镀按预处理方法不同，可分为熔剂法和保护气体还原法。

(1) 熔剂法

熔剂法多用于钢管、钢丝及钢零部件的热浸镀。其工艺流程为：预镀件→碱洗→水洗→酸洗→水洗→熔剂处理→热浸镀→后处理→成品。熔剂法钢丝热浸镀铝生产线如图 4-4 所示。

熔剂处理是保证热浸镀层质量不可缺少的关键工序。熔剂处理的目的是：除去工件酸洗后表面残留的铁盐和氧化物；防止工件浸镀前在空气中再氧化；提高工件表面的活性和润湿能力。熔剂通常由 ZnC_{12}、NH_4Cl 等氯化盐组成。熔剂处理分为湿法和干法两种。

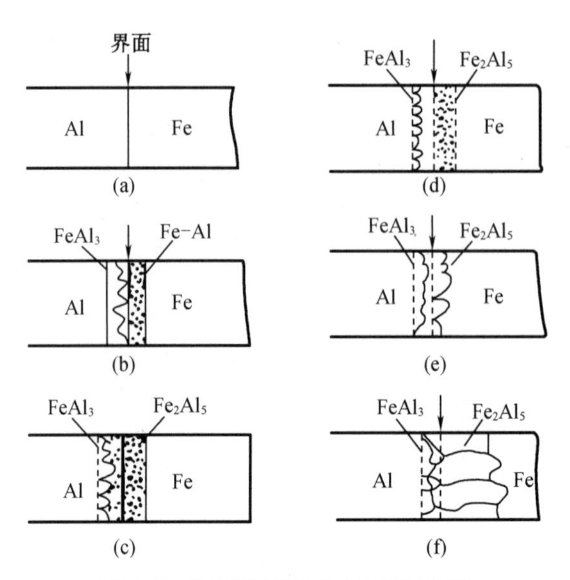

图 4-3 热浸镀铝层形成过程示意图

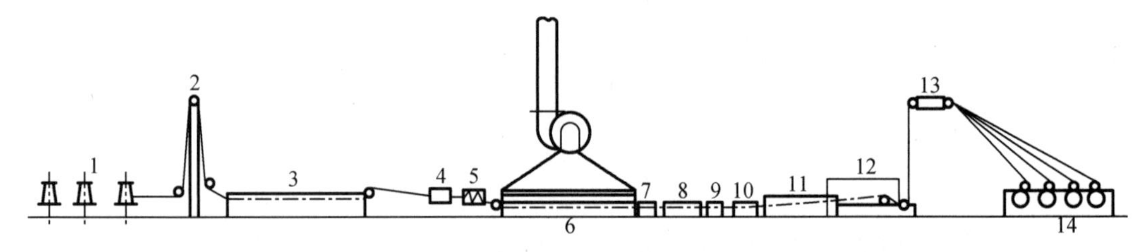

1—钢丝放线架;2—活套塔;3—铅预热锅;4,7,9,13—水洗槽;5—矫直机;
6—酸洗槽;8—电解酸洗槽;10—熔剂槽;11—烘干板;12—镀铝锅;14—卷取机。

图 4-4 溶剂法钢丝热浸镀铝生产线示意图

①湿法(熔融熔剂法)。工件在热浸镀前先浸入熔融熔剂中进行处理,然后再进行热浸镀。湿法是较早使用的方法,由于工艺复杂已基本被淘汰。

②干法(烘干熔剂法)。工件在热浸镀前先浸入浓的熔剂水溶液中,然后烘干,工件上即附着一层干熔剂,之后进行热浸镀。由于干法工艺比较简单,镀层质量好,大多数热浸镀生产采用干法。

钢材热浸镀时,镀锌温度一般为 445~465 ℃,保温几分钟,镀锌层厚度约 50 μm、10 μm;镀纯铝的温度一般在 710~730 ℃,保温几十分钟,镀铝层厚度约 3 μm。

(2)保护气体还原法

保护气体还原法是现代热浸镀生产线普遍采用的方法,又称氢还原法,主要用于钢带和钢板的连续热浸镀。此法采取微氧化或电解法脱脂,取消了熔剂法中的酸碱洗和熔剂处理等预处理工序。典型工艺有森吉米尔法和美钢联法。

①森吉米尔法又称氧化脱脂法,由波兰人森吉米尔(Sendzimir)在 1931 年提出并成功用于生产。其典型工艺流程为:未退火钢带开卷(或剪切)→氧化炉→还原炉冷却→热浸镀后处理→成品。

此法将钢材退火和热浸镀连接在一条生产线上。钢带先通过煤气或天然气直接加热的微氧化炉,钢材表面的轧制油被火焰烧掉,同时被氧化成氧化铁膜。随后钢带进入通有 H_2 和 N_2 混合气的还原炉中。在还原炉内,工件表面的氧化膜被还原成适于热浸镀的活性海绵铁,同时达到再结晶退火的目的。工件在保护气氛中冷却到一定温度后,再进入镀锅中进行热浸镀。

此后,森吉米尔法又有很大改进,将氧化炉改为无氧化炉,从而大大提高了钢带的运行速度和钢镀层的质量。如图4-5所示为一条改进的森吉米尔法钢带热浸镀锌的生产线。

1—开卷机;2,12—剪切机;3—焊机,4—张力调节器;5—氧化炉;6—还原炉;7—冷却段;8—镀锅;9—冷却带;10—化学处理;11—卷取机;13—平整机;14—废料槽;15—涂油机;16—平台。

图4-5 森吉米尔法钢带热浸镀锌生产线

②美钢联法又称电解脱脂法,是美国钢铁公司于1948年设计投产的新型热浸镀生产线。其典型工艺流程为:未退火钢带开卷(或剪切)→碱性电解脱脂槽→水洗→烘干→还原炉→冷却→热浸镀→后处理→成品。

美钢联法采用高电流密度(70~150 A/dm^2)的电解脱脂装置,清除油污彻底,时间短,效果好;采用立式全辐射管加热保护气氛的还原炉,可获得比森吉米尔法更为优良、纯净的海绵铁待镀层,使镀层的附着力极佳,满足了汽车及家电行业对热镀钢板更高表面质量的要求。目前新建的生产线多采用美钢联法。

4.1.3 渗金属

1. 热镀锌层

热镀锌是世界上应用最广泛、最普通的钢材防护方法,全世界生产的锌约有半数以上用于热镀锌。热镀锌层具有优异的耐蚀性能,主要体现在以下两方面。

(1)耐蚀性好

锌在大气中能形成一层致密、坚固、耐蚀的 $ZnCO_3 \cdot 3Zn(OH)_2$ 保护膜,在大气、水、土壤中均可有效地保护锌层下的钢材。

(2)阴极保护作用

锌的电极电位的电负性比铁更大,当镀锌层局部损坏时,锌作为阳极不断溶解,铁为阴极,从而使基体得到保护。

钢铁板带、管、线材、构件等的热镀锌层的应用遍及国民经济的各个领域,其主要应用见表4-2。

表4-2 热镀锌的主要用途

种类	领域	主要用途
热镀锌钢板和钢带	车船制造业	汽车车体、火车外皮及内部结构、船舶的顶棚及壁等
	建筑业	屋顶板、各种内外壁材料、百叶窗、下水道、落水槽等
	机电工业	机械构件、马达外壳、配电柜、电缆包皮、电线软管等
	容器制造业	集装箱、粮食仓库、石油贮存容器、工业用各种水槽等
	家电行业	洗衣机、电冰箱、吸尘器、微波炉、烘烤箱、保险柜等

表 4-2(续)

种类	领域	主要用途
热镀锌钢管	建筑业 机械制造业 石油化工行业	煤气、水、暖气、上下水道等 油井管、输油管、架设线桥的管桩、油加热器、冷凝冷却器等 海洋石油采运管道、各种热交换管道、煤气管道、电线套管等
热镀锌钢丝	低碳钢丝 中、高碳钢丝	通信电缆、架空地线、安全网、捆绑用钢丝、一般用途纺织物等 桥梁用吊桥钢索、高速公路护栏钢丝绳、安装电线与电缆等
热镀锌钢件	日常生活	水暖、电信构件、灯塔、一般日用五金件等

2. 热镀铝层

目前,热镀铝钢材主要有 Al-Si 镀层和纯铝镀层两种。前者的耐蚀性好,常用于零件的防护;后者的耐热性更好,适于在高温下工作。与镀锌钢板相比,热镀铝的性能更为优异。

(1)耐热性(抗高温氧化性)

铝的氧化膜致密,附着力强,可以阻止镀层进一步氧化。在大气中,热镀铝钢材在 450 ℃以下可长期使用而不改变颜色。钢板热镀铝后,其使用温度比未处理时提高 200 ℃。

(2)耐蚀性

在海洋、潮湿、工业大气(SO_2、H_2S、NO_2、CO_2)等环境中,热镀铝层均具优异的耐蚀性。在大气条件下,热镀铝板的腐蚀量仅为热镀锌钢板的 1/10~1/5。

(3)热反射性

镀铝钢板表面致密而光亮的 Al_2O_3 膜对光和热具有良好的反射性。在 450 ℃时,镀铝钢板的反射率是镀锌钢板的 4 倍,用它做炉子的内衬可显著提高炉子的热效率。

热镀铝层的应用见表 4-3。

表 4-3 热镀铝层的应用

种类	性质	主要用途
热镀铝钢板	耐腐蚀 耐高温	大型建筑物屋顶板及侧板、通风管道、高速公路护栏、汽车底板及驾驶室、水槽、冷藏设备等,粮食烘干设备、烟筒、烘烤炉及食品烤箱、汽车排气系统等
热镀铝钢管	耐腐蚀 耐高温	用于含硫气体、硝酸、甘油、甲醛、浓醋酸等化工介质的输送管道,热交换器管道,食品工业中各种管道,蒸汽锅炉管道等
热镀铝钢丝	耐腐蚀 电性能好 结合好	渔网、篱笆、围栏、安全网等编织网,架空通信电缆、架空地线、舰船用钢丝绳等

3. 热镀锡层

热镀锡是最早应用的耐蚀镀层。早在 16 世纪,欧洲的一些国家就开始用原始简单的方法生产热镀锡钢板(俗称马口铁),由于其表面光亮,制罐容易,耐蚀性、焊接性良好,对人体无害,因此成为食品包装与轻便耐蚀容器的主要材料。但由于热镀锡层较厚,锡消耗较大,且锡价格高,资源紧缺,目前热镀锡板已逐渐被电镀锡板所代替,仅在要求良好焊接性的电气部件、线材及要求厚镀层的情况下才应用。

4. 热镀铅层

Pb是一种非常稳定的金属,具有很好的耐蚀性,熔点低,适合进行热镀。但熔融状态的Pb不能浸润钢材表面,只有在熔融Pb中加入一定数量的Sn或Sb后才能浸润钢材表面形成热镀层。一般情况下主要加入Sn,因此所谓热镀铅板实际上是热镀Pb-Sn钢材。

热镀铅层也是较早发展起来的热镀层,美国在1830年就开始生产热镀铅板。由于铅的化学稳定性好,具有优良的耐化学药品和耐石油腐蚀性,在5%的硫酸、5%的盐酸和石油中的耐蚀性远优于热镀锌层,因此成为传统的汽车油箱的制造材料,但近十几年来已逐渐被热镀锌钢板替代。热镀铅层还具有良好的深冲性和焊接性。

4.2 物理、化学气相沉积技术

气相沉积技术是指将含有沉积元素的气相物质,通过物理或化学的方法沉积在材料表面形成薄膜的一种新型镀膜技术。根据成膜过程的原理不同,气相沉积技术可分为物理气相沉积和化学气相沉积。

气相沉积技术不仅可以沉积金属膜、合金膜,还可以沉积各种化合物、非金属、半导体、陶瓷、塑料膜等。根据使用要求,目前几乎可在任何基体上沉积任何物质的薄膜。自20世纪70年代以来,气相沉积技术飞速发展,已经成为当代真空技术和材料科学中最活跃的研究领域。它们与包括光刻腐蚀、离子刻蚀、离子注入和离子束混合改性等在内的微细加工技术一起,成为微电子及信息产业的基础工艺,在促进电子电路小型化、功能高度集成化方面发挥着关键的作用。

4.2.1 物理气相沉积的过程及特点

物理气相沉积(physical vapor deposition,PVD)是指在真空条件下,利用各种物理方法,将镀料汽化成原子、分子或使其电离成离子,直接沉积到基片(工件)表面形成固态薄膜的方法。物理气相沉积主要包括蒸发镀膜、射线镀膜和离子镀膜技术。

1. 物理气相沉积的基本过程

物理气相沉积包括气相物质的产生、气相物质的输送、气相物质的沉积三个基本过程。物理气相沉积系统如图4-6所示。

(1)气相物质的产生

产生气相物质的方法之一是使镀料加热蒸发,沉积到基片上,称为蒸发镀膜;另一方法是用具有一定能量的离子轰击靶材(镀料),从靶材上击出的镀料原子沉积到基片上,称为射线镀膜。

(2)气相物质的输送

气相物质的输送要求在真空中进行,这主要是为了避免与气体碰撞妨碍气相镀料到达基片。在高真空度的情况下(真空度为10^{-2} Pa),镀料原子很少与残余气体分子碰撞,基本上是从镀料源直线前进到达基片;在低真空度时(如真空度为10 Pa),镀料原子会与残余气体分子发生碰撞而绕射,但只要不过于降低镀膜速率,还是允许的;若真空度过低,镀料原子频繁碰撞会相互凝聚为微粒,则镀膜过程无法进行。

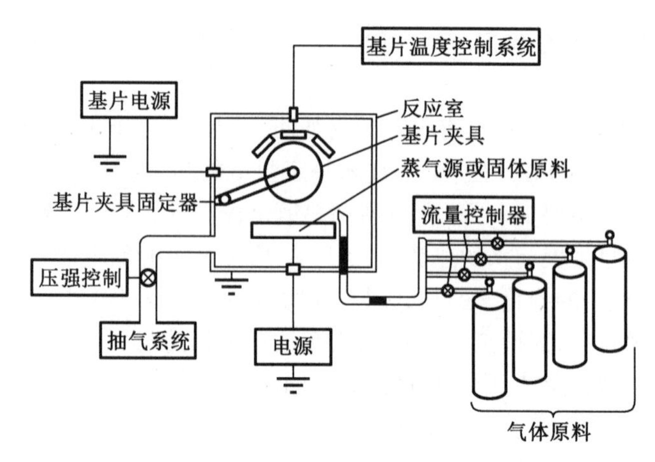

图 4-6　物理气相沉积系统

(3)气相物质的沉积

气相物质在基片上的沉积是一个凝聚过程。根据凝聚条件的不同,可以形成非晶态膜、多晶膜或单晶膜。镀料原子在沉积时,还可能与其他活性气体分子发生化学反应而形成化合物膜,称为反应镀。在镀料原子凝聚成膜的过程中,也可以同时用具有一定能量的离子轰击膜层,目的是改变膜层的结构和性能,这种镀膜技术称为离子镀。蒸发镀膜和射线镀膜是物理气相沉积的两类基本镀膜技术,以此为基础,又衍生出反应镀和离子镀。其中反应镀在工艺和设备上变化不大,可以认为是蒸发镀膜和射线镀膜的一种应用;而离子镀在技术上变化较大,所以通常将其与蒸发镀膜和射线镀膜并列为另一类镀膜技术。

2. 物理气相沉积的特点

(1)镀膜材料来源广泛

镀膜材料可以是金属、合金、化合物等,无论导电或不导电,低熔点或高熔点,液相或固相,块状或粉末,都可以使用。

(2)沉积温度低

工件一般无受热变形或材料变质的问题,如用离子镀制备 TiN 等硬质膜层,其工件温度可保持在 550 ℃以下,这比化学气相沉积法制备同样膜层所需的 1 000 ℃要低得多。

(3)膜层附着力强

膜层厚度均匀而致密,膜层纯度高。

(4)工艺过程易于控制

工艺过程主要通过电参数控制。

(5)对环境友好

真空条件下沉积无有害气体排出,对环境无污染。

物理气相沉积技术不足之处是设备较复杂,一次性投资大。但由于具备诸多优点,物理气相沉积法已成为制备集成电路、光学器件、太阳能器件、磁光存储元件、敏感元件等高科技产品的最佳技术手段。

4.2.2　真空蒸发镀膜

真空蒸发镀膜(vacuum evaporation)简称蒸镀,是最早用于工业生产的一种物理气相沉积方法。相对后来发展起来的射线镀膜及离子镀膜,其设备简单,沉积速度快,价格便宜,工艺容易掌握,可进行大规模生产。

1. 蒸发镀膜基本原理

(1)蒸发镀膜过程

真空蒸发镀膜是在 $10^{-4} \sim 10^{-3}$ Pa 的真空条件下,用蒸发器加热镀膜材料,使其汽化并向基片输运,在基片上冷凝形成固态薄膜的方法,如图 4-7 所示。镀料的蒸发过程是其蒸气与其液态或固态间的非平衡过程;镀料蒸气在真空中的迁移过程,则可看成气体分子的运动过程;而镀料在基片表面的凝聚过程,则是气体分子与固体表面碰撞、吸附和形核长大的过程,这就构成了真空蒸镀的三个主要过程。

(2)成膜机理

真空蒸镀时,薄膜的生长有三种基本类型:核生长型、单层生长型和混合生长型,如图 4-8 所示。核生长型是蒸发原子在基片表面上形核并生长、合并成膜的过程,大多数薄膜沉积属于这种类型;单层生长型是在基片表面以单分子层均匀覆盖,逐层沉积形成膜层,属于此种生长类型的有 PbSe/PbS、Au/Pd、Fe/Cu 等;混合生长型是在最初的一两个单原子层沉积之后,再以形核与长大的方式进行,产生这种生长的材料与基体的组合比较少,一般在清洁的金属表面上沉积金属时容易产生,例如 Cd/W、Cd/Ge 等就属于这种生长模式。关于薄膜生长的详细机理目前还没有彻底研究明白。如图 4-9 所示为核生长型薄膜的形成过程,认为可分以下五个步骤。

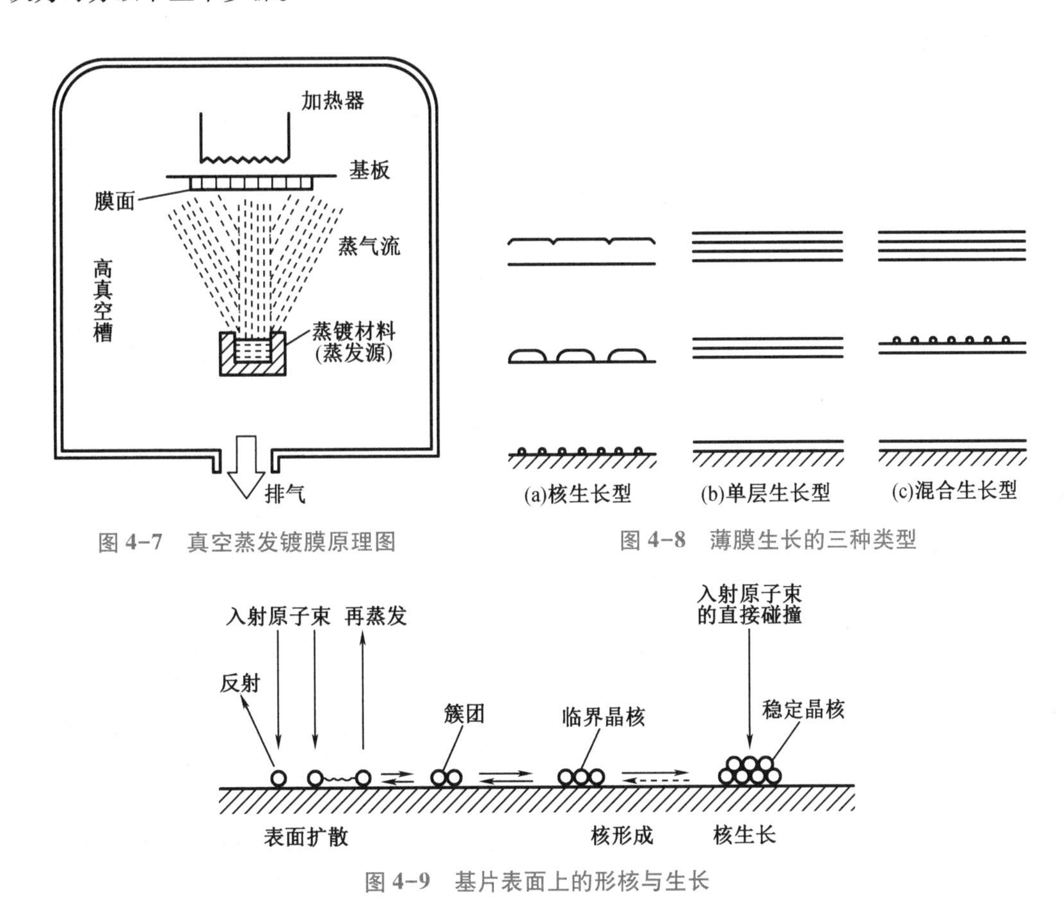

图 4-7 真空蒸发镀膜原理图

图 4-8 薄膜生长的三种类型

图 4-9 基片表面上的形核与生长

①从蒸发源射出的蒸发粒子和基片碰撞,一部分产生反射和再蒸发,大部分在基片表面被吸附。

②吸附原子在基片表面上发生表面扩散,沉积原子之间产生二维碰撞,形成原子簇团。

③原子簇团和表面扩散原子相互碰撞，或吸附单原子，或放出单原子，这种过程反复进行，当原子数超过某一临界值时就变成稳定晶核。

④稳定晶核通过捕获表面扩散原子或靠入射原子的直接碰撞而长大。

⑤稳定晶核继续生长，和邻近的稳定核合并，进而变成连续膜。

真空蒸镀时，蒸发粒子动能为0.1~1.0 eV，膜层与基体附着力较弱，膜层较疏松，因而耐磨性和耐冲击性能不高。为提高附着力，一般采用在基片背面设置一个加热器来加热基片，使基片保持适当的温度，这既净化了基片，又使膜和基片之间形成一层薄的扩散层，增大了附着力。对于玻璃、陶瓷基片等附着力较差的材料，可以先蒸镀如 Ni、Cr、Ti 及 Ni-Cr 合金等附着力好的材料作为底层。

2. 蒸发源

加热镀料并使之挥发的器具称为蒸发源，也称加热器。最常用的蒸发源是电阻加热蒸发源和电子束蒸发源，此外还有高频感应、激光、电弧等加热蒸发源。

(1)电阻加热蒸发源

将高熔点金属做成适当形状的蒸发源，其上装有镀料，接通电源后镀料蒸发，这便是电阻加热蒸发源。电阻蒸发源的结构简单，成本低廉，操作方便，应用广泛。

对电阻蒸发源材料的基本要求是高熔点，低蒸气压，不与镀料发生反应，具有一定的机械强度，易于加工成形。常用 W(熔点 3 380 ℃)、Mo(熔点 2 610 ℃)、Ta(熔点 3 100 ℃)等高熔点金属制作电阻蒸发源。根据镀料形状和要求，可将蒸发源制成丝状、带状和板状等多种形状，如图 4-10 所示。此种方法主要用于 Au、Ag、Cu、Al、氧化锡等低熔点金属或化合物的蒸发。

(2)电子束蒸发源

将镀料放入水冷铜坩埚中，用电子束直接轰击镀料表面使其蒸发，称为电子束蒸发源。它是真空蒸镀中最重要的一种加热方法。

电子枪的类型很多，按电子束的轨迹不同，有直射式、环形枪和 e 型电子枪。如图 4-11 所示为 e 型电子枪加热蒸发源的工作原理。电子是由隐蔽在坩埚下面的热阴极发射出来的，这样可以避免阴极灯丝被坩埚中喷出的镀料液滴沾污而形成低熔点合金，这种合金容易使灯丝烧断。由灯丝发射的电子经 6~10 kV 的高压加速后进入偏转磁铁，被偏转 270°之后轰击镀料。由于镀料装在水冷铜坩埚内，只有被电子轰击的部位局部熔化，所以不存在坩埚被污染的问题。

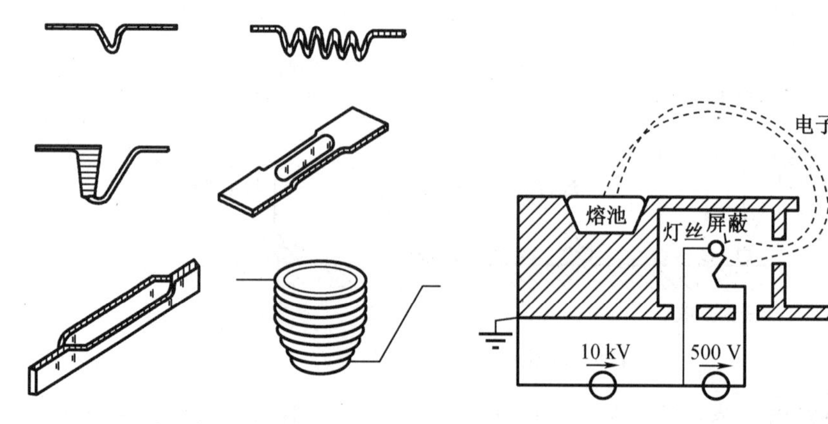

图 4-10 电阻蒸发源的几种典型形状　　图 4-11 e 型电子枪加热蒸发源的工作原理

电子束加热蒸发源的优点是能量密度高，克服了一般电阻加热蒸发的许多缺点，特别适合制备高熔点和高纯度的薄膜材料。

3. 合金膜和化合物膜的制备

(1)合金膜的镀制

若要沉积合金，则在整个基片表面和膜层厚度范围内都必须得到均匀的组分。但两种或两种以上元素组成的合金，由于每种元素的蒸发速度不一样，蒸发速度快的元素将比蒸发速度慢的元素先蒸发完，故得到的薄膜成分一般不同于镀料，即发生分馏现象。为解决这个问题，通常采用以下两种方法。

①瞬间蒸发法，又称闪蒸法，是将合金做成粉末或者细的颗粒，再一粒一粒地放入高温蒸发源中，使之一瞬间完全蒸发，这样可获得与镀膜材料相同的薄膜，其装置如图4-12所示。

②双蒸发源蒸发法，采用两个蒸发源，分别蒸发两个组分，并分别控制它们的蒸发速率，即可得到所需成分的合金，其装置如图4-13所示。

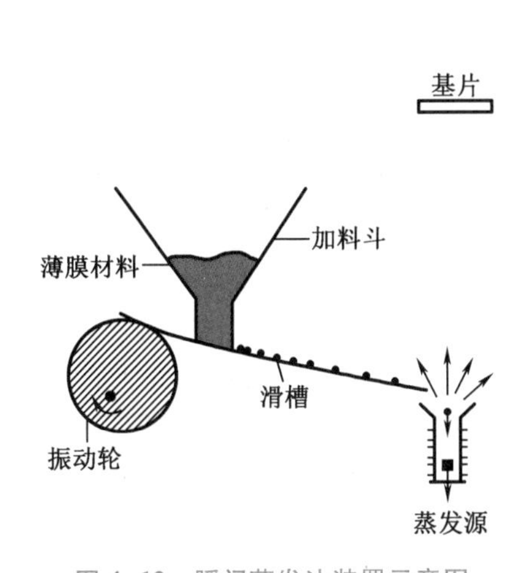

图4-12　瞬间蒸发法装置示意图

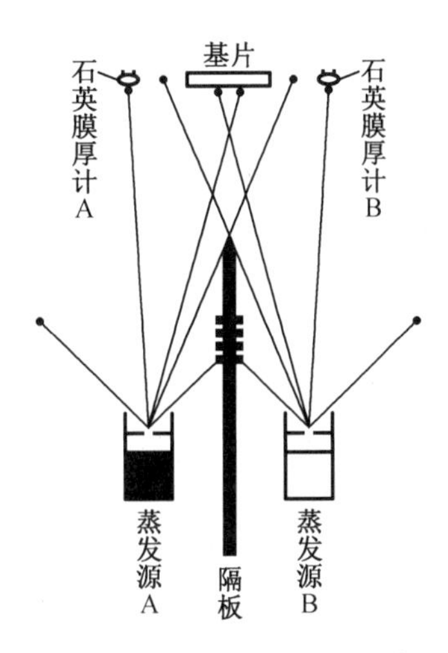

图4-13　双蒸发源法装置示意图

(2)化合物膜的镀制

化合物膜通常是指金属元素与C、N、B、S等非金属的化合物所构成的膜层。大多数化合物蒸发时会发生分解或与加热器材料发生化学变化，所以蒸发时应采取适当的措施。化合物的蒸镀主要采取以下两种方法。

①直接蒸镀法。它主要适于那些蒸发时组成不发生变化的化合物，如SiO等。

②反应蒸镀法。这是在充满活性气体的条件下蒸发固体材料，使之在基片上进行反应获得化合物薄膜的方法。例如，通过下列反应式可获得Al_2O_3薄膜：

$$4Al(\text{激活蒸气})+3O_2(\text{活性气体})\longrightarrow 2Al_2O_3(\text{固相沉积})$$

反应蒸镀法常用来镀制高熔点的Al_2O_3、Cr_2O_3、ZrN、TiN、TiC、SiC等化合物薄膜，其制备工艺条件见表4-4。

表 4-4　反应蒸镀法制备一些化合物薄膜的条件

薄膜	蒸发材料	反应气体	蒸发速率/(nm·min)	反应气体压力/Pa	基板温度/℃
Al_2O_3	Al	O_2	0.4~0.5	10^{-3}~10^{-2}	400~500
Cr_2O_3	Cr	O_2	约 0.2	2×10^{-3}	300~400
SiO_2	SiO	O_2 或空气	约 0.2	约 10^{-2}	100~300
Ta_2O_3	Ta	O_2	约 0.2	10^{-2}~10^{-1}	700~900
AlN	Al	NH_3	约 0.2	约 10^{-2}	300(多晶) 400~1 400(单晶)
ZrN	Zr	N_2	约 0.1	10^{-3}~10^{-2}	300
TiN	Ti	N_2 或 NH_3	约 0.3	5×10^{-2}	室温
SiC	Si	C_2H_2	—	4×10^{-4}	约 900
TiC	Ti	C_2H_2	—	4×10^{-3}	约 300

4. 蒸发镀膜的应用及发展

(1)蒸发镀膜的应用

蒸发镀膜用于镀制对结合强度要求不高的功能膜,主要应用于光学、电子、轻工和装饰等工业领域。

蒸镀用于镀制合金膜时,在保证合金成分这点上,要比溅射困难得多,但在镀制纯金属时,蒸镀却表现出镀膜速度快的优势。蒸镀纯金属膜中,90%是铝膜。铝膜有广泛的用途,目前在制镜工业中已经广泛采用蒸镀,以铝代银,节约贵重金属。集成电路上镀铝进行金属化,然后再刻蚀出导线。在聚酯塑料或聚丙烯塑料上蒸镀铝膜具有多种用途:制造小体积的电容器;制作防止紫外线照射的食品软包装袋;可着色成各种颜色鲜艳的装饰膜。双面蒸镀铝的薄钢板可代替镀锡的马口铁制造罐头盒。

此外,利用电子束蒸镀的 ZrO_2 热障膜层和 MCrAlY 抗高温氧化膜层已用于改善航空发动机叶片的性能。

(2)蒸发镀膜的发展

为实现产品的大面积蒸镀和批量生产,保证镀料沉积的致密性,蒸镀的设备及工艺都需要不断地改进。目前,蒸镀设备正从简单小规模型向具有更高生产能力和大面积蒸镀方向发展,同时一些新的工艺也被开发出来,如分子束外延和离子束辅助蒸发等。

分子束外延(MBE)是指在 10^{-8}~10^{-6} Pa 的超高真空中,采用蒸发运动方向几乎相同的分子流,在单晶基底上生长出位向相同的同类单晶体或者生长出具有共格或半共格联系的异类单晶体的方法。分子束外延法能制备极薄(<1 nm)的膜层,膜层厚度可以均匀分布,也可以周期性变化,生产重复性好。目前已研制出原子层超晶格的 GaAs 和 AlAs 等材料,并在光电器件、固体微波器件、多层周期结构器件上和单分子层薄膜等方面得到应用。

离子束辅助蒸发镀膜是近年来发展迅速、应用广泛的成膜技术。一般采用“考夫曼离子源”和“霍尔离子源”。这两种离子源都具备镀膜前对基片进行离子清洗和辅助蒸发镀膜的功能。在镀膜过程中,离子束辅助蒸发是用低能量的离子束轰击正在增长的薄膜。由于膜料蒸气原子和轰击离子间的一系列物理化学作用,在基片上形成具有特定性能的薄膜。实验表明,该技术可以消除蒸镀膜层中的柱状结构,提高光学性能(如折射率),也极大地提高了薄膜的稳定性、致密性和机械强度。

4.2.3 溅射镀膜

溅射镀膜(sputtering plating)可实现大面积、快速地沉积各种功能薄膜,并且镀膜密度高,附着性好。在20世纪70年代,它就已经成为一种重要的薄膜制备技术。

1. 溅射镀膜原理及特点

(1)溅射现象

当荷能粒子轰击固体表面时,固体表面的原子、分子与这些高能粒子交换动能,从而由固体表面飞溅出来,这种现象称为溅射。由于离子易于在电磁场中加速或偏转,所以荷能粒子一般为离子。当离子轰击材料表面时,除了产生溅射外,还会引起许多效应,如图4-14所示。溅射可以用来刻蚀、成分分析和镀膜等。

(2)溅射镀膜原理

溅射镀膜是指在真空室中,利用高荷能粒子(通常是由电场加速的正离子)轰击材料表面,通过粒子的动量传递打出材料中的原子及其他粒子,并使其沉积在基体上形成薄膜的技术。在溅射镀膜中,被轰击的材料称为靶材。由于常对靶材施加负偏压,故溅射镀膜也可称为阴极溅射镀膜。

溅射出来的粒子大部分为中性原子和少量分子,离子一般在10%以下。溅射出来的原子具有1~10 eV的动能,比蒸镀时原子动能(0.1~1.0 eV)大10~100倍,因此溅射镀膜的附着力也比蒸发镀膜大。

(3)溅射速率

溅射速率是指一个入射正离子所溅射出的靶原子个数,又称溅射产额或溅射系数,单位是原子/离子,一般用S表示。S的量级一般为10^{-1}~10个原子/离子。显然,S越大,生成膜的速度就越快。

影响溅射速率的因素主要有以下几种。

①与入射离子的能量有关。当入射离子的能量低于某一值时,S为零,这个能量值称为溅射阈值。大多数金属的溅射阈值在20~40 eV范围内。当入射离子的能量超过溅射阈值后,S先是随着离子能量提高而增加,而后逐渐达到饱和。当离子能量增加到数万电子伏以上时,S开始降低,此时离子对靶材产生注入效应。S与入射离子能量的关系见图4-15。

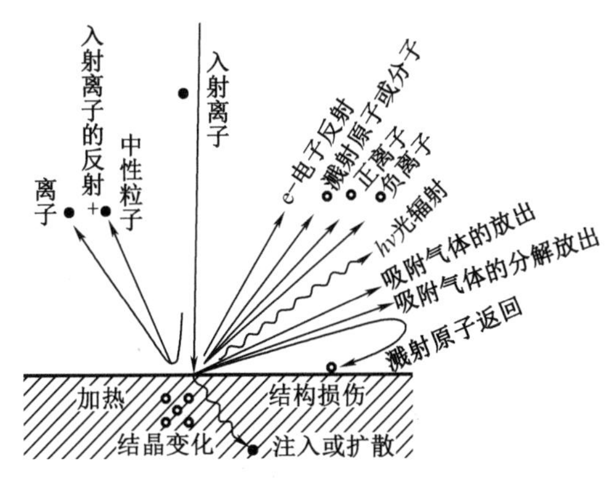

图4-14 离子轰击固体表面所引起的各种效应

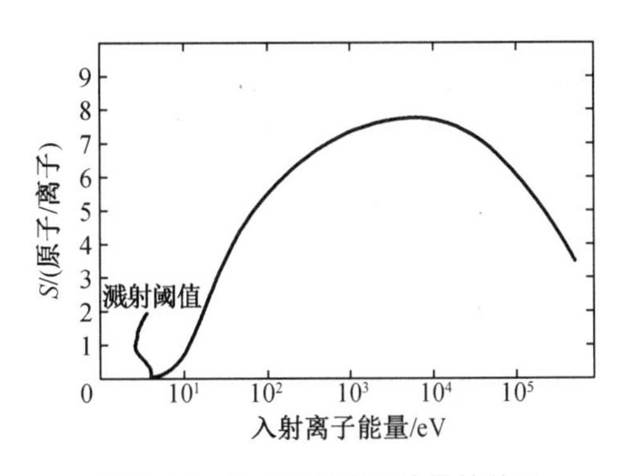

图4-15 S与入射离子能量的关系

②与离子的入射角有关。入射角 θ 由零增加到 60°左右,S 单调增加;入射角 θ=70°~80°时,S 达到最高;θ 再增加,S 急剧减小;在 0=90°时,S=0。图 4-16 为这种变化的典型曲线。

③与入射离子的种类有关。惰性气体的 S 一般较大。从经济性考虑,通常采用氩气作为工作气体。

④与靶材原子序数有关,一般规律是,入射离子相同时,靶材元素的原子序数越大,S 也越大,即 Cu、Ag、Au 等最高,而 Ti、Zr、Nb、Hf、Ta、W 等最低。

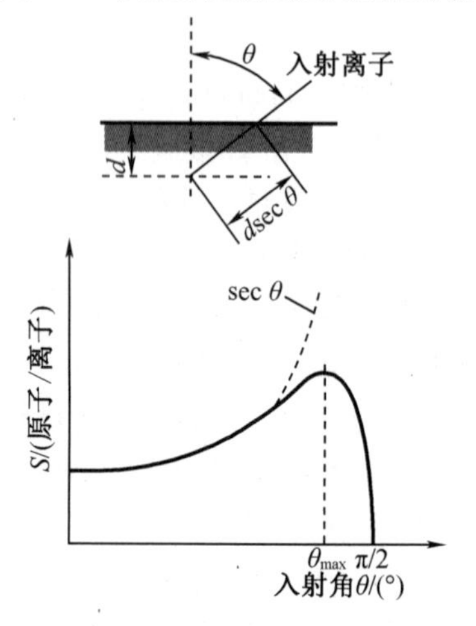

图 4-16 离子入射角对 S 的影响

(4)辉光放电

溅射所需要的轰击离子通常由辉光放电获得。辉光放电是指在 10^{-2}~10 Pa 的真空度范围内,在两个电极之间加上高压时产生的放电现象。由于气体放电时的电离系数较高,因而产生了较强的激发、电离过程,所以可以看到辉光。辉光放电所产生的正离子轰击靶阴极,将靶阴极的原子或分子打出来,并飞向基片,这就是一般的溅射。如果施加的是交流电,并且频率增高到 50 kHz 以上的射频,所产生的辉光放电称为射频辉光放电,射频辉光放电引起的射线称为射频溅射。

(5)溅射镀膜的特点

与其他薄膜沉积方法相比,溅射镀膜具有明显的优点。

①靶材广泛。任何材料均可作靶材,特别适合高熔点金属、合金、半导体和各类化合物的镀覆,所获得的镀覆层成分与靶材成分几乎完全相同。

②薄膜质量高。基体温度低,变形小,膜层受等离子体损伤较小,膜层厚度均匀,与基体的附着力高于真空蒸镀法。

③成膜面积大。可实现大面积快速沉积,适宜镀膜玻璃等产品的自动化连续生产。

④绕射性差。膜层质量与靶材的相对位置有关,面对靶材方向的部位所沉积的膜层质量较高。

2. 溅射镀膜方法

溅射技术的成膜方法较多,具有代表性的有直流溅射、射频溅射、磁控溅射和反应溅射等。

(1)直流溅射

直流二极溅射,是最基本、最简单的溅射镀膜,其装置见图 4-17。真空室中只有阴极和阳极两个电极。靶材作为阴极(必须是导体),接 1~5 kV 负偏压;工件放在支架上,作为阳极(通常接地)。两极间距一般为数厘米至 10 cm 左右。先将真空室抽真空至 10^{-3}~10^{-2} Pa,然后通入氩气。当压力升到 1~10 Pa 时接通电源,阴极靶上的负高压在两极间产生辉光放电并建立起一个等离子区,其中带正电的氩离子在电场力的作用下加速轰击阴极靶,被溅射出来的靶材原子在基片上沉积成膜;同时阴极靶的一些电子也被溅射出来,称为二次电子。

直流二极溅射的最大优点是结构简单,控制方便。但工作压力较高,膜层有沾污,雾沉积速率低,不能沉积 10 μm 以上的膜厚;大量二次电子直接轰击基片,使基片温升过高。为获得高密度的等离子体,提高溅射速率,改善膜层质量,在二极溅射的基础上又研究出了三极溅射和四极溅射装置。

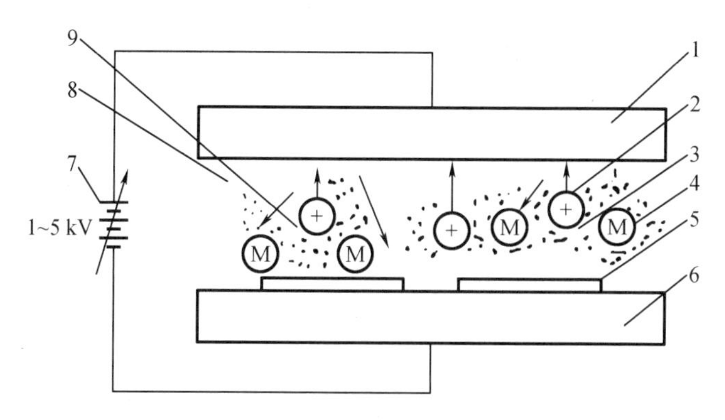

1—靶阴极;2—氩正离子;3—二次电子;4—溅射原子;5—基体;
6—阳极(基板支架);7—靶电源;8—阴极暗区;9—等离子区。

图 4-17 直流二极溅射装置示意图

(2)射频溅射

由于直流溅射是以靶材为阴极,所以只能沉积导电膜,而不能沉积绝缘膜。因为当靶材是绝缘体时,由于撞击到靶表面上的离子电荷无法中和,于是会在靶表面积累电荷,使靶的电位升高,离子加速电场逐渐变小,致使离子不能继续对靶进行轰击,而停止放电和溅射。为此,可采用射频溅射解决绝缘靶的镀膜问题。

射频溅射是以射频交流电作为电源。射频是指无线电波发射范围的频率,通常采用的频率是 13.56 MHz。靶电极通过电容耦合加上射频电压,且基板通过机壳接地。在一个周期内,正离子与电子交替对靶进行轰击,靶表面有正电荷积累;当靶极处于射频电压的正半周时,电子轰击靶,中和了靶上积累的正电荷,又为下一周期的溅射创造了条件。这样既加强溅射,又中和正电荷,使绝缘材料的溅射继续进行。

射频溅射的特点是能溅射包括沉积导体、半导体、绝缘体在内的几乎所有材料,如制备磁性膜、超声换能器的 $LiNbO_3$ 和 $BiTiO_2$,以及光显器、集成电路的溅射膜。但大功率的射频电源价格较贵,使用时必须采取辐射防护措施。因此,射频溅射不适于工业生产应用。

(3)磁控溅射

前面介绍的几种溅射,主要缺点是沉积速率较低,尤其是二极溅射,其放电过程中只有0.3%~0.5%的气体分子被电离。为了在低气压条件下实现溅射沉积,必须提高气体的离化率。

磁控溅射(magnetron sputtering)是 20 世纪 70 年代迅速发展起来的新型溅射技术,目前已成为工业化生产中最重要的薄膜制备方法。这是由于磁控溅射的气体离化率可达 5%~6%,沉积速率比直流二极溅射提高了一个数量级,具有高速、低温、低损伤等优点。高速是指沉积速率快;低温和低损伤是指基片的温升低,对膜层的损伤小。

①磁控溅射原理。磁控溅射的关键技术是在阴极靶表面的平行方向上增设一个环形磁场,并使磁场方向和电场方向相互垂直,如图 4-18 所示的平面磁控溅射靶结构。电场和磁场的这种正交布置,目的是有效地控制离子轰击靶材时放出的二次电子。二次电子在加速飞向基体时受到电场和磁场的共同作用,以摆线和螺旋线状的复合形式做圆周运动。

这些电子的运动路径不仅很长,而且被电磁场束缚在靠近靶表面的等离子体区域内,沿跑道转圈,在此过程中不断地碰撞,电离出大量的 Ar^+ 来轰击靶材,从而实现了高溅射速率。电子经数次碰撞后能量逐渐降低,逐步远离靶面,最后以很低的能量跑向阴极基体,这使得基体的温升也较低。磁控溅射放电电压和气压都远低于直流二极溅射，通常分别为500~600 V 和 10^{-1} Pa，靶电流密度可达 5~30 mA/cm^2。因此磁控溅射有效地解决了基片温升高和沉积速率低两大难题。

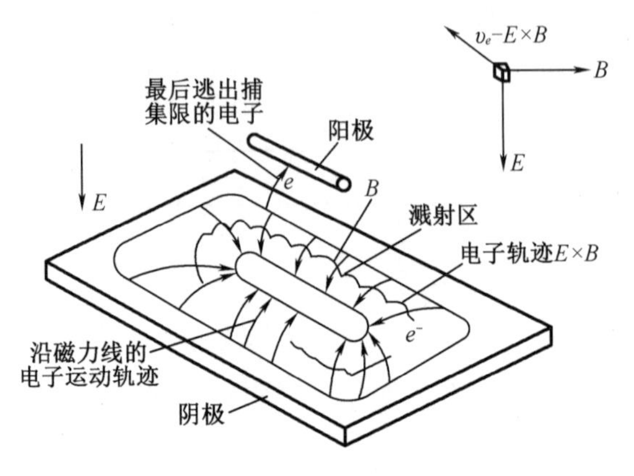

图 4-18 平面磁控溅射靶结构

②磁控溅射靶类型。磁控溅射靶可分为圆柱靶、平面靶和锥面靶三种类型，如图 4-19 所示。

圆柱靶分为实心柱状靶和空心柱状靶。实心柱状靶由圆柱状靶和围绕它的支撑基片的圆筒状阳极所构成，其结构简单，但其形状限制了它的用途，如图 4-19(a)所示。空心柱状靶由处于中心位置上的圆筒状支撑基片电极与围绕此电极的同轴圆筒靶构成，适于在外形复杂的部件上镀膜，如图 4-19(b)所示。

平面靶是以矩形或圆形的平板作靶阴极，与支撑基片的电极平行放置，基片与靶的距离为 5~10 cm。这种结构便于安放平面型基片，适合大面积和大规模的工业化生产，如图 4-19(c)所示。

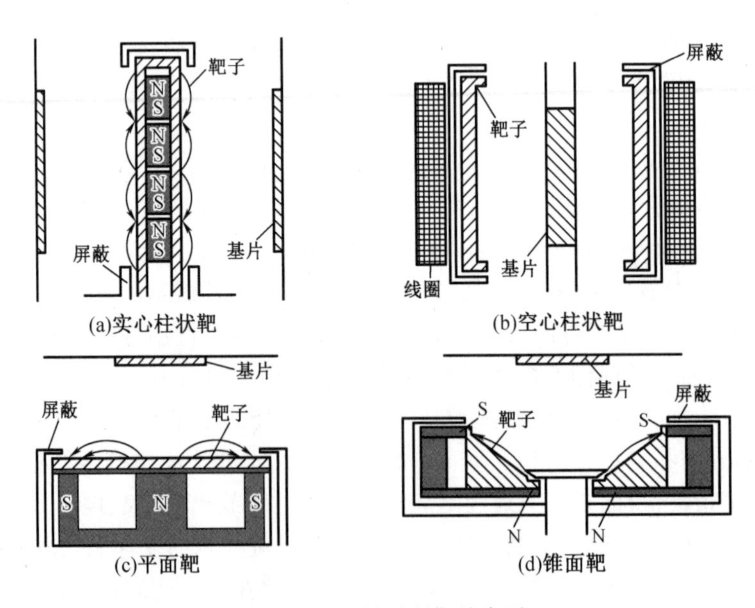

图 4-19 磁控溅射靶的类型

锥面靶是采用倒圆锥状靶阴极,阴极中心是圆盘状阳极。阳极上方为行星式夹具,用来固定基片。此种结构又称为S枪。基片和阳极完全分开,目的是进一步减少电子和离子对基片的轰击,如图4-19(d)所示。为使靶面尽可能与磁力线的形状保持相似,S枪在结构设计中,将靶面做成倒圆锥形,溅射最强的地方是位于靶径向尺寸的4/5处,这种靶材的利用率较高,可达60%~70%。

(4)反应溅射

化合物薄膜占全部薄膜的70%。大多数化合物薄膜可采用CVD法制备,但PVD也是制备化合物薄膜的一种好方法。反应溅射是指在金属靶材进行溅射镀膜的同时,向真空室内通入活性反应气体(如O_2、N_2、NH_3、CH_4、H_2S等),使金属原子与反应气体在基片上发生化学反应,从而获得化合物膜。反应溅射可采用直流二极溅射和射频溅射这两种方法。至于其实际装置,除了为导入混合气体需要设置两个气体引入口,以及将基片加热到500 ℃以外,与直流二极溅射和射频溅射并无多大区别。

3. 合金膜和化合物膜的制备

(1)合金膜的镀制

溅射镀膜是PVD技术中最容易控制合金成分的方法,制备合金膜的方法有合金靶溅射、镶嵌靶溅射和多靶共溅射。

①合金靶溅射采用合金靶进行溅射而不必采用任何控制措施,就可得到与靶材成分完全一致的合金膜。对于一个由A、B两种元素组成的合金靶,当A、B两种元素的溅射速率不等时,溅射速率较高的元素,例如A会自动逐渐贫化,直到膜层的成分与靶材一致时,靶材表面的含A量才不再下降。此后靶面成分达到恒稳状态,总是保持着确定成分的贫A层。

②镶嵌靶溅射是将两种或多种纯金属按设定的面积比例镶嵌成一块靶材,同时进行溅射。镶嵌靶的设计是根据膜层成分要求,考虑各种元素的溅射速率,就可以计算出每种金属所占靶面积的份额。

③多靶共溅射只要控制各个靶的溅射参数,就能得到一定成分的合金膜。

(2)化合物膜的镀制

利用化合物直接作为靶材也可以实现溅射,但有时会出现分解的现象,为此可以调整溅射室内的气体组成和压力,抑制化合物分解过程的发生。另外,也可以采用反应溅射方法来制备化合物膜。

4. 溅射镀膜的应用和发展

(1)溅射镀膜的应用

溅射镀膜的材料不受限制,而且膜层的附着力较高,合金成分容易控制,可用来制备各种机械功能膜和物理功能膜,广泛地应用于机械、电子、化学、光学、塑料及太阳能利用等行业中。例如利用直流反应溅射和磁控溅射制备的幕墙玻璃已成为建筑物外装修的一种流行趋势。磁控溅射大规模生产的氧化铟锡(ITO)透明导电玻璃已成为液晶显示器件的基础材料。利用化合物溅射镀膜得到的TiN、TiC、TiCN等广泛地应用于切削刀具、量具、模具和耐磨零件的硬质膜层。表4-5列出了溅射镀膜的典型应用。

表 4-5 溅射镀膜的典型应用

应用领域	功能	膜层材料
电子工业	电极引线	Al、Ti、Pt、Au、Mo-Si、TiW
	绝缘层、表面钝化膜	SiO_2、Si_3N_4、Al_2O_3
	透明导电膜	InO_2、SnO_2
	光色膜	WO_3
	软磁性膜	Fe-Ni、Fe-Si-Al、Ni-Fe-Mo、Mn-Zn、Ni-Zn
	硬磁性膜	γ-Fe_2O_3、Co、Co-Cr、Mn-Bi、Mn-Al-Ge
	磁头缝隙材料	Cr、SiO_2、玻璃
	超导膜	Nb、Nb-Ge
	电阻薄膜	Ta、Ta-N、Ta-Si、Ni-Cr
	印刷机薄膜热写头	Ta-N、Ta-Si、Ta-SiO_2、Cr-SiO_2、Ni-Cr、Au、Ta_2O_3
	压电薄膜	ZnO、PZT、$BaTiO_3$、$LiNbO_3$
太阳能利用	太阳能电池	Si、Ag、Ti、In_2O_3
	选择吸收膜	金属碳化物、氮化物
	选择反射膜	In_2O_3
光学应用	反射镜	Al、Ag、Cu、Au
	光栅	Cr
机械工业	润滑	MoS_2、Au、Ag、Cu、Pb、Cu-Au、Pb-Sn
	耐磨	Cr、Pt、Ta、TiN、TiC、CrC、CrN、HfN
	耐蚀	Cr、Ta、TiN、TiC、CrC、CrN
	耐热	Al、W、Ti、Ta、Mo、Co-Cr-Al 系合金
塑料工业	塑料装饰、硬化	Cr、Al、Ag、TiN

(2)溅射镀膜的发展

溅射镀膜自 20 世纪 70 年代实现工业应用以来,由于其独特的沉积原理和方式得以迅速发展,新的工艺技术日益完善,所制备的新型材料层出不穷。

近年来,新型磁控溅射如高速溅射、自溅射等成为目前溅射镀膜领域新的发展趋势。高速溅射能够获得大约每分钟几微米的高速率沉积,可缩短溅射镀膜时间,提高工业生产效率,它有可能替代目前对环境有污染的电镀工艺。当溅射速率非常高,以至于在完全没有惰性气体的情况下,仅利用离化的被溅射材料的蒸气也能维持放电,这种磁控溅射被称为自溅射。

此外,利用溅射方法制备新型材料也引起了关注。例如,纳米硅薄膜被视为新型硅基薄膜太阳能电池的核心材料,它不仅具有非晶硅的高吸收系数,也兼具单晶硅的良好光学稳定性。采用溅射法可以沉积出具有高品质的纳米硅薄膜材料,与传统的化学气相沉积方法相比,溅射法所用设备价格低廉,工艺简单,无须使用硅烷等有毒气体,大幅度降低了生产成本;又如,梯度薄膜材料由于其成分、组织、性能呈梯度变化,在表面改性中具有独特的优势。已有学者采用镶嵌靶溅射或多靶共溅射的方法制备出了 Ti/N、Cu/Cr、ZrW_2O_8/Cu、$MoSi_2$/SiC 等梯度薄膜材料。

4.2.4 离子镀膜

离子镀膜(ion plating)技术是美国Sandia公司的D. M. Mattox于1963年首先提出来的，它是在真空蒸发镀膜和溅射镀膜的基础上发展起来的新型镀膜技术。与上述两种方法相比较，离子镀膜除具有二者的特点外，还具有膜层的附着力强、绕射性好、可镀材料广泛等一系列优点，因此受到人们的重视。

1. 离子镀膜原理及特点

(1)离子镀膜原理

离子镀膜是在真空条件下，利用气体放电使气体或被蒸发物质部分离化，在气体离子或被蒸发物离子轰击作用的同时把蒸发物或其反应物沉积在基片上。离子镀膜的技术基础是真空蒸镀，其过程包括镀膜材料的受热、蒸发、离子化和电场加速沉积的过程。

图4-20为Mattox采用的直流二极型离子镀膜装置示意图。当真空室抽至10^{-4} Pa时，通入氩气使真空度达到0.1~1 Pa，工件基片加上1~5 kV负偏压。接通高压电源后产生辉光放电，在阴极和蒸发源之间形成一个等离子区。由于基片处于负高压并被等离子体包围，不断受到正离子的轰击，因此可以有效地清除基片表面的气体和污物。与此同时，镀料被蒸发后，镀料原子进入等离子区，与离化的或被激发的氩原子及电子发生碰撞，部分被电离成正离子。被电离的镀料离子与气体离子一起受到电场加速，以较高的能量轰击工件和膜层表面。这种轰击作用一直伴随着离子镀膜的全过程。

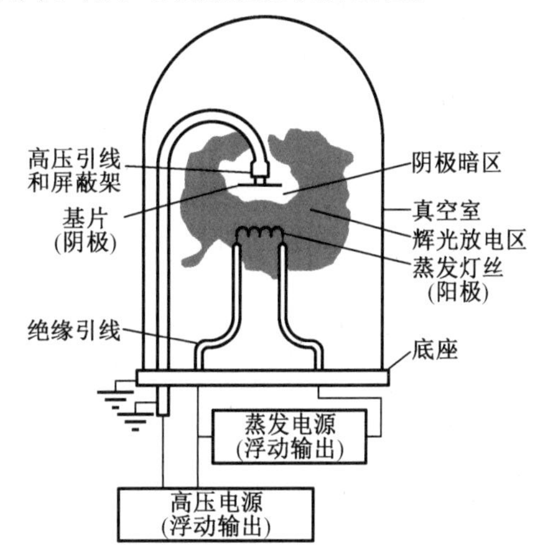

图4-20 直流二极型离子镀膜装置

离子镀膜过程一般来说是离子轰击膜层，实际上有些离子在行进中与其他原子发生碰撞时，可能发生电荷转移而变成中性原子，但其动能并没有变化，仍然继续前进轰击膜层。因此，离子轰击确切地说应该是既有离子又有原子的粒子轰击，粒子中不但有镀料粒子，还有氩粒子，在镀膜初期还会有由基片表面溅射出来的基材粒子。可以看出，离子镀膜的不足是氩离子的轰击会使膜层中的氩含量升高，另外由于择优溅射会改变膜层的成分。

(2)离子轰击作用

①离子轰击使基片产生溅射，可有效地清除基片表面所吸附的气体、各类污染物和氧化物。

②离子轰击促进共混过渡层的形成。过渡层是由基片和膜层界面上的镀料原子与基片原子共同构成的，它可降低在界面上由于基片与膜层膨胀不一致而产生的应力。如果离子轰击的热效应足以使界面处产生扩散层，形成冶金结合，则更有利于提高结合强度。

③离子轰击产生压应力，而膜层的残余应力为拉应力，所以可抵消一部分拉应力。

④离子轰击可以提高镀料原子在膜层表面的迁移率，这有利于获得致密的膜层。

离子镀膜时，若离子能量过高，则会使基片温度升高，使镀料原子向基片内部扩散，这时获得的就不再是膜层而是渗层，离子镀膜就转化为离子渗镀了。

(3)离子离化率与能量

离子镀膜区别于一般真空蒸镀膜的特征是:离子和高速中性粒子参与镀膜过程,并且离子轰击存在于整个镀膜过程中。离子的作用与离化率和离子能量有关。

离化率是指被电离的原子数占全部蒸发原子数的百分比,它是离子镀膜的一个重要指标。离子镀膜的发展就是一个不断提高离化率的过程,几种离子镀膜装置的离化率比较见表4-6。

表4-6 几种离子镀膜装置的离化率

离子镀膜装置	Mattox二极型	射频激励型	空心阴极型	电弧放电型
离化率/%	0.1~2	10	22~40	60~68

离子镀膜中轰击离子的能量取决于基片加速电压,一般为50~5 000 eV;而溅射原子的能量为1~50 eV,真空蒸镀的原子能量仅0.1~1.0 eV,这正是离子镀膜膜层结合力高于真空蒸镀膜的原因之一。

(4)离子镀膜特点

①离子镀膜可在较低温度下进行。一般化学热处理和化学气相沉积均需在900 ℃以上进行,故处理后要考虑晶粒细化和变形问题;而离子镀膜可在600 ℃下进行,可作为成品件的最终处理工序。

②膜层与基片结合强度高。离子镀膜的结合强度远高于蒸镀和溅射镀膜。

③绕镀能力强。蒸发物质由于在等离子区被电离为正离子,这些正离子随电场的电力线运动而终止在带负电的基片的所有表面,因而在基片的正面、反面甚至基片的内孔、凹槽、狭缝等都能沉积上薄膜,这就解决了蒸镀和溅射镀膜绕镀性差的问题。

④沉积速率高,膜层质量好。镀前对工件清洗处理较简单,所获得的膜层组织致密,气孔少。而且成膜速度快,可达1~50 μm/min,而溅射镀膜只有0.01~1 μm/min。离子镀膜可镀制厚达3 μm的膜层,是制备厚膜的重要手段。

⑤工件材料和镀膜材料选择性广。工件材料除金属以外,陶瓷、玻璃、塑料均可以;镀膜材料可以是金属和合金,也可以是碳化物、氧化物和玻璃等,并可进行多元素多层镀覆。

2. 常用离子镀膜方法

离子镀膜的方法很多,按镀料的汽化方式分,有电阻加热、电子束加热、高频感应加热、等离子体束加热等;按气体分子或原子的离化方式分,有辉光放电型、电子束型、热电子束型、等离子电子束型和高真空弧光放电型等。以下简要介绍几种常用的离子镀膜方法。

(1)空心阴极离子镀膜

空心阴极放电离子镀膜(hollow cathode discharge,HCD)又称为空心阴极离子镀膜,是利用空心热阴极放电产生等离子电子束,使镀料蒸发并发生离子化,在金属表面沉积成膜的方法。其装置如图4-21所示。

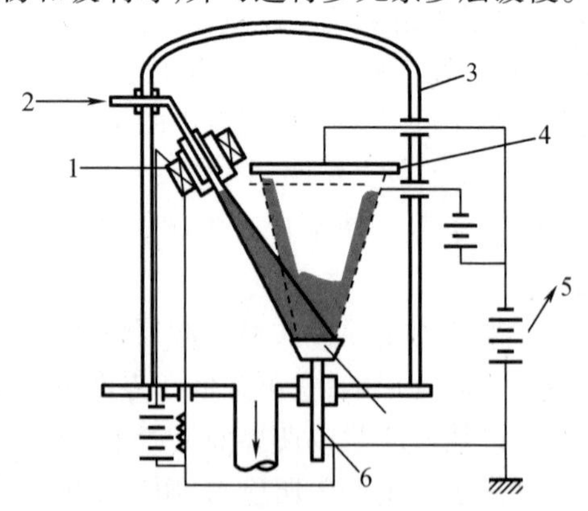

1—HCD枪;2—Ar气;3—钟罩;4—工件;5—高压电源;6—水冷铜坩埚。

图4-21 空心阴极离子镀膜装置

用钽管特制的空心阴极枪安装在真空室壁上，放置蒸发材料的坩埚位于真空室底部。HCD枪接电源负极，工件接正极，辅助阳极和阴极作为引燃电弧的两极。工作时，先将真空室抽至高真空，然后由钽管向真空室通入氩气，开启引弧电源。当钽管端部的气压达到一定条件时便产生辉光放电。氩气在钽管内被电离后，氩离子在电场作用下不断地轰击钽管内壁，使钽管温度升高到2 000~2 100 ℃，此时从钽管表面发射出大量的热电子，辉光放电转变为弧光放电，形成等离子束向阳极（坩埚）运动。这时接通阳极主弧电源，并切断引弧电源。在主弧电压电场作用下，等离子体的电子束经聚焦偏转后射向坩埚中，使镀料蒸发。金属蒸气通过等离子电子束区域时，受到高密度电子流中电子的碰撞而离化，然后在基片负偏压的作用下以较大能量沉积到工件表面成膜。可以看出，空心阴极枪既是镀料的蒸发源又是蒸发粒子的离化源。

HCD法的特点是：HCD枪是在低电压（40~70 V）、大电流（50~300 A）条件下工作，操作安全可靠；基片温度低，金属粒子和工作气体的离化率高；可镀材料广泛，既可以镀单质膜，也可以镀化合物膜。目前HCD技术主要用于沉积Ag、Cu、Cr、石英及CrN、AlN、TiN、TiC等薄膜。

（2）多弧离子镀膜

多弧离子镀膜是采用真空电弧放电的方法在固体的阴极靶材上直接蒸发金属，这种装置不需要熔池。图4-22是多弧离子镀膜装置示意图。将被蒸发的膜材做成阴极靶，安装在镀膜室的四周或顶部。镀膜室和阴极靶分别接主弧电源的正、负极，基体接负偏压。抽真空至0.01 Pa后，向镀膜室内通氩气或反应气，当室内的真空度达0.1~10 Pa时即可引弧。引弧是通过引弧电极与阴极靶的接触与分离来引发弧光放电。放电中在阴极表面产生强烈发光的阴极辉点，这种电流局部集中产生的热使该区域内的材料爆发性地蒸发并电离，发射电子和离子，同时也放出熔融阴极材料的粒子。阴极辉点以每秒几十米的速度做无规则运动，使整个靶面不断地被消耗。由此可知，弧源既是材料的蒸发源，又是离子源。

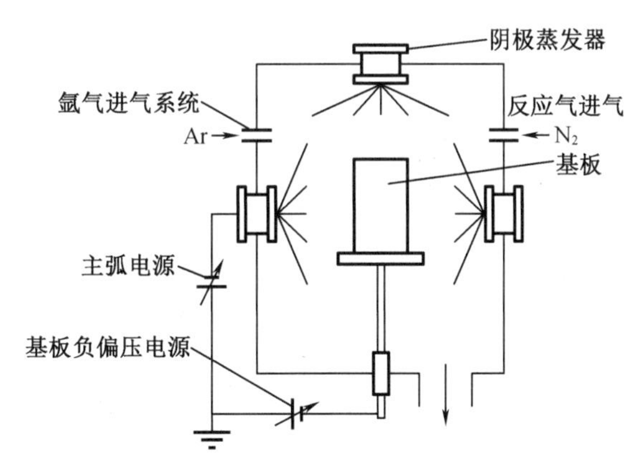

图4-22　多弧离子镀膜装置示意图

多弧离子镀膜的特点是：从阴极直接产生等离子体，不用熔池，弧源可在任意方位布置；设备结构较简单，不需要工作气体，也不需要辅助的离子化手段；离化率高，一般可达60%、80%，沉积速率高；入射粒子能量高，沉积膜的质量和附着性能好。

多弧离子镀膜的应用面广，应用性强，尤其在高速钢刃具和不锈钢板表面镀覆TiN膜层等方面发展最为迅速。

(3)活性反应离子镀膜

活性反应离子镀膜(activated reactive evaporation,ARE)是指在镀膜过程中,在真空室中通入与金属蒸气起反应的气体,如 O_2、N_2、C_2H_2、CH_4 等,代替 Ar 或掺在 Ar 之中,并用各种不同的放电方式使金属蒸气和反应气体的分子激活、离化,促进其间的化学反应,在工件表面形成化合物膜的方法。

各种离子镀膜装置均可改成活性反应离子镀膜,如图 4-23 所示。真空室分镀膜室和电子枪工作室,其间以差压板相隔,一般分别采用独立的抽气系统,以保证工作时两室有一定的压差。在蒸发源与工件之间装有探极,呈环状或网状,其上加有 20~40 V 的正偏压,以便吸引空间电子。在探极和蒸发源之间形成放电的等离子体,促进了镀料蒸气和反应气体的加速离化和活性化。这种采用控极的离子镀膜实际上属于三极离子镀膜。

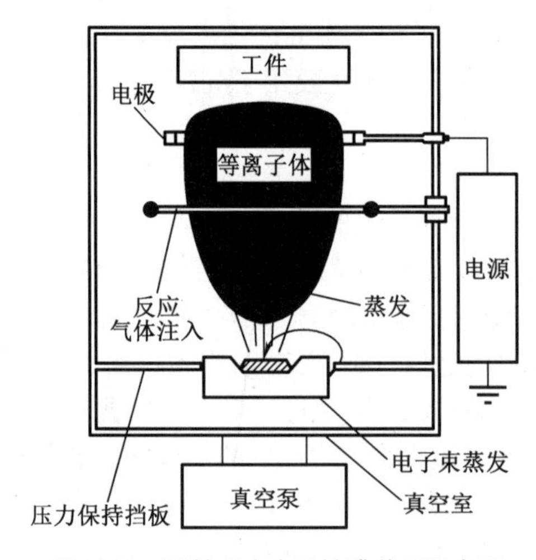

图 4-23 活性反应离子镀膜装置示意图

ARE 法具有以下特点:

①基片加热温度低。因电离增加了反应物的活性,在 500 ℃以下的较低温度就能获得硬度高、附着性良好的膜层。

②可获得多种化合物膜。通过导入各种反应气体,就可以得到各种化合物,几乎所有过渡族元素均能形成氮化物、碳化物。

③可在任何基体上涂覆。由于使用了高功率密度的电子束蒸发源,因此几乎可以蒸镀所有的金属和化合物,也可在陶瓷、玻璃等非金属材料上镀膜。

④沉积速率高。每分钟可达几微米,比溅射高一个数量级。

由于 ARE 应用广泛,近几年又在此基础上开发出许多新类型,如偏压活性反应离子镀膜(BARE)、增强活性反应离子镀膜(EARE)等。

(4)磁控溅射离子镀膜

磁控溅射离子镀膜(magnetron sputtering ion plating,MSIP)是将磁控溅射和离子镀膜有机结合而形成的新技术。它是在一个装置中实现氩离子对磁控靶材(镀料)的大面积稳定的溅射,与此同时,在基片负偏压的作用下,高能靶材离子到达基片进行轰击、溅射、注入及沉积过程。

磁控溅射离子镀膜的原理如图 4-24 所示。工作时,真空室内通入氩气,使气压维持在

$10^{-3}\sim10^{-2}$ Pa。在辅助阳极和阴极磁控靶之间加上400~1 000 V的直流电压,产生低压气体辉光放电。氩离子在电场作用下轰击磁控靶面,溅射出靶材原子。靶材原子在飞越放电空间的过程中部分离化,靶材离子经基片负偏压的加速作用,与高能中性原子一起在基片上沉积成膜。

磁控溅射离子镀膜可以使膜材/基材界面形成明显的界面混合层,因此膜层的附着性能良好;能消除柱状晶,形成均匀的颗粒状晶体;能使材料表面合金化,提高金属材料的疲劳强度。磁控溅射离子镀膜可用来代替电镀锌、电镀镉及电镀铬等技术;利用此法在切削刀具、模具上制备的TiN膜层已经达到实用性的效果。

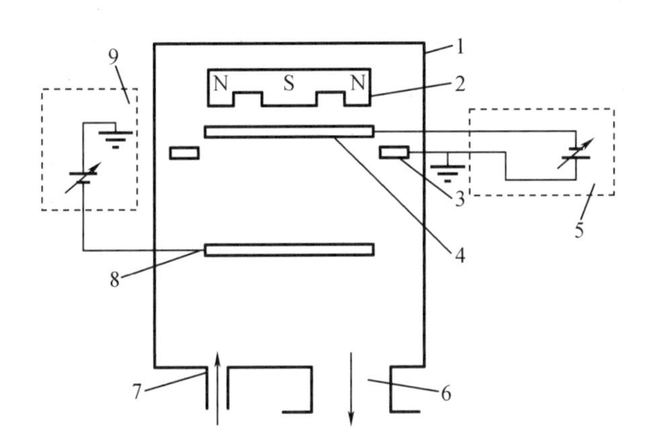

1—真空室;2—永久磁铁;3—磁控阳极;4—磁控靶;5—磁控电源;6—真空系统;
7—Ar气充气系统;8—工件;9—离子镀膜供电系统。

图4-24 磁控溅射离子镀膜原理示意图

3. 离子镀膜的应用及发展

(1)离子镀膜的应用

离子镀膜具有沉积速度快、膜层质量高、结合力强等特点,可以在金属、非金属、塑料、纸、丝绸等基材上沉积各种固体材料膜,使表面获得耐磨、抗蚀、耐热及所需特殊性能,因而在机械、建筑及装饰、耐腐蚀、耐热、润滑及电子工业集成电路等中得到了极其广泛的应用。离子镀膜的一些典型应用如表4-7所示。

表4-7 离子镀膜的一些典型应用

应用领域	镀膜材料	基体材料	用途
耐磨	TiN、TiC、Ti(CN)、TiAlN、ZrN、Si_3N_4、BN、HfN、Al_2O_3、DLC	硬质合金、高速钢	刀具、模具、机械零件
耐蚀	Al、Zn、Cd	高强钢、低碳钢螺栓	飞机、船舶、一般结构用材料
耐热	Al、W、Ti、Ta	普通钢、耐热钢、不锈钢	排气管、枪炮、耐火金属材料
抗氧化	MCrAlY	Ni基或Co基高温合金	发动机叶片
固体润滑	Pb、Au、Ag、MoS_2	高温合金、轴承钢	发动机轴承、高温旋转部件
装饰	Au、Ag、TiN、TiC、Al	不锈钢、黄铜、塑料	手表、装饰品、建筑物装饰、着色膜层

表 4-7(续)

应用领域	镀膜材料	基体材料	用途
塑料	Ni、Cu、Cr	ABS 塑料	汽车零件、电器零件
电子工业	Au、Ag、Cu、Ni	硅	电极、导电膜
	W、Pt	铜合金	触点材料
	Cu	陶瓷、树脂	印刷电路板
	Ni-Cr	耐火陶瓷绕线管	电阻
	SiO_2、Al_2O_3	金属	电容、二极管
	Fe、Cr、Ni、Co-Cr	塑料带	磁带
	Be、Al、Ti、TiB_2	金属、塑料、树脂	扬声器振动膜
	DLC	固化丝绸、纸	防静电包装材料
	Pt	硅	集成电路
	Au、Ag	铁镍合金	导线架
	NbO、Ag	石英	耐火陶瓷-金属焊接
	In_2O_3-SnO_2	玻璃	液晶显示
光学	SiO_2、TiO_2	玻璃	镀片耐磨防护层
	玻璃	透明塑料	眼镜用镜片
	DLC	Si、Ni、玻璃	红外光学窗口(保护膜)
核防护	Al	铀	核反应堆
	Mo、Nb	ZrAl	核聚变装置
	Au	钢壳体	加速器

注:DLC 为类金刚石膜。

(2)离子镀膜的发展

近几十年来,离子镀膜技术取得了巨大的进步,并在世界范围内形成了相当规模的产业。目前,在工具硬质膜层的应用中,以多弧离子镀膜为主流技术,空心阴极离子镀膜和热阴极离子镀膜也在采用,非平衡磁控溅射离子镀膜和中频磁控溅射离子镀膜正在渗入其中,逐步为生产企业所接受;在装饰镀膜行业中,以各种磁控溅射离子镀膜和电弧离子镀膜为主;在电子和光学膜领域,则以活性反应离子镀膜和磁控溅射离子镀膜为主。今后的研究将集中在对现有技术的改进和完善,以及各种离子镀膜与相关技术的综合利用与发展上。正在研发的复合离子镀膜技术有:电弧-磁控溅射复合离子镀膜、电子束蒸发-电弧-磁控溅射复合离子镀膜、离子源-离子镀膜复合等技术。

4.2.5 物理气相沉积工艺及方法比较

1. 物理气相沉积工艺流程

物理气相沉积工艺流程中的每一个环节都会对沉积效果产生很大的影响。即使是同一台设备,不同的使用者操作同样的刀具沉积 TiN 之后,刀具寿命提高的倍数也可能差别很大。物理气相沉积工艺流程可分为镀前处理、真空气相沉积及镀后处理三部分。

(1)镀前处理

①镀件清洗。镀件表面清洁程度对镀膜质量影响很大,因此镀前必须对镀件进行认真

清洗。常用的金属零件清洗工艺流程如下:去油→去污→流水冲洗→去离子水冲洗→脱水→装炉。

②装卡及抽真空镀件。装卡应使用干净的工具,绝对不允许用手拿,镀件装卡应当牢固。为保证膜层质量,尽量减少残余空气的污染,物理气相沉积技术要求有较高的基础真空度。因此,均需采用高真空机组抽至 $10^{-3}\sim10^{-2}$ Pa。有时还需根据情况通入惰性气体 Ar 或反应气体 O_2、C_2H_2 等。

③预热。镀膜时对工件进行适当的预烘烤加热,可以增加膜层与基体的结合强度。工件加热方式有:外热源烘烤或离子、电子轰击工件表面使之升温。

④预轰击净化。工件加热至所需温度后,还可以根据设备特点利用离子轰击净化,可以将表面吸附的气体、杂质原子以至工件表面层原子碰撞下来,而露出金属新鲜的表面层,以提高膜层的附着力。

(2)真空气相沉积

当工件温度升至预定的温度,表面经过轰击净化后,便可以进行真空气相沉积。在整个成膜过程中,应保持恒温、恒压、恒定的镀料蒸气与反应气的比例,才能保证气体放电稳定进行,使溅射、离化、化学反应和沉积过程稳定化,以保证膜层质量。操作中需根据试验各参数的影响规律,综合最佳条件来制定合理的工艺参数。

(3)镀后处理

全部沉积过程结束后,工件在真空中冷却至 200 ℃左右后,即可取出工件,一般不需要进行其他的后处理。对于装饰性真空蒸发镀膜膜层,因为膜层很薄,必须涂面涂层。面涂层可以是单涂层,也可以在面涂层上再涂彩色或硬涂层。涂料可以采用醇酸树脂涂料、环氧树脂涂料、紫外光固化涂料和聚氨酯涂料等。

2. 三种基本方法的比较

物理气相沉积技术包括蒸发镀膜、溅射镀膜和离子镀膜三种基本方法,其沉积工艺、膜层性能特点的比较见表4-8。

表4-8 物理气相沉积基本方法的比较

特点		蒸发镀膜	溅射镀膜	离子镀膜
沉积工艺特点	薄膜材料汽化方式	热蒸发	溅射	热蒸发、电离、溅射
	沉积粒子及能量/eV	原子或分子:0.1~1	主要为原子:1~50	大量离子或原子:50~5 000
	沉积速率/(μm·min^{-1})	0.1~70	0.01~0.5	0.1~50
	气孔	低温时较多	气孔少,但混入溅射气体较多	无气孔,但膜层缺陷较多
	密度	一般	一般	高
	内应力	拉应力	压应力	依工艺条件而定
	附着性	一般	较好	很好
	绕射性	差	差	较好
	膜/基体界面	突变界面	突变界面	准扩散界面

表 4-8(续)

特点	蒸发镀膜	溅射镀膜	离子镀膜
镀膜原理及特点	工件不带电,在真空条件下金属加热蒸发沉积到工件表面。沉积粒子的能量与加热时的温度相对应	工件为阳极,靶材为阴极。利用氩离子的溅射作用将靶材原子击出而沉积在工件表面上。沉积原子的能量由被溅射原子的能量分布决定	工件为阴极,蒸发源为阳极。进入等离子区的镀料原子离化后沉积在工件表面,镀膜过程中伴随着离子轰击。离子的能量取决于基片加速电压

4.2.6 化学气相沉积

化学气相沉积(chemical vapor deposition,CVD)是一种气相生长法,它是将含有薄膜元素的化合物或单质气体通入反应室内,利用气相物质在衬底(工件)表面发生化学反应而形成固态薄膜的工艺方法。CVD 的基本步骤与 PVD 不同的是:沉积粒子来源于化合物的气相分解反应。

CVD 可在常压或低压下进行。通常 CVD 的反应温度范围为 900~1 200 ℃,它取决于沉积物的特性。为克服传统 CVD 的高温工艺缺陷,近年来开发出了多种中温(800 ℃以下)和低温(500 ℃以下)CVD 新技术,由此扩大了 CVD 技术在表面技术领域的应用范围。中温 CVD 的典型反应温度为 500~800 ℃,它通常是采用金属有机化合物在较低温度的分解来实现的,所以又称金属有机化合物 CVD。等离子体增强 CVD 以及激光辅助 CVD 中的气相化学反应由于等离子体的产生或激光的辐照得以激活,也可以把反应温度降低。

1. 化学气相沉积装置

最常用的常压 CVD 装置主要由供气系统、加热反应室和废气处理排放系统组成,如图 4-25 所示。

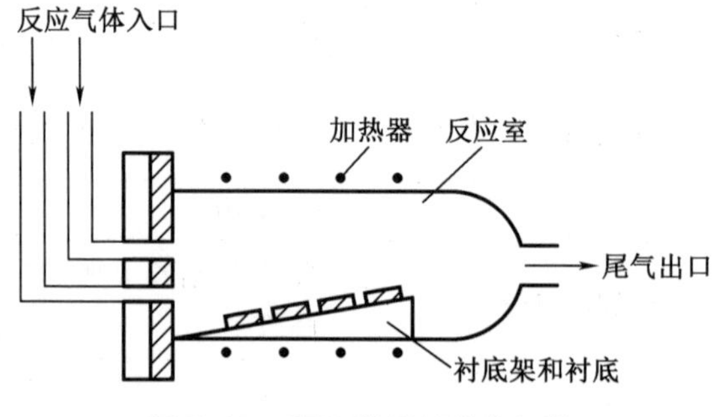

图 4-25 CVD 装置的基本组成

(1)供气系统

供气系统的作用是将初始气体以一定的流量和压力送入反应室中。初始气体是气态物质,可直接通入反应室中,常用的有惰性气体(如 N_2、Ar)、还原气体(如 H_2)以及各种反应气体(如 CH_4、CO_2、Cl_2、水蒸气、氨气等)。

初始气体也可来源于液体或固体。液体通常是室温下具有高蒸气压的四氯化钛（$TiCl_4$）、四氯化硅（$SiCl_4$）和甲基三氯硅烷（CH_3SiCl_3），可将其加热到合适的温度（一般低于60 ℃），再用载气（如N_2、Ar、H_2）把蒸气带入反应室。有时也把固态金属或化合物转换成蒸气来作为初始气体，如汽化铝就是通过金属铝与氯气或盐酸蒸气的反应而形成的。

（2）加热反应室

反应室是CVD装置中最基本的部分，通常采用电阻加热或感应加热将反应室加热到所要求的温度。有些反应室的室壁和原料区都不加热，仅沉积区一般用感应加热，称为冷壁，它适合于反应物在室温下是气体或者具有较高的蒸气压；若用外部加热源加热反应室壁，热流再从反应室壁辐射到工件，则称热壁CVD，它可防止反应物的冷凝。

（3）废气处理排放系统

反应气体从反应室排出后，进入气体处理系统，其目的是中和废气中的有害成分，去除固体微粒，并在废气进入大气以前将其冷却。这些系统可以是简单的洗气水罐，也可能是一整套复杂的中和冷却塔，这取决于混合气体的毒性和安全要求。采用常压CVD法制备TiC的装置如图4-26所示。工件置于保护下，加热到1 000~1 050 ℃，然后以H_2作为载流气体把初始气体$TiCl_4$和CH_4带入炉内反应室中，使$TiCl_4$中的Ti与CH_4中的碳（以及钢件表面的碳）化合，形成TiC。反应的副产物则被气流带出室外，其沉积反应如下：

$$TiCl_4(g)+CH_4(g)\longrightarrow TiC(s)+4HCl(g)$$

$$TiCl_4(g)+C(\text{钢中})+2H_2(g)\longrightarrow TiC(s)+4HCl(g)$$

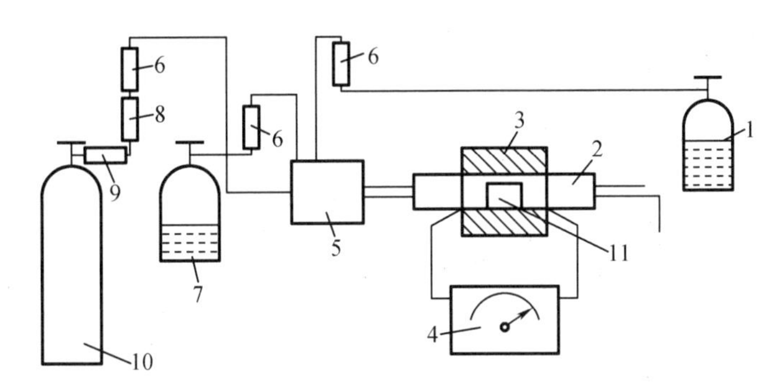

1—甲烷；2—反应室；3—感应炉；4—高频转换器；5—混合室；6—流量计；
7—卤化物；8—干燥器；9—催化剂；10—氢气；11—工件。

图4-26 CVD法制备TiC装置

2.化学气相沉积原理及特点

（1）常用化学气相沉积反应类型

采用CVD法原则上可以制备各种材料的薄膜，如单质、氧化膜、硅化物、氮化物等薄膜，其过程是通过一个或多个化学反应得以实现的。运用适宜的反应式，选择相应的温度、浓度、压力、气体组成等参数就能得到符合要求的薄膜。常用的CVD化学反应有以下几种类型。

①热分解反应。工业上重要的热分解反应例子包括硅烷的热分解制备多晶和非晶硅薄膜，以及羰基镍的热解沉积镍膜。

$$SiH_4(g)\longrightarrow Si(s)+2H_2(g)\ (800\sim1\ 000\ ℃)$$

$$Ni(CO)_4(g)\longrightarrow Ni(s)+4CO(g)\ (140\sim240\ ℃)$$

后一反应正是所谓的蒙德（Mond）工艺的基础，这一工艺百余年来一直用于镍的冶炼。

②还原反应。通常采用氢气作为还原剂,其重要应用就是在单晶硅衬底上制备外延膜,或制备 W、Mo 等难熔金属薄膜。例如:

$$SiCl_4(g)+2H_2(g) \longrightarrow Si(s)+4HCl(g)\ (1\ 100 \sim 1\ 200\ ℃)$$

$$MoF_6(g)+3H_2(g) \longrightarrow Mo(s)+6HF(g)\ (300\ ℃)$$

$$6WF_6(g)+3H_2(g) \longrightarrow W(s)+6HF(g)\ (300\ ℃)$$

大量研究表明,低温沉积的钨薄膜很有可能是替代半导体集成电路中铝触头和连接的理想材料。

③氧化反应。氧化反应主要使衬底表面生成氧化膜,可制备 SiO_2、Al_2O_3、TiO_2 等薄膜。通常采用硅烷或四氯化硅作为原料和氧反应,例如:

$$SiH_4(g)+O_2(g) \longrightarrow SiO_2(s)+2H_2(g)\ (450\ ℃)$$

$$SiCl_4(g)+O_2(g)+2H_2(g) \longrightarrow SiO_2(s)+4HCl(g)\ (1\ 500\ ℃)$$

④水解反应。水解反应也可用来制备氧化物薄膜,例如:

$$2AlCl_3(g)+3H_2O(g) \longrightarrow Al_2O_3(s)+6HCl(g)\ (1\ 000 \sim 1\ 500\ ℃)$$

$$2AlF_3(g)+3H_2O(g) \longrightarrow Al_2O_3(s)+6HF(g)\ (1\ 400\ ℃)$$

⑤合成反应。合成反应是指两种或两种以上的气体物质在衬底表面发生反应而沉积出固态薄膜,这是使用最普遍的方法,可以很容易地制备氯化物、碳化物等多种化合物薄膜。例如:

$$2TiCl_4(g)+N_2(g)+4H_2(g) \longrightarrow 2TiN(s)+8HCl(g)\ (1\ 000 \sim 1\ 200\ ℃)$$

$$SiCl_4(g)+CH_4(g) \longrightarrow SiC(s)+4HCl(g)\ (1\ 400\ ℃)$$

此外,还可采用辉光放电、光照射、激光照射等外界物理条件使反应气体活化,促进化学反应过程或降低气相反应的温度。

(2)化学气相沉积的基本条件

①在沉积温度下,反应物必须有足够高的蒸气压。

②除了需要得到的固态沉积物外,化学反应的生成物都必须是气态。

③沉积物本身的饱和蒸气压应足够低,以保证它在整个反应、沉积过程中都一直保持在加热的衬底上。

(3)化学气相沉积的过程

在反应器内进行的 CVD 过程,其化学反应是不均匀的,可在衬底表面或衬底表面以外的空间进行。衬底表面的大致反应过程如下:

①反应气体扩散到衬底表面。

②反应气体分子被表面吸附。

③在表面上进行化学反应、表面移动、成核及膜生长。

④生成物从表面解吸。

⑤生成物在表面扩散。

上述诸过程,进行速度最慢的一步限制了整体进行速度。CVD 反应器内由于反应物和生成物的浓度、分压、扩散、输运、温度等参数不同,可以产生多种不同的化合物,其物理、化学过程较复杂,目前并不完全清楚。

(4)化学气相沉积的特点

与 PVD 相比,CVD 具有以下特点:

①薄膜成分和性能可灵活控制。通过对多种原料气体的流量调节,能够在相当大的范

围内控制产物的组分，可制备出各种高纯膜、非晶态、半导体和化合物薄膜。

②成膜速度快，可制备厚膜。每分钟可达几微米甚至达到数百微米，薄膜内应力较小，可制备厚达1 mm的CVD金刚石薄膜。

③可在常压或低压下沉积。镀膜的绕射性好，形状复杂的表面或工件的深孔、细孔都能获得均匀致密的薄膜，在这方面比PVD优越得多。

④沉积温度高，膜层与基体结合好。经过CVD法处理后的工件即使用在十分恶劣的加工条件下，膜层也不会脱落。

CVD的最大缺点是沉积温度太高，一般为900～1 200 ℃。在这样的高温下，钢铁工件的晶粒长大导致力学性能下降，故沉积后往往需要增加热处理工序，这就限制了CVD法在钢铁材料上的应用，而多用于硬质合金。因此CVD研究的一个重要方向就是设法降低工艺温度。此外气源和反应后的尾气大多有一定的毒性。

3. 化学气相沉积的应用

CVD法主要应用于两大方向：一是沉积薄膜；二是制备新材料，包括金属、难熔材料的粉末和晶须以及金刚石薄膜、类金刚石薄膜、碳纳米管材料等。目前CVD技术在保护膜层、微电子技术、太阳能利用、光纤通信、超导技术、制备新材料等许多方面得到广泛应用。

(1)沉积薄膜

①保护膜层。CVD技术可在工件表面制备超硬耐磨、耐蚀和抗氧化等保护膜层。为进一步提高硬质合金刀具的耐磨性，常在硬质合金刀具表面用CVD法沉积TiN、TiC、$\alpha-Al_2O_3$膜层及Ti(CN)、$TiC-Al_2O_3$复合膜层。TiC膜层硬度为HV 3 000～3 200，摩擦系数小，切削速度高，耐磨性好，寿命长；TiN膜层硬度为HV 1 800～2 450，由于其膜层的特殊性质，TiN膜层比TiC膜层的刀具更耐磨。在刀具切削面上仅覆盖1～3 μm的TiN膜就可将使用寿命提高3倍以上。Al_2O_3膜层的硬度为HV 3 100，具有很高的化学稳定性和耐腐蚀能力，可承受1 000 ℃以上高温，特别适于高速切削。Al_2O_3膜层刀具比无膜层刀具寿命提高5倍，比TiC膜层刀具高2倍。

CVD法制备的SiC、Si_3N_4、$MoSi_2$等硅系化合物是很重要的抗高温氧化膜层；Mo和W的膜层也具有优异的高温耐腐蚀性能，可以应用于涡轮叶片、火箭发动机喷嘴等设备零件上。

②微电子技术。半导体器件特别是大规模集成电路的制作过程中，半导体膜的外延、P-N结扩散源的形成、介质隔离、扩散掩膜和金属膜的沉积等是其工艺的核心步骤。CVD在制备这些材料层的过程中逐渐取代了硅的高温氧化和高温扩散等旧工艺，在现代微电子技术中占据了主导地位。CVD可用来沉积多晶硅膜、钨膜、铝膜、金属硅化物膜、氧化硅膜以及氮化硅膜等，这些薄膜材料可以用作栅电极、多层布线的层间绝缘膜、金属布线、电阻以及散热材料等。

③光纤通信。光纤通信由于其容量大、抗电磁干扰、体积小、对地形适应性强、保密性高及制造成本低等优点，因此得到迅速发展。通信用的光导纤维是用CVD技术制得的石英玻璃棒经烧结拉制而成的。利用高纯四氯化硅和氧气可以很方便地沉积出高纯石英玻璃。

④太阳能利用。太阳能是取之不尽的能源，利用无机材料的光电转换功能制成太阳能电池是利用太阳能的一个重要途径。现已研制成功的硅、砷化镓同质结电池以及利用Ⅲ～Ⅴ族、Ⅱ～Ⅵ族等半导体制成了多种异质结太阳能电池，如SiO_2/Si、GaAs/GaAlAs、CdTe/Cds等，它们几乎全都制成薄膜形式。化学气相沉积和液相外延是最主要的制备技术。

⑤超导技术。采用CVD生产的Nb_3Sn低温超导带材，具有膜层致密，厚度较易控制，力学性能好的特点，是烧制高场强小型磁体的最优良材料。现采用CVD法生产出来的其他金属间化合物超导材料还有Nb_3Ge、V_3Ga、Nb_3Ga等。

(2)制备新材料

①CVD 法制备难熔材料的粉末和晶须。CVD 法越来越受到重视的一项应用是制备难熔材料的粉末和晶须。目前晶须正在成为一种重要的工程材料,它在发展复合材料方面起了很大的作用。如在陶瓷中加入微米级的超细晶须可使复合材料的韧性得到明显的改善。CVD 法可沉积多种化合物晶须,如 Si_3N_4、TiN、ZrN、TiC、Cr_3C_2、SiC、ZrC、Al_2O_3、ZrO_2 等晶须,其中 Si_3N_4 和 TiC 已实现工业化生产。

②CVD 法制备金刚石和类金刚石薄膜。金刚石不仅可以加工成昂贵的宝石,在工业中也大有可为。它硬度高、耐磨性好,可广泛用于切削、磨削、钻探;由于导热率高、电绝缘性好,可作为半导体装置的散热板;它有优良的透光性和耐腐蚀性,在电子工业中也得到广泛应用。自 20 世纪 80 年代初采用 CVD 法成功地合成金刚石以来,在全球范围内掀起了制备金刚石薄膜和类金刚石薄膜的热潮。

采用 CVD 法制备金刚石薄膜的基本原理是:采用一定的方法使含有碳源的气体(如 CH_4)被加热、分解形成活性粒子,并在 $1.01\times10^3 \sim 50.7\times10^3$ Pa 的低气压下,使碳原子在衬底表面沉积而形成金刚石相。CVD 法制备的金刚石薄膜的性能稍逊于金刚石颗粒,在密度和硬度上都要低一些。即便如此,它的耐磨性也是数一数二的,仅 5 μm 厚的金刚石薄膜,其寿命也比硬质合金长 10 倍以上。目前,在钨硬质合金刀具上沉积金刚石薄膜已实现商业化生产,此外还广泛应用于半导体电子装置、光学声学装置、压力加工等方面。

类金刚石薄膜(DLC)是指含有大量 sp^3 键的非晶态碳膜,具有一些与金刚石薄膜类似的性能。CVD 法制备的 DLC 膜也达到实用化阶段,并得到广泛的应用。DLC 膜与钢铁衬底附着性较好,摩擦系数低,表面光滑、平整,无须抛光即可应用,因此在摩擦磨损方面应用有其特色,其典型应用是计算机硬盘、软盘和光盘的硬质保护层,也用作各种精密机械、仪器仪表、轴承以及各类工具模具的抗摩擦膜层,还可用作人体的植入材料。

③制备碳纳米管。1991 年,日本的饭岛(Iijima)在电弧法制备 C_{60} 的实验过程中,在阴极石墨上观察到一种新的碳结构——碳纳米管(carbon nanotubes,CNTs)。碳纳米管是由单层或多层石墨片围绕中心轴,按一定的螺旋角度卷曲而成的无缝纳米级管,其直径一般在几纳米到几十个纳米之间,长度为数微米甚至毫米。碳纳米管很轻,但很结实,其密度是钢的 1/6,强度却是钢的 100 倍。此外,还具有独特的高强度、高韧性、超导、高比表面积、优异的热稳定性和化学稳定性等特点,并在复合体增强材料、晶体管逻辑电路、场发射电子源、储氢储能材料、饮用水净化等众多领域得到广泛研究与应用。

目前用于制备碳纳米管的方法很多。CVD 法由于具有工艺条件可控、容易批量生产等优点,自发现以来受到极大关注,成为合成碳纳米管的主要方法之一。其基本原理为:在一定的温度和压力下,碳源气体首先在纳米级的催化剂(如 Fe、Co、Ni)表面裂解形成碳源,碳源通过催化剂扩散,在催化剂表面长出纳米管,同时推动着细小的催化剂颗粒前移。直到催化剂颗粒全部被石墨层包覆,纳米管生长结束。用的碳源气体有 CH_4、C_2H_4 和 C_6 等。图 4-27 为 J. Michael 等人以 C_2H_4 为碳源,采用 CVD 法制备的碳纳米管束的微观形貌。

10 μm

图 4-27 CVD 法所制备的碳纳米管束的微观形貌

4.2.7 PVD和CVD工艺方法比较

(1)工艺温度高低是CVD和PVD之间的主要区别。温度对于高速钢镀膜具有重大影响。CVD法的工艺温度超过了高速钢的回火温度,因此用CVD法镀制的高速钢工件,必须进行镀膜后的真空热处理,以恢复硬度。但镀后热处理可能会产生不允许的变形。

(2)CVD工艺对进入反应器工件的清洁度要求比PVD工艺低一些,因为附着在工件表面的一些污物很容易在高温下烧掉。此外,高温下得到的膜层结合强度要更好些。

(3)CVD膜层往往比各种PVD膜层略厚一些。CVD膜层厚度常在7.5 μm左右,而PVD膜层不到2.5 μm厚。

(4)CVD膜层的表面比基体的表面略粗糙些,而PVD镀膜能如实地反映材料的表面,不用研磨就具有很好的金属光泽,这在装饰镀膜方面十分重要。

(5)CVD反应发生在低真空的气态环境中,具有很好的绕射性,所以密封在CVD反应室中的所有工件,除去支撑点之外,全部表面都能完全镀好,甚至深孔、内壁也可镀上。而所有的PVD技术由于气压较低,绕射性较差,因此工件背面和侧面的镀制效果不理想。PVD的真空室必须减少装载密度以避免形成阴影,而且装卡、固定比较复杂;并且工件要不停地转动,有时还需要边转边往复运动。

(6)工艺成本的比较。PVD最初的设备投资是CVD的3~4倍,而PVD工艺的生产周期是CVD的1/10。在CVD的一个操作循环中,可以对各式各样的工件进行处理,而PVD就受到很大限制。综合比较可以看出,在两种工艺都可用的范围内,采用PVD要比CVD代价高。

(7)操作运行安全性比较。PVD是一种完全没有污染的工艺,有人称之为“绿色工程”。而CVD的反应气体、反应尾气都可能具有一定的腐蚀性、可燃性及毒性,反应尾气中还可能有粉末状以及碎片状的物质,因此对设备、环境、操作人员都必须采取一定的措施加以防范。

4.3 高能束表面改性技术

高能束通常指激光束、电子束和离子束,即所谓的三束,它们的功率密度高达10^8~10^9 W/cm^2。若将高能束作用于材料表面,在极短的时间就可以使材料表面的特性发生很大的变化,从而达到表面改性或表面处理的目的。近四十年来,高能束以其能量密度高、可控性好、加工精细等独特优点,有力地促进了表面工程技术突飞猛进的发展,并使微电子工业取得了前所未有的进步和突破。

高能束表面改性主要包括两个方面:其一,利用激光束、电子束可获得极高的加热和冷却速度,从而可制成非晶、微晶及其他一些奇特的、热平衡相图上不存在的高度过饱和固溶体和亚稳合金,从而赋予材料表面以特殊的性能。其二,利用离子注入技术可把异类原子直接引入表面层中进行表面合金化,引入的原子种类和数量不受任何常规合金化热力学条件的限制。

4.3.1 激光表面改性技术

激光具有高亮度、高单色性和高方向性三大特点。对材料表面改性而言,激光是一种聚焦性好、功率密度大、易于控制、能在大气中远距离传输的新颖光源,若作用于金属材料表面,可极大地提高材料表面的硬度、强度、耐磨性、耐蚀性和耐高温性。因此,激光束表面改性技术是当前材料工程学科的重要发展方向之一,被誉为光加工时代的一个标志性技术。国外自 20 世纪 70 年代中期以来,已将激光表面改性技术应用于工程机械、航天航空、汽车、内燃机、模具、刀具等领域,并举行了多次国际会议。我国从 20 世纪 80 年代开始进行这方面的研究,近年来的发展迅速,经济效益十分显著。

1. 激光表面改性原理

(1)激光产生原理

激光(laser)是英文"light amplification by stimulated emissionof radiation"的缩写,意为"通过受激辐射实现光的放大"。

激光是由激光器产生的,如图 4-28 所示为 CO_2 气体激光器的组成。结构主体是由石英玻璃制成的放电管,管中充入 CO_2、N_2 和 He 作为工作物质。放电管两侧放置的两块平面反射镜,称为光学谐振腔。这两块反射镜严格同轴平行,其中一个是反射率为 100%的全反射镜,另一个是反射率为 50%和 90%的半反射镜。当两电极间加上直流高压电时,通过混合气体的辉光放电,激励 CO_2 分子产生受激辐射光子。由于谐振腔的作用,平行于谐振腔光轴方向的光束在两个镜面间来回反射得到放大,而其他方向上的光经两块反射镜有限次的反射后总会逸向腔外而消失,所以在粒子系统中出现一个平行于光轴的强光。当光达到一定强度时,就会通过半反射镜输出激光束。激光束经过光学系统聚焦后,其光直径仅 0.1~1 μm,功率密度高达 10^4~10^{15} W/cm^2,可用来进行焊接、切割或表面改性处理。

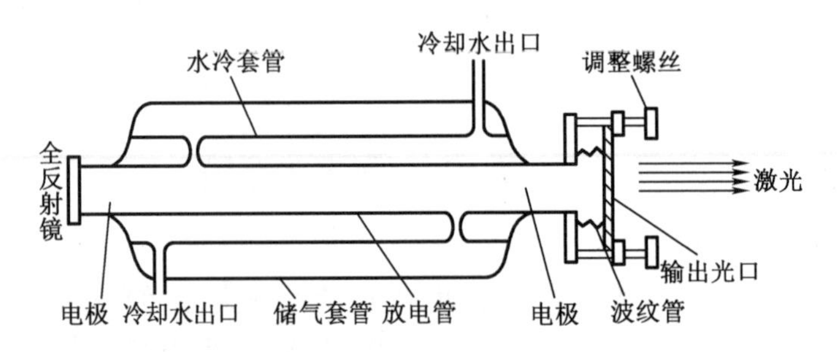

图 4-28 CO_2 气体激光器的组成

(2)激光器

目前,工业上用于表面改性的激光器主要有钕-钇铝石榴石固体激光器(YAG 固体激光器)和 CO_2 气体激光器。

①YAG 固体激光器工作物质为固体,它是由石榴石($Y_3Al_5O_{12}$)晶体中掺入质量分数为 1.5%左右的 Nd 制成。其激光波长为 1.06 μm,为近红外光,输出方式可为脉冲式或连续式。YAG 固体激光器输出功率较小,仅有 1 kW 左右;光转换效率低,只有 1%~3%,多用于有色金属或小面积零件的改性。

②CO_2 气体激光器工作物质主要是 CO_2 气体,还掺有 N_2,其激光波长为 10.6 μm,为中红外光,一般为连续输出。CO_2 气体激光器输出功率大,100 kW 的已研制成功,一般金属表

面强化大多采用2~5 kW的CO_2气体激光器；CO_2气体激光器的光电转换效率高达33%，并易于控制和实现自动化。工业用的CO_2气体激光器分轴流型和横流型两种。轴流型CO_2气体激光器中的放电方向、气体流动方向及激光光流均为平行设置，其稳定性较好，但功率较小；横流型CO_2气体激光器中上述三者方向互相垂直，设备体积较小，功率较大。

(3)激光束加热金属的过程

当激光束照射到金属表面时，其能量分解为两部分：一部分被金属反射，一部分进入金属表层并被吸收。金属表层与入射激光进行光-热交换的过程，是通过固体金属对激光光子的吸收来实现的。当一定强度的激光照射金属表面时，入射到金属晶体中的激光光子与金属的自由电子发生非弹性碰撞，吸收了光子能量的电子跃迁到高能级状态，并将吸收的能量转化为晶格的热振荡，使金属表层温度迅速上升。由于光子穿透金属的能力极低，对于多数金属来说，直接吸收光子的深度都小于0.1 μm，所以激光对金属的加热可看作是一种表面热源，在表面0.01~0.1 μm厚的薄层内光能变为热能，此后热能按一般的传导规律向金属深处传导。

(4)金属对激光的吸收率

金属对激光的吸收率与激光波长、材料性质和表面粗糙度等有关。一般规律是，激光的波长越长，吸收率越低。大部分金属对波长10.6 μm的CO_2激光吸收率很低，反射率高达90%以上。部分金属对波长为10.6 μm的CO_2激光的反射率如表4-9所示。

表4-9 部分金属对CO_2激光的反射率

金属	Au	Ag	Cu	Fe	Mo	Ni	Al	W	钢(含碳量1%)
反射率/%	97.7	99.0	98.4	93.4	94.5	97.0	96.9	95.5	92.8~95.0

为了提高吸收率，充分利用激光能量，激光加热前必须对工件表面进行金属黑化处理。黑化处理常用的方法有磷化法、涂炭法和胶体石墨法。其中磷酸盐磷化法最好，3~5 μm厚的磷化膜对激光的吸收率可达80%~90%，并且具有较好的防锈性，处理后不用清除即可用来装配。

2. 激光表面改性技术的特点

激光表面改性技术的种类很多，主要有激光表面淬火、激光合金化、激光熔覆、激光非晶化、激光熔凝、激光冲击硬化等。尽管具体方法应用场合不同，但它们都具有以下特点。

(1)激光功率密度高且能量集中，加热速度快，适于选择性局部表面处理；对工件整体热影响小，因此热变形小，这对细长杆件、薄片等十分有利。

(2)激光工艺操作灵活，柔性大。激光功率、光斑、扫描速度随时可调，可实现自动化生产；多数激光技术可在大气中进行，无污染、无辐射、低噪声。

(3)改性层有足够厚度，适于工程要求。通常改性层可达0.10~1.0 mm厚，熔覆处理等的层厚更高。而气相沉积和离子注入的层厚仅为几十纳米至几十微米，应用受到限制。

(4)结合状态良好。改性层内部、改性层和基体之间呈致密的冶金结合，不易剥落。

3. 激光表面改性技术

(1)激光表面淬火

①激光表面淬火原理。激光表面淬火(laser surface quenching)又称激光相变硬化，是最

先用于金属材料表面强化的激光处理技术。对于钢铁材料而言，激光表面淬火是以 10^4~10^5 W/cm^2 高功率密度的激光束快速扫描工件，以 10^5~10^6 ℃/s 的加热速度，使材料表面极薄一层的局部小区域的温度急剧上升到相变点以上，并转换成奥氏体，此时工件内部仍保持冷态。在停止加热后，内部金属能迅速传热使表层金属急剧冷却，从而达到自冷淬火而硬化的目的。由于激光表面淬火时的冷却速度高达 10^5 ℃/s，比常规淬火速度要高约 10^3 倍，所以可以获得极细的马氏体组织。

②激光表面淬火的特点。激光表面淬火的优点是：具有极高的加热和冷却速度，获得的淬火层硬度比常规淬火提高 15%~20%，耐磨性提高 1~10 倍；靠自冷却淬火，不需要淬火介质，对环境和工件都无污染；强化后的零件表面光滑且变形小，所以对于某些要求内韧外硬、变形小的机件是很适用的。

③激光表面淬火应用。激光表面淬火的零件材料一般以中碳钢、刀具钢、模具钢和铸铁为主，还可以对时效铝合金和奥氏体不锈钢进行固溶处理。自 1978 年美国通用汽车公司首先将激光表面淬火应用于汽车零件的表面处理以来，该强化技术已经基本成熟并成功地应用于工业生产。目前，激光表面淬火大量用于汽车、拖拉机、机车的发动机缸体和缸套内壁处理，以提高其耐磨性和使用寿命，此外，还可用于曲轴、齿轮、模具、刀具、活塞环等表面硬化处理。表 4-10 列出了激光表面淬火的部分应用实例。

表 4-10 零部件激光表面淬火应用实例

工件名称	材料	应用效果
汽车发动机缸体	HT200 铸铁	硬度达 HRC 63.5~65，耐磨性提高 2~2.5 倍
汽缸套齿轮	CrNiMoCu 灰铸铁 30CrMnTi	耐磨性提高 0.5 倍，抗咬合性提高 0.3 倍，变形小，不需研磨，接触疲劳极限达 1 323 MPa，高于调质态（1 024 MPa）
动力转向装置外壳	可锻铸铁	激光淬火硬化层深 0.35 mm，宽 1.5~2.5 mm，寿命比未经激光淬火的提高 3~10 倍
纺织机锭杆	GCR15	与常规淬火件相比，其耐磨性提高 10 倍
曲轴	45 钢	表层组织细化，强度、疲劳寿命显著提高
轧辊	3Cr2W8V	表面硬度为 HRC 55~63，压应力为 50 MPa，使用寿命提高 1 倍
刀具	W18Cr4V	提高高温硬度和红硬性，处理刀具变形小，提高使用寿命
工模具	3CrW8V	处理后获得了大量细小弥散的碳化物，均匀分布于隐晶马氏体上，可提高耐磨性和临界断裂韧性
模具（落料冲模）	T10A	冲模刀刃硬度达 HV 1 200~1 350，首次重磨寿命由 0.45~0.5 万次增加到 1.0~1.4 万次

（2）激光表面合金化

①激光表面合金化原理。激光表面合金化（laser surface alloying）是利用激光束来改变工件表面的化学组成以提高其表面的耐磨、防腐等性能，即把合金元素、陶瓷等粉末以一定方式添加到基体金属表面上，通过激光加热使其与基体表面共熔而混合，在 0.1~10 s 内形成厚 0.01~2 mm 的表面合金层的技术。这种快速熔化的非平衡过程可使合金元素在凝固

后的组织达到很高的过饱和度,从而形成普通合金化方法不易得到的化合物、介稳相和新相,在合金元素消耗量很低的情况下获得具有特殊性能的表面合金。向工件表面加入合金粉末的方法有预置涂层法和同步送粉法,如图4-29所示。预置涂层法指采用粉末涂刷、热喷涂、电镀、气相沉积、预置薄板或金属箔等方法把所需合金粉末预先涂覆在工件表面,然后用激光加热,我国目前的研究中大都采用此法;同步送粉法是在激光照射的同时送入粉末,需要精度较高的送粉设备。

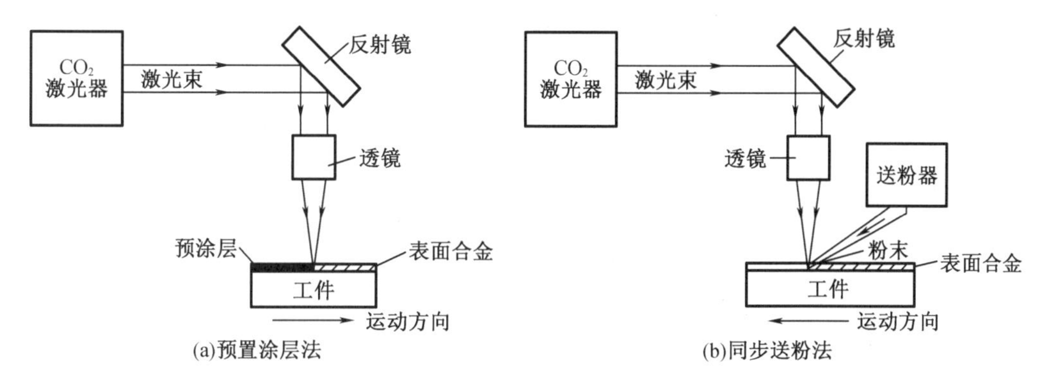

图4-29 激光表面合金化示意图

②激光表面合金化的应用。激光表面合金化是一种比较新的表面改性技术,目前尚处于研发阶段。适合于激光合金化的基材有普通碳钢、合金钢、不锈钢、铸铁、钛合金、铝合金;合金化元素包括Cr、Ni、W、Ti、Mn、B、V、Co、Mo等。

采用激光合金化可使廉价的普通材料表面获得优异的耐磨、耐腐蚀、耐热等性能,以取代昂贵的整体合金。如对于Ti合金,利用激光碳硼共渗和碳硅共渗的方法,实现了Ti合金表面的合金化,硬度由HV 299~376提高到HV 1 430~2 290,与硬质合金圆盘对磨时,合金化后的耐磨性可提高两个数量级。美国AVCO公司采用激光合金化工艺处理了汽车排气阀,使其耐磨性和抗冲击能力得到提高。在45钢上进行的$TiC-Al_2O_3-B_4C-Al$复合激光合金化,其耐磨性为CrWMn钢的10倍;用此工艺处理的磨床托板比原用的CrWMn钢制的托板寿命提高了3~4倍。

(3)激光表面熔覆

①激光表面熔覆原理。激光表面熔覆(laser surface cladding)过程与普通喷焊或堆焊类似,即在金属基体表面上添加一层金属、合金或陶瓷粉末,在进行激光重熔时,控制能量输入参数,使添加层熔化并使基体表面层微熔,从而得到一外加的熔覆层。显然该法与表面合金化的不同在于:基体微熔而添加物全熔,并要求基体对表层合金的稀释率为最小。这样一来避免了熔化基体对强化层的稀释,可获得具有原来特性和功能的强化层。

②激光表面熔覆特点。主要优点是:合金层和基体可以形成冶金结合,极大地提高了熔覆层与基材的结合强度;由于加热速度很快,熔覆层的稀释率低,仅为5%~8%;熔覆层晶粒细小、结构致密,因而硬度一般较高,耐磨、耐蚀等性能更为优异;激光熔覆热影响区小,工件变形小,成品率高;熔覆过程易实现自动化生产,覆层质量稳定。

③激光熔覆的应用。激光熔覆适合的基体材料可为碳钢、铸铁、不锈钢、Cu和Al等,涂层材料可以是Co、Ni和Fe基合金,碳化物和氧化铝陶瓷等。送粉方法与激光合金化类似,可采用预置合金粉末法和同步送粉法。

自20世纪70年代以来,激光熔覆技术已在工业中得到越来越广泛的应用。如发动机排气密封面和发动机缸盖锥面采用激光熔覆Co基合金,航空发动机涡轮叶片表面采用激光熔覆耐热涂层,汽轮机末级叶片表面熔覆耐蚀合金等都取得了很好的效果。另外,我国将激光熔覆技术应用于轧钢辊表面强化处理,也取得了显著的经济效益。

(4)激光表面非晶化

①激光表面非晶化原理。激光表面非晶化又称激光上釉(laser glazing),是获得非晶态合金的一个重要手段。它的原理是基于被激光加热的金属表面熔化后,以大于临界冷却速度急冷,来抑制晶体的成核和生长,从而在金属表面获得非晶结构。与急冷法制取的非晶态合金相比,激光法制取非晶态合金的优点是:冷却速度快,达到$10^{12}\sim10^{13}$ K/s,而急冷法的冷却速度只能达到$10^{6}\sim10^{7}$ K/s;激光非晶态处理还可减少表层成分偏析,消除表层的缺陷和可能存在的裂纹。

②激光表面非晶化工艺。激光表面非晶化可采用脉冲激光或连续激光。脉冲激光非晶化常用YAG激光器,这是因为YAG激光比CO_2激光波长小一个数量级,在相同条件下金属对YAG激光的吸收率高于CO_2激光,因此更容易形成非晶态。连续激光非晶化常用CO_2激光器,关键是功率的选择。若功率密度过小,不易形成非晶态的加热条件;若功率密度过大,容易使基体汽化。

非晶态工艺往往取决于被处理材料的特性。对容易形成非晶的金属材料,其工艺参数为:脉冲激光能量密度1~10 J/cm^2,脉冲宽度$10^{-6}\sim10^{-10}$ s(激光作用时间),连续激光功率密度大于10^6 W/cm^2,扫描速度1~10 m/s。

③激光表面非晶化应用。激光非晶化的研究工作始于20世纪70年代中期,虽然目前不如激光淬火及熔覆或合金化工艺那样成熟,但试验证明,它可以在很多金属和合金表面成功获得非晶态。具体实例如表4-11所示。

表4-11 激光非晶化处理实例

材料	处理工艺参数	效果
纺纱机钢(20钢)	高重复频率YAG激光器,能量密度5 J/cm^2,脉宽10^{-6} s	跑道表面硬度大于HV 1 000,纺纱断头率下降75%,使用寿命提高1.3倍
纯金属铝	红宝石激光器,能量密度3.5 J/cm^2,波长0.694 μm,脉宽15 ns	获得150 nm厚非晶层
莱氏体工具钢	连续CO_2激光器,功率3 kW,光斑直径0.5 mm,扫描速度200 mm/s	获得40 μm厚非晶层,硬度HV 1 700
Pd-Cu-Si合金	连续CO_2激光器,功率500~700 W,扫描速度100~800 mm/s,熔池直径0.2 mm,搭接移动距离75~100 μm	获得大面积的非晶层
Fe-Ni-P-B	连续CO_2激光器,功率7 kW,光斑直径0.2 mm,扫描速度5 m/s	获得10 μm厚非晶层

(5)激光熔凝

激光熔凝也称为激光熔化淬火,是用激光束将工件表面加热熔化至一定深度,然后自冷使熔层凝固,以改善表层组织,获得要求性能的工艺方法。在熔化、凝固过程中,可以排除表面薄层中的杂质和气体,同时由于急冷重结晶可以使原来粗大的晶粒、树枝晶和碳化物细化。例如,有些铸锭或铸件的粗大树枝状结晶中常含有氧化物和硫化物夹杂、金属化合物及气孔等缺陷,处于表面部位就会影响疲劳强度、耐腐蚀性和耐磨性。通过激光熔凝形成了高硬度的莱氏体并消除了表层的石墨,细化了显微组织。激光表面熔凝的原理与激光表面非晶化的原理基本相似,不同处仅在于激光熔凝时的激光功率密度和扫描速度远小于激光表面非晶化。

激光表面熔凝的宽度和深度与工艺参数及冷却条件有关。图4-30为20钢不同冷却条件下激光表面熔凝处理断面形貌。在相同扫描速度下,扫描速度0.6 m/min空冷情况下,激光处理宽度为8 mm,如图4-30(a)所示。相同扫描速度下液氮冷却,激光处理宽度为6 mm如图4-30(b)所示。激光处理后分为激光区和过渡区。激光区呈锥三角形,激光处理区的最大深度达到3 mm。激光熔凝处理可获得很多非平衡组织,包括过饱和固溶体、新的非平衡相和非晶相,产生类似焊接凝固过程的柱状晶组织。

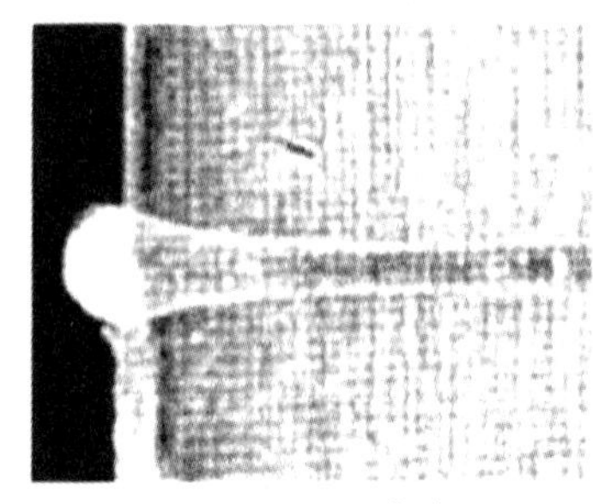

(a)0.6 m/min空冷

(b)0.6 m/min液氮冷

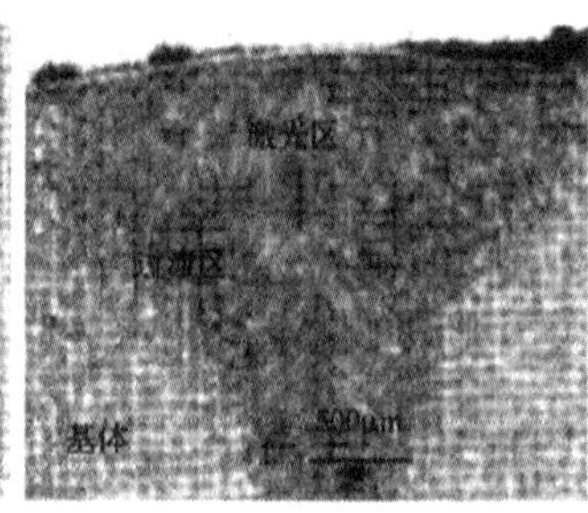

(c)0.6 m/min液氮冷却高倍放大

图4-30 不同激光熔凝处理的断面形貌

激光熔化区组织存在大量的残余奥氏体,并有碳化物相大量析出,主要以细薄片形态存在,并有少量块状碳化物存在,最终凝固时形成了含有板条马氏体和针状马氏体、碳化物、残余奥氏体等非常不均匀组织,如图4-31(a)所示。在激光区和基体之间的过渡区,过渡的组织都很不均匀,靠近基体部分可见铁素体和珠光体层状组织呈带状,越靠近激光熔凝区组织越致密,针状马氏体与黑色碳化物也大量存在于过渡区中,如图4-31(b)所示。

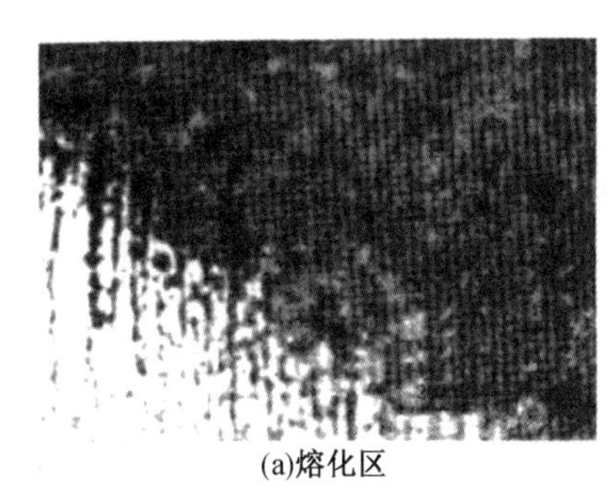

(a)熔化区

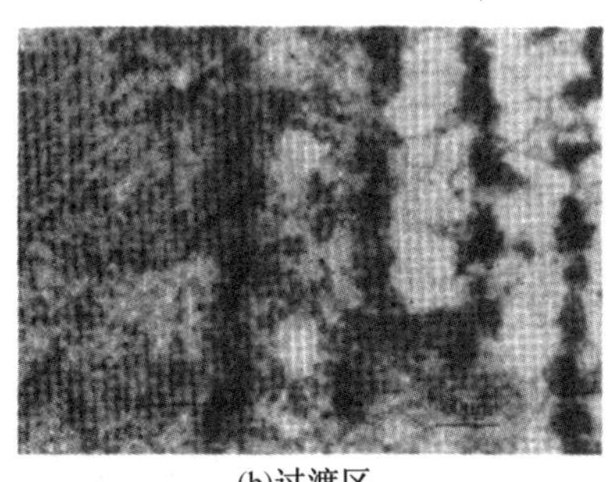

(b)过渡区

图4-31 激光熔化区及过渡区金相组织

(6)激光冲击硬化

激光冲击硬化(laser shock hardening)是利用高功率密度($10^8 \sim 10^{11}$ W/cm^2)的脉冲激光

辐照金属表面,在极短的时间内(10^{-9} ~ 10^{-3} s)使材料表面薄层迅速汽化,在表面原子逸出期间形成动量脉冲,产生压力高达 10^4 Pa 的冲击波,从而令金属产生强烈的塑性变形,使激光冲击区的显微组织呈现位错的缠结网络,其结构类似于经爆炸冲击及快速平面冲击的材料结构。这种结构能明显提高材料表面硬度、屈服强度及疲劳寿命。

采用激光冲击硬化,可强化焊缝热影响区的金属,还可以阻止或延缓材料内部裂纹的产生及扩展。由于奥氏体不锈钢和铝等金属不能用热处理进行强化,采用此法强化而不产生可见的变形。例如国外采用 Q 开关钕玻璃激光器对 7075 铝合金进行激光冲击硬化,产生了类似加工硬化的具有紊乱位错亚结构的显微组织,其疲劳寿命大大增长。这一方法还用来强化制造集成电路的离子注入硅片表面。激光冲击硬化是一项正在开发的新技术,距离使用与生产,还需进行大量的应用研究。可以预计,激光冲击硬化在汽车、飞机、机械及其他许多工业领域,将会有较大的应用前景。

4.3.2 电子束表面改性

电子束表面改性技术(electron beam surface modification)是在 20 世纪 70 年代迅速发展起来的新技术。在表面改性的应用中,电子束与激光束一样都属于高能量密度的热源,所不同的是射束的性质,激光束由光子所组成,而电子束则由高能电子流组成。

1. 电子束表面改性原理

电子束表面改性技术是利用空间高速定向运动的电子束,在撞击工件后将部分动能转化为热能,对工件进行表面处理的技术。

电子束是从电子枪中产生的。将产生电子束并使之加速、汇聚的装置称为电子枪,其结构如图 4-32 所示。在电子枪中,灯丝为阴极,通电加热后,阴极灯丝产生大量的热电子;在阴极和阳极之间的加速电压作用下,热电子被加速到 0.3~0.7 倍的光速,具有很高的动能;再经过聚焦线圈的聚焦,使电子束流的能量更加集中,其功率密度高达 10^9 W/cm^2。为了调整电子束射向工件的角度和方向,需要通过偏转线圈使电子束发生偏转。电子枪的工作电压通常在几十到几百千伏之间,为防止高压击穿、束流散射及其能量减损,电子枪的真空度须保持在 6.67×10^{-2} Pa 以上。

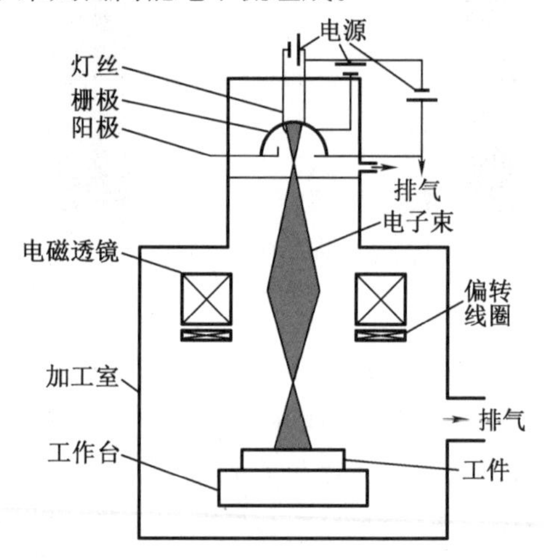

图 4-32 电子束的产生及原理示意图

当电子枪发射出的高速电子轰击金属表面时,电子能深入金属表面一定深度,与基体金属的原子核及电子发生相互作用。电子与原子核的碰撞可看作弹性碰撞,所以能量传递主要是通过电子与金属表层电子的非弹性碰撞而完成的。所传递的能量立即以热能形式传给金属表层电子,从而使金属被轰击区域在几分之一微秒内升高到几千摄氏度,在如此短的时间内热量来不及扩散,就可使局部材料瞬时熔化和汽化。当电子束远离加热区时,所吸收的热量由于加热材料的热传导而快速向冷态基体扩散,冷却速度也可达到 10^6 ~ 10^8 ℃/s。因此电子束表面改性与激光束一样,具有快速加热和快速冷却的特点。两者不同之处是电子束加热时,其入射电子束的动能大约有 75%可以直接转化为热能。而激光束加热时,其入射光子束的能量仅有 1%~8%可被金属表面直接吸收而转化为热能,其余部分基本上被完全反射掉了。而且电子束比激光束更容易被固体金属吸收,电子束功率可比激光束大一个数量级。目前,电子束加速电压可达 125 kV,输出功率达 150 kW,能量密度达 10^3 MW/m^2,这是激光器无法比拟的,因此电子束加热的深度和尺寸比激光束大。

2. 电子束表面改性方法及应用

电子束表面改性方法与激光束一样,大致可分为电子束表面淬火、电子束表面非晶化、电子束熔覆、电子束表面合金化等,只是所用的热源不同而已,这里不再赘述。

电子束表面改性处理可以提高材料的耐磨、耐蚀性和高温使用等性能,得到了一定范围的应用,但激光表面改性技术的兴起,迅速地占领了电子束表面改性原来所占据的大部分市场。目前,电子束表面改性技术主要应用于汽车制造业和航空工业。现已应用的实例如表 4-12 所示。

表 4-12 电子束表面改性技术的应用实例

工件材料	处理工艺	处理效果
STE5060 结构钢（汽车离合器凸轮）	功率 4 kW,6 工位电子束,每次处理 3 个,耗时 42 s	硬化层深度 1.5 mm,硬化层硬度为 HRC 58
模具钢和碳钢	先涂 B 粉、WC 粉、TiC 粉,再进行电子束熔覆和合金化处理	表层形成 Fe-B 和 Fe-WC 合金层,表层硬度分别为 HV 1 266~1 890 和 HV 1 100
铸铁和高、中碳钢	功率 2 kW,冷却速度大于 2 200 ℃/s	硬化层深度为 0.6 mm,表层为细粒状包围的变形马氏体组织
镍金属	能量输入 0.01~1 J/cm^2,熔化层厚度 2.5×10^{-2} mm,冷却速度 5×10^6 ℃/s	表层形成非晶结构
碳钢（薄形三爪弹簧片）	能量 1.75 kW,扫描频率为 50 Hz,加热时间为 0.5 s	薄形三爪弹簧片表层硬度为 HV 800

4.3.3 离子注入表面改性

离子注入(ion implantation)是将所需的金属或非金属元素的离子(如 N^+、C^+、Ti^+、Cr^+ 等)在电场中加速,获得一定能量后注入固体材料表面薄层中,以改变材料表面的物理、化学或力学性能的一种技术。

离子注入是在核物理、加速器技术和材料科学基础上发展起来的交叉学科。早在 20 世纪 30 年代,人们把离子注入作为辐照手段,用以模拟核反应堆材料的辐照损伤的研究。20 世纪 50 年代,开始研究用离子束作为掺杂手段来改变固体表面性质。20 世纪 60 年代,离子注入成功地应用于半导体材料的精细掺杂,并取代了传统的热扩散工艺,推动了集成电路的迅速发展,引发了微电子、计算机和自动化领域的革命。20 世纪 70 年代初,英国科学家开始用离子注入法进行金属表面合金强化,使离子注入成为目前最活跃的研究方向之一。近年来,离子注入的应用正进入商品化阶段,美、英、日等国相继成立了开发中心,从事工业应用的实验推广、设备制造等工作。此外,离子注入又与各种沉积技术、扩渗技术结合形成复合表面处理新工艺,如离子辅助镀层(IAC)、离子束增强沉积(IBED)、等离子体浸没离子注入(PIII)、金属蒸发真空弧离子源(MEVVA)等为离子注入开拓了更广阔的空间。

1. 离子注入的原理和特点

(1)离子注入的原理

图 4-33 是离子注入设备基本原理简图。其主要组成部分有:离子源、质量分析器、加速系统、聚焦系统、扫描装置、靶室、真空及排气系统。

离子注入首先要产生离子。将适当的气体或固体工作物质的蒸气通入离子源,使其电离形成正离子。采用几万伏电压将离子源发出的正离子引出,进入质量分析仪,分离出所需要的离子。分离出来的离子经几万至几十万伏电压的加速获得很高的动能,经聚焦透镜使离子束聚于要轰击的靶面上,再经扫描系统扫描轰击工件表面。

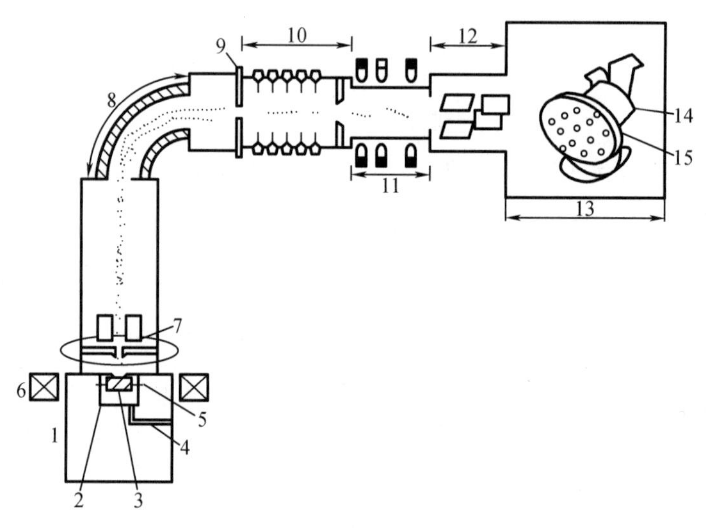

1—离子源;2—放电室(阳极);3—等离子体;4—工作物质;5—灯丝(阴极);6—磁铁;7—引出离子预加速;8—质量分析检测磁铁;9—质量分析缝;10—离子加速管;11—磁四极聚焦透镜;12—静电扫描;13—靶室;14—密封转动电机;15—滚珠夹具。

图 4-33 离子注入设备原理图

高能离子束射入工件表面后,会与工件中的原子和电子发生一系列碰撞作用,产生能量交换,其中入射离子与原子核的弹性碰撞起主要作用。当碰撞所传递给晶格原子的能量大于晶格原子的结合能时,将使原子发生离位,形成空位和间隙原子对。若离位原子获得的能量足够大,它又会撞击其他晶格原子,一系列的级联碰撞过程,使靶材表层中产生大量的空位、间隙原子等晶格缺陷,造成辐照损伤。不同的入射离子在碰撞过程中可以产生离子注入、辐照损伤、射线和原子混合等物理效应,如图 4-34 所示。碰撞使高能离子的能量不断消耗,运动方向不断发生偏折,在走过一段曲折的路程之后,当离子能量几乎损耗殆尽(<20 eV)时,离子就作为一种杂质在固体中的某个位置停留下来。

(2)注入元素的浓度分布

一个入射离子从固体表面到其停留点的路程称为射程,用 R 表示,即图 4-35 中所示的折线。射程在入射方向的投影长度称为投影射程,用 R_p 表示;射程在垂直于入射方向的平面内的透射长度,称为射程的横向分量,用 R_i 表示。实际上关心的是其投影射程 R_p,它可以直接测量。

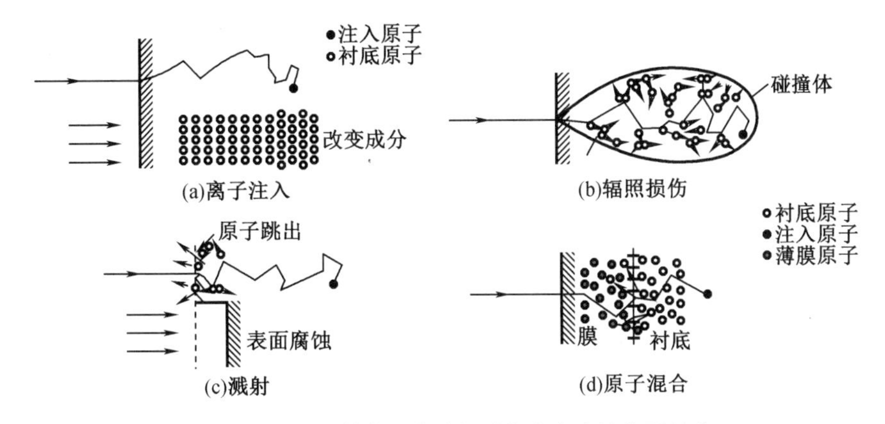

图4-34 不同入射离子在注入过程中产生的物理效应

研究表明,离子注入元素的分布,根据不同的情况有高斯分布、埃奇沃思分布、皮尔逊分布和泊松分布。具有相同初始能量的离子在工件内的投影射程符合高斯函数分布,其分布曲线见图4-36。注入元素的浓度 $N(x)$ 随深度 x 的分布可表示为

$$N(x)=N_{\max}e^{\frac{-x^2}{2}} \tag{4-1}$$

式中,$N_{\max}$ 为峰值浓度;$Z=(X-R_p)/\Delta R_p$,R_p 为 $N_{\max}$ 的投影射程统计平均值;ΔR_p 为标准偏差,表征入射离子的投影射程的分散特性。R_p 和 ΔR_p 决定了高斯分布曲线的位置和形状。高斯分布曲线是围绕 R_p 对称分布的,在平均投影射程 R_p 两侧,注入元素对称地减少。$X-R_p$ 越大,下降得越多。

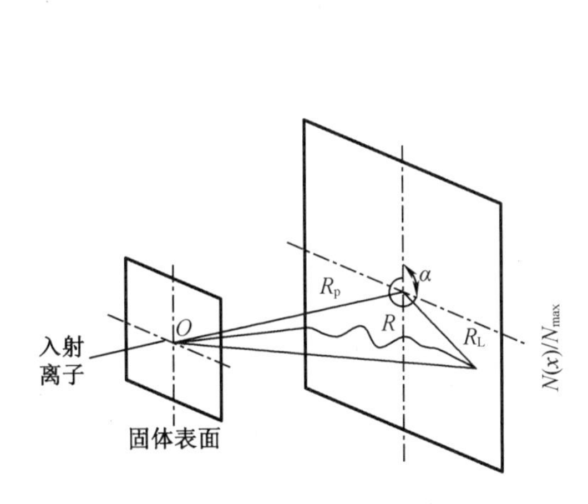

图4-35 离子在固体中的射程

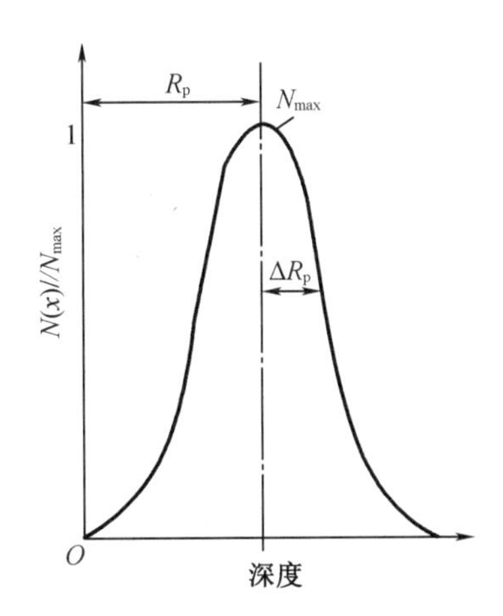

图4-36 注入元素沿深度分析

平均投影射程的最大峰值浓度 $N_{\max}$ 与入射离子的注入剂量 D 成正比,可由式(4-2)求解:

$$N_{\max}=\frac{D}{\Delta R_p\sqrt{2\pi}}\approx 0.4\frac{D}{\Delta R_p} \tag{4-2}$$

注入元素沿深度的高斯分布,只在注入剂量较低时比较相符。表面强化所用的注入剂量较高,一般为 10^{17} 离子/cm^2 数量级,比半导体注入的常用剂量约高出两个数量级。高注入剂量会使浓度分布变为不对称,随着注入剂量的增高,浓度的峰值移向表面。

离子注入层的深度一般为0.01~1 μm。离子能量越高,离子注入深度越深。离子注入

的能量一般常为 20~400 keV。

(3)离子注入的特点

离子注入技术与其他表面改性技术相比,具有一些显著的特点。

①注入离子浓度不受平衡相图的限制,可获得过饱和固溶体、化合物和非晶态等非平衡结构的特殊物质。原则上,周期表上的任何元素均可注入任何基体材料。

②通过控制电参数,可以自由支配注入离子的能量和剂量,能精确地控制注入元素的数量和深度。通过扫描机构不仅可实现大面积均匀化,而且在小范围内可进行材料表面改性。

③离子注入是一个无热过程,一般在常温真空中进行。加工后的工件表面无形变、无氧化,可保证尺寸精度和表面粗糙度,特别适于高精密部件的表面强化。

④离子注入的直进性(横向扩散小)特别适合集成电路微细加工的技术要求。

⑤离子注入层相对于基体材料无明显的界面,可获得两层或两层以上性能不同的复合材料,不存在注入层(或膜层)脱落问题。

离子注入技术的缺点是设备昂贵,成本较高,故目前主要用于重要的精密部件。另外,离子注入层较薄,如 10 万电子伏的 N^+ 注入 GCq5 钢中的平均深度仅为 0.1 μm;离子注入一般直线进行,绕射性差,不能用来处理具有复杂凹腔表面的零件。

2. 离子注入机简介

离子注入机按能量大小可分为低能注入机(5~50 keV)、中能注入机(50~200 keV)、高能注入机(200~5 000 keV)。离子注入机按类型可分为质量分析注入机、不带分析器的气体注入机、等离子体浸没离子注入机。

(1)质量分析注入机

质量分析注入机是将经质量分析器分选出来的细离子束以扫描方式射向基体。这种注入机能产生各种元素的纯离子束,结构复杂、价格昂贵。

(2)不带分析器的气体注入机

它只包括一个产生离子的离子源和一个带有抽真空系统的靶室。其结构简单,机型可以做得很大,只能产生以氮气为主的气体离子束流,工业上主要用于对工具、刀具、模具等的注入。

(3)等离子体浸没离子注入机

等离子体浸没离子注入(plasma immersion ion implantation,PIII)又称全方位离子注入,是在 20 世纪 80 年代后期发展起来的,其工作原理如图 4-37 所示。设备由真空室、进气系统、等离子体源、真空泵系统、电绝缘工件台和脉冲高压电源组成。工作时,它将单一或批量工件置于真空室内,当真空度达到 10^{-4} Pa 左右时,将气态注入元素通入真空室内,采用热阴极灯丝放电(或射频、微波放电)将其电离成等离子体,使被处理工件完全浸没在等离子体中。此时以工件为阴极,以真空室壁为阳极,施加负高电压脉冲(一般为-100 kV)。在脉动的强电场下,质量轻的电子将迅速冲向真空室壁,在工件周围形成一层较厚的正离子的鞘层;正离子在鞘层与工件之间的强电场下获得巨大的能量,高速全方位地垂直射入工件表面层内。

全方位离子注入技术克服了传统离子注入直射性的限制,解决了离子注入在复杂形状工件上的应用问题,而且可以进行批量生产,具有生产成本低、效率高、操作控制安全方便等诸多优点,在零件表面强化处理领域具有广泛的应用前景。但 PIII 仍存在一些问题有待解决,例如工件尖角的尖端放电,电流和电场分布的均匀性,离子注入剂量的准确测量等。

目前我国已研制出各种多功能离子注入装置,并投入应用性实验中。如图4-38所示为核工业西南物理研究院研制出的多功能离子注入机。该设备配备了高能气体离子源和高能金属离子源,以及低能清洗和射线离子源,可以实现离子束清洗、高能气体和金属离子注入以及离子束射线增强沉积等表面强化功能。

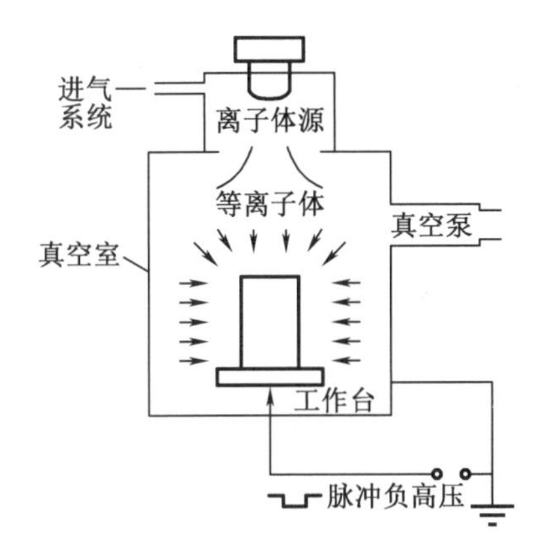

图4-37 全方位离子注入机原理

图4-38 多功能离子注入机

3. 离子注入的应用

离子注入表面改性适用的材料非常广泛,不仅包括半导体、金属,还可以是陶瓷、玻璃、聚合物、复合材料甚至是生物体。

(1)离子注入在微电子工业中的应用

离子注入在微电子工业中,是应用最早、最为成功的先进技术,主要集中在集成电路和微电子加工上。所谓集成电路(integrated circuit,IC)就是采用一定的工艺,把若干个二极管、三极管、电阻和电容等元器件及布线互连在一起,集成到一块半导体单晶(例如Si或GaAs)或陶瓷等基片上,使之成为一个整体并完成某一特定功能的电路元件。

微电子工业发展的标志在于集成电路生产的集成度、线宽、晶片直径、生产力等。离子注入可实现对硅半导体的精细掺杂和定量掺杂,从而改变硅半导体的载流子浓度和导电类型,已成为现代大规模、超大规模集成电路制作过程中的一种重要掺杂技术。如前所述,离子注入层是极薄的,同时,离子束的直进性保证了注入离子几乎是垂直地向内掺杂,横向扩散极其微小,这样就使电路的线条更加纤细,线条间距进一步缩短,从而大大地提高了芯片的集成度和存储能力。此外,离子注入技术的高精度和高均匀性,可以大幅度提高集成电路的成品率。

在集成电路中,常用的注入离子为B^+、As^+、P^+和BF_2^+,注入剂量为10^{11}~10^{16}个/cm^2,所使用的束流强度为10 nA~100 mA,离子注入能量为40~1 000 keV。离子注入三极管是最简单的应用例子,其结构如图4-39所示,这里涉及离子注入形成N^+埋层、基区注入B^+、发射极注入As^+或P^+、集电极注入P^+等诸多离子。随着工艺上和理论上的日益完善,离子注入技术已经成为现代微电子技术的基础工艺。目前在制造半导体器件和集成电路的生产线上,已经广泛地配备了离子注入机。

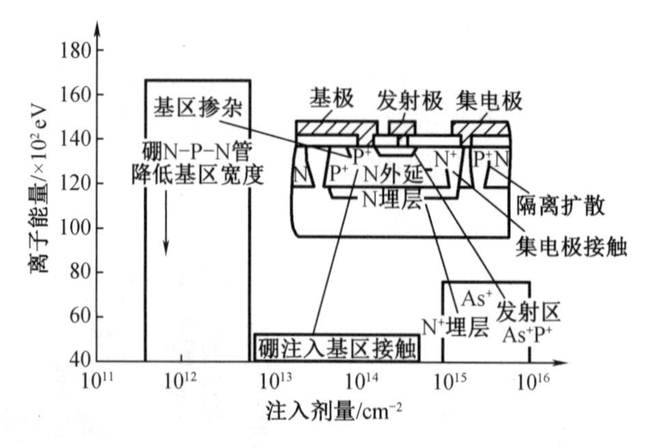

图 4-39 离子注入三极管结构示意图

(2)离子注入在金属材料表面改性中的应用

离子注入改性应用最多的金属材料是钢铁和钛合金,所注入的离子主要有 N^+、C^+、Ti^+、Cr^+、Ta^+、MO^+、B^+、Y^+、Ag^+等。离子注入技术可显著地提高金属材料表面的耐磨性、耐蚀性、抗氧化性和疲劳强度等,如碳钢、轴承钢、不锈钢、铝等材料注入 N^+、C^+离子后,耐磨性可提高几倍甚至上百倍。离子注入在工具、刀具、模具制造业的应用效果特别突出,我国已有一些离子注入的零件在工业上试用,效果良好,如拉丝模、轧辊、塑料注模、硅钢片冲模、钛合金人造关节、航空用精密轴承等。离子注入对于金属表面改性的基本机理如下。

①辐照损伤强化。高能离子注入工件表面后,所产生的辐照损伤增加了各种缺陷的密度,改变了正常晶格原子的排列,可使金属表面的原子结构从长程有序变为短程有序,甚至形成非晶态,使性能发生大幅度改变。所产生的大量空位在注入热效应作用下会集结在位错周围,对位错产生钉扎作用而把该区强化。

②固溶强化。离子注入可以获得过饱和度很大的固溶体。随着注入剂量的增大,过饱和程度也增大,其固溶强化效果也更明显。

③弥散强化。如 N、B、C 等元素被注入金属后,它们会与金属形成 $Y'-Fe^4N$、$\varepsilon-Fe^3N$、CrN、TiN、TiC、Be_2B 等化合物,这些化合物呈星点状嵌于基体材料中构成硬质合金的弥散相,使基体强化。

④残余压应力。离子注入可产生很高的残余压应力,有利于提高材料表层的耐磨性和抗疲劳性能。

⑤表面氧化膜的作用。离子注入引起温度升高和元素扩散的增加,使氧化膜增厚和改性,从而降低摩擦系数。通过改变注入离子的种类可改变氧化膜的性质,如氧化膜的致密性、塑性和导电性等。

(3)离子注入在生物医学中的应用

离子注入在生物医学中,主要用于人造髋关节、人造膝盖等假体的表面改性。这些人工关节由金属部件和高密度的聚乙烯塑料臼杯构成。金属部件一般是用 Ti-6Al-4V 和 Co-Cr 合金制成。人工关节在使用期间,由于磨损所产生的金属粒子会嵌入塑料表面,可能使机体产生炎症。研究表明,在 Ti-6Al-4V 表面注入 N^+,可以形成 TiN,明显降低与塑料的摩擦系数,并使 Ti-6Al-4V 人工关节在血浆环境中的耐磨性提高 40 倍。在 Co-Cr 表面注入 N^+也会产生类似的效果。

此外,在生物医学领域中应用广泛的高分子材料,由于与人体器官和血液具有良好的相容性,可作为人工血泵膜和人造心脏瓣膜。但高分子材料的缺点是机械强度低、耐磨性差。目前,在硅橡胶和聚氨酯表面注入特定的离子,可以克服上述缺陷。

(4)离子注入在诱变育种中的应用

离子注入诱变育种就是将低能离子注入生物体的种胚,改变其内部基因,实现生物诱变育种。这是我国中科院合肥分院等离子体物理所的科学家在1986年首创的一种新技术。采用离子注入可对种胚体细胞、微生物及植物进行品种改良,促使其产生自然条件下难以出现的变异,再从中选出所期望的优良变异,经过培育就可成为一种新品种。与X射线、电子束、激光诱变育种相比,离子注入诱变育种新技术具有生理损伤轻、突变频率高、突变范围广等优点,这对增加基因库和培养生物新品种提供了一种安全、高效、可控、经济的手段,并为人类所向往的探索基因位点诱变的可能性开辟了新途径。离子注入表面改性的部分应用实例见表4-13。

表4-13 离子注入表面改性的应用举例

改性材料类型	改性内容	基体材料	离子注入种类
半导体	硅电路与器件	Si	As^+、P^+、B^+、BF_2^+
	抗辐射半导体器件SOI	Si	O^+、N^+
	激光器质子隔离红外探测器	GaAs	H^+
		HgCdTe	Hg^+
		InSb	H^+
金属	耐磨性	钢、Ti、Co-Cr合金、铬电镀层	N^++C^+
		钢	C^+、Cr^+N^+
	耐蚀性	合金钢	Cr^+、Ta^+、Y^+
		Al合金	Mo^+
	抗氧化	高温合金	Y^+、Ce^+、Al^+
	抗疲劳	钢、钛合金	N^+、C^+
陶瓷	提高断裂韧性	Al_2O_3	N^+
	自润滑表面	ZrO_2	Co^+、Ni^+、Ti^+
	电光晶体	$LiNbO_3$	He^+
聚合物	提高硬度	PE、PC	Si^+、Cr^+、B^+、Ti^+
	导电性	PMMA、PE	N^+
	光学性	PET	Cu^+、N^+

注:SOI表示绝缘体硅;PE表示聚乙烯;PC表示聚碳酸酯;PET表示聚对苯二甲酸乙二酯;PMMA表示聚甲基丙烯酸甲酯。

课后习题

一、填空题

1. 热扩渗技术最突出的特点是扩渗层与基体金属之间是________，结合强度很高，扩渗层不易脱落。

2. 目前，可进行热扩渗的合金元素包括________、________、________、Si、Zn、Al、Cr、V、Ti、Nb 等，还可进行二元共渗与多元共渗。

3. 热扩渗可使工件表面获得具有不同组织和性能的扩渗层，从而大大提高工件的________、________和________，在机械和化工领域中的应用极其广泛。

4. 热扩渗的扩渗层是________与________相互扩散而形成的表面合金层。

5. 热扩渗的渗入元素与基体金属之间必须________，一般通过创造各种工艺条件来实现。

6. 热扩渗的被渗元素在基体金属中要有一定的渗入速度，以满足实际应用要求。因此，可将工件加热到足够高的温度，使溶质元素具有足够大的________和________。

7. 无论何种热扩渗工艺，扩渗层的形成都包括介质________、________和________三个阶段。

8. 渗碳时，介质分解生成的[C]、活性原子首先被钢件表面所吸附，然后溶入基体金属铁的晶格中。由于碳的原子半径较小，它们很容易溶入________中形成间隙固溶体。

9. 一般情况下，在热扩渗的初始阶段，活性原子的扩渗速度受到________控制的。

10. 在热扩渗的扩散过程中，________较________对加快扩散速度更为有效。

11. 按渗剂在工作温度下的物质状态，热扩渗工艺可分为________、________、________、________和________。

12. 热浸镀工艺过程可简单地概括为：________→________→________。

13. 目前，热镀铝钢材主要有________和________两种。前者的耐蚀性好，常用于零件的防护；后者的耐热性更好，适于在高温下工作。

14. 根据成膜过程的原理不同，气相沉积技术可分为________和________。

15. 气相沉积技术不仅可以沉积________、________，还可以沉积________、________、________、________、________等。

16. PVD 主要包括________、________和________。

17. 溅射技术的成膜方法较多，具有代表性的有________、________、________和________等。

18. 通常 CVD 的反应温度范围为 900~1 200 ℃，为克服传统 CVD 的高温工艺缺陷，近年来开发出了多种中温大约________的 CVD 的典型反应温度。

19. 常用的常压 CVD 装置主要由________、________和________组成。

20. 高能束通常指________、________和________，即所谓的________，它们的功率密度高达 $10^8 \sim 10^9\ W/cm^2$。

21. 电子束表面改性方法，大致可分为________、________、________、________等。

二、名词解释

1. 热扩渗技术
2. 热浸镀
3. 气相沉积技术
4. 物理气相沉积
5. 溅射镀膜
6. 化学气相沉积
7. 离子注入

三、简答题

1. 简述物理气相沉积的基本过程。
2. 物理气相沉积的特点主要有哪几个方面?
3. 物理气相沉积(PVD)与化学气相沉积(CVD)工艺方法的异同点有哪些?
4. 激光表面改性技术的特点有哪些?
5. 简述离子注入的特点。

课后习题答案

第5章　金属表面镀层技术

【学习目标】

- 理解电镀的概念和分类，电刷镀和化学镀的概念；
- 熟练掌握电刷镀、化学镀、单金属电镀和合金电镀的工艺；
- 了解电镀的发展趋势、复合镀的种类、特点及应用。

【导入案例】

随着人们生活水平的稳步提高，汽车已经成为我们目前日常生活中不可缺少的交通工具，很多爱车的朋友经常会给自己的车身做美容，电镀技术就显得尤为突出。某汽车美工坊总店出品奔驰SLS车身改色贴膜采用了镜面电镀银汽车改色膜。电镀银的贴膜使车身更加美观、大气、庄严、豪华。

随着汽车工业的快速发展，对实施电镀工艺的汽车产品零部件的性能要求越来越高，质量控制也更加严格。为了延长汽车使用寿命、改善其动力性能、提高外表装饰性能，电镀在汽车行业中的应用也越来越广泛。电镀工艺主要应用于以下汽车零部件：减震器连杆、轴瓦、铝活塞、皮带轮等铸铝、进气阀、排气阀、排气筒、消音器、汽车装饰件、挺杆、活塞环、化油器、变速器二轴等零件、铝轮毂及其他零部件。图5-1为实施电镀的汽车零部件。

图5-1　实施电镀的汽车零部件

5.1　电镀技术

电镀工业历史久远，通过电镀，可以在机械零件及工艺品上获得保护装饰及各种功能的镀层。通过电镀，可以提高金属的耐腐蚀性、耐磨性、装饰性及导电、导磁性等。电镀还可以修复表面受磨损和破坏的工件。图5-2为电镀后的各类零部件。

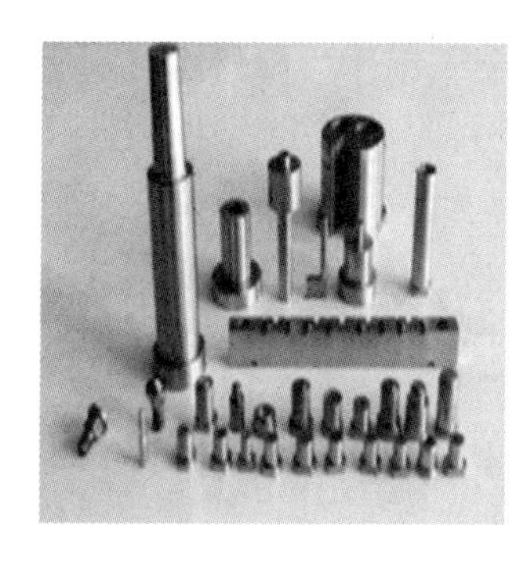

图5-2 电镀后的各类零部件

5.1.1 电镀的概念及分类

电镀是利用电解的方式，使金属或合金沉积在工件表面，从而获得均匀、致密、结合力良好的金属层的过程。电镀时待镀工件与电源负极相连作为阴极，浸入含有欲沉积金属离子的电解质溶液中，阳极为欲沉积金属的板或棒，某些电镀也使用石墨、不锈钢、铅或铅锑合金等不溶性阳极。

电镀按施镀方式可分为挂镀、滚镀、连续电镀和刷镀等，可以根据镀件的尺寸和批量选择合适的电镀方式。其中挂镀是最常见的一种电镀方式，电镀镀件悬挂在导电性能良好的挂具上。再浸入镀液中做阴极，适合于一般尺寸或尺寸较大的工件的电镀，如自行车的车把、汽车的保险杠等。滚镀也是一种常见的电镀方式，适用于小尺寸、大批量生产的零件电镀，电镀时镀件置于多角形的滚筒中，依靠自身重力来接触滚筒内的阴极。

5.1.2 电镀的原理及工艺

1. 电镀的基本原理

把预镀工件置于装有电镀液的镀槽中，镀件接直流电源的负极，作为阴极；而镀层金属或石墨等也置于镀槽中并接直流电源的正极而作为电镀时的阳极。通电后，镀液中的金属离子在阴极附近因得到电子而还原成金属原子，进而沉积在阴极工件表面上，从而获得镀层。电镀件主要依靠的是电化学原理，所以电镀要有三个必要条件：电极电位差、镀液、电源。下面以镀铜为例说明电镀的基本过程。图5-3为电镀原理图。

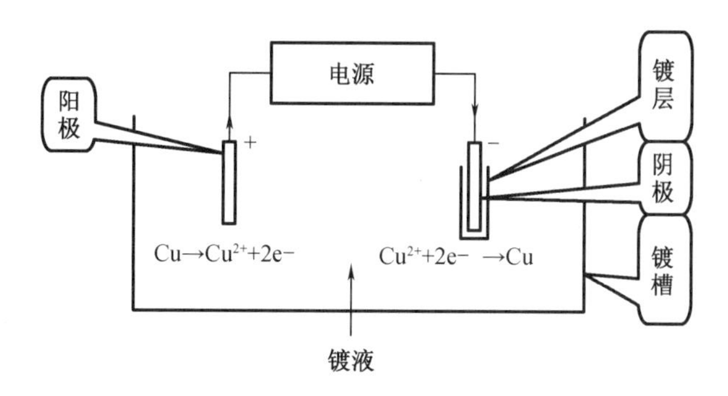

图5-3 电镀原理图

将工件置于以硫酸铜为主要成分的电镀液中作为阴极，金属铜作为阳极。接通直流电源后，电流通过两极及两极间的含 Cu^{2+} 电解液，电镀液中的阴、阳离子会发生“电迁移”现象，即在电场作用下，阴离子向阳极移动，阳离子向阴极移动。铜离子在阴极上被还原沉积成镀层，阳极的金属铜被氧化成 Cu^{2+}。其化学反应如下：

阴极（工件）上的化学反应是还原反应：

$$Cu^{2+}+2e = Cu$$

阳极上的化学反应为氧化反应：

$$Cu-2e = Cu^{2+}$$

电镀后的镀层要完整、均匀、致密、达到一定的厚度要求且与基体金属结合牢固，还要具有一定的物理化学性能，这样的镀层才能起到良好的保护作用。

2. 影响电镀层质量的因素

影响电镀层质量的因素很多，这里介绍主要影响因素：镀液组成、阴极电流密度、温度及表面预处理等。

（1）镀液组成

镀液的组成主要包括以下几个部分：

①主盐。主盐是指含有能在阴极上沉积出镀层金属离子的金属盐。其他条件（温度、电流密度等）不变时，主盐浓度越高，金属越容易在阴极析出，但是阴极极化下降，使得镀层晶粒粗大，尤其在电化学极化不显著的单盐镀液中更为明显。主盐浓度过高，也要采用较高的阴极电流密度，镀液分散能力和稳定性下降，废液处理成本增加，生产成本增加。若主盐浓度过低，虽然镀液分散能力和覆盖能力较好，阴极极化作用也比浓度高时好，但其导电能力差，允许使用的阴极电流密度低，阴极电流效率低，沉积速率低，生产效率低。因此主盐的浓度要在一个合适的范围，同一种类型镀液，如果使用要求不同，其主盐浓度也不同。

②附加盐。附加盐是指除主盐外，主要为提高镀液的导电性而加入的碱金属或碱土金属的盐类（包括铵盐），也称为导电盐。附加盐还可以改善镀液的深镀能力、分散能力和覆盖能力；改善镀层质量，使镀层更细致、紧密。例如镀镍液中加入的硫酸钠和硫酸镁，镀铜液中加入的硝酸钾和硝酸铵等。但是，如果附加盐过多，会降低主盐的溶解度，镀液可能出现混浊的现象，所以附加盐要适量。

③络合剂。一般将能络合住主盐中金属离子的物质称为络合剂。镀液中如果没有络合离子，就称为单盐镀液。这种镀液稳定性差，镀层晶粒粗大，镀层质量较差。加入络合离子后，阴极极化增大，使镀层结晶细密，同时促进阳极溶解。但是镀液中络合离子超过络合主盐金属离子的需要量，就会形成游离络合离子，若游离络合离子含量过高，会降低阴极电流效率，使镀层沉积速率减慢甚至镀不上镀层。所以络合剂含量也要适当。

④缓冲剂。电镀的正常进行要在一定的 pH 值条件下进行，缓冲剂一般是由弱酸和弱酸盐或弱碱或弱碱盐组成的能使镀液酸、碱度稳定的物质。缓冲剂可以减小镀液 pH 值的变化幅度。如镀镍液中的 H_3BO_3 和焦磷酸盐镀液中的 Na_2HPO_4 等。

⑤添加剂。为了改善镀液的性能和镀层质量，在镀液中加入少量的物质，主要是某些有机物，这些物质称为添加剂。按照添加剂在镀液中所起的作用不同，主要分为以下几类：

光亮剂：能增加镀层光泽的物质。初级光亮剂主要包括含有磺酰基或不饱和碳键的糖精、对甲苯磺酰胺等。次级光亮剂主要是含有不饱和键的醛类、酮类、炔类、氰类及杂环类的物质。前两类光亮剂与含有不饱和键的磺酸化合物配合，可以进一步提高镀层光亮平整度。

整平剂:能够有效提高镀层平整度的物质。整平剂的加入可以使工件微观低谷处获得比工件微观凸起处更厚的镀层。

润湿剂:能降低电极与溶液之间的界面张力,使溶液易于在电极表面铺展。常用的润湿剂有十二烷基硫酸钠等。此外,润湿剂也叫作防针孔剂,因为它可以促使气泡脱离电极表面,从而抑制镀层中针孔的产生。

应力消减剂:可以降低镀层的应力,提高镀层的韧性。

镀层细化剂:促使镀层晶粒细小、致密。

(2)阴极电流密度

阴极电流密度与电镀液的成分、主盐浓度、镀液 pH 值、温度、搅拌等因素都有关系。电流密度过低,阴极极化作用减小,镀层结晶粗大,甚至没有镀层。电流密度由低到高,阴极极化作用增大,镀层变得细密。但是电流密度增加过高,会使结晶沿电力线方向向镀液内部迅速生长,镀层会产生结瘤和树枝状晶,尖角和边缘甚至会烧焦。同时,电流密度过大,阴极表面会强烈析出氢气,pH 值变大,金属的碱盐就会夹杂在镀层之中,使镀层发黑。而且,电流密度过大,也会导致阳极钝化,从而使镀液中缺乏金属离子,可能会获得海绵状的疏松镀层。每种镀液都有一个最理想的电流密度范围。

(3)温度

温度也是电镀时要考虑的一个重要因素。随着温度升高,粒子扩散加速,阴极极化作用下降,温度升高也使离子脱水过程加快,离子和应急表面活性增强,也会降低电化学极化。因此,镀液温度升高,阴极极化作用下降,镀层结晶粗大。生产中升高镀液温度的原因是为了增加盐类的溶解度,使镀液导电能力和分散能力提高,还可以提高电流密度上限,提高了生产效率。电镀温度也要合理控制,使其在最佳温度范围。

(4)表面预处理

电镀前要对工件进行表面预处理,主要去除毛刺、夹杂、残渣、油脂、氧化皮、钝化膜等,表面预处理后工件露出洁净、活性的基体金属表面。这样才有可能获得连续、致密、结合良好的镀层。如果预处理不当,镀层和基体结合不良,会导致起皮、剥落、鼓泡、毛刺、发花等缺陷。

3. 电镀基本工艺过程

电镀的基本工艺过程一般包括电镀前表面预处理、电镀、电镀后处理三个阶段。

(1)电镀前表面预处理

电镀前的表面预处理是为了获得洁净、活性的基体金属,为获得高质量镀层做准备。其主要有磨光、脱脂、除锈、活化等。磨光是为了使工件表面粗糙度达到一定要求,可以用磨光或抛光方法来完成。之后再用化学、电化学方法去除油脂;用机械或酸洗或电化学方法除锈。最后的活化处理一般是在弱酸中浸泡一段时间。

(2)实施电镀

工业生产中,电镀的实施方式多种多样,根据镀件的形状、尺寸和批量的不同,可以采用不同的施镀方式。

其中挂镀是最常见的一种施镀方式,适用于普通形状和尺寸较大的零件。挂镀时零件悬挂于导电性能良好的材料制成的挂具上,然后浸没在镀液中作为阴极,在两边适当的位置放置阳极。图 5-4 是通用挂具的形式和结构。

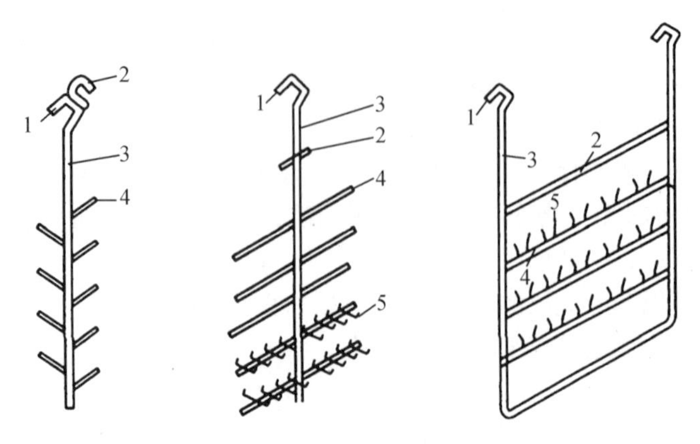

1—吊钩；2—提杆；3—主杆；4—支杆；5—挂钩。

图 5-4　通用电镀挂具

挂具的使用要求：挂具和阴极杆的接触是否良好，对电镀质量至关重要，尤其是在大电流镀硬铬及装饰性电镀中采用阴极移动的搅拌时，往往因接触不良而产生接触电阻，使电流不通畅。因而产生断续停电现象，引起镀层结合力不良，还会影响镀层厚度，造成耐蚀性能降低。因此要求在加工挂具和使用时，要保持挂具与阴极杆之间良好的接触。导电极杆截面常用的有圆形及矩形，要求挂钩设计时的悬挂方法也不同，如图 5-5 所示。图 5-6 为汽车零部件挂镀生产现场。

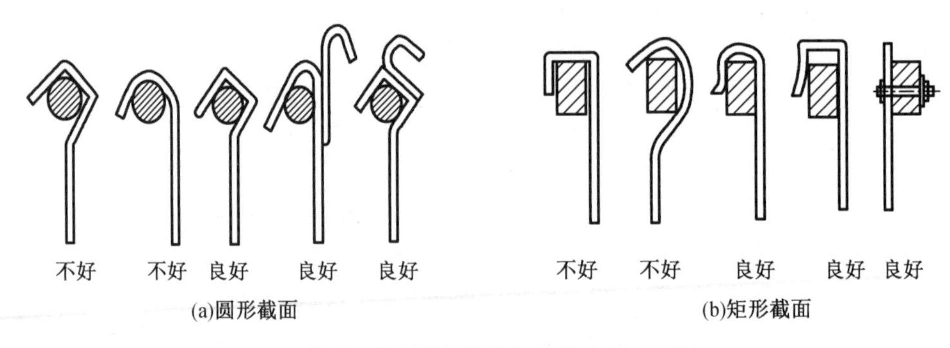

图 5-5　导杆截面形状与挂钩的接触情况

图 5-6　汽车零部件挂镀生产现场

如果试样尺寸较小或批量较大，可以采用滚镀。滚镀是将镀件置于多角形的滚筒中，依靠自身重力来接触筒内的阴极，在滚筒转动的过程中实现电镀沉积。滚镀比挂镀节省劳动力，生产效率高，设备维修少，占地面积小，镀层均匀；但是滚镀不适用太大和太轻的工件;且滚镀槽电压高,槽液温升快,镀液带出量大。图5-7为滚镀原理图。

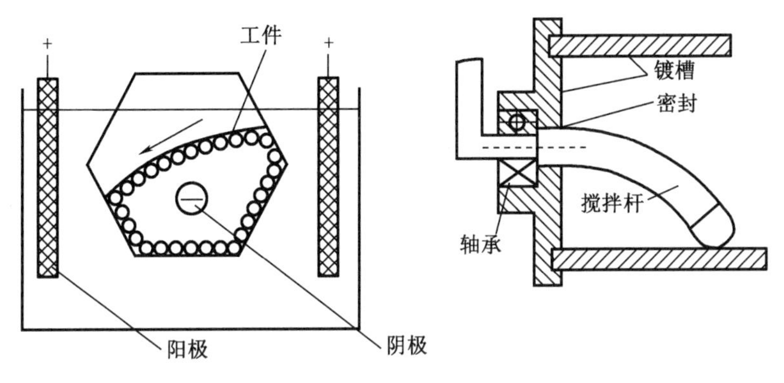

图5-7 滚镀原理图

若是对工件进行局部施镀或是修补,可以采用刷镀。成批的线材和带材可以采用连续镀。图5-8为连续镀原理图。

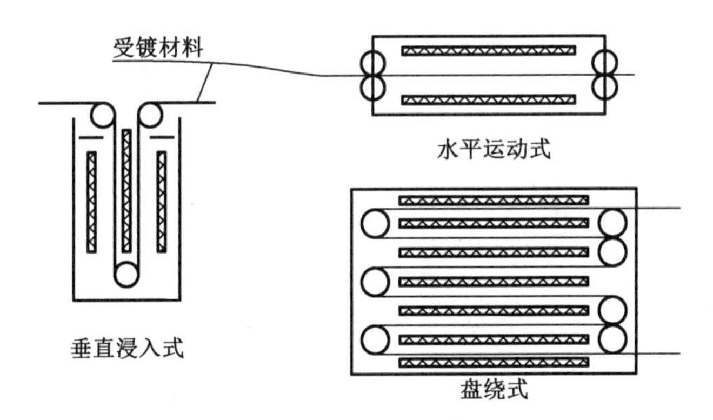

图5-8 连续镀原理图

(3)电镀后处理

电镀后处理主要有钝化处理、除氢处理、表面抛光。钝化处理是为了提高镀层的耐蚀性,还可以增加镀层光泽和抗污染能力。除氢处理是为了避免镀件产生氢脆,一般是在一定温度下热处理几个小时。表面抛光是对镀层进行精加工,降低表面粗糙度,使镀层获得镜面装饰性效果,还可以提高耐蚀性。

5.1.3 单金属电镀和合金电镀

1. 单金属电镀

(1)镀锌

镀锌主要用于钢铁材料表面的防护性镀层。对钢铁材料来说,镀锌层是阳极镀层,兼有电化学保护和机械保护的双重作用,耐蚀性能良好。镀锌层的防护能力与镀锌层厚度和孔隙率有关,镀层越厚,孔隙率越低,耐蚀性越好。镀锌层的厚度至少要满足零件在设计寿命期内的正常工作需要。一般镀锌层厚度在6~20 μm。若是用于恶劣条件下的镀锌层厚度要在25 μm以上。相同厚度的镀锌层,经过钝化处理后的防护能力提高5~8倍。钝化膜还具有多种色彩,甚至可以获得香味镀锌。

镀锌液分为碱性镀液、中性镀液和酸性镀液三种。碱性镀液有氰化物镀液、锌酸盐镀液和焦磷酸盐镀液等；中性镀液有氯化物镀液、硫酸盐光亮镀液等；酸性镀液有硫酸盐镀液、氯化铵镀液等。

由于镀锌具有成本低、耐蚀性良好、美观和耐储存等优点，广泛应用于轻工、仪表、机械、农机、国防等领域。但镀锌层对人体有害，所以不适宜在食品工业中应用。图 5-9 为镀锌后的卷材。

(2)镀铜

电镀铜主要用于以锌、铁等金属作为基体的材料。这些金属表面获得的镀铜层属于阴极镀层。当镀铜层有缺陷或受到破损，或是有空隙时，在腐蚀介质的作用下，基体金属作为阳极会加快腐蚀，比未镀铜时腐蚀得更快。所以，单镀铜很少用于防护装饰性镀层，而是常作为其他镀层的中间镀层，以提高表面镀层金属和基体的结合力。采用厚镀铜(底层)加薄镀镍的镀层，可以减少镀层空隙并减少镍的消耗。渗碳或渗氮时镀铜层还可以保护局部不需要渗碳和渗氮的部位，因为碳和氮在铜中的扩散和渗透很困难。铁丝上镀厚铜来代替铜导线，可以减少铜的消耗量。

镀铜液的种类很多，有氰化物镀铜液、硫酸盐镀铜液、焦磷酸盐镀铜液、柠檬酸盐镀铜液、氨三乙酸镀铜液及氟硼酸盐镀铜液等。图 5-10 为电镀铜后的效果。

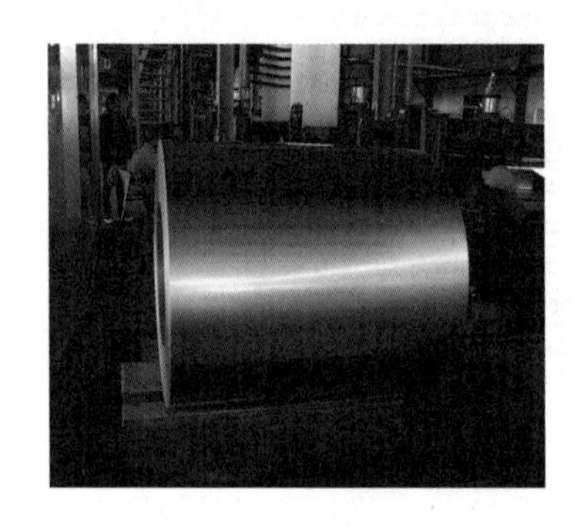

图 5-9 镀锌后的卷材

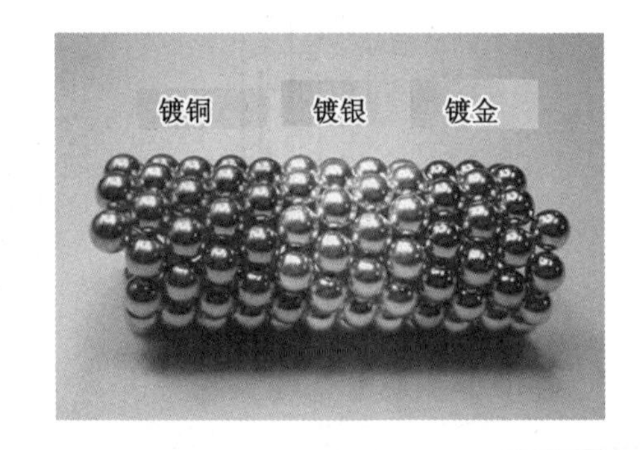

图 5-10 电镀铜后的效果

(3)镀铬

铬是一种微带天蓝色的银白色金属。铬在大气中具有强烈的钝化能力，生成一层很薄的致密氧化膜，表现出很好的化学稳定性。铬在碱液、硝酸、硫酸、硫化物及许多有机酸中都很稳定；但铬能溶于氢卤酸和热的浓硫酸。铬的良好耐蚀性还在于它的浸润性很差，表现出憎水、憎油的性质。

铬还有较高的硬度，良好的耐磨性，较好的耐热性。铬在空气中加热到 500 ℃时，其外观和硬度无明显变化，大于 500 ℃时开始氧化，大于 700 ℃时开始变软。铬的反光能力也很强，仅次于银。

按用途的不同，铬镀层可以分为防护装饰性镀铬和功能性镀铬两类。防护装饰性铬镀层较薄，可以防止基体金属生锈并美化外观。功能性镀铬一般是为了提高机械零件的硬度、耐磨性、耐蚀性和耐高温性。镀层一般较厚。功能性镀铬按应用范围的不同又分为硬铬、乳白铬和松孔铬镀层。

镀铬液的组成比较简单，主盐不是镀层金属铬的盐类，而是铬酐。还有少量起催化作用的硫酸、氟化物、氟硅酸等。电镀铬时一般已铅合金为阳极。电镀过程中要不断补充铬酐。但是六价铬的毒性较大，现在多以三价铬代替六价铬。图5-11为镀硬铬后的零部件。

图5-11 镀硬铬后的零部件

(4)镀镍

镍具有银白色微黄的金属光泽，是铁磁性物质。镍的钝化能力很强，在空气中能形成一层极薄的钝化膜，化学稳定性很高，表面可以长久保持不变的光泽。常温下，镍对大气、水、碱、盐和有机酸都表现出较好的耐蚀性。镍易溶于稀酸，在稀盐酸和稀硫酸中溶解得都比较慢，但是在稀硝酸中溶解得比较快。遇到发烟硝酸则呈钝态，镍与强碱不发生作用。

镍的电极电位比铁的电极电位正，所以对铁来说，镍是阴极镀层，只有镀层完整无缺时，才能对铁基体起到良好的保护作用。但是，镍镀层一般孔隙率比较高，所以镍镀层常与其他金属镀层构成多层体系，以提高抗腐蚀性能。镍作为底层或中间层来降低孔隙率，如Ni/Cu/Ni/Cr、Cu/Ni/Cr等组合镀层。有时也用镍镀层作为碱性介质的保护层。

镍镀层的性能与镀镍工艺密切相关，工艺不同，镀镍层的性能就不同。即使使用同一镀液，如果操作条件和参数不同，所获得的镀层性质也不同。

镍镀层根据应用可分为防护装饰性和功能性镀层两大类。防护装饰性镀镍层主要用于低碳钢、锌铸件及某些铝合金和铜合金的基体防腐，并通过抛光暗镍或直接镀光亮镍获得光亮镀镍层，达到装饰效果。但是，镍在大气中容易变暗，所以光亮镍镀层上往往需要再镀一薄层铬，使其耐蚀性更好，外观更美丽。如果在光亮镍镀层上镀一层金或一层仿金镀层，并覆着有机物，就会获得金色镀层。自行车、家用电器仪表、缝纫机、汽车、照相机等上的零件都使用镍镀层作为防护装饰性镀层；功能性电镀镍层主要用于修复被磨损、腐蚀或加工过量的零件，这种镀层要比实际需要的厚一些，再经过机械加工使其达到规定的尺寸。电镀镍使用的主盐类主要是硫酸镍和氯化镍。图5-12为化学镀镍后的一元硬币。

图5-12 化学镀镍后的一元硬币

2. 合金电镀

通过合金电镀的方法来改善镀层的性能，可以获得数百种性能各异的镀层，这对于解决装饰性、耐蚀性、耐磨性、磁性、钎焊性、导电性等方面的问题有很大的作用。因此，合金电镀是获得各种性能镀层的有效方法，它为电镀工业的发展开辟了广阔的前景。

用电镀的方法获得的合金，还具有许多与热熔方法不同的特点：

(1)可获得高熔点与低熔点金属组成的合金。

(2)可获得热熔相图没有的合金。

(3)可获得非常致密、性能优异的非晶质合金。

(4)可获得水溶液中难以单独沉积金属的合金。

(5)控制一定的条件还可使电位较负的金属优先析出。

合金电镀通常按合金含量最高的元素来分类，因此，可以将合金分为铜(基)合金、银(基)合金、锌(基)合金、镍(基)合金等。以下以电镀铜锡合金为例。

铜锡合金具有孔隙率低、耐蚀性好、容易抛光和直接镀铬等优点，是目前应用最广的合金镀层之一。

氰化电镀铜锡合金采用氰化物镀液，其主要原因是镀层的成分和色泽容易控制，镀液的分散能力好，通过改变镀液的组成和条件，可以获得低锡、中锡和高锡等一系列色泽的铜锡合金镀层。其缺点是镀液含大量有剧毒的氰化物，而且操作温度较高，故生产车间的安全要求严格。表 5-1 为低锡青铜镀液的组成和工艺条件。

表 5-1 低锡青铜镀液的组成和工艺条件

溶液组成($g \cdot L^{-1}$)及工艺条件	低氰	低氰光亮	中氰	中氰光亮
氰化亚铜($CuCN$)	20~25	20~30	35~42	29~36
锡酸钠($Na_2SnO_3 \cdot 3H_2O$)	30~40	10~15	30~40	25~35
游离氰化钠($NaCN$)	4~6	5~10	20~25	25~30
氢氧化钠($NaOH$)	20~25	8~10	7~10	6.5~8.5
三乙醇胺($C_6H_{15}O_3N$)	15~20			
酒石酸钾钠($KNa \cdot C_4H_4O_6 \cdot 3H_2O$)	30~40			
醋酸铅[$Pb(CH_3COO)_2 \cdot 3H_2O$]		0.01~0.03		
焦磷酸钠($Na_4P_2O_7$)				30~40
碱式硫酸铋[$(BiO_2)SO_4 \cdot H_2O$]				0.01~0.03
明胶				0.1~0.5
OP 乳化剂				0.05~2.0
温度/℃	55~60	55~65	55~60	64~68
阴极电流密度/($A \cdot dm^{-2}$)	1.5~2.0	2~3	1~1.5	1~1.5

5.1.4 电镀的发展趋势

中国电镀行业进入发展成熟阶段，“十五”期间已开始抑制高耗能排放行业过快增长；“十一五”期间要求建设低投入、高产出；“十二五”期间要求研究国内外电镀加工行情，推动行业往高效绿色环保工艺方向发展；“十三五”期间加强高能耗行业管控，对电镀行业有较大的约束作用；“十四五”期间要求推动清洁生产，着重强调绿色循环经济，整体来看政策上控制高能耗和提倡清洁生产是行业政策的主流，强调智能化、信息化、数字化带来的好处。近几年，针对电镀行业政策发布比较频繁，主要是对电镀行业的环保要求方面，这也表明我国加速淘汰落后的电镀工艺、装备和产品，向着绿色环保方面发展。电镀一直以来是高能耗和废水高排放的行业，近年来国家有关部门相继出台环保政策规范行业的发展。部分政策的颁布对电镀行业的持续发展有很大的冲击，但在重压之下的电镀行业在“一带一路”绿色发展的推动下机遇与挑战并存。未来随着电镀行业下游的快速发展，清洁生产和循环经济需要同时进行，从而倒逼电镀行业进行产业转型升级，达到绿色工业生产的目的。

据不完全统计，我国曾拥有电镀厂 3 万余家，各类金属制品生产厂数万家，现有 1 万多条生产线和每年约 20 000 亿表面处理费用的市场份额。未来产值、利润将有更大提升空间。国家的环保政策日趋严厉,环保部门逐渐收紧对废水、废气、固体废弃物的排放标准,为优化企业质量,下游加工企业对清洁生产、新型环保表面处理技术及化学品需求日益增长,形成了一个增长潜力庞大的领域。

随着电镀行业发展,电镀园区建设相继完善,我国各地出现不同规模的环保电镀园区,全面调整电镀行业布局,引导电镀企业进行集中生产、集中治理,走集约化经营道路,实现规模集聚效应,促进经济可持续发展。在日趋严格的环保政策和排放标准背景下,地方政府大力推动电镀行业集群化、规模化发展,电镀产业循环化改造、统筹规划、园区聚集、集中治污已成趋势,并正在逐步实现清洁生产、先进技术和先进装备制造革新。

电镀行业作为工业产业链中不可缺少的一个重要环节,已逐渐融合并进入多个工业行业的生产加工流程中。随着电子、汽车、航空、航天、轻工业、机械等工业的快速发展,电镀行业与之相配套而得到迅速壮大,电镀工艺、技术、装备及其污染防治水平也得到不断提升。电镀行业已发展成为工业经济发展所不可或缺的支撑力量。

目前,电镀最多用于电子电器行业。电路板、电路连接器和其他类似金属部件都需要电镀护航。尤其电信行业的强势发展和电子设备需求的增加,都极大推动了电镀应用。电镀在新兴电子行业如微光电子行业发展中也不可或缺,绝大多数现代传感器都采用了电镀技术。计算机设备需求的增加也会给电镀提供更多的市场应用前景。全球汽车行业的生产增加也给电镀行业提供了良好的发展前景。特别是人类日益对车内安全及娱乐系统的需求的增加,都有望给电镀电子器件生产带来新的增长点。

未来,欧洲仍是全球最大的电镀市场。中国是电镀大国,各种先进电镀技术在中国都有体现。但是我国电镀行业的发展不平衡,东南沿海一带经济发达省份的电镀发展较快,其技术水平、经济效益都较好,而内陆相当一部分电镀企业处于半停产状态,企业长期存在生产资源结构不合理,普通级电镀生产能力过剩的状况。还有就是生产能力利用率不足,目前国内电镀行业平均生产能力利用率不足70%,低于国内外一般划定的75%的临界线。很多企业只能是在求生存中发展。2014年电镀行业总体从业人员达到近百万人,年均增长率10%左右。但是电镀方面的专业技术人员不到职工总数的10‰,平均每个企业不足两名,这也是目前电镀行业技术水平发展受到制约的因素之一。

2014年中国电镀行业市场规模达到289亿元,比2013年增长9.57%,自2012年市场发展减缓以来,行业发展较为平稳,市场规模基本算是稳步上升中。电镀工业仍然有着广阔的应用前景,只是热点的领域有所变化,向着绿色环保方向发展。企业数可能会大幅下降,但产值、利润不一定会下降,先进制造业必然会推动先进的电镀业。

5.2 电刷镀技术

5.2.1 电刷镀的原理和特点

1. 电刷镀的基本原理

电刷镀是一种新型的电镀技术,是在槽镀的基础上发展起来的。电刷镀不用镀槽,只需要在不断供应电解液的情况下,把与电源正极连接的镀笔在与电源负极相连的镀件表面擦拭,通过电化学反应快速沉积金属的工艺。图5-13是电刷镀的工作原理图。

镀笔是电刷镀的重要工具，与电源正极相连接，作为刷镀的阳极，图 5-14 是不同形状的阳极。预镀工件与电源负极相连接，作为刷镀的阴极。

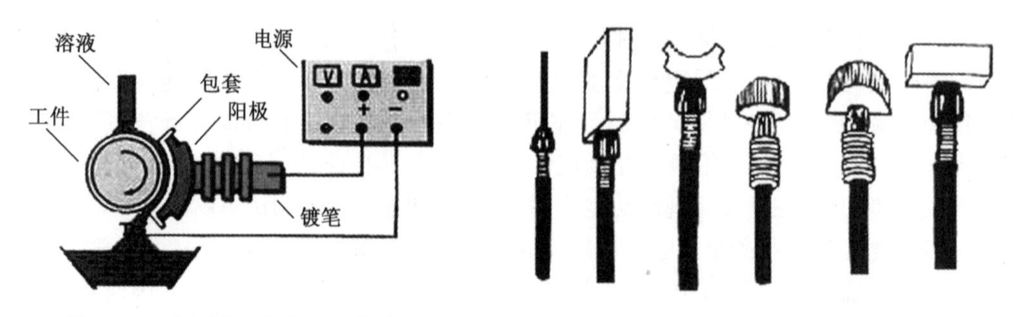

图 5-13 电刷镀工作原理示意图

图 5-14 电刷镀阳极的形状

镀笔上装有形状和尺寸能与待镀金属面良好接触的石墨或金属材料，同时外面包裹一层浸满镀液的棉套或涤纶套，图 5-15 是镀笔结构图。刷镀时，镀笔以一定的相对运动速度在工件表面移动，并施加适当的压力，在镀笔和镀件的间隙中有镀液流经，镀液中的金属离子在电场力的作用下扩散到镀件表面，在镀件表面获得电子后被还原为金属原子，这些金属原子沉积、结晶，形成了金属镀层。刷镀时间越长，所得的镀层越厚。

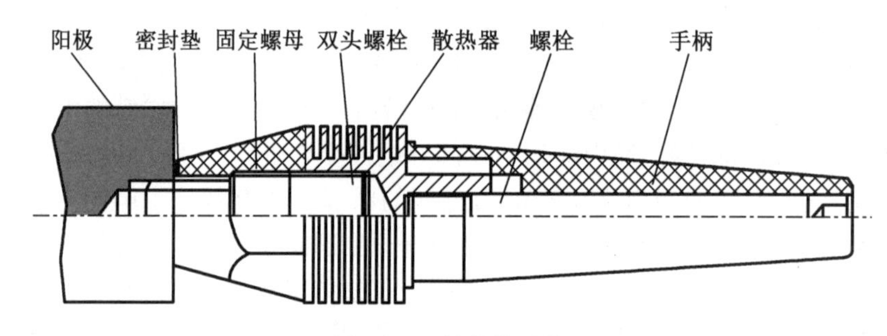

图 5-15 镀笔的结构

2. 电刷镀的特点

电刷镀虽然也是金属的一种电沉积过程，其基本原理与普通电镀相同，但是电刷镀和普通的槽镀相比又有自身的特点。

(1)设备简单、体积小、便于移动。可在现场流动作业，特别适用于大重型零件的现场原地修复或野外抢修。

(2)工艺简单，操作灵活方便。可以全部表面处理，也可以局部表面处理。在镀笔接触到的地方，都可以形成金属或合金镀层，尤其适用于形状复杂表面。

(3)生产效率高，刷镀的速度一般是槽镀的 10~15 倍；辅助时间少；可节约能源，是槽镀耗电量的几十分之一；镀液中金属离子含量高，所以沉积速度快（比槽镀快 5~50 倍）。

(4)操作安全，对环境污染小。刷镀的溶液不含氰化物和剧毒药品，可循环使用，耗量小，不会因大量废液排放而造成污染。镀液性能稳定，对环境污染小；便于储存和运输。

(5)劳动强度大，镀液溅洒较多，镀液消耗大。阳极包裹材料消耗大，不适用于大批量生产。

5.2.2 电刷镀溶液

电刷镀溶液是电刷镀技术的关键。按其作用可分为预处理液、刷镀液、钝化液和退镀液。

1. 预处理液

预处理液主要包括用于电解脱脂的电净液和电解浸蚀的活化液。其组成可以查阅相关手册。

2. 刷镀液

电刷镀使用的金属镀液多达上百种。根据镀层的化学组成可分为单金属镀液、合金镀液和复合金属镀液三类。与普通电镀溶液比较,电刷镀溶液的金属离子浓度高,导电性更好。镀液覆盖能力高,分散能力好。施镀过程中溶液 pH 值较稳定,镀液成分也稳定,无须调整。同时刷镀液的毒性、腐蚀性小,不燃,不爆,可长期保存等。表 5-2 是常见刷镀镍所用镀液及工艺条件。

表 5-2 常见刷镀镍所用镀液及工艺条件

溶液组成($g \cdot L^{-1}$)及工艺条件	特殊镍	快速镍	低应力镍	半光亮镍
硫酸镍	395~397	250~255	360	300
氯化镍	15			
盐酸	21			
乙酸铵		23		
柠檬酸铵		56		
氨水/($ml \cdot L^{-1}$)		105		
乙酸/($ml \cdot L^{-1}$)	68~70		30	48
乙酸钠			20	
硫酸钠				20
氯化钠				20
草酸铵		0.1		
对氨基苯磺酸			0.1	
十二烷基硫酸钠			0.01	0.1
pH 值	0.3	7.5	3~4	2~4
温度/℃	15~50	15~50	15~50	15~50
工作电压/V	10~18	8~14	10~16	4~10
阴/阳极相对运动速度	5~10	6~12	6~10	10~14

3. 钝化液

常用的钝化液有硫酸盐、铬酸盐、磷酸盐等溶液,能够在锌、铝、镉等金属表面形成提高耐蚀性的钝化态氧化膜。

4. 退镀液

通常是反接电流后,采用电化学的方法,使用退镀液来除去零件表面不合格或多余的镀层。注意退镀时防止镀液对金属基体的过腐蚀。根据需要去除的镀层种类不同,退镀液的组成也不同,其成分比较复杂,种类也很繁多,一般都是由不同的酸类、碱类、盐类、金属缓蚀剂、缓冲剂和氧化剂等。

5.2.3 电刷镀的工艺

1. 电刷镀的工艺步骤

电刷镀的工艺流程一般是:镀前预处理→零件刷镀→镀后处理。具体的实施工艺路线为:表面修整→表面清理→电净处理→水洗→活化处理→镀过渡层→镀工作层→镀后处理。

(1)镀前预处理。表面修整后的粗糙度 Ra 要在 5 μm 以下。再用机械及化学方法除去表面油污及锈迹,清洗后再用电解脱脂和活化处理。

(2)镀过渡层。为了保证镀层与基体结合良好,选用特殊镍、铁、铜等作为底层或过渡层,厚度一般为 2~5 μm。然后再按要求镀金属镀层,即工作镀层。

(3)工作镀层。这是工作表面最后刷镀的镀层,其作用是满足表面的力学性能、物理性能、化学性能和装饰性能等特殊要求,该镀层能直接起耐磨、减磨及防腐的作用。电刷镀的工作镀层较厚,一般为 0.3~0.5 mm。厚度过大则镀层与基体结合不良,镀层内用力加大,容易引起裂纹并使结合强度下降,甚至镀层会脱落。如果用于补偿零件磨损的镀层时,厚度要增加。

(4)镀后处理。刷镀完毕要立即进行镀后处理,如烘干、打磨、抛光、涂油等,用来彻底清除镀件表面的水迹和残留镀液等残积物,以保证刷镀零件完好如初。

2. 电刷镀的工艺参数

电刷镀的工艺参数主要有电源极性、镀笔与工件的相对运动速度、刷镀工作电压。图 5-16 为电刷镀的工作现场示意图。

(1)电源极性。电刷镀时,镀笔接直流电源的正极,工件接直流电源的负极,称为正接。

(2)镀笔与工件的相对运动速度。电刷镀时,镀笔与工件的相对运动速度的最佳值是 10~20 m/min。如果相对运动速度太大,则镀液容易飞溅散失,电流效率降低,使沉积速度减慢,甚至镀不上;若相对运动速度太小,会导致镀层结晶粗糙,甚至烧伤。

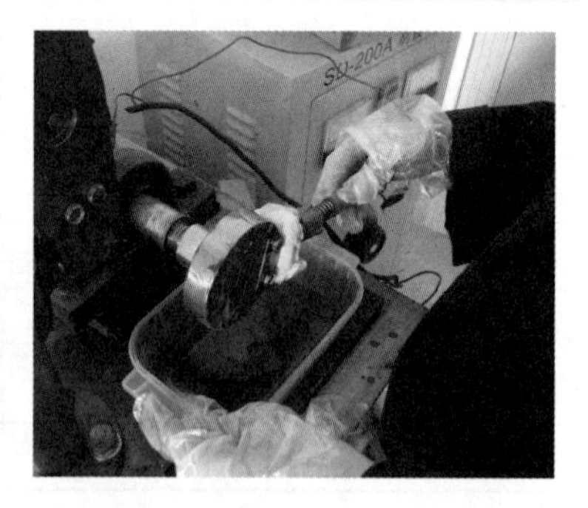

图 5-16 电刷镀的工作现场示意图

(3)刷镀工作电压。电刷镀一般通过电压来控制电流参数。电压大小和被镀面积、施镀温度、镀笔与工件相对运动速度有关。一般施镀面积小、施镀温度低、镀笔与工件相对速度小,则电压就越低。

5.2.4 电刷镀的应用

刷镀技术设备简单,操作容易,镀层结合牢固,经济效益显著,目前已用于各机械行业及电力、电子、化工、纺织等许多部门。例如滚动轴承、机床导轨、磨具、轴颈等机械零件通过电刷镀可以提高其硬度、耐磨性或对其受损部位进行修补。电刷镀不仅可以用于机械零部件的维修,还可以改善零部件表面的力学、物理及化学性能。电刷镀主要有以下几方面的应用:

(1)恢复磨损零件的尺寸精度与几何形状精度。这是电刷镀技术的主要应用方向,可极大地提高零件的再利用率,增加再制造综合效益。

(2)填补零件表面的划伤沟槽、压坑。零件表面的划伤沟槽、压坑是废旧产品经常出现的失效现象。用刷镀或刷镀加其他工艺修补沟槽、压坑是一种既快又好的方法。

(3)补救超差工件。在制造生产中加工超差的产品,一般超差尺寸小,适合用电刷镀恢复。

(4)强化零件表面。电刷镀技术还可以强化零件表面性能,提高产品质量。

(5)增加零件表面导电性,如Cu表面镀Ag。

(6)增强零件耐高温性能,如铜结晶器表面镀Ni-P。

(7)改善零件表示钎焊性,如镀Cu后,Si-Bi合金易于铺展,钎焊。

(8)减小零件表面的摩擦因数。可刷镀铟、锡、铟锡合金、巴氏合金等镀层,降低摩擦副的摩擦因数,使表面具有良好的减摩性能。

(9)提高零件表面的防腐性。可根据防腐要求和零件工作条件选择在表面刷镀阴极性镀层或阳极性镀层达到防腐效果。

(10)装饰零件表面。可以作为装饰性镀层来提高产品零件表面的光亮度或工艺性。

(11)通常电镀所难以完成的作业,如:工件太大或要求特殊,以及难以从机器上拆下的;大工件的局部镀覆,尤其是盲孔、狭缝和深孔,以及电镀所无法均镀的部位;在电镀困难的铝、钛、高合金钢工件表面,通过电刷镀先镀上打底层,然后再入槽电镀;有些工件入槽电镀会引起其他部分损坏或污染电镀槽,此时用电刷镀则能避免。

5.3 化学镀技术

硬盘、CPU和内存被称为计算机的“三大件”。随着计算机技术的发展,计算机硬盘逐步向小型、薄型、大容量和高速度方向发展,截至2013年9月,个人计算机硬盘容量已高达4 TB。在计算机硬盘中用于存储数据的是盘片,它由铝镁合金制成,然后在表面进行化学镀Ni-P或Ni-P-Cu,作为后续真空溅射磁记录薄膜的底层。该镀层要求非磁性、低应力、表面光洁和均匀。图5-17为计算机硬盘及CPU化学镀镍。

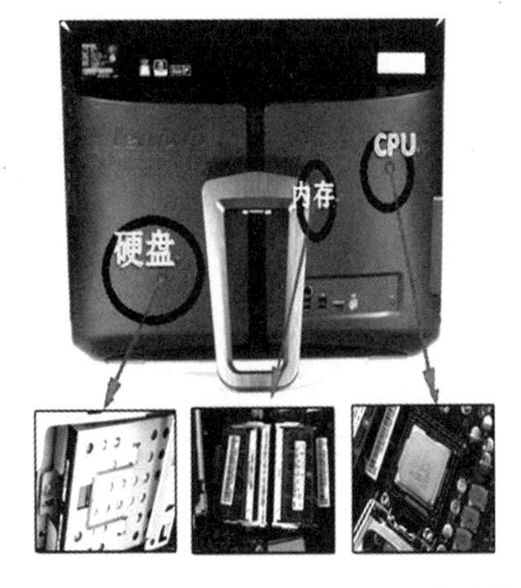

图5-17 计算机硬盘及CPU化学镀镍

5.3.1 化学镀的原理和特点

1. 化学镀的原理

化学镀也称为无电解镀或自催化镀，在表面处理中占有重要地位。化学镀是指在没有外加电流通过的情况下，利用镀液中还原剂提供的电子，使溶液中的金属离子还原为金属并沉积在工件表面，形成镀层的表面处理技术。酸性化学镀镍溶液中，化学镀镍时的还原沉积反应式为

$$(H_2PO_3)^- + Ni^{2+} + H_2O = (H_2PO_3)^- + Ni + 2H^+$$

式中，$H_2PO_3^-$是还原剂。

化学镀镍溶液的组成及其相应的工作条件必须是反应只限制在具有催化作用的工件表面上进行，镀液本身不发生氧化还原反应，以免溶液自然分解，失效。如果被镀金属本身是催化剂，则化学镀的过程就具有催化作用。镍、铜、钴、铑、钯等金属都具有催化作用。

2. 化学镀的特点

化学镀与电镀相比，具有如下特点：

(1)镀层厚度非常均匀，化学镀液的分散能力非常好，无明显的边缘效应，几乎是工件形状的复制。所以化学镀特别适用于形状复杂工件，尤其是深孔、盲孔、腔体等的镀件。化学镀层非常光洁平整，镀后基本不需要镀后加工。

(2)可以在金属、非金属、半导体等各种不同基材上镀覆。所以化学镀可以作为非导体电镀前的导电底层镀层。

(3)镀层致密，孔隙低，基体与镀层结合良好。

(4)工艺设备简单，不需要外加电源。

(5)化学镀也有其局限性，例如镀层金属种类没有电镀多，镀层厚度一般没有电镀高，化学镀镀液成本一般比电镀液成本高。

5.3.2 化学镀镍

化学镀镍是化学镀应用最为广泛的一种方法。化学镀镍多用次磷酸盐、硼氢化物、胺基硼烷、肼及其衍生物等为还原剂，其中次磷酸盐由于价格便宜，被广泛应用。

1. 化学镀镍的工艺及参数

化学镀镍的技术核心是镀液的组成及性能。以次磷酸钠为还原剂的化学镀 Ni-P 镀层是国内外应用最为广泛的化学镀镍技术。按 pH 值的不同，化学镀镍溶液可分为酸性镀液和碱性镀液两大类。碱性镀液的 pH 值范围较宽，镀液较稳定，但沉积速率较慢，镀层的磷含量较低，空隙较大，耐蚀性较差。酸性镀液的沉积速率较快，镀层中磷的含量高，耐蚀性能较好，但是也存在施镀温度高、能耗大的缺点。表 5-3 是常见化学镀镍所用镀液及工艺条件。

表 5-3 常见化学镀镍所用镀液及工艺条件

镀液组成($g \cdot L^{-1}$)及工艺条件	酸性镀液 1	酸性镀液 2	碱性镀液
硫酸镍	20~25	25~30	
氯化镍			20~30

表 5-3(续)

镀液组成($g \cdot L^{-1}$)及工艺条件	酸性镀液 1	酸性镀液 2	碱性镀液
次亚磷酸钠	25~30	20~30	18~25
柠檬酸	15~20		
柠檬酸铵			30~40
乙酸钠	30~35		
苹果酸		18~35	
丁二酸		16~20	
乳酸			
硼酸			35~45
pH 值	5~6.5	4.5~6	8~9
温度/℃	85~90	85~95	85~90

2. 化学镀镍的工艺流程

钢材表面化学镀镍的工艺流程大致为:表面整平→清洗→脱脂→水洗→酸浸蚀→水洗→化学镀→水洗→镀后处理。

镀后处理主要是为了消除氢脆,提高镀层与基体的结合强度和镀层硬度。化学镀镍后在 350~400 ℃加热、保温 1 h 热处理后,可以提高镀层硬度。如果温度高于 400 ℃,镀层硬度会下降。图 5-18 为某生产企业化学镀镍现场。

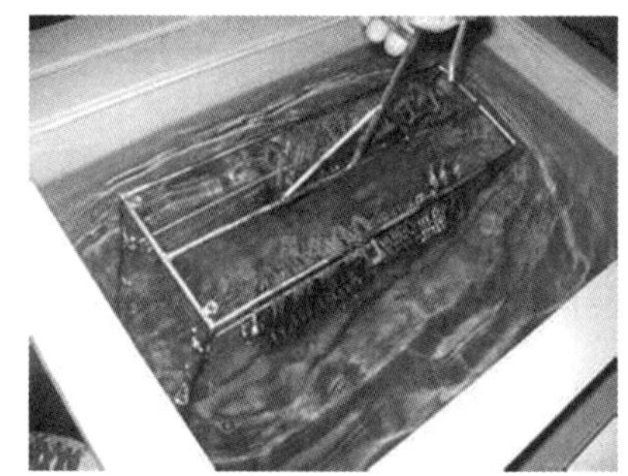

图 5-18 化学镀镍现场

3. 化学镀镍层的性能

化学镀镍层的密度低于电镀镍层,含 P、B 越高的镀层密度越小。化学镀镍层的硬度不低于 HV 400,经过热处理后其硬度可以超过 HV 1 000,且耐磨性比电镀镍的要高。化学镀镍层的耐腐蚀性也高于电镀镍的,尤其 Ni-P 镀层的耐蚀性更好。

4. 化学镀镍的应用

(1)磨具表面强化。采用化学镀镍的方法强化磨具表面,既能提高工作面的硬度、耐磨性、抗擦伤性、抗咬合性,又能够起到固体润滑的效果。同时化学镀镍层和基体结合良好,具有良好的耐蚀性。

(2)石油和化学工业中的应用。化学镀镍兼具优良的耐蚀性和耐磨性两大特点,膜层厚度均匀,不受零件形状、尺寸的限制,即使在形状复杂的零件表面也能获得均匀、致密的膜层。化学镀镍层对含有硫化氢的石油和天然气环境及酸、碱、盐等化学腐蚀介质有着优良的耐蚀性。在普通钢或低合金钢上镀一层50~70 μm的Ni-P合金,其寿命可提高3~6倍。

(3)在汽车工业中的应用。化学镀镍是利用其耐蚀性和耐磨性。如在发动机主轴、差动小齿轮、发电机散热器和制动器接头等上使用。如汽车的驱动机械主要部件小齿轮轴,零件加工后在基体表面获得13~18 μm的化学镀Ni-P层,并且镀后进行适当热处理,可使表面硬度提高至HRC 60以上,耐磨性大大提高,膜层均匀,不需要加工就可以保障公差和轴的对称性。使用时发现噪声降低,因为膜层使其磨合性和耐磨性得到改善,发动机可以平滑转动。

(4)航空航天工业。航空航天工业也很青睐化学镀镍工业。国外已经将化学镀镍列入飞机发动机维修指南,采用化学镀镍技术维修飞机发动机的零部件,不仅可以大大节约成本,还会使发动机的使用寿命提高3~4倍。

(5)计算机及电子工业。计算机硬盘表面进行化学镀镍可以保护基体不变形,不被磨损,不被腐蚀。电子元器件表面的化学镀镍合金镀层可以降低电阻温度系数或提高钎焊性。

5.3.3 化学镀铜

化学镀铜主要用于非导体材料的金属化处理、塑料制品、电子工业的印线路板。化学镀铜层的物理、化学性质与电镀法所获得的镀层基本相似。化学镀铜的原理是利用甲醛、次磷酸钠、硼氢化钠和肼等为还原剂,Cu^{2+}得到电子,在催化表面还原成铜。

1. 化学镀铜工艺

化学镀铜所用主盐是硫酸铜。化学镀铜液按络合剂可分为酒石酸盐型、EDTA(乙二胺四乙酸)二钠盐型和混合络合剂型。表5-4是化学镀铜的配方和工艺规范。

表5-4 化学镀铜的配方和工艺规范

镀液组成($g \cdot L^{-1}$)及工艺条件	酒石酸盐型	EDTA	酒石酸钾钠+EDTA	柠檬酸钠
硫酸铜	5	10	14	6
甲醛	10	5		
EDTA		20	20	
次磷酸钠				28
酒石酸钾钠	25		16	
柠檬酸钠				15
氢氧化钠		14	12	
硼酸				30
硫酸镍				0.5
碳酸钠			45	
硫脲				适量
pH值	12.8		12.5	9.2
温度/℃	15~25	40~60	15~50	65

甲醛做还原剂时 pH 值要在 11 以上,pH 值越高,铜的还原能力越强,沉积速度越快。但是过高的 pH 值会造成镀液自发分解,镀液稳定性降低。所以用甲醛为催化剂的镀铜液 pH 值控制在 12 为好。化学镀铜时温度控制也很重要,温度过低,易析出硫酸钠,温度过高镀液稳定性下降,并且施镀过程中要不断地搅拌。

2. 化学镀铜层的特点和应用

与电镀铜相比,化学镀铜层含杂质较多,内应力较大,硬度、抗拉强度较高,而延展性较低。化学镀铜主要用于印制电路板及塑料装饰行业。同时,化学镀铜层可以增强电子元器件的抗电磁干扰能力。大规模集成电路可以用化学镀铜代替铝,提高了导电性。

5.3.4 化学镀其他金属

1. 化学镀钴

钴的化学还原能力低于镍,在以次磷酸盐为还原剂的酸性化学镀钴液中,钴的沉积速度非常缓慢,甚至有时得不到钴的化学镀层。只有在碱性镀液中,钴的沉积速率才较高,才能获得钴的镀层。

目前,化学镀钴层主要应用于电子、信息、计算机、通信等行业中的记忆储存元件、非晶态薄膜等。尤其化学镀钴层优良的磁性能,在飞速发展的信息产业中磁记录、磁光记录应用越来越多。

2. 化学镀铁

与镍、钴、铜相比,铁的催化能力很低,沉积作用很弱,很难直接获得化学镀铁层。只有在金属偶电接触引发的条件下,才能获得铁的镀覆层。

化学镀铁层具有优良的力学性能,较高的磁导率和饱和磁化强度。在航空、航天、电子、医疗等行业得到广泛应用。关于化学镀钴和化学镀铁的镀液配方和工艺条件,可查阅相关手册或工具书。

5.4 复合镀技术

复合镀又称分散度,是利用电镀或化学镀的方法使金属和固体微粒共沉积获得复合材料的工艺过程。

5.4.1 复合镀的种类及特点

复合镀分为复合电镀和化学复合镀。利用电化学方法使金属和不溶性固体微粒(非金属或其他金属颗粒)共沉积,获得复合材料镀层的工艺方法称为复合电镀。化学复合镀是在化学镀的镀液中加入不溶性的固体微粒,在一定条件下,实现微粒与基质金属的共沉积。二者都是在溶液中加入一种或几种不溶性固体颗粒,在金属离子沉积、还原形成镀层的同时,不溶性的固体微粒也均匀、弥散地分布于金属镀层中,形成复合镀层。所以复合镀层是一种金属基复合材料。

1. 复合镀的分类

复合镀层兼有基质金属和分散微粒的优点,针对不同的性能要求,选择合适的基质金属和第二相微粒就会获得所需要性能的复合镀层。

(1)耐磨镀层。主要是镍基复合镀层,加入的微粒主要为了改善耐磨性,主要的微粒有氧化铝、氧化锆、氧化铬、碳化硅、氮化硼、碳化钨、碳化钛、氮化钛、碳化铬、氮化硅等。复合镀层的耐磨性依赖于微粒的形状、大小、含量和分布。

(2)自润滑镀层。镀层中的固体微粒具有自润滑的性能。如石墨、硫化钼、氟化石墨、氮化硼、氮化硅等。

(3)耐蚀镀层。镍-磷-碳化硼镀层比镍-磷镀层有更高的耐腐蚀性。

(4)热扩散合金镀层。基质金属与金属微粒共沉积,得到的含有金属微粒的复合镀层,再进行热处理,使微粒扩散至金属晶格中,形成新的合金镀层。

除此以外,复合镀层也可以获得某种装饰性效果,例如在镀镍液中加入某些微粒或荧光颜料微粒,可以获得具有某种光泽的镀层。某些复合镀层还具有一些特殊功能,如电沉积镍-氧化钛复合镀层具有光电转化功能。

2. 复合镀的特点

复合镀工艺比较简单,只是对单金属或合金镀工艺稍加调整,加入不溶性固体颗粒,无须另外购置设备;镀层和基体结合强度高;镀层种类多样化,固相微粒多样化,镀层性能多样化;可以获得普通电镀和化学镀得不到的新型镀层;可以节约贵金属,提高经济效益。

5.4.2 复合镀的原理

电镀复合镀时,微粒要均匀地悬浮在镀液中,并且能够不断地向阴极迁移,在阴极表面形成物理吸附,这可以依靠搅拌完成。然后再带电,微粒受电场力的作用吸附在阴极表面,由物理吸附改为化学吸附。发生了化学吸附的微粒在阴极上牢固地嵌入了连续沉积的金属基体中,但是由于外界的冲击作用也可能使微粒脱落,只有微粒的 2/3 嵌入了金属基质中,才认为获得了金属与微粒共沉积的复合镀层。化学复合镀没有电场,固体微粒吸附某些带电离子,被零件表面物理吸附后,零件表面存在的特殊的呈电负性的离子促使微粒被进一步吸附,嵌入沉积成膜的基质金属中,形成化学复合镀层。

5.4.3 复合镀的应用

不同的基质金属与不同的微粒相结合,可以用于不同的场合。电镀复合镀层在高温、高压、高速工作条件下具有自润滑耐磨性。例如镍-碳化硅-氟化石墨复合镀层应用于活塞和内燃机汽缸上,既可以自润滑,又提高了耐磨性。以镍为基质的复合电镀层中,加入氧化铝、氧化锆、碳化钛、人造金刚石等微粒,可以使膜层具有高的硬度、高的耐磨性,可以广泛应用于汽车、石油、化工、纺织等行业。还可以用于模具、轴承、曲轴、活塞环、汽缸套、轧辊等机械零件上。

5.4.4 镀覆层与热处理的复合

镀覆后的工件再经过适当的热处理,使镀覆层金属原子向基体扩散,不仅增强了镀覆层与基体的结合强度,同时也能改变表面镀层本身的成分,防止镀覆层剥落并获得较高的强韧性,可提高表面耐磨损和耐腐蚀能力。例如:

(1)在钢铁工件表面电镀 20 μm 左右含铜 30%(质量分数)的 Cu-Sn 合金,然后在氨气保护下进行热扩散处理。升温在 200 ℃左右下保温 4 h,再加热到 400~600 ℃保温 4~6 h,处理后表层是 1~2 μm 厚的锡基含铜固溶体,硬度约 HV170,有减摩和抗咬合作用。其下为

15~20 μm 厚的金属间化合物 Cu_4Sn,硬度约 HV550。这样,钢铁表面覆盖了一层高耐磨性和高抗咬合能力的青铜镀层。

(2)铜合金先镀 7~10 μm 锡合金,然后加热到 400 ℃左右(铝青铜加热到 450 ℃左右)保温扩散,最表层是抗咬合性能良好的锡基因溶体,其下是 Cu_3Sn 和 Cu_4Sn,硬度为 HV450(锡青铜)或 HV600(含铅黄铜)左右。提高了铜合金工件的抗咬合、抗擦伤、抗磨料磨损和黏着磨损性能,并提高了表面接触疲劳强度和抗腐蚀能力。

(3)在钢铁表面上电镀一层锡锑镀层,然后在 550 ℃进行扩散处理,可获得表面硬度为 HV 600(表层碳的质量分数为 0.35%)的耐磨耐蚀表层。也可在钢表面上通过化学镀获得镍磷合金镀层,再在 400~700 ℃扩散处理,提高了表面层硬度,并具有优良的耐磨性、密合性和耐蚀性。这种方法已用于制造玻璃制品的模具、活塞和轴类等零件。

(4)在铝合金表面同时镀 20~30 μm 厚的铟和铜,或先镀锌,后镀铜和铟,然后加热到 150 ℃进行热扩散处理。处理后其表层为 1~2 μm 厚的含铜和锌的铟基固溶体,第二层是铟和铜含量大致相等的金同间化合物(硬度 HV 400~450),靠近基体的为 3~7 μm 厚的含铟铜基固溶体。该表层具有良好的抗咬合性和耐磨性。

(5)锌浴淬火法是淬火与镀锌相结合的复合处理工艺。如碳的质量分数为 0.15%~0.23%的硼钢在保护气氛中加热到 900 ℃,然后淬入 450 ℃的含铝的锌浴中等温转变,同时镀锌。这种复合处理缩短了工时,降低了能耗,提高了工件的性能。

5.4.5　电镀(镀覆层)与化学热处理的复合

镀渗复合技术是指在金属零件表面首先镀覆一层或多层金属材料,然后再进行扩散处理或化学热处理。必要时,零件在镀覆之前或镀渗之后再进行淬火-回火热处理。镀渗工艺是镀覆技术和热处理技术的一种复合强化技术。常见的镀覆技术有电镀、化学镀、液体镀、喷镀等。镀渗复合技术是在镀覆层与金属基体机械结合的基础上,通过热处理产生的原子扩散转变为冶金结合,保证了镀层和基体金属之间具有高低结合强度。此外,经过镀渗热处理技术还能改变镀层的化学、组织结构和机械力学性能。

镀渗复合技术与单一镀覆比较有以下优点:

(1)通过镀渗复合热处理的镀渗层和金属基体的结合为冶金结合,较单一镀层与金属基体的机械结合有更高的结合强度。

(2)镀渗复合处理后的镀渗层在性能上具有更广的多样性,而且优于单一的镀层或常规的化学热处理渗层。

(3)借助镀渗复合技术,可以在有色金属零件表面获得耐热合金和各种化学热处理的渗层,扩大化学热处理应用范围。如在铜或锡合金表面,先镀镍再镀铬并进行扩散处理,可获得牢固结合的镍铬合金的耐热层。又如在铝合金表面镀铁,可获得类似钢铁化学热处理的各种渗层。

目前,镀渗复合技术主要用于在钢铁零件表面获得高硬度、高耐磨、高耐蚀和抗高温氧化的镀渗层,研究也大多集中在镀铬层的化学热处理方面。镀铬层硬度高、用量大、涉及面广,先前的研究方法主要是对镀铬层进行液体氮化处理,继而对镀层进行辉光离子氮化处理,最后再进行离子碳氮共渗处理。用弥散镀铬方法制取含有活性炭的弥散镀铬层后,进行离子碳氮共渗复合处理,生成具有特殊界面及硬度高、耐磨性好的表面,也是一种有发展前景的新型表面强化技术。

表 5-5 是这种复合工艺的一组试验结果。可以看出,复合处理的表层硬度比镀铬、离子氮化、离子碳碳共碳都高,弥散镀铬后离子碳氮共渗所生成的表层还具有较高的红硬性,400 ℃时高温显微硬度为 7 000 MPa,而普通硬铬层仅为 4 000 MPa;复合处理的表层耐磨性和边界润滑条件下的抗擦伤负荷也有明显提高。

表 5-5 电镀/化学热处理复合层的性能比较

基体材料	复合处理工艺	性能				
		硬度	$Ra/\mu m$	f	TWI	擦伤比压
42CrMo4	电镀硬 Cr30 μm	HV 1 000	0.45	0.21		
42CrMo4	电镀硬 Cr+560 ℃辉光离子氮化	HV 1 200	0.52	0.58		
42CrMo4	电镀硬 Cr+950 ℃离子碳氮共渗	HV 2 000	0.50	0.58		
Cr12	电镀弥散铬	HV 1 000			3.0	158 N/mm^2
Cr12	电镀弥散铬+900 ℃离子碳氮共渗	HV 1 650			1.44	320 N/mm^2

5.5 电镀与化学镀的环境保护及职业安全与卫生

5.5.1 安全用电措施

无论电镀还是化学镀,都要涉及用电。所以,操作之前一定要熟悉安全用电措施,保障用电安全。为了避免触电和危险,必须做好以下措施:

(1)开关刀必须垂直安装,开关刀断开时应垂直向下,断开后刀片应不带电。

(2)导线必须具有足够的绝缘强度和机械强度。

(3)高压设备应加有防护栏杆,并且要有警告标志。

(4)如果电源发生故障或其他原因导致停电,应立即切断所有设备电源,防止突然来电造成人身事故或设备被烧坏。

(5)接触电气设备时,手和脚要保持干燥,操作者要绝对独立,不要与人、物接触,不要同时接触两相。电气设备要保持干燥,杜绝接近潮湿物品。

(6)发现设备、电源有任何问题(包括可疑问题)应立即切断电源,防止设备进一步被损坏。电源损坏要由专门电工维修和排查,严禁自行修理。

(7)若有人员触电,须用绝缘手柄切断电源,若是高压电源,救护人员必须要戴绝缘手套、穿绝缘橡胶鞋和安全工作服。触电者脱离电源后,若处于昏迷状态,须将其衣领解开,仰卧于空气流通的地方,让其头肩稍低,用适当氨水刺激,并立即找医生治疗。

5.5.2 环境保护

电镀和化学镀就是用电化学和化学的方法在金属表面形成各种膜层。这些过程中都使用了多种化学药品,生产中会产生一些有害气体和液体,对环境产生不利影响。所以,电镀和化学镀的过程中要考虑到环境保护措施,主要涉及废水、废气和粉尘的处理。

生产中的废水处理原则是尽量少排放或者不排放，提高溶液循环利用率，尽量回收和重复利用，力求经济合理。铬离子和镍离子是电镀和化学镀液中常见的金属离子。其中六价铬的毒性是三价铬的100倍。铬中毒会引起皮肤和呼吸系统溃疡，引起脑膜炎和肺癌，铬的化合物对水生物有致死作用，并抑制水体的自净作用。六价铬的浓度达到0.01 mg/L就能使水生物死亡。镍中毒会引起皮炎、头痛、呕吐、肺出血、虚脱。镍化合物的浓度为0.07~0.1 mg/L时对水生物有毒害作用，镍浓度为0.8 mg/L时对某些鱼类有致死作用。图5-19为电镀液排放及受污染渔场。

对于含铬废水主要是向含有六价铬的水中投入还原剂，使六价铬还原为三价铬，再生成沉淀除去。根据使用的还原剂不同，还原法可分为硫酸亚铁法、亚硫酸氢钠法、铁粉或铁屑法、二氧化硫法。还可以利用离子交换法回收铬酐。含镍离子的镀液可以通过离子交换法回收硫酸镍。

对于生产中的废气，需要专门的设备及药品进行净化、中和和回收。对于粉尘要用专门的防尘和除尘设备。

图5-19 电镀液排放及受污染渔场

5.5.3 配制及使用酸碱溶液和有机溶剂的安全操作规程

1. 酸溶液的安全操作规程

在电镀和化学镀的生产过程中，经常使用多种酸溶液，常用的有硫酸、硝酸、盐酸、氢氟酸、铬酐及它们的混合溶液等。这些酸不仅有很强的腐蚀性，而且还会挥发出严重的刺激性气体，对环境污染严重，对人体危害也比较大，所以，在配制和使用时，应注意以下安全事项：

（1）应配备抽风装置，操作人员要穿戴好防护用品。

（2）配制单酸溶液时，应先加水后加酸，禁止将水加入酸中，尤其禁止将水加入浓硫酸中，也不能将酸加入热水中。操作人员要了解酸的特性，不明成分的不同液体不能混合。

（3）配制混合酸溶液时，应先向水中加密度小的酸，再加密度大的酸。

（4）使用浓硫酸、浓硝酸时，必须在室温（约25 ℃）条件下操作。

（5）若用浓硝酸腐蚀细小通孔管状零件时，应将管状零件同时浸入，不得仅将一端插入酸中，以防止酸液从另一端喷出。

（6）搬运液体酸时，需用专用工具，同时用绳索将其固定在车上，要特别小心，防止容器破损。

（7）要用虹吸法把酸从瓶中加入槽中，严禁简单倾倒，未用时的酸容器应加盖盖好。

（8）酸、碱废液应中和处理，达到排放标准后才能排放。

(9)酸溶液溅到皮肤上时,应立即用冷水冲洗干净,用质量分数为2%的硫代硫酸钠或质量分数为2%的碳酸钠溶液进行洗涤,然后用水洗净,再涂上甘油。若溶液微量吸入体内,可引大量的牛奶和温水,严重的要立即送医院医治。

2. 碱溶液的安全操作规程

(1)配制碱溶液和生产操作时,必须穿戴好所需的防护用品,女工一定要戴工作帽。

(2)除钢铁氧化溶液除外,碱液的使用温度不要超过80 ℃,以防碱溶液蒸汽雾粒外粒。

(3)零件出槽时,操作应缓慢进行,以免碱液溅到身上。

(4)钢铁化学氧化溶液加温时,应先用铁棍将溶液表面硬壳击碎,防止内压作用溅出的溶液伤人。

(5)碱溶液沾在皮肤上时,应先用温水洗,然后用质量分数为10%的醋酸溶液洗,再用冷水洗,最后涂上甘油或医用凡士林保护皮肤,严重时应送医院医治。

(6)生产时打开抽风机。

3. 有机溶液的安全操作规程

使用有机溶液时,必须密封蒸气发生源或安装局部排风装置,使有机溶剂蒸气不至于污染工作场所的空气。有机溶剂的槽子,如果与其他操作场所隔离,并安装了换气设备,可以不安装密封设备,一般应有排气装置。使用有机溶剂的注意事项如下:

(1)盛放有机溶剂的容器应加盖。

(2)很多有机溶剂易着火,工作场地严禁吸烟。

(3)尽可能在上风向操作,以免吸入有机溶剂蒸气。

(4)发生中毒事故时,应立即把中毒者移至通风处,将头放低,横卧或仰卧,保持体温;中毒者失去知觉时,要取出口中异物,停止呼吸时,应迅速进行人工呼吸。

4. 氰化物的安全操作规程

氰化物是剧毒物品,操作不当将危及人的生命安全,因此必须严格遵守毒品安全使用制度。

(1)操作时必须打开抽风机,穿戴好防护用品。

(2)操作者先要熟悉氰化物的特性和危险。

(3)氰化物不能摆放在酸性物质附近,氰化物溶液与酸类溶液不能共用一个抽风系统。

(4)经过酸溶液腐蚀的工件,在进入氰化物溶液之前,必须经过质量分数为4%~6%的碳酸钠溶液进行中和处理。

(5)盛放过氰化物的容器和工具必须用硫酸亚铁溶液做消毒处理,再用水冲洗干净。

(6)配制和添加氰化物时,要避免溶液外溅,氰化物的使用温度不允许超过60 ℃。

(7)皮肤有破伤者,禁止直接操作氰化物。

(8)氰化物中的阳极板需要清理时,必须在润湿状态下先中和,清洗干净,戴好橡胶手套进行清理。

(9)氰化物的废水,应进行严格的处理,达到国家排放标准后才可以排放。

(10)氰化物操作工人下班后,应更换工作服。工作服不能穿回家,应放在专用更衣柜内,工作服要定期清洗。严禁在工作场地吸烟、吃食物。下班后须用10%的硫酸亚铁溶液洗手。

(11)严格遵守氰化物的领用保管制度。

(12)若氰化物中毒,可内服质量分数为1%的硫代硫酸钠溶液,并立即送医院抢救。

(13)氰化物应分类严密保管,应有严格的领用制度。

5. 电镀与化学镀的其他安全制度

(1)施镀场所必须备有灭火器及沙土。

(2)一切电热设备要有专人管理。

(3)易燃药品不可靠近火源。

(4)离开时要仔细检查风、水、电源是否关好。

(5)易分解、具有爆炸性的药品,要注意防潮和防止阳光直射,注意通风良好。

(6)盛放易挥发物品的容器要加盖子。

(7)有机涂料烘干时,必须打开烘箱的排气孔,烘箱应有防爆措施。

课后习题

一、填空题

1. 电镀时________与电源负极相连作为阴极,浸入含有欲沉积金属离子的电解质溶液中,阳极为欲沉积金属的板或棒,某些电镀也使用石墨、不锈钢、铅或铅锑合金等不溶性阳极。

2. 电镀按施镀方式可分为________、________、________和________等,可以根据镀件的尺寸和批量选择合适的电镀方式。

3. ________适用于小尺寸、大批量生产的零件电镀,电镀时镀件置于多角形的滚筒中,依靠自身重力来接触滚筒内的阴极。

4. 把预镀工件置于装有电镀液的镀槽中,镀件接直流电源的________,而镀层金属或石墨等也置于镀槽中并接直流电源的正极而作为电镀时的________。

5. 电镀通电后,镀液中的金属离子在________附近因得到电子而还原成金属原子,进而沉积在阴极工件表面上,从而获得镀层。

6. 电镀件主要依靠的是电化学原理,所以电镀要有三个必要条件:________、________、________。

7. 电镀时电流密度过大,阴极表面会强烈析出氢气,pH 值变大,金属的碱盐就会夹杂在镀层之中,使镀层________。

8. 电镀前要对工件进行表面预处理,主要去除毛刺、夹杂、残渣、油脂、氧化皮、钝化膜等,表面预处理后工件露出________,这样才有可能获得连续、致密、结合良好的镀层。

9. 电镀的工艺过程一般包括________、________、________三个阶段。

10. 挂镀时零件悬挂于导电性能良好的材料制成的挂具上,然后浸没在镀液中作为________,两边适当的位置放置阳极。

11. 电镀镀锌液分为________、________和________三种。

12. 电镀铜主要用于以________、________等金属作为基体的材料,这些金属表面获得的镀铜层属于阴极镀层。

13. 按用途的不同,铬镀层可以分为________和________两类。

14. 镍的电极电位比铁的电极电位正,所以对铁来说,镍是________,只有镀层完整无缺时,才能对铁基体起到良好的保护作用。

15. 合金电镀通常按________的元素来分类,因此,可以将合金分为铜(基)合金、银(基)合金、锌(基)合金、镍(基)合金等。

16. 镀笔是电刷镀的重要工具,与电源________相连接,作为刷镀的________,预镀工件与电源________相连接,作为刷镀的________。

17. 电刷镀使用的金属镀液多达上百种。根据镀层的化学组成可分为________、________和________三类。

18. 在计算机硬盘中用于存储数据的是盘片,它由铝镁合金制成,然后在表面进行化学镀________或________,作为后续真空溅射磁记录薄膜的底层。

19. 按 pH 值的不同,化学镀镍溶液可分为________和________两大类。

20. 电镀和化学镀的过程中都使用了多种化学药品,因此要考虑到环境保护措施,主要涉及________、________和________的处理。

二、名词解释

1. 电镀
2. 电刷镀
3. 化学镀
4. 复合镀
5. 复合电镀

三、简答题

1. 以电镀铜为例,说明电镀的基本原理。
2. 电镀液的组成主要包括哪几个部分?
3. 电刷镀的特点有哪些?
4. 简述化学镀的特点。

课后习题答案

第 6 章　金属表面转化膜技术

【学习目标】

- 了解复合转化膜层技术以及化学转化膜技术禁忌等知识；
- 理解金属表面转化膜技术的概念、形成方法、分类及主要用途；
- 熟悉钢铁的磷化处理技术及磷化工艺、钢铁的化学氧化；
- 掌握铝合金的化学氧化、普通阳极氧化、硬质阳极氧化，微等离子体氧化技术的原理、装置及工艺，以及氧化膜的结构、性能和应用。

【导入案例】

春秋时期，越王勾践“卧薪尝胆”，一举击败了吴王夫差，演出了历史上春秋争霸的最后一幕。1965 年冬天，在湖北省荆州市附近的望山楚墓群中，出土了越王勾践所用的锋利无比的青铜宝剑。此宝剑虽然在地下沉睡 2 000 多年，但仍然锋利无比，寒气逼人。据在场文物工作者回忆，一名开采队员一不留神就将手指划破，血流不止。有人再试其锋芒，稍一用力，便将 16 层白纸划破。专家通过对剑身八个鸟篆铭文的解读，证明此剑就是传说中的越王勾践剑，素有“天下第一剑”“青铜剑之王”美誉。随后科研人员经过测试后发现，剑身表面有一层铬盐化合物，这说明春秋时期中国人就开始应用铬酸盐氧化处理技术了。后来在秦始皇兵马俑二号坑出土的 19 把青铜剑，剑体表面也采用了相同的铬酸盐氧化处理，氧化膜厚度有 10 μm 左右。记者从河南省文物考古研究院了解到，2016 年，在河南省信阳城阳城遗址第 18 号楚墓发掘中，木棺里出土的 2 300 多年前的宝剑，还带着剑鞘。考古人员小心翼翼、一点点把宝剑从剑鞘里抽出来，宝剑从剑鞘里抽出来的那一刹那，带着寒光！图 6-1 为在地下沉睡 2 000 多年的越王勾践剑。

图 6-1　越王勾践剑

6.1 金属表面转化膜概述

6.1.1 金属转化膜的形成方法

金属转化膜是指通过化学或电化学方法，使金属与特定的腐蚀液相接触，在金属表面形成一种稳定、致密、附着力良好的化合物膜层技术。转化膜的形成方法是：将金属工件浸渍于化学处理液中，使金属表面的原子层与某些介质的阴离子发生化学或电化学反应，形成一层难溶解的化合物膜层。几乎所有金属都可在选定的介质中通过转化处理得到不同应用目的的化学转化膜。目前应用较多的是钢铁、铝、锌、铜、镁及其合金。图 6-2 为各种化学转化膜零部件。转化物膜层的形成可用下式表示：

$$mM+nA^{z-}=\!=\!=M_mA_n+nze \tag{6-1}$$

式中，M 为表层的金属原子；A^{z-} 为介质中价态为 z 的阴离子；e 为电子。

由氧化膜的形成过程反应方程式(6-1)可知，氧化膜的生成必须有基体金属的直接参与，与介质中的阴离子反应生成自身转化的 M_mA_n 产物。氧化膜的优点主要表现在氧化膜与基体金属的结合强度较高，金属基体直接参与成膜，因而膜与基体的结合力比电镀层和化学镀层这些外加膜层大得多，但转化膜较薄，其防腐能力远不如其他镀层，通常还要有另外补充的防护措施。

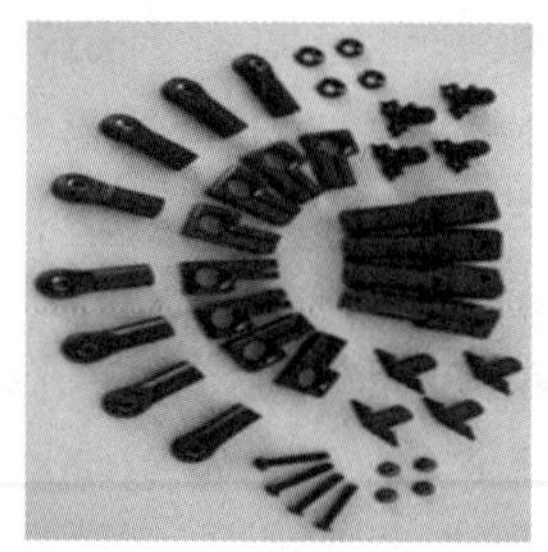

图 6-2 各种化学转化膜零部件

6.1.2 金属转化膜的分类

表面转化膜几乎可以在所有的金属表面生成。各种金属的表面转化膜及其分类如下：

(1)按转化过程中是否存在外加电流来分，可分为化学转化膜和电化学转化膜两类。化学转化膜不需要外加电源，而电化学氧化膜需要外加电源。

(2)按转化膜的主要组成物的类型来分，可分为氧化物膜、磷酸盐膜、铬酸盐膜和草酸盐膜。氧化物膜是金属在含有氧化剂的溶液中形成的膜层，其成膜过程叫氧化；磷酸盐膜是金属在磷酸盐溶液中形成的膜，其成膜过程叫磷化；铬酸盐膜是金属在含有铬酸或铬酸盐的溶液中形成的膜层，其成膜过程通常称为钝化。表 6-1 为金属表面转化膜的分类。

表6-1 金属表面转化膜的分类

分类	处理方法	转化膜类型	受转化金属
电化学法	阳极氧化法	氧化物膜	钢、铝及铝合金、镁合金、钛合金、铜及铜合金、锆、钽、锗
化学法（浸液法、喷液法）	化学氧化法	氧化物膜	钢、铝及铝合金、铜及铜合金
	草酸盐处理	草酸盐膜	钢
	磷酸盐处理	磷酸盐膜	钢、铝及铝合金、镁合金、铜及铜合金、锌及锌合金
	铬酸盐处理	铬酸盐膜	钢、铝及铝合金、镁合金、钛合金、铜及铜合金、锌及锌合金、镉、铬、锡、银

6.1.3 金属转化膜的主要用途

金属表面形成转化膜后，不仅使金属表面的耐蚀性、耐磨性以及外观得到了极大的改善，同时还能提高有机涂层的附着性和抗老化性，用于涂装底层。此外，有些表面转化膜还可提高金属表面的绝缘性和防爆性。表面转化膜技术广泛应用于机械、电子、仪器仪表、汽车、船舶、飞机制造及日常用品等领域中。其基本用途如下：

1. 防腐

对有一般要求的防锈零部件，如涂防锈油等，利用很薄的金属转化膜作为底层使用；对有特殊要求的防锈零部件，工件在外力作用下又不受弯曲、冲击等，金属转化膜层需均匀致密，且膜层较厚为佳。

2. 耐磨减摩

金属与金属面相互接触摩擦的部位需要用耐磨化学转化膜。例如：经磷酸盐处理得到的磷酸盐膜层具有很小的摩擦系数和良好的吸油作用，会在金属接触面间产生一缓冲层，保护基体减小磨损。

3. 涂装底层

在某些情况下化学转化膜也可作为某些金属镀层的底层。例如：作为涂装底层的化学转化膜要求膜层致密、质地均匀、薄厚适宜、晶粒细小等。

4. 用于装饰

金属化学转化膜依靠自身的装饰外观或者多孔性质能够吸附各种美观的色料，常用于日常用品等的装饰上。

5. 提高涂膜与基体的结合力

金属化学转化膜主要作用就是提高涂膜与基体的结合力。

6. 适用于冷成形加工

在金属表面形成磷酸盐膜后再进行塑性加工，例如进行钢管、钢丝等材料的冷拉伸，是磷酸盐膜层最新的应用领域之一。在金属表面形成转化膜后对其进行拉拔时可以减小拉伸力，从而延长模具使用寿命，减少拉拔次数，提高生产效率。

7. 电绝缘等功能性膜

在金属表面形成的磷酸盐膜层是电的不良导体，且耐热性好，在冲裁加工时可减少工具的磨损等。

6.2 金属表面化学氧化技术

在我国战争时期发挥过重大作用的“毛瑟 M1932”手枪，俗称“盒子炮”或“二十响”，枪支上大部分机件表面都呈蓝黑色，这就是通过发蓝处理而生成的 Fe_3O_4 薄膜。这层薄膜耐蚀性、耐磨性、耐热性好，而且不反光，能够满足枪支的使用要求，而用油漆涂装就不行了。图 6-3 为经过化学转化处理的毛瑟手枪。

6.2.1 钢铁的化学氧化

1. 钢铁发蓝的实质和应用

钢铁的化学氧化过程称为发蓝，也称发黑。它是指将钢铁浸在含有氧化剂的溶液中，过一定时间后，在其表面生成一层均匀的、以 Fe_3O_4 为主要成分的氧化膜的过程。发蓝后的钢铁表面氧化膜的色泽取决于工件表面的状态、材料成分以及发蓝处理时的操作条件，一般为蓝黑到黑色。碳的质量分数较高的钢铁氧化膜呈灰褐色或黑褐色。发蓝处理后膜层厚度可达到 0.5~1.5 μm，氧化膜层对零件的尺寸和精度无显著影响。

钢铁发蓝处理广泛用于机械零件、精密仪表、汽缸、弹簧、武器和日用品的一般防护和装饰，该工艺具有成本低廉、效率较高、不影响工件尺寸和精度、无氢脆等特点，但在使用中应定期擦油。图 6-3 深黑色部位是经过发蓝处理的数控机床刀柄。

图 6-3 经过发蓝处理的数控机床刀柄

2. 钢铁发蓝工艺

钢铁的发蓝工艺和温度高低有关，根据处理温度的高低，钢铁的发蓝可分为高温化学氧化法和常温化学氧化法。这两种方法所选用的处理液成分不同，形成膜的组成不同，成膜机理也不同。

(1) 钢铁高温化学氧化处理

①高温化学氧化处理原理。高温化学氧化也称碱性化学氧化，是传统的发蓝方法。一般配方为在强碱氢氧化钠溶液里添加硝酸钠和亚硝酸钠氧化剂，在 135~145 ℃的温度下处理 60~90 min，生成以 Fe_3O_4 为主要成分的氧化膜。膜厚一般为 2 μm 左右，氧化膜经肥皂液洗、水洗、干燥、浸油后其耐蚀性较基体有较大幅度提高，同时也美化外观。

②高温化学氧化处理生产工艺。钢铁高温氧化的生产工艺流程如下：

有机溶剂脱脂→化学脱脂→热水洗→流动水洗→酸洗(盐酸)→流动冷水洗→化学氧化→回收槽浸洗→流动冷水洗→后处理→干燥→检验→浸油。表6-2为钢铁高温氧化工艺。

表6-2 钢铁高温氧化工艺

溶液组成($g \cdot L^{-1}$)和工艺条件	单槽法		双槽法			
	配方1	配方2	配方3		配方4	
			第1槽	第2槽	第1槽	第2槽
氢氧化钠	550~650	600~700	500~600	700~800	550~650	700~800
亚硝酸钠	150~250	200~250	100~150	150~200		
重铬酸钾		25~32				
硝酸钠					100~150	150~200
温度/℃	135~145	130~135	135~140	145~152	130~135	140~150
时间/min	15~60	15	10~20	45~60	15~20	30~60
特点	通用氧化液	氧化速度快，膜致密，但光亮性差	可获得蓝黑色光亮氧化膜		可获得较厚的黑色氧化膜	

钢铁高温氧化时，由于工艺温度高，使用的强酸、强碱挥发导致生产现场条件较差，对环境污染很大。

(2)钢铁常温发蓝处理

钢铁常温化学氧化又称酸性化学氧化，也称常温发蓝处理，与高温发蓝处理工艺相比，这种新工艺具有节能环保、高效(氧化速度快，通常2~4 min)、低成本、操作简单等优点，同时所得的膜层耐蚀性能和均匀性均良好。其缺点是槽液不稳定，寿命短等，故要随用随配，但氧化膜层附着力稍差些。

钢铁常温发蓝处理可得到黑色或蓝黑色氧化膜，其主要成分是硒化(CuSe)，功能与Fe_3O_4相似，其工艺流程也与高温发蓝处理基本相同。目前，常温发蓝溶液主要成分是硫酸铜($CuSO_4$)、二氧化硒，还含有各种催化剂、缓冲剂、络合剂和辅助材料。如表6-3所示。

表6-3 钢铁常温氧化工艺

溶液组成($mL \cdot L^{-1}$)和pH值	配方1	配方2	配方3
硫酸铜	1~3	1~3	2~4
亚硒酸	2~3	3~5	3~5
磷酸	2~4		3~5
有机酸	1~1.5		
硝酸		34~40	3~5
磷酸二氢钾			5~10

表 6-3(续)

溶液组成($mL \cdot L^{-1}$)和 pH 值	配方 1	配方 2	配方 3
对苯二酚	2~3	2~4	
添加剂	10~15	适量	2~4
pH 值	2~3	1~3	1.5~2.5

6.2.2 铝及铝合金的化学氧化

众所周知,铝的新鲜表面在大气中立即生成自然氧化膜,这层氧化膜虽然非常薄,但仍然赋予铝一定的耐腐蚀性,因此铝比钢铁耐蚀性好。随着合金成分与暴露时间的不同,这层膜的厚度发生变化,一般在 0.005~0.015 μm 的范围内。然而这个厚度范围不足以保护铝免于腐蚀,也不足以作为有机涂层的可靠底层。通过适当的化学处理,氧化膜的厚度可以增加 100~200 倍,从自然氧化膜成为化学氧化膜。

铝的化学转化处理就是在化学转化处理液中,金属铝表面与溶液中化学氧化剂反应,而不是通过外加电压生成化学转化膜的化学处理过程。化学转化膜也曾经称为化学氧化膜、化学处理膜、化成处理膜。铝及铝合金经过化学氧化可得到厚度为 0.5~4 μm 的氧化膜,膜层多孔,具有良好的吸附性,可作为有机涂层的底层,但其耐磨性和耐蚀性均不如阳极氧化膜好。化学氧化法的特点是设备简单,操作方便,生产率高,不消耗电能,成本低。该法适用于一些不适合阳极氧化的铝及铝合金制品的表面处理。铝在 pH 值为 4.45~8.38 时均能形成化学氧化膜,但机理尚不清楚,估计与铝在沸水介质中的成膜反应是一致的。铝在沸水中成膜属于电化学的性质,即在局部电池的阳极上发生如下反应:

$$Al \longrightarrow Al^{3+} + 3e$$

同时阴极上发生下列反应:

$$3H_2O + 3e \longrightarrow 3OH^- + 3/2H_2$$

铝与溶液界面处的碱度升高,反应生成难溶的 $\gamma\text{-}Al_2O_3 \cdot H_2O$ 氧化膜:

$$2Al^{3+} + 6OH^- \longrightarrow Al_2O_3 \cdot H_2O + 2H_2O$$

6.3 普通阳极氧化技术

2008 年北京奥运会火炬以一朵朵流连婉转、旖旎飘逸的祥云将中国的传统文化元素与现代设计理念完美结合,并传递到世界各地。“祥云”火炬云纹外壳和把手采用纯度为 99.7%的 1070 铝材,经过 73 道工序加工而成。其中需要经过两次阳极氧化处理。图 6-4 为 2008 年北京奥运会火炬。

图 6-4　2008 年北京奥运会火炬

6.3.1 铝及铝合金的阳极氧化机理

将铝及铝合金放入适当的电解液中,以铝工件为阳极，其他材料为阴极，在外加电流的作用下，使其表面生成氧化膜，这种方法称为阳极氧化。图6-5为铝阳极氧化原理图。

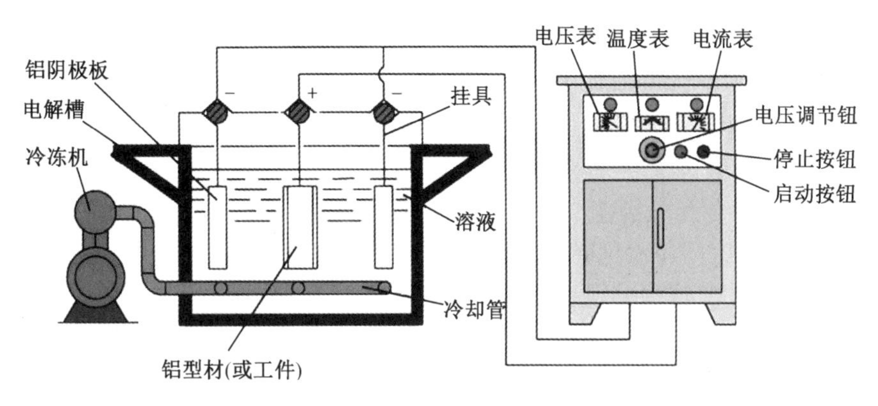

图6-5 铝阳极氧化原理图

通过选用不同类型、不同浓度的电解液以及控制氧化时的工艺条件，可以获得具有不同性质、厚度为几十至几百微米的阳极氧化膜，其耐蚀性、耐磨性和装饰性等都较化学氧化膜有明显改善和提高。图6-6为铝合金阳极氧化零部件。

图6-6 铝合金阳极氧化零部件

铝及铝合金阳极氧化所用的电解液一般为中等溶解能力的酸性溶液，铝作为阴性，仅起导电作用。铝及铝合金进行阳极氧化的过程中，一方面是阳极(铝工件)在水解出的氧原子作用下生成氧化膜(Al_2O_3)，这是电化学作用，反应如下：

$$H_2O - 2e \longrightarrow [O] + 2H^+$$

$$2[Al] + 3[O] \longrightarrow Al_2O_3$$

另一方面，电解液又在不断溶解刚刚生成的氧化膜Al_2O_3，其反应如下：

$$Al_2O_3 + 6H^+ \longrightarrow 2Al + 3H_2O$$

氧化膜的生长过程就是氧化膜不断生成和不断溶解的过程，当生成速度大于溶解速度时，才能获得较厚的氧化膜。铝及铝合金的阳极氧化膜表面是多孔蜂窝状的，具有两层结构，靠近基体的是一层厚度为0.01~0.05 μm、致密的纯Al_2O_3膜，硬度高，此层为阻挡层；外层为多孔氧化膜层，由带结晶水的Al_2O_3组成，硬度较低，但有良好的吸附能力。

6.3.2 阳极氧化膜的结构和性质

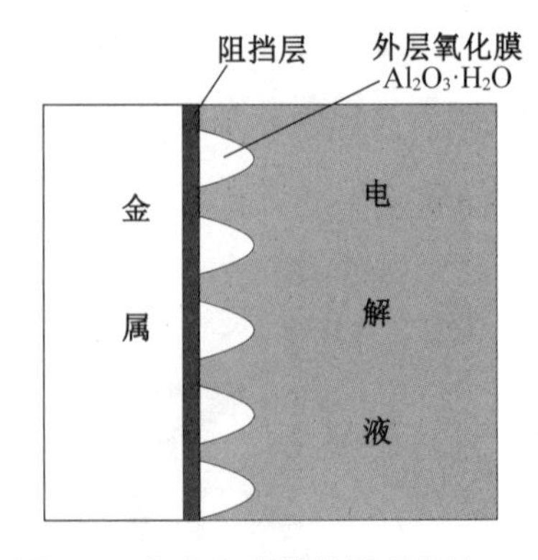

图 6-7 阳极氧化膜的微观结构

多孔型阳极氧化膜的微孔是有规律的垂直于金属表面的孔形结构。假定硫酸阳极氧化膜的厚度为 10 μm,由于微孔的直径一般小于 20 nm,所以微孔的长度大约是直径的 500 倍,因此,这个“孔”实际上应该说是一根细长的直管。微孔的密度更是大得惊人,可以达到 760 亿个孔/cm^2,形象地说一个大拇指盖上的微孔数是地球总人口的 10 倍。图 6-7 为阳极氧化膜的微观结构。

阳极氧化膜的孔型较多采用高分辨扫描电子显微镜(SEM)直接观测,从各角度直接揭示阳极氧化膜的多孔性结构与形貌。图 6-8 为通过电子扫描显微镜观察到的阳极氧化膜多孔型结构图。

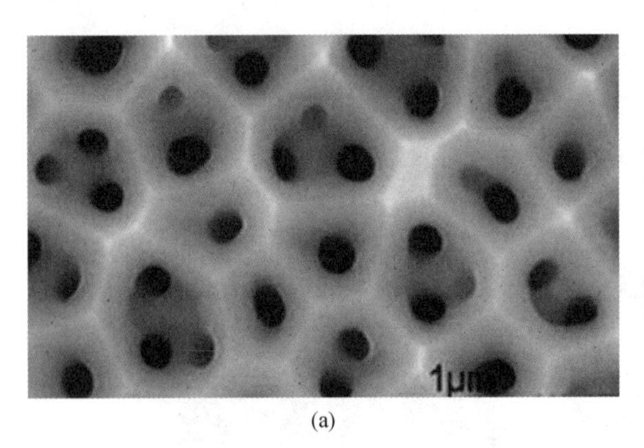

(a)

(b)

图 6-8 阳极氧化膜多孔型结构图(a)及阳极氧化膜 SEM 照片(b)

6.3.3 阳极氧化工艺

图 6-9 铝合金阳极氧化工艺生产线

铝及铝合金阳极氧化的工艺流程为:

表面整平→上挂架→化学脱脂→清洗→中和→清洗→碱蚀→清洗→阳极氧化→清洗→染色或电解着色→清洗→封闭→机械光亮→检验。图 6-9 为铝合金阳极氧化工艺生产线。图 6-10 为铝合金阳极氧化后的产品零部件。

以上是铝及铝合金阳极氧化的典型工艺流程,生产中可根据制品的具体要求和所采用的阳极氧化工艺方法进行取舍和调整。表 6-4 为硫酸阳极氧化工序的主要参数。表 6-5 为化学氧化后处理工艺规范。

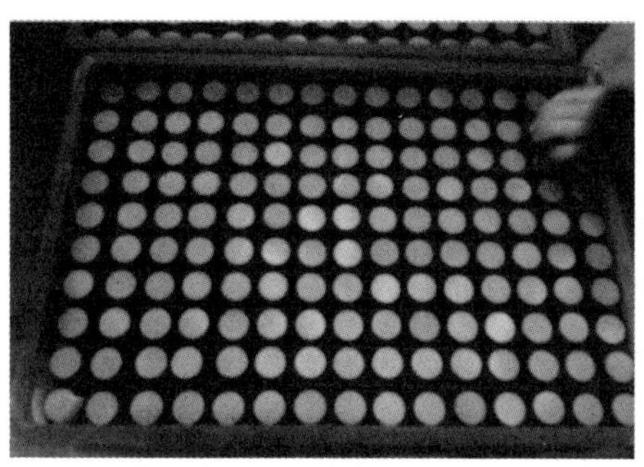
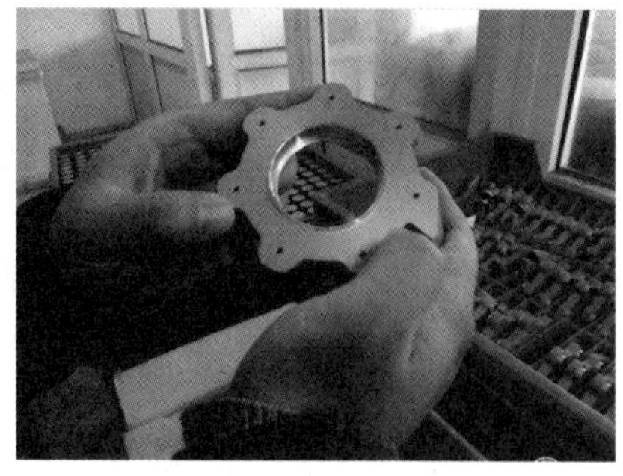

图 6-10 铝合金阳极氧化后的产品零部件

表 6-4 硫酸阳极氧化工序的主要参数

顺序	工序	溶液成分(质量分数)	工艺参数		
			温度/℃	时间/min	其他
1	脱脂	$2\%Na_3PO_4$,$1\%Na_2CO_3$,$0.5\%NaOH$	45~60	3~5	
2	热水洗	自来水	40~60	洗净为止	
3	碱蚀	40~50 g/L NaOH	室温	1~5	
4	冷水洗	自来水	室温	洗净为止	
5	中和	10%~30% HNO_3	室温	3~8	
6	阳极氧化	见表 6-5	见表 6-5		
7	封孔	纯水	90 ℃以上	>20	pH 值为 4~6

表 6-5 化学氧化后处理工艺规范

工艺名称	溶液配方/($g\cdot L^{-1}$)	工艺参数	备注
填充处理	重铬酸钾 30~50	90~95 ℃,5~10 min	用于酸性氧化法
钝化处理	铬酸钾(CrO_3)20	室温,5~15 s	用于碱性氧化法

6.3.4 阳极氧化膜的封闭处理

由于阳极氧化膜的多孔结构和强吸附性能,表面易被污染,特别是腐蚀介质进入孔内易引起腐蚀。因此阳极氧化膜形成后,无论是否着色都需及时进行封闭处理,封闭氧化膜的孔隙,提高耐蚀性、绝缘性和耐磨性等性能,减弱对杂质或油污的吸附。封闭的方法有热水封闭法、水蒸气封闭法、重铬酸盐封闭法、水解封闭法和填充封闭法等。

1. 热水封闭法

新鲜的阳极氧化膜在沸水或接近沸点的热水中处理一定的时间后,失去活性,不再吸附染料,已染上的颜色不易褪去,这一过程就是热水封闭,也称封孔。

热水封闭法的原理是利用无定型的 Al_2O_3 的水化作用:

$$Al_2O_3+nH_2O=\!=\!=Al_2O_3\cdot nH_2O$$

式中,n 为 1 或 3,当 Al_2O_3 水化为一水合氧化铝($Al_2O_3\cdot H_2O$)时,其体积可增加约 33%;生成三水合氧化铝($Al_2O_3\cdot 3H_2O$)时,其体积增大几乎 100%。由于氧化膜表面及孔壁的

Al_2O_3 水化的结果,体积增大而使膜孔封闭。

热水封闭工艺为:热水温度 90~110 ℃,pH 值 6~7.5,时间 15~30 min。封闭用水必须是蒸馏水或去离子水,而不能用自来水,否则会降低氧化膜的透明度和色泽。

2. 重铬酸盐封闭法

该法是在具有强氧化性的重铬酸钾溶液中,并在较高的温度下进行的。当经过阳极氧化的铝工件进入溶液时,氧化膜的孔壁的 Al_2O_3 与水溶液中的重铬酸钾($K_2Cr_2O_7$)发生下列化学反应:

$$2Al_2O_3+3K_2Cr_2O_7+5H_2O = 2AlOHCrO_4+2AlOHCr_2O_7+6KOH$$

生成的碱式铬酸铝及碱式重铬酸铝和热水分子与氧化铝生成的一水合氧化铝及三水合氧化铝一起封闭了氧化膜的微孔。封闭液的配方和工艺条件见表 6-6。

表 6-6 重铬酸盐封闭法及封闭液的配方和工艺条件

封闭液组成	重铬酸钾	50~70 g/L
工艺规范	温度	90~95 ℃
	时间	15~25 min
	pH 值	6~7

此法处理过的氧化膜呈黄色,耐蚀性较好,适用于以防护为目的的铝合金阳极氧化后的封闭,不适用于以装饰为目的的着色氧化膜的封闭。

3. 水解封闭法

水解封闭法目前在国内应用较为广泛,主要应用在染色后氧化膜的封闭,此法克服了热水封闭法的许多缺点。

水解封闭法的原理是易水解的钴盐与镍盐被氧化膜吸附后,在阳极氧化膜微细孔内发生水解,生成氢氧化物沉淀将孔封闭。在封闭处理过程中,发生如下反应:

$$Ni_2+2H_2O \longrightarrow Ni(OH)_2\downarrow +2H^+$$

$$Co_2+2H_2O \longrightarrow Co(OH)_2\downarrow +2H^+$$

生成的氢氧化钴和氢氧化镍在氧化膜的微孔中,将孔封闭。由于少量的氢氧化镍和氢氧化钴几乎是无色透明的,因此它不会影响制品原有色泽,故此法可用于着色氧化膜的封闭。

4. 填充封闭法

除上述三种封闭法之外,阳极氧化膜还可以采用有机物质进行封闭,如透明清漆、熔融石蜡、各种树脂和干性油。如用硅油封闭硬质阳极氧化膜,可以提高阳极氧化膜的绝缘性;用硅脂封闭用于制造无尘表面;用脂肪酸和高温油脂封闭,用于制造红外线反射器,防止波长为 4~6 μm 的红外线吸收损失。此外,还有许多有机封闭剂已被开发出来,在特定的条件下可以选用。

6.3.5 其他金属的阳极氧化

除了铝以外,许多有色金属也可以进行阳极氧化处理来获得氧化物膜层。镁合金阳极氧化处理获得的阳极氧化膜,其耐蚀性、耐磨性和硬度等一般比化学法要高。缺点是膜层脆性较大,对复杂制件难以获得均匀的膜层。镁合金阳极氧化可以在酸性和碱性介质中进行，氧化条件不同，氧化膜可以呈不同的结构和颜色。图6-11为镁合金阳极氧化3C产品。

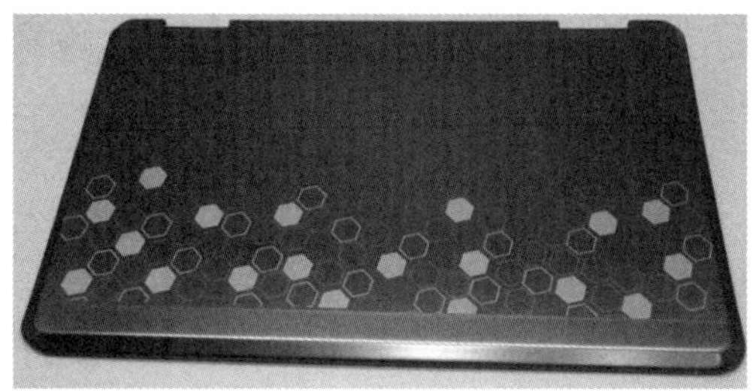

图6-11　镁合金阳极氧化3C产品

铜及铜合金在氢氧化钠溶液中阳极氧化处理后可得到黑色氧化铜膜层，该膜薄而致密，与基体结合良好，且处理后几乎不影响精度，被广泛应用于精密仪器等零件的表面装饰上。阳极氧化也是提高钛合金耐磨和抗蚀性能的一种方法，在航空航天领域有较广泛的应用。此外，其他金属如Si、Ge、Ta、Zn、Cd及钢也可以进行阳极氧化处理。

6.3.6　硬质阳极氧化

铝的硬质阳极氧化技术是以阳极氧化膜的硬度与耐磨性作为首要特性的阳极氧化技术，这种膜一般以通用工程应用或军事应用为目的，膜厚常大于25 μm。硬质阳极氧化工艺与普通阳极氧化没有严格的界限，硬质阳极氧化为了满足硬度和耐磨性，其槽液温度低，电流密度高，更多采用特殊电解溶液。硬质阳极氧化技术既适用于变形铝合金，也常用在制造零部件的压铸铝合金。作为工程应用的硬质氧化膜一般为25~150 μm，小于25 μm膜厚的氧化膜使用的场合比较少，有时在齿键和螺线上使用。在耐磨和绝缘的适用场合，例如活塞、汽缸等动摩擦机械部件，最常用的氧化膜厚度是50~180 μm。

1. 硬质阳极氧化材料选择

硬质阳极氧化工艺与硬质阳极氧化膜的性能受铝合金种类和生产工艺的影响很大，除了与铝合金的型号有关外，铝合金的形态对硬质阳极氧化也有影响，变形铝合金的形态有薄板、板材、挤压材、锻压以及铸件等。铝合金除了加工状态以外，合金成分也很重要。以下针对不同铝合金系对于硬质阳极氧化的影响做简单介绍。

1000、1100系铝合金的硬质阳极氧化膜主要用在电绝缘的场合，例如中心电导高并兼具中等强度时，推荐选用特殊的电导铝合金。

2000系铝合金的主要问题是富铜的金属间化合物相的优先溶解，从而在硬质阳极氧化膜中形成空洞。解决上述缺陷的诀窍是控制电流上升时间和降低电流密度，使得开始生成薄膜时尽量防止富铜相的局部溶解。

5000系铝合金硬质阳极氧化并不困难，但是如果恒电流密度控制不好，就存在“烧损”或“膜厚过度”的危险。这种危险随着铝合金的镁含量的增加而变得严重。

6000系铝合金中6063铝合金的硬质阳极氧化一般不存在问题，但是6061铝合金或6082铝合金可能出现冶金学有关的问题。例如麦道民航飞机用6013铝合金(Al-Mg-Si-Cu)，其中含0.90%的铜，硬质阳极氧化类似于6061铝合金那样，成膜效率低且TABER耐磨性较差。

7000系铝合金虽有“针孔”或“孔洞”问题，但并不严重。7000系铝合金的氧化膜硬度和耐磨性都比 6000 系铝合金低，给定电流密度下的电压比 2000 系铝合金和 5000 系铝合金也低些。

硬质阳极氧化的条件，即电解溶液的成分、温度、电流密度、电流类型和氧化时间都对合金的成膜过程，也就是膜厚有影响。

2. 硫酸溶液的硬质阳极氧化

许多工业化硬质阳极氧化采用直流技术，最熟知的硫酸溶液直流阳极氧化工艺之一是 Glenn L. Martin 公司早期开发的 MHC 工艺，即在 15%的硫酸溶液中，温度为 0 ℃，以电流密度 2~2.5 A/dm^2 直流阳极氧化。为了维持恒定的电流密度，从起始电压 20~25 V 增加到 40~60 V。直流阳极氧化的局限性在于“烧损”倾向，除非电接触和搅拌特别有效，高铜铝合金的“烧损”倾向比较常见。工业上常用的硫酸硬质阳极氧化，有时候添加一些草酸和（或）其他有机酸，电解温度一般总是在 10 ℃以下，电流密度一般在 2~5 A/dm^2。图 6-12 为铝合金硫酸硬质阳极氧化原理图。

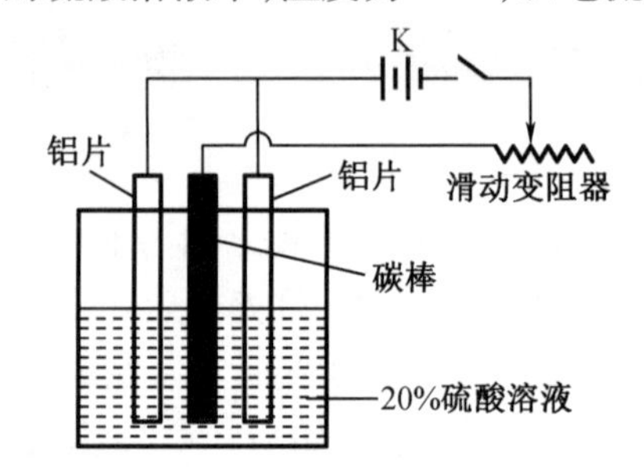

图 6-12 铝合金硫酸硬质阳极氧化原理图

代表性的硫酸硬质阳极氧化的工艺条件见表 6-7 所示。

表 6-7 一般直流（DC）硫酸硬质阳极氧化的工艺条件

工艺	槽液	电流密度/(A/dm^2)	电压(DC)/V	温度/℃	时间/min	膜的颜色(A1100)	膜厚/μm
硫酸法	10%~20% H_2SO_4	2~4.5	23~120	0±2	>60	灰色	15(30 min) 34(60 min) 50(90 min) 150(120 min)
硫酸系 Sanford	12% H_2SO_4，0.02~0.05 mol/L 2-氨乙基磺酸	4	—	2	60	灰褐色	约 60
硫酸-二羟酸	10%~15% H_2SO_4，二羟酸	4	—	<10	60	灰褐色	约 60
MHC 法	15%H_2SO_4	2.5	25~50	0	60	灰色	约 60
Alumilite	12%H_2SO_4	3.6	—	9~11	60	灰色	约 60

稀溶液硬质阳极氧化有一个缺点：由于操作温度较低时这种稀硫酸溶液容易冻结，因此必须采取有效的溶液循环来组织冻结发生。另外，稀溶液氧化膜的表面比浓溶液氧化膜的表面粗糙，只能通过机械精饰进行抛光或磨光。

3. 非硫酸溶液的硬质阳极氧化

铝的硬质阳极氧化最常用的槽液是硫酸溶液，硫酸溶液虽然成本低，但毕竟对铝阳极氧化膜的腐蚀性较大，考虑到硬质阳极氧化膜特殊性能的要求和扩大铝合金硬质阳极氧化膜的品种，寻找腐蚀性较小的非硫酸电解溶液是当务之急。以下几种是非硫酸电解溶液：

（1）有机酸和硫酸盐溶液

早期硬质阳极氧化膜的开发从草酸开始，但由于外加电压高，并未得到推广使用。后来开发出两种非硫酸溶液配方，分别是：（A）80 g/L 草酸与 55 g/L 甲酸，电流密度为 6 A/dm^2，电压从 25 V 升到 60 V，得到灰色或黑色膜；（B）240 g/L 硫酸氢钠与 100 g/L 柠檬酸，电压升到 50~100 V，得到褐色或黑色膜。上述两种溶液配方可制备出厚度达 200 μm 的硬质阳极氧化膜。

（2）磺酸溶液

早期在德国基于获得较致密的硬质阳极氧化膜的目标，用磺酸部分替代硫酸减轻硫酸对膜的腐蚀作用，已经在室温得到耐磨的硬质氧化膜。第二次世界大战之后这类槽液用到阳极氧化膜的整体着色上，以后磺酸溶液在整体着色方面的应用远超过硬质阳极氧化膜。磺酸溶液是可以得到比较致密的硬质阳极氧化膜。

（3）草酸和二羟基乙酸溶液

硬质阳极氧化也可以在下列二元酸的溶液中进行：（A）浓度 1~00 g/L 草酸或二羟基乙酸；（B）浓度从 10 g/L 至饱和的各种浓度的二元酸和多元酸溶液，这类酸的品种很多，如二羟基乙酸、丙二酸、酒石酸、柠檬酸、羟基丁二酸（苹果酸）和二羟基基乙酸等。

（4）酒石酸为基础的溶液

日本开发 1 mol/L 酒石酸、羟基丁二酸（苹果酸）或丙二酸为基础，加入 0.15~0.2 mol/L 草酸。这种槽液可在温度 40~50 ℃，外加电压 40~60 V，维持电流密度在 5 A/dm^2 不至于粉化，维氏显微硬度可达 HV 300~470。由于冷却达到低温需要消耗大量电能，这个工艺可以在高于室温很多时实现，因此可以明显降低成本。

（5）雷诺电解液

雷诺（Reynold）电解溶液已经在光亮阳极氧化和建筑阳极氧化方面采用，该溶液的第三个用途是硬质阳极氧化。该溶液成分是在 14%~24%（质量）硫酸中加入 2%~4%（体积）MAE（2 份甘油加 3 份 70%羟基乙酸），硬质阳极氧化的温度是 15~21 ℃，电流密度为 2.4~6 A/dm^2，铝含量为 4~8 g/L，膜厚可达到 100 μm 以上。

4. 硬质阳极氧化的电源波形和脉冲阳极氧化

硬质阳极氧化由于电流密度高，基本问题在于有效散热，除了冷冻、搅拌等常规措施改进以强化散热外，近年来硬质阳极氧化的重要进展是引入复杂电源，如偏电压、脉冲电压、周期间断或周期换向电流等非常规直流电源。目前常用的特殊电源波形主要有直流单向脉冲、交流叠加直流、间断电流等。其中在工业上使用最广泛、效果最佳的是直流单向脉冲技术。日本在硬质阳极氧化生产中率先采用了单向脉冲直流阳极氧化技术，为奠定脉冲阳极氧化的理论基础做出了贡献。

（1）常规直流电源

由于普通直流电源成本低而且比较简单，硬质阳极氧化生产中目前用得最多的还是直流电源。硅整流器（SCR）与固态控制器件的发展，使电源的可靠性达到了新的水平。但是在高电流密度时似乎出现问题多一些，因此即便电源的电流密度能够用到 5 A/dm^2，许多工厂宁愿在不超过 2.5 A/dm^2 下操作，尤其对 2000 系铝合金阳极氧化的场合。

直流硬质阳极氧化操作的关键步骤是控制起始电流，如果电流上升速度太快，存在“烧损”的危险，也就是被氧化的部件可能局部损坏或全部溶解。为了避免上述现象出现，一般采用以下两种办法解决：第一，为控制电流上升速度，对比较难以阳极氧化的铝合金电流上升速度应慢一些；第二，首先把电流密度控制在常规阳极氧化的 1.0~1.5 A/dm^2 范围内，当氧化膜达到 2~3 μm 之后，再将电流逐渐上升到需要的较高电流密度水平。这两种办法虽然有些效果，但是都会延长硬质阳极氧化的时间，不是工业化生产的优选方案，因此研究开发其他新型电源仍然是有现实意义的。

（2）直流（DC）脉冲电源

目前硬质阳极氧化最广泛使用的新型电源是直流单向脉冲技术，自 20 世纪 80 年代末以来，硬质阳极氧化生产使用脉冲整流电源。首先在日本兴起的脉冲阳极氧化电源，接着意大利和美国相继采用。其主要优点是可以在较高电流密度下操作，对许多合金，即使电流密度维持高达 3 A/dm^2 都不至于发生烧损问题。这样使得硬质阳极氧化生产既保持高质量的氧化膜又实现高效率的稳定生产。

（3）交直流叠加

20 世纪 50 年代交直流叠加技术已经运用于硬质阳极氧化，一般来说当时的交流电压总是小于基值直流电压。叠加交流电压的波形总是正向的，交流的峰值电压不应超过直流电压。在这样的情形下，阳极氧化的温度可以高于常规直流硬质阳极氧化，并已经在工业上得到应用。日本对于这种波形对阳极氧化膜性能的影响做了广泛的研究，除了交流直流叠加，还有间断电流、周期换向电流等，但是至今在工业上广泛应用的还只是脉冲直流电源。

5. 硬质阳极氧化膜的性能

顾名思义，硬质阳极氧化膜应该是高硬度和高耐磨性，由于相对密度较高、孔隙率低，膜的电绝缘性很高，耐腐蚀性也好。下面分别说明各项主要性能。

（1）外观和均匀性

总体来说，外加电压高使得表面粗糙，阳极氧化膜均匀性变差。阳极氧化膜的颜色与合金和膜厚都有关，压铸铝合金中随 Si 含量的增加，颜色从灰色向深灰过渡。对于纯铝（99.99%Al）在膜厚 25 μm 时没有颜色，而膜厚 125 μm 时颜色变浅褐色。因此硬质阳极氧化与普通阳极氧化比较，硬质阳极氧化膜的影像清晰度明显下降。此外硬质阳极氧化膜可能存在微裂纹。

（2）硬度和耐磨性

硬质阳极氧化膜的硬度和耐磨性是基本的考虑因素。硬质阳极氧化膜的显微硬度除了是合金本身的特性之外，还与硬质阳极氧化工艺、硬度实验的加载大小和膜的横截面位置有关。6061-T6 合金的 Hardas 膜显微硬度约 HV500，而 MHC 膜可达 HV530。硬质阳极氧化膜横截面的硬度从铝基体到膜表面逐渐下降。

人们常有一种印象，认为硬度较高表示耐磨性较好，然而应该注意硬度与耐磨性尽管有联系，并不是同一个物理量。例如：单纯从硬度比较，硬质阳极氧化膜（HV 400~500）不如高速钢或硬铬（HV 950~1 100）。但是 MHC 硬质膜的耐磨性却与硬铬相仿，甚至比高速钢还好些。不言而喻，硬质阳极氧化膜的耐磨性显然比常规阳极氧化膜的耐磨性好得多，但是各国和各实验室的实验方法和仪器不同，即使同一实验方法，数据的分散性常常也很大，因此测量数据的直接比较还是相当困难的。

表 6-8 所列为硬质阳极氧化膜（MHC 膜和 Alumilite226 膜）与普通阳极氧化膜（Alumilite204 膜）的耐磨性比较。为了便于对比换算成比耐磨性，即单位氧化膜厚度（μm）消耗磨料的质量（g），数据表示在括号之内，这样可以清楚地看出，通过硬质阳极氧化除了 2024 合

金的耐磨性只增加20%外,其余铝合金都增加了1~2倍。

表6-8 不同铝合金的阳极氧化槽压、成膜效率和氧化膜的显微硬度

材料	膜的类型	氧化膜厚/μm	磨料穿透膜的质量/g
1200	Alumilite204	11.9	35(2.9)
	Alumilite226	56.9	378(6.6)
	MHC	57.6	405(7.0)
3103-H18	Alumilite204	13.5	33(2.4)
	Alumilite226	59.2	368(6.2)
6061-T6	Alumilite204	11.7	41(3.6)
	Alumilite226	54.6	364(6.7)
	MHC	58.7	390(6.6)
7075-T6	Alumilite204	11.4	46(4.0)
	Alumilite226	54.1	357(6.6)
2024-T3	Alumilite204	10.4	22(2.1)
	Alumilite226	53.3	142(2.6)
	MHC	63.0	163(2.6)

值得注意的是硬质阳极氧化后直接测定,与大气中放置若干时间之后的耐磨性有所不同,有些铝合金则比较明显。比如在大气中放置六个月,Al-Cu-Mg-Mn合金的耐磨性下降较多,而6061合金却下降不多。耐磨性退化的原因可能与湿度的影响有关。

(3)耐腐蚀性

总的来说硬质阳极氧化膜的耐腐蚀性优于常规阳极氧化膜,这可能与孔隙率低、膜比较厚有关系。硬质阳极氧化的部件已经通过了5%中性盐雾试验,在许多场合还可以与不锈钢媲美。但是也并不尽然,2024合金的硬质氧化膜相对普通氧化膜,不仅耐磨性没有明显改善,耐腐蚀性也没有明显提高。重铬酸钾封孔固然可以提高膜的耐腐蚀性,但是却会降低耐磨性,所以硬质阳极氧化膜一般不予封孔,有时候根据需要填充石蜡、矿物油或硅烷等。另外在厚膜的情形下,应该尽量防止硬质阳极氧化膜的微裂纹,因为微裂纹会降低膜的耐腐蚀性。填充聚四氟乙烯(PTFE)可以提高耐腐蚀性,又不会降低耐磨性。填充PTFE可以将硬质阳极氧化膜的摩擦系数降低到0.05,这是十分有效的减摩手段,已经用在汽缸的内表面起到减摩作用。

(4)热学性能与耐热性

无水三氧化二铝的熔融温度为2 100 ℃,水合氧化铝在500 ℃左右开始失去结晶水。阳极氧化膜的比热容是0.837 J/(g·℃)(20~100 ℃)和0.976 J/(g·℃)(100~500 ℃)。阳极氧化膜的线膨胀系数是铝的1/5,而它的热导率只有铝的1/13~1/10。铝的热发射性随阳极氧化膜的生长迅速提高,10 μm阳极氧化膜增加了80%。因此硬质阳极氧化厚膜是热耗散的良好“黑体”,可以消除加热部件的热斑,利用这个特性可以用在诸如炊具之类的用具。

(5)电学性能与电绝缘性

阳极氧化膜是非导电性的,硬质阳极氧化膜的击穿电压甚至可以高达 2 000 V 以上。为了保持氧化膜电接触的需要,常采用掩蔽技术进行硬质阳极氧化。5054A 铝合金的 Hardas 膜的击穿电压在表 6-9 中列出,热水封孔和填充石蜡能够改善电绝缘性。如果击穿电压作为首要考虑因素,应该采用升高外加电压以增加阻挡层的厚度。击穿电压的精确数据难以确定,因为合金成分、膜的微裂纹、环境湿度等都有不确定的影响。

表 6-9 5054A 铝合金 Hardas 膜在不同条件下的击穿电压

膜的厚度/μm	不同条件下的击穿电压/V		
	未封孔	沸水封孔	沸水封孔并填充石蜡
25	250	250	550
50	950	1 200	1 500
75	1 250	1 850	2 000
100	1 850	1 400	2 000

介电常数高并且热导率好使得硬质阳极氧化的铝优于其他电子部件的绝缘材料。Hardas 膜的使用温度为 480 ℃,介电强度为 26 V/μm,热导率为 3.1 W/(m·℃)。

(6)力学性能

硬质阳极氧化膜对于铝基体的抗拉强度影响不大,但是延伸率和持久强度有明显下降。表 6-10 列出了不同厚度的 Hardas 硬质氧化膜对于极限抗拉强度和延伸率的影响。表 6-11 是几种铝合金 MHC 硬质膜在 10^6 次循环下的持久强度。

表 6-10 不同厚度 Hardas 硬质膜的力学性能

基体金属	膜厚/μm	极限抗拉强度/(MN·m^{-2})	延伸率/%
6061-T6	—	329	12.0
	13	339	12.5
	25	336	11.5
	75	313	8.0
	125	311	5.5
2024-T3	—	467	18.0
	13	459	17.5
	25	463	15.0
	75	432	11.0
	125	404	—
7075-T6	—	552	8.5
	13	556	7.5
	25	550	7.5
	75	538	7.0
	125	503	6.5

表 6-11 几种铝合金 MHC 硬质膜在 10^6 次循环下的持久强度

铝合金	无膜的强度/($MN \cdot m^{-2}$)	有膜的强度/($MN \cdot m^{-2}$)	下降百分数/%
2024 有包层	75.8	51.7	32
2024	130.9	103.4	21
7075	151.6	62.0	59
7075 有包层	82.7	68.9	17
7178	179.1	62.0	65
6061	103.4	41.3	60

(7)基体铝合金成分的影响

铝合金成分对于硬质阳极氧化膜的性能有明显的影响,尤其是对于硬度和耐磨性。由于硬质阳极氧化对于合金的影响比普通阳极氧化大得多,因此不同合金的部件在硬质阳极氧化时,应该尽可能避免批次混合。待处理的铝合金有烧损趋势时,硬质阳极氧化的电流和电压比普通阳极氧化的都高,由于氧化膜上的薄弱点通过的电流较大,从而更容易形成局部高温,使得膜的溶解速度比膜的生成速度快。比如含铜高的铝合金就是这种情形,此时要注意控制启动阶段的电流密度。高锌或高镁铝合金的阳极氧化膜本身的结合力不如纯铝的膜,因此不适合用于冲击负荷的场合。

6. 脉冲硬质阳极氧化膜的性能

脉冲硬质阳极氧化可以得到性能更好的阳极氧化膜,或者可以在难以阳极氧化的铝合金上得到满意的硬质阳极氧化膜。表 6-12 中比较了脉冲阳极氧化膜与普通阳极氧化膜的性能。表中所列的性能是日本的数据,电解溶液是含草酸的硫酸溶液,实验的铝合金是1180、5052 和 6063。我国的实验数据表明,在低电流密度时脉冲电压没有显示优越性,但是在高电流密度(也就是硬质阳极氧化条件下)脉冲显示出非常明显的优势。

表 6-12 脉冲阳极氧化膜与普通阳极氧化膜的性能比较

项目	普通阳极氧化膜	脉冲硬质阳极氧化膜
显微硬度/HV	300(20 ℃)	650(20 ℃),450(25 ℃)
CASS 实验达 9 级时间/h	8	48
落砂耐磨试验/s	250	1 500
弯曲试验	好	好
击穿电压/V	300	1 200
膜厚均匀性	25%(10 μm,22 ℃)	4%(10 μm,20~25 ℃)
电源成本比较	1	1.3
电能消耗比较	大	小
生产效率比较	1	3

从国内外的实验数据可看出,脉冲阳极氧化膜的密度、硬度和耐磨性都优于普通阳极氧化膜,但是只有在高电流密度时才能充分体现出来。日本的数据还表明除了上述性能

外，在耐蚀性、柔韧性、击穿电压和膜厚均匀性等方面，脉冲阳极氧化膜都比普通阳极氧化膜性能好。表 6-13 为低电流密度下脉冲对阳极氧化膜性能的影响。表 6-14 为高电流密度下脉冲对阳极氧化膜性能的影响。

表 6-13 低电流密度下脉冲对阳极氧化膜性能的影响

阳极氧化条件（相同电量）	厚度/μm	密度/(g·cm^{-3})	硬度/HV	耐磨性/(s·μm^{-1})
恒流(E=17 V)	12.4	2.198	256	7.86
脉冲 1(E_1-E_2 18~16 V,t_1-t_2 40~10 s)	13.3	2.340	311	8.12
脉冲 3(E_1-E_2 18~16 V,t_1-t_2 40~10 s)	11.6	2.245	276	7.89
脉冲 5(E_1-E_2 18~16 V,t_1-t_2 60~10 s)	15.3	2.217	281	7.95

表 6-14 高电流密度下脉冲对阳极氧化膜性能的影响

阳极氧化条件（相同电量）	厚度/μm	密度/(g·cm^{-3})	硬度/HV	耐磨性/(s·μm^{-1})
恒流(E=20.5 V)	53.0	2.603	300	8.06
脉冲 2(E_1-E_2 21~16 V,t_1-t_2 60~10 s)	43.1	2.752	460	9.67
脉冲 4(E_1-E_2 21~16 V,t_1-t_2 25~10 s)	40.2	2.705	400	8.71
脉冲 6(E_1-E_2 21~16 V,t_1-t_2 90~10 s)	55.1	2.670	436	9.21

6.4 微等离子体氧化技术

微弧氧化（micro-arc oxidation，MAO）又称等离子体电解氧化（plasma electrolytic oxidation，PEO），是将 Al、Mg、Ti 等金属及其合金作为阳极浸渍于电解液中，在较高电压及较大电流所形成的强电场中，将工件由普通阳极氧化的法拉第区拉到了高压放电区，使材料表面产生微弧放电，在复杂的反应下，在金属表面直接原位生长出陶瓷质氧化物陶瓷膜的一项新技术。该过程包含放电的火花、热和电化学、等离子体化学反应等。图 6-13 为微弧氧化前后的铝合金手机外壳。

(b1) (b2)

(a)微弧氧化前　(b)微弧氧化后((b1)为黑色，(b2)为浅黄色)

图 6-13 铝合金制品零部件

6.4.1 微等离子体氧化原理

微弧氧化机理研究仍在不断探索之中,至今没有一致的理论解释。苏联专家在早些年就已经发现,继续升高电压可生成新的氧化膜。这层氧化膜与阳极氧化膜相比有良好的性能。但由于微弧氧化反应复杂,且瞬间完成,给原理的解释和推理研究带来了极大困难。

俄罗斯 Yerokhin 等认为,在电解液中通过阴阳电极将伴随着大量的电解过程发生(图 6-14),在阳极表面会产生大量的氧气,该过程可以导致阳极表面的金属溶解或者在其表面形成金属氧化物。与此同时,在阴极表面将释放出大量 H_2,并伴随着阳离子的减少。

Wood 和 Pearson 提出“电子雪崩”机理。认为电子浸入膜层以后立即被电场加速,并与其他原子发生碰撞,从而电离出电子,这些电子也会促使更多的电子产生,这一过程称为“电子雪崩”。同样溶液中的阴离子也有可能因为高电场的作用而被吸引进入膜层,也会引起“电子雪崩”。1970 年,火花放电由 Vijh 揭露出来。他认为,氧的析出同时,火花放电也存在,而氧的析出的完成是由“电子雪崩”来实现的,“雪崩”后会产生大量的电子,这些电子被加速到氧化膜与电解液界面而造成膜层击穿,产生微弧放电。Tran Bao Van 等人紧接着又进一步研究了火花放电全过程,对每次火花放电的持续时间及产生的能量进行了精确的测定,结果认为,放电现象总是出现在氧化膜最薄弱的部位,“电子雪崩”总是在膜薄弱处进行,放电时产生的热应力给“雪崩”提供了动力。“电子雪崩”模型如图 6-15 所示。

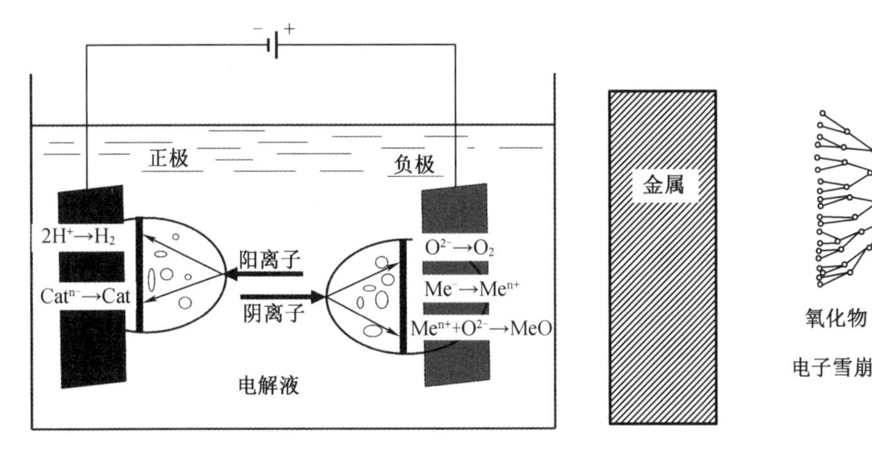

图 6-14 电解液中的电解过程

图 6-15 “电子雪崩”模型

1977 年,S. Ikonpisov 首次用定量理论模型揭示了微弧氧化机理,他引入了膜层击穿电压 V_B 的概念,他认为 V_B 主要取决于金属的性质、溶液组成及导电性,而电流密度、电极形状及升压方式对 V_B 影响不大。建立了击穿电压 V_B 与微弧氧化处理液的电导率和温度之间的关系:

$$V_B = \alpha_B + b_B \lg \rho = a_B + \frac{\beta_B}{T} \tag{6-2}$$

式中,V_B 为击穿电压;a_B 及 b_B 为与基体金属有关的常数;ρ 为溶液电导率;α_B 及 β_B 为与电解液有关的常数,T 为溶液温度。

利用此公式可对许多微弧氧化实验现象准确地解释,因此 S. Ikonpisov 模型得到了认同,并且已经成为目前解释电击穿现象及微弧氧化机理的重要理论依据。

在此基础上,Albella 提出了放电的高能电子来源于进入氧化膜中的电解质的观点,并且进一步完善了 Ikonopisov 提出的定量理论模型,提出了击穿电压 V_B 与电解质溶液浓度的关系:

$$V_B=\frac{E}{a\left(\ln\frac{Z}{a\eta}-b\ln C\right)} \tag{6-3}$$

式中,V_B 为击穿电压(V);E 为电场强度($V\cdot m^{-1}$);a、b 为常数;Z、η 为系数;C 为电解质溶液的浓度($g\cdot L^{-1}$)。

在微弧氧化膜成长的过程中,电压、电流密度、电解液体系、溶液酸碱性等工艺参数对膜层的生长有着重要的影响。在这些参数变量的条件下,建立一个简单的动力学模型是不可能的。Albella 在 Ikonopisov 的理论基础上提出了膜层厚度 h 和电压 V 之间的关系:

$$h=h_i\exp[k-(V-V_B)] \tag{6-4}$$

式中,h_i、k 为常数;V 为最终成膜电压(V);V_B 为击穿电压(V)。

该模型只考虑了电压对膜层厚度的影响,而没考虑其他工艺参数的影响,所得到的 h 值与实际的情况差距很大。张新平等人利用微弧氧化过程中的等效电路模型,把电压、电流、电解液电导率等因素考虑进去,得出如下关系:

$$h=\frac{U+\frac{S\int_0^t J(\tau)\mathrm{d}\tau}{C}-J(t)(R_1+R_2)S}{2R} \tag{6-5}$$

式中,U 为电源电压;S 为试样通过电流的面积;t 为时间;$J(\tau)$ 为时间为 τ 时的电流密度;C 为形成的虚拟电容;R_1 为电解液电阻;R_2 为合金件电阻;R 为单位距离覆盖层电阻。

在阳极氧化过程中,只有反应区的温度适当,才能保证铝合金表面产生许多跳动着的微弧点,这些微弧点总是在薄弱环节中优先出现,这样既能保证氧化膜的结构变化,可使原来无序结构氧化膜转化成含有一定 α 相和 γ 相的氧化铝结构,又不会对材料表面造成实质性破坏,微弧氧化就是利用这个温度区对材料表面进行改性的。

微弧氧化会产生使氧离子渗透到铝基体中的渗透氧化。通过实验发现,大约有 2/3 的氧化层存在于铝合金的基体中,因此工件尺寸变动不大。由于渗透氧化产生相当厚的过渡区,使基体与膜层间产生结合力更强的冶金结合,膜层不易脱落,最大的氧化层厚度可达 200~300 μm。

等离子体微弧氧化过程非常复杂,几种氧化过程可能同时发生。由于放电通道的截面积很小,电流密度又很大,在通道内会形成一个瞬间的高温微区,Van 认为瞬间温度高达 2 000 ℃,Krysmann 计算出温度高达 8 000 K(约 7 726.85 ℃)。在放电通道内完成的化学反应和物理反应可以用以下反应方程式来表示:

放电通道内的化学反应:

$$2H_2O \longrightarrow 2H_2\uparrow+O_2\uparrow$$

$$4OH^- -4e \longrightarrow 2H_2O+O_2\uparrow$$

$$H_2O \longrightarrow 2[H]+[O]$$

$$2Al+3[O] \longrightarrow Al_2O_3$$

$$2[O] \longrightarrow O_2\uparrow$$

$$2[H] \longrightarrow H_2 \uparrow$$

放电通道内的物理反应：

$$Al - 3e \longrightarrow Al^{3+}$$

$$Al^{3+} + O^{2-} \longrightarrow Al_2O_3$$

或者

$$Al^{3+} + 4OH^- \longrightarrow Al(OH)_4^- \text{胶体}$$

胶体受热分解，即

$$Al(OH)_4^- - e \longrightarrow Al_2O_3 + H_2O$$

起初形成的 Al_2O_3 是非晶态的，但在高温下，可能发生如下相变变化：

$$Al_2O_3(\text{熔融非晶态}) \longrightarrow \gamma-Al_2O_3(\text{熔融})$$

$$\gamma-Al_2O_3(\text{熔融}) \longrightarrow \alpha-Al_2O_3(\text{熔融})$$

$$\gamma-Al_2O_3(\text{熔融}) \longrightarrow \gamma-Al_2O_3(\text{固态})$$

$$\alpha-Al_2O_3(\text{熔融}) \longrightarrow \alpha-Al_2O_3(\text{固态})$$

微弧氧化所得膜层均匀，孔隙率较小。微弧氧化过程中，在高电压产生高电场作用下，膜层表面气泡和电解液界面一侧为阳极，而气泡的另一端为阴极，阴阳极间因高电压而导致产生火花放电，同时气液界面的形成使得极化变得均匀。

6.4.2 微等离子体氧化装置及工艺

1. 微等离子体氧化装置

微等离子体氧化装置如图6-16所示，主要包括微弧氧化电源，电源可调参数为电压、电流、频率、占空比、氧化时间。实验装置部分包括起搅拌电解液作用的磁力搅拌器，阴极不锈钢电解槽，电解槽内壁盘旋循环冷却水管起冷却电解液作用，电解槽中间悬挂阳极试样，并且将试样完全浸渍于电解液中，与不锈钢阴极构成闭合回路，在通电的条件下实现微弧氧化反应。

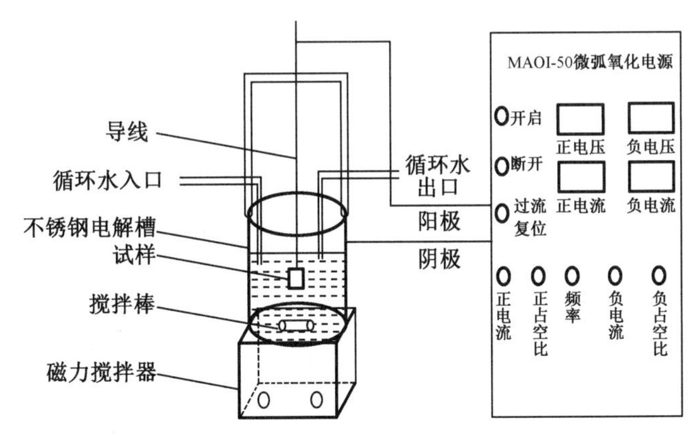

图6-16 微等离子体氧化装置图

2. 微等离子体氧化工艺

微等离子体氧化法制备陶瓷膜的工艺流程一般为：

表面清洗→微弧氧化→自来水冲洗→自然烘干

微弧氧化法多采用弱碱性电解液，常用的电解液有氢氧化钠、硅酸钠、铝酸钠、磷酸钠或偏磷酸钠等。上述电解液可以单独使用或混合使用,还可以加入少量添加剂以改善膜层性能。施加的电压可以是直流、交流、脉冲或直交流叠加。其工作电压随电解液体系而异,一般不低于 300 V,最高可达 1 000 V 以上。电流密度通常根据膜层厚度、耐磨、耐蚀、耐热等要求在 2~40 A/dm^2 范围内选定。微弧氧化法对电解液温度的要求很高,氧化过程中释放的热量很大,如果不能及时排除热量,微区周围的溶液温度急剧上升,这会促使膜层溶解,因此一般需对溶液进行冷却及强制循环。如图 6-17 所示,采用磁力搅拌器搅拌溶液,使溶液旋转,通过循环水冷却,把反应产生的热量随时带走。

6.4.3 微等离子体氧化膜的结构与性能

1. 微弧氧化陶瓷层结构

微弧氧化膜分三层结构,如图 6-17 所示。表面层疏松、粗糙、多孔;工作层致密,为主要强化层,决定膜层性能;基体与工作层之间的过渡层呈微区范围内犬牙交错的冶金结合,使铝合金基体与陶瓷工作层紧密结合,过渡层中含有基体金属及致密层中的物质。

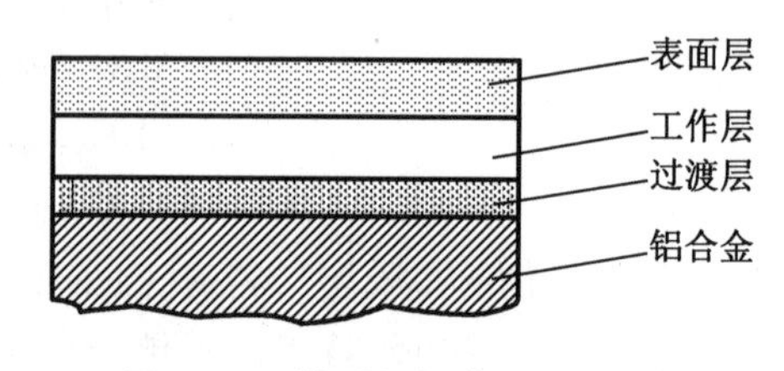

图 6-17 微弧氧化膜结构示意图

2. 微弧氧化陶瓷层性能

(1)陶瓷膜层与基体呈锯齿状交错,结合牢固,不易起皮。

(2)膜层硬度高,耐磨性好。

(3)可将零部件处理成纯白色、咖啡色或黑色等多种颜色,遇到有机溶剂也不会掉色。

(4)陶瓷膜层的厚度易于控制,通过控制反应时间来得到不同厚度的陶瓷层。

(5)膜层硬度高,耐磨性好。

(6)膜层孔隙率小而均匀,膜层性能稳定。

6.4.4 微等离子体氧化的应用

微弧氧化技术自问世以来已应用到一些重要领域中。目前微弧氧化技术有望率先在军工领域有着重要应用的活塞、三通接头、导轨等铝合金部件得到应用。表 6-15 列出了微弧氧化可形成的膜层及其应用领域。

表 6-15 微弧氧化膜及其应用领域

微弧氧化膜层	适用范围
腐蚀防护膜层	化学化工设备、建筑材料、石油工业设备、机械设备
耐磨膜层	航空、航天、船舶、纺织等所用的传动部件
电绝缘膜层	电子、仪表、化工、能源等工业的电器元件
光学膜层	精密仪器
功能膜层	化工材料、医疗设备
装饰膜层	建筑材料、仪器仪表

6.5 钢铁的磷化处理技术

6.5.1 磷化膜形成机理

金属在含有锰、铁、锌的磷酸盐溶液中进行化学处理，使金属表面生成一层难溶于水的结晶型磷酸盐保护膜方法，称磷酸盐处理，也称磷化处理。磷化膜主要成分是 $Fe_3(PO_4)_2$、$Mn_3(PO_4)_2$、$Zn_3(PO_4)_2$，厚度一般在 1~50 μm，具有微孔结构，膜的颜色一般由浅灰到黑灰色，有时也可呈彩虹色。

6.5.2 磷化膜的性能及应用

磷化膜层与基体结合牢固，经钝化或封闭后具有良好的吸附性、润滑性、耐蚀性及较高的绝缘性等，广泛应用于汽车、船舶、航空航天、机械制造及家电等工业生产中，如用作涂料涂装的底层、金属冷加工时的润滑层、金属表面保护层以及硅钢片的绝缘处理、压铸模具的防粘处理等。图 6-18 是经过磷化处理的零部件。

图 6-18 磷化处理后的零部件

涂装底层是磷化的最大用途所在，占磷化总的工业用途的 60%~70%，如汽车行业的电泳涂装。磷化膜作为涂漆前的底层，能提高漆膜附着力和整个涂层体系的耐腐蚀能力。磷化处理得当，可使漆膜附着力提高 2~3 倍，整体耐腐蚀性提高 1~2 倍。图 6-19 为涂装底层的汽车磷化处理。

图 6-19 涂装底层的汽车磷化处理

6.5.3 钢铁的磷化工艺

目前用于生产的钢铁磷化工艺按磷化温度可分为高温磷化、中温磷化和常温磷化三种，膜厚度一般在 5~20 μm。且朝着中低温磷化方向发展。按磷化成膜体系主要分为锌系、锌钙系、锌锰系、锰系、铁系、非晶相铁系六大类。

1. 钢铁磷化种类

（1）高温磷化。高温磷化的工作温度为 90~98 ℃，处理时间 10~20 min。优点是磷化速度快，膜层较厚；膜层的耐蚀性、结合力、硬度和耐热性都比较好；缺点是工作温度高，能耗大，溶液蒸发量大，成分变化快，常需调整；膜层容易夹杂沉淀物且结晶粗细不均匀。高温磷化主要用于要求防锈、耐磨和减摩的零件，如螺钉、螺母、活塞环、轴承座等。

（2）中温磷化。中温磷化的工作温度为 50~70 ℃，处理时间 10~15 min。优点是磷化速度较快，膜层的耐蚀性接近高温磷化膜，溶液稳定，磷化速度快，生产效率高；缺点是溶液成分较复杂，调整麻烦。中温磷化常用于要求防锈、减摩的零件；中温薄膜磷化常用于涂装底层。

（3）常（低）温磷化。常温磷化一般在 15~35 ℃的温度下进行，处理时间 20~60 min。优点是不需要加热，节约能源，成本低，溶液稳定；缺点是对槽液控制要求严格，膜层耐蚀性及耐热性差，结合力欠佳，处理时间较长，效率低等。

以上三种钢铁磷化处理的溶液组成和工艺条件见表 6-16。

表 6-16 三种钢铁磷化处理的溶液组成和工艺条件

溶液组成（$g \cdot L^{-1}$）及工艺条件	高温		中温		低温	
	配方 1	配方 2	配方 1	配方 2	配方 1	配方 2
磷酸二氢锰铁盐	30~40		40		40~60	
磷酸二氢锌		30~40		30~40		50~70
硝酸锌		55~65	120	80~100	50~100	80~100
硝酸锰	15~25		50			
亚硝酸钠						0.2~1
氧化锌					4~8	
氟化钠					3~4.5	
乙二胺四乙酸			1~2			
游离酸度/点①	3.5~5	6~9	3~7	5~7.5	3~4	4~6
总酸度/点①	36~50	40~58	90~120	60~80	50~90	75~95
温度/℃	94~98	88~95	55~65	60~70	20~30	15~35
时间/min	15~20	8~15	20	10~15	30~45	20~40

①点数相当于滴点 10 mL 磷化液，是指示剂 pH3.8（对游离酸度）和 pH8.2（对总酸度）变色时所消耗的 0.1 mol/L 氢氧化钠溶液的毫升数。

2. “四合一”磷化

钢铁零件“四合一”磷化是指除油、除锈、磷化和钝化四个主要工序在一个槽中完成。这种综合工艺可以简化工序、缩短工时、减少设备、提高效率，也可以对大型机械和管道进行原地刷涂。

3. 钢铁磷化工艺流程

一般钢铁工件的磷化工艺流程为:预处理 → 磷化→后处理。具体为:化学脱脂→热水洗→冷水洗→酸洗→冷水洗→磷化→冷水洗→磷化后处理→冷水洗→去离子水洗→干燥。

工件在磷化前若经喷砂处理,则磷化膜质量会更好。喷砂过的工件为防止重新锈蚀,应在6小时内进行磷化处理。为使磷化膜结晶细化致密,在常温磷化处理前应增加表面调整工序,常用表面调整剂为胶体磷酸钛[$Ti_3(PO4)_3$]溶液和草酸,其作用是增加表面结晶核心,加速磷化过程。

4. 钢铁磷化方法

磷化工艺基本方法有浸渍法和喷淋法两种。

(1)浸渍法。适用于高、中、低温磷化工艺,可处理任何形状的工件。特点是设备简单,仅需要磷化槽和相应的加热设备。最好用不锈钢或橡胶衬里的槽子,不锈钢加热管道应放在槽两侧。

(2)喷淋法。适用于中、低温磷化工艺,可处理大面积工件,如汽车、电冰箱、洗衣机壳体,用于涂漆涂装底层,也可进行冷变形加工。特点是处理时间短,成膜反应速度快,生产率高。

磷化处理所需设备简单,操作方便,成本低,生产效率高。磷化处理技术的发展方向是薄膜化、综合化、节省能源、降低污染,尤其是降低污染是今后重点研究的发展方向。

5. 钢铁磷化后处理

钢铁工件磷化后应根据工件用途进行后处理,以提高磷化膜的防护能力。一般情况下,磷化后应对磷化膜进行填充和封闭处理。填充处理规范见表6-17所示。

表6-17 钢铁工件磷化后填充处理规范工艺

溶液组成($g \cdot L^{-1}$)与工艺条件	配方一	配方二	配方三	配方四
重铬酸酐钾	30~50	60~100		
碳酸钠	2~4			
铬酸酐				1~3
肥皂			30~50	
温度/℃	80~95	80~95	80~95	70~90
时间/min	5~15	3~10	3~5	3~5

填充后,可以根据需要在锭子油、防锈油或润滑油中进行封闭。如需涂装,应在钝化处理干燥后进行,工序间隔不超过24 h。

6.5.4 钢铁磷化常见故障及排除方法

钢铁磷化处理过程中,经常会出现一些故障,钢铁磷化常见故障及排除方法见表6-18。

表 6-18 钢铁磷化常见故障及排除方法

故障	产生原因	排除方法
磷化膜出现白色沉淀物	1. 磷化处理时温度升高到了沸点 2. 沉渣太多 3. 溶液中有悬浮杂质 4. 清洗水中有固体悬浮物	1. 避免溶液过热 2. 调整酸度比或更换溶液 3. 改变加热方法和工件的浸入方法 4. 换水或重新清洗
磷化膜耐蚀性差	1. 溶液中主要成分浓度低 2. 酸度比不正确 3. 溶液温度不适宜 4. 磷化时间太短 5. 溶液中有氯化物 6. 溶液中 Fe^{2+} 含量高	1. 补加溶液成分 2. 分析调整 3. 控制温度 4. 延长磷化时间 5. 更换溶液 6. 更换或加入氧化剂
磷化膜出现污斑	1. 前处理不当 2. 工件在磷化液中分布不合理	1. 加强前处理 2. 改变磷化槽结构和工件分布

6.6 铬酸盐钝化处理

把金属或金属镀层放入含有某些添加剂的铬酸或铬酸盐溶液中，通过化学或电化学的方法使金属表面生成由三价铬和六价铬组成的铬酸盐膜的方法，叫作金属的铬酸盐钝化处理。这种方法废液不易处理，污染环境。

铬酸盐钝化处理多在室温下进行，具有工艺简单、处理时间较短和适用性强等优点。铬酸盐钝化处理主要用于电镀锌、电镀铬钢材的后处理工序，也可作为 Al、Mg、Cu 等金属及合金的表面防护层。铬酸盐膜耐蚀性高，镀锌层经过钝化处理，耐蚀性可提高 6~8 倍。

6.6.1 铬酸盐膜的形成机理

铬酸盐处理是在金属/溶液界面上进行的多相反应，过程十分复杂，其中最关键的是金属与 Cr^{6+} 之间的还原反应。一般认为铬酸盐膜形成过程大致分为以下三个步骤：

(1) 表面金属被氧化并以离子的形式转入溶液，同时有氢气在表面析出。

(2) 所析出的氢促使一定数量的 Cr^{6+} 还原成 Cr^{3+}，并由于金属/溶液界面处的 pH 值升高，使 Cr^{3+} 以胶体的氢氧化铬形式沉淀。

(3) 氢氧化铬胶体自溶液中吸附和结合一定数量的六价铬，在金属界面构成具有某种组成的铬酸盐膜。

下面以锌的铬酸盐处理为例，说明其反应过程：

锌浸入铬酸盐溶液后被溶解：

$$Zn+H_2SO_4 \longrightarrow ZnSO_4+H_2\uparrow$$

析氢引起锌表面的重铬酸离子被还原：

$$2Na_2Cr_2O_7+3H_2 \longrightarrow 2Cr(OH)_3+2Na_2CrO_4$$

由于上述溶解反应和还原反应，锌/溶液界面处的 pH 值升高，从而生成以氢氧化铬为主体的胶体状的柔软不溶性复合铬酸盐膜。

$$2Cr(OH)_3+Na_2CrO_4 \longrightarrow Cr(OH)_3 \cdot Cr(OH) \cdot CrO_4+NaOH$$

铬酸盐钝化膜很薄,厚度一般不超过 1 μm,但膜层与基体结合力强,化学稳定性好,大大提高了金属的耐蚀性。

6.6.2 铬酸盐膜的特性

铬酸盐膜为无定形膜,主要由三价铬和六价铬的化合物组成。三价铬化合物为膜的不溶部分,具有足够的强度和稳定性,成为膜的骨架;六价铬化合物为膜的可溶部分,分散在骨架的内部起填充作用。当钝化膜受到轻度损伤时,可溶性六价铬化合物能使该处再钝化,使膜自动修复。这就是铬酸盐钝化膜耐蚀性特别好的根本原因。

各种金属上的铬酸盐膜大都具有某种色泽,其深浅与基体金属的材质、成膜工艺条件和后处理的方法均有关。一般来说,色泽最浅(无色的或透明的)和最深(黑色)的膜,是在特殊的处理条件下取得的;在通常条件下取得的膜大多介于这两种极端情形之间。各种金属上铬酸盐膜的颜色见表 6-19。

表 6-19 各种金属上铬酸盐膜的颜色

基体金属	色泽	基体金属	色泽
Zn 和 Cd	白,微带彩色,彩黄,金黄,黄褐,黄绿,灰绿,棕色,黑色	Mg 及其合金	白,彩色,金黄 ,棕,黑色
Al 及其合金	透明,彩黄,棕色	Sn	透明,黄灰色
Cu 及其合金	白,黄色	Ag	透明,浅黄

6.6.3 铬酸盐钝化工艺

1. 预处理

采用常规的预处理工艺去除工件表面的油脂、污物及氧化皮。对于电镀层,只需把刚电镀完的零件清洗干净即可进行钝化。

2. 钝化处理

铬酸盐钝化液主要由六价铬化合物和活化剂组成。常用的六价铬化合物有铬酐、重铬酸钠或重铬酸钾。活化剂的作用是促进金属溶解,缩短成膜时间,改进膜的性质和颜色。常用的活化剂有硫酸、硝酸、卤化物、硝酸盐、醋酸盐或甲酸盐等。

成膜一般在室温(15~30 ℃)下进行,低于 15 ℃时成膜速率很慢,升温虽可得到更硬的膜,但结合力差且成本高,一般不宜采用。浸渍时间一般为 5~60 s,Al 和 Mg 为 1~10 min。溶液的 pH 值对钝化有一定的影响,一般 pH 值为 1~1.8。各种金属及合金的铬酸盐处理工艺条件见表 6-20。

表 6-20 各种金属及合金的铬酸盐处理工艺条件

<table>
<tr><th>材料</th><th>溶液</th><th>溶液的质量浓度（或体积浓度）</th><th>温度/℃</th><th>处理时间/s</th><th>材料</th><th>溶液</th><th>溶液的质量浓度/$(g\cdot L^{-1})$</th><th>温度/℃</th><th>处理时间/s</th></tr>
<tr><td>Zn</td><td>铬酐
硫酸
硝酸
冰醋酸</td><td>$5\ g\cdot L^{-1}$
$0.3\ mL\cdot L^{-1}$
$3\ mL\cdot L^{-1}$
$5\ mL\cdot L^{-1}$</td><td>室温</td><td>3~7</td><td>Sn</td><td>氢氧化钠
润湿剂</td><td>10
2</td><td>90~95</td><td>3~5</td></tr>
<tr><td rowspan="2">Cd</td><td rowspan="2">铬酐
硫酸
硝酸
磷酸
盐酸</td><td rowspan="2">$50\ g\cdot L^{-1}$
$5\ mL\cdot L^{-1}$
$5\ mL\cdot L^{-1}$
$10\ mL\cdot L^{-1}$
$5\ mL\cdot L^{-1}$</td><td rowspan="2">10~50</td><td rowspan="2">15~120</td><td>Al 及其铝合金</td><td>铬酐
重铬酸钠
氟化钠</td><td>3.4~4
3.0~3.5
0.8</td><td>30</td><td>180</td></tr>
<tr><td>Cu 及其铜合金</td><td>重铬酸钠
氟化钠
硫酸钠
硫酸</td><td>180
10
50
$6\ mL\cdot L^{-1}$</td><td>18~25</td><td>300~900</td></tr>
<tr><td>Sn</td><td>铬酸钠
重铬酸钠</td><td>$3\ g\cdot L^{-1}$
$2.8\ g\cdot L^{-1}$</td><td>90~95</td><td>3~5</td><td>Mg 及其镁合金</td><td>重铬酸钠
硫酸镁
硫酸锰</td><td>150
60
60</td><td>80~100</td><td>600~1 200</td></tr>
</table>

3. 老化处理

钝化膜形成后的烘干称为老化处理。新生成的钝化膜较柔软，容易磨掉，加热可使钝化膜变硬，成为憎水性的耐腐蚀膜。但老化温度不应超过 75 ℃，否则钝化膜失水，产生网状龟裂，同时可溶性的六价铬转变为不溶性的，使膜失去自修复能力。若老化温度低于 50 ℃，成膜速度太慢，所以一般采用 60~70 ℃。

6.7 复合转化膜层技术

6.7.1 表面热处理与表面化学热处理的复合

表面热处理与表面化学热处理的复合强化处理在工业上的应用实例较多，举例如下。

(1)液体碳氮共渗与高频感应加热表面淬火的复合强化。液体碳氮共渗可提高工件的表面硬度、耐磨性和疲劳性能。但该项工艺有渗层浅、硬度不理想等缺点。若将液体碳氮共渗后的工件再进行高频感应加热表面淬火，则表面硬度可达 HRC60~65，硬化层深度达 1.2~2.0 mm，零件的疲劳强度也比单纯高频淬火的零件明显增加，其弯曲疲劳强度提高 10%~15%，接触疲劳强度提高 15%~20%。

(2)渗碳与高频感应加热表面淬火的复合强化。一般渗碳后要经过整体淬火与回火，虽然渗层深，其硬度也能满足要求，但仍有变形大，需要重复加热等缺点。使用该工艺的复合处理方法，不仅能使表面达到高硬度，而且可减少热处理变形。图 6-20 为渗碳炉和高频淬火装置。

(a)渗碳炉

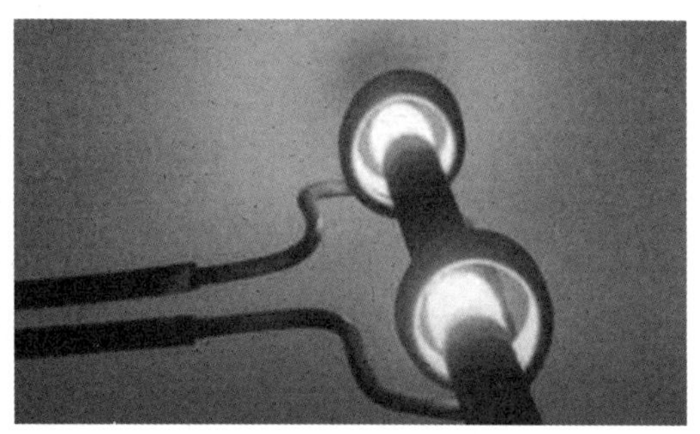

(b)高频淬火装置

图 6-20　渗碳炉和高频淬火装置

(3)氧化处理与渗氮化学热处理的复合处理工艺。氧化处理与渗氮化学热处理的复合称为氧氮化处理。就是在渗氮处理的氮气中加入体积分数为 5%~25%的水分,处理温度为 550 ℃,适合于高速钢刀具。高速钢刀具经过这种复合处理后,钢的最表层被多孔性质的氧化膜(Fe_3O_4)覆盖,其内层形成由氮与氮富化的渗氮层,耐磨性、抗咬合性能均显著提高,改善了高速钢刀具的切削性能。

6.7.2　表面复合化学热处理

将两种热处理方法复合起来,比单一的热处理具有更多的优越性,因而发展了许多种热处理工艺。在生产实际中已获得广泛应用。

(1)渗钛与离子渗氮的复合处理强化方法是先将工件进行渗钛的化学热处理,然后再进行离子渗氮的化学热处理。经过这两种化学热处理复合处理后,在工件表面形成硬度极高、耐磨性很好且具有较好耐腐蚀性的金黄色 TiN 化合物层。它的性能明显高于单一渗钛层和单一渗氮层的性能。

(2)渗碳、渗氮、碳氮共渗对提高零件表面的强度和硬度有十分显著的效果,但这些渗层表面抗黏着能力并不十分令人满意。在渗碳、渗氮、碳氮共渗层上再进行渗硫处理,可以降低摩擦系数,提高抗黏着磨损的能力,提高耐磨性。如渗碳淬火与低温电解渗硫复合处理工艺是先将工件按技术条件要求进行渗碳淬火,在其表面获得高硬度、高耐磨性和较高的疲劳性能,然后再将工件置于盐浴中进行电解渗硫。盐浴成分(质量分数)为 75%KSCN+25%NaSCN,电流密度为 2.5~3 A/dm^2,时间为 15 min。渗硫后获得复合渗层。渗硫层是呈多孔鳞片状的硫化物,其中的间隙和孔洞能储存润滑油,因此具有很好的自润滑性能,有利于降低摩擦系数,改善润滑性能和抗咬合性能,减少磨损。

6.7.3　化学热处理与气相沉积的复合

气相沉积生成的硬质膜 TiN、TiC 类金刚石(DLC)本身具有很高的硬度和化学稳定性,但当它们沉积在工模具上时,其优良的耐磨、减摩、耐蚀等性能能否得到充分发挥,很大程度上取决于膜与基体的结合状况。因此,提高膜基结合性能一直是气相沉积硬质膜研究的重要内容。改善膜基结合,除优化膜的成分与结构外,更重要的是从膜和基体的整个体系来考虑选择基体材料的组织、结构和性能,使其适合不同膜的沉积。膜基间的物理、化学性能差异越大,其结合强度亦越差。另外,膜的疲劳抗力及抵抗塑性变形的能力与基体的关系也十分密切,如基体的抗塑性变形能力差,接触疲劳抗力低,仅沉积几微米厚的硬质层,则难以有效地提高其耐磨性。钢铁渗氮后,在其表层形成氮的化合物层和扩散层,提高了零件的表层硬度。氮化件较未渗氮件,更适合作为硬质膜的基体。这是因为氮化提高了基体的承载能力,不仅使膜的抵抗变形能力提高,同时由于膜层下形成了一个较平缓的硬度过渡区,当载荷作用时,从膜层到基体的应力分布连续性较好。未渗氮基体则因膜层与基体的机械性能相差较大,弹性模量的不同使应力呈非连续分布,在膜基界面处形成应力集中,若载荷超过基体屈服强度,使基体产生大量的塑性变形,为协调膜基应变一致,在界面处必然对膜层产生很大的约束力,当其超过膜基结合强度时,将导致界面开裂和膜剥落。另外,氮化时形成的多种氮化物、氮碳化物具有与一些膜相似的晶体结构与相近的晶格常数,这使得随后沉积的膜和基体间的结构匹配优于未氮化的基体,沉积的膜甚至可在这些化合物上外延生长,从而减少膜基界面的应变能,提高膜基结合强度。

复合处理时需考虑工艺的适应性,特别是处理温度。如 CVD 的处理温度高(>800 ℃),经 CVD 处理后,钢铁零件需重新淬火。CVD 和随后的淬火加热均使氮化物聚集长大或分解,氮化层硬度大大降低。因此渗氮不适合于 CVD 硬质膜复合。

复合处理不仅适用于高碳高合金钢刀具、模具的表面强化,而且由于渗氮提高了基体强度,也适用于提高中、低碳合金钢零件的耐磨、耐蚀等性能。该技术已开始由实验室研究进入工业应用。随着该研究的不断深入,基体、膜及其配合的不断优化、发展,复合处理将产生更具有综合性能的处理层,其应用领域将会进一步扩大。

6.8 化学转化膜技术禁忌

6.8.1 预处理禁忌

对于任何表面处理工艺来说,要获得可靠的质量,洁净表面是首要的条件。工件经过各种机械加工后,其表面通常会存在磨痕、凹坑、毛刺、划伤等缺陷,转化处理前必须去掉这些缺陷,否则这些缺陷会在转化膜处理后暴露出来。同时,机械加工后的工件表面,带有润滑油迹或不同程度地覆盖着磨料以及灰尘、汗渍等脏物,如不清洗掉,将影响膜的性能。

1. 机械预处理禁忌

机械处理的目的是降低基体表面粗糙度,获得平整、光滑的表面,去除表面毛刺、划伤等缺陷。对于工件的防腐、装饰等转化膜处理时,预处理的质量直接影响商品价值。以铝合金机械预处理禁忌为例:

(1)从粗磨到高光泽度精磨,抛光轮质地应一个比一个软,磨料粒度与硬度应当一个比一个细,操作压力应一个比一个低。

(2)铝及铝合金砂轮研磨时转速忌太高,否则容易改变工件的外观尺寸。

(3)铝及铝合金的机械抛光忌选用硬度过高的磨料。

2. 脱脂禁忌

(1)有机溶剂脱脂禁忌

有机溶剂脱脂,应尽量选择具有以下特点的溶剂:不燃烧,比热容与潜热小,油脂溶解能力大,无毒,与金属不发生反应,不产生腐蚀,沸点低,稳定,蒸气密度比空气大,表面张力

小,容易分离溶解的油脂,价格便宜。有机溶剂脱脂禁忌如下:

①有机溶剂脱脂忌在无安全保障设备和措施的情况下进行,应注意加强通风,防火、防爆。

②有机溶剂脱脂忌作为金属表面唯一的脱脂工序,应和其他脱脂方式配合使用。

③甲醇和乙醇忌作为镁合金的脱脂剂,甲醇和乙醇都会与镁合金反应,产生氢气,导致燃烧甚至爆炸。

(2)化学脱脂禁忌

①工件含油率高时,忌用碱性脱脂剂,否则会加速碱性脱脂剂的老化失效。

②矿物油脂忌单纯用强碱液脱脂。

③用于喷淋清洗的碱液脱脂剂,忌不谨慎地加入表面活性剂。

④铝合金碱性脱脂忌使用高浓度强碱或处理温度过高、时间过长,否则合金会在脱脂过程中被过度腐蚀。

⑤工件经碱液脱脂后水洗非常关键,忌漂洗不彻底。

⑥碱性脱脂槽忌长期不维护管理。

⑦铝合金的酸性溶液脱脂忌用盐酸,盐酸对铝合金腐蚀速度太快,会造成工件表面缺失和表面粗糙度增大。

⑧硫酸溶液的使用温度忌过高,否则会产生酸雾,同时工件表面的亮度也会降低。

⑨有机酸溶液忌用于低成本、大批量工件。

⑩铬酸溶液的废液忌直接排放。

⑪忌用于不同工件的硝酸溶液浓度不变。

3. 抛光禁忌

(1)化学抛光禁忌

化学抛光不需要通电,也不需要专用夹具,操作简单,但化学抛光忌在无良好的加热和通风设备下进行。具体禁忌如下:

①化学抛光溶液中忌加入无氧酸,无氧酸容易在金属表面产生不均匀腐蚀。

②化学抛光溶液中酸的浓度必须严格控制,忌过高或过低。过低,反应慢,抛光后工件表面光泽较差;过高,工件表面容易出现点状腐蚀。

③化学抛光溶液中硫酸的含量忌过高。

④化学抛光后的工件要尽快转入下一个工序处理,忌长时间停留,否则会降低亮度,甚至会产生点腐蚀。

⑤铝及铝合金的化学抛光忌在常温下进行,低于 80 ℃难以获得光亮的金属表面。

⑥合金元素含量较高的铝合金很难用化学抛光获得镜面光亮。

⑦化学抛光溶液忌积累过多杂质离子。

⑧化学抛光忌在通风不良的条件下进行。

⑨在生产上要尽量选用无黄烟化学抛光工艺。

(2)电解抛光禁忌

①浓磷酸型铝合金电解抛光电解液,使用时必须及时过滤底部形成 $AlPO_4$ 结晶,否则影响抛光的正常工作。

②用布利特方法进行电解抛光忌无抽风装置。

③铝及其合金的电解抛光液不一定都是酸性的。

④生产上尽量避免采用有铬的电解抛光工艺,减少环境污染。

⑤电解抛光处理时忌无搅拌和降温措施。

6.8.2 化学氧化禁忌

1. 铝的铬酸盐转化膜禁忌

(1)铝的磷酸-铬酸转化膜处理温度忌低于 20 ℃或高于 40 ℃。低于 20 ℃时,溶液反应缓慢,生成的氧化膜较薄,防护能力差;高于 40 ℃时,溶液反应太快,产生的氧化膜疏松,结合力不好,容易起粉。

(2)铝的碱性铬酸盐膜处理温度忌低于 80 ℃,否则膜层将不均匀;而温度太低高,则会引起表面粗化、疏松和附着力下降,且有绿色膜层出现。

(3)铝的碱性铬酸盐膜处理后烘干温度忌太高,否则会降低氧化膜的耐蚀性。

2. 钢铁的氧化工艺禁忌

(1)带较多油脂的钢铁件忌直接氧化处理,否则会造成氧化液碱性下降,过早失效。

(2)不同钢号忌采用相同的氧化工艺。

(3)氧化槽液忌在 100 ℃以上补充水分,防止碱液飞溅。

(4)氧化槽液再次使用时忌不捣碎表面硬皮就开始加热,以免溶液在加热时爆炸、飞溅。

(5)钢铁氧化处理后忌未经后处理就直接使用。

(6)钢铁的氧化一定要控制好影响氧化膜的各种因素。

(7)钢铁的氧化处理忌不经检验就投入使用。

6.8.3 磷化处理禁忌

磷化是大幅度提高金属表面涂层耐蚀性的一个简单可靠、费用低廉、操作方便的工艺方法。按磷化液的组成分类,磷化处理主要有锌系、铁系和锰系三大类。磷酸锌系磷化处理禁忌如下:

(1)磷化液中忌无氧化剂和催化剂,否则不能保证生产能优质高效地进行。

(2)磷化液中氧化剂的用量必须准确,忌随意加入。氧化剂不足会使成膜速度慢,结晶粗,严重时甚至造成磷化膜不完整;氧化剂用量过多,则会产生大量沉渣,并导致金属表面钝化。

(3)磷化液的 ZnO 浓度忌超范围使用,浓度过低,则磷化成膜困难;浓度过高时磷化膜结晶较粗,沉渣液较多。忌游离酸度超范围使用,游离酸度过高,磷酸盐水解成膜困难,磷化膜粗糙多孔,溶液沉渣多,附着力差,工件表面发黄;游离酸度过低,则槽液易浑浊,磷化膜太薄,甚至没有磷化膜的产生。忌总酸度超范围使用,总酸度过高,磷化膜过薄,甚至磷化不上;总酸度过低,磷化速度缓慢,磷化膜粗糙。

(4)磷化时间必须按工艺进行,忌过长或过短。时间过短,磷化膜性能不稳定,时间太短,则不能成膜或膜太薄,试片会出现泛黄、露底;时间过长,则膜层粗糙较厚,磷化膜附着力差,获得的磷化膜质量下降。

(5)磷化温度忌过高,温度过高则反应速度变快,膜层结晶粗大,空隙较大,形成含渣磷化膜,耐蚀性降低。

(6)磷化膜自然干燥时间忌过长,否则由于大气腐蚀的作用,磷化膜晶粒变粗,结构疏松,耐蚀性下降。

(7)用自来水配制磷化液,硬度忌超过 0.015%。

(8)稳定剂和表面活性剂忌超出一定的范围,否则会引起表面钝化,加剧零件的腐蚀等后果。

6.8.4 钝化禁忌

“铬酸盐转化”是指在以铬酸、铬酸盐和重铬酸盐为主要成分的溶液中处理金属或金属镀层的化学或电化学工艺。处理结果是在金属表面上形成由三价铬和六价铬化合物组成的防护性转化膜。钢铁的钝化可以采用化学方法和电化学方法。以下为钢铁钝化禁忌:

(1)用铬酸盐钝化的钢铁工件忌单独用于防护性能要求高的场所。因为钢铁的铬酸盐钝化膜较薄,防护性能比钢铁的磷化膜、氧化膜都差,所有很少单独使用。

(2)钢铁的草酸盐钝化膜忌作为方法涂层。

(3)钢铁草酸盐钝化前忌不采用特殊的表面清理工艺。

6.8.5 阳极氧化禁忌

将铝及其合金置于适当的电解液中作为阳极进行通电处理的过程称为阳极氧化。以下为铝及铝合金硫酸阳极氧化禁忌:

(1)完整的硫酸阳极氧化包含十几个工艺流程,忌随意简化。

(2)硫酸阳极氧化电解液的配制,严禁将水加入浓硫酸中。否则容易导致飞溅,甚至爆炸。

(3)硫酸阳极氧化处理时溶液温度忌超过26 ℃。低于13 ℃,氧化膜发脆容易产生裂纹;超过26 ℃,氧化膜容易疏松掉粉末。

(4)硫酸阳极氧化处理时忌无溶液搅拌设置。否则局部温度升高,氧化膜孔隙率增加;膜层质量下降,特别是电流容易集中的凸出部位易产生烧蚀。

(5)硫酸阳极氧化电解液铝离子含量忌超过25 g/L。否则会造成氧化膜性能下降严重,表面粗糙度增加,氧化电压上升,局部表面发热严重,容易产生粉霜和局部电击穿。

(6)硫酸阳极氧化电流密度忌过高或过低。过高,会导致氧化铝的溶解速度大大增加,氧化膜变得疏松,孔隙率上升,甚至粉化、局部烧蚀;过低则成膜速度下降,氧化膜的耐蚀性和耐磨性下降。

(7)硫酸阳极氧化的膜厚并不能随电解时间的增加而无限增加。

(8)铝合金的成分不同,氧化膜的耐蚀性和厚度也不同,忌用相同工艺。

(9)硫酸阳极氧化电解液忌含太多杂质

(10)电解电源的波形对氧化膜性能的影响不能忽视,使用直流电阳极氧化,所得氧化膜致密、孔隙率低,氧化膜具有更高的硬度、耐磨性和耐蚀性,但氧化膜透明度稍低;使用交流电时,氧化膜具有高孔隙率、高透明度,吸附性能好,但膜的硬度、耐磨性和耐蚀性也较低。

课后习题

一、填空题

1. 几乎所有金属都可在选定的介质中通过________得到不同应用目的的化学转化膜。

2. 通过化学转化得到的氧化膜生成时必须有________的直接参与,与介质中的阴离子反应生成自身转化的氧化产物。

3. 金属转化膜按照转化过程中是否存在外加电流来分,可分为________和________两类。

4. 金属转化膜按照转化膜的主要组成物的类型来分,可分为________、________、

________和________。

5. 氧化物膜是金属在含有氧化剂的溶液中形成的膜层，其成膜过程叫________。

6. 磷酸盐膜是金属在磷酸盐溶液中形成的膜，其成膜过程叫________。

7. 铬酸盐膜是金属在含有铬酸或铬酸盐的溶液中形成的膜层，其成膜过程通常称为________。

8. 钢铁的化学氧化过程称为________，也称发黑。

9. 钢铁的化学氧化是指将钢铁浸在含有氧化剂的溶液中，过一定时间后，在其表面生成一层均匀的，以________为主要成分的氧化膜的过程。

10. 阳极氧化膜的封闭处理方法有________、________、________、________。

11. 微弧氧化电源的可调参数为________、________、________、________。

12. 微弧氧化法多采用弱碱性电解液，常用的电解液有________、________、________、________或________等。

13. 微弧氧化膜一般分三层结构，从外至内依次为________、________、________。

14. 微弧氧化膜的________疏松、粗糙、多孔。

15. 微弧氧化膜的________致密，为主要强化层，决定膜层性能。

16. 微弧氧化膜的基体与工作层之间的________呈微区范围内犬牙交错的________，使铝合金基体与陶瓷工作层紧密结合，过渡层中含有基体金属及致密层中的物质。

17. 目前用于生产的钢铁磷化工艺按磷化温度可分为________、________和________三种，且朝着中低温磷化方向发展。

18. 按磷化成膜体系来分，磷化膜主要分为________、________、________、________、________、________六大类。

19. 钢铁磷化工艺的基本方法有________和________两种。

20. 铬酸盐钝化膜形成后的烘干称为________。

二、名词解释

1. 钢铁的发蓝
2. 金属转化膜
3. 微弧氧化
4. 铬酸盐钝化
5. 铝及铝合金阳极氧化

三、简答题

1. 氧化膜的优点主要表现在哪些方面？
2. 简述金属转化膜的主要用途。
3. 简述铝及铝合金的阳极氧化机理。
4. 列出铝及铝合金阳极氧化的工艺流程。
5. 简述微弧氧化的实验装置。

课后习题答案

第7章　热喷涂技术

【学习目标】

- 理解热喷涂技术的一般原理、特点和分类、热喷涂材料的种类和特点；
- 掌握常用热喷涂工艺的原理和设备装置；
- 了解热喷涂技术的具体用途、发展前景以及热喷涂层的选择和涂层系统的设计。

【导入案例】

上海东方明珠广播电视塔高468 m,塔身在350 m以下部分为预应力钢筋混凝土结构,341.7 m以上为钢结构桅杆天线。其中341.7~410 m用于安装天线的钢结构桅杆,采用热喷涂AC铝合金作为防护底层,厚度120 μm,喷涂后用842环氧底漆封闭,然后以环氧聚酰胺铝粉为面漆,最后以丙烯酸清漆为罩光漆,总漆膜厚度260 μm。上述处理后可满足30年的防腐要求。东方明珠钢结构的防腐蚀涂层的制备是科研、工厂、设计、安装等群策群力的结晶,一定程度上体现了我国防腐蚀技术水平,将热喷涂科研成就及国内外的经验成功地用于高塔上。图7-1为上海东方明珠。

图7-1　上海东方明珠

7.1　热喷涂的原理和特点

20世纪70年代,我国科技人员开始研究用等离子喷涂技术修复坦克薄壁零件,经过一系列科研攻关和试验取得了成功。使用等离子喷涂技术修复的坦克零件,耐磨性比原来提高了1.4~8.3倍,寿命延长了3倍以上,而修复成本却只有新零件的1/8。20世纪80年代初,我国通过向国外转让这项技术,换回一辆全新的苏制T-72坦克,这为我国全面掌握T-72坦克新技术起到了重要作用,并为新型主战坦克的研制提供了很多关键技术借鉴。图7-2为主战坦克的车体结构。

热喷涂技术起始于21世纪初期。起初,只是将熔化的金属用压缩空气形成液流,喷到被涂敷的基体表面上,形成一层膜状组织。其喷涂温度、熔滴对基体表面的冲击速度及形成涂层的材料的性能,构成了喷涂技术的核心。热喷涂技术的整个发展,基本上是沿着这三支主导线向前推进的。温度和速度取决于不同的热源和设备结构。从某种意义上说,温度越高、速度越快,越有利于形成优异的涂层,这就导致了温度和速度两种要素在整个技术发展过程中的竞争与协调的局面。繁多的喷涂材料的可选择性，是热喷涂技术的另一个优势，它可以使不同设备的工作面被“点铁成金”。正是这三种要素，使热喷涂成为真正具有叠加效果的独特技术，它可以设计出所需的各种各样性能的表面，从而获得从一般机械维修，到航天和生物工程等高技术领域的广泛应用。图 7-3 为某企业石油管道用阀体零部件热喷涂生产现场。

图 7-2 主战坦克的车体结构

图 7-3 石油管道用阀体零部件热喷涂现场

7.1.1 热喷涂的原理

热喷涂是利用热源，将粉末状或丝状的金属或非金属涂层材料加热到熔融或半熔融状态，然后借助焰流本身的动力或外加的高速气流，使其雾化并以一定的速度喷射到经过预处理的基体材料表面，与基体材料结合形成具有各种性能的表面覆盖涂层的一种技术。其工艺过程包括喷涂材料加热熔化、熔滴的雾化阶段、粒子的飞行阶段、粒子喷涂阶段、涂层形成过程等，如图 7-4 所示。

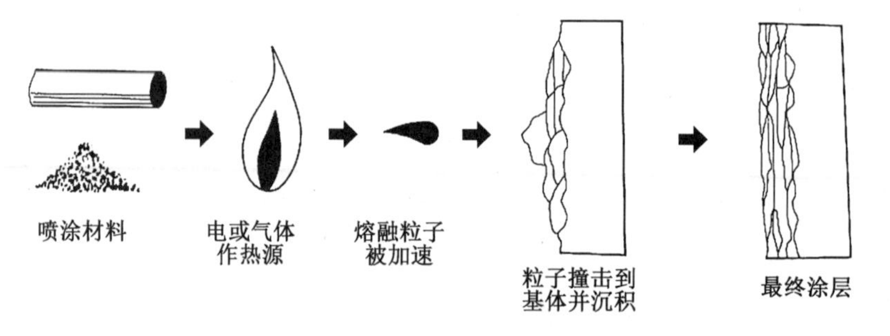

图 7-4 热喷涂原理示意图

热喷涂技术也包含喷焊工艺。喷焊是指用热源将喷涂层加热到熔化，使喷涂层的熔融合金与基材金属互溶、扩散，形成类似钎焊的冶金结合，这样所得到的涂层称为喷焊层。

热喷涂的目的：提高工件的耐蚀、耐磨、耐高温等性能；修复因磨损或加工失误造成的尺寸超差的零部件，如图 7-5 所示。热喷涂应用广泛，材料涵盖金属及合金、陶瓷、塑料、非金属材料。

1. 热喷涂层的形成过程

从喷涂材料进入热源到形成涂层，喷涂过程一般经历：喷涂材料被加热达到熔化或半熔化状态；喷涂材料熔滴雾化阶段；雾化的喷涂材料被气流或热源射流推动向前喷射的飞行阶段过程。

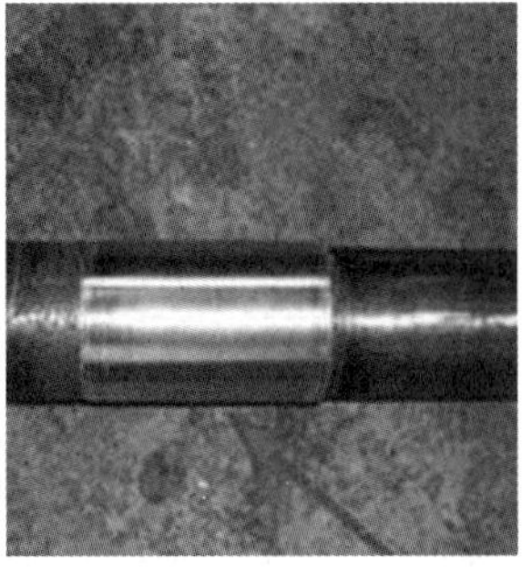

图 7-5 零件的热喷涂修复

喷涂材料以一定的动能冲击基体表面，产生强烈碰撞展平成扁平状涂层并瞬间凝固。涂层中颗粒与基体表面之间的结合以及颗粒之间的结合机理目前尚无定论，通常认为有机械结合、冶金-化学结合和物理结合三种。图 7-6 为铆接-机械结合零部件和铝合金微弧氧化膜层与基体之间的冶金结合截面形貌。

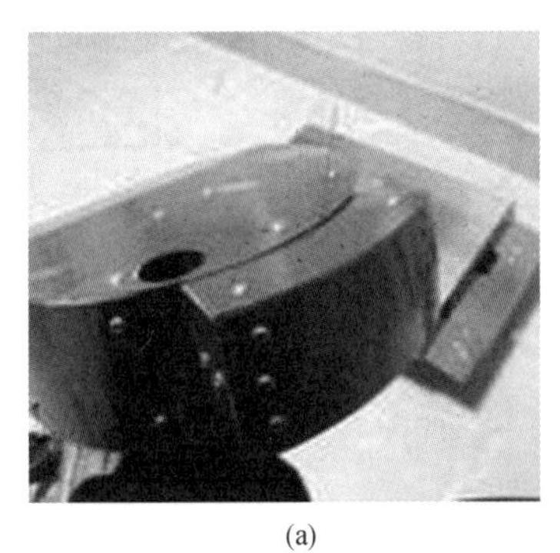

(a)

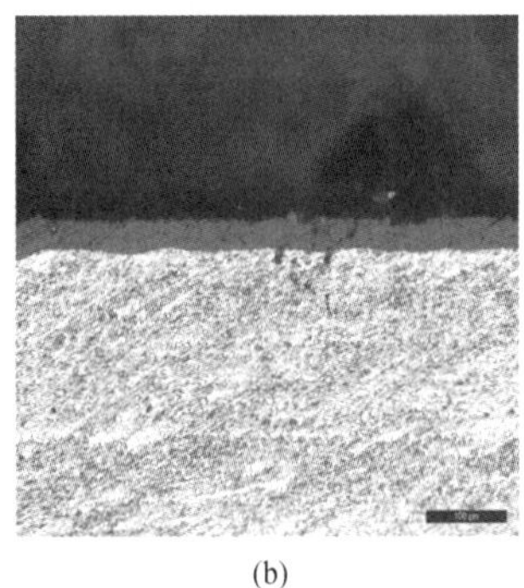

(b)

图 7-6 铆接-机械结合和铝合金微弧氧化膜层与基体之间的冶金结合

2. 热喷涂层的结构特点

喷涂层的形成过程决定了涂层的结构，喷涂层是由无数变形粒子互相交错呈波浪式堆叠在一起的层状组织结构。图 7-7 给出了典型的热喷涂涂层的金相组织照片。

涂层中颗粒与颗粒之间不可避免地存在部分孔隙或空洞，其孔隙率一般在 0.025% ~ 20%。涂层中还伴有氧化物和夹杂，如图 7-8 所示。

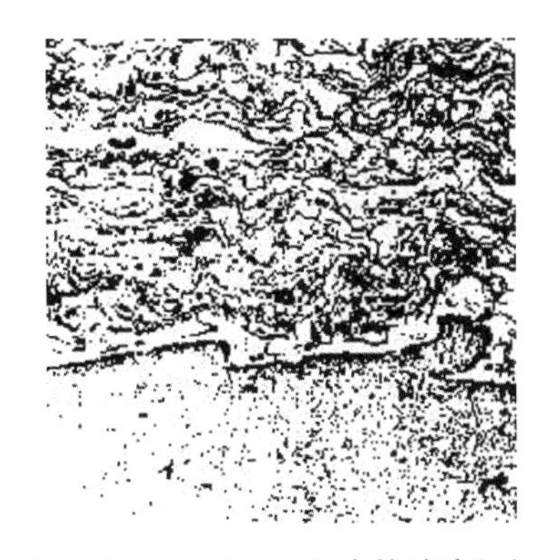

图 7-7 Ni-Cr-B-Si 火焰喷涂组织

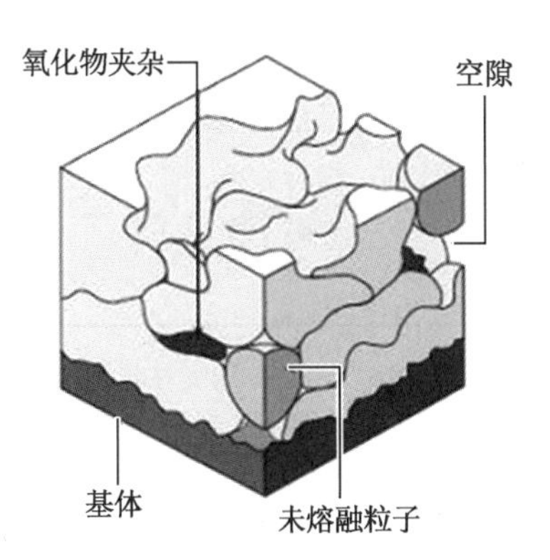

图 7-8 热喷涂层结构示意图

由于涂层是层状结构，是一层一层堆积而成的，因此涂层的性能具有方向性，垂直和平行涂层方向上的性能是不一致的。涂层经适当处理后，结构会发生变化。如涂层经重熔处理，可消除涂层中氧化物夹杂和孔隙，层状结构变成均质结构，与基体表面的结合状态也发生变化。

3. 热喷涂层残留应力

(1)应力特点：残留应力是由于撞击基体表面的熔融态变形颗粒在冷凝收缩时产生的微观应力的累积造成的，涂层的外层受拉应力，而基体或涂层的内侧受压应力。

(2)应力大小与涂层厚度成正比，当厚度达到一定后，涂层拉应力大于涂层与基体的结合强度，涂层会发生破坏。

(3)残留应力的存在，限制了涂层的厚度，热喷涂涂层的最佳厚度一般不超过 0.5 mm。图 7-9 为热喷涂涂层中的残留应力。

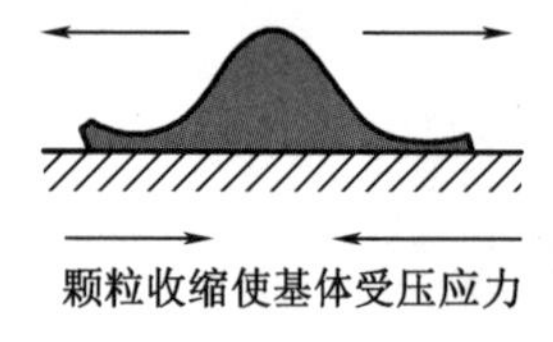

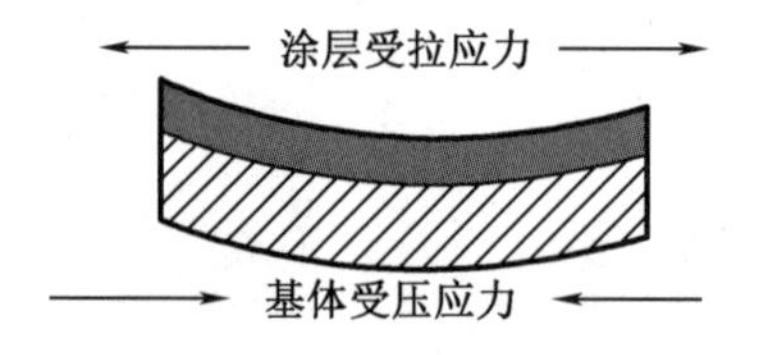

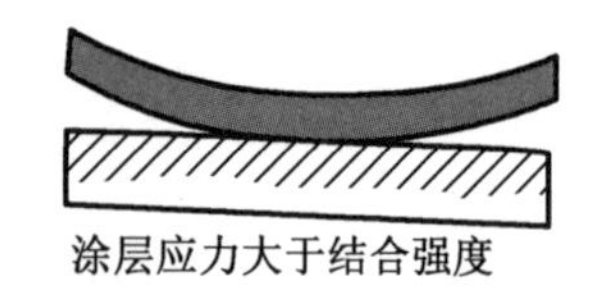

图 7-9 热喷涂涂层中的残留应力

7.1.2 热喷涂的分类和特点

1. 热喷涂的分类

按照热源的不同，热喷涂技术的分类如表 7-1 所示。

表 7-1 按热源的不同分类

热源	喷涂方法
火焰	线材火焰喷涂
	粉末火焰喷涂
	高速火焰喷涂
	爆炸喷涂
自由电弧	电弧喷涂
等离子弧	大气等离子弧喷涂(APS)
	低压等离子弧喷涂(LPPS)
	水稳等离子弧喷涂

2. 热喷涂技术的特点

(1)可喷涂材料广泛。几乎所有的金属、合金、陶瓷都可以作为喷涂材料，塑料、尼龙等有机高分子材料也可以作为喷涂材料。

(2)基体不受限制。在金属、陶瓷器具、玻璃、石膏，甚至布、纸等固体上都可以进行喷涂。

(3)工艺灵活。既可对大型设备进行大面积喷涂,也可对工件的局部进行喷涂;既可喷涂零件,又可对制成后的结构物进行喷涂。室内或露天均可进行喷涂,工序少、功效高,大多数工艺的生产率可达到每小时喷涂数千克喷涂材料。如对同样厚度的膜层,时间比电镀用的时间少得多。

(4)工件受热温度可控。在喷涂过程中可使基体保持较低温度,基材变形小,一般温度可控制在30~200 ℃,从而保证基体不变形、不弱化。

(5)涂层厚度容易控制。涂层厚度从几十微米到几毫米,涂层表面光滑,加工余量少。

(6)成本低,经济效益显著。

7.2 热喷涂材料

7.2.1 热喷涂材料的特点

热喷涂技术的发展除了设备和工艺外,就是热喷涂材料的开发。热喷涂材料必须满足下列要求,才有实用价值:

(1)稳定性好。高温的稳定性、热稳定性。

(2)使用性能好。

(3)润湿性好。

(4)固体的流动性好。

(5)热膨胀系数合适。

7.2.2 热喷涂材料的分类

随着热喷涂技术的快速发展,热喷涂材料也得到快速发展,应用十分广泛,几乎涉及所有的固态工程材料领域。热喷涂材料可以从材料形状、成分和性质等不同角度进行分类。

热喷涂材料根据其形状,可以分为丝材、棒材、软线和粉末四类,其中丝材和粉末材料使用较多。

热喷涂材料根据其成分,可以分为金属、合金、陶瓷和塑料热喷涂材料四大类。

按涂层结构分类,可以分为纳米涂层材料、合金涂层材料、非晶态涂层材料以及由这些材料复合构成的复合涂层材料。

1. 热喷涂用金属及合金线材

热喷涂用金属及合金线材包括非复合喷涂线材和复合喷涂线材。

(1)非复合喷涂线材。非复合喷涂线材是指只用一种金属或合金的材料制成的线材,这些线材是用普通的拉拔方法制造的,应用普遍的有以下几种。

①碳钢及低合金钢丝。常用的是85优质碳素结构钢丝和T10A碳素工具钢丝。一般采用电弧喷涂,用于喷涂曲轴、柱塞、机床导轨等常温工作的机械零件滑动表面耐磨涂层及磨损部位的修复。

②不锈钢丝。1Cr13、2Cr13、3Cr13等马氏体不锈钢丝主要用于强度和硬度较高、耐蚀性要求不太高的场合,其涂层不易开裂。1Cr17在氧化性酸类、多数有机酸、有机酸盐水溶液中有良好的耐蚀性。1Cr18Ni9Ti等奥氏体不锈钢丝有良好的工艺性能,在多数氧化性介

质和某些还原性介质中都有较好的耐蚀性,用于喷涂水泵轴等。由于不锈钢涂层收缩率大,易开裂,适于喷涂薄层。

③铝及铝合金喷涂丝。铝和氧有很强的亲和力,铝在室温下大气中就能形成致密而坚固的 Al_2O_3 氧化膜,能防止铝进一步氧化。纯铝喷涂除大量用于钢铁保护涂层外,还可作为钢的抗高温氧化涂层、导电涂层和改善电接触的涂层。一般铝丝纯度(质量分数)应大于99.7%,铝丝直径2~3 mm,喷涂时,表面不得有油污和氧化膜。

④锌及锌合金喷涂丝。在钢铁件上,只要喷涂0.2 mm的锌层,就可在大气、淡水、海水中保持几年至几十年不锈蚀。要求锌纯度(质量分数)在99.85%以上的纯锌丝。在锌中加铝可提高涂层的耐蚀性能,若铝的质量分数为30%,则耐蚀性最佳。锌喷涂广泛用于大型桥梁、铁路配件、钢窗、电视台天线、水闸门和容器等。

⑤钼喷涂丝。钼与氢不产生反应,可用于氢气保护或真空条件下的高温涂层。钼是一种自黏结材料,可与碳钢、不锈钢、铸铁、蒙乃尔合金、镍及镍合金、镁及镁合金、铝及铝合金等形成牢固的结合。钼可在光滑的工件表面上形成1 μm的冶金结合层,常用作打底层材料。

⑥锡及锡合金。锡涂层具有很高的耐腐蚀性能,常用作食品器具的保护涂层,但锡中砷的质量分数不得大于0.015%。含锑和铜的锡合金丝具有摩擦系数低、韧性好、耐蚀性和导热性良好等特性。在机械工业中,广泛应用于轴承、轴瓦和其他滑动摩擦部件的耐磨涂层。此外,锡可在熟石膏等材料上喷涂制成低熔点模具。

⑦铅及铅合金喷涂丝。铅具有很好的防X射线辐射的性能,在原子能工业中广泛用于防辐射涂层。含锑和铜的铅合金丝材料的涂层具有耐磨和耐蚀等特性,用于轴承、轴瓦和其他滑动摩擦部件的耐磨涂层;但涂层较疏松,用于耐腐蚀时需经封闭处理。由于铅蒸气对人体危害较大,喷涂时应加强防护措施。

⑧铜及铜合金喷涂丝。铜主要用于电器开关的导电涂层、塑料和水泥等建筑表面的装饰涂层;黄铜涂层则用于修复磨损及超差的工件,如修补有铸造砂眼、气孔的黄铜铸件,也可作装饰涂层。黄铜中加入质量分数为1%左右的锡,可改善耐海水腐蚀性能。铝青铜的强度比一般黄铜高,耐海水、硫酸和盐酸的腐蚀,有良好的耐磨性和抗腐蚀疲劳性能,采用电弧喷涂时与基体结合强度高,可作为打底涂层,常用于水泵叶片、气闸活门、活塞及轴瓦等的喷涂。磷青铜涂层比其他青铜涂层更为致密,有良好的耐磨性,可用来修复轴类和轴承等的磨损部位,也可用于美术工艺品的装饰涂层。

⑨镍及镍合金喷涂丝。蒙乃尔合金对氨水、海水、照相用药剂、酚醛、甲酚、汽油、矿物油、酒精、碳酸盐水溶液及熔盐、脂肪酸以及其他有机酸的耐蚀性优良,对硫酸、醋酸、磷酸和干燥氯气等介质的耐蚀性较好;但对盐酸、硝酸、铬酸等介质不耐蚀。常用于水泵轴、活塞轴、耐蚀容器的喷涂。

(2)复合喷涂线材。复合喷涂线材就是把两种或更多种材料复合而成的喷涂线材。复合喷涂线材中大部分是增效复合喷涂线材,即在喷涂过程中不同组元相互发生热反应生成化合物,反应热与火焰热相叠加,提高了熔滴温度,达到基体后会使基体局部熔化产生短时高温扩散,形成显微冶金结合,从而提高结合强度。

制造复合喷涂线材常用的复合方法有以下几种:

①丝-丝复合法。将各种不同组分的丝绞、轧成一股。

②丝-管复合法。将一种或多种金属丝穿入某种金属管中压轧而成。

③粉-管复合法。将一种或多种粉末装入金属管中加工成丝。

④粉-皮压结复合法。将粉末包在金属壳内加工成丝。

⑤粉-黏合剂复合法。把多种粉末用黏合剂混合挤压成丝。

不锈钢、镍、铝等组成的复合喷涂丝,利用镍、铝的放热反应使涂层与多种基体(母材)金属结合牢固,而且因复合了多种强化元素,改善了涂层的综合性能,涂层致密,喷涂参数易于控制,便于火焰喷涂,因此,它是目前正在扩大使用的喷涂材料,主要用于油泵转子、轴承、汽缸衬里和机械导轨表面的喷涂,也可用于碳钢和耐蚀钢磨损件的修补。

2. 热喷涂用粉末

热喷涂材料应用最早的是一些线材,但是只有塑性好的材料才能做成线材,而粉末喷涂材料却可不受线材成形工艺的限制,成本低,来源广,组元间可按任意比例调配,组成各种组合粉、复合粉,获得某些特殊性能。热喷涂用的粉末种类很多,它们可分为非复合喷涂粉末和复合喷涂粉末。

(1)非复合喷涂粉末

①金属及合金粉末。喷涂合金粉末又称冷喷合金粉末,这种粉末不需或不能进行重熔处理。按其用途分为打底层粉末和工作层粉末。打底层粉末用来增加涂层与基体的结合强度;工作层粉末保证涂层具有所要求的使用性能。放热型自黏结复合粉末是最常用的打底层粉末。工作层粉末熔点要低,具有较高的伸长率,以避免涂层开裂。氧-乙炔焰喷涂工作层粉末最常用的是镍包铝复合粉末与自熔性合金的混合粉末。喷熔合金粉末又称自熔性合金粉末。因合金中加入了强烈的脱氧元素如 Si、B 等,在重熔过程中它们优先与合金粉末中氧和工件表面的氧化物作用,生成低熔点的硼硅酸盐覆盖在表面,防止液态金属氧化,改善对基体的润湿能力,起到良好的自熔剂作用,所以称之为自熔性合金粉末。喷熔用的自熔性合金粉末有镍基、钴基、铁基及碳化钨四种系列。

②陶瓷材料粉末。陶瓷属高温无机材料,是金属氧化物、碳化物、硼化物、硅化物等的总称,其硬度高,熔点高,但脆性大。常用的陶瓷粉末有:金属氧化物(如 Al_2O_3、TiO_2 等)、碳化物(如 WC、SiC 等)、硼化物(如 ZrB_2、CrB_2 等)、硅化物(如 $MoSi_2$等)、氮化物(如 VN、TiN 等)。采用等离子弧喷涂可解决陶瓷材料熔点高的问题,几乎可以喷涂所有的陶瓷材料。用火焰喷涂也可获得某些陶瓷涂层。

(2)复合材料粉末。复合材料粉末是由两种或更多种金属和非金属(陶瓷、塑料、非金属矿物)固体粉末混合而成,如图 7-10 所示。按照复合材料粉末的结构,一般分为包覆型、非包覆型和烧结型。包覆型复合粉末的芯核被包覆材料完整地包覆着。非包覆型粉末的芯核被包覆材料包覆程度是不均匀和不完整的。

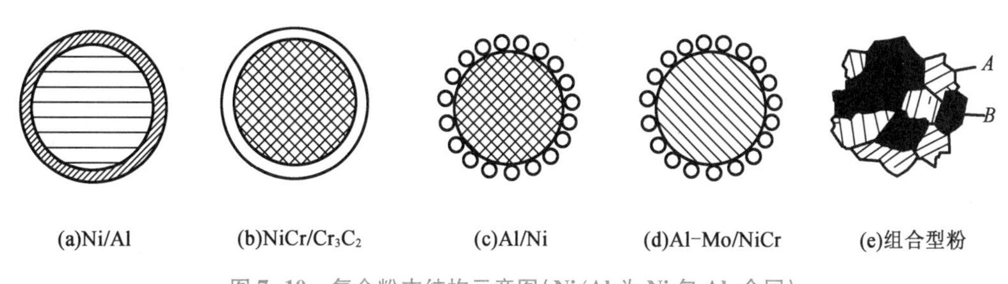

图 7-10 复合粉末结构示意图(Ni/Al 为 Ni 包 Al,余同)

常用热喷涂材料总结归纳见表 7-2。

表 7-2 常用热喷涂材料种类

丝材	纯金属丝材	Zn、Al、Cu、Ni、Mo 等
	合金丝材	Zn-Al-Pb-Sn、Cu 合金、巴氏合金、Ni 合金、碳钢、合金钢、不锈钢、耐热钢
	复合丝材	金属包金属(铝包镍、镍包合金)、金属包陶瓷(金属包碳化物、氧化物等)、塑料包覆(塑料包金属、陶瓷等)
	粉芯丝材	7Cr13、低碳马氏体等
棒材	陶瓷棒材	Al_2O_3、TiO_2、Cr_2O_3、Al_2O_3-MgO、Al_2O_3-SiO_2
粉末	纯金属粉	Sn、Pb、Zn、Ni、W、Mo、Ti
	合金粉	低碳钢、高碳钢、镍基合金、钴基合金、不锈钢、钛合金、铜基合金、铝合金、巴氏合金
	自熔性合金粉	镍基(NiCrBSi)、钴基(CoCrWB、CoCrWBNi)、铁基(FeNiCrBSi)、铜基
	陶瓷、金属陶瓷粉	金属氧化物(Al 系、Cr 系和 Ti 系)、金属碳化物及硼氮、硅化物等
	包覆粉	镍包铝、铝包镍、金属及合金、陶瓷、有机材料等
	复合粉	金属+合金、金属+自熔性合金、WC 或 WC-Co+金属及合金、WC-Co+自熔性合金+包覆粉、氧化物+金属及合金、氧化物+包覆粉、氧化物+氧化物、碳化物+自熔性合金、WC+Co 等
	塑料粉	热塑料粉末(聚乙烯、聚四氟乙烯、尼龙、聚苯硫醚)、热固性粉末(酚醛、环氧树脂)、树脂改性塑料(塑料粉中混入填料,如 MoS_2、WS_2、Al 粉、Cu 粉、石墨粉、石英粉、云母粉、石棉粉、氟塑粉等)

7.3 热喷涂工艺

7.3.1 工件表面预处理

热喷涂的表面预处理一般分成表面预加工、表面净化和表面粗化(或活化)三个步骤来进行。

1. 表面预加工

表面预加工目的:一是使工件表面适合于涂层沉积,增加结合面积;二是有利于克服涂层的收缩应力。对工件的某些部位做相应预加工以分散涂层的局部应力,增加涂层的抗剪能力。常用的方法是切圆角和预制涂层槽。工件表面粗车螺纹也是常用的方法之一,尤其在喷涂大型工件时常用车削螺纹来增加结合面积。车削螺纹应注意两个问题,首先是螺纹截面要适合于喷涂,矩形截面或半圆形截面不利于涂层的结合。此外,螺纹不宜过深,否则将喷涂过厚,成本增加。也可对涂覆表面进行“滚花”或将车削螺纹和“滚花”结合起来。

2. 表面净化

表面净化常采用溶剂清洗、碱液清洗和加热脱脂等方法,以除去表面油污,保持清洁度。常用的清洗溶剂有汽油、丙酮、四氯化碳和三氯乙烯。对大型修复工件常采用碱液清洗。碱液一般用氢氧化钠或碳酸钠等配制,这是一种较廉价的方法。

3. 喷砂粗化处理

喷砂可使清洁的表面形成均匀而凹凸不平的粗糙面，以利于涂层的机械结合。用干净的压缩空气驱动清洁的砂粒对工件表面喷射，可使基材表面产生压应力，去除表面氧化膜，使部分表面金属产生晶格畸变，有利于涂层产生物理结合。基材金属在喷砂后可获得干净、粗糙和高活性的表面。这是重要的预处理方法。

7.3.2 工件表面热喷涂

1. 预热

工件喷涂前要进行预热，预热的作用有三个：一是提高工件表面与熔粒的接触温度，有利于熔粒的变形和相互咬合以及提高沉积率；二是使基体产生适当的热膨胀，在喷涂后随涂层一起冷却，减少两者收缩量的差别，降低涂层的内应力；三是去除工件表面的水分。

2. 喷涂

工件表面处理好之后要在尽可能短的时间内进行喷涂。为增加涂层与基体的结合强度，一般在喷涂工件之前，先喷涂一层厚度为0.10~0.15 mm的放热型镍包铝或铝包镍粉末作为打底层，打底层不宜过厚，如超过0.2 mm不但不经济，而且会使结合强度下降。喷涂铝镍复合粉末时应使用中性焰或轻微碳化焰，另外选用的粉末粒度号在180~250为宜，以避免产生大量烟雾导致结合强度下降。

7.3.3 工件表面后处理

火焰喷涂层是有孔结构，这种结构对于耐磨性一般影响不大，但会对在腐蚀条件下工作的涂层性能产生不利影响，需要将孔隙密封，以防止腐蚀性介质渗入涂层，从而对基体造成腐蚀。常用的封孔剂有石蜡、酚醛树脂和环氧树脂等。密封石蜡应使用有明显熔点的微结晶石蜡，而不是没有明显熔点的普通石蜡。酚醛树脂封孔剂适用于密封金属及陶瓷涂层的孔隙，这种封孔剂具有良好的耐热性，在200 ℃以下可连续工作，而且除强碱外，能耐大多数有机化学试剂的腐蚀。

7.4 火焰喷涂技术

火焰喷涂包括线材火焰喷涂和粉末火焰喷涂，是目前国内最常用的喷涂方法。在火焰喷涂中通常使用乙炔和氧组合燃烧而提供热量，也可以用甲基乙炔、丙二烯(MPS)、丙烷或天然气等。表7-3为火焰喷涂典型特征参数。

表7-3 火焰喷涂典型特征参数

喷涂方法	温度/℃	粒子速度/($m\cdot s^{-1}$)	结合强度/MPa	气孔率/%	喷涂效率/($kg\cdot h^{-1}$)	相对成本
火焰喷涂	3 000	40	8~20	10~15	2~6	1

火焰喷涂可喷涂金属、陶瓷、塑料等材料，应用非常灵活，喷涂设备轻便简单，可移动，

图 7-11 火焰喷涂

价格低于其他喷涂设备,经济性好,是目前喷涂技术中使用较广泛的一种方法。火焰喷涂也存在明显的不足,如喷出的颗粒速度较小,火焰温度较低,涂层的黏结强度及涂层本身的综合强度都比较低,且比其他方法得到的气孔率都高。此外,火焰中心为氧化气氛,所以对高熔点材料和易氧化材料,使用时应注意。图 7-11 为现场火焰喷涂。

为了改善火焰喷涂的不足,提高结合强度及涂层密度,可采用压缩空气或气流加速装置来提高颗粒速度;也可以采用将压缩气流由空气改为惰性气体的办法来降低氧化程度,但这同时也提高了成本。

7.4.1 线材火焰喷涂法

线材火焰喷涂法是最早发明的热喷涂法。把金属线材以一定的速度送进喷枪里,使端部在高温火焰中熔化,随即用压缩空气把其雾化并吹走,沉积在经预处理过的工件表面上。

图 7-12 显示了线材火焰喷涂的基本原理。喷枪通过气阀引入燃气、氧气和雾化气(压缩空气),燃气和氧气混合后在喷嘴出口处产生燃烧火焰。金属丝穿过喷嘴中心,通过围绕喷嘴和气罩形成的环形火焰,金属丝的尖端连续地被加热到熔点。压缩空气通过气罩将熔化的金属丝雾化成喷射粒子,依靠空气流加速喷射到基体上,粒子与基体撞击时变平黏结到基体表面上,随后而来的与基体撞击的粒子也变平并黏结到先前已黏结到基体的粒子上,从而堆积成涂层。图 7-13 为线材火焰喷涂的典型装置示意图。

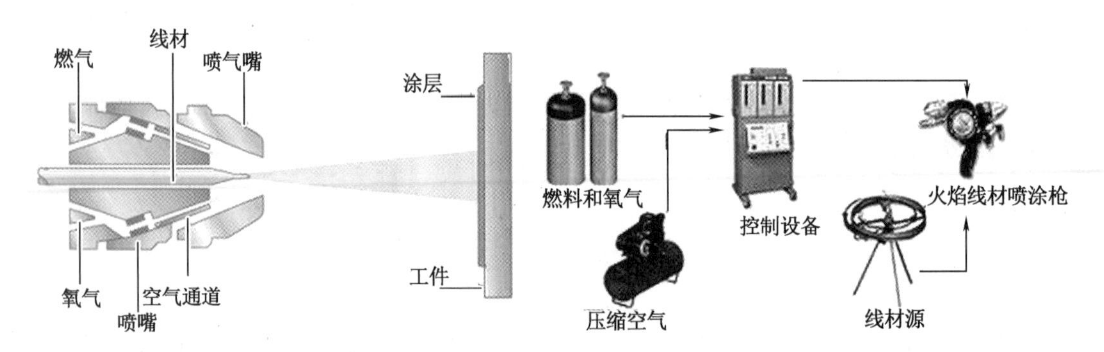

图 7-12 线材火焰喷涂的基本原理

图 7-13 线材火焰喷涂的典型装置示意图

7.4.2 粉末火焰喷涂法

粉末火焰喷涂的基本原理如图 7-14 所示。喷枪通过气阀引入氧气和燃料气,氧气和燃料气混合后在环形或梅花形喷嘴出口处产生燃烧火焰。喷枪上设有粉斗和进粉管,利用送粉气流产生的负压抽吸粉末,粉末随气流进入火焰中,粉末被加热后由表面向心部逐渐熔化,熔融的表面层在表面张力的作用下形成球状,喷涂在基体表面。

粉末火焰喷涂一般采用氧乙炔火焰,这种方法具有设备简单、便宜、工艺操作简便、应用广泛灵活、适应性强、噪声小等特点,因而是目前热喷涂技术中应用最广泛的一种。如图 7-15 是粉末火焰喷涂的典型装置。

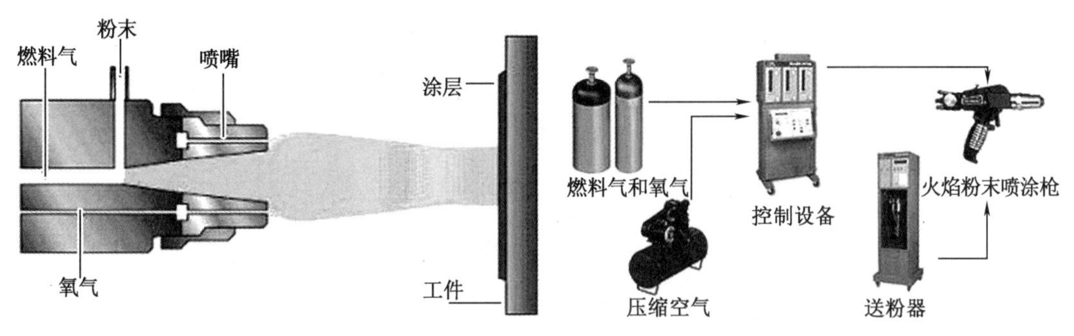

图7-14 粉末火焰喷涂的基本原理

图7-15 粉末火焰喷涂的典型装置

7.4.3 火焰喷涂工艺

火焰喷涂工艺流程为:工件表面准备→预热→喷涂打底层→喷涂工作层→喷涂后处理。

1. 表面准备

为使喷涂粒子很好地浸润工件表面并与微观的表面紧紧咬合最终获得高结合强度的涂层,要求工件表面必须洁净、粗糙、新鲜。因此表面准备是一个十分重要的基础工序,具体包括表面清理及表面粗糙两个工序。

(1)表面清理方法是指脱脂、去污、除锈等,使得工件表面呈现金属光泽。一般采用酸洗或喷砂除锈、去氧化皮,采用有机溶剂或碱水脱脂、加温除去毛细孔内的油脂(修复旧件时常用)。

(2)表面粗糙化目的是增加涂层与基体的接触面,保证表面质量、提高结合强度和预留涂层厚度。

2. 预热

预热的作用有三个:一是提高工件表面与熔粒的接触温度,有利于熔粒的变形和相互咬合以及提高沉积率;二是使基体产生热膨胀,减少涂层与基体收缩量的差别;三是去除工件的水分。预热温度不宜过高,对于普通钢材一般控制在100~150 ℃为宜。最好将预热安排在表面准备之前,防止预热不当表面产生氧化膜导致涂层结合强度降低。

3. 喷涂

工件表面处理好之后要在尽可能短的时间内进行喷涂。为增加涂层与基体的结合强度,一般在喷涂工作之前,先喷涂一层厚度为0.10~0.15 mm的放热型的镍包铝或铝包镍粉末作为打底层,打底层不宜过厚,否则会导致结合强度下降。喷涂镍铝复合粉末时应使用中性焰或轻微碳化焰。

4. 喷涂后处理

对于在腐蚀条件下工作的涂层和防腐涂层,需要进行喷涂后处理,一般方法为封孔处理。常用封孔剂为石蜡、酚醛树脂、环氧树脂等。

7.4.4 水闸门火焰喷涂工艺实例

闸门是水电站、水库、水闸、船闸等水利工程控制水位的主要钢铁构件,它有一部分长期浸在水中。在开闭和涨潮或退潮时,表面经受干湿交替,特别在水线部分,受到水、气体、日光和微生物的侵蚀较严重,钢材很容易锈蚀,严重威胁水利工程的安全,如图7-16所示。

图 7-16 水闸门及锈蚀

水闸门喷涂锌的工艺如下：

1. 表面预处理

采用粒径为 0.5～2 mm 的硅砂对水闸门的喷涂表面进行喷砂处理、去污、防锈，并且粗化水闸门表面。

2. 火焰喷涂

喷涂时使用 SQP-1 型火焰喷枪，用锌丝作为喷涂材料。为保证涂层质量及其与结构的结合强度，喷涂过程中，应严格控制氧和乙炔的比例和压力，使火焰为中性焰或稍偏碳化焰。

水闸门喷涂锌采用的工艺参数见表 7-4。喷涂时应采取多次喷涂法，使涂层累计总厚度达到 0.3 mm，以防止涂层在喷涂过程中翘起脱落。

表 7-4 水闸门喷涂锌采用的工艺参数

喷涂材料	氧气压力/MPa	压缩空气压力/MPa	乙炔压力/MPa	喷涂距离/mm	喷涂角度/℃
锌	0.392～0.49	0.392～0.49	0.49～0.637	150～200	25～30

3. 喷后处理

喷涂层质量经检验合格后，进行喷后处理。如果涂层中有气孔，一般选用沥青漆进行涂漆封孔处理。

7.5 电弧喷涂技术

7.5.1 电弧喷涂原理

电弧喷涂是将两根金属丝不断地送入喷枪，经接触产生电弧将金属丝熔化并借助压缩空气把熔融的金属雾化成细小的微粒，以高速喷射到零件表面形成涂层，如图 7-17 所示。

电弧喷涂一般采用 18～40 V 直流电源，直流喷涂操作稳定，涂层组织致密，效率高。只要两根喷涂线材末端保持合适距离，并使送丝速度保持恒定，即可得到稳定的电弧区，温度可达 4 200 ℃。

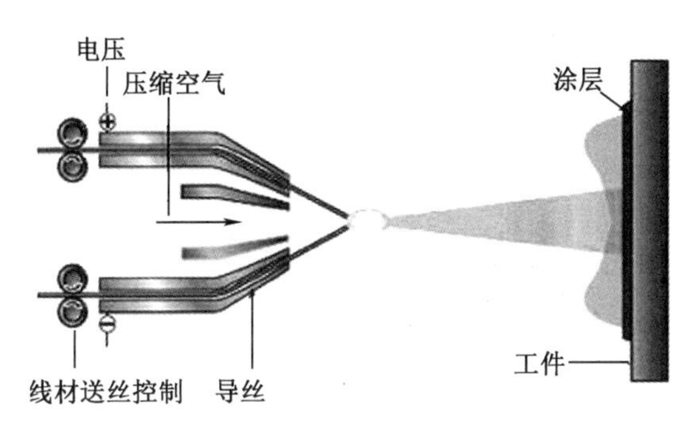

图 7-17 电弧喷涂原理图

7.5.2 电弧喷涂的特点

电弧喷涂与线材火焰喷涂相比，具有以下一些特点：

(1)热效率高。火焰喷涂时，燃烧火焰产生的热量大部分散失到空气中和冷却系统中，热能利用率只有5%~15%。而电弧喷涂是将电能直接转化为热能来熔化金属，热能自用率可高达60%~70%。

(2)涂层结合强度高。一般来说，电弧喷涂比火焰喷涂粉末粒子含热量更大一些，粒子飞行速度也较快，因此，熔融粒子打到基体上时，形成局部微冶金结合的可能性要大得多。所以，涂层与基体结合强度较火焰喷涂高1.5~2.0倍。

(3)可方便地制造合金涂层或“伪合金”涂层。通过使用两根不同成分的丝材和使用不同进给速度，即可得到不同的合金成分。如铜-钢的合金具有较好的耐磨性和导热性，是制造刹车车盘的理想材料。

(4)喷涂效率高，成本低。电弧喷涂与火焰喷涂设备相似，同样具有成本低，一次性投资少，使用方便等优点，电弧喷涂成本比火焰喷涂可降低30%以上。由于是双根同时送丝，所以喷涂效率也较高，电弧喷涂的高效率使得它在喷涂 Al、Zn 及不锈钢等大面积防腐应用方面成为首选工艺。

但是，电弧喷涂有明显的不足，喷涂材料必须是导电的焊丝，因此只能使用金属，而不能使用陶瓷，限制了电弧喷涂的应用范围。电弧喷涂可喷涂铝丝、锌丝、铜丝、不锈钢丝、粉芯不锈钢丝、蒙乃尔合金等金属丝材，其直径和成分应均匀。

近些年来，为了进一步提高电弧喷涂涂层的性能，国外对设备和工艺进行了较大的改进，公布了不少专利。例如，将甲烷等加入压缩空气中作为雾化气体，以降低涂层的含氧量。日本还将传统的圆形丝材改成方形，以改善喷涂速率，提高了涂层的结合强度。

7.5.3 电弧喷涂设备与工艺

电弧喷涂设备系统由电弧喷枪、控制箱、电源、送丝装置和压缩空气系统组成。如图7-18所示。

电弧喷涂的工艺参数包括线材直径、电弧电压、电弧电流、线材输送速度、压缩空气压力及喷涂距离等。典型工艺见表7-5。

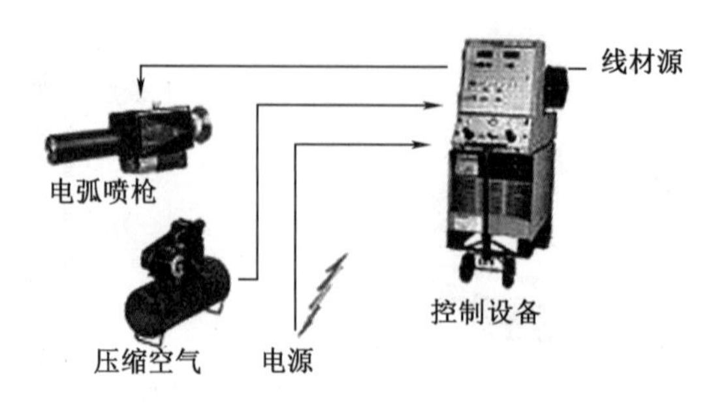

图 7-18　电弧喷涂设备系统简图

表 7-5　电弧喷涂工艺

喷涂材料	线直径/mm	电弧电压/V	电弧电流/A	送丝速度/(kg/h)
钢	1.6	35	185	8.5
锌	2.0	35	85	13

电弧喷涂所用丝材的线径一般为 0.8~3.0 mm，电弧电压一般不低于 15~30 V。因为太低时，丝端部不能出现闪光；电压较高时，才可产生电弧，但过高会断弧。电弧电流一般为 100~400 A。为使电弧维持一定长度，电流调节一定要准确，以保证线材熔化速度及输送速度平衡。

压缩空气压力为 0.4~0.7 MPa，喷涂距离为 100~250 mm。为防止工件变形，工件温度一般应控制在 150 ℃以下。涂层厚度通常为 0.5~1.0 mm。

7.5.4　发动机曲轴电弧喷涂工艺实例

曲轴是发动机的重要零件，发动机发出的功率通过曲轴传递到工作部件，它的转速很高并承担繁重的交变载荷。在使用中经常产生的缺陷是轴颈产生疲劳裂纹和轴颈表面磨损等，这些缺陷对发动机的工作和寿命有很大的影响。图 7-19 为热喷涂后的曲轴。

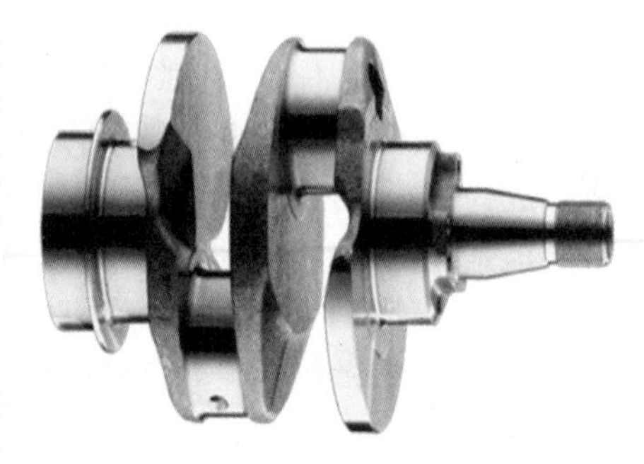

图 7-19　热喷涂后的曲轴

1. 焊前检查

曲轴在修复前应当检查轴颈和圆角的裂纹、轴颈的磨损等。喷涂修复曲轴只能恢复尺寸，不能恢复强度。有裂纹的曲轴只能在用焊接的方法消除裂纹后，才能用喷涂法修复。因此，曲轴在喷涂修复前必须采用探伤法仔细检查是否有裂纹。圆角处有裂纹的曲轴不能修复；轴颈上长度不大于 30 mm，并且未延伸到圆角处的裂纹用手砂轮将裂纹磨掉，再用手工堆焊将坡口堆满，车削后再进行喷涂。

2. 表面预处理

表面预处理包括表面除油与表面粗化：

(1)将喷涂部位及周围表面的油渍彻底清洗干净；

(2)用特制的加长刀杆车刀，车去轴径表面疲劳层 0.25 mm；

(3)用 60°螺纹刀在轴颈表面车出螺纹。

3. 电弧喷涂

先用镍-铝复合丝喷涂打底层，再用3Cr13喷涂尺寸层及工作层，丝材直径为3 mm。发动机曲轴电弧喷涂工艺参数见表7-6。为获得致密的涂层，在喷涂时要连续喷涂，中间不应有较长时间的停顿，否则会影响结合强度。喷涂厚度一般以留出0.8~1 mm的加工余量为宜。

表7-6 发动机曲轴电弧喷涂工艺参数

喷涂材料	喷涂电压/V	喷涂电流/A	空气压力/MPa	喷涂距离/mm
镍-铝复合丝(底层)	40	120	0.7	200~250
3Cr13(工作层)	40	400	0.7	200~250

4. 喷涂层检验及机械加工

喷涂后要检查喷涂层与轴颈基体是否结合紧密，如不够紧密，则除掉重喷。如检查合格，可对曲轴进行磨削加工。磨削进给量以0.05~0.10 mm为宜。磨削后，用砂条对油道孔研磨，经清洗后将其浸入80~100 ℃的润滑油中煮8~10 h，待润滑油充分渗入涂层后，即可装车使用。图7-20为曲轴(轴颈部位)修复前后的对比照片。

图7-20 曲轴(轴颈部位)修复前后的对比照片

7.6 等离子喷涂技术

等离子体被称为除气、液、固态外的第四态，即在高温下电离了的“气体”，在这种“气体”中正离子和电子的密度大致相等，故称为等离子体。

在自然界里，等离子体现象很普遍。炽热的火焰、光辉夺目的闪电，以及绚烂壮丽的极光等都是等离子体作用的结果。等离子体可分为高温等离子体和低温等离子体两种。等离子电视应用的是低温等离子体，焊接中应用的是高温等离子体。

不锈钢人工骨骼虽然有一定的强度，但生物相溶性差，与肌肉组织结合在一起常有不适感。陶瓷材料虽与肌肉组织相溶性好，但强度不高，特别是脆性大，此外，采用烧结陶瓷工艺又难以制成大型异型人造骨。为了综合以上两种材料的优点，克服它们各自的缺点，可采用不锈钢人工骨骼表面等离子喷涂一层氧化物陶瓷涂层。这种人工骨骼已在临床上得到广泛应用，效果令人满意。图7-21为在表面等离子喷涂一层氧化物陶瓷涂层的不锈钢人工骨骼。

7.6.1 等离子喷涂的原理

等离子喷涂是利用等离子弧作为热源，将金属或非金属粉末送入等离子焰中加热到熔化或熔融状态，并随同等离子焰流高速喷射、沉积在经过预处理的工件表面上，从而形成具有特殊性能的涂层。图 7-22 为等离子喷涂技术的原理图。

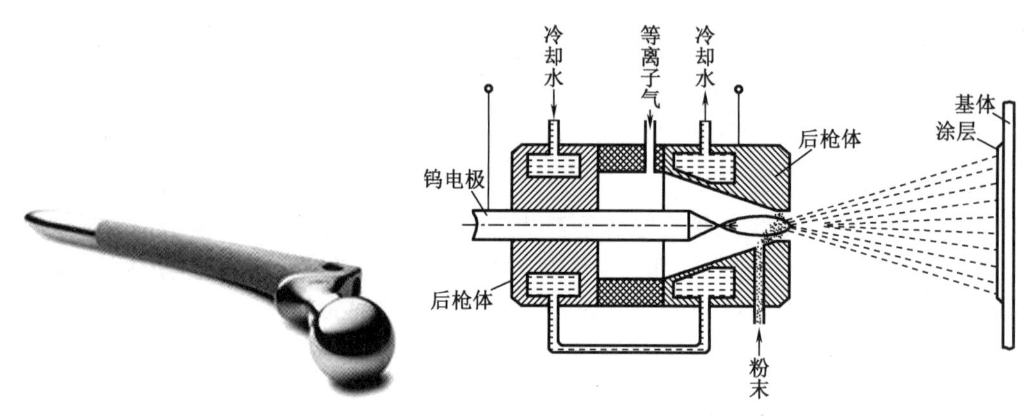

图 7-21 不锈钢人工骨骼　　图 7-22 等离子喷涂技术的原理

7.6.2 等离子喷涂特点

等离子喷涂可分为大气等离子喷涂、低压等离子喷涂、液稳等离子喷涂和超声速等离子喷涂等。等离子喷涂有以下特点：

(1)温度高，可喷涂材料广泛。等离子弧的最高温度可达 30 000 K，距喷嘴 2 mm 处温度也可达 17 000~18 000 K，因此可喷涂材料范围广，几乎所有固态工程材料都可喷涂，尤其是便于进行高熔点材料的喷涂，是制备陶瓷涂层的最佳工艺。

(2)涂层质量好。因等离子焰流速大，熔融粒子速度可达 300~400 m/s，同时温度很高，故所得涂层表面平整致密，与基体结合强度高，一般为 40~70 MPa。另外，等离子弧喷涂涂层可精确控制在几微米到 1 mm 之间。

(3)基体损伤小，无变形。由于使用惰性气体作为工作气体，因此喷涂材料不易氧化。同时工件在喷涂时受热少，表面温度不超过 250 ℃，母材组织无变化，甚至可以用纸作为喷涂的基体。因此，对于一些高强度钢材以及薄壁零件、细长零件均可实施喷涂。

7.6.3 等离子喷涂设备

等离子喷涂设备如图 7-23 所示，主要包括等离子喷枪、电源、粉末加料器、热交换器、供气系统、控制设备等。

1. 等离子喷枪

喷枪是等离子弧喷涂设备中的核心装置，根据用途的不同，可分为外圆喷枪和内圆喷枪两大类。等离子喷枪实际上是一个非转移弧等离子发生器，其上集中了整个系统的电、气、粉、水等，最关键的部件是喷嘴和阴极，其中喷嘴由高导热性的纯铜制造，阴极多采用铈钨极(含氧化铈 2%~3%)。

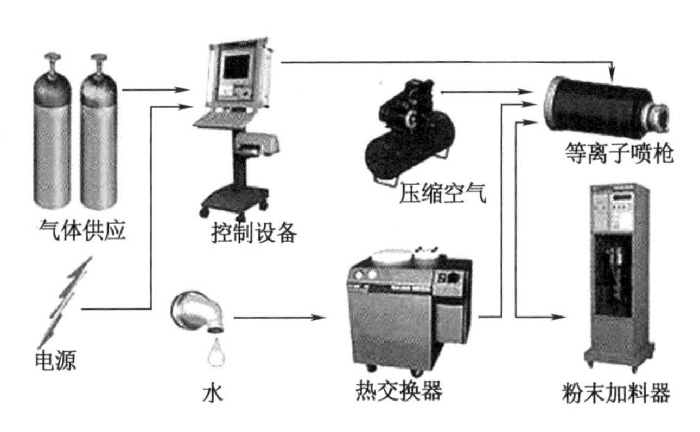

图7-23 等离子喷涂设备

2. 电源

电源用以供给喷枪直流电,通常为全波硅整流装置,其额定功率有40 kW、50 kW和80 kW三种规格。

3. 粉末加料器

粉末加料器用来贮存喷涂粉末并按工艺要求向喷枪输送粉末的装置,对送粉系统的主要技术要求是送粉量准确度高、送粉调节方便,以及对粉末粒度的适应范围广。

4. 热交换器

热交换器主要用以使喷枪获得有效的冷却,达到使喷嘴延寿的目的,通常采用水冷系统。

5. 供气系统

供气系统包括工作气和送粉气的供给系统。

6. 控制设备

控制设备用于对水、电、气、粉的调节和控制,它可对喷涂过程的动作程序和工艺参数进行调节和控制。

7.6.4 等离子弧喷涂工艺参数

等离子弧喷涂工艺参数主要有:热源、工作气体种类及流量、送粉气种及流量、送粉量、喷涂距离和喷枪移动速度等。常用粉末包括:纯金属粉、合金粉末、自熔性合金粉末、陶瓷粉末、复合粉末和塑料粉末。热源参数包括:电弧电压、工作电流、电弧功率等(功率一定,尽量采用高电压低电流)。常用气体包括:氮气、氩气,气体纯度要求不低于99.9%。常用等离子喷涂工艺参数见表7-7。

表7-7 常用等离子喷涂工艺参数的选择

气体流量 $/(m^3 \cdot h^{-1})$		常用功率/kW	工作电压/V		喷嘴距基体表面距离/mm	喷涂角度	喷枪移动速度 $/(m \cdot min^{-1})$
等离子气 1.8~3.0	送粉气 0.36~0.84	20~35	N_2+H_2 80~120	Ar 50~90	自熔性粉末100~160, 陶瓷粉末50~100	等离子焰流与工件夹角为40°~50°	5~15

7.7 特种喷涂技术

7.7.1 超声速喷涂

超声速喷涂是20世纪60年代由美国Browning Engineering公司研究并于1983年获得美国专利的一种新型热喷涂方法,目前较成熟、应用较广的有超声速粉末火焰喷涂和超声速等离子喷涂。

1. 超声速粉末火焰喷涂

喷涂时将燃料气体和助燃剂以一定的比例输入燃烧室,燃料气和氧气在燃烧室爆炸或燃烧,产生高速热气流;同时由载气沿喷管中心套管将喷涂粉末送入高温射流,粉末加热熔化并加速。整个喷枪由循环水冷却,射流通过喷管时受到水冷壁的压缩,离开喷嘴后燃烧气体迅速膨胀,产生达两倍以上声速的超声速火焰,并将熔融微粒喷射到基体表面,形成涂层。

超声速粉末火焰喷涂在获得高质量的金属和碳化物涂层上显示出突出的优越性,但难以喷涂高熔点的陶瓷材料,因此其应用受到一定的限制。

2. 超声速等离子喷涂

高压电低电流方式产生超声速等离子射流大量等离子气体从负极周围输入,在连接正负极的长筒形喷嘴管道内产生旋流,在喷嘴和电极间很高的空载电压下,通过高频引弧装置引燃电弧,电弧在强烈的旋流作用下向中心压缩,被引出喷嘴外部,电弧的阳极区落在喷嘴的出口上,由于这样的作用,弧柱被拉长到100 mm以上,电弧电压高达400 V,在电弧电流为500 A情况下,电弧功率达200 kW,这样长的电弧对等离子气体充分加热,当高温度的等离子气体离开喷嘴后,产生超声速等离子射流。

超声速喷涂的主要特点为:涂层致密,孔隙率很小,结合强度高,涂层表面光滑,焰流温度高、速度大,可喷涂高熔点材料,熔粒与周围大气接触时间短,喷涂材料不受损害,涂层硬度高。

7.7.2 激光喷涂

近年来,为了获得高功能性涂层,开发了以激光为热源的涂层技术,激光喷涂是采用激光为热源进行喷涂的方法,激光喷涂时,从激光发生器射出的激光束,经透镜聚焦,焦点落在喷枪出口的喷嘴旁,要喷涂的粉末或线材向焦点位置输送,被激光束熔融。压缩气体从环状喷嘴喷出,将熔融的材料雾化,喷射到基体上形成涂层。喷枪中的透镜通过保护气体保护。

7.7.3 气体燃爆式喷涂

喷涂时先将一定比例的氧气和乙炔气送入喷枪内,然后再由另一入口用氮气与喷涂粉末混合输入。将喷枪内充有一定量的混合气体和粉末后,由电火花塞点火,使氧-乙炔混合气体发生爆炸,产生热量和压力波。喷涂粉末在获得加速的同时被加热,由枪口喷出,撞击在工件表面,形成致密的涂层,然后通入氮气清洗枪管,以此反复连续进行。

燃爆式喷涂时,由于喷涂粒子的飞行速度高,因此涂层质量高于同条件下的等离子喷涂,当喷头角度在60°~90°的范围内变化时,燃爆式喷涂层的质量几乎不受影响。

7.7.4 特种等离子弧喷涂

等离子弧喷涂一般都是在大气中进行的,喷涂时等离子焰流要从周围环境中吸收大量空气,喷涂距离越大,吸入的空气量越多,焰流中吸收的空气使喷涂颗粒发生氧化并降低射流的能量,使喷涂颗粒的速度降低、加热不足,低压等离子弧喷涂和水下等离子弧喷涂可以克服这些缺陷。

1. 低压等离子弧喷涂

低压等离子弧喷涂是在一个密封的气室内,用惰性气体排除室内的空气,然后抽真空至0.005 MPa,在这样保护气氛下的低真空环境里进行的等离子喷涂。

2. 水下等离子弧喷涂

近年来,以海底石油开采为中心的海洋技术的迅速发展,同时为利用海洋能源、开发海洋牧场,建造海上机场等海洋结构的研究蓬勃发展,对海洋建筑物,如石油挖掘台、防护堤、栈桥等提出长寿命的要求,因此,大型海洋建筑物表面喷涂技术随之得到了发展。

水下喷涂产生于1980年,水下喷涂与水下焊接相同,有湿式和干式两种,局部干湿法是将喷涂部位与水隔离。

7.8 冷喷涂技术

7.8.1 冷喷涂定义、原理及特点

1. 冷喷涂定义

冷喷涂是一种金属、陶瓷喷涂工艺,但是它不同于传统热喷涂(超声速火焰喷涂、等离子喷涂、爆炸喷涂等传统热喷涂),它不需要将喷涂的金属粒子熔化,所以喷涂基体表面产生的温度不会超过150 ℃。同时,陶瓷烧结温度在1 500 ℃以上,所以冷喷涂可以将陶瓷涂层(如氧化铝)喷涂在几乎所有基体上。

2. 冷喷涂原理

冷喷涂的理论基础是:压缩空气加速金属粒子到临界速度(超声速),金属粒子直击到基体表面后发生物理形变。金属粒子撞扁在基体表面并牢固附着,整个过程金属粒子没有被熔化,但如果金属粒子没有达到超声速则无法附着。金属粒子沉积过程如图7-24所示。

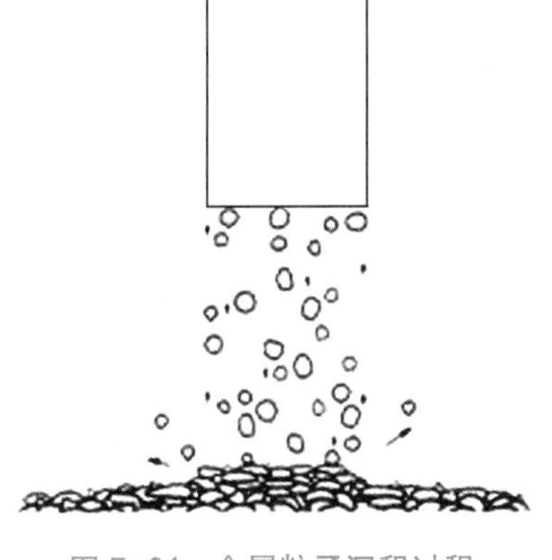

图7-24 金属粒子沉积过程

3. 冷喷涂特点

(1)冷喷涂材料的可选择范围广。凡具有塑性的金属,塑料以及含塑性变形成分的材料混合物,都可用于冷喷涂。

(2)涂层致密和氧化物含量低。冷喷涂与电弧喷涂、等离子喷涂、HVOF喷涂相比,最明显的特点是涂层中的氧化物极少,甚至几乎没有,因而可以避免易氧化物涂层材料在喷涂过程中性能发生变化,也有利于制备高电导率、高热传导率涂层。

(3)沉积效率高。可高速喂入粉末,以高的沉积速度和效率形成涂层,生产率高。喷涂效率可达 3 kg/h,沉积效率为 70%。

(4)对基材热影响小。粉末加热温度低,喷涂过程对基体的热影响小,可保留最初粉末和基材的性能,可喷涂热敏感材料。

(5)操作条件宽, 喷涂质量好。喷涂距离极短,微束宽度可调,涂层外形与基材紧密保持一致,可达到高级表面粗糙度。

(6)涂料粉末喷涂损失少。操作过程中基本不需要遮蔽,而且粉末可以收集和重复使用,粉末利用率高,节约资源。

(7)可喷涂纳米涂层。喷涂过程中,晶粒生长速度极慢,故可用于喷涂纳米涂层。

(8)操作条件好。冷喷涂在吸风除尘净化装置的隔音室中工作,其噪声远低于 HVOF 喷涂;无高温气体喷射,也无辐射或爆炸气体,安全性高。

冷喷涂的主要缺点是适用于喷涂的粒子直径范围比较小,而且不宜使用非塑性喷涂材料。

7.8.2 冷喷涂设备系统和工艺参数

1. 冷喷涂设备系统

冷喷涂设备系统一般由喷枪、加热器、送粉气器、控制装置、喷涂机械手和其他辅助装置组成。

2. 冷喷涂的工艺参数

在冷气动力喷涂中,除临界速度外,影响喷涂工艺的主要因素有气体的性质和压力、气体温度、粉末材料粒度和喷涂距离。一般来说,气体的压力和预热温度越高,得到的粒子速度越高;不同的粉末材料和粒度,在不同的喷涂距离上,粉末粒子的飞行速度不同,因此应根据粉末情况确定喷涂距离。

在冷喷涂过程中,主要工艺参数一般控制如下:

(1)气体性质及压力: 一般是氮、氦、氩、空气和混合气,其稳态喷射压力通常为 1.5~3.5 MPa。

(2)气体温度:373~873 K(100~6 000 ℃)。

(3)喷嘴马赫数:2~4。

(4)喷嘴气流速度:300~1 200 m/s。

(5)粉末粒度:10~50 μm(一般在 40 μm 以下)。

(6)喷嘴距离:10~50 mm(一般约 25 mm)。

(7)粉末喂入速度:5 115 kg/h。

(8)力消耗:5~25 kW。

7.8.3 冷喷涂技术的应用

冷喷涂技术作为一种新的工艺受到广泛关注。冷喷涂技术制备的涂层具有氧化物含量低、涂层热应力小、硬度高、结合强度好,可将喷涂材料的组织结构在不发生变化的条件下转移到基体表面等优点,对于涂层的制备技术具有重要价值,同时在制备复杂结构材料的复合技术方面也发挥很大的作用。

冷喷涂技术为制备纳米结构金属涂层及块体材料提供了有效方法。同时,也为制备耐磨的金属陶瓷复合涂层,以及陶瓷功能涂层提供了工艺保证。鉴于目前对冷喷涂技术的研究,冷喷涂技术可以制备导电、导热、防腐、耐磨等涂层及功能涂层,且有希望用于生产和修复许多工业零部件,如涡轮盘、汽缸、阀门、密封件、套管等。冷喷涂技术的设计与研究正向工业化应用的方向转化,并涉及军事应用,同时也将在航空航天、石油化工、汽车、国防军工及其他工业等得到广泛的应用。

7.9 热喷涂涂层的设计、选择、功能和应用

7.9.1 热喷涂涂层的性能

1. 化学成分

由于涂层材料在熔化和喷射过程中,会与周围介质发生作用生成氧化物、氮化物,以及在高温下会发生分解,因而涂层的成分与涂层材料的成分是有一定差异的,并在一定程度上影响涂层的性能。如 MCrAlY(M=Co、Ni、Fe)氧化后会影响其耐蚀性,而 WC-Co 经氧化和高温分解后其耐磨性会降低。

通过喷涂方法的选择可以避免和减轻这一现象的发生。如采用低压等离子喷涂可大大减少涂层材料的氧化,而高速火焰喷涂则可以防止碳化物的高温分解。

2. 孔隙度

热喷涂涂层中不可避免地存在着孔隙,孔隙度的大小与颗粒的温度和速度以及喷涂距离和喷涂角度等喷涂参数有关。温度及速度都低的火焰喷涂和电弧喷涂涂层的孔隙度都比较高,一般达到百分之几,甚至可达百分之十几。而高温的等离子喷涂涂层及高速的火焰喷涂涂层则孔隙度较低,最低可达 0.5%以下。

3. 硬度

由于热喷涂涂层在形成时的激冷和高速撞击,涂层晶粒细化以及晶格产生畸变使涂层得到强化,因而热喷涂涂层的硬度比一般材料的硬度要高一些,其大小也会因喷涂方法的不同而有所差异。

4. 结合强度

热喷涂涂层与基体的结合主要依靠与基体粗糙表面的机械咬合。基体表面的清洁程度、涂层材料的颗粒温度、颗粒撞击基体的速度以及涂层中残余应力的大小均会影响涂层与基体的结合强度,因而涂层的结合强度也与所采用的喷涂方法有关。

5. 热疲劳性能

对于一些在冷热循环状态下使用的工件,其涂层的热疲劳(或称热震)性能至关重要,如该涂层的热疲劳性能不好,则工件在使用过程中便会很快开裂甚至剥落。涂层热疲劳性能的好坏主要取决于涂层材料与基体材料的热膨胀系数差异的大小和涂层与基体材料结合的强弱。

7.9.2 热喷涂涂层的设计

实际生产中,由于工件的形状、大小、材质、施工条件、使用环境及服役条件千差万别,因而对涂层性能的要求也不一样,所以在设计产品和修复零件时,就涉及如何正确选用热喷涂层、采用怎么样的工艺来实现等,这将关系到涂层的质量和使用效果。合理进行热喷涂涂层的设计,要做到以下几点:

(1)明确工件材质和服役条件。

(2)准确判定工件的失效原因。

(3)工件表面性能要求。

(4)掌握热喷涂层的性能。

(5)进行涂层的选择和系统的设计。

7.9.3 热喷涂涂层的选择

(1)工艺方法的可能性。选择热喷涂涂层时,要考虑工艺方法是否可行。

(2)工作环境。包括涂层在工作中所承受的应力或冲击力、工作温度、腐蚀介质、腐蚀环境、涂层与其他零件配合表面和连接表面的材料及润滑情况等。

(3)要求的涂层特征。包括涂层的表面功能(如表面状态和表面光洁度等),涂层的化学性能、结合强度、孔隙率、硬度、金相组织、耐磨性能等。

(4)基体材料的特征。包括基体材料的化学成分和性能,零件的尺寸和形状,喷涂部位的表面状态等。

(5)选择适当的涂层。选择非复合或复合涂层,但要满足机件的使用要求。

7.9.4 热喷涂材料的选择

热喷涂时,被喷涂材料的表面使用要求不同,采用的喷涂工艺不同,选择的热喷涂材料类型也不同。选择热喷涂材料主要遵循以下基本原则和根据热喷涂工艺方法和被喷涂工件的使用要求选择。

1. 热喷涂材料的基本选择原则

(1)根据被喷涂工件的工作环境、使用要求和各种喷涂材料的已知性能,选择最适合功能要求的材料。

(2)尽量使喷涂材料与工件材料的热膨胀系数相接近,以获得结合强度较高的优质喷涂层。

(3)选用的热喷涂材料应与喷涂工艺方法及设备相适应。

(4)喷涂材料应成本低,来源广。

2. 根据热喷涂工艺方法选用

选用热喷涂材料时,应根据不同的喷涂工艺及方法,针对不同喷涂材料的特性进行选择。各种热喷涂技术的典型特征参数如表 7-8 所示。

表 7-8 各种热喷涂技术的典型特征参数

喷涂方法	温度/℃	粒子速度/($m \cdot s^{-1}$)	结合强度/MPa	气孔率/%	喷涂效率/($kg \cdot h^{-1}$)	相对成本
火焰喷涂	3 000	40	8~20	10~15	2~6	1
高速火焰喷涂	3 000	800~1700	70~110	<0.5	1~5	2~3
爆炸喷涂	4 000	800	>70	1~2	1	4
电弧喷涂	5 000	100	12~25	10	10~25	2
等离子弧喷涂	>10 000	200~400	60~80	<0.5	2~10	4

3. 根据被喷涂工件的使用要求选用

被喷涂工件表面要求耐磨的场合下，常用的喷涂材料有自熔性合金材料（镍基、钴基和铁基合金）和陶瓷材料，或者是二者的混合物。碳化物与镍基自熔性合金的混合物等喷涂材料适合于不要求耐高温而只要求耐磨的场合。通常碳化物喷涂层的工作温度应在480 ℃以下，超过此温度时，最好选用碳化钛、碳化铬或陶瓷材料。高碳钢、马氏体不锈钢、钼、镍铬合金等喷涂材料形成的喷涂层特别适合于滑动磨损情形。

被喷涂工作要求耐大气腐蚀的条件下，常选用锌、铝、奥氏体不锈钢、铝青铜、钴基和镍基合金等材料，其中使用最广泛的是锌和铝。耐腐蚀喷涂材料本身具有良好的耐腐蚀性，但是如果喷涂层不致密、存在孔隙，腐蚀介质就会渗透。因此，在喷涂时要保证致密度和一定的厚度，并要对喷涂层进行封孔处理。

喷涂时，为使喷涂工件和喷涂层之间形成良好的结合，有时可以黏结底层喷涂材料使其在工件和喷涂层之间产生过渡作用。可作为这种黏结底层的喷涂材料有钼、镍铬复合材料和镍铝复合材料等，但是在选择底层喷涂材料时，主要应该考虑使用环境的腐蚀性和温度。

7.9.5 热喷涂工艺的选择

涂层的设计和喷涂材料的选择主要依据工件的服役条件，但同时要考虑工艺性、经济性和实用性。如钴基合金性能优异，但国内资源较匮乏，因而应尽量少用；我国镍资源尽管较为丰富，但镍基合金价格较高，所以在满足性能要求的前提下也应尽量采用铁基合金。对于某些特殊重要的工件的喷涂应以获得最优的涂层性能为准则，而对于大多数工件的喷涂则以获得最大经济效益为准则。

1. 以涂层性能为出发点的选择原则

（1）对于承载低的耐磨涂层和以提高工件抗蚀性的耐蚀涂层，涂层结合力要求不是很高，当喷涂材料的熔点不超过2 500 ℃时，可采用设备简单、成本低的火焰喷涂，如一般工件尺寸修复和常规表面防护等。

（2）对于涂层性能要求较高或较为贵重的工件，特别是喷涂高熔点陶瓷材料时，宜采用等离子弧喷涂。相对于氧乙炔火焰喷涂来说，等离子弧喷涂的焰流温度高，具有非氧化性，涂层结合强度高，孔隙率低。

（3）涂层要求具有高结合强度、极低孔隙率时，对金属或金属陶瓷涂层，可选用高速火焰喷涂工艺；对氧化陶瓷涂层，可选用高速等离子弧喷涂工艺。如果喷涂易氧化的金属或金属陶瓷，则必须选用可控气氛或低压等离子弧喷涂工艺，如Ti、B4C等涂层爆炸喷涂所得涂层结合强度最高，可达170 MPa，孔隙率更低，可用于某些重要部件的强化。

2. 以喷涂材料类型为出发点的选择原则

（1）喷涂金属或合金材料，可优先选择电弧喷涂工艺。

（2）喷涂陶瓷材料，特别是氧化物陶瓷材料或熔点超过3 000 ℃的碳化物、氮氧化物陶瓷材料时，应选择等离子弧喷涂工艺。

（3）喷涂氧化物涂层，特别是WC-Co、Cr_3C_2-NiCr类氮化物涂层，可选用高速火焰喷涂工艺，涂层可获得良好的综合性能。

（4）喷涂生物涂层时，宜选用可控气氛或低压等离子弧喷涂工艺。

3. 以经济性为出发点的选择原则

在喷涂原料成本差别不大的条件下，在所有热喷涂工艺中，电弧喷涂的相对工艺成本最低，且该工艺具有喷涂效率高、涂层与基体结合强度较高、适合现场施工等优点，应尽可能选用电弧喷涂工艺。

对于批量大的工件，宜采用自动喷涂，自动喷涂机可以成套购买，也可以自行设计。

4. 以现场施工为出发点的选择原则

以现场施工为出发点进行工艺选择，应首选电弧喷涂，其次是火焰喷涂，便捷式 HVOF 及小功率等离子弧喷涂设备也可以在现场进行喷涂施工。

目前还可将等离子弧喷涂设备安装在可移动的机动车上，形成可移动的喷涂车间，从而完成远距离现场喷涂作业。

7.9.6 热喷涂涂层的功能和应用

随着涂层新材料和新工艺的不断涌现，热喷涂涂层已在国民经济各个工业部门广泛地应用，目前应用面最广的仍是机械工业，包括石油化工、轻纺、能源、冶金、航空、汽车等。热喷涂技术能赋予各类机械产品，特别是关键零部件许多特种功能涂层，形成复合材料结构具有的综合作用，真正做到了“好钢用在刀刃上”，是材料科学表面技术发展的一个方向。

1. 钢铁长效防腐涂层

高压线输变电线是用钢铁材料做成牢固可靠的电线杆架起的，长期暴露于室外，受到大气污染的侵蚀，对表面有着严峻的考验，为保护其免受侵蚀，国外已将它们喷涂于钢铁构件上作为长效抗腐蚀涂层。图 7-25 为热喷涂后的输变电铁塔大型钢铁构件。

2. 汽车与船舶工业中的应用

为了提高汽车的性能，减少汽车的能耗和适应环保要求，热喷涂技术在汽车、船舶制造行业有了较大的发展。图 7-26 为海洋中航行的巨轮。

图 7-25 输变电铁塔大型钢铁构件

图 7-26 海洋中航行的巨轮

3. 航空、航天工业中的应用

热喷涂技术在航空、航天工业中应用历史久，范围广，涂层品种多，而且技术含量高。尽管航空、航天中飞机发动机、宇宙火箭等工作条件十分恶劣，对涂层可靠性要求非常苛刻，但当代航空发动机中一半以上的零件都有涂层，主要用于耐磨、耐腐蚀、抗氧化、封严。图 7-27 为采用热喷涂技术处理的排气口风扇零部件。

4. 钢铁工业中的应用

热喷涂技术在钢铁工业中的应用已有相当长的历史。从西方发达国家钢铁工业中热喷涂技术应用的对象来看，各式各样的辊子占全部热喷涂部件的 85%以上，取得极显著的技术经济效果。图 7-28 为采用热喷涂技术获得的耐磨涂层的轴。

图 7-27　排气口风扇零部件

图 7-28　热喷涂耐磨涂层的轴

5. 印刷、造纸工业中的应用

随着科技的发展,对纸张的印刷的技术要求越来越高,苛刻特殊的性能要求恰好是热喷涂涂层发挥其作用的领域。图 7-29 为喷涂 316L 抛光后为镜面的印刷机滚。

6. 能源、核工业中的应用

能源工业主要包括热能、水力、核能及太阳能等。热喷涂涂层在火力发电锅炉、水轮机、核反应堆、太阳能吸收和转换上均能发挥特殊作用。图 7-30 为火箭发动机喷管热障涂层。

图 7-29　喷涂 316L 抛光后为镜面的印刷机滚

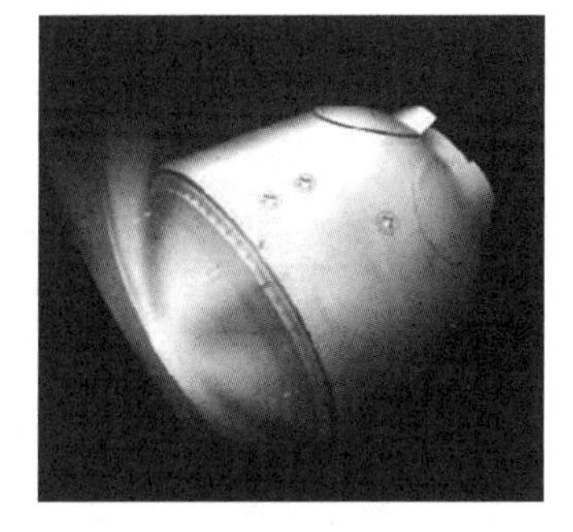

图 7-30　火箭发动机喷管热障涂层

7. 纺织、化纤工业中的应用

现代纺织机械特别是化纤机械,正向高速、轻质、节能方向发展。许多耗能的高速运动零部件一般尽可能采用轻质合金基体(如铝)+表面强化及功能涂层复合制造。图 7-31 为热喷涂后纺织机械配件。

8. 电子工业的应用

金属-陶瓷复合材料结构是微电子工业基板材料的一种理想材料。在金属板(如科伐合金、铜、铝、钢)上热喷涂高介电常数的陶瓷涂层,具有高热导率的金属能将强电流所产生的热散发开,而陶瓷涂层则能提供很好的介电绝缘性能。图 7-32 为热喷涂电脑键盘。

图 7-31 热喷涂纺织机械配件

图 7-32 热喷涂电脑键盘

9. 化学工业中的应用

化学工业中最大的问题是腐蚀,各种材料在不同腐蚀介质、腐蚀环境、腐蚀温度中形成的腐蚀机理也是千差万别的。热喷涂涂层抗腐蚀的作用是:将耐蚀性能优异的合金、陶瓷、塑料等材料在需保护的基体上形成一定厚度的涂层或多重涂层,再对涂层的微孔采用合适的封孔剂(环氧树脂、硅树脂、聚氨酯等)进行封闭,用隔离形式保护基体免受腐蚀。图 7-33 为石油化工管道阀体部件。

10. 生物医疗器件中的应用

随着人类生活质量的提高,人类平均寿命延长,对人工骨骼的需求量日增。据统计,1984 年美国使用人工关节情况为:髋关节 11 万件,膝关节 6.5 万件,肩、指及其他关节 5 万件。1990 年资料报道,美国每年使用 8.8 万只全膝关节。1997 年全世界人工关节预测显示:全髋关节 40 万件,全膝关节 20 万件,踝/肘/肩关节 70 万件,手指关节 60 万件。图 7-34 为热喷涂后的人工骨骼。

图 7-33 石油化工管道阀体部件

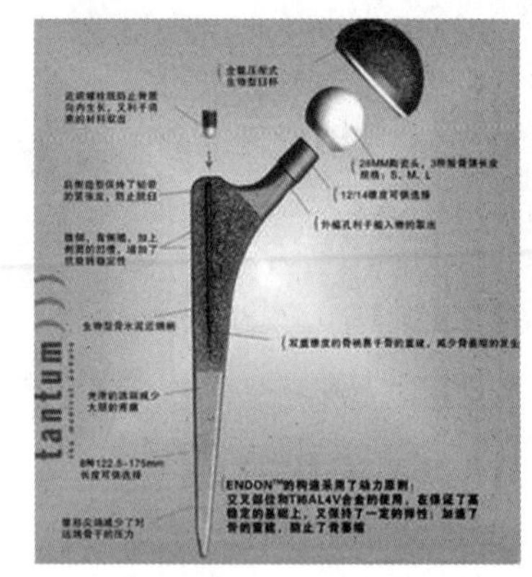

图 7-34 人工骨骼

11. 机械工业与其他方面的应用

热喷涂陶瓷和金属陶瓷涂层,不仅具有高的硬度,优异的耐磨性,而且摩擦系数低,能耗小;对密封填料的磨损小,涂层硬度和耐磨性不会因局部过热而降低。因此,在抗腐蚀磨损领域,热喷涂涂层正成为电镀硬铬技术强有力的竞争者和取代者。

蒸汽电熨斗是居民家庭常用的生活用品,可以根据不同衣物调节其工作温度,最高可达 200 ℃。为提高电熨斗的耐磨性、耐热性以及防粘连性,一般需在电熨斗底板热喷涂陶瓷或聚四氟乙烯涂层。在这种涂层中,陶瓷涂层的耐磨性和耐热性明显高于聚四氟乙烯涂层,使用寿命也高于后者,成为蒸汽电熨斗底板首选涂层。图 7-35 为热喷涂后电熨斗。

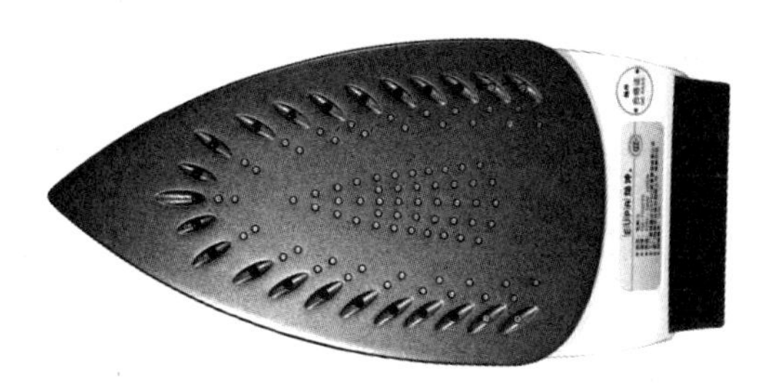

图7-35 电熨斗

课后习题

一、填空题

1. 热喷涂的________、________及________，构成了喷涂技术的三大核心。

2. 热喷涂的工艺过程包括________、________、________、________、________等。

3. 通常认为涂层与基体的结合方式有________、________和________三种。

4. 热喷涂涂层中颗粒与颗粒之间不可避免地存在部分孔隙或空洞，涂层中还伴有________和________。

5. 热喷涂涂层呈层状结构，是一层一层堆积而成的，因此涂层的性能具有________，垂直和平行涂层方向上的性能是________的。

6. 按照热源的不同，热喷涂技术可分为________、________、________三类。

7. 根据热喷涂材料的不同形状，热喷涂材料可以分为________、________、________和________四类。

8. 根据喷涂材料的成分不同，热喷涂材料可以分为________、________、________和________喷涂材料四大类。

9. 热喷涂的表面预处理一般分成________、________和________三个步骤来进行。

10. 火焰喷涂包括________和________，是目前国内最常用的喷涂方法。

11. 火焰喷涂可喷涂________、________、________等材料，应用非常灵活，喷涂设备轻便简单，可移动，价格低于其他喷涂设备，经济性好，是目前喷涂技术中使用较广泛的一种方法。

12. 喷枪通过气阀引入________、________和________，混合后在喷嘴出口处产生燃烧火焰。

13. 粉末火焰喷涂一般采用________，这种方法具有设备简单、便宜、工艺操作简便、应用广泛灵活、适应性强、噪声小等特点，因而是目前热喷涂技术中应用最广泛的一种。

14. 火焰喷涂工艺流程为________、________、________、________、________。

15. 等离子体被称为除气、液、固态外的________，即在高温下电离了的“气体”，在这种“气体”中正离子和电子的密度大致相等，故称为等离子体。

16. 在自然界里，等离子体现象很普遍。________、光辉夺目的________，以及绚烂壮丽的________等都是等离子体作用的结果。

17. 等离子体可分为高温等离子体和低温等离子体两种。等离子电视应用的是________，焊接中应用的是________。

18. 等离子喷涂设备主要包括________、________、________、________、________等。

19. 冷喷涂设备系统一般由________、________、________、________、________和其他辅助装置组成。

20. 蒸汽电熨斗是居民家庭常用的生活用品，可以根据不同衣物调节其工作温度，最高可达 200 ℃。为提高电熨斗的耐磨性、耐热性以及防粘连性，一般需在电熨斗底板热喷涂________或________。

二、名词解释

1. 热喷涂
2. 喷焊
3. 线材火焰喷涂法
4. 电弧喷涂
5. 等离子喷涂

三、简答题

1. 简述热喷涂的目的及其应用。
2. 简述热喷涂涂层的形成过程。
3. 简述热喷涂涂层残留应力的产生及其影响。
4. 简述热喷涂技术的特点。
5. 电弧喷涂的特点有哪些？
6. 等离子喷涂的特点有哪些？

课后习题答案

第8章　涂装技术

【学习目标】

- 了解电泳、涂装技术的概念、涂料成膜机理、涂料涂层的应用；
- 理解涂料材料的基本组成、涂料的分类和命名、涂料涂层的作用；
- 掌握涂装工艺和涂装方法的基本技能。

【导入案例】

某汽车厂底盘涂装过去采用手工刷涂 L01-1 沥青磁漆，虽然成本较低，占用场地面积小，但劳动强度大，涂装质量差且不稳定，与底盘专业厂要求不相匹配。如今市场需求量大，客户对产品质量要求越来越高，原始手工刷涂技术逐渐被淘汰，在技术改造过程中，建成了底盘浸涂线自动涂装车间，同时，选择环保型的水性环氧酯漆作为涂装材料。水性环氧酯漆使用施工方便，性能良好，涂装设备投资费用较低，国内目前已有多家汽车厂用于底盘的浸涂工艺，收到了较好的效果，具有进一步推广应用的价值。图 8-1 为涂装的汽车底盘。

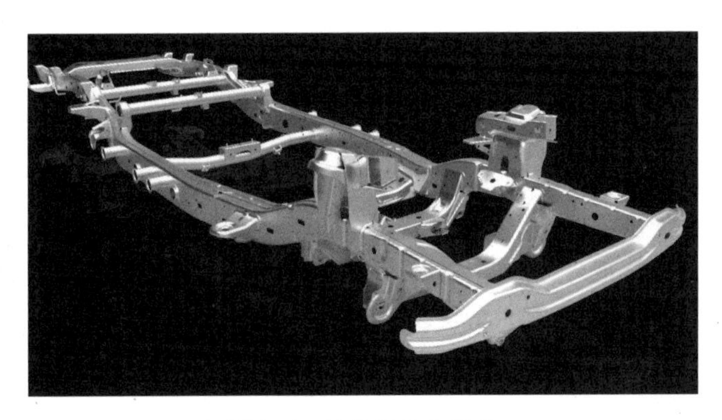

图 8-1　涂装的汽车底盘

8.1　电泳概述

1. 电泳涂装发展

随着电泳涂装技术的进步，电泳涂料至今已发展到第六代。其中前两代为阳极电泳涂料（也有把阳极电泳涂料划为第三代的），各代电泳涂料的简单介绍如下：

第一代：低电压、低泳透力的阳极电泳涂料。以顺酐化油、酚醛和环氧酯制备的阳极电泳涂料为代表，其耐盐雾性在 100 h 以下。由于该漆的泳透力低，为使车身内部能涂上漆，应设置辅助阴极。

第二代:高电压、高泳透力的阳极电泳涂料。以 20 世纪 70 年代开发、投产采用的聚丁二烯树脂的阳极电泳涂料为代表,在磷化板上的耐盐雾性提高到 240 h 以上,在泳涂汽车车身时可不设辅助阴极。

第三代:20 世纪 70 年代开发的低 pH 值、低电压的阴极电泳涂料。因在阳极电泳时产生阳极溶解,使其耐蚀性不能进一步提高,而不能适应 20 世纪 70 年代初石油危机时汽车工业迫切延长汽车使用寿命的要求,再加上高速公路的盐害日益严重,迫切要求提高汽车车身的耐蚀性,因而开发了第一代阴极电泳涂料。其槽液的 pH 值为 3~5,由于其 pH 值较低,所以设备腐蚀较严重。耐盐雾性达到 360~500 h,泳透力比较低。

第五代:以 20 世纪 80 年代中期开发的厚膜阴极电泳涂料为代表。为提高被涂物锐边的耐蚀性和适应简化涂装工艺的需要(由三涂层改为两涂层),开发了厚膜阴极电泳涂料。一次泳涂的涂膜厚度,由原来的 20 μm 左右提高到 30~35 μm,耐蚀性达到 1 000 h 左右。

第六代:无铅化环保型阴极电泳涂料。这一代涂料泳透力高,固化温度降低,加热减量低,同时又节省了资源与能源。

2. 电泳涂装特点

电泳涂装除与一般无机电解质受电场的作用表现不同外,它和电镀也不相同,主要表现在电沉积物质的导电性方面。电镀时,电沉积后极间导电性并不发生变化,而有机涂膜则由于具有绝缘性,所以在水性涂料进行电沉积涂装时,随着电沉积的进行,极间电阻发生显著变化。电沉积开始时先出现点状沉积,逐渐地连成片状。随着电沉积的继续,电沉积物部分绝缘,当电阻上升到一定程度后,电沉积随着涂膜的形成逐渐向未涂部分移动,直到表面均被涂覆为止。

电泳涂装具有以下特点:

(1)涂装工艺容易实现机械化和自动化,不仅减轻了劳动强度,而且还大幅度地提高了劳动生产率。据某汽车制造厂资料统计,汽车底漆由原来浸涂改为电泳涂装后,其工作效率提高了 450% 。

(2)电泳涂装由于在电场作用下成膜均匀,所以适合于形状复杂,有边缘棱角、孔穴的工件等,而且还可以调整通电量,在一定程度上控制膜厚。例如,在定位焊缝缝隙中,箱形体的内外表面都能获得比较均匀的涂膜,耐蚀性也明显地提高。

(3)带电荷的高分子粒子在电场作用下定向沉积,因而电泳涂膜的耐水性很好,涂膜的附着力也比采用其他方法的强。

(4)电泳涂装所用漆液浓度较低,黏度小,带出损耗的漆较少。漆可以充分利用,特别是超滤技术应用于电泳涂装后,漆的利用率均在 95%以上。

(5)电泳漆中采用去离子水作为溶剂,因而节省了大量的有机溶剂,而且无中毒、易燃等危险,从根本上清除了漆雾,改善了工人的劳动条件,并且降低了环境污染。

(6)提高了涂膜的平整性,减少了打磨工时,降低了成本。

由于电泳漆涂装具有上述优点,所以目前电泳涂装的应用较广,如在汽车、拖拉机、家用电器、电器开关、电子元件等表面的涂装上均可应用。此外,浅色阴极电泳漆的出现还适合于各类金属、合金,如铜、银、金、锡、锌合金、不锈钢、铝、铬等的涂装,所以在铝门窗框、人造首饰、银件、灯饰等方面均得到了广泛的应用。

8.2 涂装概述

涂料涂装技术是在经表面准备的基体上涂覆涂料而形成均匀、连续、附着牢固的，具备耐腐性能或功能的涂膜的过程或技术的总称。它广泛用于装饰、防护和各种功能，尤其防大气腐蚀约占整个金属腐蚀与防护经费的2/3以上。显然，要涂覆的基体结构设计及其表面状态必须符合相应涂装的技术要求，所要选用的涂料除了既能涂覆满足性能要求的涂膜之外，还要适应涂覆的基体，要适应所要采用的涂覆方法。只有这样，涂料涂装才能真正达到预期的装饰、防护和多种功能的目的。涂装是一项系统工程，它涵盖了要涂装基体的结构设计，要涂覆表面的表面准备，适当涂料的选择和相应的涂层体系的设计，涂料的涂覆及相应的涂覆技术的选择，以及涂后处理等。本章择要介绍一些常用的涂敷技术。

8.3 涂料材料

用有机涂料通过一定方法涂覆于材料或制件表面，形成涂膜的全部工艺过程，称为涂装。

涂装用的有机涂料是涂于材料或制件表面而能形成具有保护、装饰或特殊性能（如绝缘、防腐、标志等）固体涂膜的一类液体或固体材料的总称。早期大多以植物油为主要原料，故有“油漆”之称，后来合成树脂逐步取代了植物油，因而统称为“涂料”。

现在对于呈黏稠液态的具体涂料品种仍可按习惯称为“漆”外，对于其他一些涂料，如水性涂料、粉末涂料等新型涂料就不能这样称呼了。

8.3.1 涂料的基本组成

涂料主要由成膜物质、颜料、溶剂和助剂四部分组成，如图8-2所示。

1. 成膜物质

成膜物质一般是天然油脂、天然树脂和合成树脂。它们是在涂料组成中能形成涂膜的主要物质，是决定涂料性能的主要因素。它们在储存期间相当稳定，而涂覆于制件表面后在规定条件下固化成膜。

天然油脂主要来自植物油，按化学结构和干燥特征可分为干性油（如桐油、亚麻仁油等，涂膜干燥迅速）、半干性油（如豆油、棉籽油、葵花籽油等，涂膜干燥较慢）和不干性油（如椰子油、花生油、蓖麻油等，不能自行干燥，但可与干性油或树脂混合制成涂料）。如加入树脂，则称为磁性调和漆。

树脂是有机高分子化合物。熔化或溶解后的树脂黏结性很强，涂覆于制件表面干燥后能形成具有较高硬度、光泽、抗水性、耐腐蚀等性能的涂膜。天然树脂有松香、虫胶和琥珀等。合成树脂的种类很多，有酚醛树脂、醇酸树脂等。为进一步改进性能，有的涂料中同时加入两种合成树脂。

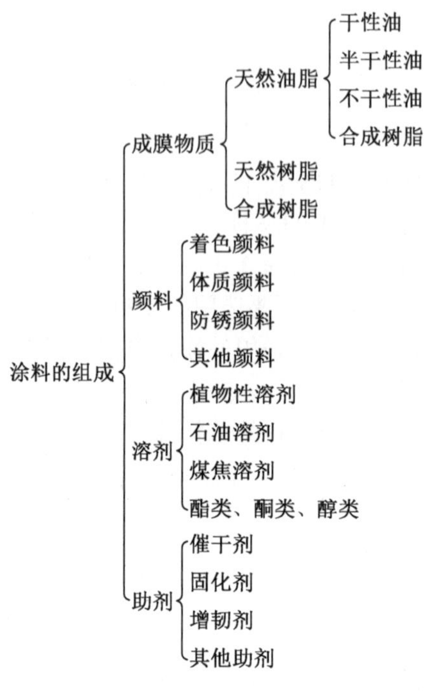

图 8-2 涂料的组成

2. 颜料

颜料能使涂膜呈现颜色和遮盖力,还可增强涂膜的耐老化性和耐磨性,以及增强膜的防蚀、防污等能力。

颜料呈粉末状,不溶于水或油,而能均匀地分散于介质中。大部分颜料是某些金属氧化物、硫化物和盐类等无机物。有的颜料是有机染料。颜料按其作用可分为着色颜料(如钛白、锌钡白、炭黑、铁红、镉红、铁蓝、铁黄、铬黄、铅铬橙、铜粉、铝粉等,具有着色性和遮盖性,以及增强涂膜的耐久性、耐候性和耐磨性)、体质颜料(如大白粉、石膏粉、滑石粉、硅藻土等,具有增加涂膜厚度,加强涂膜经久、坚硬、耐磨等作用)、防锈颜料(如氧化铁红、铝粉、锌粉、红丹、锌铬黄等,能增强涂膜的防锈能力)以及发光颜料、荧光颜料、示温颜料等。

3. 溶剂

溶剂使涂料保持溶解状态,调整涂料的黏度,以符合施工要求,同时可使涂膜具有均衡的挥发速度,以使涂膜平整和具有光泽,还可消除涂膜的针孔、刷痕等缺陷。

溶剂要根据成膜物质的特性、黏度和干燥时间来选择。一般常用混合溶剂或稀释剂。按其组成和来源,常用的溶剂有植物性溶剂(如松节油等)、石油溶剂(如汽油、松香水)、煤焦溶 剂(如苯、甲苯、二甲苯等)、酯类(如乙酸乙酯、乙酸丁酯)、酮类(如丙酮、环己酮)、醇类(如乙醇、丁醇等)。

4. 助剂

助剂在涂料中用量虽小,但对涂料的储存性、施工性以及对所形成涂膜的物理性质有明显的作用。

常用的助剂有催干剂(如二氧化锰、氧化铝、氧化锌、醋酸钴、亚油酸盐、松香酸盐、环烷酸盐等,主要起促进干燥的作用)、固化剂(有些涂料需要利用酸、胺、过氧化物等固化剂与合成树脂发生化学反应才能固化、干结成膜,如用于环氧树脂漆的乙二胺、二乙烯三胺、邻苯二甲酸酐、酚醛树脂、氨基树脂、聚酰胺树脂等)、增韧剂(常用于不用油而单用树脂的树脂漆中,以减少脆性,如邻苯二甲酸二丁酯等酯类化合物、植物油、天然蜡等)。除上述三种助剂外,还有表面活性剂(改善颜料在涂料中的分散性)、防结皮剂(防止油漆结皮)、防沉淀剂(防止颜料沉淀)、防老化剂(提高涂膜理化性能和延长使用寿命)以及紫外线吸收剂、润湿助剂、防霉剂、增滑剂、消泡剂等。

涂料的制备包含两个方面:一是成膜物质的制备,包括油脂的精漂与熬炼、天然树脂的改性和各种合成树脂的制备,大多属化学过程;二是将成膜物质和颜料、填料拌和研磨达到要求的细度,再加入溶剂、助剂等调配成涂料,这一过程基本属于物理过程。也有个别清漆(如T01-18虫胶清漆)是将天然树脂溶解在溶剂中制成,只有物理分散过程。

8.3.2 涂料的分类和命名

1. 涂料的分类

涂料产品种类多达千种,用途各异,有许多分类方法。一般有以下两种:

(1)根据成膜干燥机理分类

①溶剂挥发类。它在成膜过程中不发生化学反应,而仅是溶剂挥发使涂料干燥成膜。这类涂料一般为自然干燥型涂料,具有良好的修补性,易于重新涂装,如硝基漆、乙烯漆类。

②固化干燥类。这类涂料的成膜物质一般是相对分子质量较低的线性聚合物,可溶解于特定的溶剂中,经涂装后,待溶剂挥发,就可通过化学反应交联固化成膜,因已转化成体型网状结构,以后不能再溶解于溶剂中。这类涂料还可细分为:

a. 气干型涂料。它们与空气中的氧或潮气反应而交联固化成膜。如油脂漆和天然树脂漆,涂料中干性油的双键组成(桐油、亚麻仁油或梓油等),通过自动氧化机理聚合成膜。这类涂料可在常温下干燥成膜。如要保持储存稳定性,必须紧闭储器盖,隔绝空气。

b. 烘烤型涂料。它是涂料中两种或两种以上成膜物质互起化学反应而交联固化成膜。如氨基醇酸烘漆,主要成膜物质是醇酸树脂和氨基树脂。这两个组分在常温下不会明显地发生化学反应,而经涂覆后,加热到一定的温度下才能交联固化成膜。

c. 两罐装涂料。它也是两种成膜物质互起化学反应而交联固化成膜的,但两组分应分罐包装。例如聚氨酯漆,是由氨基甲酸酯的预聚物和含羟基树脂分罐包装,使用前按比例混合,涂覆后即能交联成膜。它们必须在规定时间内用完,否则变质而不能使用。

d. 辐射固化涂料。它是通过辐射能引发漆膜内的含乙烯基成膜物质和活性溶剂进行自由基或阳离子聚合,从而固化成膜。因电子束的能量较高,用150~300 keV的加速电压已足够产生自由基,而紫外线的能量约为电子束的$1/10^4$,不足以产生自由基,所以光(紫外)固化涂料中必须加入光敏剂,然后在紫外线能量的辐照下可以离解而形成自由基或路易斯酸,从而发生自由基或阳离子聚合而固化成膜。

(2)以涂料中的主要成膜物质为基础来分类

为便于判别涂料产品的类别及其差异,达到产品系列化的目的,按国家标准局规定,目前我国涂料产品是以涂料中的主要成膜物质为基础来分类的。若主要成膜物质由两种以上的树脂混合组成,则按在成膜物质中起决定作用的一种树脂作为分类的依据。按此分类方法,将成膜物质分为17大类,相应地对涂料品种分为17大类,见表8-1。另外还有一类是辅助材料。

表 8-1　成膜物质分类及命名代号

序号	成膜物质类别	命名代号	主要成膜物质
1	油脂	Y	天然植物油、鱼油、合成油等
2	天然树脂	T	松香及其衍生物、虫胶、乳酪素、动物胶、大漆及其衍生物等
3	酚醛树脂	F	酚醛树脂、改性酚醛树脂、二甲苯树脂
4	沥青	L	天然沥青、煤焦沥青、硬脂酸沥青、石油沥青
5	醇酸树脂	C	甘油醇酸树脂、改性醇酸树脂、季戊四醇及其他醇类的醇酸树脂等
6	氨基树脂	A	脲醛树脂、三聚氰胺甲醛树脂
7	硝基纤维素	Q	硝基纤维素、改性硝基纤维素
8	纤维酯、纤维醚	M	乙酸纤维、苄基纤维、乙基纤维、羟甲基纤维、乙酸丁酸纤维等
9	过氯乙烯树脂	G	过氯乙烯树脂、改性过氯乙烯树脂
10	烯类树脂	X	聚二乙烯基乙炔树脂、氯乙烯共聚树脂、聚醋 酸乙烯及其共聚物、聚乙烯醇缩醛树脂、聚苯乙烯树脂、含氟树脂、氯化聚丙烯树脂、石油树脂等
11	丙烯酸树脂	B	丙烯酸树脂、丙烯酸共聚树脂及其改性树脂
12	聚酯树脂	Z	饱和聚酯树脂、不饱和聚酯树脂
13	环氧树脂	H	环氧树脂、改性环氧树脂
14	聚氨基甲酸酯	S	聚氨基甲酸酯
15	元素有机聚合物	W	有机硅、有机钛、有机铝
16	橡胶	J	天然橡胶及其衍生物、合成橡胶及其衍生物
17	其他	E	以上 16 类以外的成膜物质，如无机高分子材料、聚酰亚胺树脂等

涂料除了以上两种分类方法外，还有其他分类方法。按有否颜料可分为清漆和色漆；按形态可分为水性涂料、溶剂型涂料、粉末涂料、高固体分涂料等；按用途可分为建筑漆、汽车漆、飞机蒙皮漆、木器漆等；按施工方法可分为喷漆、烘漆、电泳漆等；按使用效果可分为绝缘漆、防锈漆、防污漆、防腐蚀漆等。

2. 涂料产品的命名

(1)我国涂料产品的命名原则

根据我国标准局颁布的《涂料产品分类和命名》(GB/T 2705)的有关规定，全名=颜料或颜色名称+成膜物质名称+基本名称。

其中涂料的颜色或颜料名称位于涂料名称的最前面，例如红醇酸磁漆、锌黄酚醛防傍漆。

涂料名称中的成膜物质名称可适当简化，例如聚氨基甲酸酯可简化成聚氨酯。若基料中含多种物质，则往往取主要作用的一种成膜物质命名。但必要时也可选取两种成膜物质命名，主要成膜物质名称在前，次要成膜物质名称在后，例如红环氧硝基磁漆。

基本名称仍采用我国已有习惯名称，具体见表 8-2。

对某些有专门用途或特性的油漆产品，常在成膜物质后加以阐明，例如醇酸导电磁漆、去铁醇酸桥梁漆、白丙烯树脂冰箱漆。

表 8-2　涂料基本名称代号

代号	基本名称	代号	基本名称	代号	基本名称
00	清油	22	木器漆	54	耐油漆
01	清漆	23	罐头漆	55	耐水漆
02	厚漆	30	(浸渍)绝缘漆	60	耐火漆
03	调和漆	31	(覆盖)绝缘漆	61	耐热漆
	磁漆(面漆)	32	(绝缘)磁漆	62	示温漆
05	粉末涂料	33	(黏合)绝缘漆	63	除布漆
06	底漆	34	漆包线漆	64	可剥漆
07	腻子	35	硅钢片漆	66	感光涂料
08	水性涂料	36	电容器漆	67	隔热涂料
09	大漆	37	电阻漆、电位器漆	80	地板漆
11	电泳漆	38	半导体漆	81	渔网漆
12	乳胶漆	40	半导体漆	82	锅炉漆
13	其他水溶性漆	41	防污漆、防蛆漆	83	烟囱漆
14	透明漆	42	水线漆	84	黑板
15	斑纹漆	43	甲板漆、甲板防滑漆	85	调色
16	锤纹漆	44	船壳漆	86	标志漆、马路画线漆
17	皱纹漆	50	船底漆	98	胶液
18	裂纹漆	51	耐酸漆	99	其他
19	晶纹漆	52	耐碱漆		
20	铅笔漆	53	防腐漆		

凡需烘烤干燥的漆,名称中都有“烘干”或“烘”字样。如果名称中没有这些字样,则表明该漆是常温干燥或烘烤干燥均可。

除粉末涂料外的涂料产品,命名用“漆”词,统称时用“涂料”。

(2)型号

为了统一和简化,以及区别同一类型的各种涂料,在名称之前必须有一个型号。它包括三部分:一是成膜物质的类别代号,用汉语拼音字母表示(见表 8-1);二是涂料的基本名称,用第一、二位数字表示(见表 8-2);三是序号,用第三、四位数字区别同类品种之间在 组成、配比、性能和用途方面的差异。在第二位数字与第三位数字之间的一短划,把基本名称代号与序号分开。如图 8-3 举例如下:

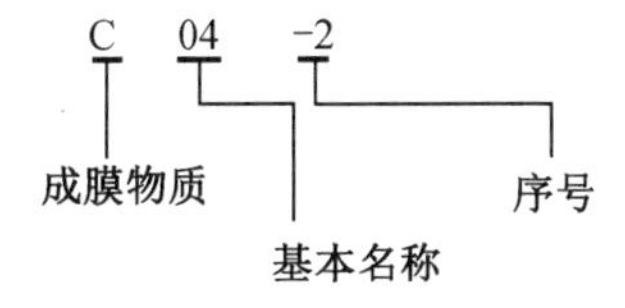

图 8-3　成膜物质的型号组成

该漆名称为各色醇酸磁漆。

(3)辅助材料的命名及型号

辅助材料名称由一个汉语拼音字母和1~2位阿拉伯数字组成。字母与数字之间有一短划。字母表示辅助材料的类别(表8-3);数字为序号,用来区别同一类型的不同品种。例如X-5为丙烯酸漆稀释剂;H-1为环氧漆固化剂。

表8-3 辅助材料的代号与名称

代号	辅助材料名称	代号	辅助材料名称
X	稀释剂	T	脱漆剂
F	防潮剂	H	固化剂
G	催干剂		

3. 常用涂料基本性能

(1)酚醛树脂涂料(phenolic resin coatings)

①改性酚醛树脂涂料:其中以松香改性酚醛树脂涂料为主,特点是干得快,耐水、耐久,价格低廉,广泛用作建筑和家用涂料。

②纯酚醛树脂涂料:它是由纯酚醛树脂与植物油熬制而成,耐水性、耐化学腐蚀性、耐候性、绝缘性都非常优异,多用于船舶、机电产品、食品罐头内壁等。

酚醛树脂还可与一些物质调制成醇溶性酚醛清漆、水溶性酚醛漆料,用于不同场合。

(2)醇酸树脂涂料(alkyd resin coatings)

醇酸树脂是由多元醇、多元酸和脂肪酸经缩聚而得到的一种特殊的聚酯树脂。植物油在配方中的比例,称为油度,分短、中、长三种油度。不含植物油的称为无油醇酸树脂。为了改进醇酸涂料的性能,还可用其他树脂或单体进行改性。

醇酸树脂涂料成膜后具有良好的柔韧性、附着力和强度,颜料、填料能均匀分散,颜色均匀,遮盖力好,外观丰满,耐久、保光性好,并且耐溶性、耐热较好;缺点是耐水性较差。这大类涂料的产量在我国涂料中居首位,品种甚多,使用面极广。

(3)氨基树脂涂料(amino resin coatings)

常用的氨基树脂有三聚氰胺甲醛树脂、烃基三聚氰胺甲醛树脂、脲醛树脂、共聚树脂等。它们的涂膜很脆,附着力差,因此必须与其他树脂拼混使用,主要有下列涂料:

①氨基醇酸烘漆:它是目前使用最广的工业用漆,用于不同工业领域。其干燥成膜温度低,时间短,光泽和丰满度好,具有良好的耐化学药品性,耐磨,不易燃烧,绝缘好。

②酸固化型氨基树脂涂料:常温下能固化成膜,光泽好,外观丰满,但耐温度与耐水性较差,主要用于木材、家具等涂装。

③氨基树脂改性的硝化纤维素涂料:氨基树脂增强了硝基透明涂料的耐候、保光等性能,提高了固体分含量。

④水溶性氨基树脂涂料:其物化性能优于溶剂型氨基醇酸树脂,但耐老化性不及溶剂型的好。

(4)丙烯酸树脂涂料(acrylic resin coutings)

丙烯酸树脂是由丙烯酸或其酯类或(和)甲基丙烯酸酯单体经加聚反应而成,有时还用其他乙烯系单体共聚而成。这大类涂料分热塑型与热固型两类。共同特点是:涂膜高光泽,耐紫外线照射,不泛黄,户外曝晒不开裂,长期保持色泽和光亮,在 170 ℃下不分解和不变色,耐化学药品性和耐污性较好。它们用途广泛,如轿车、冰箱、洗衣机、仪器仪表、有色金属表面、食品罐头内外壁等。除溶剂型外,还可做成水溶性丙烯酸热固性漆、电泳漆、乳胶漆等。

(5)聚氨基甲酸酯涂料(polyrethare resin coatings)

聚氨基甲酸酯简称聚氨酯,也称氧酸酯。生产聚氨酯涂料所用的氰酯品种较多,如二苯甲烷二异氰酸酯(MDI)、己二异氰酸酯(HDI)等。

聚氨酸涂料的主要品种有氨酯油涂料、双组分聚氨酯涂料、封闭型聚氨酯涂料、预聚物潮气固化型聚氨酯涂料、弹性聚氨酯涂料等。这大类涂料成膜后坚硬耐磨,附着力好,柔坚,光亮、丰满、耐油、耐化学品等,防腐性能特好,可以室温固化或烘干,绝缘,同时可与多种树脂拼混而制成多品种涂料;不足之处是价格较贵,生产操作与施工要求高。它们广泛用于化工、石油、航空、船舶、机车、桥梁、机械、电机、木器、建筑等,兼作防护与装饰之用。

4. 紫外光固化涂料

(1)特点

紫外光固化涂料是在 250~450 nm 波长紫外光线的化学作用下进行固化的一类涂料。固化温度低;速度快,固化时间为 1~100 s;成膜能力强,可一次施涂达到膜厚要求,操作管理简单,可靠性好,不需预热和保温,适宜于自动流水线作业,消耗能源约为热固化的 1/10;涂膜性能好,固化时几乎无溶剂挥发。体积收缩很小,真空状态下性能优良。由于大多数着色颜料对紫外光的透过率低,难以制成色漆,所以目前已工业化的光固化涂料多为清漆。

光固化涂料广泛用于木材涂装,特别是组合家具的生产自动流水线涂装;用于塑料的面漆,尤其是与真空镀膜相结合,开辟了“干法镀”的广阔天地;也可用于预涂金属、包装纸和广告的照光清漆以及建筑材料、导电漆料、电器绝缘、印刷等。

(2)组成

光固化涂料主要由光敏剂、光敏树脂和活性稀释剂等组成,此外还加入流平剂、稳定剂、促进剂、染料、颜料等。

①光敏剂(光聚合引发剂):它是在紫外光作用下能产生自由基的物质,引发光敏树脂中含有的双键发生自由基聚合反应而固化成膜。光敏剂种类很多,较普遍使用的是安息香醚类,其中安息己醚最容易获得。二苯甲酮的引发效果也较好。

在选择光敏剂时,除考虑本身性能外,还要考虑光源的波长和强度、光敏剂浓度和单体 性能等因素。光敏剂对光固化速度影响极大,对不同类型的光敏树脂应使用不同的光敏剂。

②光敏树脂(聚合型树脂):它是含有双键的预聚物或低聚物,常用的品种有不饱和聚酯、丙烯酸聚酯、丙烯酸化聚氨酯、丙烯酸化环氧酯等。其中不饱和聚酯价格便宜,用得较多,但固化速度较慢,与金属附着力较差。丙烯酸聚酯的性能较好,价格适中。丙烯酸化聚氨酯具有良好的性能,价格较高。

③活性稀释剂:它是含有不饱和双键的单体或低聚物,常用的有苯乙烯、丙烯酸丁酯、丙烯酸—2—乙基己酯、三羟甲基丙烷三丙烯酸等。其作用是降低树脂黏度以及参与共聚反应而起到使树脂交联固化的作用。

④流平剂:光固化涂料的流平性能较差,容易形成各种缺陷。加入流平剂就可改善涂料的表面张力,促进涂膜迅速流平。常用的品种有纤维素类、硅油类、含氟的丙烯酸单体、

山梨糖醇类表面活性剂。

⑤稳定剂:它可提高光固化涂料的稳定性,常用的有柠檬酸—N—亚硝基环己胺基羟胺甲盐、新戊二醇羟基戊酸酯等。

⑥促进剂:它可提高光敏剂的催化效率,常用的有二甲基乙醇胺和亚磷酸三苯酯等。

8.3.3 涂料成膜机理

黏结是个复杂的过程,主要包括表面浸润、胶黏剂分子向被黏物工件表面移动、扩散和渗透、胶黏剂与被黏物形成物理和机械结合等。

黏结有许多理论,如浸润理论、溶解度参数理论、机械理论、吸附理论、扩散理论、静电理论、化学键理论、投锚理论等,这些理论常在分析各种问题时应用。另外还有分析内应力、应力松弛、流变性能等问题的理论。现以溶解度参数理论为例,做一扼要的说明。

根据热力学理论,假如黏结两相混合前后的吉布斯自由能变化是负的,混合可以自发进行,即

$$\Delta G=\Delta H-T\Delta S$$

式中,ΔH 和 ΔS 分别是混合前后焓与熵的变化;T 为混合时的温度。

由 Flory 理论知,高分子与高分子混合时 ΔS 很小,ΔH 为正时 $\Delta G>0$,所以这两种物质很难相混。为了使 $\Delta G\leqslant 0$,就要使 ΔH 尽可能小。通过理论推算可得

$$\Delta H=V_m\psi_1\psi_2 Z(\delta_1-\delta_2)^2$$

式中,V_m 为混合系的总体积;ψ_1 为分子 1 的体积分数;ψ_2 为分子 2 的体积分数;Z 为配位数;δ 为溶解度参数。$\delta=(\mathrm{CED})^{1/2}=(U/V_m)^{1/2}$, CED 为凝聚能,$U$ 为混合系的热力学内能。

通常 $\Delta H>0$,当 $\delta_1=\delta_2$ 时,ΔH 达极小值,也就是说黏结剂与被黏物的溶解度参数之差接近零时,黏结强度较高。

每个理论都有一定的局限性。例如溶解度参数理论仅适合液态胶黏剂用于高分子固体,上述的 ΔH 公式是在弱相互条件下推得的,在强相互作用例如强极性键、氢键和酸—碱结合的场合便不能使用。

8.4 涂装工艺

8.4.1 涂装工艺简介

使涂料在被涂的表面形成涂膜的全部工艺过程称为涂装工艺。具体的涂装工艺要根据工件的材质、形状、使用要求、涂装用工具、涂装时的环境、生产成本等加以合理选用。涂装工艺的一般工序是:涂前表面预处理—涂布—干燥固化。

1. 涂前表面预处理

为了获得优质涂层,涂前表面预处理是十分重要的。对于不同工件材料和使用要求,它有各种具体规范,总括起来主要有以下内容。

①清除工件表面的各种污垢。

②对清洗过的金属工件进行各种化学处理,以提高涂层的附着力和耐蚀性。

③若前道切削加工未能消除工件表面的加工缺陷和得到合适的表面粗糙度,则在涂前

要用机械方法进行处理。

2. 涂布

目前涂布的方法很多,扼要介绍如下。

(1)手工涂布法

①刷涂:用刷子涂漆的一种方法。

②揩涂:用手工将蘸有稀漆的棉球揩拭工件,进行装饰性涂装的方法。

③滚刷涂:用一直径不大的空心圆柱,表层由羊毛或合成纤维做的多孔吸附材料构成,蘸漆后对平面进行滚刷,效率较高。

④刮涂:采用刮刀对黏稠涂料进行厚膜涂布。

(2)浸涂、淋涂和转鼓涂布法

①浸涂:将工件浸入涂料中吊起后滴尽多余涂料的涂布方法。

②淋涂:用喷嘴将涂料淋在工件上形成涂层的方法。

③转鼓涂布法:将工件置于鼓形容器中利用回转的方法来涂布。

(3)空气喷涂法

空气喷涂法是用压缩空气的气流使涂料雾化,并使其在气流带动下涂布到工件表面。喷涂装置包括喷枪、压缩空气供给和净化系统、输漆装置和胶管等,并需备有排风及清除漆雾的装备。

(4)无空气喷涂法

它是用密闭容器内的高压泵输送涂料,以大约 100 m/s 的高速从小孔喷出,随着冲击空气和高压的急速下降,涂料内溶剂急剧挥发,体积骤然膨胀而分散雾化,然后高速地涂布在工件上。因涂料雾化不用压缩空气,故称之为无空气喷涂。

(5)静电涂布法

以接地的工件作为阳极,涂料雾化器或电栅作为阴极,两极接高压而形成高压静电场,在阴极产生电晕放电,使喷出的漆滴带电,并进一步雾化,带电漆滴受静电场作用沿电力线方向被高效地吸附在工件上。

(6)电泳涂布法

它是将工件浸渍在水溶性涂料中作为阳极(或阴极),另设一与其相对应的阴极(或阳极),在两极间通直流电,通过电流产生的物理化学作用,使涂料涂布在工件表面。电泳涂布可分为阳极电泳(工件是阳极,涂料是阴离子型)和阴极电泳(工件是阴极,涂料是阳离子型)两种。

(7)粉末涂布法

粉末涂料不含溶剂和分散介质等液体成分,不需稀释和调整黏度,本身不能流动,熔融后才能流动,因此不能用传统的而要用新的方法进行涂布。目前在工业上应用的粉末涂装法主要有:

①熔融附着方式:喷涂法(工件预热)、熔射法、流动床浸渍法(工件预热)。

②静电引力方式:静电粉末喷涂法、静电粉末雾室法、静电粉末流化床浸渍法、静电粉末振荡涂装法。

③黏附(包括电泳沉积)方式:粉末电泳涂装法、分散体法。

(8)自动喷涂

用机器代替人的操作而实现喷涂自动化。例如用于汽车车身的自动喷漆机主要有喷枪做水平方向往复运动的顶喷机和喷枪做垂直方向往复运动的侧喷机两种。它们都由往复运动机构、上下升降机构、涂料控制机构、喷枪、自动换色装置、自动控制系统及机体等部分组成。

(9)幕式涂布法

使涂料呈连续的幕状落下,使装载在运输带上的工件通过幕下时上漆,主要用于平面涂布,也可涂布一定程度的曲面、凹凸面和带槽物面,效率很高。

(10)辗涂法

在辊(辐筒)上形成一定厚度的湿涂层,随后工件通过辊筒时将部分或全部湿涂层转涂到工件上去。可涂一面,也可同时涂双面,效率高,不产生漆雾,用于胶合板、金属板、纸、布等的涂装。

(11)气溶胶涂布法

在压力容器(既是涂料容器,又是增压器)中密封灌入涂料和液化气体(喷射剂),利用液化气体的压力进行自压喷雾。

(12)抽涂和离心涂布法

抽涂是将工件顶推经过有孔的捋具,边捋边涂。它最适于棒状或线状物的涂布。

离心涂布法是将工件装入金属网篮,浸入涂料中再提起,经高速旋转,将多余的涂料用离心力甩掉。小型工件在大量涂装时宜采用此法。

3. 干燥固化

涂料主要靠溶剂蒸发以及熔融、缩合、聚合等物理或化学作用而成膜。大致分成以下三种成膜类型:

(1)非转化型

①溶剂挥发类。如硝基漆、过氯乙烯漆等,是靠溶剂挥发后固态的漆基留附在工件上形成漆膜。温度、风速、蒸气压等都是影响成膜的因素。

②熔融冷却类。如热塑性粉末涂料,是在加热熔融后冷却成膜的。

由上可见,非转化型涂料是靠溶剂发挥或熔融后冷却等物理作用而成膜的。为了使成膜物质转变为流动的液态,必须将其溶解或熔化,而转为液态后,就能均匀分布在工件表面。由于成膜时不伴随化学反应,所形成的漆膜能被再溶解或热熔以及具有热塑性,因而又称为 热塑性涂料。

(2)转化型

①缩合反应类:如酚醛树脂涂料、脲醛树脂涂料等,它们的漆基靠缩合反应由液态固化形成漆膜。湿度、触媒、光能等是影响成膜的因素。

②氧化聚合反应类:如油性涂料、油改性树脂涂料等,它们的漆基与空气中的氧进行氧化后聚合成膜。温度等是影响成膜的因素。

③聚合反应类:如不饱和聚涂料、环氧涂料等,它们的漆基靠聚合反应由液态固化形成漆膜。温度等是影响成膜的因素。

④电子束聚合类:即电子束固化涂料在电子束照射后产生活性游离基引发聚合成膜。

⑤光聚合类:即光固化涂料,用紫外光照射引发聚合成膜。

转化型涂料的漆基本身是液态或受热能熔融的低分子树脂,通过化学反应变成固态的网状结构的高分子化合物,所形成的漆膜不能再被溶剂溶解或受热熔化,因此又称为热固型涂料。

(3)混合型

它的成膜过程兼有物理和化学作用。可分为以下几类:

①挥发氧化聚合型涂料,如油性清漆、油性磁漆、干性油改性醇酸树脂涂料、酚醛树脂涂料等。

②挥发聚合型涂料,如氨基烘漆等含溶剂的聚合型涂料。

③加热熔融固化型涂料,如环氧粉末、聚酯粉末、丙烯酸粉末等热固性粉末涂料等。它们是靠静电涂布在工件后加热熔融固化成膜。

④涂料和漆膜都必须进行严格的质量检验。

8.4.2 涂装方法

1. 刷涂

刷涂是一种使用最早且最简单的涂装方法,适合于各种形状的物体,也适用于绝大多数涂料。刷涂可容易地将涂料渗透到基材表面的细孔,因而可加强涂料对基材表面的附着力。其缺点是生产率低,劳动强度大,表面平整性较差。随着科学技术的发展,刷涂工艺与机器人等智能化技术结合以后,更显现出一些独特的优点。

磷化膜具有防腐蚀、耐磨减摩、提高润滑性和增进涂料与金属基底附着力等多种作用。磷化处理广泛应用于各种钢铁件的处理中,其中更多的是用作涂装底层。

传统工艺在磷化前,应先进行脱脂、除锈,有的还要进行表面调整。磷化处理大都以浸泡、喷淋的方式进行,但随着磷化应用领域的扩大,这些方式已经不能适应新的情况,如建筑、机械、电力、海洋石油开采、冶金及采掘等领域一些钢制设备的磷化,因其体积、质量庞大,结构复杂,或者需要现场处理,就不适合喷淋或浸泡,需要采用刷涂磷化处理。磷化液刷涂后,一般自然干燥。自然干燥所形成磷化膜的耐蚀性,明显高于水洗烘干后所形成磷化膜的耐蚀性。

磷化技术的发展方向主要是提高质量,降低污染,节能,无毒环保。清洁磷化液是指在磷化液配方设计时,就考虑了节约材料与能源、功能合理,产品在使用过程中及使用后,不危害人体健康和破坏生态环境等。铁系磷化膜具有憎水性,能减少涂膜变脆,提高涂膜的附 着力与耐蚀性,适合于用作涂膜底层。

(1)工艺流程

铁系磷化液的刷涂工艺流程为:脱脂除锈处理—刷涂磷化—自然干燥。

(2)质量检验方法

①外观和膜重。外观和膜重按 GB/T 6807—2001《钢铁工件涂装前磷化处理技术条件》的规定测定。

②耐蚀时间。在 15~25 ℃的温度下,滴 1 滴试液(试液配方为:0.25 mol/L 化学纯 $CuSO_4 \cdot 5H_2O$ 40 mL, 10%(质量分数)化学纯 NaCl 20 mL, 0.1 mol/L 化学纯 HCl 0.8 mL)到磷化膜表面,同时启动秒表,记录液滴变成淡红色的时间,即为磷化膜的耐蚀时间。

③磷化膜孔隙率的测定。磷化膜层的孔隙率通常用贴滤纸法测定。测试孔隙率使用的试液成分为:NaCl 15 g/L, $K_3Fe(CN)_6$ 10 g/L,明胶 5 g/L。

(3)工作液配方

铁系磷化工作液配方见表 8-4。

表 8-4 铁系磷化工作液配方

品名	纯度	质量浓度/($g \cdot L^{-1}$)	用途
磷酸氢二铵	工业	15.5	成膜主剂
钼酸铵	工业	1.5	磷化加速剂和钝化剂
成膜助剂	工业	3.0	控制成膜助剂的量、加速磷化反应、增加膜重
磷酸	工业	适量	调整 pH 值至规定指标

(4)施工条件

①刷涂施工时,磷化液一般选择 pH 值为 3.5~5.0,温度在 3 ℃以上。

②刷涂铁系磷化过程主要包括成膜、老化阶段,并以钢铁表面无液体磷化液为分界点,磷化膜必须老化几小时才具备较好的耐蚀性。因此,刷涂后最好应放置 10 h 以上,以使磷化膜性能稳定。

③刷涂第二遍,能提高磷化膜的质量、耐蚀时间;刷涂第三遍,则几乎没有影响。因此,通常以刷涂两遍为宜。

(5)磷化膜的性能

①磷化膜自然干燥 12 h 后,喷涂一层 25~30 μm 的铁红环氧底漆,涂膜干燥后按 GB/T 1720—2020《涂膜划圈试验》测定涂膜附着力,附着力应为 1 级。

②磷化膜与钢铁表面以结合强度较高的化学键结合,并提供微观凹凸不平的粗糙表面,使钢铁表面与涂膜的结合,从原来单一的分子键结合变成了分子键结合与相互镶嵌的机 械结合,从而提高了涂膜的附着力。这种铁系磷化膜重 1.3~1.6 g/m^2,属轻量级膜,可以有效地克服化学键韧性差的不足。

(6)清洁型磷化液的特点

传统的刷涂磷化液,含有较多的游离 H_3PO_4 或 Na^+、F^- 等,有的膜太厚,有的干燥过程中起泡,有的含磷酸二氢盐多,遇水易起粉,或者磷化膜中含有较多的 Na^+、F^- 等,影响磷化膜的质量,难以满足喷涂要求。

清洁型刷涂铁系磷化液,所有的分子或离子均成为磷化膜成分,或在磷化膜干燥过程中挥发,磷化表面残存磷化液不会造成磷化膜生锈、挂灰,磷化膜中不含有害的 Na^+、F^- 等,刷涂后形成的膜重为 1.3~1.6 g/m^2,耐硫酸铜溶液点滴时间为 220~350 s,底漆的附着力达 1 级,磷化膜水洗也不会挂灰或生锈。

当工件表面有少量的油污时,可在磷化液中适量添加 TX-10 或 AE09 等非离子表面活性剂,通过刷涂搅动,使表面活性剂迅速脱脂而实现磷化的同时除去钢铁表面的油污。

清洁型刷涂铁系磷化液中所有的分子或离子均成为磷化膜成分或在磷化膜干燥过程中挥发,可在 3~40 ℃刷涂磷化任何钢铁工件。生成的轻量级彩色磷化膜连续、均匀、致密,耐蚀性好,进行水洗也不会挂灰或生锈,底漆的附着力达 1 级。

2. 滚涂和辊涂

滚涂法是利用表面层由羊毛或合成纤维等多孔吸附材料构成的空心圆柱状滚筒,蘸上涂料后进行滚筒涂刷施工的一种涂装工艺方法。施工时,采用不同类型的滚筒将涂料滚涂到被涂表面上,可部分代替刷涂,用于一般工业或家庭的涂装作业中,施工效率高。

辊涂法又称为机械滚涂法,是利用专用的辊涂机,在由钢质圆桶和橡胶制备的辊筒上形成一定厚度的湿涂膜,然后将这些湿涂膜的部分或全部转涂到被涂物上的一种涂装工艺方法。与幕式涂装法一样,它适合在平板和带状的平面底材上施工。其优点是容易操作,涂装速度快,生产率高,不产生漆雾,涂装效率接近100%,仅在洗净时产生少量废溶剂,适合大规模自动化生产线使用;不足之处是很难进行局部处理。

(1)滚筒与滚涂工艺

滚涂用的滚筒是一个直径不大的空心圆柱,由滚子和滚套组成,滚套相当于漆刷部分,可以自由地装卸,毛头接在芯材上。滚套有多种,最常用的长度为18 cm和23 cm,标准直径为ϕ4 cm,如果直径增大到的ϕ6 cm,蘸有的涂料量可大约增加50%。芯材由塑料、纤维板或钢板制成。滚刷毛是纯毛、合成纤维或两者混用。纯毛耐溶剂性强,适用于油性及合成树脂涂料。合成纤维耐水性好,适用于水性涂料,虽然它只能滚涂平面被涂物,但不需特别技术,涂装效率高,见表8-5。

表8-5　几种手工涂装的作业效率

手工涂装的种类	刷涂	滚涂	压送式液涂
效率/($m^2 \cdot d^{-1}$)	150~200	300~400	400~600

滚涂时,滚筒的受力较多且复杂,其中包括水平力、被涂物表面的阻力、垂直压力、被涂物表面的支持力、涂料的黏附力和滚筒轴的阻力。一般滚筒的阻力很小,但是,水平力的大小却与滚筒轴的阻力大小有直接的关系。另外,涂料的黏附力也影响水平力的大小,并与滚筒运动时给予涂料的作用力相等。滚筒的受力分析如图8-4、图8-5所示。

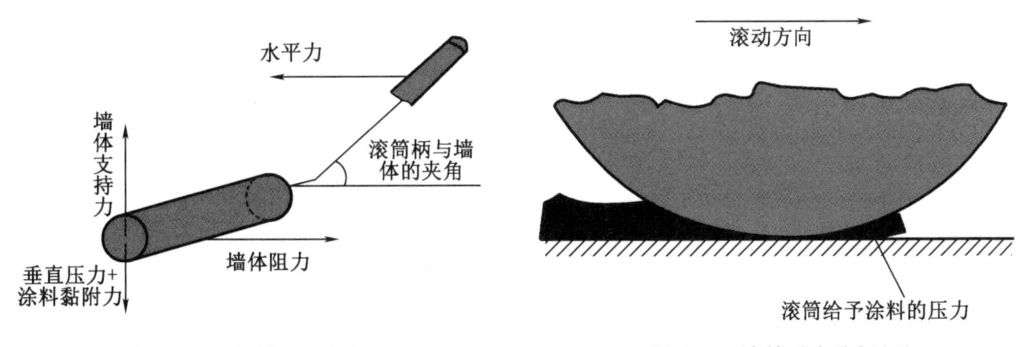

图8-4　滚筒受力分析(1)　　图8-5　滚筒受力分析(2)

滚涂的操作步骤:

①涂料放在滚涂盘(涂料容器)中,将滚子的一半浸入涂料中,然后在容器的板面上来回滚动几次,使滚筒的滚套浸透涂料。

②在报纸或胶合板上滚动滚子,让滚套充分沾浸上涂料。

③沾浸涂料后,在容器的板面上滚动一下,让涂料沾浸均匀后即可涂装。

④将滚筒按W形轻轻滚动,将涂料大致地分布在被涂物表面上。然后把滚筒来回密集滚动,将涂料涂布开来。最后用滚筒按一定方向滚动,滚平表面进行修饰。在滚涂时,最初用力要轻,防止涂料流落,随后逐渐加力。

⑤滚筒用完后,用工具刮掉多余涂料,及时清洗干净,并在干燥的布上来回滚动数次,

晾干后备用。

滚涂的施工技术：

①滚涂操作技术的关键是涂料的表面张力，即流平性能一定要适应滚涂的要求。黏度高的液体用硬毛刷，黏度低的液体用软毛刷。

②在墙面施工过程中，滚涂过程中饰面易出现拉毛现象，可能与墙面底层干湿程度、吸水的快慢有关，应适当调整涂料液体的流平程度，加胶或是加水。

③滚涂操作前，刮涂的腻子一定要干透坚硬，黏结牢固，磨光研平，防止滚涂时腻子被拉起，或产生麻点、疙瘩。

④滚涂操作应从左向右、从上向下进行。滚花时，每移动一次位置务必校对正确，以免图案花纹衔接不齐。

(2)辊涂机

辊涂是一种便捷和环保的生产工艺，可以严格控制膜厚，涂料利用率高，几乎没有浪费。各种涂装法的涂装速度的对比见表 8-6。辊涂机有同向辊涂机和逆向辊涂机两种基本类型，在此基础上衍生出多种类型辊涂机。

表 8-6 各种涂装法的涂装速度的对比

涂装方法	涂装效率/($m \cdot min^{-1}$)	备注
逆向辊涂法	130	现在一般为 60~90 m/min
同向辊涂法	100~150	100 m/min 以上的实例多
幕式涂装法	100~160	现在使用 100 m/min 左右，有可能达 160 m/min
喷涂法	2~7	达到涂装生产线的速度
静电涂装	2~7	
气刀刮涂法	300	
转轮印刷	300~500	

按辊筒运行方向分类有同向辊涂机、逆向辊涂机、底刮刀型辊涂机和全逆向辊涂机。

①同向辊涂机。

同向辊涂机的涂覆辊转动方向与被涂板的前进方向正好一致，辊涂机不需电动机传动，设备较简单，板面施加有辊的压力，涂料呈挤压状态涂布，因而涂布量小，涂膜薄，还不易均匀。因此，用同向辊涂机涂装时采用两台辊涂机串联使用。同向辊涂机主要用于钢板涂装。辊的配置有多种形式。同向辊涂适用于低黏度涂料，涂膜较薄(湿膜厚度一般为 10~20 μm)。通过调整转辊之间的间隙和涂料黏度，可以调节涂层厚度。

②逆向辊涂机。

逆向辊涂机涂覆辊的转动方向与被涂板的前进方向相反，板面没有辊的压力，涂料呈自由状态涂布，因而涂布量多，所得涂膜也厚。

采用同向辊涂机时，辊的转速一定，涂膜厚度也一定，而逆向辊涂机则要变化各辊的转速，才能调整涂膜的厚度。逆向辊涂机虽也可用于钢板的涂装，但更适合于卷材的连续涂装。逆向辊涂可使用高黏度涂料(厚膜涂装时，涂料黏度可达 120 s)，可获得 5~100 μm 涂膜厚度(湿膜)。通过调整供料辊与涂覆辊之间的间隙，可以调节涂层厚度。

③底刮刀型辊涂机。

图 8-6 所示为底刮刀型辊涂机，它是一种胶合板涂堵孔剂专用设备。胶合板送入后由涂覆辊涂上堵孔剂，再由刮板强压刮入孔中，靠第二道刮板刮落多余的堵孔剂。汽缸使刮板保持弹性，这样可调节刮落数量。

④全逆向辊涂机。

全逆向辊涂机的调节辊与供料辊、供料辊与涂覆辊、涂覆辊与支撑辊都是逆向转动，如图 8-7 所示。全逆向辊涂方式适用于高黏度、触变性强的涂料和进行厚膜涂装，借助调整调节辊与供料辊之间的间隙，可获得膜厚度为 50~500 μm（湿膜）。

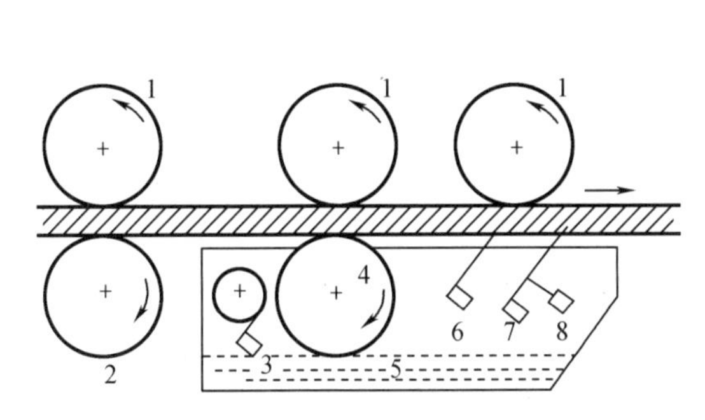

图 8-6　底刮刀型辊涂机

图 8-7　全逆向辊涂机

3. 浸涂

浸涂是将被涂工件浸入涂料中，经一定时间后再取出，流尽余漆并干燥而获得涂膜的一种涂装方法。浸涂工艺设备简单、操作方便，生产率和涂料利用率高。但它只适用于形状简单、无凹坑、不兜漆的流线型工件，涂膜的装饰性也比不上喷涂、刷涂。浸涂主要应用于烘烤型涂料的涂装，有时也用于自干型涂料的涂布，一般不适用于挥发型快干涂料。此外，所用涂料还须具备下列性能才适用于浸涂：

①在低黏度时，颜料不沉淀。

②不结皮。

③在槽中长期使用，稳定、不变质、不产生胶化。

浸涂适宜于大批量流水线生产，易于实现涂装自动化。小批量生产时，也可采用手工浸涂，所用的涂装设备较简单。浸涂涂料的品种主要有溶剂型浸涂涂料和水性浸涂涂料。水性 浸涂涂料具有良好的环保效果，代表了浸涂涂料的发展方向。

（1）水性浸涂涂料及其浸涂工艺

随着环境保护的要求越来越严格，涂料产品不断向低污染、节约型方向发展。水性涂料是涂料发展的重要方向和研究热点之一。虽然电泳法涂装日益为世界各国汽车行业所青睐，但浸涂法以其设备投资小、施工工艺简单的特点，而被国内中小汽车企业及压缩机行业广泛应用于汽车底盘。

①水性浸涂涂料的组成

水性浸涂涂料主要由水性（水溶性、水乳性）成膜树脂、颜填料、交联剂、助溶剂、助剂和水等组成。

a. 成膜树脂。水性浸涂涂料的成膜基料主要由含有羧基、羟基、氨（胺）基、醚键和酰胺基等亲水基团的合成树脂组成。

b. 颜填料。水性涂料以水作为溶剂，成膜树脂基料多为弱碱性溶液。因此，水性涂料用的颜填料与溶剂型涂料用的颜填料有所不同。水性涂料要求颜填料能够耐高温，在水中不发胀，遇水不返粗，pH 值接近中性。颜填料的 pH 值若太高，易使树脂皂化；pH 值若太低，呈酸性，导致树脂凝聚甚至破坏。若选用水溶性大的颜填料，可能会破坏涂料的稳定性。

c. 交联剂。水性环氧聚酯树脂分子中含有足够量的羧基和一定量的羧氨盐基，该类基团与含有羟甲基、烷氧甲基、梭基等活性官能团的合成树脂进行共缩聚反应，形成交联网络固化物。通常将选用的合成树脂称为交联剂，也可以选择异氰酸酯封闭物作为加工成形固化剂。作为制备水性涂料的基料，选用的固化剂或交联剂也应是水溶性的。

d. 助剂。水性浸涂涂料作为一种底面合一的涂料品种，对外观要求较高。水性涂料以水为分散介质，由于水的表面张力较高，使水性涂料在底材上的润湿性差；另一方面，水性涂料在制备和使用过程中均有发泡倾向，易使涂膜形成针眼、缩孔等缺陷。因此，选择其他助剂如流平剂、消泡剂，对提高涂料施工性能，改善涂膜外观起着重要作用。对水分散型环氧聚酯体系而言，BYK380、EFKA-3580 等均有较好的流平效果；BYK222、EFKA-2526 均有较好的消泡效果。

水溶性环氧酯涂料体系中可选择对甲苯磺酸、BYKV50 作为固化促进剂，采用有机膨润土、高岭土、气相 SiO_2、氢化蓖麻油等作为触变剂，防止涂料储存时沉淀和施工时流挂。

水性涂料中的助溶剂（也称共溶剂）可增加基料在水中的溶解度、调节基料熟度、提高涂料稳定性、改善流平性和涂膜外观。在醇类助溶剂中，碳链长的醇比碳链短的醇助溶效果好，含酰基的醇比不含酰基的醇助溶效果好。可供选择的助溶剂有乙醇、异丙醇、正丁醇、乙基溶纤剂、丁基溶纤剂和仲丁醇等。

（2）水性浸涂涂料的特点

水性浸涂涂料是有利于环保的涂料品种，在涂料生产和涂装过程中产生的有害物质较少，施工简便，可采用喷、浸、淋涂方法涂装。干膜厚度达到 25 μm 时，不产生流挂、橘皮和缩孔等弊病，涂膜外观较平整、硬度较高、附着力强、柔韧性较好。涂膜耐蒸馏水性、耐盐雾性、耐湿热循环性、耐酸碱性和耐汽油性等都可满足汽车零部件的使用要求。

环氧聚酯水性涂料已用于轿车保险杠、汽车车架、汽车车厢框架、驾驶室（车身）、汽车零部件和冰箱压缩机外壳等涂装保护。

（3）水性浸涂涂料的浸涂工艺

下面以车架底漆浸涂施工为例，介绍水性浸涂涂料的浸涂工艺。

①表面预处理

a. 脱脂车架在加工成形过程中，表面通常覆盖有一层油脂，可采用溶剂（如三氯乙烯）脱脂、化学（碱溶液）脱脂和乳化（表面活性剂）脱脂等处理方法脱脂。化学脱脂法的脱脂剂可分为强碱型和弱碱型。当金属表面污染程度较轻且油垢较少时，可采用弱碱型脱脂剂或乳化剂；当金属表面污染较严重时，应采用强碱型脱脂剂。

b. 除锈可采用酸洗法除锈。在酸洗液中，应加少量缓蚀剂，以减轻酸对金属表面过度腐蚀及产生“氢脆”等损伤。酸洗后必须冲洗干净，否则会导致漆液稳定性变差，使磷化膜不均匀，引起涂膜弊病。

c. 磷化处理。金属表面经磷化处理后得到的磷酸盐膜，会成倍地提高涂膜对水、氧、氯离子等介质的抗渗透能力，明显增加耐蚀性。磷化处理形成的磷化膜必须均匀致密，膜厚约 5 μm；用磷酸锌处理的磷化膜防腐蚀性较磷酸铁好。采用喷磷法时，可加入过氧化氢作促进剂，控制在较低温度下磷化,应连续加入促进剂和中和剂,严格按操作程序进行磷化处理。

车架表面处理的各阶段结束后都应进行水洗。

②浸涂工艺过程

车架底漆浸涂工艺过程为:车架脱脂除锈处理—上线—脱脂—清洗—磷化—冷水洗—热 水洗—吹干—浸涂—沥漆—烘干—冷却—下线。

a. 工作液固体含量。控制工作液固体含量为 45%~55%(质量分数)。固体含量高,易产生流挂,影响涂膜外观;固体含量过低,涂膜薄,易露底。

b. 工作液温度与黏度。工作液温度应为 20~35 ℃,黏度为 19~26 s(涂 4 杯,25 龙)。温度偏低,黏度升高,漆液流动性差,易流挂;温度偏高,黏度下降,涂膜较薄,耐蚀性受影响。

c. 水含量。槽液除用水作稀释剂外,还应加入助溶剂,以增加漆液的稳定性和涂料流平性。通常在槽中的水∶助溶剂为1.0∶1.3,水含量 10%(质量分数)左右。

d. 固体含量。黏度及溶剂与水的质量比(S/W)值的关系,环氧聚酯水性涂料采用高固体含量、低黏度及浸涂后两次流平来达到外观的要求,在工作液的调试中,固体含量与黏度相互制约,同时还受到 S/W 值的影响,因此必须找出最佳范围。

e. 槽液循环。浸涂的漆液在浸涂槽内应保持循环状态,达到循环 3~4 次/h。槽液循环应充分均匀,否则会造成局部流挂、缩边等弊病。

f. 槽液调整。涂装过程中,槽液中的涂料不断地被带走,而助溶剂挥发较快,槽液会增稠。因此,应随时补加原漆、助溶剂和水,保证漆液正常组成及涂装质量。

g. 沥漆及烘干。浸涂后须经过 10~15 min(视环境温度高低)的沥漆时间。过长或过短会导致流挂、发花、流痕等现象。沥漆过程中的环境温度与湿度是影响浸涂质量好坏的重要因素。若沥漆环境温度过低或湿度过大,则沥漆过程减慢,存漆过多,从而在进入烘道后的二次流平过程中引起流痕,流挂多,影响外观。实践证明,沥漆环境温度应不低于 15 ℃,以 25~35 ℃ 为宜,且相对湿度应不大于 80%。沥漆后,在 140~160 ℃ 的温度下烘烤 30 min,充分固化后冷却下线。

(4)涂装质量控制

①表面预处理的质量

水溶性涂料涂装对表面预处理有严格的规定,应仔细观测表面预处理质量,不允许将表面预处理不合格的工件进行涂装。

②涂料质量检查

在涂装前,由专职人员检测涂料质量。除检查涂料技术指标、使用性、涂装工艺性等性能外,还应进行试涂装,符合要求后再投槽进行涂装生产。

③施工中的质量控制

根据涂装规程规定对漆液固体含量、黏度、温度进行严格监控;观测环境温度和相对湿度对工艺参数的影响;对浸涂时间、烘烤固化条件及涂膜外观等 参数和性能应随时观察,发现问题及时采取措施。

(5)涂膜主要缺陷的防治

浸涂施工中涂膜容易产生的主要缺陷是:工件下端的涂膜过厚,涂膜局部产生气泡和针孔等。

涂装烘烤固化后产生膜厚差是浸涂施工的正常现象,如涂装后得到干膜厚为 20~

40 μm 时，工件上下部的允许厚度差应不大于 10 μm，上下偏差大于 10 μm 时才称为涂膜缺陷。解决涂膜过厚的措施是，在涂料配方设计时调整触变剂品种及用量、降低漆液黏度或提升漆液温度，适当加入助溶剂，保证施工时槽液正常搅拌循环等。

烘烤固化后，如果涂膜出现气泡和针孔，应适当调整漆液黏度和温度，增加沥漆时间，防止局部涂膜过厚；同时控制烘区温度，防止局部温度偏高或偏低；另外，还可适量增加助溶剂。

4. 喷涂

喷涂是涂装作业中最常用的施工方法，主要分为空气喷涂和无气喷涂两种方法。在这两种方法的基础上又发展了空气辅助无气喷涂、空气静电喷涂、静电粉末喷涂等施工方法。

空气喷涂是靠压缩空气的气流使涂料雾化，并喷涂到工件表面上的一种涂装方法。空气喷涂时，压缩空气以很高的速度从喷枪的喷嘴流过，使喷嘴周围形成局部真空。涂料进入该空间时，被高速的气流雾化，并被带到工件表面。

空气喷涂法最初是为解决硝基漆之类快干型涂料的涂布而开发的施工方法。由于效率高、作业性好，每小时可涂装 150～200 m^2(为刷涂的 8～10 倍)，且能得到均匀美观的涂膜。虽然各种自动化涂装方法不断发展，但空气喷涂法对各种涂料、各种工件几乎都能适应，仍然是一种广泛应用的施工方法。空气喷涂施工的缺点是涂料损耗大，漆雾飞散多，涂料利用率一般只有 50%～60%，压缩空气耗量大。由于压缩空气直接与漆雾混合，因此所用压缩空气必须经过净化，除去所含的水分、油类及其他杂质。

喷涂装置包括喷枪、压缩空气供给和净化系统、输漆装置和胶管，在喷漆工位往往还需要备有排风及清除漆雾的装置——喷漆室。

(1)喷枪的种类

喷枪是空气喷涂法的主要工具，是使涂料和压缩空气混合并喷出漆雾的工具。

按涂料与压缩空气的混合方式分类，喷枪分为内部混合型和外部混合型两种。内部混合型喷枪中的涂料和空气在空气帽内混合后喷出，仅供喷涂油性漆、多色美术漆和涂装小工件等使用，喷涂图样仅限于圆形。外部混合型喷枪中的涂料和空气在空气帽的外面混合，一般都采用这种喷枪。

按涂料供给方式分类，喷枪分为吸上式、重力式和压送式三种。

①吸上式喷枪如图 8-8 所示，涂料罐装在喷枪的下方，靠环绕喷嘴四周喷出的空气流在喷嘴部位产生的低压而吸引涂料，同时使其雾化。吸上式喷枪适用于一些低黏度水性涂料等，一般空气压力为 0.4～0.5 MPa，喷枪口径可从小至大换几挡喷嘴，常用口径为 2～2.5 mm。枪口有圆、扁几种形状。枪的材质多用不锈钢或铝质，轻便灵巧。喷枪的射程一般控制在 30～40 cm。

②重力式喷枪如图 8-9 所示，涂料杯安装在喷枪的上部，涂料靠自身重力流到喷嘴和空气流混合而喷出。涂料容易流出，而且其优点是从涂料杯内能完全喷出，涂料喷出量要比吸上式稍大。喷枪的结构与吸上式类似，在涂料使用量大时可将涂料容器吊在高处，用胶管连接喷枪。此时可借涂料容器的高度、方向来改变喷出量。

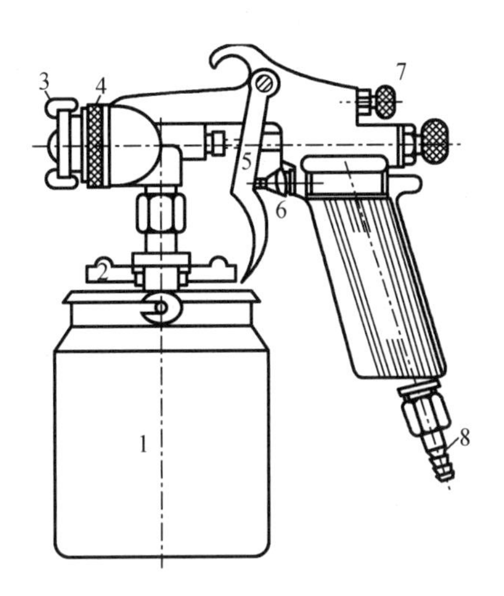

1—漆壶;2—螺钉;3—空气喷嘴的旋钮;4—螺母;5—扳机;6—空气阀杆; 7—控制阀;8—空气接头。

图 8-8 吸上式喷枪

③压送式喷枪如图 8-10 所示,从另外设置的增压箱供给涂料,提高增压箱中的空气压力, 可同时向几支喷枪供给涂料。这种喷枪的喷嘴和空气帽位于同一平面或者喷嘴较空气帽稍凹,在喷嘴的前方不需要形成真空。涂料使用量大的工业涂装,主要采用这种类型的喷枪。

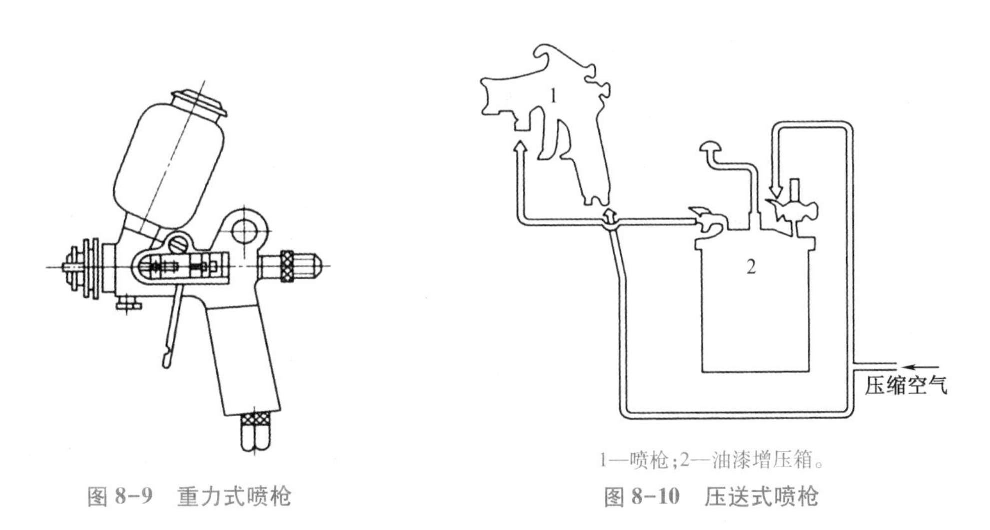

图 8-9 重力式喷枪

1—喷枪;2—油漆增压箱。

图 8-10 压送式喷枪

(2)喷枪的构造

一般常用的喷枪由喷头、调节部件和枪体三部分构成。喷头由空气帽、喷嘴、针阀等组成,它决定涂料的雾化和喷流图样的改变。调节部件是调节涂料喷出量和空气流的装置。枪体上装有开闭针阀的枪机和防止漏漆、漏气的密封件,并制成便于作业、便于手握的形状。

喷头是决定喷枪性能的重要部件。随所喷涂料的性质和喷枪的不同用途,喷头在结构上有一定差异。

①涂料喷嘴

在最原始的对嘴喷枪(PQ-I 型)上,喷嘴很简单,仅有一个涂料流出口。而一般喷枪的喷嘴有涂料通道和空气通道,在枪体上两个通道完全分开。因喷嘴易被涂料磨损,一般用经过热处理的合金钢制作，口径大小随用途而异。涂料流出口与空气帽应为同心圆，并在那里使涂料与空气混合。

喷嘴的口径有0.5 mm、0.7 mm、1.0 mm、1.2 mm、1.5 mm、2.0 mm、3.0 mm、4.0 mm、5.0 mm，一般常用的是1~2.5 mm。口径为0.5~0.7 mm的适于着色剂、虫胶等易雾化的低黏度涂料；1~1.5 mm的适用于硝基漆、合成树脂磁漆等；2~2.5 mm的适用于雾化粒子稍粗和稍黏的底漆和中间层涂料；3~5 mm的适用于塑料溶胶等粒粗黏稠的涂料。口径越大，涂料的喷出量就越多。若空气压力不够，雾化粒子就变粗。吸上式比压送式喷枪的涂料喷出量少，一般应选用稍大口径的喷嘴。

②针阀

喷嘴前端内壁呈针状，与枪针配套成涂料针阀，当扳动枪机使枪针后移，喷嘴即打开。喷嘴口径和枪针配套使用。

③空气帽（或称喷嘴头）

在空气帽上，有喷出压缩空气的中心孔、侧面空气孔和辅助空气孔。根据用途不同，这些孔的位置、数量和孔径等各有差异。空气帽、喷嘴和枪针是配套的，不能任意组合使用。空气帽有少孔型和多孔型两种。选用何种空气帽，应根据被涂物大小、形状、产量，涂料的种类，喷涂时的空气压力和用量，涂料供给方式等因素综合平衡来考虑。

④调节部件

a. 空气量的调节：转动喷枪手柄下部的空气调节螺栓就可调节喷头喷出的空气量和压力。大型喷枪一般都装有空气调节器。

b. 涂料喷出量的调节：靠调节枪针末端的螺栓来控制针阀开闭的大小，从而实现涂料喷出量的调节。枪针向后移动得大，涂料喷出量就大。吸上式喷枪就靠调节这个螺栓来增减涂料喷出量，而压送式喷枪则靠调节螺栓和涂料的输送压力来实现。

c. 喷雾图样幅度的调节：该调节是通过喷枪上部的调节螺栓控制空气帽侧面空气孔内空气流量来实现的。关闭侧面空气孔，喷雾图样呈圆形，打开侧面空气孔，喷雾图样就变成椭圆形，侧面空气孔的空气量越大，则喷雾压得越扁，幅度变宽。

根据用途不同，还制备了多种改型喷枪，如供喷涂管子和窄腔内壁用的长头喷枪，喷枪头部离枪体可长达0.2~1 m；供建筑、桥梁、船舶等高处涂装用的长手柄喷枪，手柄长达1~2 m，供自动涂装用的自动喷枪，它与一般喷枪的不同点是靠空气压力操纵枪机，通常在枪针后部安装一个小汽缸，因而可远距离操作。此外，还有供喷涂高黏度涂料用的大口径喷枪，口径为6~8 mm，涂料供给需高压压送，喷雾图样是圆形，空气流速为200~600 L/min。

（3）空气喷涂的操作要点

空气喷涂是由空气和涂料混合使涂料雾化，雾化程度取决于喷枪的中心空气孔和辅助空气孔喷射出来的空气流速和空气量。在涂料喷出量恒定时，空气量越大，涂料雾化越细。各种喷枪空气量与涂料喷出量的比值大体上相近似。

①喷枪的调整

喷涂时，必须将喷枪调节到最适宜的喷涂条件，也就是将喷枪的空气压力、喷出量和喷雾图样幅度三者的关系调整好。

空气压力应按各种喷枪的特性选用。空气压力高了，雾化虽细，可是涂料飞散多，涂料损失大；空气压力过低，喷雾变粗，又会产生橘皮、针孔等缺陷。

从操作角度考虑，喷出量大较好，可是它受空气量的限制。吸上式和重力式喷枪的喷出量是有限度的,虽然针阀全开时也能雾化好,但增大喷出量有困难,只能在涂装条件不同的情况下适当调节。压送式喷枪则靠增压箱中的压力(0.1~0.2 MPa)来调节喷出量,随后再用喷出量调节装置略加调整,调节到喷雾细度以满足涂装要求。

喷雾图样的幅度是以椭圆形的长径来表示的。一般来讲,喷出量大,喷雾图样幅度就大。用喷雾图样幅度调节装置,可将喷雾图样从圆形调节到椭圆形。由于椭圆形涂装效率高,所以常被用于大的工件和大批量流水线生产的涂装。椭圆形长径上下侧稍薄,但只要前后喷雾图样有一定的搭接,便可得到厚度均一的涂膜。如果喷雾图样幅度未按工件形状调节或调节不当,则喷雾的飞散多,涂料损失量增大,这点应充分注意。

②操作喷枪的要点

在喷枪使用过程中,应掌握好喷枪的喷涂距离、运行方式和喷雾图样的搭接等操作要点。

a. 喷涂距离。

喷涂距离是指喷枪头到被涂物的距离。标准的喷涂距离在采用大型喷枪时为 20~30 cm,小型喷枪为 15~25 cm,空气雾化的手提式静电喷枪为 25~30 cm。喷涂距离过近,单位时间内形成的涂膜就增厚,易产生流挂;喷涂距离过大,涂膜变薄,涂料损失增大,严重时涂膜会变成无光。

b. 运行方式。

喷枪运行方式包括喷枪对工件被涂面的角度和喷枪的运行速度,应保持喷枪与工件被涂面呈直角,平行运行,喷枪移动速度一般在 30~60 cm/s 内调整,并要求恒定。如果喷枪倾斜并呈圆弧状运行或运行速度多变,都得不到厚度均匀的涂膜,容易产生条纹和斑痕。喷枪运行速度过慢(30 cm/s 以下),则易产生流挂;过快和喷雾图样搭接不多时,就不易得到平滑的涂膜。涂料的喷出量在上述喷枪运行速度的范围内,每厘米长的喷雾图样供漆以 0.2 mL/s 为宜,即喷雾图样的幅度为 20 cm 时,供给涂料量为 4 mL/s。

c. 喷雾图样的搭接。

喷雾图样搭接的宽度应保持一定,前后搭接程度一般为有效喷雾图样幅度的 1/4~1/3。如果搭接宽度多变,膜厚就不均匀,就会产生条纹和斑痕。为获得更均匀的涂膜,在喷涂第二道时,应与前道漆纵横交叉,即若第一道是横向喷涂,第二道就应纵向喷涂。

在喷涂时,还要注意涂料黏度的选择,黏度过大则雾化不好,涂面粗糙;黏度过小则易产生流挂。常用涂料最适宜的喷涂黏度见表 8-7。

表 8-7 常用涂料最适宜的喷涂黏度

涂料的种类	黏度(涂 4 杯,20 ℃)/s	动力黏度/10^{-3}Pa·s
硝基漆和热塑性丙烯酸树脂涂料	16~18	35~46
热固性氨基醇酸涂料	18~25	46~78
热固性丙烯酸涂料	18~25	46~78
自干型醇酸涂料	25~30	78~100

课后习题

一、填空题

1. 涂装用的有机涂料是涂于材料或制件表面而能形成具有________、________或________（如绝缘、防腐、标志等）固体涂膜的一类液体或固体材料之总称。

2. 涂料主要由________、________、________和________四部分组成。

3. 成膜物质一般是________、________和________，它们是在涂料组成中能形成涂膜的主要物质，是决定涂料性能的主要因素。

4. ________能使涂膜呈现颜色和遮盖力，还可增强涂膜的耐老化性和耐磨性以及增强膜的防蚀、防污等能力。

5. 颜料呈粉末状，大部分颜料是某些________、________和________等无机物。

6. ________使涂料保持溶解状态，调整涂料的黏度，以符合施工要求，同时可使涂膜具有均衡的挥发速度，以使涂膜平整和具有光泽，还可消除涂膜的针孔、刷痕等缺陷。

7. 根据成膜物质的________、________和________来选择。

8. 助剂在涂料中用量虽小，但对涂料的________、________以及对所形成涂膜的________有明显的作用。

9. 醇酸树脂是由________、________和________经缩聚而得到的一种特殊的聚酯树脂。

10. 醇酸树脂涂料成膜后具有良好的柔韧性、附着力和强度，颜色均匀，遮盖力好，耐热较好，但缺点是________。

11. 紫外光固化涂料是在________波长紫外光线的化学作用下进行固化的一类涂料。

12. 涂装工艺的一般工序是：________—________—________。

13. 铁系磷化液的刷涂工艺流程为：________—________—________。

14. 按涂料与压缩空气的混合方式分类，喷枪分为________和________两种。

15. 喷枪运行方式包括喷枪对工件被涂面的________和喷枪的________，应保持喷枪与工件被涂面呈________，平行运行，喷枪移动速度一般在 30~60 cm/s 内调整，并要求恒定。

二、名词解释

1. 涂料涂装技术

2. 涂装

3. 涂装工艺

4. 空气喷涂法

5. 滚涂法

6. 喷枪

三、简答题

1. 电泳涂装的特点有哪些？

2. 按化学结构和干燥特征，成膜物质中的天然油脂分类？

3. 按其作用分，颜料可分为哪几类？

4. 涂料的制备包含哪两个方面？

5. 简述丙烯酸树脂涂料共同特点及应用。

6. 目前，工业上应用的粉末涂装法主要有哪三种？

工程案例 1:

案例编码	
开发部门	四川工程职业技术学院
案例名称	水性环氧酯漆在汽车底盘上的应用
适用课程	金属表面处理技术
案例简介	东风公司某汽车厂底盘涂装过去采用手工刷涂 L01-1 沥青磁漆,虽然成本较低,占用场地面积小,但劳动强度大,涂装质量差且不稳定,与底盘专业厂要求不相匹配。在技术改造过程中,建成了涂装车间,内含两条涂装线,其中一条是底盘浸涂线。本案例介绍浸涂线涂装过程
关键词	汽车底盘、浸涂、水性环氧酯漆、工艺参数
教学目标	通过本案例的教学,主要让学生了解水性环氧酯漆浸涂工艺流程、工艺参数及注意事项,使学生能够编制简单的浸涂工艺
涉及知识点	1. 工件的表面预处理; 2. 浸涂工艺参数选用
涉及技能点	浸涂工艺参数制定
案例详解	底盘浸涂线布置在涂装车间标准厂房内,按照工艺流程,布置脱脂至强冷工序间的运输采用步进式链传动。底盘走完 1 号链后,用转换车起吊浸入水性环氧酯漆浸涂槽,上下浸涂两次,提升后成 15°角沥漆,然后再转挂到 2 号链上,该链以匀速进入烘道内。如图 8-11 所示。 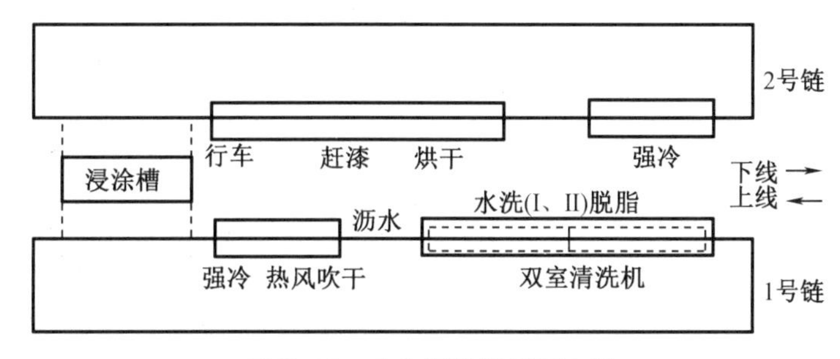 图 8-11 底盘浸涂线平面布置 (1)工艺流程 结合设计流程,并在工艺试验的基础上确定以下工艺参数: 1 号链:脱脂(65~75 ℃,8 min)—喷淋水洗 I(60~70 ℃,4 min)喷淋水洗 Ⅱ(60~70 ℃,4 min)—沥水—烘干(60~90 ℃)—强冷(室温吹干,8 min)—转挂行车—起吊—浸涂(上下两次)—提升速度(1.2 m/min,沥漆,15°)—转换到 2 号链。 2 号链:赶漆(赶去兜状区多余的漆)—烘干(140~160 ℃,30 min)—强冷(室温吹干)—用电动行车吊到存放地点、自检—缺漆点局部补漆—待检验。 (2)工艺参数 在底盘涂装过程中同时保证下列工艺参数:底盘浸涂漆时间大于 1 min;槽液温度为 10~30 ℃,槽液参数控制见表 8-8;沥漆时间大于 5 min;烘烤工艺为 140~160 ℃, 30 min

表(续)

案例详解

表 8-8 槽液参数控制

季节	固体含量(质量分数,%)	黏度(涂 4 杯,25 ℃)/s	pH 值
夏、秋	49~55	35~65	7.0~7.5
冬、春	46~51	55~89	7.0~7.5

(3)涂装质量

该厂的底盘规格较长,形状比较复杂,纵梁为槽梁,有槽形、矩形,外侧装有多个附件。以前,底盘钢材未去氧化皮,表面状态较为恶劣,油污、脏物附着很多。后来,底盘钢材表面进行氧化皮去除,表面处理后,浸涂质量明显提高,其综合性能优于手工刷涂,已累计生产 6 万多副底盘,收到了较好的效果。

(4)现场的工艺管理要点

①保持浸涂槽内各处固体分含量均匀,减少底盘兜漆处的兜漆量,防止二次流平时凹处的积漆量。

②底盘各零部件在焊接总成之前,不得有严重锈斑和涂覆重油。

③流水线预处理工艺中,须加强脱脂处理,控制脱脂槽碱度,定期清理脱脂槽、水洗槽内所沉积的污垢,常换水,使水洗 II 游离碱度小于 3 点。

④水洗槽的温度应保持在 60 ℃以上,一方面便于清洗,另一方面底盘出槽水分易蒸发,降低带水入槽的可能性。

⑤定期拆洗预处理三槽中喷淋头,以免堵塞引起喷淋压力降低。

⑥对浸槽内的水性环氧酯漆,使用中要严格控制固体含量,根据季节适当调整。

⑦多注意环境温度、漆温的变化所引起的黏度变化,掌握温度与黏度的关系。

⑧浸涂槽要定期开动搅拌泵,以防沉淀,同时需设置恒温设施。温度太低不利于流平;温度太高溶剂蒸发快,漆增稠快。

⑨底盘浸涂时,必须以点动电葫芦的方式,上下移动两次。因为底盘表面有微量水膜,水与漆相溶需要一定的时间,而且底盘中还存在一些死角。

⑩底盘从浸涂槽提出后,通过改制行车使底盘成 15°角停留在漆槽上空,设法沥尽余漆,之后对局部进行人工赶漆,以免使兜漆部位产生疏松的大块条。

⑪槽液的配制选用去离子水或蒸馏水,补加混合溶剂(水+乙二醇单乙酰)时,应先使水与溶剂混合后投入漆槽中,不能直接向漆槽内加水,否则漆面出现大面积乳白。混合溶剂加入后,要熟化 2 h 以上再投入生产。

⑫在连续生产过程中,有时水性环氧酯漆的 pH 值会偏高,这主要是底盘预处理碱液没洗净带入浸涂槽内的缘故。根据 pH 值的上升幅度来决定有机酸的加入量。

⑬槽体内长期工作,都有沉淀问题,当沉淀量大到影响浸涂质量时,就要实施清槽工作,清槽后进行漆液分析与小试。

(5)涂膜缺陷产生原因及处理方法

根据底盘出现的质量问题进行分析与处理。涂膜缺陷产生原因见表 8-9

表(续)

<table>
<tr><td>案例详解</td><td>
<table>
<caption>表 8-9 涂膜缺陷产生原因</caption>
<tr><th>缺 陷</th><th>产生原因</th><th>处理方法</th></tr>
<tr><td>流挂</td><td>槽液黏度过大,沥漆环境温度太低</td><td>调整漆的黏度,沥漆段提高环境温度</td></tr>
<tr><td>涂膜厚度不足</td><td>固体含量过低或沉淀</td><td>补加原漆,加强搅拌</td></tr>
<tr><td>涂膜太厚</td><td>槽液黏度过大</td><td>外加稀释剂</td></tr>
<tr><td>露底、气泡</td><td>底盘脱脂不干净,槽液溶解性不好</td><td>加强预处理,补加丁醇</td></tr>
<tr><td>涂膜不干</td><td>烘烤温度时间未达要求,漆液 pH 值上升</td><td>调整烘烤工艺,加有机酸、控制 pH 值</td></tr>
<tr><td>凹处肥边过宽</td><td>赶漆不够,沥漆时间短</td><td>赶漆宜勤快,达到沥漆要求</td></tr>
<tr><td>涂膜失光</td><td>过度烘烤,漆中树脂含量偏低</td><td>达到烘干工艺的要求尽快套线,检测漆成分并调整</td></tr>
<tr><td>涂膜发花</td><td>工件带水入槽,引起局部溶剂与水的质量比失调</td><td>预处理后一定要烘干</td></tr>
<tr><td>涂膜出现厚薄过大、絮凝状</td><td>漆槽内杂质多,或漆本身引起高分子絮凝,溶解均匀性变差</td><td>进行返漆槽处理,去掉杂质、不溶性结块、絮状物后,进一步调整漆槽工艺参数</td></tr>
</table>
水性环氧酯漆使用施工方便,性能良好,涂装设备投资费用较低,国内目前已有多家汽车厂用于底盘的浸涂工艺,收到了较好的效果,具有进一步推广应用的价值
</td></tr>
</table>

工程案例 2:

案例编码	
开发部门	四川工程职业技术学院
案例名称	环保型刷涂磷化粉在大型电容器外壳上的应用
适用课程	金属表面处理技术
案例简介	集合式电容器外壳体积大,厂家现有的磷化生产线不能满足要求。采用手工砂纸打磨效率低,不能彻底清除钢铁件表面的油和锈,对环境污染严重。为解决这一问题,对某型带锈磷化粉进行了刷涂试验。该刷涂型磷化粉集脱脂、除锈、磷化、钝化于一体,不含亚硝酸钠、硝酸钠、氟化钠和重铬酸钾等有害物质
关键词	电容器外壳、刷涂、磷化粉、工艺参数
教学目标	通过本案例的教学,主要让学生了解环保型磷化粉刷涂工艺流程、工艺参数及注意事项,使学生能够编制简单磷化粉刷涂工艺

表(续)

涉及知识点	1. 工件的表面预处理; 2. 刷涂工艺参数选用
涉及技能点	刷涂工艺参数选用

案例详解

1. 带锈磷化粉的工艺参数及性能

(1)工艺参数　涂刷型磷化液中,带锈磷化粉含量为4%(质量分数),磷酸的含量为15%~25%(质量分数),余量为水。pH值≤1.2,常温使用。

(2)性能　涂刷型磷化液的主要性能见表8-10。

表 8-10　涂刷型磷化液的主要性能

项目	性能	项目	性能
外观	无沉淀液体,不燃不爆	实干时间/h	6~12小时,也可用压缩空气吹干
密度/(g·cm^{-3})	1.19~1.31	适用的锈蚀氧化皮厚度/μm	≤80
TA(总酸度)/点	400~800	适用的油膜厚度/μm	≤5
表干时间/min	15~30		

2. 工艺过程及刷涂方法

(1)工艺过程　工艺过程为预处理—刷涂—干燥—涂装。

(2)刷涂方法　清除浮锈、焊渣,用抹布擦干潮湿的表面。用漆刷醮配好的磷化液,从上至下多次刷涂箱壳表面,锈厚的部位多刷,锈薄的部位少刷,无锈的部位一带而过;再用抹布擦拭一遍,不留积液,不露底;刷、抹间隔时间不宜过长,做到边刷边抹,待磷化膜实际干燥后,即可进行涂装。

(3)注意要点　刷涂后的外壳在涂装以前,应禁止雨淋或沾水;刷涂后的表面如出现局部泛白,应用抹布或砂纸擦去白粉,再补刷一遍即可。

3. 相关试验

(1)带锈磷化粉对PEPE油的相容性试验　试验方法为:每200 g油加入15 cm的试片,经100 ℃、96 h老化后测试PEPE油的tan δ、酸值变化,与空白油的对比,结果见表8-11。

表 8-11　某型带锈磷化粉对 PEPE 油的相容性实验

样品	性能			
	老化前		老化后	
	tan δ(90 ℃)	酸值/(mg KOH/g)	tan δ(90℃)	酸值/(mg KOH/g)
空白油	0.000 3	0.004 0	0.000 33	0.006 6
带锈磷化粉	—	—	0.000 59	0.011 6

由试验结果可见,经带锈磷化粉处理过的钢铁试片,对PEPE油的tan δ、酸值影响不大,可用于集合式电容器外壳的涂装预处理

表(续)

案例详解	(2)室内挂片试验　将带锈磷化粉处理过的钢铁试片,放于通风的室内30天,该试片无任何锈迹,可以满足电容器外壳的磷化生产。 (3)与涂膜的附着力试验　喷涂铁红环氧酯底漆一道,厚度约10 μm,干燥7天,涂膜的附着力为1级(划格法)。 4.使用效果 带锈磷化粉在集合式并联电容器上的使用,解决了大型工件磷化处理的难题,使脱脂、除锈、磷化、钝化等工序一道完成,减轻了工人劳动强度,提高了生产率,使生产环境得到一定改善

工程案例3:

案例编码	
开发部门	四川工程职业技术学院
案例名称	汽车塑料件的喷涂
适用课程	金属表面处理技术
案例简介	塑料在汽车上的应用越来越多,本案例主要介绍车内用硬塑料件、车外用硬塑料件、车外用软塑料件的喷涂过程
关键词	硬塑料、软塑料、涂装工艺
教学目标	通过本案例的教学,主要让学生了解汽车用塑料件的喷涂工艺流程、工艺参数及注意事项,使学生能够编制喷涂工艺
涉及知识点	1.工件的表面预处理; 2.喷涂工艺参数选用
涉及技能点	喷涂工艺参数选用
案例详解	目前,汽车上使用的塑料主要有热塑性塑料和热固性塑料两种。汽车塑料件采用哪类面漆进行喷涂,应根据汽车修补漆供应商提供的资料来决定。塑料件通常需要使用塑料底漆,原因在于塑料底漆在塑料件上的附着性能好。软性塑料要求在油漆中加入柔软剂,有的生产厂要求根据不同的油漆选用不同的柔软剂,有的则提供可用于多种油漆的万能柔软剂。最好不要混用不同厂家的产品,即应尽量选用同一厂家生产的柔软剂、底漆、面漆和稀释剂。 1.车内用硬性塑料件的喷涂 硬性塑料件如硬质或刚性ABS塑料件,通常不需要用底漆、底漆二道浆或封闭剂,直接喷涂热塑性丙烯酸漆就可获得满意的效果。 具体涂装工艺为:先用面漆稀释剂或推荐的溶剂(应使用中性洗涤剂,不能用碱性化学清洗剂)彻底清洗塑料件,并用清水冲净擦干。需要喷涂底色漆的部位用400号砂纸打磨,需要喷涂透明清漆的混涂区域用600号或更细的砂纸打磨,然后用表面清洁剂擦净。参照油漆供应商提供的色卡及汽车厂的颜色标号选择丙烯酸面漆,或底色漆罩透明清漆。按说明书规定的比例稀释涂料,然后进行喷涂。用漆量以达到遮盖效果为佳,不要太多,以免失去纹理效果。经干燥后,即可将塑料件重新安装在汽车上

表(续)

案例详解	2. 车外用硬性塑料件的喷涂 大多数外用硬性塑料件不需要用底漆,而有些油漆生产厂仍然建议在涂色漆前使用底漆,但不应使用磷化涂料、金属处理剂、自蚀底漆和柔软剂。 具体涂装工艺为:先用肥皂水清洗待修补区域,再用清水清洗干净,最后用面漆稀释剂或推荐的溶剂彻底清洗塑料件。需要喷涂底漆的部位用 400 号砂纸打磨,需要喷涂透明清漆的混涂区域用 600 号或更细的砂纸打磨,然后用表面清洁剂擦净。底漆要选用合适的丙烯酸或聚氨酯漆,或是底漆罩透明清漆。按说明书规定的比例稀释涂料,然后进行喷涂。漆的用量以完全遮盖零件表面为宜,不要过多,一般有 2~3 层中厚湿涂膜即可。待底漆干透后再涂透明清漆。 3. 车外用软性塑料件的喷涂 (1)聚丙烯塑料件的喷涂 聚丙烯是一种难粘、难涂的材料,因此对聚丙烯零件进行涂装,必须先用专用底漆打底,或对零件表面进行特殊处理,然后才能喷涂丙烯酸色漆。最常见的车外用聚丙烯部件是保险杠。聚丙烯保险杠的表面处理不同于钢质保险杠,需要使用柔软剂,否则就会脱皮。如果采用丙烯酸漆作为面漆,其涂装工艺如下: ①用肥皂水清洗待修补区域,再用清水清洗干净,然后用面漆稀释剂清洗零件表面。 ②打磨待修补的区域,形成斜面口(薄边)。采用电动打磨机进行打磨时,先用 36 号粗砂轮粗磨,然后用 180 号细砂轮进行精磨。 ③粘贴遮盖胶带后,喷涂聚烯烃增黏剂,干燥 10 min,在增黏剂上用橡胶刮板将中间涂料薄薄地刮一层,然后刮至比损坏部位稍稍高一点,干燥 30 min,再用 180 号砂纸打磨,收边。 ④再次喷涂聚烯烃增黏剂到打磨过的修补区域,干燥后再喷涂中间涂料以填平小的凹坑、针孔及打磨痕迹。用 240 号砂纸打磨至平整,更换 320 号或 400 号砂纸,彻底打磨塑料件上的原装漆层,去掉其光泽的 80%~90%。 ⑤第三次喷涂增黏剂,干燥后喷涂中间涂料,闪干 10~15 min,再喷涂一层中间涂料,干燥 1~2 h,用 400 号砂纸磨平表面 ⑥稀释并混合好丙烯酸漆和固化剂,按说明书配比混合后喷涂,干燥 8 h。面漆中不能加柔软剂。 对于微小的表面划痕,一般可按下列步骤进行:如果划痕没有进入基材,可以直接涂漆;如果划痕已进入基材,则可先涂一层薄的聚丙烯专用增黏剂,干燥 10 min 后刮涂腻子,再用聚烯烃增黏剂给修补区域打底,最后喷涂面漆。 (2)聚氨酯保险杠的喷涂 其涂装工艺如下: ①先对待修补的聚氨酯保险杠进行清洗、脱脂、填补腻子(同聚丙烯保险杠的表面处理),随后擦拭和吹净待修补区域,并遮盖其他区域。 ②喷涂第 1 层湿涂层,干燥 10~15 min,再喷涂第 2 层,干燥 1~2 h,然后用 320 号或 400 号砂纸将涂膜磨平。 ③将柔软剂与热塑性丙烯酸涂料或双组分丙烯酸漆混合(在底漆中不采用柔软剂)。 ④在正式喷涂前,先喷涂样板进行比色。如果是二工序施工,则在涂后闪干约 5 min 再涂一层透明涂层(即在清漆中加入柔软剂),并按说明书规定时间干燥

表(续)

<table>
<tr><td>案例详解</td><td>4. 车内用乙烯基塑料件的喷涂
软性乙烯基塑料(如聚氯乙烯)制品中,常见的有座椅装饰、车门内装饰、车顶篷蒙皮和遮阳板等,硬性聚氯乙烯则用于座椅靠背扶手、衣帽钩等。喷涂软性塑料件要用乙烯基漆,这是一种高黏度面漆。通过调整稀释配方和喷枪压力,乙烯基喷漆干燥后会出现皮革状纹理,类似有纹理的维尼纶的外观。它也可用作无光面漆,用来加重条纹和做无反光发动机罩装饰。多数乙烯基喷漆干燥后仍要再涂丙烯酸喷漆或磁漆,使它的颜色与汽车颜色相配。
喷涂乙烯基漆的工艺如下:
①确认待修补区域无油、蜡和其他污物,用合适的溶剂清洗乙烯基塑料件。如果表面污物较多,可先用洗涤剂加水清洗,再用溶剂清洗,最后用清洁的抹布擦拭干净。
②用聚氯乙烯(PVC)专用表面调整剂处理。调整剂是由强溶剂配制而成的,具有强烈的渗透性,能软化 PVC 零件表面并产生轻微的溶胀,可大大提高涂料的附着力。用无绒布将调整剂擦涂到待处理表面,保持 30~60 s 后,当表面还湿润时用清洁无绒布擦干净(不要来回擦),然后涂 PVC 专用涂料。
③按规定配制乙烯基漆,喷涂湿涂层,并留有闪干时间。达到遮盖程度即可,不要多涂(喷枪压力为 0.14~0.17 MPa),否则会失去纹理效果。
④在色漆完全闪干前喷涂一层透明乙烯基涂层。对仪表板来说,最后还应喷涂一层无反光的面漆,待干燥后再安装</td></tr>
</table>

课后习题答案

第 9 章　堆焊技术

【学习目标】

- 熟悉堆焊的基本概念、堆焊材料的类型及堆焊材料的选择；
- 掌握堆焊层的制备、电火花表面强化技术、焊条电弧堆焊、氧乙炔火焰堆焊、CO_2 气体保护堆焊；
- 了解堆焊的用途、常用的堆焊材料、埋弧堆焊。

【导入案例】

国家体育场，北京市的地标性建筑，2008 年夏季奥运会成功举办的象征，又被形象地称为“鸟巢”。这座雄伟壮观的巨型钢架结构，无数次引人思索：是什么样的能工巧匠，才能架设起如此巨大的钢结构体育场？“鸟巢”技术难度最大的就是钢结构施工，而其中跨度最大、难度最高的是南北方向。长轴达 330 m、质量达 4 万多吨的钢结构在南北方向的柱脚和柱头上产生的引力是非常大的。为此，总工程师们尝试采用一种超强的厚钢板来解决结构的承受问题。鸟巢焊接的位置很复杂，构件特别大、特别复杂，只能靠工人调整姿势，在狭窄空间内长时间焊接。焊接过程是不允许间断的，否则可能出现裂纹、夹渣等问题，最长的一个焊接工序达到 17 个小时。这对焊工的技术、体力及责任心都是挑战。

“鸟巢”的每条焊缝边上，都镌刻着一位焊工的名字，以这种方式，数百名普普通通的焊工在这项世人瞩目的奥运工程中留下了自己的微小痕迹——也许公众没有机会看到，却永不会磨灭。图 9-1 为北京奥运会主体育场“鸟巢”及施工过程图。

图 9-1　北京奥运会主体育场“鸟巢”及施工过程图

9.1 堆焊概述

9.1.1 堆焊的基本概念

随着科学技术的日益进步,各种产品机械装备在向大型化、高效率、高参数方向发展,对产品的可靠性和使用性能要求越来越高。材料表面堆焊作为焊接技术的分支,是提高产品和设备性能、延长使用寿命的有效手段。堆焊合金材料也十分广泛,除了金属和合金外,还有陶瓷、塑料、无机非金属及复合材料等。因此,通过堆焊技术可以使零件表面获得耐磨、耐热、耐蚀、耐高温、润滑、绝缘等各种特殊性能。目前,堆焊技术大量应用于机械制造、冶金、电力、矿山、建筑、石油化工等产业部门。

1. 堆焊的定义

为增大或恢复焊件尺寸,或使焊件表面获得具有特殊性能熔敷金属而进行的焊接称为堆焊。其含义有二:一是利用堆焊方法改变焊件的尺寸,焊后焊件的表面性能基本上不发生变化;二是利用堆焊方法使焊件表面获得耐磨、耐热或耐腐蚀等特殊性能的熔敷金属层,从而使得焊件的表面性能发生了本质上的变化(堆焊金属层与焊件多属异种材质)。

2. 堆焊的特点

堆焊是采用焊接方法将具有一定性能的材料熔敷在工件表面的一种工艺过程。堆焊的目的与一般焊接方法不同,不是为了连接工件,而是对工件表面进行改性,以获得所需的耐磨、耐热、耐蚀等特殊性能的熔敷层,或恢复工件因磨损或加工失误造成的尺寸不足,这两方面的应用在表面工程学中称为修复与强化。图9-2为堆焊后的零部件表面。

图9-2 堆焊后的零部件表面

堆焊方法较其他表面处理方法具有其他优点:

(1)堆焊层与基体金属的结合是冶金结合,结合强度高,抗冲击性能好。

(2)堆焊层金属的成分和性能调整方便,一般常用的焊条电弧焊堆焊焊条或药芯焊条调节配方很方便,可以设计出各种合金体系,以适应不同的工况要求。

(3)堆焊层厚度大,一般堆焊层厚度可在2~30 mm内调节,更适合于严重磨损的工况。

(4)节省成本,经济性好。当工件的基体采用普通材料制造,表面用高合金堆焊层时,不仅降低了制造成本,而且节约大量贵重金属。在工件维修过程中,合理选用堆焊合金,对受损工件的表面加以堆焊修补,可以大大延长工件寿命,延长维修周期,降低生产成本。

(5)由于堆焊技术就是通过焊接的方法增加或恢复零部件尺寸,或使零部件表面获得具有特殊性能的合金层,所以对于能够熟练掌握焊接技术的人员而言,其难度不大,可操作性强。

3. 堆焊的分类

堆焊技术是熔焊技术的一种,因此凡是属于熔焊的方法都可用于堆焊。按实现堆焊的条件,常用堆焊方法的分类见表 9-1。目前应用最为广泛的是焊条电弧堆焊和氧乙炔火焰堆焊。

表 9-1 常用堆焊方法的分类

堆焊方法		稀释率/%	熔敷速度/$(kg \cdot h^{-1})$	最小堆焊厚度/mm	熔敷效率/%
氧乙炔火焰堆焊	焊条送丝	1~10	0.5~1.8	0.8	100
	自动送丝	1~10	0.5~6.8	0.8	100
	粉末堆焊	1~10	0.5~1.8	0.2	85~95
焊条电弧堆焊		10~20	0.5~5.4	3.2	65
钨极氩弧堆焊		10~20	0.5~4.5	2.4	98~100
熔化极气体保护电弧堆焊		10~40	0.9~5.4	3.2	90~95
其中:自保护电弧堆焊		15~40	2.3~11.3	3.2	80~85
埋弧堆焊	单丝	30~60	4.5~11.3	3.2	95
	多丝	15~25	11.3~27.2	4.8	95
	串联电弧	10~25	11.3~15.9	4.8	95
	单带极	10~20	12~36	3.0	95
	多带极	8~15	22~68	4.0	95
等离子弧堆焊	自动送粉	5~15	0.5~6.8	0.25	85~95
	焊条送粉	5~15	1.5~3.6	2.4	98~100
	自动送丝	5~15	0.5~3.6	2.4	98~100
	双热丝	5~15	13~27	2.4	98~100
电渣堆焊		10~14	15~75	15	95~100

9.1.2 堆焊层的制备

堆焊层是采用堆焊的工艺方法在材料层表面进行修复磨损和崩裂的部位的堆敷层。为了最有效地发挥堆焊层的作用,希望采用的堆焊方法有较小的母材稀释、较高的熔敷速度和优良的堆焊层性能,即优质、高效、低稀释率的堆焊技术。

堆焊层的影响因素较多,控制好各影响因素才能得到优质的堆焊层性能。

1. 稀释率

在焊接热源的作用下,不仅堆焊金属发生熔化,基材表面也发生不同程度的熔化。将堆焊金属被基材稀释的程度称为稀释率,用基材的熔化面积占整个熔池面积的百分比来表示。

稀释率强烈影响堆焊层的成分和性能。高的稀释率降低堆焊层性能，增加堆焊材料的消耗。必须考虑各种焊接方法所获得的稀释率的大小，以便选择合适的填充材料和焊接方法。在堆焊方法和设备已选定的情况下，应从堆焊材料成分上补偿稀释率的影响，并从工艺参数严格控制稀释率。一般选择堆焊工艺时，应控制稀释率低于20%。

2. 相容性

在堆焊过程中，堆焊层材料和基体材料的相容性非常重要，由于堆焊层材料与基体材料成分不同，在堆焊时必然会产生一层组织和性能与基体和堆焊层都不相同的过渡层，该过渡层如果是脆性的，将恶化堆焊层性能。

堆焊材料和基体材料在冶金学上是否相容取决于它们的液态和固态时的互溶性，以及在堆焊过程中是否产生金属间化合物。堆焊材料和基材的物理相容性也很重要，即两者之间的熔化温度、膨胀系数、热导率等物理性能差异应尽可能小，因为这些差异将影响堆焊的热循环过程和结晶条件，增加焊接应力，降低结合质量。

3. 热循环的影响

堆焊层经受的热循环比一般焊缝复杂得多，这使堆焊层的化学成分和金相组织很不均匀。在堆焊生产过程中，为了防止堆焊层开裂和剥离，主要采用预热、层间保温和焊后缓冷等措施。有些焊件在焊后需进行去应力退火。

4. 内应力

堆焊应用的成功与否有时取决于内应力的大小。由于堆焊操作而产生的残余应力叠加或抵消使用过程中产生的应力，因而能加大或减少堆焊层开裂的倾向。

为减小残余应力，除了采取必要的预热、缓冷等工艺措施，还可从减少堆焊金属与基材的膨胀系数差、增设过渡层、改进堆焊金属的塑形来控制。

9.1.3 堆焊的用途、应用

作为焊接领域中的一个分支，堆焊技术的应用范围非常广泛，堆焊技术的应用几乎遍及所有的制造业，如矿山机械、输送机械、冶金机械、动力机械、农业机械、汽车、石油设备、化工设备，建筑，以及工具模具及金属结构件的制造与维修中大量应用堆焊技术。通过堆焊可以修复外形不合格的金属零部件及产品，或制造双金属零部件。采用堆焊可以延长零部件的使用寿命，降低成本，改进产品设计，尤其对合理使用材料（特别是贵重金属）具有重要意义。

1. 堆焊的用途

按用途和工件的工况条件，堆焊技术的应用主要表现在以下几个方面：

（1）恢复工件尺寸堆焊

由于磨损或加工失误造成工件尺寸不足，是厂矿企业经常遇到的问题。用堆焊方法修复上述工件是一种很常用的工艺方法，修复后的工件不仅能正常使用，很多情况下还能超过原工件的使用寿命，因为将新工艺、新材料用于堆焊修复，可以大幅度提高原有零部件的性能。如冷轧辊、热轧辊及异型轧辊的表面堆焊修复，农用机械（拖拉机、农用车、插秧机、收割机等）磨损件的堆焊修复等。据统计，用于修复旧工件的堆焊合金量占堆焊合金总量的72.2%。图9-3是利用堆焊技术修复的冷轧辊，图9-4为利用堆焊技术修复的辊胎和辊皮。

图 9-3 利用堆焊技术修复的冷轧辊

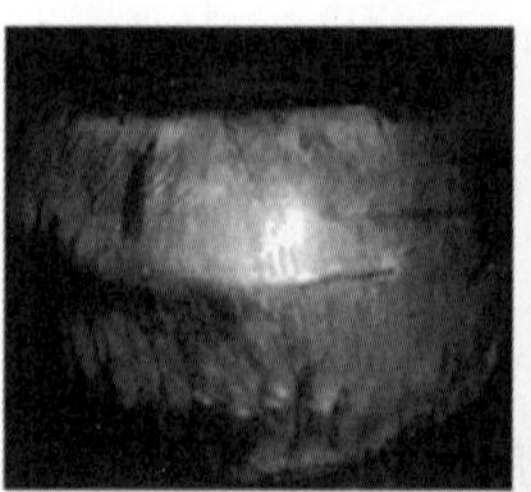

(a)ZGM113辊胎修复前、后

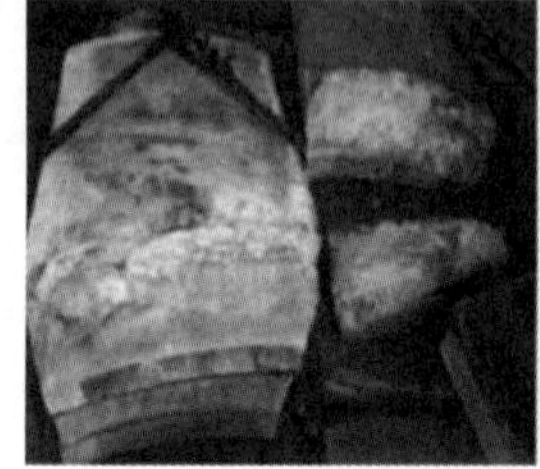

(b)Atox50辊皮修复前、后

图 9-4 利用堆焊技术修复的辊胎和辊皮

(2)耐磨损、腐蚀堆焊

磨损和腐蚀是造成金属材料失效的主要因素,为了提高金属工件表面耐磨性和耐蚀性,以满足工作条件的要求,延长工件使用寿命,可以在工件表面堆焊一层或几层耐磨或耐蚀层。就是工件的基体与表面堆焊层选用具有不同性能的材料,制造出双金属工件。由于只是工件表面层具有合乎要求的耐磨、耐蚀等方面的特殊性能,所以充分发挥了材料的作用与工作潜力,而且节约了大量的贵重金属。图 9-5 为在工件表面堆焊一层或几层耐磨或耐蚀层实例。

图 9-5 工件表面堆焊耐磨或耐蚀层

(3)制造新零件

通过在金属材料上堆焊一种合金可以制成具有综合性能的双金属机器零件。这种零件的基体和堆焊合金层,由于具有不同的性能,能够满足两者不同的性能要求。这样能充分发挥材质的工作潜力。例如,水轮机的叶片,基体材料为碳素钢,在可能发生汽蚀部分(多在叶片背面下半段)堆焊一层不锈钢,使之成为耐汽蚀的双金属叶片,在金属磨具的制造中,基体要求强韧,选用价格相对便宜的碳钢、低合金钢制造,而刃模要求硬度高、耐磨,采用耐磨合金堆焊在模具刃模部位,可以节约大量贵重合金的消耗,大幅度提高模具的使用寿命。图 9-6 为工件表面堆焊耐磨或耐蚀层。

图9-6 工件表面堆焊耐磨或耐蚀层

2. 堆焊的应用

堆焊的应用范围十分广泛，现列举以下几个方面：

(1)模具制造方面

塑料模表面的打毛，增加美感和使用寿命；头盔塑料模具分型面堆焊修复；铝合金压铸模具分流锥表面强化；模具腔超差、磨损、划伤等修复与强化。

(2)塑料橡胶方面

橡塑机械零部件修复，橡胶、塑料件用的模具超差、磨损与修补。

(3)航空航天方面

飞机发动机零部件、涡轮、涡轮轴修复或修补，火箭喷嘴表面强化修理，飞机外板部件修复，人造卫星外壳强化或修复，钛合金件的局部渗碳强化，铁基高温合金件的局部渗碳强化，镁合金的表面渗Al等防腐蚀涂层，镁合金件局部缺陷堆焊修补，镍基/钴基高温合金叶片工件局部堆焊修复，如：叶片叶冠阻尼面与叶尖的磨损和导叶的烧蚀等。

(4)制造维修方面

在汽车制造和维修工业中，用于凸轮、曲轴、活塞、汽缸、刹车盘、叶轮、轮毂、离合器、摩擦片、排气阀等补差和修复，汽车体的表面焊道缺陷补平修正。

(5)船舶电力方面

曲轴、轴套、轴瓦、电气元件、电阻器等修复，电气铁路机车轮与底线轨道连接片的焊接，电镀厂导电辊、金属氧化处理铜铝电极的制作焊接。

(6)机械工业方面

修正超差工件和修复机床导轨、各种轴、凸轮、水压机、油压机柱塞、汽缸壁、轴颈、轧辊、齿轮、皮带轮、弹簧成形用的芯轴、塞规、环规、各类辊、杆、柱、锁、轴承等。

(7)铸造工业方面

铁、铜、铝铸件砂眼气孔等缺陷的修补，铝模型磨损修复。

零件的表面堆焊除了可修旧复新外，还可延长零件部分的使用寿命。通常可提高寿命30%~300%，降低成本25%~75%。但是，要充分发挥堆焊技术的优势必须解决好两方面的问题：一是必须正确选用堆焊合金，其中包括堆焊合金的成分和堆焊材料的形状，而堆焊合金的成分又往往取决于对堆焊合金使用性能的要求；二是选定合适的堆焊方法，制定相应的堆焊工艺。

9.2 堆焊材料的类型及选择

9.2.1 堆焊材料的种类

在实施堆焊前,有两个问题需要解决。一是堆焊材料的选择,二是堆焊工艺的制定。堆焊材料是堆焊时形成或参与形成堆焊合金层的材料,例如所用的焊条、焊丝、焊剂和气体等。

每一种材料只有在特定的工作环境下,针对特定的焊接工艺才表现出较高的使用性能,了解和正确选用堆焊材料对于能否达到堆焊的预期效果有着极其重要的意义。

1. 堆焊合金的类型

(1)根据堆焊合金层的使用目的分类

根据堆焊合金层的使用目的可分为耐蚀堆焊、耐磨堆焊、隔离层堆焊。

①耐蚀堆焊。耐蚀堆焊也叫作包层堆焊,是为了防止工件在运行过程中发生腐蚀而在其工件表面上熔覆一层具有一定厚度和耐蚀性能的合金层的堆焊方法。

②耐磨堆焊。耐磨堆焊是指为了防止工件在运行过程中工件表面产生磨损,使工件表面获得具有特殊性能的合金层,延长工件使用寿命的堆焊。

③隔离层堆焊。焊接异种材料时,为了防止母材成分对焊缝金属化学成分的不利影响,以保证接头性能和质量,而预先在母材表面(或接头的坡口表面)熔敷一定成分的金属层(称隔离层)。熔敷隔离层的工艺过程,称为隔离层堆焊。

(2)根据堆焊合金的形状分类

堆焊合金按其形状可分为丝状、带状、铸条状、粉粒状和块状堆焊合金等。

①丝状和带状堆焊合金。该合金由可轧制和拉拔的堆焊材料制成,可做成药芯堆焊材料,有利于实现堆焊的机械化和自动化。丝状堆焊合金可用于气焊、埋弧堆焊、气体保护堆焊和电渣堆焊等;带状堆焊合金尺寸较大,主要用于埋弧堆焊等,熔敷效率高。

②铸条状堆焊合金。当材料的轧制和拉拔加工性较差,如钴基、镍基和合金铸铁等,一般做成铸条状。可直接供气焊、气体保护堆焊和等离子弧堆焊时用作熔敷金属材料。铸条、光焊丝和药芯焊丝等外涂药皮可制成堆焊焊条,供焊条电弧堆焊使用。这种堆焊焊条适应性强、灵活方便,可以全位置施焊,应用较为广泛。

③粉粒状堆焊合金。将堆焊材料中所需的各种合金制成粉末,按一定配比混合成合金粉末、供等离子弧或氧-乙炔火焰堆焊和喷熔使用。其最大优点是可以方便地对堆焊层成分进行调整,拓宽了堆焊材料的使用范围。

④块状堆焊合金。一般由粉料加黏结剂压制而成,可用于碳弧或其他热源进行熔化堆焊。堆焊层成分调整也比较方便。

(3)根据堆焊合金的主要成分分类

根据堆焊合金的主要成分可分为:铁基堆焊合金、碳化钨堆焊合金、铜基堆焊合金、镍基堆焊合金、钴基合金。

①铁基堆焊合金。铁基堆焊合金的性能变化范围广,韧性和耐磨性配合好,并且成本低,品种也多,所以使用十分广泛。铁基堆焊由于碳、合金元素的含量和冷却速度的不同,

堆焊层的金相组织可以是珠光体、奥氏体、马氏体和合金铸铁组织等几种基本类型。每一种材料对具体的磨损因素可能表现出不同的耐磨性或经济性，也可能具有同时抗两种以上磨损的性能。

碳是铁基堆焊合金中最重要的合金元素。Cr、Mo、W、Mn、V、Ni、Ti、B 等作为合金化元素，不但影响堆焊层中硬质相的形成，对基体组织的性能也有影响。合金元素 Cr、Mo、W、V 可以使堆焊层有较好的高温强度，在 480~650 ℃时发生二次硬化。Cr 还使堆焊层具有较好的抗氧化性，在 1 090 ℃时含有 25%的 Cr(质量分数，以下同)能提供很好的保护作用。

②碳化钨堆焊合金。碳化钨堆焊层由胎体材料和嵌在其中的碳化钨颗粒组成。胎体材料可由铁基、镍基、钴基和铜基合金构成。堆焊金属平均成分是含 W 45%以上，含 C 1.5%~2%。碳化钨由 WC 和 W_2C 组成(一般含 C 3.5%~4.0%，含 W 95%~96%)，有很高的硬度和熔点。含 C 3.8%的碳化钨硬度达 HV 2 500，熔点接近 2 600 ℃。

堆焊用的碳化钨有铸造碳化钨和以 Co 为黏结金属的粉末烧结成的粒状碳化钨两类，见表 9-2。碳化钨堆焊合金具有非常好的抗磨料磨损性，良好的耐热性、耐蚀性和抗低温冲击性。为了发挥碳化钨的耐磨性，应保持碳化钨颗粒的形状，避免其熔化。高频加热和火焰加热不易使碳化钨熔化。堆焊层耐磨性较好，但在电弧堆焊时，会使原始碳化钨颗粒大部分熔化。熔敷金属中重新析出硬度仅 HV 1 200 左右的含钨复合碳化钨，导致耐磨性下降。这类合金脆性大，易产生裂纹，对结构复杂的零件应进行预热。

表 9-2 碳化钨堆焊合金

碳化钨种类	组织和性能	制造方法
铸造碳化钨	WC+W_2C 共晶，呈不规则粒状和球状。硬度高、耐磨性好，但脆性大，抗高温氧化性差	熔炼→浇注后破碎(呈不规则粒状)或熔炼→离心法分离(呈球状)
烧结碳化钨	呈不规则粒状和球状。硬度高、耐磨性好，脆性大小视黏结剂钴的多少；高钴型韧性好，低钴型脆性大，但抗高温氧化性好	混合→压块→烧结→破碎(呈不规则粒状)或混合→制球→烧结(呈球状)

③铜基堆焊合金。堆焊用的铜基合金主要有青铜、纯铜、黄铜、白铜四大类，其中应用比较多的是青铜类的铝青铜和锡青铜。铝青铜强度高、耐腐蚀、耐金属间磨损，常用于堆焊轴承、齿轮、蜗轮及耐海水腐蚀工件，如水泵、阀门、船舶螺旋桨等。锡青铜有一定强度，塑性好，能承受较大的冲击载荷，减摩性优良，常用于堆焊轴承、轴瓦、蜗轮、低压阀门及船舶螺旋桨等。

④镍基堆焊合金。镍基堆焊合金分为含硼化物合金、含碳化物合金和含金属间化合物合金三大类。这类堆焊合金的抗金属间摩擦磨损性能最好，并具有很高的抗氧化性、耐蚀性和耐热性。此外，由于镍基合金易于熔化，有较好的工艺性能，所以尽管比较贵，但应用仍广泛，常用于高温高压蒸汽阀门、化工阀门、泵柱塞的堆焊。

⑤钴基合金。钴基堆焊合金又称司太立(Stellite)合金，以 Co 为主要成分，加入 Cr、W、C 等元素。主要成分(质量分数)为：C 0.7%~3.3%、W 3%~21%、Cr 26%~32%，其余为 Co，堆焊层的金相组织是奥氏体+共晶组织。碳质量分数低时，堆焊层由呈树枝状晶的 Co-Cr-W 固溶体(奥氏体)和共晶体组成，随着碳质量分数的增加，奥氏体数量减少，共晶体增

多，因此，改变 C 和 W 的含量可改变堆焊合金的硬度和韧性。

C、W 含量较低的钴基合金，主要用于受冲击、高温腐蚀、磨料磨损的零件堆焊。如高温高压阀门、热锻模等。C、W 含量较高的钴基合金，硬度高、耐磨性好，但抗冲击性能低，且不易加工，主要用于受冲击较小，但承受强烈的磨料磨损、高温及腐蚀介质下工作的零部件。

钴基堆焊合金具有良好的耐各类磨损的性能，特别是在高温耐磨条件下，在各类堆焊合金中，钴基合金的综合性能最好，有很高的红硬性，抗磨料磨损、抗腐蚀、抗冲击、抗热疲劳、抗氧化和抗金属间磨损性能都很好。这类合金易形成冷裂纹或结晶裂纹。在电弧焊和气焊时应预热 200～500 ℃，对含碳较多的合金选择较高的预热温度。等离子弧堆焊钴基合金时，一般不预热，尽管钴基堆焊合金价格很贵，仍得到广泛应用。

常用的钴基堆焊合金有四种，见表 9-3。

表 9-3　钴基堆焊合金的种类

堆焊合金种类	碳含量	组织
钴基 1 号	较低	由树枝状结晶的 Co-Cr-W 合金固溶体（奥氏体）初晶+该固溶体与 Cr-W 复合碳化物的共晶体组成
钴基 2 号		
钴基 4 号		
钴基 3 号	较高	过共晶组织，即由粗大的一次 Cr-W 复合碳化物+该碳化物与固溶体的共晶体组成

9.2.2　堆焊材料的选择

正确地选择堆焊合金是一项很复杂的工作。首先，要考虑满足工件的工作条件和要求；其次，还要考虑经济性、母材的成分、工件的批量以及拟采用的堆焊方法。但在满足工作要求与堆焊合金性能之间并不存在简单的关系，如堆焊合金的硬度并不能直接反映堆焊金属的耐磨性，所以堆焊合金的选择在很大程度上要靠经验和试验来决定。对一般金属间磨损件表面强化与修复，可遵循等硬度原则来选择堆焊合金；对承受冲击负荷的磨损表面，应综合分析确定堆焊合金；对腐蚀磨损、高温磨损件表面强化或修复，应根据其工作条件与失效特点确定合适的堆焊合金，如表 9-4 所示。

表 9-4　堆焊合金选择的一般原则

工作条件	堆焊合金
高应力金属间磨损	钴基合金
低应力金属间磨损	低合金钢
金属间磨损+腐蚀或氧化	钴基、镍基合金
低应力磨料磨损、冲击侵蚀、磨料侵蚀	高合金铸铁
低应力严重磨料磨损，切割刃	碳化物
严重冲击	高合金锰钢

表 9-4(续)

工作条件	堆焊合金
严重冲击+腐蚀+氧化	钴基合金
高温下金属间磨损	钴基合金
热稳定性,高温蠕变强度(540 ℃)	钴基、镍基合金

9.2.3 常用的堆焊材料

1. 堆焊焊条

(1)堆焊焊条分类和牌号的表示方法

堆焊焊条大部分采用 H08A 冷拔焊芯,药皮填加合金的形式,也有采用管状芯、铸芯或合金冷拔焊芯的。我国堆焊焊条的牌号由字母 D+三位数字组成,其中“D”为“堆”字汉语拼音第一个字母,表示堆焊焊条;牌号中的第一位数字,表示该焊条的用途、组织或熔敷金属主要成分;牌号中的第二个数字,表示同一用途、组织或熔敷金属主要成分中的不同编号,按 0,1,2,3,…,9 顺序编号;牌号中的第三位数字,表示药皮类型和焊接电流种类,例如 2 为钛钙型,6 为低氢钾型,7 为低氢钾型、直流反接,8 为石墨型。如图 9-7 D256 堆焊焊条牌号的表示方法。

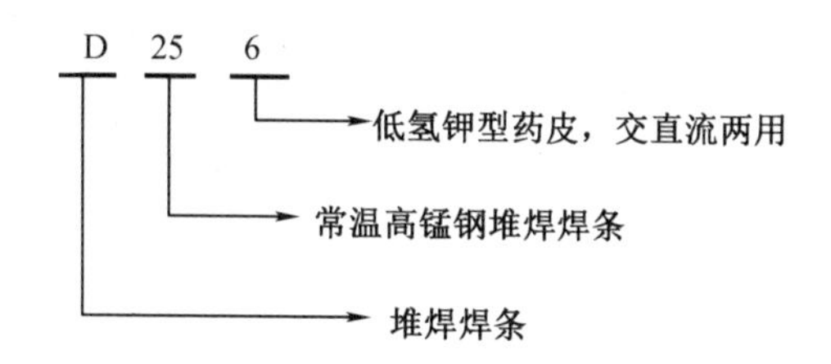

图 9-7 D256 堆焊焊条牌号的表示方法

根据用途和成分,我国堆焊焊条共分为 9 种,见表 9-5。

表 9-5 我国堆焊焊条的牌号

序号	用途	牌号
1	不规定用途的堆焊焊条	D00×~09×
2	不同硬度常温堆焊焊条	D10×~24×
3	常温高锰钢堆焊焊条	D25×~29×
4	刀具工具堆焊焊条	D30×~49×
5	阀门堆焊焊条	D50×~59×
6	合金铸铁堆焊焊条	D60×~69×
7	碳化钨堆焊焊条	D70×~79×
8	钴基合金堆焊焊条	D80×~89×
9	尚待发展的堆焊焊条	D90×~99×

(2)堆焊焊条型号的编制方法

根据 GB/T 984—2001《堆焊焊条》标准规定，堆焊焊条型号按熔敷金属化学成分及药皮类型划分。其编制方法如下：

①型号最前列为英文字母“E”，表示焊条。

②型号第二字母“D”表示用于堆焊焊条。

③字母“D”后面用一或两字母、元素符号表示焊条熔敷金属化学成分分类代号，还可附加一些主要成分的元素符号；在基本型号内可用数字、字母进行细分类，细分类代号也可用短划“-”与前面分开。

④型号中最后两位数字表示药皮类型和焊接电流种类，用短划“-”与前面分开。

堆焊焊条型号举例：EDPCrMo-Al-03。图 9-8 为堆焊焊条型号的编制方法。

2. 堆焊焊丝

根据焊丝的结构形状，堆焊焊丝可分为实心焊丝和药芯焊丝，药芯焊丝又可分为有缝焊丝无缝焊丝和无缝焊丝两种。图 9-9 为堆焊焊丝。

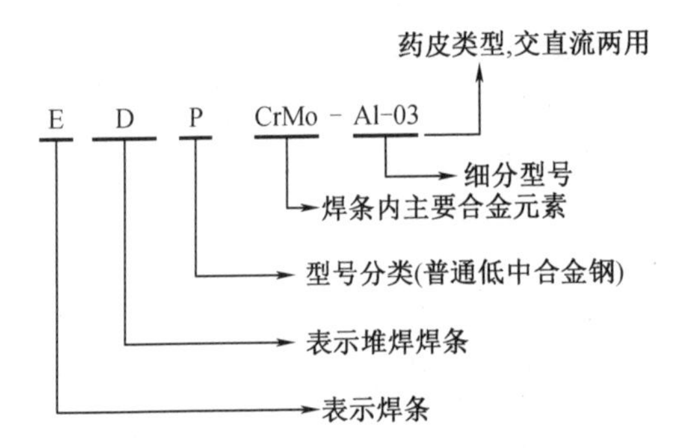

图 9-8 堆焊焊条型号的编制方法

图 9-9 堆焊焊丝

根据堆焊工艺方法，堆焊焊丝可分为气体保护焊、埋弧焊、火焰堆焊、等离子弧堆焊焊丝。

根据化学成分，堆焊焊丝可分为铁基堆焊用焊丝（马氏体堆焊焊丝、奥氏体堆焊焊丝、高铬合金铸铁堆焊焊丝、碳化钨类堆焊焊丝）和非铁基堆焊焊丝（钴基合金堆焊焊丝、镍基合金堆焊焊丝）。

碳素钢、低合金钢、不锈钢实心焊丝牌号与一般焊接用焊丝基本相同。如 H08Mn2SiA，非铁金属及铸铁焊丝牌号由“HS+三位数字”组成，如 HS221。

药芯焊丝牌号由“Y+字母+数字”表示，字母“Y”表示药芯焊丝。第二个字母及其后面的第一、第二、第三位数字与焊条编制方法相同，牌号中“-”后面的数字表示焊接时的保护方法。药芯焊丝有特殊性能和用途时，在牌号后面加注其主要作用的元素或主要用途的字母（一般不超过两个）。图 9-10 为药芯焊丝牌号及表示方法。

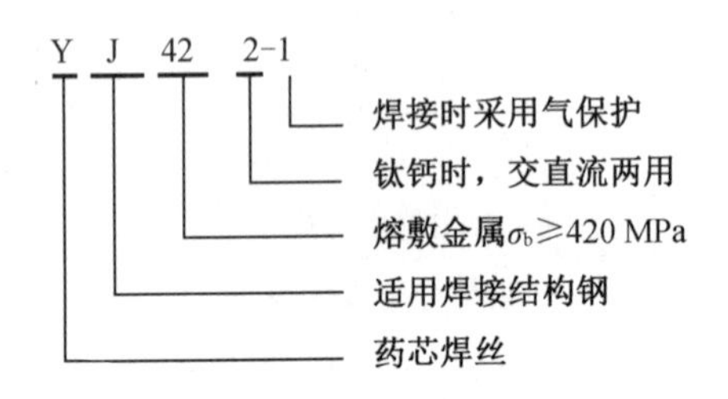

图 9-10 药芯焊丝牌号及表示方法

3. 焊剂

焊剂在堆焊过程中起到隔离空气、保护堆焊层合金不受空气侵害和参与堆焊层合金冶金反应的作用。按制造方法可以分为熔炼焊剂和烧结焊剂两大类。

(1)熔炼焊剂

熔炼焊剂多用于埋弧堆焊低碳钢和低合金钢,对熔化金属只起到保护作用,不能进行合金过渡。牌号前“HJ”表示埋弧焊及电渣焊用熔炼焊剂。牌号第一位数字表示焊剂中氧化锰的含量,牌号第二位数字表示焊剂中二氧化硅、氟化钙的含量,牌号第三位数字表示同一类型焊剂的不同牌号,按0,1,2,…,9顺序排列。对同一牌号生产两种颗粒度时,在细颗粒焊剂牌号后面加字母“X”。

(2)烧结焊剂

把各种粉料按配方混合后加入黏结剂,制成一定尺寸的小颗粒,经烘熔或烧结后得到的焊剂,称为烧结焊剂。图9-11为焊剂。制造烧结焊剂所采用的原材料与制造焊条所采用的原材料基本相同,对成分和颗粒大小有严格要求。按照给定配比配料,混合均匀后加入黏结剂(水玻璃)进行湿混合,然后送入造粒机造粒。造粒之后将颗粒状的焊剂送入干燥炉内固化、烘干、去除水分,加热温度一般为150~200 ℃,最后送入烧结炉内烧结。根据烘焙温度的不同,烧结焊剂可分为以下两种。

图9-11 焊剂

黏结焊剂:亦称陶质焊剂或低温烧结焊剂,通常以水玻璃作为黏结剂,经400~500 ℃低温烘焙或烧结得到的焊剂。

烧结焊剂:要在较高的温度(600~1 000 ℃)烧结,经高温烧结后,焊剂的颗粒强度明显提高,吸潮性大大降低。

烧结焊剂的碱度可以在较大范围内调节而仍能保持良好的工艺性能,可以根据需要过渡合金元素;而且,烧结焊剂适用性强,制造简便,故近年来发展很快。

牌号前“SJ”表示埋弧焊用烧结焊剂。牌号第一位数字表示焊剂熔渣的渣系,牌号第二位、第三位数字表示同一渣系类型焊剂中的不同牌号的焊剂。

9.3 堆焊方法

9.3.1 焊条电弧堆焊

焊条电弧堆焊是目前应用最广泛的堆焊方法,它使用的设备简单,成本低,对形状不规则的工件表面及狭窄部位进行堆焊的适应性好,方便灵活。焊条电弧堆焊在我国有一定的应用基础,我国生产的堆焊焊条有完整的产品系列,仅标准定型产品就有近百个品种,还有很多专用及非标准的堆焊焊条产品。焊条电弧堆焊在冶金机械、矿山机械、石油化工、交通运输、模具及金属构件的制造和维修中得到了广泛应用。

1. 焊条电弧堆焊的原理

焊条电弧堆焊是将焊条和工件分别接在电源的两极,通过电弧使焊条和工件表面熔化形成熔池，冷却后形成堆焊层的一种堆焊方法。如图 9-12 所示为焊条电弧堆焊示意图。

2. 焊条电弧堆焊的特点

焊条电弧焊堆焊与一般焊条电弧焊的特点基本相同，设备简单，实用可靠，操作方便灵活，成本低，适宜于现场堆焊，可以在任何位置焊接，特别是能通过堆焊焊条获得满意的堆焊合金。因此，焊条电弧堆焊是目前主要的堆焊方法之一。

焊条电弧堆焊的缺点是生产效率低、劳动条件差、稀释率高。当工艺参数不稳定时，易造成堆焊层合金的化学成分和性能发生波动，同时不易获得薄而均匀的堆焊层。焊条电弧堆焊主要用于堆焊形状不规则或机械化堆焊可达性差的工件。

由于焊条电弧堆焊成本低、灵活性强，就其堆焊基体的材料种类而言，焊条电弧堆焊既可以在碳素钢工件上进行，又可以在低合金钢、不锈钢、铸铁、镍及镍合金、铜及铜合金等工件上进行。

3. 焊条电弧堆焊设备

焊条电弧堆焊的设备和工具有：弧焊电源、焊钳、面罩、焊条保温筒，此外还有敲渣锤、钢丝刷等焊条及焊缝检验尺等辅助器具。最重要的设备是弧焊电源，即通常所说的电焊机。

（1）对弧焊电源的要求

在其他参数不变的情况下，弧焊电源输出电压与电流之间的关系，称为弧焊电源的外特性。弧焊电源的外特性可用曲线来表示，称为弧焊电源的外特性曲线，如图 9-13 所示。弧焊电源的外特性基本上有下降外特性、平外特性、上升外特性三种类型。由于焊条电弧焊电弧静特性曲线的工作段在平外特性区，所以只有下降外特性曲线才与其有交点，如图 9-13 中的 A 点。因此，下降外特性曲线电源能满足焊条电弧焊的要求。

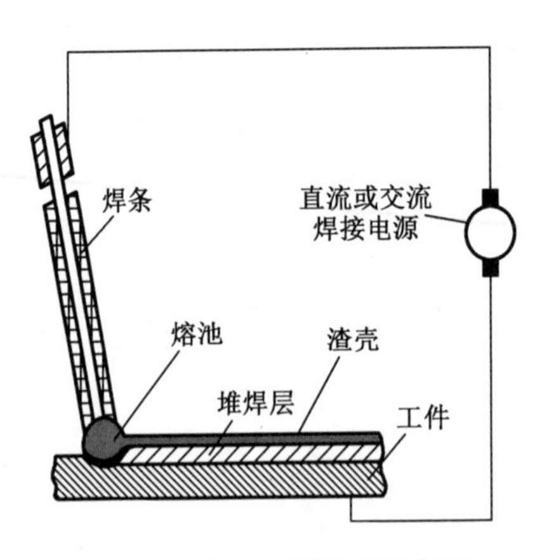

图 9-12　焊条电弧堆焊示意图

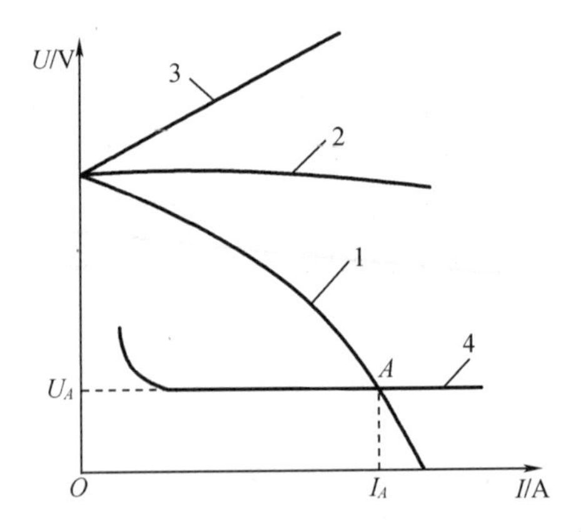

图 9-13　弧焊电源的外特性曲线

（2）对弧焊电源空载电压的要求

弧焊电源接通电网而焊接回路为开路时，弧焊电源输出端电压称为空载电压。为便于引弧，需要较高的空载电压，但空载电压过高，对焊工人身安全不利，制造成本也较高。一般交流弧焊电源空载电压为 55～70 V，直流弧焊电源空载电压为 45～85 V。

（3）对弧焊电源稳态短路电流的要求

弧焊电源稳态短路电流是弧焊电源所能稳定提供的最大电流，即输出端短路时的电流。稳态短路电流太大，焊条过热，易引起药皮脱落，并增加熔滴过渡时的飞溅；稳态短路电流太小,则会使引弧和焊条熔滴过渡困难。因此,对于下降外特性的弧焊电源,一般要求稳态短路电流为焊接电流的1.25~2倍。

(4)对弧焊电源调节特性的要求

在焊接中,根据焊接材料的不同性质,厚度,焊接接头的形式、位置及焊条直径等,需要选择不同的焊接电流,这就要求弧焊电源能在一定范围内,对焊接电流做均匀、灵活的调节,以便于保证焊接接头的质量。焊条电弧焊焊接电流的调节,实质上是调节电源外特性。

(5)对弧焊电源动特性的要求

弧焊电源的动特性,是指弧焊电源对焊接电弧的动态负载所输出的电流、电压对时间的关系,它表示弧焊电源对动态负载瞬间变化的反应能力。动特性合适时,引弧容易、电弧稳定、飞溅小,焊缝成形良好。弧焊电源动特性是衡量弧焊电源质量的一个重要指标。

4. 焊条电弧堆焊工艺

焊条电弧堆焊的堆焊规范对堆焊质量和生产率有重要影响,其中包括堆焊前工件表面是否需要清理及清理程度;焊条的选择及烘干;堆焊工艺参数的选择及必要的预热保温和层间温度的控制等。

(1)焊前准备

堆焊前工件表面进行粗车加工,并留出加工余量,以保证堆焊层加工后有3 mm以上的高度。工件上待修复部位表面上的铁锈、水分、油污、氧化皮等,堆焊修复时容易引起气孔、夹杂等缺陷,所以在焊接修复前必须清理干净。堆焊工件表面不得有气孔、夹渣、包砂、裂纹等缺陷,如有上述缺陷须经补焊清除,再粗车后方可堆焊。多层焊接修复时,必须使用钢丝刷等工具把每一层修复熔敷金属的焊渣清理干净。如果待修复部位表面有油和水分,可用气焊焊炬进行烘烤,并用钢丝刷清除。

(2)焊条选择及烘干

根据对工件的技术要求,如工作温度、压力等级、工件介质以及对堆焊层的使用要求,选择合适的焊条。有些焊条虽不属于堆焊焊条,但有时也可用作堆焊焊条,如碳钢焊条、低合金焊条、不锈钢焊条和铜合金焊条等。

为确保焊条电弧堆焊的质量,所用焊条在堆焊前应进行烘干,去除焊条药皮的吸附水分。焊条烘干一般不能超过3次,以免药皮变质或开裂以致影响堆焊质量。滚压工艺的缺点是只适用于一些形状简单的平板类零件、轴类零件和沟槽类零件等,对于形状复杂的零件表面就无法使用。

(3)焊条直径和焊接电流

为提高生产率,总希望采用较大直径的焊条和焊接电流。但是由于堆焊层厚度和堆焊质量的限制,必须把焊条直径和焊接电流控制在一定范围内。

堆焊焊条的直径主要取决于工件的尺寸和堆焊层的厚度。

增大焊接电流可提高生产率,但电流过大,稀释率增大,易造成堆焊合金成分偏析和堆焊过程中液态金属流失等缺陷。而焊接电流过小,容易产生未焊透、夹渣等缺陷,且电弧的稳定性差、生产率低。一般来说,在保证堆焊合金成分合格的条件下,尽量选用大的焊接电流;但不应在焊接过程中由于电流过大而使焊条发红、药皮开裂、脱落。

(4)堆焊层数

堆焊层数是保证堆焊层厚度、满足设计要求为前提。对于较大构件需要堆焊多层。堆焊第一层时,为减小熔深,一般采用小电流;或者堆焊电流不变,提高堆焊速度,同样可以达到减小熔深的目的。

焊条直径、堆焊电流、堆焊层数与所需堆焊层厚度的关系见表 9-6。

表 9-6 堆焊规范与堆焊层厚度的关系

堆焊层厚度/mm	<1.5	<5	≥5
焊条直径/mm	3.2	4~5	5~6
堆焊层数	1	1~2	>2
堆焊电流/A	80~100	140~200	180~240

(5)堆焊预热和缓冷

堆焊中最常碰到的问题是开裂,为了防止堆焊层和热影响区产生裂纹,减少零件变形,通常要对堆焊区域进行预热和焊后缓冷。

预热是焊接修复开始前对被堆焊部位局部进行适当加热的工艺措施,一般只对刚性大或焊接性差、容易开裂的结构件采用。预热可以减小修复后的冷却速度,避免产生淬硬组织,减小焊接应力及变形,防止产生裂纹。工件堆焊前的预热温度可视工件材料的碳当量而定,如表 9-7 所示。当某些大型工件不便在设备中预热时,可用氧乙炔火焰在修复部位预热;高锰钢及奥氏体不锈钢,可不预热;高合金钢预热温度大于 400 ℃。

表 9-7 不同碳当量时钢材堆焊的最低预热温度

碳当量 C_{ep}/%	0.4	0.5	0.6	0.7	0.8
最低预热温度/℃	100	150	200	250	300

堆焊后的缓冷一般可在石棉灰坑中进行,也可适当补充加热,使其缓慢。

5. 焊条电弧堆焊应用实例

(1)应用实例一:阀门的堆焊修复

阀门经常处于高温高压条件下工作,基体一般为 ZG230-450、ZG270-500、20CrMo 和 15CrMoV 材料。密封面是阀门的关键部位,工作条件差,极易损坏。

阀门密封面焊条电弧堆焊主要采用的焊条有马氏体高铬钢堆焊焊条(如 D502、D507、D512、D517)、高铬镍钢堆焊焊条(如 D547Mo)和钴基合金堆焊焊条(如 D802、D812)等。常温低压阀门密封面也可堆焊铜基合金,中温低压阀门密封面可堆焊高铬不锈钢。

①焊前准备。

a. 焊前工件表面进行粗车或喷砂清除氧化皮,工件表面不允许有任何缺陷(裂纹、气孔、砂眼、疏松)及油污、铁锈等。

b. 焊条使用前必须烘干。D502、D512 等钛钙型药皮焊条,需经 150~200 ℃预热,保温 1 h 烘焙;D507、D517 等低氢型药皮焊条,需经 300~350 ℃预热,保温 1 h 烘焙。

c. 用 D502、D507 等 1Cr13 型焊条,焊前一般不需将工件预热;而用 D512、D517 等 2Crl3 型焊条时,堆焊前需经 300 ℃左右的预热。

d. 采用 D507、D517 焊条需要采用直流弧焊机或硅整流弧焊机,并采用反接法,使用 D502、D512 焊条可采用交流或直流弧焊机。

②操作要点。

a. 堆焊应尽量采用小电流、短弧焊，以减少熔深和合金元素的烧损。堆焊工件应保持在水平位置，尽量做到堆焊过程不中断，连续堆焊 3~5 层。

b. 根据工件的材质、大小和不同的要求尽可能采用油冷、空冷或缓冷来获得不同的硬度。

③焊后处理。

a. 焊后一般都需要进行 680~750 ℃高温回火或 750~800 ℃退火处理，以使淬火组织得到改善、降低热影响区硬度。

b. 工件堆焊后如发现焊层有气孔、裂纹等缺陷或堆焊层高度不够加工，而此时工件已冷却到室温，在这种情况下不能进行局部补焊。因为马氏体高铬钢淬透性较高，局部补焊后会发生堆焊层硬度不均匀的现象，不能满足技术条件要求，而应采用重新堆焊的方法进行返修。

(2)应用实例二:汽车齿轮的补焊修复

解放军某部拥有大量训练用汽车，经常遇到变速器齿轮磨损后不能使用的情况。为节省开支，采用焊接法修复齿轮，代替新车(或新齿轮件)，确保旧车正常运行。在完成修车任务中，取得了一定的经验。图 9-14 为齿轮的堆焊修复。

图 9-14 齿轮的堆焊修复

磨损齿轮的堆焊工艺措施如下。

①堆焊前准备

a. 修切。把齿轮损坏和崩裂的高低不平处，用角向磨光机或其他机具修切成不光的表面。

b. 清洗。在堆焊的周围及其邻近的区域，不得沾有铁锈和油污物。清洗齿轮时，把齿轮放入 10%火碱热液内浸泡 20~30 min，取出后用高压水冲洗。焊接前最好用钢丝刷或砂布打磨，直至露出金属光泽。

c. 焊件的放置。焊件的放置很重要，如果放置不好就会产生变形和退火，使齿轮无法使用或报废。

ⓐ齿牙平面磨损时的放置。焊修齿牙平面时，用一个盛水容器，将齿轮的 2/3 浸入冷水中。为了不使电弧热传导到不需要施焊的齿牙上，以及避免金属熔液飞溅落在齿轮面上其他不焊接部位，可采用湿石棉布或棉纱等包裹住。

ⓑ齿牙侧磨损件的放置。将齿轮的 2/3 或 3/4 放入水中，不焊的齿同样用湿石棉布或棉纱等包裹住。

d. 选用焊条。一般根据齿轮的表面硬度来决定，多半选用中碳低合金钢焊条。堆焊的焊条大都非常脆硬，承受冲击载荷性能较差，并且，当需要堆焊两层以上时，表面焊层容易产生细小裂纹，严重时会产生层状撕裂。所以补焊时应特别注意，必要时采取焊后热处理工艺。另外，还可将气门弹簧丝拉直，切成 450 mm 长，然后涂上自制焊药，制成焊条使用。其药皮成分为:12%大理石，50%铁矿，8%二氧化硅，12%氧化铁，10%石墨，8%锰铁，用水玻璃调匀即可。

②补焊工艺

a. 采用直流反接电源，短弧焊。选用相应的国产焊条或自制焊条，焊接参数为:焊条直径 3.2 mm，焊接电流 110~120 A;焊条直径 4.0 mm，焊接电流 180~220 A。

b. 开始引弧时,可在磨损平面的任意一端引弧焊接;但当焊第二层以上时,一定要用对称焊法进行施焊。

c. 齿轮一般是表面淬火处理,所以补焊时,首层应选用碳含量较低的碳钢焊条,这样可避免由于增碳产生撕裂脱落,并能使熔敷金属熔合良好。

d. 焊接过程中,不要在齿轮中间断弧或收弧,要在齿轮两边采用移开法断弧,以防止产生气孔。

e. 齿轮补焊完成后,应尽快将齿轮用石灰盖好缓冷,待冷却后即可进行机械加工。

(3)应用实例三:热锻模的堆焊修复

锻模是在高温下强迫金属成形的一种模具,型槽表面金属经常处在 300~600 ℃的工作温度下,每锻打一个零件之后,需要用冷却剂冷却,以致模具经常受到反复的加热与冷却,因此,型槽表面极易磨损和产生热疲劳裂纹。经长期使用过的锻钢制造的锻模,往往在燕尾部分产生裂纹(图 9-15)等缺陷,使模具报废。锻模的几何形状复杂,制造比较困难,很多锻模加工都要用圆弧立铣、靠模铣等专用机床,而且还需要配用许多样板和模型,制造工时长,成本很高。可见用焊条电弧堆焊法修复锻模有十分重要的意义。

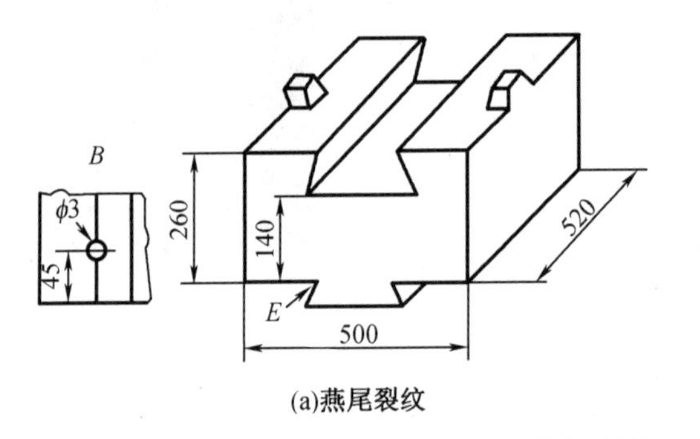

(a)燕尾裂纹

(b)坡口形状

图 9-15 锤锻模燕尾裂纹(单位:mm)

①堆焊前毛坯的制备。对于经过长期使用因磨损变形、裂纹等缺陷而待翻新的模具,必须进行退火,以便消除过去在锻打中产生的内应力,防止在堆焊时产生裂纹。另外,为了焊前加工方便,也必须进行退火。如图 9-16 所示锤锻模的材料为 5CrMnMo,退火温度应为 850 ℃ ± 10 ℃。退火后须仔细清理待焊部位,其方法视具体情况可采用喷砂、酸洗、机械刨削或手砂轮打磨等,清洁的范围应扩大到离堆焊区以外 10 mm 处。对于待焊部位的裂纹经仔细检查后,在裂纹尽头钻 3 mm 止裂孔,沿裂纹发展深度开成 30°左右 V 形坡口,坡口底部为 $R3$ 圆角。

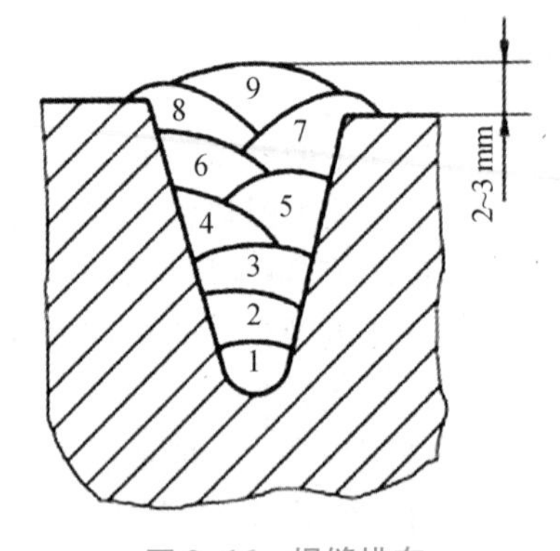

图 9-16 焊缝排布

②预热。预热的一般原则是:根据模体材料来选定预热温度,碳含量较高的合金钢,如 3Cr2W8 预热温度为 500~550 ℃,碳含量较低的 3CrWSi 预热温度为 350~400 ℃,45Mn2 为 350~450 ℃,5CrMnMo 为 400~450 ℃。预热时间是根据模体尺寸厚薄、大小来确定,大而厚的模体预热时间应长一些。预热保温最好是在专门堆焊用的保温炉中实现,方便控制层间温度,通常层间温度应不低于 300 ℃。

③堆焊操作。锻模堆焊焊条可选用低氢钠型,图 9-15 所示锻模宜选堆 397 焊条,直流

反接极性,焊前将焊条在250 ℃下烘焙1 h,存入保温筒中备用。工件预热到400~450 ℃以后,开始焊接操作,按图9-16顺序排布,由深处开始堆焊,逐次向上进行,每层之间要清渣,避免出现窄沟,造成夹渣。最后盖面焊缝应高出母材2~3 mm。

④退火。堆焊后应立即将锻模放入炉中退火,退火温度为850 ℃±10 ℃,保温时间按工件厚度每毫米1.5~2 min计算。然后将炉温降到680 ℃进行等温退火,保温时间按工件厚度每毫米1 min计算。最后随炉冷到400 ℃以下出炉。退火后堆焊层硬度应小于HRC32。

⑤进行机械加工并检查堆焊表面的缺陷对于直径在0.5~4 mm的气孔或夹渣可以在淬火、回火处理以后用铬镍不锈钢焊条进行不预热补焊。对于非工作面的气孔或夹渣,当直径小于2.5 mm时可不处理。对于型槽内的裂纹,如果其长度为6~8 mm且比较分散时也可不进行处理。

⑥进行淬火加回火处理。对5CrMnMo来说,淬火温度为850~870 ℃,在油中冷却到150~200 ℃后立即放入炉温不大于300 ℃的回火炉中升温,并进行480~560 ℃回火。回火处理后,堆焊层硬度应在HRC 38~43。然后,再次检查型槽表面的缺陷。

⑦锻打以前,要用热铁将锻模预热到80~100 ℃。

(4)应用实例四:牵引电动机转轴锥部的堆焊修复

ZQDR-410 kW电动机是用于东风型内燃机车做牵引动力的,其轴锥部与主动齿轮之间是采用热胀法装配的,靠过盈量传递大转矩。该锥部要求无拉伤、划痕等缺陷;与主动齿轮装配后其接触面积不小于80%。而在进行大修的牵引电动机锥部表面均存在不同程度的损伤,如果重新更换转轴,将会造成换向器、铁芯报废,经济损失太大,所以决定采用堆焊方法对转轴锥部进行修复。

牵引电动机转轴的材质为35CrMo钢,焊接时冷裂的倾向较大。以前按等强匹配选择堆焊焊条,加上其他工艺参数选择不当,焊后经常出现裂纹。由于转轴锥部是表层堆焊,其关键是保证焊后表层不产生剥离、裂纹等缺陷,所以选用了J427焊条,具体堆焊修复工艺为:

①将整个电枢吊至车床上,将转轴锥部车去1 mm厚,以除去表面油污、划痕、拉伤等缺陷。

②用专用远红外加热器对转轴锥部进行预热,使温度达到150~180 ℃。

③用ϕ4 mm的J427焊条堆焊,焊前焊条在300 ℃焙烘2 h,放入100~150 ℃的保温筒内,随用随取,焊时采用较小的焊接参数,直流反接。

④从转轴锥部小端引弧,沿锥面轴线方向施焊,焊速60~80 cm/min。熄弧时填满弧坑,大端头距轴肩17 mm范围内不施焊,以使热影响区避开转轴受力危险截面。当沿圆周焊完4~5道后,将电枢转动180°,施焊5~6道;转动电枢90°,施焊4~5道,再转180°施焊,直到圆周焊满一层为止。并要求每条焊道宽度互相重叠1/3,堆焊层厚度为3~4 mm。当堆焊到焊道两端时应尽量压低电弧,以堆齐端面。

⑤焊接完成后立即将远红外加热器套在轴锥部,通电加热到500~530 ℃,然后断电,随加热器一起缓冷至室温。

对转轴的堆焊部位粗加工后进行磁粉探伤,再进行磨削加工。采用磁粉探伤的方法对100多台牵引电动机转轴锥部的堆焊表面进行了检查,未发现裂纹等缺陷;这些轴绝大部分装车运行两年以上未发现质量问题。

9.3.2 氧乙炔火焰堆焊

氧乙炔火焰堆焊是用氧气和乙炔混合燃烧产生的火焰作热源的堆焊方法。

1. 氧乙炔火焰堆焊的特点

(1)氧乙炔火焰是一种多用途的堆焊热源,火焰温度较低(3 050~3 100 ℃),而且可调整火焰能率,能获得非常小的稀释率(1%~10%)。

(2)堆焊时熔深浅,母材熔化量少。

(3)获得的堆焊层薄,表面平滑美观、质量良好。

(4)氧乙炔火焰堆焊所用的设备简单,可随时移动,操作工艺简便、灵活、成本低,所以得到较为广泛的应用,尤其是堆焊需要较少热容量的中、小零件时,具有明显的优越性。

2. 氧乙炔火焰堆焊的设备和材料

氧乙炔火焰堆焊所用的装置主要有焊炬、氧气瓶、乙炔气瓶或乙炔发生器、减压器、回火防止器、胶管等,与普通氧乙炔火焰焊接基本相同。如图 9-17 所示。

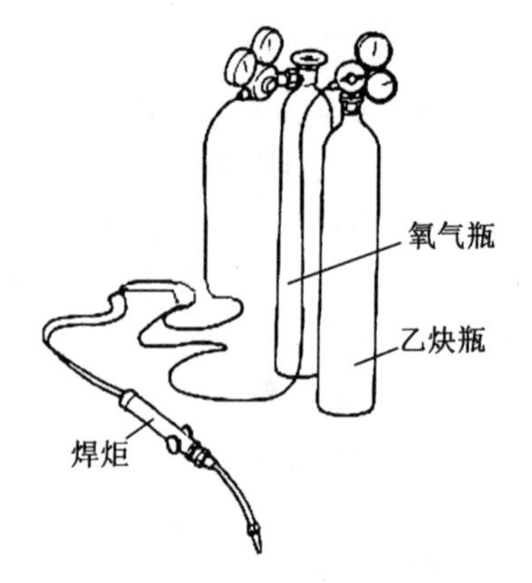

图 9-17 氧乙炔火焰堆焊的装置

氧乙炔火焰堆焊一般采用实心焊丝,几乎所有堆焊材料都可使用,如硬质合金焊丝、铜及铜合金焊丝及合金粉末(也称氧乙炔火焰粉末喷焊)。

堆焊焊剂是氧乙炔火焰堆焊时的助熔剂,目的在于去除堆焊中的氧化物,改善润湿性能,促使工件表面获得致密的堆焊组织。

3. 氧乙炔火焰堆焊工艺

(1)焊前准备

为保证堆焊层质量,堆焊前应将焊丝及工件表面的氧化物、铁锈、油污等脏物清除干净,以免堆焊层产生夹杂渣、气孔等缺陷。

为防止堆焊合金或基体金属产生裂纹和减小变形,工件焊前还需要预热,具体的预热温度根据被焊基体材料和工件大小而定。

(2)氧乙炔火焰堆焊工艺参数

合理选择氧乙炔堆焊工艺参数是保证堆焊质量的重要条件。氧乙炔堆焊工艺参数主要包括:火焰的性质、焊丝直径、火焰能率、焊接速度、焊嘴与工件间的倾斜角度。

①火焰的性质。根据氧和乙炔混合比的不同,氧乙炔火焰可分为中性焰、碳化焰和氧化焰三种。各种火焰的性能和用途如表 9-8 所示。

表 9-8 各种火焰的性能和用途

火焰性能	氧乙炔比例	最高温度/℃	性能	用途
碳化焰	小于 1.1	2 700~3 000	乙炔过剩,火焰中游离碳和过多的氢,增加焊缝中的含氢量,焊低碳钢有渗碳现象	适用于堆焊高碳钢、铸铁、高速钢、硬质合金、蒙乃尔合金、碳化钨和铝青铜

表 9-8(续)

火焰性能	氧乙炔比例	最高温度/℃	性能	用途
中性焰	1~1.1	3 050~3 150	氧乙炔被完全燃烧,无过剩的游离碳或氧,具有还原性,能改善焊缝的力学性能	适用于堆焊低碳钢、低合金钢和非铁合金材料
氧化焰	大于 1.1	3 100~3 300	具有氧化性,若用来焊钢,焊缝将会产生大量氧化物和气孔,并且使焊缝变脆	只适合于堆焊黄铜、锰黄铜、镀锌铁皮等

②焊丝直径。焊丝直径主要依据焊件的厚度以及堆焊面积选择,过细过粗都不好。过细,焊丝熔化较快,熔滴滴到焊缝上,容易造成熔合不良和表面焊层高低不平降低焊缝质量;过粗,焊丝加热时间长,增加受热面积,容易造成过热组织,且会出现未焊透现象。

③火焰能率。火焰能率是以每小时混合气体的消耗量来表示的,单位 L/h,与工件厚度、熔点有关。火焰能率由焊嘴来决定,焊嘴的孔径越大,能率越大,孔径越小,能率越小。

④堆焊速度。堆焊速度太快,容易产生未熔合等缺陷;过慢,则容易过烧穿。

⑤焊嘴的倾斜角度。焊嘴的倾斜角度根据焊件的厚度、焊嘴大小和金属材料的熔点或导热性空间位置等因素来决定,如图 9-18 所示。焊接堆焊厚度较大、熔点较高、导热性较好的焊件时,倾斜角度应大一些。在实际堆焊时,喷嘴的倾斜角并非是不变的,而是应根据情况随时调整。

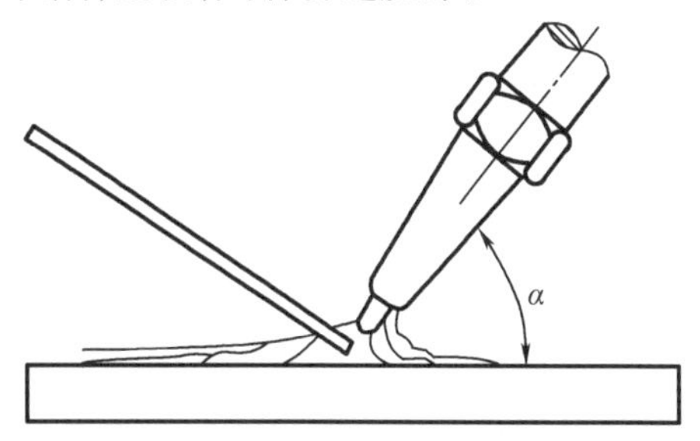

图 9-18 焊嘴的倾斜角度

4. 氧乙炔火焰堆焊应用实例

图 9-19 是氧乙炔火焰堆焊滑动轴承合金。

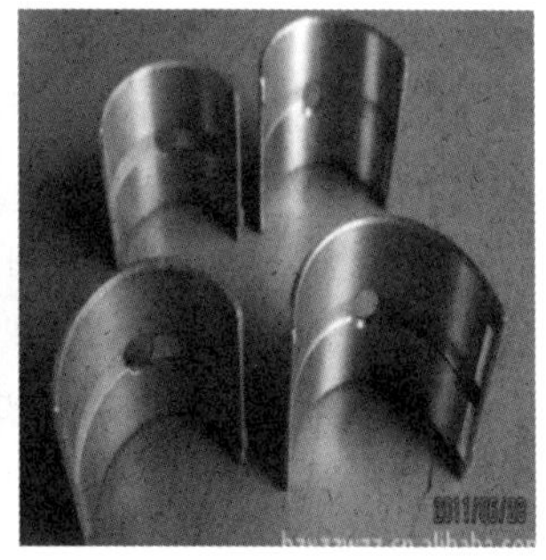

图 9-19 氧乙炔火焰堆焊滑动轴承合金

(1)焊前准备

①清理工件,用汽油及丙酮洗去轴瓦表面的油污,并用砂布轻擦表面,使之露出金属光泽。

②制作焊丝,将合金锭熔铸成三角形金属细条,厚度以 5 mm 为宜。

③采用三号焊炬和焊嘴,氧气压力为 0.05~0.15 MPa,乙炔压力为 0.03~0.05 MPa。由于轴承合金大多是锡基和铅基的低熔点合金,所以必须严格控制火焰能率的强弱。外焰

不可过大,不可使用过剩的碳化焰,以免大面积地增加砂眼。

(2)堆焊工艺

①水平位置堆焊才能获得外观整齐的焊波和质量良好的堆焊层。

②为避免原合金层过热与轴瓦体脱离,宜将轴瓦背放在水中,露出合金层进行堆焊。

③焊炬焰心以距底层合金面 5~6 mm 为宜,焊炬角度与水平面为 30°,焊丝与水平面成 45°左右;采用左焊法为好,堆焊速度应稍快。

④从焊件始端向里 3 mm 处开始施焊,合金表面若发现起皱、发亮即可熔化焊丝。堆焊过程中,如发现熔池表面产生气泡,必须立即处理。

⑤焊至终端时要调转焊炬方向往回施焊,以防金属溢流,若能采用金属靠模更好。要不断翻转轴瓦,使每道焊波都压住前一道焊波的 1/2,以求整个焊波平整一致。

9.3.3 埋弧堆焊

1. 埋弧堆焊的原理

用埋弧焊的方法在零件表面堆敷一层具有特殊性能的金属材料的工艺过程称为埋弧堆焊,如图 9-20 所示。

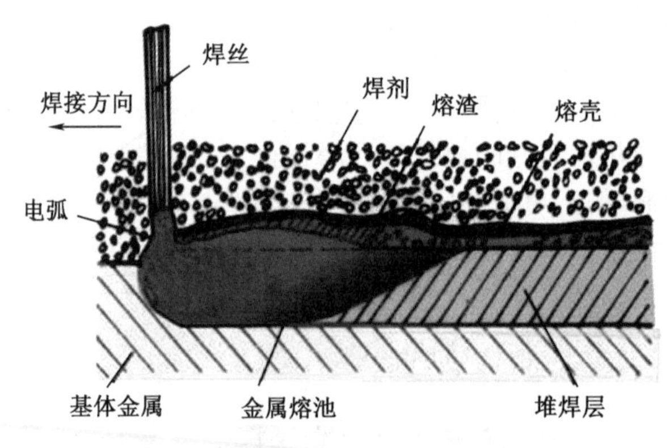

图 9-20 埋弧堆焊过程示意图

2. 埋弧堆焊的特点

(1)由于熔渣层对电弧空间的保护,减少了堆焊层的氮、氢、氧含量;同时由于熔渣层的保温作用,熔化金属与熔渣、气体的冶金反应比较充分,使堆焊层的化学成分和性能比较均匀,堆焊层表面光洁平整。由于焊剂中的合金元素对堆焊金属的过渡作用,则能够根据工件的工作条件的需要,选用相应的焊丝和焊剂,获得满意的堆焊层。

(2)埋弧堆焊在熔渣层下面进行,减少了金属飞溅,消除了弧光对工人的伤害,产生的有害气体少,从而改善了劳动条件。

(3)埋弧堆焊层存在残余压应力,有利于提高修复零件的疲劳强度。

(4)埋弧堆焊都是机械化、自动化生产,可采用比焊条电弧堆焊高得多的电流,因而生产率高,比焊条电弧焊或氧乙炔火焰堆焊的效率高 3~6 倍,特别是针对较大尺寸的工件,埋弧堆焊的优越性更加明显。

3. 埋弧堆焊的分类

为了降低稀释率、提高熔敷速度,埋弧堆焊有多种形式,具体有单丝埋弧堆焊、多丝埋弧堆焊、带极埋弧堆焊、串联电弧埋弧堆焊和粉末埋弧堆焊等，如图 9-21 所示。

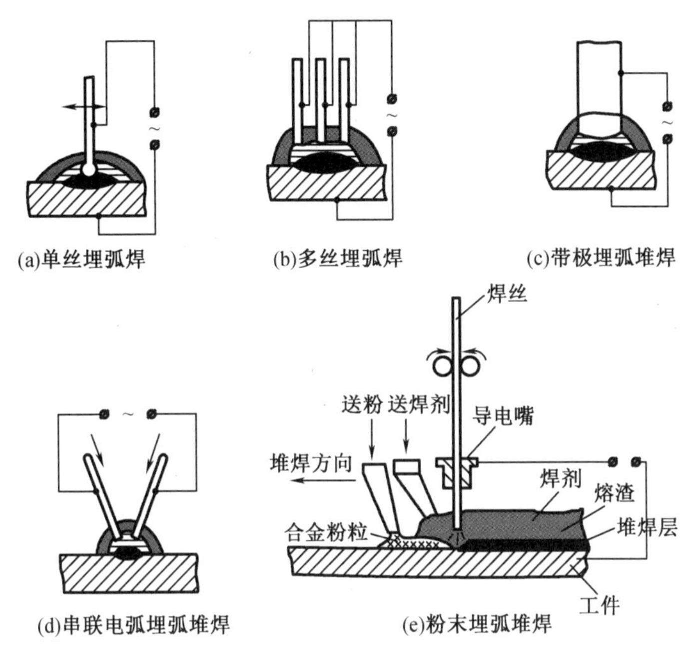

图 9-21　各种埋弧堆焊工艺示意图

(1)单丝埋弧堆焊。该方法适用于堆焊面积小或者需要对工件限制热输入的场合。减小焊缝稀释率的措施有：采用下坡焊，增大焊丝伸出长度，增大焊丝直径，焊丝前倾，减小焊道间距以及摆动焊丝等。

(2)多丝埋弧堆焊。该方法一般采用横列双丝并联埋弧焊和横列双丝串联埋弧焊工艺。该方法能够获得比较低的稀释率和浅的熔深。

(3)带极埋弧堆焊。该方法采用厚 0.4~0.8 mm，宽 25~80 mm 的钢带作电极进行堆焊。带极埋弧堆焊图如图 9-22 所示，带极埋弧堆焊具有熔敷率高，熔敷面积大，稀释率低，焊道平整，成形美观以及焊剂消耗少等优点，因此是当前大面积堆焊中应用最广的堆焊方法。

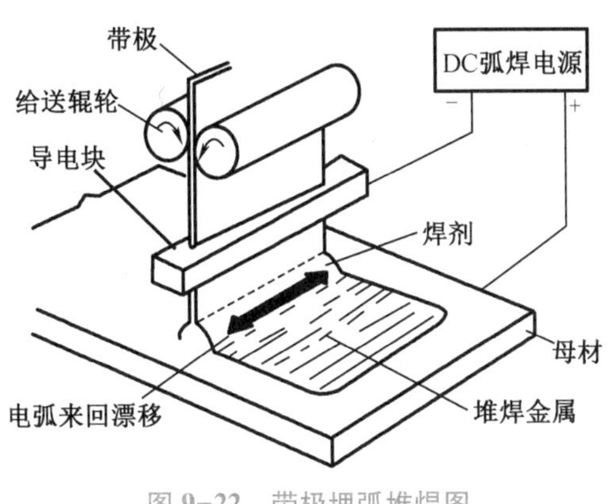

图 9-22　带极埋弧堆焊图

4. 埋弧堆焊的工艺参数

埋弧堆焊最主要的工艺参数是电源性质和极性、焊接电流、电弧电压、堆焊速度和焊丝直径，其次是焊丝伸出长度、焊剂粒度和焊剂层厚度等。图 9-23 为堆焊小车。

图 9-23　堆焊小车

（1）电源性质和极性。埋弧堆焊时可用直流电源，亦可采用交流电源。采用直流正接时，形成熔深大、熔宽较小的焊缝；直流反接时，形成扁平的焊缝，而且熔深小。从堆焊过程的稳定性和提高生产率考虑，多采用直流反接。

（2）焊丝直径和焊接电流。焊丝直径主要影响熔深，直径较细，焊丝的电流密度较大，电弧的吹力大，熔深大，易于引弧。焊丝越粗，允许采用的焊接电流就越大，生产率也越高。焊丝直径的选择应取决于焊件厚度和焊接电流。

对于同一直径的焊丝来说，熔深与工作电流成正比，工作电流对熔池宽度的影响较小。若电流过大，容易产生咬边和成形不良，使热影响区增大，甚至造成烧穿；若电流过小，使熔深减小，容易产生未焊透，而且电弧的稳定性也差。

埋弧堆焊的工作电流与焊丝直径的关系如下：

$$I=(85\sim110)d$$

式中，I 为工作电流（A）；d 为焊丝直径（mm）。

（3）电弧电压。工作电压过低，起弧困难，堆焊中易熄弧，堆焊层结合强度不高；电压过高，起弧容易，但易出现堆焊层高低不平，脱渣困难，影响堆焊层质量。随着焊接电流的增加，电弧电压也要适当增加，二者之间存在一定的配合关系，以得到比较满意的堆焊焊缝形状。

（4）焊剂粒度和堆高。堆高就是焊剂的堆积高度。堆高要合适，若过厚，电弧受到焊剂层压迫，透气性变差，使焊缝表面变得粗糙，成形不良。一般工件厚度较薄、焊接电流较小时，可采用较小颗粒度的焊剂。

（5）堆焊速度。堆焊速度一般为 0.4~0.6 m/min。堆焊轴类零件时，工件转速与工件直径之间的关系可按下式计算：

$$n=(400\sim600)/(\pi D)$$

式中，n 为工件转速（r/min）；D 为工件直径（mm）。

（6）送丝速度。埋弧堆焊的工作电流是由送丝速度来控制的，所以工作电流确定后，送丝速度就确定了。通常，送丝速度以调节到使堆焊时的工作电流达到预定值为宜。当焊丝直径为 1.6~2.2 mm 时，送丝速度为 1~3 m/min。

（7）焊丝伸出长度。焊丝伸出焊嘴的长度叫焊丝伸出长度，影响熔深和成形。焊丝伸出过大，其电阻热增大，熔化速度快，使熔深减小。焊丝伸出长度大，焊丝易发生抖动，堆焊成形差。若焊丝伸出太短，焊嘴离工件太近，会干扰焊剂的埋弧，且易烧坏焊嘴。根据经验，焊丝伸出长度约为焊丝直径的 8 倍，一般为 10~18 mm。

（8）预热温度。预热的主要目的是降低堆焊过程中堆焊金属及热影响区的冷却速度，降低淬硬倾向并减少焊接应力，防止母材和堆焊金属在堆焊过程中发生相变导致裂纹产生。预热温度的确定需依据母材以及堆焊材料的碳质量分数和合金含量而定，碳和合金元素的质量分数越高，预热温度应越高。图 9-24 给出了预热温度与材料中碳质量分数的关系。

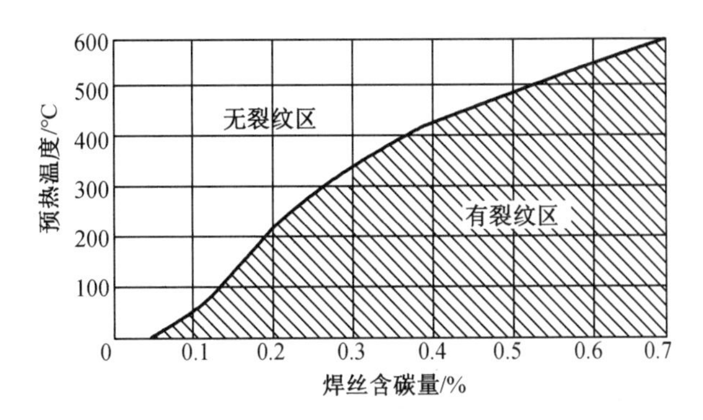

图 9-24 预热温度与含碳量的关系

5. 埋弧自动堆焊实例

(1)应用实例一:阀门密封面的埋弧堆焊

阀门是管路中必不可少的重要装置。各工业部门都需要大量的各类阀门,如化肥厂需要耐腐蚀的不锈钢阀门,炼油厂、发电厂、电站需要耐高温高压的阀门,矿业部门需要耐磨损的阀门,军工部门需要具有特殊性能的阀门。由于阀门质量事故造成的损失是无法估计的,如美国联合碳化物公司在印度的毒气泄漏事故就是因阀门质量问题引起的。

提高阀门的质量要从提高密封面的耐腐蚀、耐磨损性能着手,并根据阀门使用要求选用耐高温、耐腐蚀或耐磨损的堆焊材料。在阀门密封面上进行埋弧堆焊以提高阀门密封面承受恶劣工况的能力,受到人们的密切关注。

①阀门待堆焊面的加工。

首先应对阀门待堆焊面按图纸和加工工艺要求进行粗加工,去掉铸、锻时堆焊部位的氧化皮,以免引起堆焊缺陷。待堆焊表面不允许有铸造夹杂物、裂纹、砂眼、气孔等缺陷。如果发现上述缺陷,应将其清除,焊补后再进行堆焊。

在阀门待堆焊的表面粗加工后用车刀轻划密封面中心线,直径偏差不大于±0.5 mm,以便焊丝对中,堆焊位置不产生偏差。堆焊前阀门毛坯面的加工应保证堆焊材料的工作面高度,一般堆焊密封面高度设计为3~5 mm。为了保证闸板或阀体的总体尺寸,待堆焊表面应加工成平面。

②堆焊参数及操作要点。

应先进行试堆焊,初步确定堆焊电流、电弧电压、转速后再在实际产品上开始堆焊。堆焊后取样化验堆焊层成分和检验密封面硬度,调整合格后,按确定下来的堆焊参数进行正式生产。每种规格阀门的堆焊参数确定后,填写在工艺卡上,以后的生产可不必重复试验。但当堆焊原材料变更时,如焊丝、焊剂重新投料,埋弧堆焊设备经过更换或改装,须重新进行堆焊工艺性试验,调整焊接参数。

堆焊参数的确定应以堆焊层合金成分为主要依据。合理确定阀门埋弧堆焊工艺参数的要求是:堆焊层金属化学成分合格、堆焊焊道成形良好、脱渣容易、堆焊焊道尺寸符合要求且有较高的堆焊生产效率。单丝埋弧堆焊不同规格阀门闸板、阀体的堆焊参数见表 9-9 和表 9-10。

表 9-9 埋弧堆焊阀门闸板、阀体的堆焊参数

阀门型号	堆焊电流/A	电弧电压/V	转速/$(r \cdot min^{-1})$	焊丝直径/mm	密封面宽度/mm	密封面中心线直径/mm
Z41H-64 DN300	700~800	32~36	0.20~0.25	5	24	324
Z41H-64 DN400	750~850	34~38	0.13~0.20	5	26	376
Z41H-64 DN500	800~900	35~39	0.08~0.09	5	30	425
Z41H-64 DN600	850~950	36~40	0.08~0.09	5	35	525
Z41H-64 DN700	900~1000	38~44	0.05~0.06	5	35	725

表 9-10 埋弧堆焊阀体、阀体的堆焊参数

阀门型号	堆焊电流/A	电弧电压/V	转速/$(r \cdot min^{-1})$	焊丝直径/mm	密封面宽度/mm	密封面中心线直径/mm
Z41H-64 DN400	400~500	36~40	0.046~0.049	4	16	420
Z41H-64 DN500	450~550	38~42	0.037~0.040	5	16	524
Z41H-64 DN600	500~600	40~44	0.031~0.033	5	18	626
Z41H-64 DN700	550~650	42~46	0.027~0.028	5	20	728

堆焊前将焊丝对准堆焊面中线位置,保证接触良好。先堆积焊剂,焊剂的堆积高度为50~70 mm,以堆焊处上面的焊剂不露弧光为宜,避免破坏堆焊处的保护层。按预先调整的堆焊工艺参数进行堆焊,随时注意堆焊电流、电弧电压随网路电压的变化,及时调整。堆焊好一圈后,应注意始焊位置和熄弧处应搭接25~30 mm,并应使焊道搭接处平缓。堆焊完一批产品后,应随时注意抽检化验堆焊层化学成分和检测硬度。

用埋弧堆焊技术对阀门密封面进行堆焊,采用烧结焊剂,埋弧堆焊一层,一般不进行多层焊。如果堆焊层的合金成分不合格,可车削掉重新堆焊。

③补焊及焊后热处理。

埋弧堆焊后如发现少量缺陷,如气孔、缺肉等,可采用与堆焊层合金成分相同的焊条电弧焊补焊。补焊以埋弧堆焊后趁热立即补焊为宜。如发现较大缺陷可车削掉重新堆焊。

阀门堆焊后热处理的目的是消除热应力,避免加工后密封面变形影响密封,避免焊道延迟裂纹和调整堆焊层硬度。各种阀门堆焊件埋弧堆焊密封面后原则上都应进行回火处理。应综合考虑堆焊层和基体两方面的因素来确定回火温度。堆焊层材料要求必须进行热处理以达到技术要求的硬度值,如Cr13堆焊层,应按堆焊层材料本身的要求热处理。消除应力热处理不应改变堆焊层的性能,一般碳钢基体回火温度选择在650 ℃左右。

(2)应用实例二:锻锤底座的埋弧堆焊

某钢厂锻钢生产用蒸汽锤砧座燕尾部金属在热状态下长期受交变冲击载荷作用,发生蠕变,加上反复受热和冷却,导致热疲劳破坏。类似的部件轻者产生裂纹,严重时金属成块脱落,不能继续使用(图9-25)。

焊接修复用设备为ZXG-1000-1型弧焊电源和MZ-1000型埋弧焊机。焊丝为直径4 mm的H10Mn2,配用HJ260低锰高硅焊剂。

堆焊修复工艺要点如下。

①堆焊修复前的准备。用氧乙炔气割炬或碳弧气刨枪将待修复金属表面的裂纹、疲劳层及硬化层全部清除干净，再用手提式砂轮去除表层的氧化皮及铁锈，使其露出金属光泽。

所用焊剂在 150~200 ℃下烘干 2 h，焊丝应去油污。

②堆焊前预热。砧座材质为 ZG35，厚度和刚性很大。当堆焊金属量大时，堆焊后在残余应力作用下极易在燕尾槽两侧母材上产生裂纹，因此必须进行堆焊前预热。预热采用工频感应加热法（图 9-26）。感应圈的断面积由 95 mm^2 的铝软线组成，铝线呈 35 匝缠绕于砧座上并与之绝缘。预热温度为 150~200 ℃。

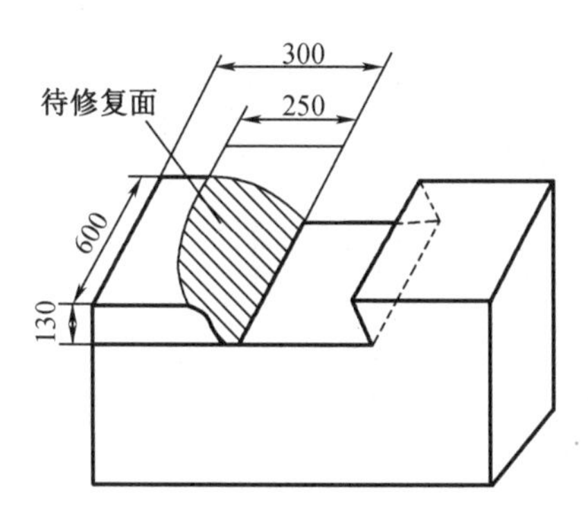

图 9-25　砧座破损的示意图

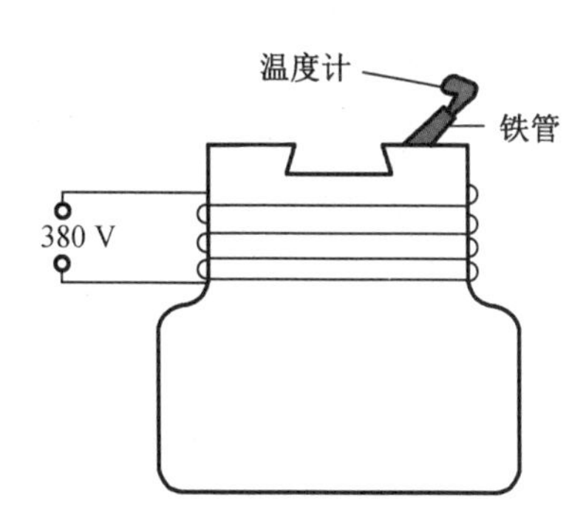

图 9-26　砧座预热的示意图

③控制层间温度。多层埋弧堆焊时，为使扩散氢能充分从堆焊层逸出，以防产生延迟裂纹，必须保持一定的层间温度。实践表明，层间温度宜控制在 250~350 ℃。

④堆焊参数的确定。Si、Mn 含量是影响堆焊层力学性能的主要成分。在堆焊材料确定后，堆焊电流及电弧电压就成为影响堆焊层中 Si、Mn 含量的重要因素。试验表明，随着堆焊电流的增加，Si、Mn 过渡量呈下降趋势；随着电弧电压升高，Si、Mn 的过渡量增加。

为使堆焊层获得适宜的化学成分和良好的力学性能，确定砧座埋弧堆焊参数如表 9-11 所示。

表 9-11　砧座埋弧堆焊参数

堆焊电流/A	电弧电压/V	堆焊速度/($cm \cdot min^{-1}$)	预热温度/℃	层间温度/℃	焊丝伸出长度/mm
450~500	38~40	25~35	150~200	≤350	40~50

⑤其他工艺措施。每堆焊完一条焊道后，要用小锤锤击堆焊焊道。但堆焊完最后一条焊道后，不进行锤击，堆焊后立即用石棉毡覆盖，保温缓冷。

用此堆焊修复方法先后修复了十几台砧座，使用情况良好。

（3）应用实例三：轧辊的埋弧堆焊修复

埋弧堆焊主要应用于中大型零件表面的强化和修复，如轧辊、车轮轮缘、曲轴、化工容器和核反应堆压力容器衬里等。其中，应用最多的是轧辊表面堆焊。如图 9-27 所示。

图 9-27　轧辊的埋弧堆焊

轧辊是轧钢厂消耗量很大的关键备件,轧辊的质量和使用寿命不仅影响到钢坯(材)的产量和质量,还会影响到钢材的生产成本。一个轧辊小者几十千克,大者几十吨。目前,已从修复轧辊的磨损表面发展到堆焊各种耐磨合金,以提高使用寿命;也有用堆焊技术制造复合轧辊的,大大延长了使用寿命。如图 9-28 为埋弧堆焊在轧辊修复上的应用。

图 9-28 埋弧堆焊在轧辊修复上的应用

钢轧辊的埋弧堆焊工艺过程如下:

①钢轧辊堆焊前必须进行表面清理。

②经过表面清理的轧辊放入轧辊预热炉中经过一定时间的预热。

③在轧辊达到一定的温度后进行钢轧辊的自动埋弧堆焊。

④对轧辊进行缓冷。

⑤对堆焊完成的轧辊进行堆焊层的外观质量检验。

⑥轧辊在使用前进行车削加工。

轧辊表面的强化和修复一般都是采用单丝、多丝埋弧堆焊,针对大型轧辊的不同材质(50CrMo、70Cr3Mo、75CrMo)以及轧制的特性要求,可选用马氏体不锈钢或耐磨性、强韧性和热稳定性好的 Cr-Mo-V(或 Cr-Mo-W-V-Nb)合金工具钢成分的埋弧堆焊用药芯焊丝材料进行堆焊修复,如 H3Crl3、H3Cr2W8VA、H30CrMnSiA 等。所应用的焊剂有熔炼型焊剂,如 HJ431、HJ150、HJ260 等;也可应用烧结焊剂,如 SJ304、SJ102。

在堆焊过程中,当堆焊合金与轧辊基体金属相变温度差别较大时,会产生较大的应力,堆焊层容易产生裂纹。所以轧辊堆焊前应预热,堆焊后应缓冷。

合理确定轧辊堆焊参数的基本要求是电弧燃烧稳定、堆焊焊缝成形良好、电能消耗最少、生产效率较高,总的原则是“小电流、低电压、薄层多次”。钢轧辊埋弧堆焊的焊接参数见表 9-12。

表 9-12　钢轧辊埋弧堆焊的焊接参数

焊丝（直径 3 mm）	焊剂	预热温度/℃	堆焊电流/A	电弧电压/V	送丝速度/(m·min⁻¹)	堆焊速度/(mm·min⁻¹)	单层堆焊厚度/mm
30CrMnSiA	HJ430	250~300	300~350	32~35	1.4~1.6	500~550	4~6
2Cr13、3Cr13	HJ150	250~300	280~300	28~30	1.5~1.8	600~650	4~6
3Cr2W8V	HJ260	300~350	280~320	30~32	1.5~1.8	600~650	4~6

大型水轮发电机主部件转轮室常年处于水下，叶轮在转轮室中高速运转，使得转轮室的内球面必须具有较强的耐磨性和耐蚀性。

在以往的生产中，转轮室的内球面大多使用镶焊不锈钢板来完成，尽管能够保证质量，但是加工周期较长，使得生产任务较忙时生产计划的安排和实施有一定的难度，而使用埋弧焊堆焊不锈钢层，在保证产品质量的同时又大大提高了生产效率。图 9-29 为埋弧堆焊在大型水轮发电机主部件转轮室上的应用。

9.3.4　CO_2 气体保护堆焊

1. CO_2 气体保护堆焊的原理

CO_2 气体保护堆焊是以 CO_2 气体作为保护气体，依靠焊丝与焊件之间产生的电弧熔化金属形成堆焊层。图 9-30 是 CO_2 气体保护堆焊原理图。

图 9-29　埋弧堆焊在大型水轮发电机主部件转轮室上的应用

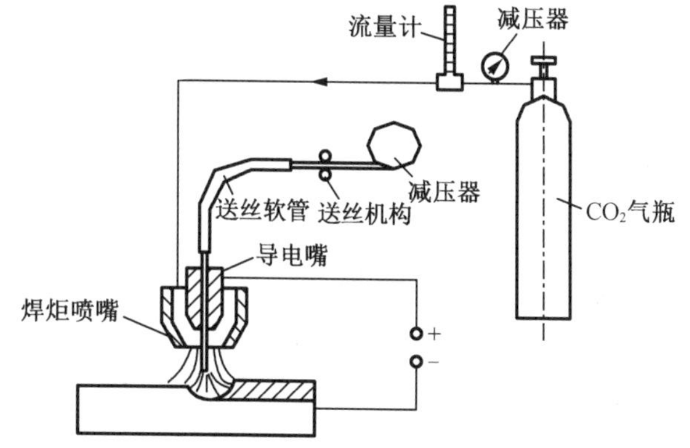

图 9-30　CO_2 气体保护堆焊原理图

在堆焊过程中 CO_2 气体从喷嘴中吹向电弧区，把电弧、熔池与空气隔开形成一个气体保护层，防止空气对熔化金属的有害作用，从而获得高质量的堆焊层。

2. CO_2 气体保护堆焊的特点

CO_2 气体保护堆焊的优点是堆焊层质量好，抗腐蚀、抗裂性能强，堆焊层变形小，堆焊层硬度均匀，生产效率高，成本低；其缺点是不便于调整堆焊层成分、稀释率高、飞溅大。

3. CO_2 气体保护堆焊工艺

CO_2 气体保护堆焊的焊接参数有电源极性、焊丝及焊丝直径、焊接电流、电弧电压、堆焊螺距、电感、CO_2 气体流量以及焊丝伸出长度等。

(1)电源极性

CO_2 气体保护堆焊一般采用直流反接,电弧稳定,飞溅小,熔深大。堆焊比较特殊,可采用直流正接,电弧热量比较高,焊丝熔化速度快,生产效率高,熔深浅,焊道高度大。

(2)焊丝与电流

CO_2 气体保护堆焊常用焊丝有 H10MnSi、H08Mn2Si、H04MnSiA 等。目前堆焊使用的焊丝直径有 ϕ1.6 mm、ϕ1.2 mm、ϕ2.0 mm 等。生产实践表明,使用 ϕ1.6 mm 焊丝时,堆焊电流 140~180 A,适宜的电压为 20 V;使用 ϕ2.0 mm 焊丝时,堆焊电流 190~210 A,适宜的电压为 21 V。

(3)堆焊速度

堆焊速度影响焊道宽度及堆焊层的形成,对焊道高度影响不大。速度越快焊道越窄,相邻焊道之间的实际厚度越小。因此,选择堆焊速度时,要消除焊道间的明显沟纹。

(4)堆焊螺距

堆焊螺距增大,相邻焊道间距离增加,相互搭接部分尺寸减小,焊道间沟纹明显,焊后机械加工量大。堆焊螺距太小,会使母材熔深变小,焊层与母材结合不牢,甚至出现虚焊现象。

(5)电感

电感影响堆焊过程的稳定性和飞溅。电感过大,短路电流增长速度慢,短路次数少,出现大颗粒的飞溅和熄弧,并使引弧困难,易产生焊丝成段炸断。反之,电感太小,短路电流增长速度太快,会造成很细的颗粒飞溅,焊缝边缘不齐,成形不良。

4. CO_2 气体保护堆焊实用实例

(1)应用实例一:C50 型铁路货车下心盘 CO_2 气体保护堆焊

铁道车辆的上、下心盘是台车和车架的配合部位,整个车辆载荷就是通过上、下心盘传递给台车的。由于上、下心盘间存在很大的压力并在行车过程中不断相互摩擦,因而其接触部分很容易被磨损。图 9-31 为 C50 型铁路货车下心盘,其材质为 ZG230-450,当其直径磨耗过限时,必须进行堆焊加修。

图 9-31 C50 型铁路货车下心盘

①堆焊技术要求。采用 CO_2 气体保护堆焊进行修复下心盘的技术要求是:恢复原形尺寸并留出 2 mm 加工余量,堆焊层不允许有裂纹、气孔及其他缺陷,焊后不致产生过大的翘曲变形,以免增加矫正工时;堆焊层应具有一定的耐磨性能,但其硬度不影响焊后切削加工,堆焊层厚度应尽可能均匀一致,以减少焊后的切削加工量。

②堆焊材料。焊丝采用直径 1.6~2.5 mm 的 H08Mn2Si,保护气体采用纯度不低于 99.5%的 CO_2,使用前进行水处理。

③堆焊工艺参数。选择堆焊工艺参数时。除应考虑采用直流反接、电压和电流合理匹配、输出电抗和气体流量以及焊丝伸出度大小适当外，还应根据零件的修复尺寸，即所需堆焊层厚度决定堆焊层数，再根据每一层的堆高确定合适的堆焊速度。此外，堆焊螺距也是一个十分重要的规范参数，一般取焊道熔宽的一半。下心盘的堆焊工艺参数见表9-13。

表9-13　C50型铁路货车下心盘 CO_2 气体保护堆焊工艺参数

焊丝直径/mm	焊接电流/A	电弧电压/V	堆焊速度/$(m \cdot h^{-1})$	气体流量/$(L \cdot min^{-1})$	焊丝伸出长度/mm	堆焊螺距/mm
1.6	180	23	19	15	24	4
2.0	210	24	20	18	25	4

(4)操作技术。堆焊顺序在工艺上虽无严格要求，但通常都是先焊圆平面，再焊外缘内侧面，最后焊中心销孔外圆面。堆焊时，一般采用由工件内向工件外的堆焊方向。

在堆焊过程中，若焊枪至工件的距离发生变化，导致气体保护不良、堆焊过程不稳定、金属飞溅加剧，应及时通过焊枪位手柄对焊枪位置进行微调。

CO_2 气体保护堆焊的生产率比焊条电弧堆焊提高3.1倍，焊后翘曲变形小，只有2~3 mm。H08Mn2Si焊丝的焊层耐磨性比较好，因此提高了下心盘的使用寿命。

甘蔗压榨机的榨辊轴的轴颈部位承受负荷大，工作环境恶劣，跟随蔗汁一起溅入轴瓦和轴颈之间的泥沙等杂物，大大加剧了轴颈的磨损，使轴颈直径受损变小，并出现深浅不一的环形伤痕，造成整个榨辊轴不能使用，只能更换新辊。图9-32为甘蔗压榨机 CO_2 气体保护堆焊。

许多旧辊除轴颈严重磨损外，整体质量尚好，具备修复价值。榨辊轴的材质多为40Cr钢，通过对其焊接性进行分析，采用 CO_2 气体保护自动堆焊进行修复，焊丝选用H08Mn2SiA，直径0.8 mm，焊接电流100 A，共堆焊两层，焊后保温2 h空冷。修复后榨辊轴运行正常，满足压榨工艺要求，节约了大量资金。图9-33为 CO_2 气体保护自动堆焊进行修复的榨辊轴。

图9-32　甘蔗压榨机 CO_2 气体保护堆焊

图9-33　CO_2 气体保护自动堆焊进行修复的榨辊轴

9.3.5 等离子弧堆焊

1. 等离子弧堆焊的原理

等离子弧堆焊是利用联合型或转移型等离子弧为热源，将焊丝或合金粉末送入等离子弧区进行堆焊的工艺方法。图 9-34 是等离子弧堆焊示意图。

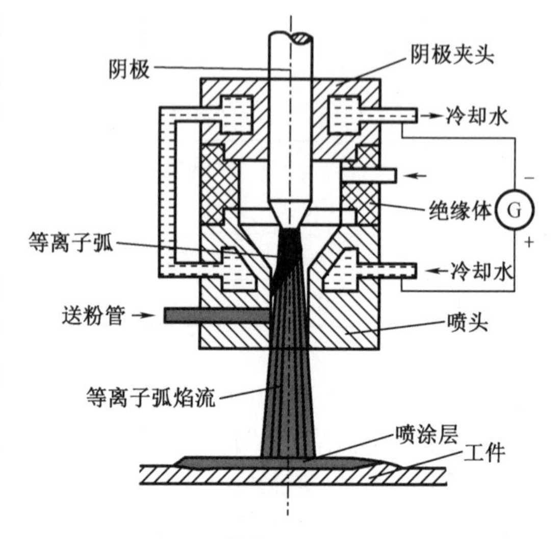

图 9-34 等离子弧堆焊示意图

2. 等离子弧堆焊的特点

与其他堆焊热源相比，等离子弧温度高，能量集中，燃烧稳定，能迅速而顺利地堆焊难熔材料，生产效率高；熔深可以自由调节，稀释率很低，堆焊层的强度和质量高；是一种低稀释率和高熔敷率的堆焊方法。主要缺点：设备复杂，堆焊成本高，堆焊时有噪声、辐射和臭氧污染等。

3. 等离子弧堆焊的工艺

等离子弧堆焊按堆焊材料的形状，可分为填丝等离子弧堆焊和粉末等离子弧堆焊两种。

(1)填丝等离子弧堆焊

填丝等离子弧堆焊(图 9-35)又分为冷丝、热丝、单丝、双丝等离子弧堆焊。

①冷丝等离子弧堆焊。以等离子弧作为热源，填充丝直接被送入焊接区进行堆焊。拔制的焊丝借机械送入，铸造的填充棒用手工送入。这种方法比较简单，堆焊层质量也较稳定，但效率较低，目前已很少使用。

图 9-35 填丝等离子弧堆焊

②热丝等离子弧堆焊。采用单独预热电源，利用电流通过焊丝产生的电阻热预热焊丝，再将其送入等离子弧区进行堆焊。焊丝利用机械送入，既可以是单热丝，也可以是双热丝。

由于填充丝预热，使熔敷率大大提高，而稀释率则降低很多，且可除去填充丝中的氢，大大减少了堆焊层中的气孔。

(2)粉末等离子弧堆焊

粉末等离子弧堆焊是将合金粉末自动送入等离子弧区实现堆焊的方法，也称为喷焊。粉末等离子弧堆焊采用 Ar 作为电离气体，通过调节各种工艺参数的规范，控制过渡到工件的热量，可获得熔深浅、稀释率低、成形平整光滑的优质涂层。

等离子弧堆焊一般采用两台具有陡降外特性的直流弧焊机作电源，将两台焊机的负极并联在一起接至高频振荡器，再由电缆接至喷枪的铈钨极，其中一台焊机的正极接喷枪的喷嘴，用于产生非转移弧，一台焊机的正极接工件，用于产生转移弧，Ar 作离子气，通过电磁阀和转子流量计进入喷焊枪。接通电源后，借助高频火花引燃非转移弧，进而利用非转移弧射流在电极与工件间造成的导电通道，引燃转移弧。在建立转移弧的同时或之前，由送粉器向喷枪供粉，吹入电弧中，并喷射到工件上。转移弧一旦建立，就在工件上形成合金熔池，使合金粉末在工件上“熔融”，随着喷枪或工件的移动，液态合金逐渐凝固，最终形成合金堆焊层，如图 9-36 所示。

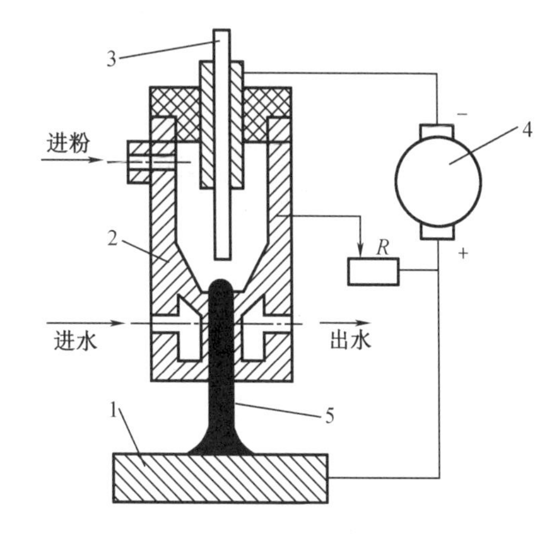

1—工件；2—喷嘴；3—钨棒；4—电源；5—通道。

图 9-36 粉末等离子弧堆焊示意图

等离子弧粉末堆焊的特点是稀释率低，一般控制在 5%～15%之间，有利于充分保证合金材料的性能，如手工电弧堆焊需 5 mm 厚，而等离子弧堆焊则只需 2 mm 厚。等离子弧温度高，且能量集中，工艺稳定性好，指向性强，外界因素的干扰小，合金粉末熔化充分，飞溅少，熔池中熔渣和气体易于排除，从而使获得的熔敷层质量优异，熔敷层平整光滑，尺寸范围宽，且可精确控制，一次堆焊层宽度可控制在 1～150 mm，厚度 0.25～8 mm，这是其他堆焊方法难以达到的。此外，等离子弧粉末堆焊生产率高，易于实现机械化和自动化操作，能减轻劳动强度。

等离子弧粉末堆焊主要用于阀门密封面、模具刃口、轴承、涡轮叶片等耐磨零部件的表面堆焊，以提高这些零件或工件的表面强度和耐磨性，是目前应用最广泛的一种等离子弧堆焊方法。

我国是煤炭大国，采煤机截齿是落煤及碎煤的主要工具，也是采煤及巷道掘进机械中的易损件之一。为了解决截齿在采煤过程中的快速磨损失效问题，采用等离子弧自动堆焊方式在 20CrMnTi 或 20CrMnMo 钢截齿锥顶（硬质合金刀头）以下齿体部位沿圆周方向堆焊一个宽度为 20～30 mm、厚 2～3 mm 的环形 Cr-Mo-V-Ti 耐磨堆焊层。图 9-37 为等离子弧自动堆焊方式形成的耐磨堆焊层。

图 9-37 等离子弧自动堆焊方式形成的耐磨堆焊层

采用等离子弧自动堆焊后进行刀头钎焊工艺，利用钎焊热循环对等离子堆焊层进行二次硬化处理，彻底解决钎焊过程对齿头造成的退火软化难题，延长硬质合金刀头的服役期。图 9-38 为等离子弧自动堆焊和钎焊的硬质合金刀头。

图 9-38　等离子弧自动堆焊和钎焊的硬质合金刀头

4. 等离子弧堆焊的实例

(1)应用实例一:模具的等离子弧堆焊修复

在小锻件大批量生产过程中,模具和锻模使用寿命是制约生产快速连续进行的一个重要因素。生产中发现,锻模的下模型槽内部两侧易出现裂纹,如图 9-39 所示,严重影响锻模使用和正常生产。某单位以 LD5 吊弦锻件的模具修复为例,经过系列试验,得到了小模块等离子弧堆焊修复的成功经验。

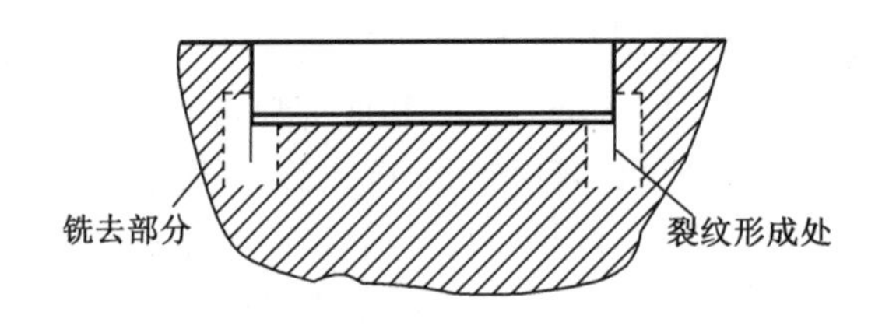

图 9-39　模具修复区域

①焊接特性分析

模具材料为 5CrMnMo 合金工具钢,其退火状态组织为铁素体+珠光体。在磨损后的模具上采用常规焊条(如 EDRCrMnMo 及 EDR CrMnMoCo)进行焊条电弧堆焊,虽然堆焊层耐热和耐磨性能满足使用要求,但易形成堆焊区晶粒粗大及气孔、夹杂等缺陷。

5CrMnMo 合金工具钢在预热到 400 ℃堆焊时,其中 Mn 元素促使堆焊金属晶粒粗大,整个堆焊过程连同起始预热及堆焊后的热处理,相当于经历了特殊的热处理过程。堆焊热影响区一侧形成粗大的魏氏组织,在较远区域有少量碳化物析出,使用寿命难以进一步提高。为了寻求防止在 5CrMnMo 合金钢中形成堆焊粗晶区的途径,某单位采用自制新焊丝 H10Mn2SiCrMnMo 替代上述两种焊条,取得了良好的堆焊效果,模具使用寿命比常规焊条电弧堆焊提高 80%左右。自制焊丝的化学成分为:w(C)= 0. 07%~0. 12%,w(Mn)= 1. 6~1. 9%e,w(Si)= 0. 7%~1. 0% ,w(Cr)= 0. 9%~1. 2%e ,w(Mo)= 0. 45%~0. 65%。

②用 H10Mn2SiCrMnMo 焊丝堆焊 5CrMnVo 钢模具的修复工艺

a. 模块准备。模块尺寸为 160 mm×180 mm×100 mm,材料为 5CrMnMo,经过 780 ℃保温 4 h 的退火处理,金相组织为细小的铁素体+球状珠光体。用立式铣床将裂纹处铣去深度大约 10 mm,范围应以覆盖肉眼所见的裂纹区域为佳。将模块置于电阻炉内预热,加热温度 400 ℃,保温 1 h 以上,即为待焊状态。

b. 堆焊方法及堆焊材料。采用单弧冷丝等离子弧堆焊,自动送丝。堆焊设备为进口 PW-100-EL 型等离子弧焊机。由于裂纹区域较小,焊枪摆幅为 10 mm,离子气流量为 400 L/h,励磁电压为 110 V,非转移弧电流 105 A,电弧电压 36 V;转移弧电流 150~170 A,

电弧电压 42 V。

虽然 5CrMnMo 钢具有较好的导热性及热稳定性，但等离子弧堆焊后的空冷仍易形成裂纹及气孔。堆焊完毕后应立即将模块放入 400 ℃电阻炉内保温 1 h，随炉冷却至 300 ℃后取出空冷。

③堆焊质量比较

5CrMnMo 钢按常规方法加工的模具可生产 CJLO2-89 吊弦 8 000 件左右，在下模型槽内部两侧出现裂纹，裂纹深度为 6~10 mm，经过使用常规 EDRCrMnMo 或 EDRCrMn-MoCo 焊条电弧堆焊后，可延续使用寿命到生产 4 000~6 000 件，相当于增加了 50%的模具寿命。采用 H10Mn2SiCrMnMo 焊丝经过单弧冷丝等离子弧堆焊修复，可延续使用寿命到 9 000 件左右，超过一副新模具的寿命。在大批量生产中，该项技术不仅可大大缩短模具的加工周期，保证连续加工的要求，还可降低成本。因此等离子弧堆焊修复对增加小型锻模的使用寿命有重要意义。

(2)应用实例二：压缩机曲轴的等离子弧堆焊修复

曲轴用于实现旋转运动与往复运动之间的转换，是活塞式内燃机、压缩机等设备的关键部件，也是制造工艺复杂、成本很高的部件。某厂制冷压缩机检修时发现曲轴严重磨损(原基本尺寸直径为 80 mm，磨损后直径为 77.2 mm)。分析原因可能有两种：一是损坏部位的瓦座螺栓松动，造成间隙过大，油膜难以形成，部件过热使巴氏合金熔化剥落以致恶性循环，造成严重磨损；二是向损坏部位供油的油孔堵塞，表现为机油压力过高，使润滑油难以正常输送，仅靠飞溅来润滑，难以维持高转速下的工作油膜而导致曲轴磨损。

①修复方案

压缩机曲轴是受交变负荷、冲击负荷和传递转矩所产生的扭转应力的作用，它的特定受力条件决定了材料表面有一定的硬度和较大的结合强度(附着力)，但硬度不应高于技术指标要求的原始曲轴硬度，更重要的是保证结合强度。

若采用氧乙炔火焰喷焊修复，轴温高、易变形或回火时使硬度下降。焊条电弧堆焊修复结合强度高，是熔融结合态，但易使曲轴变形、退火难以保证，只适用于大直径轴较小的局部损伤或者低转速的转轴修复。

等离子弧堆焊修复，堆焊层稳定性好，熔敷层与基体间为冶金结合，合金稀释率低。堆焊熔敷层属多孔性组织，在金属颗粒外面还有氧化膜包围，所以它的密度比原来的基体金属稍低。以 $w(C)=0.8\%$的镍铬合金焊丝做堆焊材料，其密度为 6.78 g/cm^3，在堆焊层上用洛氏硬度计测试取高值，平均为 HRC35~42，与原曲轴的硬度相近。堆焊层组织均匀，成形美观、平整，堆焊层厚度根据需要可以控制，一般在 0.5~4 mm 为宜。由于以上理化性能指标适用于修复曲轴，因此选择等离子弧堆焊技术来修复该曲轴。

②曲轴修复的工艺要点

曲轴不仅受到工作介质的压力、活塞连杆组的惯性力，还受到扭转振动，横、纵向振动的冲击载荷带来的冲击力，但每次行程都是间歇的，因此使曲轴产生交变负荷，这和其他转动轴是不一样的。曲轴受力复杂，条件恶劣，堆焊层的结合强度就成为影响堆焊修复质量的关键。焊丝的选材和堆焊的条件(如表面拉毛、清理、熔化温度等)就成为修复工艺方面的重要内容。等离子弧堆焊层与基体的结合力对曲轴的修复质量具有重要的意义，结合不好就会剥落或崩碎。抗剪强度和抗拉强度是评定熔敷层结合强度的两个技术指标。

a. 曲轴的检查与清理。曲轴的检查包括三个方面。

ⓐ检查曲轴表面或内部是否有裂纹，首先进行探伤检查，以查出曲轴的缺陷。

ⓑ测量曲轴的主轴直径、连杆直径、曲轴回转直径、行程长度和各轴颈两端内圆角半径，进一步确认曲轴的材质为球墨铸铁，并做好记录，以便考虑下一步车削直径及等离子弧修复时的设备和磨削时机床的容量。曲轴实测的技术参数见表 9-14。

表 9-14 曲轴实测的技术参数

主轴直径/mm	曲柄直径/mm	连杆直径/mm	轴颈两端的内圆角半径/mm	总长度/mm
80	110	80	4	1 250

ⓒ在特制的 V 形尺上检查曲轴的弯曲度，超过千分之一须先矫直。检查完毕须对曲轴表面进行清理。清理的目的是消除焊接修复时油脂或氧化物隔绝熔敷层以及工件表面对结合强度的影响。

b. 表面车削及拉毛处理。首先是缩小曲轴直径，缩小直径在车床上进行加工。熔敷层应具有一定的厚度，太薄则容易在磨削时磨穿，太厚则又削弱了轴颈的基体强度。在车削直径时，尽量按原来的内圆角半径加工。车小直径的经验公式为

$$d=D-D/25$$

式中 d——车削后的直径，mm；

D——要恢复到的直径，mm。

本实例中 $D=80$ mm，根据上式计算，$d=80-80/25=76.8$ mm。因后续工艺是拉毛处理，对车削后的加工精度要求不高，且喷焊层厚度比基本尺寸加大 0.7~1.2 mm，因此本例取车削后直径 $d=77$ mm。

曲轴车削到 677 mm 后，用车床进行拉毛处理（螺纹拉毛）。拉毛处理的目的是增大熔敷层与基体的结合面积，并达到相互嵌合的目的。表面粗糙度与熔敷层的结合强度有密切关系。表面粗糙度越大，结合强度越好。在车床上拉毛时背吃刀量要小，但进给量要大，用圆头尖刀车削成螺纹状，用来提高表面粗糙度，螺距为 $t=1.2$ mm，工件旋转线速度为 12 m/min。因为只有在低转速下才能得到最大的粗糙程度，目的是提高界面的结合强度。

c. 油孔处理。用已加工好的炭精棒堵塞曲轴连杆轴颈油孔，露出高度应略高于磨削后涂层的厚度。

d. 等离子弧堆焊修复。用专用焊丝 w(C) = 0.8%的镍铬合金焊丝）进行堆焊修复，曲轴旋转线速度为 7~12 m/min，焊枪的移动量为 5~10 mm/r，堆焊约 15 s 后，将焊枪垂直于曲轴左右移动，随时用卡钳测量，再向两端面内圆角堆敷，然后再重复向中间垂直堆敷，直至堆敷层厚度比基本尺寸加大 0.7~1.2 mm 为止。堆敷完毕的工件冷却至 40 ℃左右时，浸入油内 6 h，使润滑油能较多地渗入多孔性堆敷层中。

e. 堆敷表面的磨削。堆敷表面的磨削在曲轴磨床上进行。开始用径向切入法，当磨削到大于直径 0.15~0.20 mm 时再做轴向移动（左右移动），到磨出内圆角为止（可以轻微擦着两端平面）。磨削后内圆角半径应等于原来的内圆角半径。这样不会产生应力集中，并达到表面平整美观的效果。磨削时应注意熔敷层表面不应变色（即发黑发焦），否则易产生龟裂。如有变色应立即停止磨削，重修砂轮或更换新砂轮。磨削后的表面粗糙度为

0.4 μm,硬度为HRC35,与原曲轴的硬度相同。然后用适当的钻头和电钻将炭精棒钻出,用锋角为30°小砂轮棒夹持在高速风动钻上面将孔口加工成倒喇叭形。加工完毕后,用汽油清洗曲轴各部位。油孔内部使用高压风枪进行彻底吹扫,否则在运转时存在内孔的夹杂物会掉下擦伤轴瓦磨损熔敷层或堵塞油道。

该制冷压缩机曲轴焊接修复后的应用实践表明,用等离子弧堆焊技术修复的曲轴,具有界面结合强度好、硬度高、耐冲击、耐磨损等优点。在技术指标考核方面,焊接修复后的曲轴与原轴没有任何区别。经过长周期运转未出现问题,表明其质量优良,并能适应装置的大负荷生产,这证明了修复方案的可行性,而且保证了生产的连续性,为企业增加了经济效益。

课后习题

一、填空题

1. 随着科学技术的日益进步,各种产品机械装备在向大型化、高效率、高参数方向发展,对产品的________和________要求越来越高。

2. 目前,堆焊技术应用最为广泛的是________和________。

3. 堆焊层的影响因素有________、________、________和________的影响。

4. 根据堆焊合金层的使用目的可分为________、________、________。

5. 根据堆焊合金的主要成分可分为________、________、________、________、________。

6. 我国堆焊焊条的牌号由字母D+三位数字组成,其中“D”为“堆”字汉语拼音第一个字母,表示________。

7. 药芯焊丝牌号由“Y+字母+数字”表示,字母“Y”表示________。

8. 根据焊丝的结构形状,堆焊焊丝可分为________和________。

9. 根据工艺方法堆焊焊丝分为:________、________、________、________。

10. 埋弧堆焊层存在________,有利于提高修复零件的疲劳强度。

11. 埋弧堆焊最主要的工艺参数是________、________、________、________和________,其次是焊丝伸出长度、焊剂粒度和焊剂层厚度等。

12. 埋弧堆焊速度一般为________ m/min。

13. 埋弧堆焊预热温度的确定需依据母材以及堆焊材料的碳质量分数和合金含量而定,碳和合金元素的质量分数________,预热温度应越高。

14. CO_2 气体保护堆焊是以________气体作为保护气体,依靠焊丝与焊件之间产生的________电弧熔化金属形成堆焊层。

15. CO_2 气体保护堆焊的缺点是不便于调整堆焊层________、________、________。

16. 等离子弧堆焊是利用________或________等离子弧为热源,将焊丝或合金粉末送入等离子弧区进行堆焊的工艺方法。

17. 等离子弧粉末堆焊的特点是________,一般控制在5%~15%之间,有利于充分保证合金材料的性能,如手工电弧堆焊需5 mm厚,而等离子弧堆焊则只需2 mm厚。

18. 模具材料为5CrMnMo合金工具钢,其退火状态组织为________+________。

19. 焊条电弧堆焊最重要的设备是________,即通常所说的________。

20. 为了降低稀释率、提高熔敷速度,埋弧堆焊具体有________、________、________、________和________等。

二、名词解释

1. 堆焊
2. 堆焊层
3. 焊条电弧堆焊
4. 预热
5. 埋弧堆焊

三、简答题

1. 堆焊的两方面含义是什么?
2. 堆焊的目的是什么?
3. 堆焊方法较其他表面处理方法具有哪些优点?
4. 堆焊的应用范围主要表现在哪些方面?

堆焊技术教学案例

<table>
<tr><td>案例编码</td><td>009</td><td>开发部门</td><td>四川工程职业技术学院</td></tr>
<tr><td>案例名称</td><td colspan="3">圆环链轮的堆焊修复</td></tr>
<tr><td>适用课程</td><td colspan="3">金属表面处理技术</td></tr>
<tr><td>案例简介</td><td colspan="3">圆环链轮在工作面物料运输及设备传动过程中起到至关重要的作用,其在工作过程中承受脉动、冲击等载荷作用,极易发生链窝磨损失效,为了解决链轮磨损后修复再利用,本案例以圆环链轮为研究对象,采用焊条电弧堆焊技术对链窝磨损域进行堆焊修复,再进行机加工,实现修复完成。磨损链轮经焊条电弧堆焊修复并加工后,满足使用要求</td></tr>
<tr><td>关键词</td><td colspan="3">圆环链轮;焊条电弧堆焊;机加工</td></tr>
<tr><td>教学目标</td><td colspan="3">知识目标:熟悉焊条电弧堆焊技术基础知识;掌握焊条电弧堆焊技术的操作。
能力目标:能按照要求完成圆环链轮的堆焊修复。
素质目标:培养学生吃苦耐劳,精益求精的工匠精神,提升学生解决工程实际问题的能力</td></tr>
<tr><td>涉及知识点</td><td colspan="3">理解焊条电弧堆焊技术</td></tr>
<tr><td>涉及技能点</td><td colspan="3">掌握焊条电弧堆焊技术的操作流程</td></tr>
<tr><td>案例详解</td><td colspan="3">案例名称:圆环链轮的堆焊修复
一、故障现象
某圆环链轮(图 1)材质为 50SiMnMoB 钢,圆环链轮在工作面物料运输及设备传动过程中起到至关重要的作用,其在工作过程中承受脉动、冲击等载荷作用,常发生链窝磨损失效。

图 1 圆环链轮实物图</td></tr>
</table>

堆焊技术教学案例

案例详解

二、原因分析

长时间承受脉动、冲击等载荷作用的条件下工作是叶片出现损伤的主要原因。

三、诊断流程

首先确定圆环链轮种类,通过目视检查区分损伤类型,进而分析损伤部位的失效特征;其次,结合圆环链轮的测量数据,判断圆环链轮是否可修复。最后,对于可修复的圆环链轮,手工记录损伤位置和区域,以区分圆环链轮的损伤和非损伤区域。

四、修复步骤

首先,对链轮修复的可行性进行评估,若可进行,再制造修复,进行下一步,否则做淘汰报废处理。然后,对链轮进行清洗、喷砂和打磨,消除表面附着的煤泥、腐蚀层及亚表面应力梯度层,并在链轮磨损区域喷涂三维扫描显影剂,利用高精度扫描仪进行链轮毛坯三维点云数据逆向设计,对点云数据进行滤波处理(图2)。其次,对磨损链轮毛坯进行三维模型重构,将链轮磨损域几何模型与初始链轮几何模型进行对比,通过布尔运算得到磨损区域的三维几何模型,完成链轮待修复区域数据收集(图3)。接着,进行焊条电弧堆焊,具体过程如下:

(1)用手持砂轮将缺损处底面修磨好,有裂纹处要磨削彻底。焊前加热工件,将远红外线辐射电热器均匀装于所有齿顶面上,并用石棉布包裹好。加热约6 h,工件温度控制在300 ℃左右。

(2)选用A102和J857焊条交替堆焊,焊前焊条应仔细烘干。

(3)先用A102焊条打底焊,厚约4 mm,再用J857焊条堆焊16~20 mm厚,接着用A102焊条堆焊厚约3 mm的缓冲层,最后用J857焊条将齿部堆焊完。堆焊过程中要使工件始终处于加热状态下,并将工件放于避风处,层间温度保持在300 ℃左右,每焊一层,要趁热用锤子用力打击各堆焊处。整个堆焊过程要连续进行,一次完成。

(4)堆焊后仍要保温4 h,再闭电缓冷。

(5)为了得到较好的齿形曲线精度,应使用砂轮机进行仔细的人工打磨。

对修复加工后的链轮进行成形铣削及质量检测,完成链轮的堆焊修复(图4)。

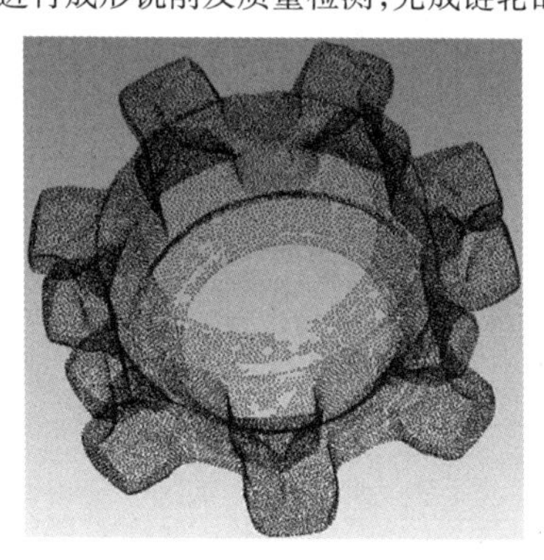

图2　修复链轮毛坯点云图

堆焊技术教学案例

案例详解

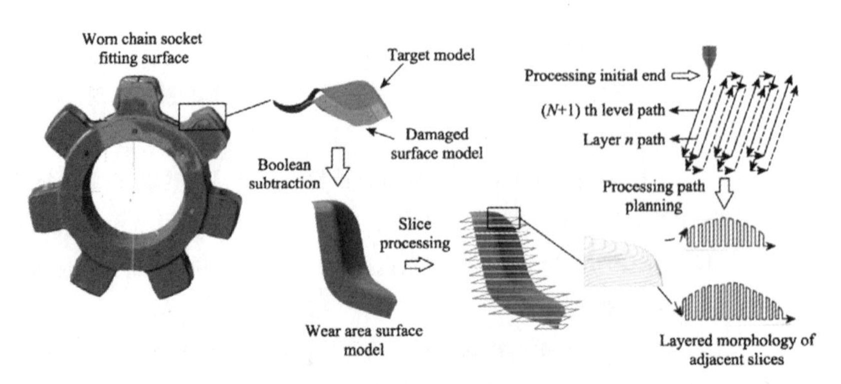

图 3 磨损区域构建与路径规划

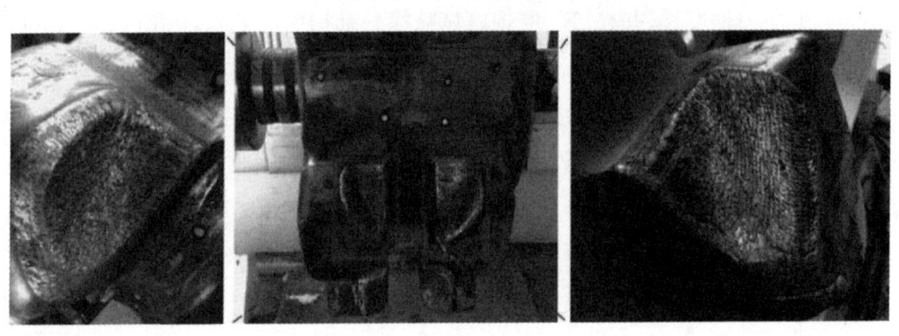

图 4 经焊条电弧堆焊修复后的链轮

五、修复结论

经焊条电弧堆焊修复，检测表面，表面无裂纹，整体熔覆效果较好。采用铣削加工完成再制造链轮链齿修整及链窝表面精加工，熔覆层与基体结合部分实现冶金结合，表面无裂纹及气孔缺陷。应用链窝规检测各链窝几何尺寸，符合国标要求，链窝表层硬度为 HRC50~56。采用超声波探伤仪测试修复域发现，超声波形无变化，修复域内无缺陷，堆焊修复链轮达到井下应用需求。

六、总结与评价

通过对圆环链轮的复杂链窝磨损域进行几何模型重构，利用焊条电弧堆焊修复技术实现了堆焊层与基体间良好的冶金结合。同时，链轮表面也得到了强化改性，有效延长了使用寿命，节约了成本

课后习题答案

第 10 章　特种表面处理技术

【学习目标】

- 熟悉溶胶-凝胶法成膜工艺、表面粘涂技术；
- 掌握搪瓷涂覆技术、电火花表面强化技术；
- 了解表面喷丸强化技术。

【导入案例】

表面喷丸强化技术是一种有效地提高承载零件疲劳寿命，增强可靠性的手段，在现代机械设备中，凡是在工作中易发生疲劳和应力腐蚀断裂、氧化和点蚀等现象的机械零件均可采用喷丸强化来改善其表面机械性能。表面强化喷丸技术在汽车行业、航天、航空以及石油化工中均已推广应用。喷丸强化是高速运动的弹丸喷射材料表面并使其表面发生塑性变形的过程。喷丸过程中，弹丸反复打击材料的表面，最终在材料表面附近形成一塑性变形层即强化层的深度，其深度为 0.1~0.8 mm。图 10-1 为喷丸强化设备、弹丸及弹丸撞击表面示意图。

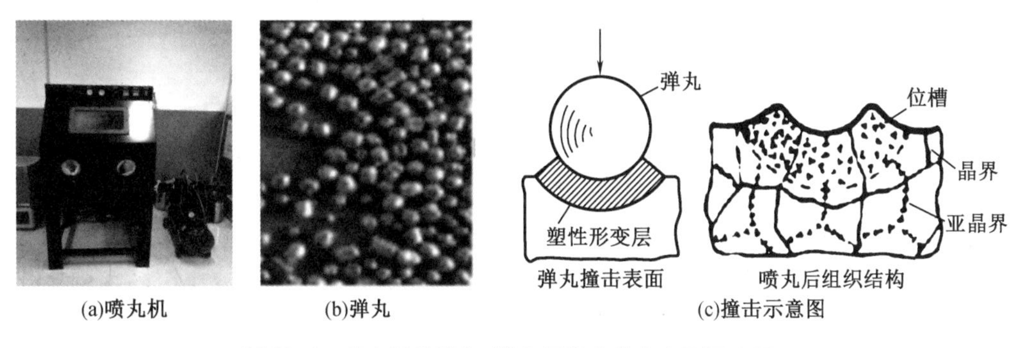

图 10-1　喷丸强化设备、弹丸及弹丸撞击表面示意图

10.1　表面喷丸强化技术

现代动力机械、运输机械和航空机械的许多零部件，都是在交变载荷的作用下运转的，其使用寿命及可靠性在很大程度上取决于它们的疲劳强度。喷丸强化是提高零部件疲劳寿命的一个重要方法，即利用高速弹丸强烈冲击零件表面，使之产生形变硬化层及残余压应力的过程。与滚压强化、内孔挤压强化等形变强化工艺相比，喷丸强化工艺不受零件几何形状的限制，对表面粗糙度几乎没有要求，具有强化效果好、成本低廉、生产效率高等优点，已成为国内外最具代表性的表面形变强化方法之一，在机械、航空工业生产领域得到了

推广应用。

10.1.1 喷丸强化原理

喷丸强化就是将大量高速运动的弹丸连续喷射到零件表面上,如同无数的小锤连续不断地锤击金属表面,使金属表面产生极为强烈的塑性变形,形成一定厚度的形变硬化层,称为表面强化层,如图 10-2 所示。在硬化层内产生两种变化:一是在组织结构上,硬化层内形成了密度很高的位错,这些位错在随后的交变应力及温度或二者的共同作用下逐渐排列规则,呈多边形状,在硬化层内逐渐形成了更小的亚晶粒;二是形成了高的宏观残余压应力。零件的疲劳破坏通常是由其承受的反复或循环作用的拉应力引起的,而且在任何给定的应力范围内,拉应力越大,破坏的可能性越大。因此,喷丸在表面产生的残余压应力能够大大推迟其疲劳破坏。此外,由于弹丸的冲击使表面粗糙度略有增大,但却使切削加工的尖锐刀痕圆滑。上述这些变化可明显地提高材料的抗疲劳性能和应力腐蚀性能。

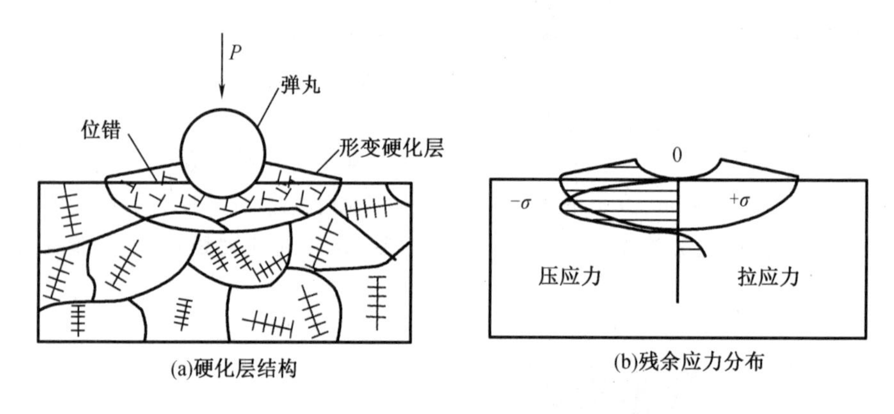

(a)硬化层结构　　(b)残余应力分布

图 10-2　喷丸形变硬化层结构和残余应力分布

需要指出的是,喷丸强化技术是以强化工件为目的,不同于“热喷涂加工技术”一章中所述的清理喷丸或喷砂技术。将强化用弹丸换成带有棱角的砂粒时,喷丸强化设备可用于喷丸(喷砂)清理技术。但喷丸强化和喷丸(喷砂)清理的目的不同。喷丸强化是用具有一定冲击韧性和硬度的圆球形弹丸或砂粒撞击金属零件表面,使表层金属组织结构细化并在表层中产生残余压缩应力;而喷丸(喷砂)清理是用有棱角的砂粒对表面进行高速撞击和磨削,从而达到清理的目的。喷砂清理属于前处理工艺,主要用于除锈、清砂、去垢等;喷丸强化属于后处理工艺,用于提高材料疲劳强度,延长使用寿命。

10.1.2 喷丸强化设备及弹丸材料

1. 喷丸强化设备

喷丸强化设备一般称为喷丸机。根据弹丸获得动能的方式,喷丸设备主要有两种结构形式:气动式和机械离心式。两种喷丸设备具有以下主要功能:弹丸加速与速度控制机构、弹丸提升机构、弹丸筛选机构、零件移动机构、通风除尘机构、强化时间控制装置。此外,不同的强化设备还需具备其他一些辅助机构。

(1)气动式喷丸机

气动式喷丸机是依靠压缩空气将弹丸从喷嘴高速喷出,并冲击工件的表面设备。按弹丸的运动方式，气动式喷丸机可分为吸入式、重力式、直接加压式三种类型。气动式喷丸机可以通过调节压缩空气的压力来控制喷丸强度，操作比较灵活，适用于要求喷丸强度较低、品种多、批量小、形状复杂、尺寸较小的零件。缺点是功耗大、生成效率低。

①吸入式气动喷丸机

吸入式气动喷丸机的结构如图 10-3 所示。将零件放置在工作台上，打开压缩空气阀门，空气经由过滤器进入喷嘴。压缩空气从喷嘴射出时，在喷嘴内腔的导丸管口处形成负压，将下部贮丸箱里的弹丸吸入喷嘴内腔，并随压缩空气由喷嘴射出，喷向被强化零件表面。与零件表面碰撞后，失速的弹丸落入贮丸箱，弹丸完成一次运动循环。零件在不断重复冲击下获得强化。喷丸室内产生的金属和非金属粉尘，通过排尘管道由除尘器排出室外。

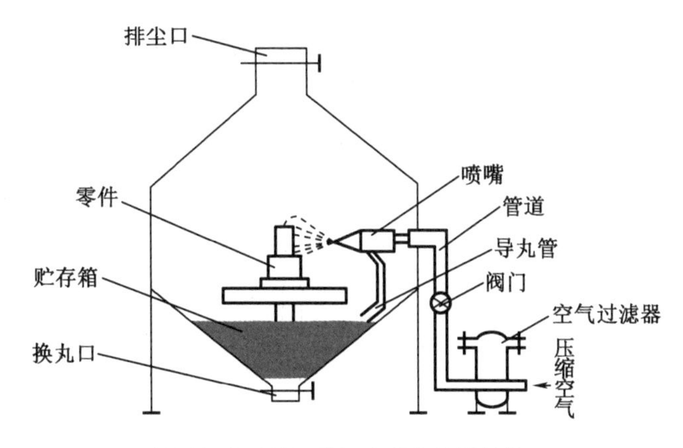

图 10-3　吸入式气动喷丸机的结构

吸入式喷嘴是喷丸机的关键部件，也是易损部件，其设计原理是根据流体力学中的伯努力方程式进行计算的，即通过能量转换计算，在弹丸吸入口的流体速率最快，压强最低，使压缩空气流过吸入口时，弹丸能自动吸入喷枪内，其结构见图 10-4。设计喷嘴时，根据能量转换定律，进气管直径 d_1、导丸管直径 d_2 与喷嘴出口直径 d_3 三者之间以及导丸管中心至气管端部之间的距离 d_4 与导丸管直径 d_2 之间分别有如下关系：$d_1<d_2<d_3$，$d_4 \geq 1.5d_2$。这类喷丸机所使用的压缩空气压力通常为 0.2～0.7 MPa。所使用的弹丸一般为密度较小的玻璃丸或陶瓷丸，其直径不超过 0.4 mm，但不适用于密度和尺寸较大的金属丸。

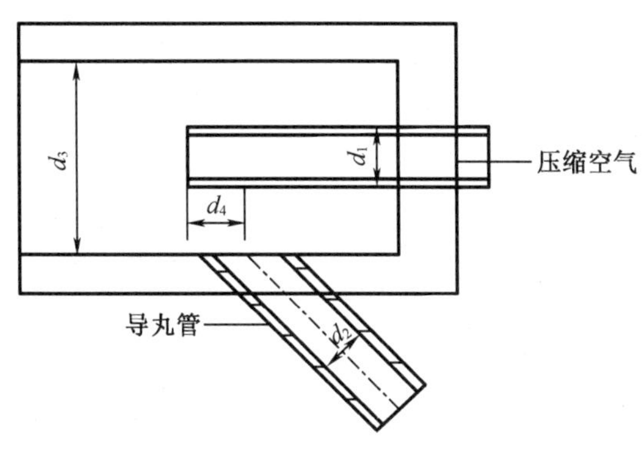

图 10-4　喷嘴结构

②重力式气动喷丸机

重力式气动喷丸机的结构如图 10-5 所示。将零件放置在工作台上，打开阀门使经由过滤器的压缩空气进入喷嘴，将弹丸提升到一定高度，借助弹丸自重经导丸管流入筛分选器中，将小于和大于规定尺寸的弹丸和破碎弹丸与合格弹丸进行分离，合格弹丸通过导丸管直接流入喷嘴，再随压缩空气从喷嘴射出，冲击工件失速的弹丸落到底部的弹丸收集箱，零件在不断重复冲击下得到强化。

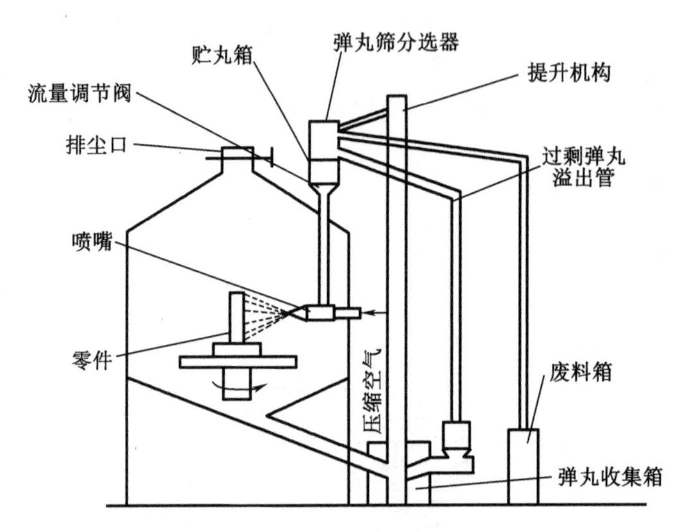

图 10-5　重力式气动喷丸机结构

重力式气动喷丸机的结构比吸入式气动喷丸机复杂，适用于密度较大的金属弹丸，其直径通常大于 0. 3 mm。这类喷丸机的压缩空气压力一般处于 0. 2～0. 7 MPa，喷嘴结构同吸入式喷丸机相同。

弹丸筛分选器由弹丸尺寸筛选器和破碎弹丸分离器两部分构成。弹丸筛选通常利用往复振动的平筛网或旋转运动的圆锥筛网来剔除尺寸和形状不合格的弹丸。图 10-6 是一种常用的破碎弹丸分离器的结构。弹丸进入分离器后，圆形或椭圆形弹丸在倾斜一定角度的传送带或滑道上滚动落入弹丸收集管道，而破碎的弹丸则停留在传送带上被送到端头落入废料箱内。

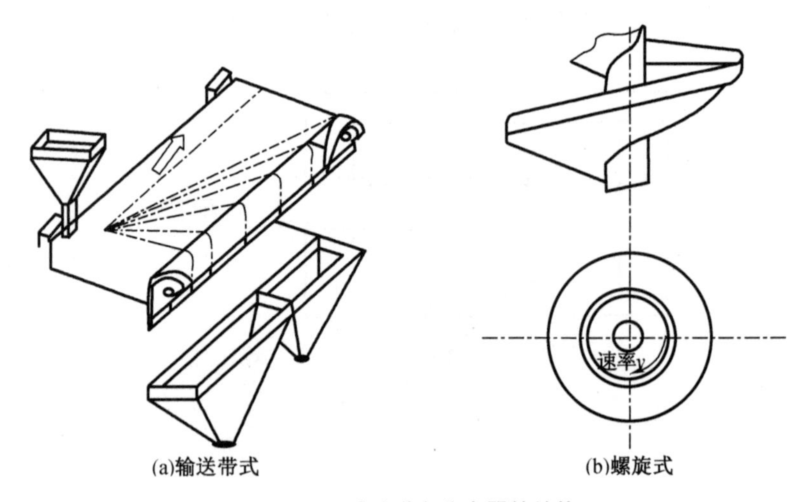

图 10-6　破碎弹丸分离器的结构

③直接加压式气动喷丸机

直接加压式气动喷丸机的结构如图10-7所示。将零件放置在工作台上,将弹丸提升到一定高度,弹丸靠自重落入贮丸箱,通过流量调节阀进入增压箱,再进入含有高压空气的混合室内混合,再经过导丸管共同进入喷嘴,由喷嘴射出,喷向被强化的零件。

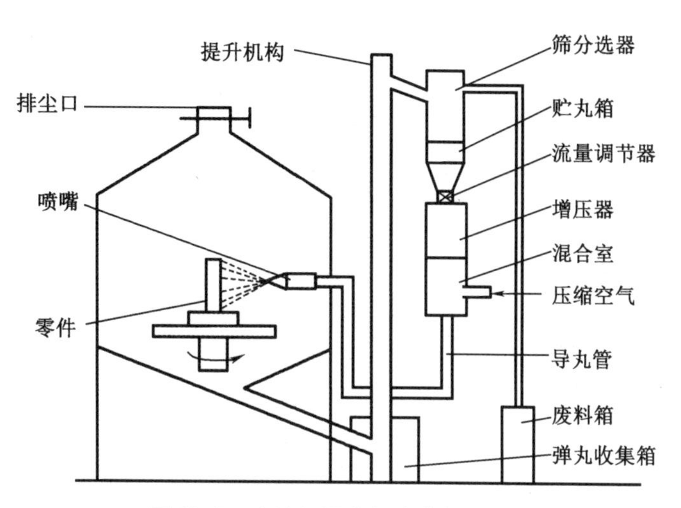

图10-7 直接加压式气动喷丸机结构

在直接加压气动式喷丸机上安装特殊喷嘴组成手提式气动喷丸机,可用来对大型零件的局部表面(主要是平面)进行强化处理。特殊喷嘴的结构见图10-8。它是内外双层管道,由混合空气带出的弹丸,与高压空气的混合流通过中心管进入喷嘴,喷射到工件表面进行强化。零件表面弹回的弹丸,由喷嘴四周的毛刷帘挡住返回,被吸入具有负压的外层管道,回到上部的贮丸箱。喷嘴端部四周毛刷帘具有两方面作用,一方面挡住弹丸回弹后的四溅,另一方面便于喷嘴在零件表面上移动。

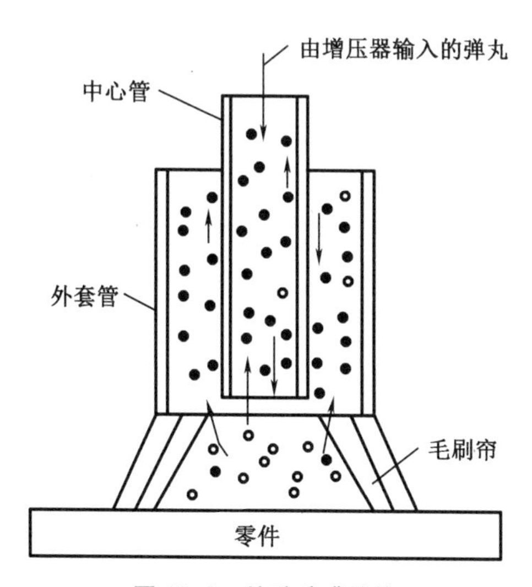

图10-8 特殊喷嘴结构

(2)机械离心式抛丸机

机械离心式抛丸机的结构如图10-9所示,其弹丸是依靠高速旋转的机械离心轮而获得动力。抛丸机的工作原理与重力式喷丸机基本相同,不同之处在于用抛丸器代替喷嘴。与气动式抛丸机相比,机械离心式抛丸机的功率小、生产效率高、喷丸质最稳定,适用于要求喷丸强度高、品种少、批量大、形状简单、尺寸较大的零件;缺点是设备的制造成本较高、灵活性较差。

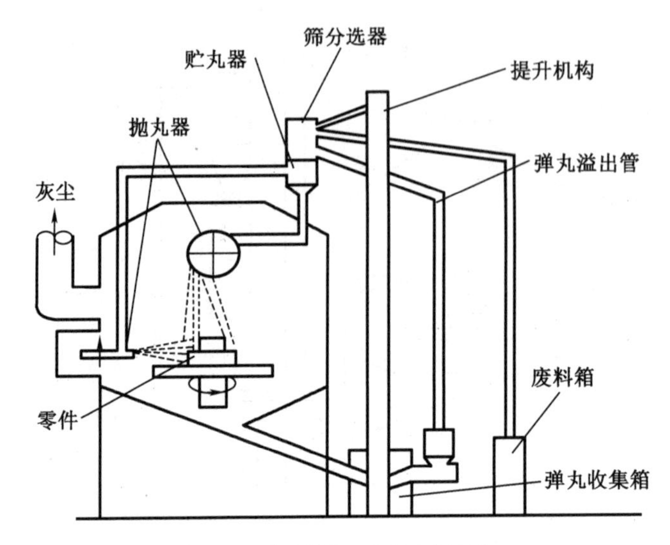

图 10-9 机械离心式抛丸机结构

抛丸器的结构如图 10-10 所示。通常,离心轮的直径为 300~500 mm,转速可在 600~4 000 r/min 范围内调节,使弹丸离开离心轮的线速度处于 45~95 m/s。

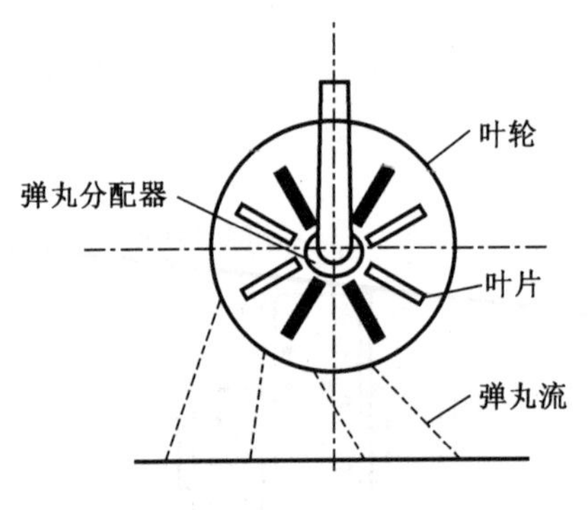

图 10-10 抛丸器的结构

(3)旋片喷丸器

旋片喷丸技术是喷丸工艺的一个分支和新发展。旋片喷丸器主要由旋片和旋转动力设备两部分组成,其结构见图 10-11。旋片主要由弹丸、胶黏剂和骨架材料三部分组成,其作用是把弹丸用特种胶黏剂粘在尼龙平纹网上。旋转动力设备一般采用风动工具作为旋片喷丸的动力源,并要求压缩空气的流量可调,从而达到控制转速的目的。当旋片高速旋转时,粘有大量弹丸的旋片反复撞击工件表面,使之产生形变强化。旋片喷丸器的喷丸强度取决于风动工具的转速。对于一定尺寸规格的旋片,风动工具的转速越高,产生的喷丸强度越高,喷丸强度与转速之间呈线性关系。

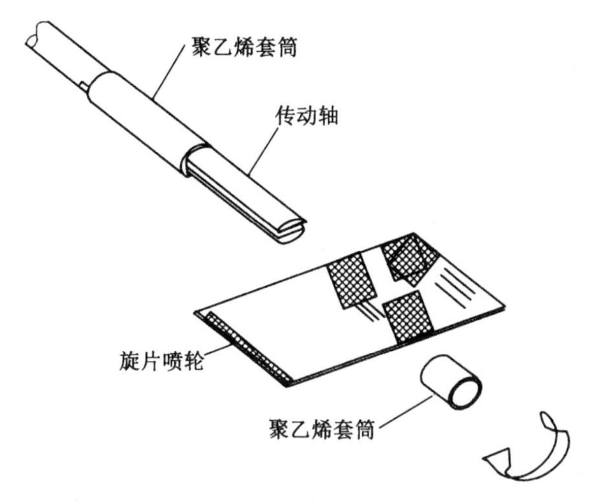

图 10-11 旋片喷丸器结构

旋片喷丸技术适用于大型构件、不可拆卸零部件和内孔的现场原位施工,具有成本低、设备简单、易操作及效率高的突出特点,在机械维修中将有更广阔的发展前景。

2. 喷丸强化用弹丸

(1)弹丸材料

根据材质不同,喷丸强化用弹丸主要有铸铁弹丸、铸钢弹丸、不锈钢弹丸、弹簧钢弹丸、玻璃弹丸、陶瓷弹丸等。其中不锈钢弹丸和弹簧钢弹丸多由钢丝切割制成,又称为钢丝切丸。弹丸的种类、硬度、韧性、显微组织、颗粒形状、粒度分级、宏观、微观组织及密度等亦对零件的强化质量有一定影响。

喷丸强化用弹丸需具备如下特性:比强化零件硬度较高,弹丸须具有较高的硬度和强度;按喷丸强度,即弧高度的要求,喷丸时冲击功为 $1/2mv^2$ 焦耳,应考虑弹丸质量、密度及规格大小之间的关系;要求弹丸不破碎,耐磨损,使用寿命长。

常用的喷丸强化用弹丸有以下三种。

①铸铁弹丸

碳质量分数为2.75%~3.60%,硬度为HRC 58~65。为提高弹丸的韧性,往往采用退火处理提高韧性,硬度降低HRC 30~57。铸铁弹丸的尺寸为 d=0.2~1.5 mm。使用中,铸铁弹丸易于破碎,损耗较大,要及时将破碎弹丸分离排除,否则将会影响零件的喷丸强化质量。但由于铸铁弹丸的价格低廉,故获得大量应用。

②钢弹丸

当前使用的钢弹丸一般是将含碳量为0.7%的弹簧钢丝(或不锈钢丝)切制成段,经磨圆加工制成,直径为0.4~1.2 mm,硬度HRC 45~50最为适宜。钢弹丸的组织最好为回火马氏体或贝氏体。

③玻璃弹丸

玻璃弹丸的应用是在近十几年发展起来的,已在国防工业中获得应用。玻璃弹丸的直径在0.05~0.40 mm范围,硬度HRC 46~50。

强化用的弹丸与清理、成型、校形用的弹丸不同,必须是圆球形,切忌有棱角,以免损伤零件表面。

一般来说,黑色金属制件可以用铸铁弹丸、钢弹丸和玻璃弹丸。有色金属和不锈钢制件则需采用不锈钢弹丸或玻璃弹丸。

(2)喷丸强化用弹丸的选用

应根据被强化零件的尺寸、形状、力学性能(抗拉强度或硬度)、抛丸速率、喷丸强度、覆盖度、表面粗糙度等要求来选择弹丸。

弹丸外形要求:轮廓呈球形或椭球形,表面光滑的弹丸为合格弹丸,见图 10-12(a);轮廓呈长针状或棱角的弹丸为不合格弹丸,见图 10-12(b)和(c)。不合格弹丸在喷丸机内的含量不应超过机内总质量的 15%,若超标,则应使用螺旋选圆机或输送带式选圆机进行选圆。

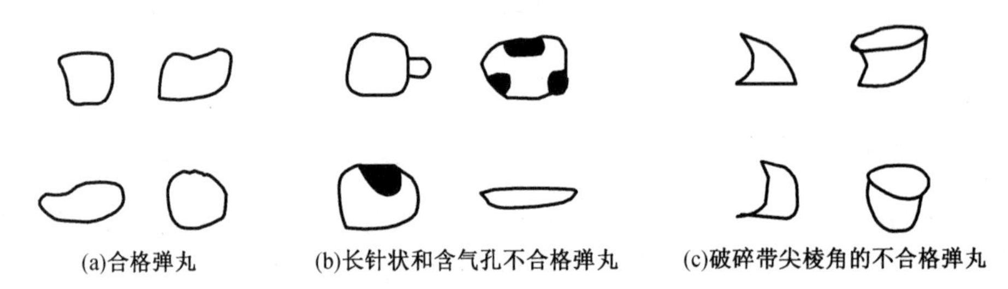

图 10-12 合格弹丸与不合格弹丸外形示意图

装入机内的弹丸不应粘有污垢、油脂,不应混入其他能够堵塞管路的杂物。向机内装入新弹丸或在生产过程中往机内补充新弹丸的量,应为机内总量的 5%~10%,应保持机内弹丸总质量基本不变。

弹丸规格的要求是:在弹丸使用过程中,弹丸因磨损直径不断减小,不断添加新的弹丸,使用一段时间达平衡后,弹丸粒度分布基本保持不变。

在保证弹丸不破碎的前提下,弹丸硬度越高越好。喷丸用金属弹丸中,钢弹丸硬度大于铸钢弹丸,且不破碎,是首选弹丸。当对零件上的圆角、沟槽等应力集中部位及弹簧喷丸时,所选用弹丸的尺寸应满足以下要求:弹丸尺寸应小于喷丸区最小圆角半径的 1/2;弹丸尺寸应小于键槽宽度的 1/4;弹丸必须通过间隙强化下方的表面时,弹丸尺寸应小于间隙缝宽度的 1/4;弹簧喷丸时,弹丸尺寸必须小于弹簧钢丝直径的 20%;还要考虑弹丸必须能够有效地喷射到弹簧内圈表面上,此时弹丸尺寸必须小于弹簧间距的 25%;对表面无粗糙度要求的大型零件可采用大直径、高硬度的钢弹丸以获得高喷丸强度;对表面粗糙度有严格要求的零件,如配合表面或薄壁零件,应采用直径较小的弹丸,在获得一定喷丸强度的同时,不使表面粗糙度和几何形状的变化超过规定要求;黑色金属零件可选用任何种类的弹丸进行喷丸;不锈钢、镍基合金、有色金属等宜选用玻璃弹丸、不锈钢丸或陶瓷丸,若采用铸钢丸或钢丝切丸,强化后应立即采用清洗剂清洗表面,以防由于铁粉沾污而引起电化学腐蚀;对弹丸硬度及破碎率的要求是应选用破碎率较低的弹丸,如磨圆钢丝切丸,以防带棱角的破碎弹丸划伤工件表面,降低其疲劳寿命。在保证不破碎的前提下,硬度越高越好,硬度越高,喷丸强度越高,粗糙度也相对提高。

10.1.3 喷丸工艺及其质量控制

经过抛丸处理的零件,其形状、尺寸和质量等基本上不发生明显变化,只是材料表层组织结构、残余应力、表面粗糙度发生变化。目前各国均采用喷丸强度和表面覆盖率来检验和控制喷丸强化的质量。

1. 喷丸表面质量及影响因素

喷丸过程中影响和决定强化效果的各种因素叫作喷丸强化工艺参数,包括弹丸材质、弹丸尺寸、弹丸硬度、弹丸密度、弹丸速率、弹丸流量、喷射角度、喷射时间、喷嘴至零件表面的距离等。上述诸参数中任何一个发生变化,都会影响零件的强化效果。

(1)金属喷丸表层的塑性变形和组织变化

金属的塑性变形来源于晶面间滑移、孪生、晶界滑动、扩散性蠕变等晶体运动,其中晶面间滑移最为重要。晶面间滑移是通过晶体内位错运动而实现的。金属表面经喷丸后,表面产生大量凹坑形式的塑性变形,表层位错密度大大增加,而且还会出现亚晶界和晶粒细化现象。喷丸后的零件如果受到交变载荷或温度的影响,表层组织结构将产生变化,由喷丸引起的不稳定结构向稳定态转变。例如,渗碳钢表层存在大量残留奥氏体,喷丸时这些残留奥氏体可能转变成马氏体而提高零件的疲劳强度。

(2)弹丸粒度对喷丸表面粗糙度的影响

表 10-1 为四种粒度的钢丸喷射(速率均为 83 m/s)热轧钢板的实测表面粗糙度 *Ra*。由表中可见,表面粗糙度随弹丸粒度的增加而增加。但在实际生产中,往往不采用全新粒度规范的球形弹丸,而是采用含有大量细碎粒的工作混合弹丸,这对受喷表面质量也有影响。表 10-2 列出了新弹丸和工作混合弹丸对低碳热轧钢板喷丸后表面粗糙度的实测值 *Ra*,从中可见,工作混合弹丸喷射所得表面的粗糙度较小。

表 10-1　弹丸直径对表面粗糙度的影响

弹丸粒度	弹丸名义直径/mm	弹丸类型	表面粗糙度 *Ra*/μm
S-70	0.2	工作混合弹丸	4.4~5.5~4.5
S-110	0.3	工作混合弹丸	6.5~7.0~6.0
S-230	0.6	新弹丸	7.0~7.0~8.5
S-330	0.8	新弹丸	8.0~10.0~8.5

表 10-2　新弹丸和工作混合弹丸对低碳热轧钢板喷丸后表面粗糙度的影响

弹丸粒度	表面粗糙度 *Ra*/μm	
	新弹丸	工作混合弹丸
S-70	20~25	19~22
S-110	35~38	28~32
S-170	44~48	40~46

(3)弹丸硬度对喷丸表面形貌的影响

弹丸硬度提高时塑性往往下降,弹丸工作时容易保持原有锐边或破碎而产生的新锐边。反之,硬度低而塑性好的弹丸,则能保持圆边或很快重新变圆。因此,不同硬度的弹丸工作时将形成具有各自特征的工作混合弹丸,直接影响受喷工件的表面结构。具有硬锐边的弹丸容易使受喷表面刮削起毛,锐边变圆后起毛程度变轻,起毛点分布也不均匀。

(4)弹丸形状对喷丸表面形貌的影响

球形弹丸高速喷射工件表面后,将留下直径小于弹丸直径的半球形凹坑,被喷面的理想外形应是大量球坑的包络面。这种表面形貌能消除前道工序残留的痕迹,使外表美观。同时,凹坑起储油作用,可减少摩擦,提高耐磨性。但实际上,弹丸撞击表面时,凹坑周边材料被挤压隆起,凹坑不再是理想半球形。另一方面,部分弹丸撞击工件后破碎(玻璃丸、铸铁丸甚至铸钢丸均可能破碎),弹丸混合物包含大量碎粒,使被喷表面的实际外形比理想情况复杂得多。

经锐边弹丸喷丸后的表面与球形弹丸喷射的表面有很大差别,肉眼感觉比用球形弹丸喷射的表面光亮。细小颗粒的锐边弹丸更容易使受喷表面出现所谓的“天鹅绒”式外观。另外,细小颗粒的锐边弹丸对工件表面有均匀轻微的刮削作用,经刮削的表面起毛使光线散射,微微出现银色的闪光。

(5)受喷材料性能、弹丸对喷丸表层残余应力的影响

工件喷丸后,表层塑性变形量和由此导致的残余压应力与受喷材料的强度、硬度关系密切。材料强度高,表层最大残余压应力就相应增大。但在相同喷丸条件下,强度和硬度高的材料,压应力层深度较浅,硬度低的材料产生的表面压应力层较深。

在相同喷丸压力下,采用大直径弹丸喷丸后的表面压应力较低,但压应力层较深;采用小直径弹丸喷丸后的表面压应力较高,但压应力层较浅,而且压应力值随深度下降很快。对于表面有凹坑、凸台、划痕等缺陷或表面脱碳工件,通常选用较大的弹丸以获得较深的压应力表面层,使表面缺陷造成的应力集中减小到最低程度。

喷丸速率对表层残余应力有明显影响。当弹丸粒度和硬度不变,提高压缩空气的压力和喷射速率,不仅增大了受喷表面压应力,而且有利于增加变形层的深度。

2. 喷丸强化的效果检验

检验喷丸强化的工艺质量就是检验表面强化层深度和层内残余压应力的大小和分布。喷丸强度和表面覆盖率是反映喷丸强化工艺参数共同作用综合强化效果的两个参数。在实际生产中是通过弹丸(尺寸、硬度、破碎率等)、喷丸强度、表面覆盖率、表面粗糙度这四个参数来检验、控制和评定喷丸强化质量。弧高度试片给出的喷丸强度,表明金属材料的表面强化层深度和残余应力分布的综合值。若要了解表面强化层的深度和组织结构,以及残余应力分布情况,还需要进行组织结构分析和应力测定等一系列检验。

(1)喷丸强度

喷丸强度是采用弧高度试片来测量的。将一薄板试片紧固在夹具上,进行单面喷丸时,由于喷丸面在弹丸冲击下产生塑性伸长变形,因而喷丸后取下的试片发生凸向喷丸面的球面弯曲变形,如图 10-13 所示。在试样上取一直径为 36 mm 的平面 *ABCD* 为基准面,喷完后变成薄板球体面,如图 10-13 所示,球面的最高点与此平面间的垂直距离作为弧高度。弧高度试片可看作是圆形薄板上的一条窄板,喷丸后试片的变形就是球体的一部分。实际测量是在直径为 36 mm 的圆上取四个点,如图 10-14 所示,用百分表测量弧高度,如图 10-13 所示。

在固定试片厚度力和测量弧高度的基准圆直径 a 的条件下,变形后弧高度值 f、试片厚度 h、残余压应力深度 δ_r 和强化层内的平均残余应力 σ_{mr} 之间有如下关系:

$$f=\frac{3}{4}\times\frac{a^2(1-\gamma)}{Eh^2}\sigma_{mr}\delta_r \tag{10-1}$$

式中,E 为弹性模数;γ 为泊松比;a 为测量弧高度的基准圆直径。

在其他参数不变的条件下,试片厚度 h 越大,弧高 f 越小。当试片厚度一定时,弧高 f 仅

取决于 σ_{mr}。因此，可用弧高 f 来度量零件的喷丸强度。弧高度试验不仅是确定喷丸强度的试验方法，同时又是控制和检验零件喷丸质量的方法。在生产过程中，将弧高度试片与零件一起进行喷丸，然后测量试片的弧高度 f，如 f 值符合生产工艺中规定的范围，则表明零件的喷丸强度合格。这是控制和检验喷丸强化质量的基本方法。

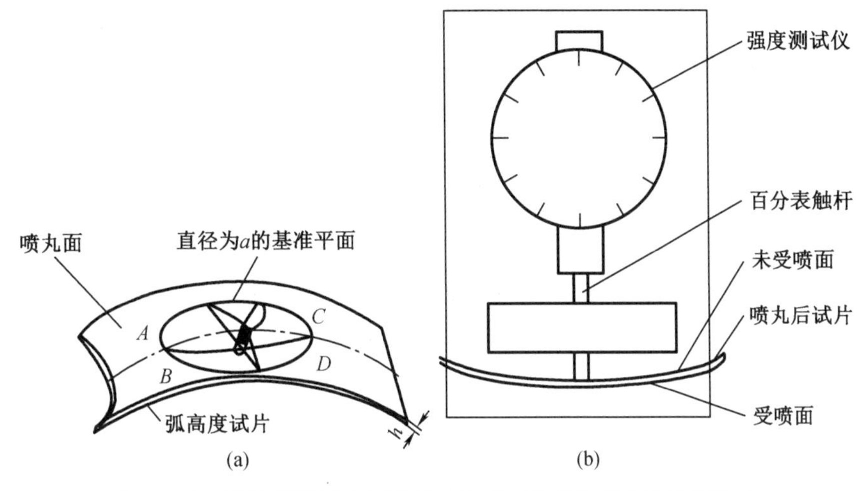

图 10-13 薄板单面受喷后所形成的球面及其与基准面的弧高度

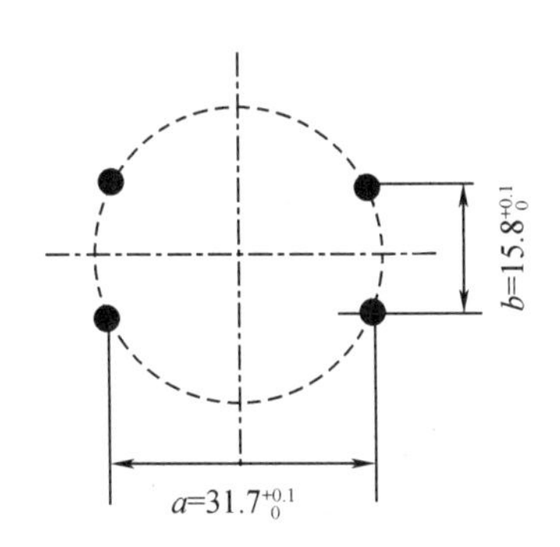

图 10-14 直径为 36 mm 基准面上 4 点之间的距离

弧高度试片的材料通常用具有较高的弹性极限的70号弹簧铜，常用的试片有三种，根据要求的喷丸强度，选用不同厚度的试片，如表10-3所示。

表 10-3 三种弧高度试片的规格

规格	试片代号①		
	N(或Ⅰ)	A(或Ⅱ)	C(或Ⅲ)
厚度/mm	0.79±0.025	1.3±0.025	2.4±0.025
平直度/mm	±0.025	±0.025	±0.025
宽×长/(mm×mm)	$19^{19-0.1}$×76±0.2	$19^{19-0.1}$×76±0.2	$19^{19-0.1}$×76±0.2
表面粗糙度 Ra/μm	>0.63~1.25	>0.63~1.25	>0.63~1.25
使用范围	低喷丸强度	中喷丸强度	高喷丸强度

(2)试片 N 的硬度为 HRA 73~76,试片 A、C 的硬度为 HRC 44~55

喷丸强度是表征材料表面产生循环塑性变形程度及其深度的一个参量,也是喷丸强化程度的一个变量。喷丸强度越高,材料表层的塑性变形越强烈。喷丸强度分为高、中、低 3 个级别,分别用 C、A、N 试片测量。当用试片 A(或Ⅱ)测得的弧高度 $f<0.15$ mm 时,应改用试片 N(或Ⅰ)来测量喷丸强度;当用试片 A 测得的 $f>0.6$ mm 时,则需改用试片 C(或Ⅲ)来测量喷丸强度。

对弧高度试片进行单面喷丸时,初期的弧高度变化速率快,随后变化渐趋缓慢,当表面的弹丸坑面积占据整个表面(即全覆盖率)之后,弧高度无明显变化,这时的弧高度达到了饱和值。由此可作出 f-t(时间)的关系曲线,如图 10-15 所示。饱和点所对应的强化时间,一般均在 20~50 s 范围之内。

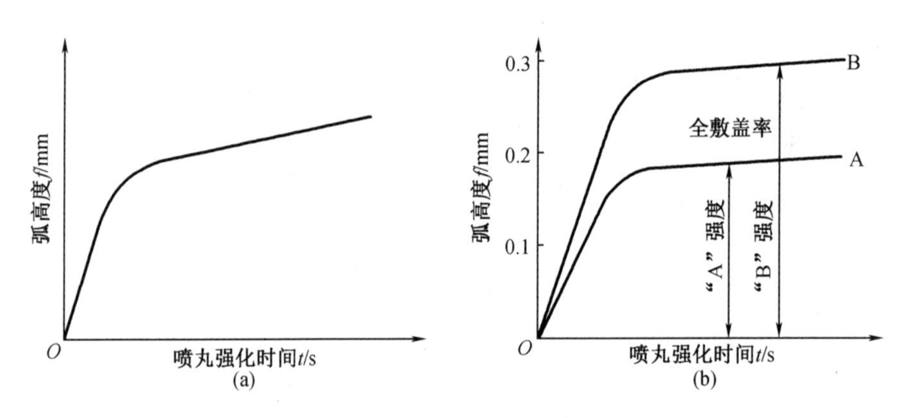

图 10-15 试片的弧高度 f 与喷丸时间 t 之间的关系

当弧高度达到饱和值,试片表面达到全覆盖率时,以此弧高度 f 定义为喷丸强度。喷丸强度的表示方法是

$$0.25\text{C} \text{ 或 } f_C = 0.25 \text{ mm} \tag{10-2}$$

其中前面的数字(或等式右边的数字)为弧高度值;字母(或脚码)表示试片的种类。

(3)表面覆盖率

受喷零件表面上弹痕占据的面积与受喷表面总面积之比称作表面覆盖率,简称覆盖率,以百分数表示。一般认为,喷丸强化零件表面覆盖率要求达到表面积的 100%时,才能有效地改善疲劳性能和抗应力腐蚀的性能。但在生产上应尽量缩短不必要的过长的喷丸时间。

由于覆盖率是根据弹坑所占面积数据计算而得,当覆盖率很高时,弹痕不易分辨,很难准确测量面积。因此常以 98%定为 100%的覆盖率或称全覆盖率,而达到 200%覆盖率所需时间应为达到 100%所需时间的 2 倍。

但零件表面达到 100%覆盖率所需的时间并不等于达到 50%所需时间的 2 倍。若在 1 min 内达到 50%,则下一个 1 min 只能使剩下的 50%面积再获得它的 50%的覆盖率,达到的总覆盖率为 50%+25%=75%。n 次喷丸后的覆盖率为

$$C_n = l-(1-C_1)^n \tag{10-3}$$

式中 C_1 为第一次喷丸覆盖率。覆盖率 C_n 随喷丸次数 n 增加而上升,并以 100%为极限值。

在其他喷丸条件固定的情况下,覆盖率取决于喷丸时间。因此,覆盖率和喷丸强度之间存在内在联系,覆盖率和喷丸强度共同影响喷丸强化效果,即影响疲劳强度和抗应力腐蚀能力。试验证实,当喷丸达到 30%覆盖率时,疲劳强度出现明显变化,随着覆盖率增大,

疲劳强度增加;当覆盖率超过80%之后,疲劳强度增加缓慢。

3. 最佳喷丸工艺参数的选择

金属材料的疲劳强度和抗应力腐蚀性能并不是随喷丸强度的增加而直线增加,存在一个最佳的喷丸强度,只有选择最佳的喷丸强度,零件才能获得最好的性能。

最佳的喷丸强度是通过试验确定的。图10-16分别为钢[图10-16(a)]、铝合金和钛合金[图10-16(b)]的喷丸强度与零件壁厚和材料抗拉强度的关系。

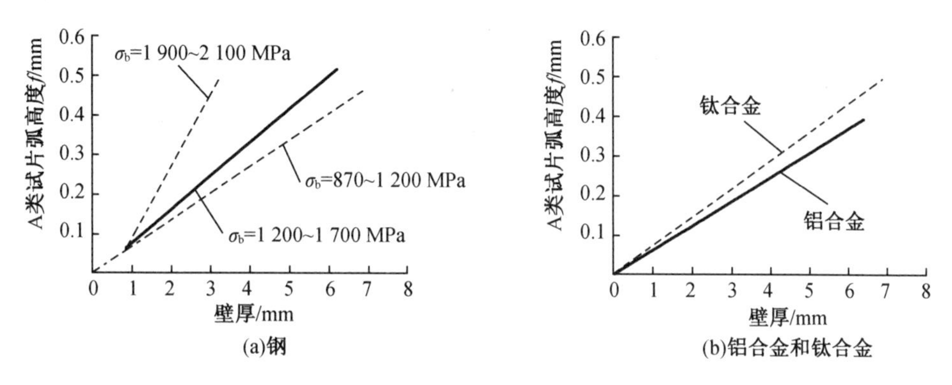

图10-16 三种材料的喷丸强度与壁厚和抗拉强度的关系

10.1.4 喷丸强化技术的应用

1. 喷丸强化在提高疲劳寿命方面的应用

(1)表面镀零件的喷丸强化

钢制零件表面镀非铁金属,如镀铬、镀镍、镀铜、镀锌、镀锡和镀镉等工艺都会影响疲劳强度,其中尤以镀铬、镀镍等影响最大。钢表面镀铬、镀镍后表层即出现拉应力,使钢的疲劳强度降低。例如,45钢镀铬后镀层残余拉应力可高达300 MPa,使疲劳极限比未镀铬前下降40%。

镀铬或镀镍零件的疲劳寿命可用喷丸、氮化或表面淬火等表面强化工艺来改善。这些表面强化方法使零件表层产生残余压应力,抵消一部分由电镀引起的残余拉应力,甚至能使表层残余应力由拉应力转变为压应力。

表10-4为喷丸对镀铬和镀镍钢试样疲劳强度的影响。在电镀前或电镀后进行喷丸都可提高疲劳强度。镀镍试样在电镀后再喷丸效果更显著,其疲劳强度比未经电镀试样的高。

表10-4 喷丸对镀铬或镀镍试样的影响

处理工艺	镀铬		镀镍	
	疲劳极限 σ_{-1}/MPa	疲劳极限变化/%	疲劳极限 σ_{-1}/MPa	疲劳极限变化/%
未经处理	330	100	330	100
电镀	274	83	140	42.5
喷丸后电镀	360	109	288	87
电镀后喷丸			387	117
喷丸(未电镀)	373	113	373	113

(2)钢制零件的喷丸强化

钢制零件喷丸强化的效果与多种因素有关,其中主要受材料的成分和热处理状态的影响。此外,零件设计中是否存在缺口,例如退刀槽、销钉孔或其他 V 形缺口等,喷丸强化的效果也不同。

材料硬度、强度越高,喷丸强化对疲劳强度的提高越大。此外,未经磨削的试样喷丸后的强化效果均高于磨削试样,这是由于磨削过的试样表面粗糙度好,将喷丸提高疲劳强度的效果抵消掉一部分。机械零件、构件上的沟槽和形状变化引起的应力集中会降低零件、构件的疲劳强度。对缺口试样进行喷丸强化其效果明显高于光滑试样。

(3)铝合金零件的喷丸强化

铸造或变形高强度铝合金都可以用喷丸强化处理来改善其疲劳性能。例如 LD2-CZ 铝合金板材(厚度为 10 mm),采用玻璃弹丸 $d=0.05\sim0.15$ mm 或试片弧高(喷丸强度)$f_A=0.12\sim0.18$ mm(或 0.12~0.18 A)的喷丸强化处理后,进行了 $\sigma_a=54$ MPa、$\sigma_m=120$ MPa,加载频率为 175 Hz 的拉-拉疲劳($R=+0.4$)试验。结果表明,未喷丸者其疲劳寿命为 1.1×10^6 周次,而喷丸后提高到大于 1×10^8 周次。

图 10-17 为喷丸处理对裂纹扩展速率的影响。由图中可见,喷丸后试样中的裂纹开始时扩展,但生长速率较低,扩展到某一定深度时,裂纹受到抑制,此点即对应于最大压应力的位置。

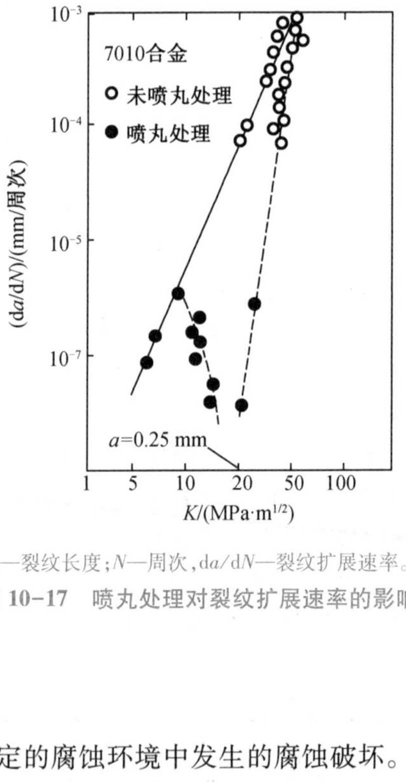

a—裂纹长度;N—周次,da/dN—裂纹扩展速率。

图 10-17 喷丸处理对裂纹扩展速率的影响

铝镁铜合金经喷丸处理后,疲劳性能可达 1×10^8 周次,提高了 60%。试验中为了区分表面硬化和残余压应力的影响,对喷丸处理后的试样施加一个永久性的应变以降低试样表面的压应力而不影响硬化层的硬度。这样做是为了使疲劳强度降低到未喷丸处理的水平,同时也表明正是由于压应力而改善了疲劳性能。喷丸处理可能引起表面伤痕或裂纹,这种表面伤痕或裂纹的产生与否取决于喷丸的强度。尽管如此,由于喷丸处理会阻止表面裂纹的扩展,它还是能有效地提高疲劳寿命。通过对三种不同程度的喷丸处理研究,发现最低程度的喷丸处理对高周疲劳影响最明显,而最高程度的喷丸处理对低周疲劳最有效。

2. 喷丸强化提高金属材料抗应力疲劳腐蚀

应力腐蚀是指金属零件在应力作用下,在各自特定的腐蚀环境中发生的腐蚀破坏。应力腐蚀的范围很广,不仅发生于钢材,也发生于黄铜等有色金属,甚至发生于不锈钢。

在相应的腐蚀环境中,如果不存在应力,腐蚀进展极为缓慢;当存在一定量的拉应力,腐蚀很快发展,直至构件开裂而失效。应力腐蚀都是从金属表面开始,表面呈拉应力状态时,腐蚀进程加快,反之,表面压应力能抑制腐蚀发展。金属的表层应力性质极大地影响应力腐蚀。金属材料或零构件中出现的应力可能是外加的工作应力,但更需要注意的是冷、热加工后的残余应力。

喷丸强化工艺在改善材料抗应力腐蚀疲劳性能中的应用虽尚未像在改善疲劳性能那

样普遍和广泛，但喷丸强化可使金属表层残余应力从拉应力改变成压应力，阻止腐蚀进展，从而显著提高金属材料抗应力腐蚀破坏的能力。

例如，对 ω_{Zn} 为 6.0%、ω_{Mg} 为 2.4%、ω_{Cu} 为 0.74%、ω_{Cr} 为 0.1%的铝合金试样（悬臂梁式，危险断面尺寸 7.6 mm×5.1 mm）在喷丸前做以下三种处理。

A 型：挤压后铣削加工，不进行任何热处理。

B 型：挤压后在 465.5 ℃（1.5 h）水淬，135 ℃（16 h）时效处理。

C 型：挤压后冷弯成半径为 203 mm 的弧形，然后按 B 型进行热处理，处理后校直。

经过上述三种方法处理后试样的表面残余应力状态及其应力腐蚀界限应力见表 10-5。

表 10-5 铝合金悬臂梁试样喷丸前后的应力腐蚀界限应力

试样型号	表面状态	表面 σ_r/MPa	应力腐蚀界限应力/MPa
A	未喷丸	-4.8~+4.8	357
	喷丸	-189	420
B	未喷丸	-120~-77	238
	喷丸	-217	350
C	未喷丸	+95~+147	203
	喷丸	-203	329

试样的喷丸工艺：铸铁弹丸 d=0.56 mm，喷丸强度 0.2 Amm，喷丸强化层的残余压应力深度约 0.2 mm。

应力腐蚀试验是将悬臂梁试样浸入 NaCl（0.5 mol）与 $NaHCO_3$（0.005 mol）混合水溶液中，加载后测定试样的断裂时间。从表 10-5 可以看到喷丸强化对改善抗应力腐蚀性能的效果，即当材料表面存在残余拉应力时，材料的抗应力腐蚀性能降低；反之，表面残余压应力则能提高材料的抗应力腐蚀能力。

在中温下使用的不锈钢零件，常因应力腐蚀产生腐蚀坑，故往往采用喷丸强化处理来改善不锈钢的抗应力腐蚀性能。

Cr17Ni2A 马氏体不锈钢（σ_S=850~900 MPa，σ_b=1 100~1 400 MPa）加工成板形试样，尺寸为 2 mm×5 mm×100 mm，加载后成弯曲弓形。表面最大拉应力按材料力学挠度公式计算应达到 0.8σ_S，喷丸后试样表面残余压应力 σ_r=-700~-600 MPa，加载后表面应力 σ_a=-300~-150 MPa。试样间断地浸入 3%NaCl 水溶液中（每小时浸入 10 min），试验温度为 35 ℃，试验结果见图 10-18。对于任何一种冷、热加工的试样来说，喷丸强化形成的表面残余压应力都在不同程度上提高了材料的抗应力腐蚀性能。

淬火和退火状态的 AIS1410（相当于我国的 1Cr13）不锈钢（硬度为 HRC 36~42），在约为 150 ℃的高纯度水中易产生应力腐蚀开裂。采用喷丸强化处理后，将试样加载，使之产生 420 MPa 的拉应力，放入 150 ℃的饱和水蒸气中做应力腐蚀试验。结果是未喷丸试样在一周之内发生断裂，而喷丸后的试样经过八周之后才发生断裂。喷丸工艺为：钢丸直径 d=0.71 mm，喷丸强度 0.18~0.27 Amm。

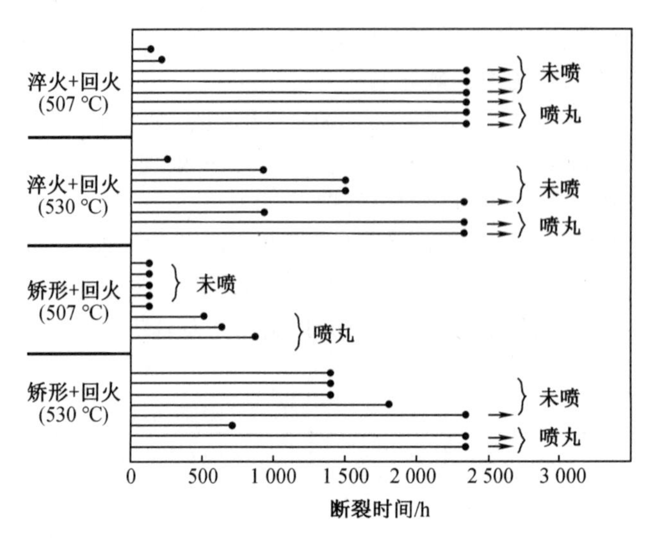

图 10-18 Crl7Ni2A 马氏体不锈钢不同加工处理的弓形试样前后的应力腐蚀断裂时间(3% NaCl 水溶液)

喷丸强化技术也成功地用于防止 Inconel 系列合金、铜、硅和镁合金等其他材料制品的应力腐蚀破裂。如氨球罐、泵体、蒸发器等大型容器,以及压缩机、转化器、塔器结构件、热交换器管道和其他热交换器表面、普通碳钢、合金钢以及有色金属铸件都可以进行喷丸强化处理。机械构件如卷簧、齿轮、泵的轴、隔板、联轴节和压力开关隔板,在采用控制喷丸强化后,对于解决腐蚀裂纹问题起了重要作用。

10.2 电火花表面强化技术

电火花表面强化理论最早由苏联学者拉扎连科于 1943 年提出。随后在 1950 年,苏联中央电气科学研究院成功研制出了 уир 系列电火花表面强化机,使该技术得以在工业上得到应用。到了 19 世纪 60 年代中期,电火花技术在我国开始推广应用。如今电火花强化技术已经广泛应用于航空航天、能源、军事、电力、医疗等众多领域。

10.2.1 电火花表面强化原理

电火花表面强化技术,也称为电火花沉积、电火花合金化等,它是一种表面处理技术,其原理是通过电火花放电将电极材料熔渗到工件表层,并与表层金属发生合金化作用,以得到结合牢固的强化层。图 10-19 为电火花强化表面原理示意图。在工具电极和工件之间接上直流或交流电源,在振动器的作用下,电极与工件之间的距离周期性地发生变化,当两者之间距离很小时,空气被击穿并产生电火花,使电极和工件表面局部区域熔化,形成强化层。

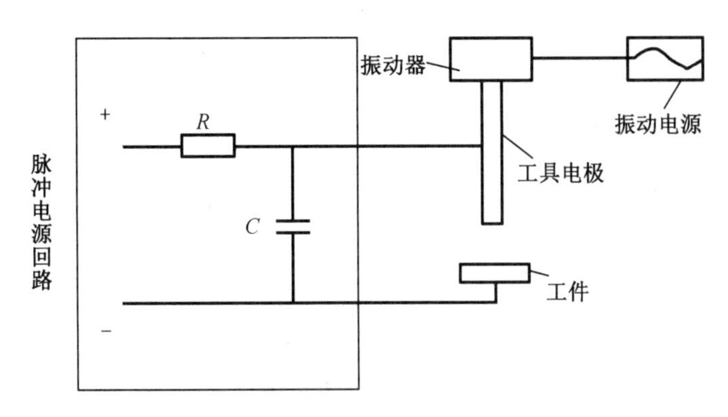

图10-19 电火花表面强化原理示意图

图10-20为电火花强化过程示意图。如图可知电火花强化过程可分为三个阶段,即工具电极远离工件,工具电极与工件之间的距离达到火花放电的临界值,以及工具电极与工件接触短路。当工具电极与工件之间距离较大时[图10-20(a)],电源将经过电阻 R 对电容 C 进行充电,此时无电火花产生。在振动器的作用下,工具电极逐渐向工件表面靠近,当二者之间间隙达到一个临界值时[图10-20(b)],将发生火花放电。此时产生的热量使工具电极和工件局部区域开始熔化甚至汽化,并伴随发生一系列复杂的化学反应。当工具电极继续向工件靠近并接触时[图10-20(c)],火花放电停止,从工具电极与工件接触点流过的短路电流,使该处持续加热。由于振动器的下压,此时接触点还受到来自工具电极的压力,这有利于熔化了的材料之间相互黏结、扩散,进而形成合金以及新的化合物。当振动器向上运动时,将带动工具电极离开工件表面[图10-20(d)]。由于火花放电热影响区很小,故当工具电极离开工件后,工件的放电部位快速冷却。这样经多次放电后,并相应地移动电极的位置,就可以在工件表面形成结合牢固的强化层。

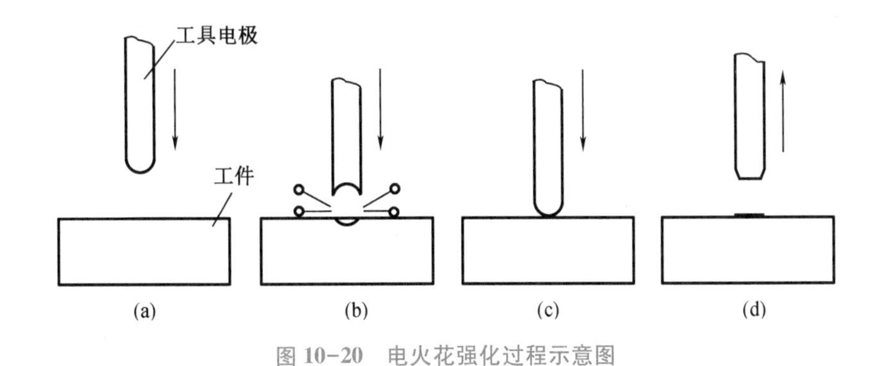

图10-20 电火花强化过程示意图

10.2.2 电火花表面强化技术的特点

1.强化层的特性

类似于焊接过程,电火花强化也是一个快速加热、快速冷却的过程。电火花放电过程十分短暂,但是在瞬间可以释放出大量的热能,使得工件表面很小的面积熔化以及部分汽化。火花放电结束后,被加热的金属部分在周围冷的金属以及冷的气体介质中,会快速冷却,发生高速淬火。另外空气中的氮和来自石墨电极或介质中的碳,在火花放电过程中也会发生渗氮、渗碳现象,生成高硬度的金属氮化物、金属碳化物。另外电极材料往往本身就是高硬度材料,其熔渗到工件表面也极大地提高了表面硬度和耐磨性能。合理地选用电极材料还能使强化层具有耐蚀性、耐高温、抗疲劳等特性。如利用 WC、Cr、Mn 作电极强化不锈钢,耐蚀性可提高 3~5 倍。采用 WC、TiC 等硬质合金作电极强化轧辊,可以形成显微硬度 HV 1 100 以上的耐磨、耐蚀且具有热硬性的强化层,显著提高了轧辊的寿命。

2. 工艺特性

(1)电极材料

电极材料对工件表面强化效果的影响很大。因为电火花表面强化层与基体结合力较强,所以电极材料的选择主要从材料表面所需要达到的功能方面来考虑。如对机器磨损部位进行微量修补,选用碳素钢、黄铜等价格便宜的材料即可;如需在刀具表面获得高硬度,采用硬质合金作为工具电极要比采用铬锰作为工具电极所得的强化层硬度更高。

(2)放电电压

当其他参数一定时,随着放电电压的提高,所得的强化层厚度也随之增大。这时因为在强化过程中当放电回路阻抗稳定时,放电电压增大,放电电流也增大,产生的能量也就越大,则单位时间内熔化的电极材料变多,故强化层变厚。

(3)脉冲频率

脉冲频率主要影响强化层的表面致密度,当脉冲频率提高时,单位时间内放电次数增多,每次过渡的电极熔融颗粒变小,所获得的强化层致密度将提高,光洁度增加,同时也可在一定程度上提高硬度。但是对于给定的电规准,脉冲频率不可过大,否则可能造成电容器充电不足或放电不完全,从而降低强化层厚度。

(4)强化时间

强化时间对强化层影响较为复杂。在某一最佳强化时间之前,强化层厚度随强化时间增加而增大,且强化层组织较均匀、致密,这是因为在强化初期,电极材料向基体过渡量较小,强化层较薄,尚未完全覆盖工件表层,故表面存在的缺陷也很少,表面质量较好。当强化时间超过最佳强化时间后,强化层厚度增幅放缓,且表面粗糙度显著提高,这是因为随着电极熔滴不断向工件沉积,强化层表面的强化点和电蚀凹坑会不断叠加,加上强化过程一般由人手工操作,也会使熔滴涂覆不均匀性增加,故表面粗糙度升高。但是进一步增加强化时间,粗糙度反而又会下降,其原因是强化层表面凸起的较大颗粒与电极间的间距相对更小,故其之间电场强度更大,所以容易被电蚀熔化并填补到凹陷部分,从而使表面粗糙度降低。

(5)电容

在其他条件一定时,增大电容的容量,强化层的厚度将增大。因为在强化过程中,增大电容值,放电电流的脉冲宽度增大,从而放电过程中的平均电流也增大,所释放的能量也随之增大,进而使强化层变厚。但是电容量增大,过渡的电极熔滴尺寸也变大,这会使强化层表面粗糙提高。当电容量增加到一定值时,强化层厚度增速将放缓,直至停止。

与其他常见的表面处理技术(如电镀、热喷涂、常规表面化学热处理等)相比,电火花表面强化技术的优点可以归纳为以下几点:设备简单,操作容易,不需要专业操作人员;热输入较小,被强化的工件基体不会产生退火或热变形;强化层与基体冶金结合,结合强度较高,不会发生剥落;工艺参数可控,电极材料选择范围广;应用范围广,对于一般几何形状的平面或曲面均可进行强化。

10.2.3　电火花强化设备

目前国内广泛应用的电火花强化设备有 3 种，即 *R*-*C* 脉冲电火花强化机，矩形波脉冲电火花强化机，功率开关控制脉冲电火花强化机。

1. *R*-*C* 电火花脉冲强化机

R-*C* 电火花脉冲强化机是传统的电火花强化机，其采用直流电源，利用电阻 *R* 与电容 *C* 的充放电产生脉冲，如图 10-21 所示。强化电极在振动器带动下周期性地与工件表面接触而产生脉冲放电，熔化电极，形成强化层。这种设备结构简单，操作方便，输出功率大，强化速度快，但是由于脉冲波形具有随机性，工作状态不够稳定，强化层表面粗糙度较高。

2. 矩形波脉冲电火花强化机

矩形波脉冲电火花强化机采用的是矩形波脉冲电源，脉冲频率、占空比、峰值电压均可调节，如图 10-22 所示。脉冲高电平接强化电极，低电平接工件表面。强化电极通过振动法或旋转法接触工件表面，在脉冲电脑作用下产生电火花，形成强化层。由于矩形波的参数调整范围大，可灵活控制电火花的强弱，处理后的强化层的表面质量容易控制。

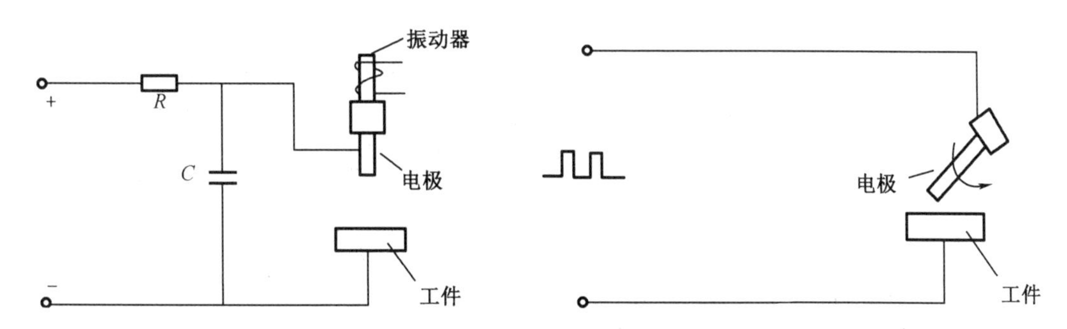

图 10-21　*R*-*C* 脉冲电火花强化机结构原理图　　图 10-22　矩形波脉冲电火花强化机结构原理图

3. 功率开关控制脉冲电火花强化机

功率开关是由能承受较大电流，漏电流较小，在一定条件下有较好饱和导通及截止特性的三极管构成，如晶体管（GTR）、场效应晶体管（MOSFET）、绝缘栅双极型晶体管（IGBT）等。这种功率开关器件可以实现控制设备的充电与放电过程，使充、放电过程分开，相互独立，避免电火花强化时由于电源短路造成零件损伤的情况。利用 IGBT 导通特性好，易向高电压、大电流、高频率扩展等特点，生产的 IGBT 开关控制脉冲电火花强化机可以提高强化功率及脉冲频率，提高设备工作稳定性，如图 10-23 所示。

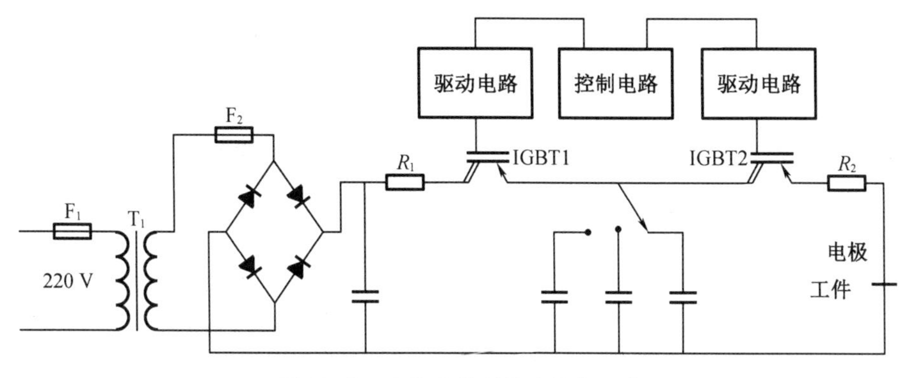

图 10-23　IGBT 控制脉冲放电回路

10.2.4 电火花表面强化技术的应用

由于电火花表面强化的一系列优点，该技术在许多行业得到了广泛的应用。

1. 模具修复

模具在使用过程中，不可避免地要发生磨损，这样会造成模具的几何尺寸变化，产品的质量难以保证。利用电火花表面强化技术修复模具，可以使模具的寿命大幅提高。如某厂采用 3Cr2W8V 制造的压铸模具，经过 WC-Ti 作为电极进行电火花表面强化，并经油石研磨处理，其模具寿命由原来的 1~2 万件，提升到 8 万件。

2. 航空工业

随着航空领域对材料的性能要求越来越高，电火花表面强化技术被广泛地用来强化关键零部件。如俄罗斯航空部门利用此技术在战斗机透平叶片表面强化 WC、C、Ni 基材料，以提高部件的寿命。国内某航空发动机公司曾与中国农机院表面工程技术研究所合作，采用电火花表面强化技术成功在发动机叶片榫槽处制造出高可靠性微动磨损的 WC-Co 强化层，使叶片的使用寿命大大提高。

3. 电力行业

早在 1999 年，中国农机院表面工程技术研究所就采用电火花表面强化技术成功修复了重庆华能珞璜电厂 30 万千瓦发电组轴径密封段磨损面，解决了此类部件不能以焊接修复，而喷涂、电镀结合强度又不够的技术难题。此后该技术在电力行业的应用开始快速发展，取得了显著经济效益。

4. 其他行业

电火花表面强化技术除了在以上领域广泛应用外，在诸如修复轧辊、强化刀具、提高钻头性能等方面的效果也非常显著。

10.3 溶胶-凝胶法成膜工艺

溶胶-凝胶法(sol-gel process)是根据胶体化学原理，以适当的无机盐或有机盐为初始原料制成溶胶，涂覆于基材表面上，经水解和缩聚反应等在基材表面凝胶成薄膜，再经干燥、烧结获得表面膜的方法。溶胶-凝胶法是 20 世纪 70 年代发展起来的制备材料的新方法。此法的突出优点是：制备的材料化学纯度高，均匀性好，工艺简便，烧结温度低。现已用于制备玻璃、陶瓷、纤维、纳米超细粉体、多孔固体、涂层和功能薄膜等新材料。

10.3.1 溶胶-凝胶法成膜原理

溶胶是指尺寸为 1~100 nm 的固体颗粒在适当的液体中形成的分散体系。当在一定条件下，溶胶失去液体介质，导致体系黏度增大到一定程度时，形成具有一定强度的固体胶块，叫作凝胶。

制备溶胶的原始材料有无机盐和有机盐两类。无机盐溶胶常用卤化物和氢氧化物，适于工业上使用，纯度不高；有机盐溶胶常用金属醇盐，适合精细材料的制造。溶胶-凝胶法使用最多的原料是烷氧基金属醇盐 $M(OR)_n$，其中 M 代表金属，R 代表烷基 C_mH_{2m+1}。采用金属醇盐制备溶胶-凝胶薄膜的主要流程如图 10-24 所示。

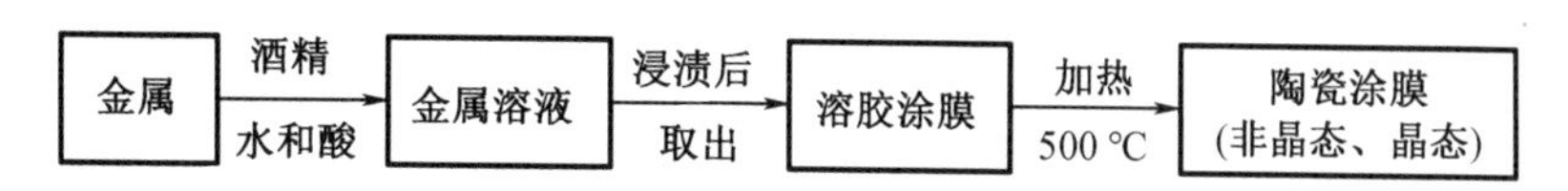

图 10-24 金属醇盐制备溶胶-凝胶薄膜的流程图

在金属醇盐 $M(OR)_n$ 中添加酒精制成混合溶液,之后再添入水和作为催化剂的酸制成初始溶液。将初始溶液在室温至 80 ℃下循环搅拌,使之发生醇盐的加水分解和聚合反应,生成 M-O-M 结合键的胶体粒子。反应继续进行就变成整体固化的凝胶。以四乙氧基硅烷的反应为例,其水解反应式如下:

$$nSi(OC_2H_5)_4+4nH_2O \longrightarrow nSi(OH)_4+4mC_2H_5OH \tag{10-4}$$

式中生成的 $Si(OH)_4$ 富有反应性,发生如式(10-5)中的聚合反应,形成以 $-\overset{|}{\underset{|}{Si}}-O-\overset{|}{\underset{|}{Si}}$ 键接合的 SiO_2 固体。

$$nSi(OH)_4 \longrightarrow nSiO_2+2nH_2O \tag{10-5}$$

式(10-4)、式(10-5)可综合为

$$nSi(OC_2H_5)_4+2nH_2O \longrightarrow nSiO_2+4mC_2H_5OH \tag{10-6}$$

式(10-6)表示反应物全部参加反应的情况。实际上,水解和聚合的方式随反应条件不同而变化,是很复杂的。为了获得最佳的膜层性能,烷氧基金属的水解速度和聚合反应速度的控制是非常重要的。对于以上反应,由于四乙氧基硅烷非常稳定,因此只加水时其分解反应较慢,一般还需加入盐酸或氨作为催化剂来促进加水分解反应。而对于不稳定的烷氧基锆、烷氧基钛等,则需抑制加水分解反应,如采用在 N_2 或 Ar 干燥气氛中利用空气中的水产生水解,也可以添加稳定剂,如乙酰丙酮、β-二酮类等。

10.3.2 溶胶-凝胶膜的制备方法

溶胶-凝胶膜的制备方法有很多,最简单的方法是刷涂法,但最常用的方法是浸渍提拉法和旋转法。

1. 浸渍提拉法

该方法是将整个洗净的基板浸入预先制备好的溶胶中,然后以一定速度将基板平稳地从溶胶中提拉出来,此时在基板表面形成一层均匀的液膜;随着溶剂的不断蒸发,附着在基板表面的溶胶迅速凝胶化而形成一层凝胶膜。膜层厚度随提升速度和黏度的增大而增加,故常用提升速度来控制膜厚。浸渍法的优点是设备简单,操作方便,可在玻璃两面同时镀膜。缺点是提拉时出现挂流现象,造成膜层不均匀。

2. 旋转法

旋转法又称离心法和甩胶法,是将基板固定在旋转盘上,滴管垂直于基板并固定在基板的正上方。当滴管中的溶胶液滴落到旋转的基板表面时,在离心力的作用下,溶胶迅速而均匀地铺展在基板表面,然后经干燥、烧结成膜。旋转法可制成厚度均匀的高质量膜层,但不经济。此法适于玻璃小圆盘和透镜的镀膜,常用于光学器件。

10.3.3 溶胶-凝胶法的应用

采用溶胶-凝胶法可在玻璃、陶瓷及金属等许多基体表面获得氧化物薄膜。目前采用此法已经制备出保护膜、光学膜、着色膜、分离膜、铁电膜和催化膜等各种薄膜，具有广阔的应用前景。

1. 保护膜

SiO_2、ZrO_2、Al_2O_3、TiO_2 和 CeO_2 等氧化物具有良好的化学稳定性，采用溶胶-凝胶法可在金属基体上制备上述氧化膜，可大大提高器件的使用寿命和性能。

2. 光学膜

在光学领域，往往需要获得能满足特殊要求的光学膜，如高反射膜、低反射膜、波导膜等。在玻璃表面制得的 SiO_2 薄膜具有良好的低反射作用，通过控制工艺因素可以有效地控制薄膜厚度，以便制得对不同波长光的最佳透光膜。此外，已制备出 Ta_2O_5、SiO_2-TiO_2、$SiO_2-B_2O_3-Al_2O_3$ 等组成的反射膜。采用溶胶-凝胶工艺还可制得高反射膜，如 Al_2O_3/SiO_2 多层膜对波长为 1.06 μm 光的反射率可达 99%以上。

$In_2O_3-SnO_2$ 薄膜（ITO 薄膜）是一种性能良好的透明导电材料，它对可见光的透射率达 85%以上，对红外光有较强的反射率，并具有低的电阻率，与玻璃有较强的附着力、良好的耐磨性和化学稳定性。因此，已被广泛地应用于液晶平面显示器件、汽车挡风玻璃、太阳能收集器、微波屏蔽和防护镜及电致变色灵巧窗等。溶胶-凝胶工艺不但可以方便地制备大面积 ITO 薄膜，而且还能同时在透明玻璃的两个表面成膜。

3. 分离膜

分离膜已在化学工业上得到广泛的应用。采用溶胶-凝胶法制备的无机分离膜具有孔径可控，化学性和热稳定性良好的特点。目前，已制备出 SiO_2、ZrO_2、Al_2O_3、SiO_2-TiO_2、$Al_2O_3-SiO_2$ 和 TiO_2 等系的分离膜，采用这些分离机膜可以从含有 CO_2、N_2 和 O_2 的混合气体中分离出 CO_2 气体。

4. 铁电膜

铁电膜是指具有铁电性且厚度尺寸为数十纳米到数微米的薄膜材料。它具有极好的铁电、压电、介电和热释电性能，在制作动态随机存取存储器（DRAM）、非制冷红外探测器、集成光学器件、压电微传感器、微驱动器、热释电红外传感器等方面，具有非常广阔的应用前景。目前，溶胶-凝胶法已被广泛用于制备 $BaTiO_3$、$PbTiO_3$、$Pb(Zr,Ti)TiO_3$、$(Pb,La)TiO_3$、$(Ba,Sr)TiO_3$、$Ba(Zr,Ti)O_3$ 等铁电薄膜材料。

5. 着色膜

通过溶胶-凝胶法已在玻璃基板上制备出各种颜色的膜层，如在 SiO_2 基或 SiO_2-TiO_2 基中掺入 Ce、Fe、Co、Ni、Mn、Cr、Cu 等后可使膜层产生各种颜色。

6. 其他膜

用溶胶-凝胶法还可制得荧光膜、非线性光学膜、折射率可调膜、热致变色膜、催化膜等。

10.4 搪瓷涂覆技术

搪瓷（Enamel）是将玻璃质瓷釉涂覆在金属基体表面，经过高温烧结，瓷釉与金属基体之间发生物理化学反应，形成与基体结合牢固的涂层的工艺。搪瓷的基体金属可以是钢、铸铁、铝、铜以及贵金属等。金、银等贵金属的搪瓷主要作为艺术品和装饰品，通常称为珐琅。搪瓷工艺综合了基体金属和非金属涂层的优点，整体上具有金属的力学强度，表面又具有玻璃的耐蚀、耐热、耐磨、易洁和装饰等特性。搪瓷涂层的玻璃特性使它与一般陶瓷涂层不同，而其无机物熔结在金属表面又区别于一般的油漆层。

搪瓷具有悠久的历史，几乎与玻璃同期出现。古埃及、希腊和中国都是早期生产搪瓷制品的国家。唐朝初期，人们就掌握了铜上搪瓷的技术，明代就生产出著名的景泰蓝高级工艺品。最初的搪瓷主要是将透明着色的含铅易熔釉涂烧在金、银、铜等金属表面，作为首饰和陈列品。1800—1835年，世界上第一批搪瓷工厂在欧洲出现。19世纪后期开始发展钢板搪瓷。1860年将精制硼砂和其他原料引入瓷釉成分中，将搪瓷瓷釉的物理化学性能提高到一个新阶段。19世纪70年代，发现添加氧化物有利于瓷釉与金属的结合之后，找出一些优良的密着剂，如氧化钴、氧化镍、氧化铜等，推动了搪瓷工业的进一步发展。现在，搪瓷早已不只是简单的装饰品，而是作为一种性能优良的复合材料广泛用于化工、农业生产、科研、国防和日常生活的各个领域。

10.4.1　瓷釉

瓷釉是将一定组成的玻璃料熔块与添加物一起进行粉碎混合制成釉浆，然后涂烧在金属表面上形成涂层。因为搪瓷都是根据具体应用而设计的，故玻璃料的差别往往较大。一般瓷釉主要由四类氧化物组成：RO_2 型，如 SiO_2、TiO_2、ZrO_2 等；R_2O_3 型，如 B_2O_3、Al_2O_3 等；RO 型，如 BaO、CaO、ZnO 等；R_2O 型，如 Na_2O、K_2O、Li_2O 等。此外还有 R_3O_4 等类型。

根据瓷釉的化学成分，将各种化工原料（硼砂、纯碱、碳酸盐、氧化物）和矿物原料（硅砂、锂长石、氟石等）按比例配料混合后，均需先熔融成玻璃液并淬冷成碎块或薄片，称为玻璃熔块。用量较大的熔块由玻璃池炉连续生产，其玻璃熔滴由轧片机淬冷成小薄片；用量不大的熔块用电炉、回转炉间歇式生产，然后将熔融的玻璃液投入水中淬冷成碎块。将上述玻璃熔块加入球磨机后，再加入球磨添加物，如膨润土、陶土、电解质和着色氧化物，最后加水，经充分球磨后就制得釉浆。但是，干粉静电喷搪用的玻璃料是直接球磨而成的。

按瓷釉功能不同，可将瓷釉分为底釉、面釉、色釉和特种釉四大类。其中底釉与基体结合良好，常作为面釉与金属相互结合的过渡层；面釉是涂在过渡层上面的表面瓷釉，它赋予制品光滑美观的表面和相应的物理化学性能；色釉指装饰品的彩色釉，也作为彩色搪瓷的面釉和彩花釉；特种釉是为了满足耐高温、耐高压、发光、吸收和发射红外线、绝缘等特种用途的瓷釉。

10.4.2　搪瓷涂覆工艺

搪瓷工艺的基本过程为：金属坯体成形—表面预处理—涂覆—烧成。

（1）金属坯体成形　搪瓷的金属基材有低碳钢、铸铁、铝合金、金、银、铜等。根据搪瓷制品的用途，采用剪切、冲压、铸造、焊接等加工方法将金属基材制成坯体。

（2）表面预处理　包括碱洗、酸洗、喷砂等。

（3）釉浆涂覆　釉浆的涂覆方法与涂装方法类似，有手工涂搪、气体喷搪、自动浸搪或喷搪、电泳涂搪、湿法或干粉静电喷搪等多种。对于一种特定的制件来说，要根据制品数量、质量要求、原材料来源、生产效率和经济成本等来合理地选择涂覆方法。

上述方法中,仅干粉静电自动喷搪属于干法涂覆,适合大批量搪瓷制品的生产。其过程是:将带电的专用瓷釉干粉输送到绝缘式喷枪内,喷涂到放在传送器上的带正电的基体上完成涂搪作业,没有涂到制品上的瓷釉干粉由空气输送循环使用。此法釉粉利用率高,涂搪后制品不用干燥即可烧成。

(4)搪瓷烧成 搪瓷烧成是在燃油、天然气、丙烷或电加热炉内进行的。炉子有连续式、间歇式和周期式,其中马弗炉或半马弗炉用得较多。烧成包括黏性液体的流动、凝固以及涂层形成过程中气体的逸出,对于不同制品要选择合适的温度和时间。

10.4.3 搪瓷的应用

搪瓷目前已被应用到人们生活中的各个方面,比如:

(1)日用搪瓷 用于面盆、洗衣机、电冰箱、烧锅、洗澡盆、家具等日常生活用品。

(2)艺术搪瓷 包括首饰搪瓷和装饰搪瓷,前者为在金、银等贵金属上涂烧的珐琅,如耳饰、项饰串珠、带扣以及花瓶等;后者用于制作人物像、艺术装饰板以及纪念碑等。

(3)建筑搪瓷 用于制造墙面砖、搪瓷钢屋架、桥梁钢、搪瓷瓦等。

(4)医用搪瓷 用于制作人造牙齿、人造牙根、人造骨和手术盘、手术台等医疗器械。

(5)耐蚀搪瓷 用于化学反应锅、反应管、反应塔和防护罩等。

(6)耐磨搪瓷 用于防水冲刷、抗汽蚀及耐磨的水轮机叶片、船舶推进器等。

(7)耐热搪瓷 用于汽车、拖拉机、火车的排气管,反应炉以及飞机、火箭的高温防护涂层。

(8)电子搪瓷 用于制作厚膜基板。

(9)绝缘搪瓷 用于高温电机、变压器、电感应加热器、电子元件等的绝缘涂层。

(10)防护搪瓷 用于原子能技术中对某些放射源的阻隔保护装置。

(11)发光搪瓷 用于高速公路、铁路、电影院以及汽车等指示或危险标记。

(12)红外搪瓷 用于制造利用太阳能的阳光红外吸收罩、远红外发射元件等。

10.5 表面粘涂技术

表面粘涂技术是指以高分子聚合物与功能填料(如石墨、二硫化钼、金属粉末、陶瓷粉末和纤维)组成的复合材料胶黏剂涂敷于零件表面,实现特定用途(如耐磨、抗蚀、绝缘、导电、保温、防辐射等)的一种表面工程技术,它是黏结技术的一个新分支。

近几十年来,随着粘涂剂不断出现,表面粘涂技术也得到较大发展。德国研制的爱司凯西(SKC)及钻石(DIAMANT)两大系列冷黏耐磨涂层较早应用于机床制造业中。如应用于重型龙门铣床的工作台导轨、横梁导轨、液压活塞等部件上使用效果很好。其他国家的产品,如瑞士的麦卡太克(MeCaTec)10 号和 12 号用于修复严重冲蚀磨损的水轮机叶片。美国贝尔佐纳系列产品用于石油化工、造纸、机械等行业,我国广州机床研究所研制的 HNT 环氧耐磨涂层材料是国内较早研制出的产品,用于机床导轨或其他摩擦面;襄樊市胶粘技术研究所研制的 AR-4、AR-5 广泛地应用于机械零部件耐磨损和耐腐蚀修复及预保护处理等领域,收到了很好的使用效果。

表面粘涂技术工艺简单,不会使零件产生受热变质和变形,可以用来修补有爆炸危险(如井下设备、贮油、贮气管道)的失效零件。它安全可靠,又无须专门设备,现场作业,节省工时,在不停产条件下就能进行施工。

粘涂技术在设备维修等领域中应用十分广泛,不仅用于密封、堵漏、绝缘、导电,还广泛应用于修补零件上的多种缺陷,如裂纹、划伤、尺寸超差、铸造缺陷等。

由于胶黏剂性能的局限性,目前该表面工程技术的应用受到以下限制。

①表面粘涂层在湿热、冷热交变、冲击条件下,以及其他复杂环境条件下的工作寿命是有限的。

②有机胶黏剂构成的表面粘涂层耐温性不高,一般不超过 350 ℃。无机胶黏剂可耐 1 000 ℃高温,陶瓷胶黏剂耐温达 2 000 ℃以上,但较脆。

③表面涂层有较高的抗拉、剪切强度,但抗剥离强度较低。

④使用有机胶黏剂,尤其是溶剂型胶黏剂存在易燃、有毒等安全和环境问题。

10.5.1 表面粘涂层的组成

表面粘涂层一般由粘料、固化剂和具有一定特性的填料及辅助材料组成。

1. 粘料

粘料或称基料,即胶黏剂,种类很多,如热固性树脂、合成橡胶等,其中在表面粘涂层中应用较多的是具有三向交联结构、耐热、耐水、耐介质性好的粘料。胶黏剂的分类及主要用途见表 10-6 和表 10-7。

2. 固化剂

固化剂的作用是与粘料发生化学反应,形成网状立体聚合物,把填料包络在网状体之中,形成三向交联结构。

3. 功能填料

功能填料在粘涂层中起着重要作用,如抗磨、减摩、耐蚀、绝缘、导电等。根据不同的涂层可选不同功能的填料,如耐磨、减摩涂层可选硬质抗磨填料或减摩填料;耐腐蚀涂层可选耐化学性好的陶瓷和塑料;导电涂层可选导电性好的银、镍、铜、炭黑或石墨作填料。

常用的填料见表 10-8。

4. 辅助材料

辅助材料包括增塑剂、增韧剂、稀释剂、固化促进剂、偶联剂、消泡剂、防老化剂等,其作用是改善涂层性能,如韧性、抗老化性,以及降低胶的黏度、提高涂敷质量等。

10.5.2 表面粘涂工艺

表面粘涂工艺通常包括以下几个步骤。

1. 初清洗

初清洗主要是除掉待修复表面的油污、锈迹。

零件的初清洗:可先在汽油、柴油或煤油中粗洗,最后用丙酮或化学除油剂、除锈剂清洗。

表 10-6　胶黏剂的分类及主要用途

	有机胶黏剂							无机胶黏剂
	天然胶黏剂	合成高分子胶黏剂						
		热固型高分子胶黏剂		热塑型高分子胶黏剂		混合型高分子胶黏剂		
		种类	用途	种类	用途	种类	用途	
结构胶		环氧树脂聚氨酯 有机硅 聚酰亚胺(PI) 聚苯并咪唑(PBI)	金属、塑料、玻璃、木材等； 金属、塑料、皮革、橡胶等； 金属耐高温用、塑料、木才	聚丙烯酸酯、聚甲基丙烯酸酯	金属、塑料(次受力结构)	酚醛-缩醛型 酚醛-环氧型 酚醛-丁腈橡胶 酚醛-缩醛-有机硅 环氧酚醛 尼龙-环氧 尼龙-酚醛 环氧-缩醛	铝、镁、不锈钢、非金属 金属、非金属 金属、非金属 金属、非金属 金属、非金属 金属、非金属 金属、非金属 金属、非金属	为多组分磷酸盐、硅酸盐、硼酸盐在高温下烧结而成，主要用于耐高温金属、陶瓷的胶接
非结构胶	动物胶、植物胶 用途：用于木材、皮革、纸张、纤维的胶接	酚醛树脂、 脲醛树脂、 间苯二酚甲醛树脂、 聚酯树脂、 呋喃树脂	木材、纸张、金属、塑料； 木材、纸张； 金属、木材、石棉、水泥； 聚酯薄膜、光学设备； 热塑性树脂、石墨	聚酰胺(尼龙) 合成橡胶、 聚醋酸乙烯酯、 聚乙烯醇缩醛、 过氯乙烯脂、石墨	金属、皮革、纸张 金属与橡胶橡胶塑料、织物 同上用途	酚醛-氯丁橡胶	橡胶、金属与橡胶	

表10-7 合成胶黏剂的分类及主要用途

类别	重要品种	主要用途
热固性树脂胶黏剂	1. 脲醛树脂	胶合板、集成材木材加工
	2. 酚醛树脂	胶合板、砂布、砂轮
	3. 酚醛-丁腈	金属结构、金属-非金属胶接
	4. 酚醛-缩醛	金属结构、金属-非金属胶接层压材料
	5. 三聚氰胺树脂	胶合板、贴面
	6. 环氧树脂	金属结构、金属-非金属胶接、硬塑料黏合
	7. 环氧-尼龙	金属结构
	8. 环氧-丁腈	金属结构、金属-非金属胶接
	9. 环氧-聚硫	金属结构、金属-非金属胶接、密封
	10. 聚氨酯	耐低温胶、金属结构、金属-非金属胶接
	11. 不饱和聚酯	玻璃纤维增强塑料
	12. 丙烯酸双酯	金属零件胶接、耐压密封
	13. 有机硅树脂	耐高温胶、金属零件固定,电气绝缘件胶接
	14. 杂环高分子	耐高温金属结构胶
热塑性树脂胶黏剂	1. 氰基丙烯酸酯	硫化橡胶、金属零件、硬质塑料
	2. 聚乙烯及其共聚物	软质塑料制品
	3. 乙醋(乙烯-醋酸乙烯共聚物)热熔胶	木材加工、包装、装订
	4. 聚醋酸乙烯酯	木材、织物、木制品加工
	5. 聚乙烯醇	纸制品、乳液胶黏剂的配合剂
	6. 聚乙烯醇缩醛	安全玻璃、织物加工
	7. 聚氯乙烯和过滤乙烯	聚氯乙烯制品
	8. 聚丙烯酸	压敏胶
	9. 聚乙烯基醚	压敏胶
橡胶胶黏剂	1. 氯丁橡胶	金属-橡胶黏合、塑料、织物黏合
	2. 丁腈橡胶	金属-织物黏合、耐油橡胶制品黏合
	3. 丁苯橡胶	橡胶制品黏合、压敏胶
	4. 改性天然橡胶	橡胶制品黏合、压敏胶
	5. 羧基橡胶	金属-非金属胶接
	6. 硅橡胶	密封
	7. 聚硫橡胶	耐油密封

表10-8 常用的填料

名称	功能	参考用量/%	生产单位
铝粉	增强、耐热	30~50	东北轻合金加工厂
铜粉	导电、导热、装饰	30~100	营口金属颜料厂
银粉	导电、导热	50~100	
石英粉	提高硬度、增加流动性	20~100	秦皇岛市石粉厂
氧化铝粉	增强	30~50	天津化工研究院

表 10-8(续)

名称	功能	参考用量/%	生产单位
白炭黑	增加触变性	5~10	沈阳化工厂
高补强白炭黑	增强	3~5	吉林化工研究院
硅微粉	增强	30~100	浙江湖州硅微粉厂
轻质碳酸钙	降低成本	30~70	上海碳酸钙厂
硅灰石粉	降低成本	30~50	吉林省梨树硅灰石矿业公司
高铝填粉	增强、降低成本	50~60	温州电化厂朝阳化工分厂
三氧化二锑	阻燃、抗氧化	30~50	四川蛇纹矿化工分厂
二硫化钼	耐磨、减摩	50~60	上海胶体化工厂
石墨粉	耐磨、导电、导热	30~40	上海碳素厂
石棉粉	耐热	20~50	开封石棉制品厂
钛白粉	增强、增白	20~30	广州钛白粉厂
羧基铁粉	导磁	50~60	陕西省兴平化肥厂

2. 预加工

对粘涂来讲,表面具有适当的粗糙度可以增大粘涂面积,有利于胶黏剂渗透,增强机械嵌合作用,从而提高涂层与物体表面的结合强度。此外,为了保证零件的修复表面有一定厚度的涂层,在涂胶前也必须对零件进行机械加工。

常用的预加工方法有手工打磨、喷砂、机械加工等。

零件的待修表面的预加工厚度一般为 0.5~3 mm,为了有效地防止涂层边缘损伤,待粘涂面加工时,两侧应该留 1~2 mm 宽的边。为了增强涂层与基体的结合强度,待粘涂面应加工成锯齿形。

3. 最后清洗及活化处理

最后清洗可用丙酮清洗;有条件时可以对粘涂表面喷砂,进行粗化活化处理,彻底清除表面氧化层;也可进行火焰处理、化学处理等,以提高粘涂表面活性。

对一些非极性表面,如聚乙(丙)烯、聚四氟乙烯等,如不引入活性基团则很难粘涂,通过进行专门的表面处理,可以解决这些问题。表面处理与否、方法如何,对粘涂层的结合强度影响很大。即使是对于可进行油面粘涂的第二代丙烯酸酯胶、吸油性环氧胶、厌氧胶等,经过表面处理,也可以使黏结强度进一步提高。表面处理不仅可以改变被黏表面的化学结构,为可能形成的化学键结合创造条件,提高涂层与基体的结合强度,而且能够提高涂层的耐久性和使用寿命。

4. 配胶

粘涂层材料通常由多组分组成。为了获得最佳效果,必须按比例配制,每次配胶量的多少,应根据胶黏剂的适用期、季节、环境温度和实际用量大小而定,随用随配,胶黏剂各组分在混合搅拌均匀后,应该立即进行粘涂。

5. 粘涂涂层

涂层的施工方法有刮涂法、刷涂压印法、模具成形法等。施工时具体采用哪种方法,应根据涂层设计方式、涂覆面积大小、零件形状及施工现场情况等条件而定。

（1）刮涂法

刮涂法是先把胶黏剂涂在清洗好的零件表面上，然后用金属或非金属刮刀把多余的胶黏剂刮掉，以达到要求的尺寸。刮涂法操作工艺简单，一般情况需后续加工，这种方法适用于轴颈等修复。

（2）刷涂压印法

刷涂压印法是先把胶黏剂涂敷在清洗好的表面上，再用制好的与之配对的摩擦副压制成形。这种方法不需后续加工，适用于大中型机床导轨面的制造和修复。

（3）模具成形法

模具成形法分模具涂敷成形法和模具注射成形法两种，其是先在模具上涂脱模剂，再注胶，待固化后脱模，一次成形。这种方法不需后续加工，适用于批量修复的零件。

6. 固化

不同的胶黏剂，其固化条件不同。有的需要靠光的照射而引起固化，如光敏胶黏剂；有的需要隔绝空气固化，如厌氧胶；还有些需要加温加压固化。粘涂时，多数胶黏剂室温即可固化。但即使可以低温或室温固化的胶黏剂，经过适当的加热处理后，粘涂层的结合强度也会普遍提高，温度越高，固化越快。一般涂层室温固化需 24 h，达到最高性能需 7 d，若加温 80 ℃固化，只需 2~3 h。

7. 修整、清理或后加工

对于不需后续加工的涂层，可用锯片、锉刀等修整零件边缘多余的粘涂层。涂层表面若有大于 1 mm 的气孔，应先用丙酮清洗干净，再用胶修补，固化后研平。

对于需要后续加工的涂层，可用车削或磨削的方法进行加工，以达到要求的尺寸和精度。

10.5.3 表面粘涂层的质量保障

耐磨、耐腐蚀、耐热等不同性质的涂层，其质量保障措施不同。

耐磨黏结涂层的失效形式主要有两种：一是涂层的磨损失效；二是黏结失效，即涂层脱落。

磨损失效是耐磨黏结涂层的主要失效形式之一。一是由于强度不足而造成的变形磨损。主要采取增强的办法。具体措施有：在涂层中引入苯环或其他一些刚性较大的链段；增加聚合物的交联程度；增加极性基团含量，充分利用氢键，提高分子间的作用力等；也有通过加入一些刚玉、石英或金属粉等填料来提高刚性的。磨损失效的另一种主要形式是脆性破坏。在耐磨黏结涂层的设计中采取的相应措施有：增加柔性链段的比例；接枝橡胶类柔性支链；引入取代基，降低结晶性等；还可以添加一些专门的增韧剂，如聚硫橡胶、丁腈橡胶、邻苯二甲酸酯类及填加纤维（晶须）状材料（如石棉、云母、玻璃纤维）等。

提高耐磨黏结涂层抗磨性的另一条途径是涂层中引入适量的耐磨填料。填料的种类、大小、形状等特性是影响粘涂层耐磨性的重要因素，基础胶黏剂对填料的润湿程度、黏结强度是填料能否起到抗磨作用的关键。

黏结失效是耐磨黏结涂层失效的另一重要形式。提高涂层黏结强度的主要措施有：采用高强度胶黏剂；通过树脂改性，增加极性基团含量，提高黏着力；偶联剂处理，具体方法可以涂刷偶联剂底层，在涂料中添加偶联剂，如南大-42、KH-550、KH-560 等；改善涂料的黏度，增加润湿性等；通过增韧或添加其他改性剂的方法来改变涂层与基体间的应力状态。

黏结是一种界面过程，除胶黏剂本身外，待涂表面的处理也是影响黏结强度的重要方面。适当的表面处理，提高被黏表面的洁净程度，增大被黏表面的粗糙度都会收到很好的效果。

对耐腐蚀性而言，从涂层材料本身考虑，首先粘料和填料要有好的耐蚀性，另外粘料与填料结合要紧密，以提高涂层抗渗透性，因此，粘料和填料的选择十分重要。从施工工艺讲，要提高涂层的耐腐蚀性，涂料混合必须十分均匀，且要和基体充分浸润，黏结力高，才能保证涂层质量。

粘料的选择首先是浸润性要好，其次是与填料附着力强。填料的选择一是选择硬质耐磨耐蚀填料，二是选择活性填料。活性填料如片状硅酸盐矿物，分子表面存在有反应活性的羟基（Si-OH 硅醇基），可以与含羟基的聚合物反应，形成网状结构的整体。一般填料是分散在聚合物网状结构之中，而活性填料与聚合物反应结合在一起，从而提高“架桥密度”，增加了抗渗透性。

10.5.4 表面粘涂质量的无损检测

表面粘涂层的粘涂质量非破坏检测称为无损检测。无损检测技术是应用物理学原理，通过对比表面粘涂完好的部分和有缺陷部分在物理性质上的差异，来判断缺陷的形状、大小、所在位置，并寻求某一物理性质的变化或缺陷程度与粘涂强度间的关系，以判断材料的粘涂质量。

常用的无损检测方法见表 10-9。

表 10-9 常用的无损检测方法

声学检测	热学检测	电学检测	光学检测	其他
敲击法	红外线法	电阻法	目视检测	真空法
声撞法	液晶检测法	介电法	射线照相法	渗透法
声阻抗法		微波法	全息照相干涉法	
声谐振法				
超声波法				
共振和阻尼法				
声发射法				

最常用的无损检测方法是声谐振法与超声波法。声谐振法的基本特点是用换能器来激励被测件振动，并将这种谐振与标准试件比较，进而判断被测件各种类型的缺陷。该法常用的仪器有阿汶（Arnin）声冲击仪、福克（Forker）黏结检测仪等。超声波法分为超声穿透法与超声波脉冲反射法。超声穿透法是利用测量穿过被测粘涂件的超声波穿透率来进行检测的，如接收能量比发射能量显著减少，则可断定大部分能量由于缺陷存在而被反射。脉冲反射法就是利用脉冲超声波入射至被测件，并测量从界面反射回来的回波进行检测的。

10.5.5 粘涂材料及粘涂工艺的新进展

1. 粘涂材料的新进展

(1)改进现有粘料品种的性能

水乳型粘料和热浴型粘料是当前最有发展前途的粘料品种。为了改善它们的性能以适应不同的使用要求,采用共聚、共混合交联方法进行改性。通过共聚既可降低大分子链段间的规整性和结晶度,还可引入各种极性或非极性支链和双链的链节,从而改善共聚物的机械性能和耐老化性能。共混合交联方法工艺简单,很容易获得性优、价廉的产品。交联可提高聚合物的使用温度、耐老化性和抗蠕变性等。当前发展较快的乳液有聚乙酸乙烯及其共聚物和丙烯酸酯共聚乳液。

(2)研制具有特色的新品种

如利用氨基甲酸酯或端梭基液体丁腈橡胶改性环氧树脂,制成第二代环氧胶黏剂,提高了韧性和强度。同样,用聚氨酯或弹性体改性厌氧胶的主体材料,具有较好的韧性和抗老化性能。这说明当前胶黏剂的性能有向结构胶发展的趋势。

2. 粘涂工艺的新进展

(1)微胶囊技术

发展单组分包装的胶黏剂一直为人们所关注。通常采用两个途径:一个途径是用潜伏性固化剂提高贮存期;另一途径是将固化剂或促进剂包封在微胶囊中,配制成稳定的单组分胶液。使用时通过加压等方式使胶囊破裂,固化剂或促进剂与主体胶接触,而迅速固化。

(2)涂胶和包装上的新技术

由于水基胶黏度低,初始黏结力小,在应用上有一定的限制。采用双液混喷的新技术,可得到较好的效果。其中一液是以丙烯酸乳液为基础的主剂,另一液是以能使乳液产生凝聚的有机金属盐溶液,涂布时采用双头喷枪,二者分别从两个喷头喷出,在空中混合,涂布于被黏物表面上,从而很快凝聚产生初黏力,可以达到与溶剂型相似的效果。此法已用于汽车顶板、冰箱、冷库等隔热层的粘涂。

(3)辐射能固化新工艺

目前有些国家正在本着节能、快速固化、无公害的考虑,大力采用紫外线或电子束固化新工艺,并已投入小批量生产。一般来说,紫外线固化设备简单,投资少。但由于紫外线能量低,穿透能力差,所以要求被黏材料之一要有透光性,同时还必须加光引发剂,吸收紫外线形成激发态分子或活性自由基,从而导致不饱和高聚物进行接枝、交联等反应,达到固化目的。电子束固化需有发生器设备,投资费用大,但电子束能量大,穿透力强,对被黏材料不要求透光性,也不需要加光引发剂,并可用于较厚的胶层或涂膜。生产中究竟采用哪种辐射方式固化,需根据胶黏剂的组成结构、固化体系、设备投资等条件而定。

此外,国外在采用微机调配配方、机器人涂胶等方面的技术也在兴起。

课后习题

一、填空题

1. 零件的________通常是由其承受的反复或循环作用的拉应力引起的,而且在任何给定的应力范围内,拉应力越大,破坏的可能性越大。

2. ________在表面产生的残余压应力能够大大推迟疲劳破坏。

3. ________是用具有一定冲击韧性和硬度的圆球形弹丸或砂粒撞击金属零件表面,使表层金属组织结构细化并在表层中产生残余压缩应力。

4. 喷砂清理属于________工艺,主要用于除锈、清砂、去垢等;喷丸强化属于________工艺,用于提高材料疲劳强度,延长使用寿命。

5. 根据弹丸获得动能的方式,喷丸设备主要有两种结构形式:________和________。

6. 气动式喷丸机可分为________、________、________三种类型。

7. 旋片喷丸技术是喷丸工艺的一个分支和新发展。旋片喷丸器主要由________和________两部分组成。

8. 根据材质不同,喷丸强化用弹丸主要有________、________、________、________、________、________等。

9. 金属的塑性变形来源于晶面滑移、孪生、晶界滑动、扩散性蠕变等晶体运动,其中________移最为重要。

10. 晶面间滑移是通过晶体内________而实现的。

11. 渗碳钢表层存在大量残留奥氏体,喷丸时这些残留奥氏体可能转变成________而提高零件的疲劳强度。

12. 检验喷丸强化的工艺质量就是检验________和________的大小和分布。

13. ________和________是反映喷丸强化工艺参数共同作用综合强化效果的两个参数。

14. 在实际生产中是通过________、________、________、________这四个参数来检验、控制和评定喷丸强化质量。

15. 喷丸时,________越高,材料表层的塑性变形越强烈。

16. 金属材料的疲劳强度和抗应力腐蚀性能并不是随喷丸强度的增加而直线增加,存在一个最佳的喷丸强度,只有选择________,零件才能获得最好的性能。

17. 材料________、________越高,喷丸强化对疲劳强度的提高越大。

18. ________或________高强度铝合金都可以用喷丸强化处理来改善其疲劳性能。

19. 电火花表面强化技术的工艺特性主要有________、________、________、________、________。

20. 目前国内广泛应用的电火花强化设备有三种,即________、________、________强化机。

21. 溶胶是指尺寸为________的固体颗粒在适当的液体中形成的分散体系。

22. 溶胶-凝胶薄膜的制备方法有很多,最简单的方法是________,但最常用的方法是________和________。

23. ________是将一定组成的玻璃料熔块与添加物一起进行粉碎混合制成釉浆,然后涂烧在金属表面上形成涂层。

二、名词解释

1. 喷丸强化

2. 喷丸

3. 气动式喷丸机

4. 表面覆盖率

5. 应力腐蚀

6. 电火花表面强化技术

7. 溶胶-凝胶法
8. 搪瓷
9. 表面粘涂技术

三、简答题

1. 喷丸强化用弹丸需具备哪些特性？
2. 常用的喷丸强化用弹丸有哪三种？
3. 电火花表面强化层的特性有哪些？
4. 表面粘涂层的组成有哪些？

课后习题答案

第 11 章　金属表面着色技术

【学习目标】

- 理解着色的概念及含义；
- 掌握铝及铝合金着色处理技术、镁及镁合金着色处理技术、钛及钛合金着色处理技术、铜及铜合金着色处理技术、不锈钢着色处理技术的工艺方法及应用；
- 了解表面仿金工艺概述、电镀仿金工艺、铝氧化仿金工艺、仿金涂料等知识。

【导入案例】

随着人们生活水平的提高和社会的快速发展，手机作为人们最便捷的通信工具越来越备受人们的喜爱。目前，几乎所有人都离不开手机，手机的需求量越来越大，同时，人们对手机的质量要求也越来越高，尤其是手机外壳的颜色、质感和光洁度等。手机外壳制作加工的整个流程中，在选择合适的加工方法加工完成之后，大多数都是需要进行表面处理的。表面处理的目的是满足产品的耐蚀性、耐磨性、装饰或其他特种功能要求。随着产品硬件同质化的出现，只有表面外观装饰更高端、更精致才能极大提高视觉冲击。手机外壳打印色彩工艺主要分为几大类：PVD 镀膜、原料染色、印刷等。随着技术的进步，印刷之中的喷墨印刷工艺已得到极大改善，在加工效率、产品表面设计等方面的优势凸显，在很多方面已得到应用。图 11-1 为各种颜色镀膜的手机外壳示意图。

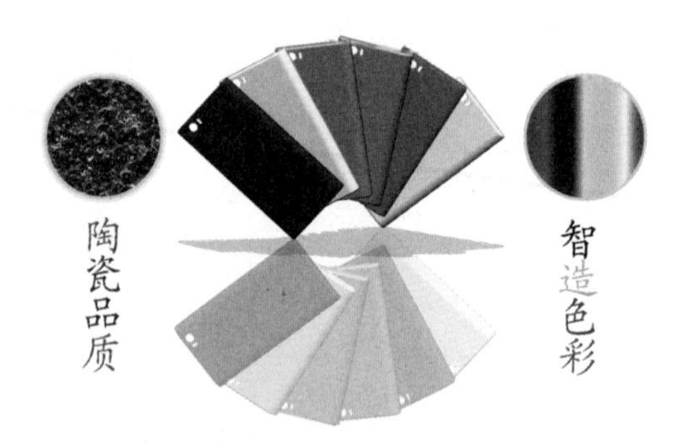

图 11-1　各种颜色镀膜的手机外壳示意图

11.1　着色概述

金属着色是表面科学技术研究与应用非常活跃的领域之一。表面着色是金属通过化学浸渍、电化学法和热处理法等在金属表面形成一层带有某种颜色，并且具有一定抗蚀能力的化合物。生成的化合物通常为具有相当化学稳定性的氧化物、硫化物、氢氧化物和金属盐类。这些化合物往往具有一定的颜色,同时由于生成化合物厚度不同及结晶大小不同等原因,对光线有反射、折射、干涉等效应而呈现不同的颜色。此外,有的膜本身就有颜色,这时就呈现膜层组织物的颜色。

作为表面处理技术的一个分支,金属表面着色技术已经得到广泛应用,成为表面科学技术一个非常活跃的领域。广义而言,所有的表面覆盖都可以赋予金属表面以不同的色彩。金属着色不仅改善了制件的外观,而且也提高了制件的耐蚀性,因此可以作为服装配件、电子产品配件、建筑装潢、工艺品等的防护装饰性处理。常用的金属表面着色技术包括化学着色技术、电解着色技术两大类别以及热处理着色法。

化学着色主要利用氧化膜表面的吸附作用,将染料或有色粒子吸附在膜层的空隙内,或利用金属表面与溶液进行反应,生成有色粒子而沉积在金属表面,使金属呈现出所要求的色彩。这类技术对设备要求不高、操作简便、不耗电、成本低,适用于一般的室内装饰装潢、美化要求,以及耐磨性要求不高的仪器、仪表的生产。

电解着色技术是将被着色的金属制件置于适当的电解液中,被着色制件作为一个电极,当电流通过时,金属微粒、金属氧化物或金属微粒与氧化物的混合体电解沉积于金属的表面,从而达到金属表面着色的目的,其实质是将金属或其合金的制品放在热碱液中进行处理。电解着色方法很多,有直流阴极电流法、交直流叠加法、脉冲氧化法、直流周期换向法等。优点是颜色的可控性好,受制品表面状况的影响较小,而且处理温度低,有些工艺可以在室温下进行,污染程度较低。

热处理着色法则是将金属制件置于一定气氛中进行加热处理,使其表面生成一定成分的化学膜。如果是真空热处理或者是可控气氛热处理,金属表面的颜色不会有任何变化,只保持金属本身的颜色。如果是采用其他的热处理,由于氧化作用,则金属表面会呈现其氧化物的颜色。不同的金属,热处理着色后金属表面所呈现的颜色也不同,如铜合金是黑色,铝合金和镁合金是白色等。由于氧化膜有色干扰特点,故随着加热时间不同,氧化膜厚度不同,也会导致热处理着色后金属表面所呈现的颜色不同,如钢铁可以是黑灰色,也可以是深蓝色等。

11.2　铝及铝合金着色技术

铝是自然界中分布最广,储量最多的元素之一。铝密度小,仅为 2.7 g/cm^3,可制成各种铝合金,如硬铝、超硬铝、防锈铝、铸铝等。作为轻型结构材料,质量小,强度大,铝合金广泛应用于汽车、火车、船舶等制造工业,宇宙火箭、航天飞机、人造卫星等各种运载工具,以及医药、有机合成、石油精炼等工业方面。例如,一架超声速飞机约由 70%的铝及其铝合金构成。船舶建造中也大量使用铝,一艘大型客船的用铝量常达几千吨。在建筑工业中用铝合金作为房屋的门窗及结构材料,用铝制作太阳能收集器,可以节省能源。在食品工业上,从仓库储槽到罐头盒,以至饮料容器大多用铝制成。在其他方面,用铝粉作为难熔金属(如钼等)的还原剂和作为炼钢过程中的脱氧剂。

铝在空气中很快就形成一层氧化膜。这层膜虽有一定保护作用,但很薄,不能有效阻挡大气的腐蚀作用,也不能染色。随着铝及其合金材料应用领域不断拓展,其应用的环境变得越来越苛刻,在防腐蚀、耐磨损、耐强度以及耐高温高压等方面提出了越来越高的要求,已不能仅使用传统的表面处理方法。因此工业上一般都要把铝表面进行阳极氧化、化学或电解氧化,或者涂层保护技术使之产生一层厚而质量好的氧化膜。

11.2.1 铝的着色处理

铝合金材料硬度低、耐磨性差,常发生磨蚀破损,因此,铝合金在使用前往往需经过相应的表面处理以满足其对环境的适应性和安全性,减少磨蚀,延长其使用寿命。在工业上,人们越来越广泛地采用阳极氧化和着色的方法在铝表面形成厚而致密的氧化膜层,以显著改变铝合金的耐蚀性,提高硬度、耐磨性和装饰性能。

铝及铝合金制品的着色主要采用阳极氧化膜着色技术,即铝及铝合金材料经阳极氧化处理后,在表面形成了一层多孔的氧化膜,经过着色和封闭以及其他处理后,可以获得各种不同的颜色,并能提高膜层的耐腐蚀性和耐磨性。

铝及铝合金表面的阳极氧化膜有很多种,硫酸阳极氧化膜无色透明、孔隙多、吸附性强、容易染色;草酸阳极氧化膜本身有颜色,故只能染较深的颜色;而铬酸阳极氧化膜孔隙少,膜本身也有颜色,因而很难染色;瓷质阳极氧化膜也能染上各种颜色,得到美观的表面。其中,最适宜染色的氧化膜是硫酸阳极氧化膜。

根据着色物质和色素体在氧化膜中分布的不同,可以把铝阳极氧化膜着色方法分为两类:化学着色法和电解着色法。其中,阳极氧化是金属铝着色的关键。金属铝典型着色工艺流程如下:着色前表面预处理(去油、去污、抛光)→阳极氧化处理→着色→后处理(水洗、封闭)→成品。

1. 铝及铝合金的阳极氧化

阳极氧化是金属铝着色的关键,也是目前最为通用的铝合金表面处理的方法。铝及铝合金电解着色所获得的色膜具有良好的耐磨、耐晒、耐热和耐蚀性,广泛应用于现代建筑铝型材的装饰防蚀。然而,铝阳极氧化膜具有很高孔隙率和吸附能力,容易受污染和腐蚀介质侵蚀,必须进行封孔处理,以提高耐蚀性、抗污染能力和固定色素体。

着色前必须进行预处理,以清除铝材表面上的杂质、油污等,否则会影响着色质量,降低着色效果。预处理有物理法和化学法两类。物理法主要是采用机械抛光法等进行预处理。化学法包括了脱脂法、碱蚀法、酸蚀法、无光处理、化学抛光和电解抛光处理。各道工序之间需要用水清洗,其目的在于彻底去除制品的表面残留液体和可溶于水的反应产物,使下一道工序免受污染,确保处理效率和质量。

下面以硫酸阳极氧化为例,简要介绍阳极氧化制备过程。

硫酸阳极氧化法是以铝为阳极,在稀硫酸溶液中进行直流电解,使铝制品表面产生厚度为5~20 μm的多孔质氧化膜。该氧化膜呈本色,并且有较高的硬度和良好的耐蚀性。因硫酸法氧化膜是多孔质的,所以吸附能力强,可以电解着色。电解着色的氧化膜色泽美观、耐蚀性好、长期不褪色。硫酸膜可作为涂料、电泳涂装底层。因为硫酸法具有电解液成分简单、操作方便和成本低等优点,因而被广泛应用于生产。

目前广泛应用的是硫酸直流电氧化法。阳极氧化处理的条件对氧化膜的性能(耐蚀性、耐磨性、透明度、着色性等)有直接影响。因此,必须合理确定处理条件,并严格加强溶液管理。阳极氧化处理的工艺参数见表11-1。

表11-1 阳极氧化处理工艺参数

参数名称	通常使用范围	最佳标准值
电解液成分	硫酸(10%~30%)±2%	硫酸15%
铝离子含量	20 g/L以下	5 g/L以下
液温	[(15~25)±2]℃	(21±1)℃
电流密度	0.6~3 A/dm^2	(1.3±0.05)A/dm^2
时间	按膜厚确定	60 min,18 μm
槽端电压	设定电压	18 V

2. 电解着色法

电解着色分两步进行:第一步,铝在硫酸溶液中进行常规阳极氧化;第二步,阳极氧化后的多孔性氧化膜在金属盐的着色液中电解着色。

电解着色法按其发色特点,可分为自然发色法、一步电解着色法、二步电解着色法和三次多色电解着色法等。铝及铝合金电解着色工艺获得的着色膜具有良好的耐磨性、耐光性、耐热性及抗化学腐蚀性能。

(1)自然发色法

自然发色法也称合金着色法,是通过改变铝合金成分和热处理条件,在阳极氧化的同时,使氧化膜着色的方法。

(2)一步电解着色法

一步电解着色法也称溶液着色法或者整体发色法,是将铝及其合金放在含有机酸的硫酸溶液中进行高电流密度的阳极氧化,使表面生成有色的氧化膜,即氧化和着色一步完成。常用的有机酸是草酸、磺酸水杨酸和氨基磺酸等,不同的溶液和阳极氧化条件可得到不同的颜色。在阳极氧化过程中合金的成分和有机酸分解产物的细小颗粒分散在整个氧化膜中。

该法着色范围窄,操作工艺严格而复杂,膜层颜色受材料成分、加工方法等因素影响很大,另外要求电压高、耗能大,因此在应用上受到一定限制。目前,一步电解着色法应用最广的有草酸钛钾法、铬酸法、混酸法、卡尔考拉法、雷诺法等。

(3)二步电解着色法

二步电解着色法是将一次硫酸阳极氧化的铝及铝合金再浸入含有贵金属盐的溶液中进行电解着色处理,在电场作用下,使金属离子在氧化膜孔隙的底部还原沉积,从而使氧化膜着色的方法。金属的盐类不同,所得颜色就不同;电解着色的时间、电流和电压不同,颜色的深浅也不一样。

该方法按电源波形分类,可分为直流法和交流法;按着色溶液分类,可分为单一金属盐、多种金属盐和两种着色液着色法。

由于交流电解着色具有良好的防护装饰性,因此,在国内外得到广泛应用。电解着色反应属于由金属(铝基体)-半导体(氧化膜阻挡层)-电解液构成的电化学反应,是一个很复杂的反应过程。虽然对其机理进行了大量研究,但是莫衷一是。就大家普遍认可的机理而言,电解着色的发色机理与染色法和整体着色法不同。电解着色膜的颜色不取决于着色液的颜色,也不取决于沉积金属本身的颜色。铝及铝合金电解着色时着色液的金属离子在阳极氧化膜微孔内的阻挡层表面上发生还原反应,将金属离子沉积在氧化膜孔的底部,使材料表面着上颜色,其基本过程由3个步骤组成:①金属离子和氢离子等反应物离子向阻挡层表面附近传递;②金属离子在阻挡层与着色液界面间获得电子,氢离子穿入阻挡层,在基体与阻挡层界面间获得电子;③析出金属和生成氢气。其发色原因是光在沉积金属粒子表面产生光散射的结果,且光的散射作用受沉积金属粒子的大小形状等多种因素影响。着色时间越长,沉积金属在膜孔中的沉积高度越高,沉积量随着色时间的增加而增加。特别是在建筑铝型材的表面处理生产中应用最为普遍。

二步电解着色法是日本人浅田发明创造,也称为"浅田法"。该法着色膜的耐光性、耐热性、耐磨性及耐蚀性均比染色法等有显著提高,从而迅速扩大了着色铝合金的应用范围。

此工艺一般采用单镍盐、单锡盐及镍-锡混盐等重金属盐配成着色液,通以正弦波交流电进行处理,产品颜色为青铜系。就色调的牢固性而言,锡盐溶液比镍盐溶液好。但Sn^{2+}容易被氧化成Sn^{4+},而Sn^{4+}并无着色效果。因此,提高镍盐着色牢固性已成为各国的研究热点,也有各类专利保护。总的来说,这种工艺的优点是操作简单、投资较小、成本低廉,存在的主要问题是色差较大、校色和补色操作难度大、产品颜色单一。单锡盐电解着色工艺见表11-2。

表11-2　单锡盐电解着色工艺

配方	名称	浓度	温度/℃	电压/V	着色时间/min
1#	$SnSO_4$	10~15 g/L	20~30	12~16	1~10
	H_2SO_4	20~30 g/L			
	NS-201 着色稳定剂	15~20 g/L			
2#	$SnSO_4$	15~20 g/L	20~30	14±2	3~10
	H_2SO_4	20~25 g/L			
	DP-1 着色稳定剂	18 g/L			
3#	$SnSO_4$	15 g/L	25±5	10~16	1~10
	H_2SO_4	25 g/L			
	FKS694	25 g/L			
4#	$SnSO_4$	8~12 g/L	20~25	15~20	1~5
	H_2SO_4	20~25 g/L			
	AE 稳定剂	20~25 mL/L			
5#	$SnSO_4$	20 g/L	20~24	10~18	1~15
	H_2SO_4	18~20 g/L			
	甲酚磺酸	10 mL/L			

许多工艺条件对着色效果存在影响。

①电压。交流电压采用50 Hz交流电源。一般随着着色电压的升高,着色速度加快。当电压大于20 V时,由于析出气体压力大,将导致阻挡层被击穿,造成着色膜斑落现象。故着色电压范围可选择为阳极氧化电压的1/2~2/3,即10~16 V。

②着色温度。随着色液温度的升高,溶液导电性能增强,亚锡离子扩散迁移速度提高,

着色速度快,色调深。温度低,则着色速度慢;但温度过高,会加快亚锡盐水解。所以,温度控制在20~40 ℃时着色效果好,生产上一般控制在(25±5)℃。采用恒电压,控制着色时间,以保持着色膜色调的重现性,同时温度也要控制在某一定值。

③着色时间。可在保持恒电压和恒温的情况下,通过控制着色时间来实现对色调的控制。在恒电压和恒温下,随着色时间的延长,金属的沉积量增加,色调由浅变深。着色一定时间后,切断电源,提起工件,用标准色板对照,若色浅,可再继续通电着色一段时间;若色深,放回镀槽不通电静置一会儿,让金属沉淀物溶解掉一部分,使色变浅。

单锡盐着色色调与着色电压和时间的关系见表11-3。

表11-3 单锡盐着色色调与着色电压和时间的关系

着色电压/V	着色时间/min	色调	着色电压/V	着色时间/min	色调
10	0.5~1	香槟色	16	4~8	古铜色
16	1.0	青铜色	16	10	黑色
16	2~4	深青铜色			

④着色液pH值。对不同金属盐的着色液,要求不同的pH值。对镍盐着色液,pH值在4~6;对铜盐着色液,pH值在较大范围内变化均能着色。

⑤着色液污染。镍盐着色液对外来离子,特别是钠、钾的污染是很敏感的,含有25 ppm的钠离子就会使着色膜产生缺陷。

⑥合金成分。从电解着色原理看,铝材的合金成分对着色无影响,但由于某些铝合金不易生成均匀的氧化膜,从而影响了着色效果。对硅、镁含量高的铝合金,氧化膜不均匀,硅不能进行阳极氧化,而夹杂在氧化膜中。所以,铝的电解着色一般采用纯Al系、Al-Mg系及Al-Mg-Si系,对Al-Cu系及Al-Si系很难进行着色。

⑦添加剂。在电解着色液中,必须加入添加剂,主要作用是稳定电解着色液,促进着色膜色泽均匀,延长电解液着色寿命。广泛应用的有硫酸铝、葡萄糖、EDTA、硫酸铵、酒石酸、邻苯三酚以及市场供应组合添加剂GKC等。

⑧搅拌方式。采用机械搅拌,色调均匀性和重现性要好。不宜采用空气搅拌,否则将导致亚锡盐氧化和沉渣泛色,影响着色稳定性。

铝合金表面着亮黑色可以选用由镍-锡混盐配置而成的工艺。此工艺是经锡铜离子在着色电解槽中进行着色反应后生成的二元金属氧化物膜层,色泽墨黑亮丽。电解着色液组成为:30% $SnSO_4$,30% $NiSO_4$,15% $CuSO_4$的混合溶液。经氧化处理的铝材为阳极,以石墨电极为阴极,50 Hz 220 V交流电源经调压器调至8 V后输入电解槽,电解着色10 min,即可得到亮丽的黑色铝合金表面。

总的来说,电解着色法是通过电解使金属颗粒沉积在氧化膜孔隙的底部,具有颜色不易被擦掉,耐光性好,不褪色的优点。

3. 化学染色法

化学染色法也称为化学着色法。基于铝及铝合金阳极氧化膜多孔膜层,具有很强的吸附能力,可以吸附染料,适宜进行化学染色。一般阳极氧化膜的孔隙直径为10~30 nm,而染料在水中分离成单分子,直径为1.5~3 nm,着色时,染料被吸附在孔隙表面上并向孔内扩散、堆积，且和氧化铝进行离子键、氢键结合而使膜层着色，然后经封孔处理，染料被固定在孔隙内。

化学着色分无机着色和有机着色。无机着色通常是在常温下进行，但着色时间较长，而且颜色较淡。有机着色一般都在中温条件下进行，并且有上色快、色泽鲜艳、均匀等优点。

化学染色法工艺简单、控制容易、效率高、成本低、设备投资少、着色色域宽、色泽鲜艳。但因有机染料或者无机颜料渗进孔隙中，吸附在氧化膜表面区域，膜的颜色容易被摩擦掉、易褪色，大面积制品易出现颜色不匀，着色后清洗、封孔不当或受到机械损伤时容易脱色，着色膜的耐光性相对较差等问题，故往往仅用于室内装饰、日常用小型铝制品的着色处理。

采用茜素红与茜素黄的混合物等配方可着各种颜色。其着色的颜色、工艺配方及操作条件见表 11-4。

表 11-4　着色的颜色、工艺配方及操作条件

颜色	茜素红(S) /($g \cdot L^{-1}$)	茜素黄(R) /($g \cdot L^{-1}$)	酸性黑 /($g \cdot L^{-1}$)	酸性绿 /($g \cdot L^{-1}$)	重铬酸钾 /($g \cdot L^{-1}$)	pH 值	温度/℃	时间/min
金黄色	0.2~0.3	0.7~0.9				6.5~6.8	50~60	1~2
粉红色	0.25~0.35	0.35~0.45				6.5~6.8	50~60	1~2
淡黄色	0.1~0.2	0.55~0.65				6.8	50~60	1
黑色			0.5~2.5			4.5~5.0	40~60	5~10
棕色	0.2~0.7		1.2~2.8			4.2~4.8	50~60	4~7
绿色				4~6		5~5.5	70~80	10~15
草绿色					100~150		60~70	10~15
黄色		0.4~0.8				6.8~7.0	50~60	0.5~1

11.2.2　铝及铝合金着色技术展望

1. 三次多色电解着色法

三次多色电解着色技术是当前最先进的电解着色技术。它是在二步电解着色工艺基础上开发出的一种利用光干涉原理，达到改变被处理材料表面颜色的技术，即在电解着色处理前，增加一次磷酸阳极氧化扩孔工序，以改变氧化膜的结构和几何尺寸，达到改变光的反射路径，从而使铝表面颜色由青铜色系列色调变为黄色、金黄色、橙色、红褐色等多种鲜艳色调的电解着色法。该项技术研究多年，一直难以工业化。近年来，日本和意大利都已设厂生产，可以得到稳定的蓝色或灰色铝板和铝型材，并已在建筑物的铝门窗和铝幕墙上使用，装饰效果很好。三次多色电解着色技术对材质的要求以及阳极氧化工艺的控制要求都十分严格。

2. 仿木色技术

(1) 机械法

机械法是以拉丝、模压等手段使挤压铝型材呈现条纹或筋状，然后再进行阳极氧化和着色，此法的加工难度大，成本高，并且所产生的木纹状过于规则，形象不逼真。

(2)印刷法

印刷法就是在经过阳极氧化后的铝合金表面上直接印上木纹色彩。但这样处理的效果并不理想。国外采用丝网印刷技术,结合静电粉末喷涂,实现工业化生产各种色彩木纹、图案和大理石外观的静电粉末喷涂聚酯-TGIC涂层,但采用静电喷涂的某些涂层在使用过程中会分解一些有害气体,影响室内空气的质量。

(3)压膜法

压膜法是将经过阳极氧化、电泳涂漆后的铝合金,通过带油墨的热渗透膜(常用的为塑料膜和木纹纸)在抽真空作用下紧贴在铝材表面。在真空状态下,油墨依附在基膜上,随着时间的推移,温度的升高,介质的溶剂溶解并挥发,基膜的热分子运动加剧,油墨分子通过基膜分子的间隙渗入,由于时间的限制,大部分油墨在表面与基膜结合在一起,并呈现原来的颜色,或者通过带有黏结剂的滚子,用压膜机将木纹模样的胶膜压到经过电化学粗化和阳极氧化的铝平板表面上,形成木纹状图样。该法生产速度慢,仅适用于平板型产品,对于形状复杂的铝材,膜不易压紧,且成本较高。

(4)电化学法

图11-2为采用电化学法形成条纹的过程,利用铝型材在交流电解初期,表面形成一层薄的阻挡层(厚度为1~10 nm),随后由于电解液的刻蚀作用,阻挡层特别薄的部位首先被破坏[点蚀状况如图11-2(a)所示],电流集中处产生大量氢气,形成了纵向木纹"筋"条部分的起点,沿气泡上升的轨迹[图11-2(b)]加速了膜层和基体的溶解速度,电解一定时间后,铝材表面出现酷似木质纹路的条纹[图11-2(c)],氧化着色后呈现木纹图案。

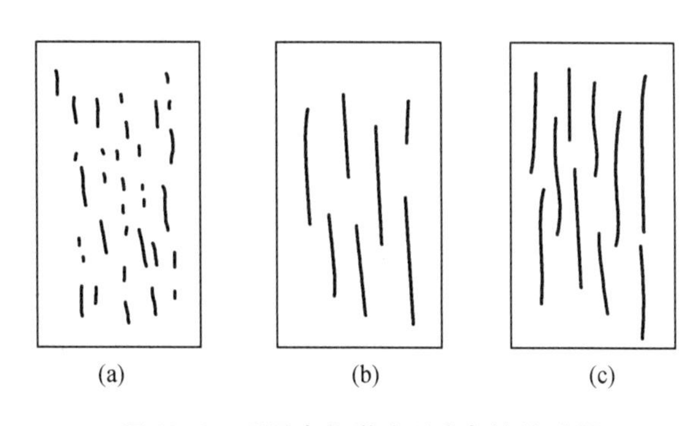

图11-2 采用电化学法形成条纹的过程

电化学法木纹处理工艺具有以下优点:可以在形状较为复杂的试样上形成木纹形状,克服机械法加工难度大、成本高、形象不逼真,印刷法处理的效果不理想和压膜法生产速度慢、形状单一、膜不易压紧、成本较高等缺陷,只需在原有阳极氧化-着色生产线上添加木纹处理和脱膜工序即可,投资小,工艺相对简单,生产成本也相对较低的优点。

11.3 镁合金着色

镁是轻金属之一,密度为1.74 g/cm^3,具有延展性。镁合金主要由大量的镁元素和少量的合金元素构成。镁合金具有密度低、强度和刚度较高、减震性优良、比热容低、凝固时间短、压铸件力学性能好、尺寸稳定、优良的切削加工性等优良的特性,已经成为合金材料领域最有发展前景的合金材料之一,在航空、汽车、国防军工领域具有广泛的应用。但镁的化学活性高,与氧的亲合力大,在空气中极易被氧化并在其外表产生氧化多孔膜,该类膜抗腐蚀性能较差,很容易被腐蚀,其使用受到限制。因此,对其进行表面处理尤其重要,其中比较常见的表面处理技术主要是阳极氧化,还有电镀、微弧氧化、离子注入等。

11.3.1 镁合金的阳极氧化

镁合金阳极氧化是利用电解的原理,将镁合金作为阳极,将不锈钢片或镍等材料作为阴极,连接电源,通过调节工艺参数和电解液组分,在阳极的表面产生膜层。

20 世纪初期,镁合金阳极氧化技术刚刚起步,30 多年后 DOW17 与 HAE 工艺先后出现,阳极氧化开始逐渐应用到镁合金表面处理中。最初的 DOW17 工艺的处理液中含有有毒的离子,该工艺生产的膜层具有良好的保护作用。后来发展了无毒的 HAE 阳极氧化工艺,该工艺的电解液中不含铬的有毒化合物,其电解液的主要成分有高锰酸钾、氢氧化钾、氟化物、磷酸盐和铝酸盐。HAE 工艺阳极氧化后的处理液中含有氟离子和磷酸根,对人和环境均有不利的影响。近年来人们开始逐渐注重环保,开发不含铬、氟的阳极氧化处理液是今后开发的主要趋势。

1. DOW17 方法

DOW17 阳极氧化工艺由 Dow 化学公司开发,是典型的镁合金在酸性溶液中的阳极氧化方法。该法适用于镁及各种镁合金。

DOW17 方法的工艺配方如下:

氟化氢铵	240 g/L	电流密度	0.5~5 A/dm^2(AC)
重铬酸钠	100 g/L	温度	70~80 ℃
磷酸(85%)	86 g/L	时间	1~5 min

阳极氧化开始时,要使电压迅速升至 30 V,此后则以保持恒电流密度来逐渐提升电压。终结电压视所需膜的类型和合金的种类而定,一般≤100 V。

DOW17 方法得到的阳极氧化膜的封闭工艺如下:

水玻璃	529 g/L	时间	15 min
温度	90~100 ℃		

经此工艺处理的纯镁及 AZ91D 镁合金,与化学转化膜处理的相比,其腐蚀电阻大大提高。对于纯镁,在基体与氧化膜的界面上为一层很薄的阻挡层,外层为多孔层,膜的形成是由于基体/溶液交界处形成 MgF_2 和 $Mg(OH)_2$,同时在孔隙处氧化膜不断溶解,产生 MgF_2 和 $NaMgF_3$ 晶粒。

2. HAE 方法

HAE 方法是典型的镁合金在碱性溶液中的阳极氧化方法。其工艺配方如下:

氢氧化钾	160 g/L	电流密度	1.6 A/dm^2(AC)
氟化钾	34 g/L	电压	30 V
氢氧化铝	30 g/L	温度	24~29 ℃
磷酸三钠	34 g/L	时间	60 min
锰酸钾	19 g/L		

氢氧化钾是基本组分,氟化钾和氢氧化铝的作用主要是促使镁合金能够在阳极氧化一经开始就迅速成膜,以保证化学活性很高的镁不受溶液侵蚀,锰酸钾的作用是提高膜层硬

度以及使膜层结构致密,还可降低过程的终结电压。

阳极氧化后如果不要求涂装,则需进行封闭处理。HAE 方法得到的阳极氧化膜的封闭工艺如下:

氟化氢铵(NH_4HF_2)	100 g/L	温度	室温
重铬酸钠($Na_2Cr_2O_7 \cdot 2H_2O$)	20 g/L	时间	1~2 min

封闭一方面可以中和膜层中残留的碱液,使阳极氧化膜能与涂膜结合良好;另一方面可提高阳极氧化膜的耐蚀性能。此法获得的膜层为棕黄色,膜层均匀耐磨。

3. Anomag 工艺

上述传统的阳极氧化方法得到的镁合金阳极氧化膜不透明,但应用 Anomag 工艺可以得到透明的氧化膜,在外观上可以与铝合金的氧化膜直接相匹配,耐蚀、耐磨性也较传统的阳极氧化膜优。

该工艺所用的电解液主要成分为氨水,以磷酸盐、铝酸盐、过氧化物、氟化物为添加剂。同时也可向溶液中加入硅酸盐、硼酸盐、柠檬酸盐、石炭酸等。在具有良好的通风设备,保持电解液温度在 40 ℃以下时应用该工艺。其氨水的主要作用是抑制火花的产生,减少阳极氧化时产生的热量。氨水的含量过低时,会产生火花放电现象,形成的氧化膜与传统的阳极氧化膜相类似。

加入磷酸盐是为了得到透明的阳极氧化膜,其浓度越低,膜层的透明度越好;磷酸盐的浓度过高,得到的氧化膜不透明,同时在高压下会产生火花放电现象。加入过氧化钠是为了降低成膜电压,但是浓度较低时,对成膜不会有明显的影响;浓度过高时,会产生破坏性的火花,工件表面不会成膜。

该氧化膜层也具有多孔微观结构。膜层组成主要为 MgO、$Mg(OH)_2$ 的混合物,以磷酸盐为添加剂时,膜层中存在 $Mg_3(PO_4)_2$。以铝酸盐或氟化物为添加剂时,膜层中会存在氟化镁、铝酸镁。膜层颜色是半透明或珍珠色,取决于电解液中添加剂的种类和浓度。

Anomag 工艺操作简单,槽液基本无害,得到的氧化膜孔隙分布比较均匀。氧化膜具有较好的耐蚀性、抗磨性,电流效率较高,膜生长速度快(达 1 μm/min)。氧化膜层可单独使用,也可以进行着色、封孔、涂覆有机聚合物。

11.3.2 镁合金的着色技术

除了阳极氧化以外,镁合金还常用一些其他的表面防护方法:如化学转化、电镀、微弧氧化、离子注入、有机涂层、电子束气相沉积、激光处理等方法。

1. 微弧氧化技术

镁合金微弧氧化着色通常采用的是整体一步着色法。其工艺原理为:以预处理镁合金作为阳极,将不锈钢作为阴极,在基础电解液中添加着色金属盐。通过外加强电压在镁合金表面产生微弧放电,着色金属盐直接参与电化学反应,金属离子在表面“成膜—击穿—熔化—烧结—再成膜”,反复多次循环,形成与基体以冶金形式结合并含有金属化合物显色相的氧化陶瓷层。在着色过程中,金属盐是色素的来源,如果其浓度太低,不易上色;浓度过高,会出现浮色,或者容易脱色。

微弧氧化中的着色原理与阳极氧化着色不同,阳极氧化着色采用的是二次着色,先对金属基体进行阳极氧化处理,获得氧化膜层后再进行着色和封孔等处理;微弧氧化则主要是着色溶液中的金属盐在电解液里直接参与电化学反应和化学反应,生成所含金属盐化合物的颜色与陶瓷膜呈现的颜色一致。即陶瓷膜的颜色取决于陶瓷膜的成分,因此需通过添加发色成分使微弧氧化陶瓷膜呈现不同色彩。起主要发色作用的可以是简单离子本身着色(在可见光范围内有选择地吸收),如 Cu^{2+} 或者 Fe^{3+};也可以是复合离子着色,例如 Co^{3+} 能吸收橙、黄和部分绿光,略带蓝色;Ni^{2+} 通过吸收紫、红光而呈现紫绿色;Cu^{2+} 吸收红、橙、黄和紫光,让蓝、绿光通过,呈现蓝色;Cr^{3+} 吸收红、蓝光而呈现绿色。有些元素含有不稳定的电子层,如过渡族元素、稀土元素等,它们区别于普通金属的一个重要特征是它们的离子和化合物都呈现颜色。而且化合物的颜色大多取决于离子的颜色,只要着色离子进入膜层,膜层的颜色就由该离子或其化合物的颜色来决定。某些离子如 Ti^{4+}、V^{5+}、Cr^{6+}、Mn^{7+} 等本身是没有颜色的,但它们的氧化物和含氧酸根却随着离子电荷数的增加而向波长短的方向移动,相应颜色也随之改变:TiO_2 白色、TiO^{2+} 无色;V_2O_5 橙色、VO^{3-} 黄色;CrO_3 暗红、$CrO_4{}^{2-}$ 黄色;Mn_2O_7 绿紫、MnO^{4-} 紫色。

微弧氧化技术对工件外形的要求较低,产生的膜材质硬、抗腐蚀性高,与基体黏合紧密,可以弥补合金表面耐磨性差的缺点,同时又保证了陶瓷膜的可加工性,有极好的绝缘特性(击穿电压达 3 000~5 000 V),还有颜色均匀、色彩多样、容易上色等特点。虽然其具备以上优势,但是微弧氧化的放电区间为高压区,其功率大,耗电多,工作时必须加载高压或高电流,造成每个零件的生产面积有限,严重影响生产率。同时,反应所用的部分电解液中包含有毒化合物,会污染环境,不利于保护环境。

2. 其他方法

镁合金金属涂层的种类有:电镀、化学镀或热喷涂。由于镁合金的熔点很低,非常容易燃烧,因此常用电镀和化学镀,一般不采用热喷涂的方法。由于镁合金十分活泼,在镁合金表面会迅速形成氧化镁,妨碍沉积的金属与基底形成金属-金属键,因此在镁合金表面直接电镀或化学镀很困难,预处理难度也较大。一般采用化学转化镀锌,然后镀铜,当镁合金镀上一层铜后,再按普通的电镀方法镀上所需要的金属,目前较为普遍使用的电镀层大多选用 Cu、Ni 或 Cr 层。镀铜,表面呈紫红色;镀镍,表面呈珍珠白色;镀铬,表面呈镜面色泽。

化学转化又叫作金属转化,在试件浸入溶液后,由于化学作用而产生一种钝化膜,这种氧化后产生的膜和自然产生的膜相比保护性更佳;该膜比阳极氧化膜薄,适合作保护涂料基底,特别适合用于特殊环境的保护,例如在运送或保存过程当中对镁的保护以及镁合金产品外表的保护;化学转化法所用的设备简单,且投入低,方便处理,还可以明显提高镁合金的抗腐蚀能力。当前,金属转化膜包含磷盐、铬盐。其中,含铬盐转化膜处理液中含有铬离子,对环境有害。

离子注入技术在镁合金表面改性方面的应用报道最早见于 1984 年,该技术可以形成一层薄的改性层,使合金的耐蚀性有所提高。在真空状态下使用高能离子束轰击目标体,几乎可以实现任何离子的注入。注入的离子被中和并留在固溶体的取代位置或者间隙位置,形成非平衡表面层。离子注入技术在提高材料耐蚀性方面的优点在于:

①可根据需要获得各种各样的引出离子,并可得到高纯的离子束;

②可注入各种各样的固态物质中;

③注入原子数量可精确测量和控制;

④注入薄膜可实现掺杂和增强膜与基体的黏合作用;

⑤可得到大面积均匀的掺杂;

⑥适合精密件的加工要求;

⑦适合微细加工。

激光处理技术包括激光热处理和激光表面合金化处理。激光表面合金化处理可以使合金表层迅速熔化,获得细致紧密的氧化膜。其主要特点有:

①激光功率密度大,加热速度快,基体自冷速度高;

②输入热量少,工件处理后的热变形很小;

③可以局部加热,只加热必要部分;

④加工不受外界磁场影响;

⑤能精确控制加工条件,可实现在线加工,也易于与计算机连接,实现自动化操作。电镀是利用电化学的原理,即阴极是待镀层的导电试件,阳极是已镀层金属,同时放入处理液中,然后接通电源,沉积金属层便会在试件表面生成,此过程就是电镀。用电镀的方法可获得所需厚度的金属镀层,改善基体的抗蚀性,增强基体的力学性能。

11.4 钛的着色处理

11.4.1 钛的性质和用途

1. 钛的性质

钛是一种银白色的过渡金属,这种金属是在20世纪50年代发展起来的。由于在自然界中存在比较分散而且较难提取,所以被认为是一种稀有金属。而其储量却相对丰富,已探明的钛元素含量约占地壳表面的0.56%,在所有元素含量中位居第十位。因为钛元素非常活泼,与氧、氢、碳、氮等元素有很强的亲和力,在自然界中很难以游离态的形式存在,所以较晚才得到开发应用。

金属钛有两种同素异构体:低温时呈密排六方晶格结构,称为α钛;高温时呈体心立方晶格结构,称为β钛。钛的比强度位居金属之首,且塑性好,高纯度钛的延伸率可达50%~60%,因此适宜进行压力加工。钛在许多介质中非常稳定,如在氧化性、中性或弱还原性等介质中,钛均耐腐蚀。这是由于钛和氧有很大的亲和力,在空气或含氧介质中其表面易生成一层稳定、致密且附着力强的氧化薄膜,从而保护基体不被腐蚀。即使产生机械磨损,这层氧化薄膜也会很快自修复或再生。

钛由于其优良的性能以及丰富的储藏量,在工业生产、发展前景及资源使用寿命上有较好的前景,它仅次于铁、铝,被誉为正在崛起的“第三金属”。钛合金由于其强度高、质量轻、疲劳性能好、在高温条件下具有一定的耐腐蚀性等特点,被广泛应用于航空航天、船舶等领域。

以钛为基础,通过加入适当的铝、钒、钼、铬等元素,可以得到各种不同组织和特性的钛合金。目前,世界上已研制出的钛合金有数百种,最著名的合金有20~30种,如TC4(Ti-6Al-4V)、TA7(Ti-5A1-2.5Sn)、TC10(Ti-6Al-6V-2Sn-0.5Cu-0.5Fe)、Ti-32Mo等。按钛合金使用状态下的组织来分类,可分为α型钛合金、(α+β)型钛合金与β型钛合金。

2. 钛及钛合金的用途

我国拥有相对完整的钛工业体系,是产钛用钛的第一大国。近年来,我国对钛材的需求大部分来自化工领域,其次为航空航天、电力、生物医药、海洋工程、体育休闲。目前钛材也开始在家电领域得到应用。钛及钛合金在这些领域的具体应用情况有：

(1)化工领域的应用

钛及钛合金由于具有易钝化的倾向，在许多介质中非常稳定，如在氧化性、中性、弱还原性等介质中，均具有很好的耐蚀性。由于钛及钛合金的这一优良特性，其被广泛应用于石油化纤、海水淡化、氯碱等化工领域中，作电解极板、反应器、热交换器、蒸馏塔、阀门管道、分离器、吸收塔、冷却器、高压釜、浓缩器，以及各种连续配套的管、阀、垫圈、泵等。在年产 35 万 t 规模的对苯二甲酸设备中大约要用 200 t 钛，在用钛的各种化工设备中，换热器占钛材用量的 52%。但化工市场的钛材需求偏低端，技术含量相对不高。

(2)航空航天领域的应用

钛及钛合金具备比强度高、塑性韧性较佳、热稳定性良好、抗腐蚀性好等优点，在航空航天领域得到了各国的重视和开发。

例如 TC10 钛合金被用于制造飞机工业中的机翼、管道、连接件、发动机主起落架大梁、弹射舱等，据统计，先进飞机上的钛材质量达飞机结构总重的 30%～40%，钛材已成为现代飞机不可缺少的结构材料。经过 50 多年的研究与投入，我国已经在这一领域取得可喜的成绩，开发出了航空航天用的新型阻燃钛合金、钛基复合材料、钛铝金属间化合物、高温钛合金和高强钛合金等。神舟飞船、各种卫星的成功发射以及新型战机的问世，都离不开钛合金的贡献。

(3)电力领域的应用

钛合金应用在原子能或火力发电站的蒸汽涡轮叶片、凝汽器和冷油器等之上，提升了发电站的安全性和运转率。例如，建造一座装机容量 1 100 MW 的原子能发电站，就需要用到钛材达 150 t。

(4)生物医药领域的应用

钛及钛合金的质轻且比强度高、弹性模量低(与人体自然骨接近)、无磁无毒、抗腐蚀性和生物相容性优异，作为医用金属材料非常理想，常用作手术医疗器械和医用植入材料。例如，用纯钛和钛合金制作的牙根种植体、义齿、牙床、托环、牙桥、牙冠、人工关节、接骨板、骨螺钉与骨打固定针等已广泛用于临床；用纯钛网作为骨头托架已用于颚骨再造手术。

(5)海洋工程领域的应用

钛及钛合金的密度小、比强度高、耐海水和大气腐蚀的性能好、无磁性、抗冲击振动性好且加工(成型和焊接)性能优良，广泛应用于核潜艇、深潜器、原子能破冰船、气垫船和扫雷艇等，使用了钛材制造螺旋桨推进器、潜艇鞭状天线、海水管路、冷凝器和热交换器声学装置等。大到船身、舰体，小到发动机零部件、螺旋桨，舰船上随处可见钛合金的应用。例如，俄罗斯于 1970 年建造第一艘 ALFA 级核潜艇，每艘使用海绵钛约 3 000 t。俄罗斯台风级核潜艇，拥有双层结构钛金属制造的外壳，共用钛 9 000 t。

(6)民用领域的应用

钛材料在民用领域也有不少用途。比如，TCL 公司推出了全新的钛金空调，通过高新纳米科技，创造性地将纳米钛运用于空调热交换器表面，较好地解决了空调性能衰减的问题。钛在新型汽车上的应用主要在发动机元件和底盘部件。在发动机系统，钛可制作阀门、阀簧、阀簧承座和连杆。钛连杆对减轻发动机质量最有效，能极大地提高燃油利用率，减少排气量。

11.4.2 钛及钛合金的着色处理

由于具有优良的特性,钛及钛合金得到了广泛应用,但其也存在一些缺点,如表面颜色单一、耐磨性不佳、对黏着磨损敏感等。为克服钛及钛合金的这些缺点,进一步提高其使用特性并扩大应用范围,常常需要对其进行各种类型的表面着色,用到的方法有阳极氧化着色、气氛加热氧化着色、化学处理着色、电火花放电着色、激光氧化着色、微弧氧化着色、电镀着色、电泳涂装着色、物理化学气相沉积着色、等离子渗氮着色、氮离子注入着色等。其中,阳极氧化着色是使用最为广泛的方法。

1. 阳极氧化着色

钛阳极氧化着色主要用于航空航天和生物医学领域。航空器件不同零部件之间的接触容易腐蚀,因此需要对钛及钛合金表面进行改性处理以生成性质优良的阳极氧化膜。该氧化膜能增大金属间的接触电阻,减少接触电位差,降低电偶效应,防止和减轻钛合金与合金钢、铝合金等金属零部件接触时产生严重的电偶腐蚀,提高钛合金的抗蚀能力,同时也可提高钛合金的表面硬度和耐磨性,改善润滑条件,并可作为其他防护层的良好底层。

阳极氧化法是在电解液中给钛阳极和不锈钢、铝等阴极间施加电压进行电解,以电化学方式使阳极上生成氧,并与阳极钛表面进行反应形成氧化膜的着色法,因而也称为电解氧化着色法。钛阳极氧化时的电化学反应是:$Ti \rightarrow Ti^{2+} \rightarrow Ti^{3+} \rightarrow TiO_2$。钛合金阳极氧化示意图如图 11-3 所示。

氧化钛薄膜透明,并对光的折射率很大,因此能够强烈地反射和折射光线。当光照到钛金属表面上时,从氧化钛薄膜表面反射回来的光线就会与透过氧化钛薄膜到达基体钛表面再反射出来的光线发生干涉作用,不同波长的光相加合,从而使金属钛表面显现各种干涉色彩。由于氧化膜的厚度不同,氧化膜的光通量和对光的折射率、反射率均发生改变,因而产生不同的光的干涉效应,使光的混合比例发生改变,而呈现不同的色彩。氧化膜光干涉原理如图 11-4 所示。

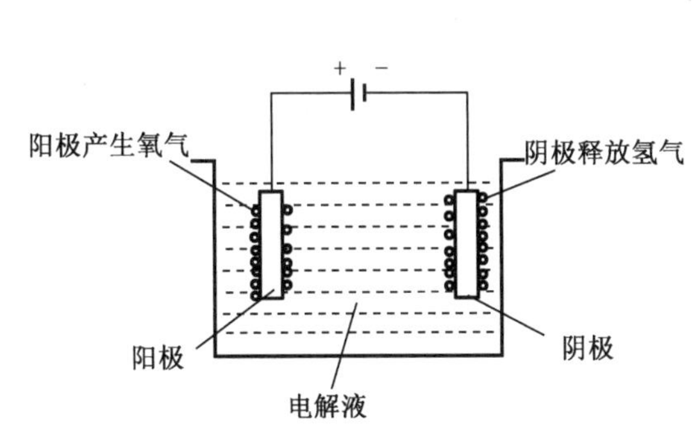

图 11-3 阳极氧化示意图

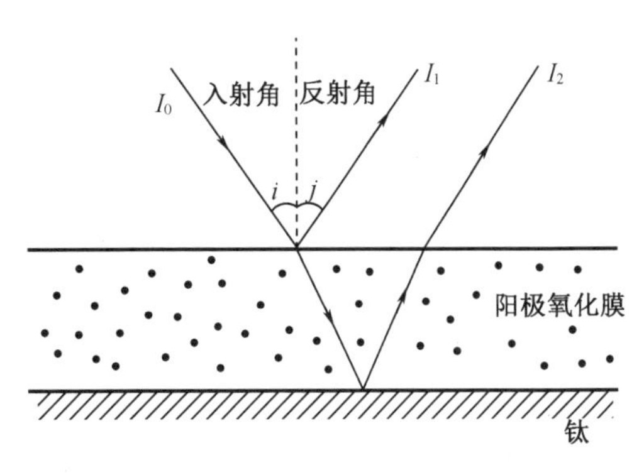

图 11-4 氧化膜光干涉原理

表面层颜色取决于膜厚,其原理如图 11-4 所示。氧化膜表面的反射光线 I_1 与通过透明氧化膜——金属界面上反射的光线 I_2 间的干涉形成各种颜色。这种干涉色随附加电压(即氧化膜的厚度)变化而变化。阳极氧化电压与钛表面形成氧化膜厚度的关系如图 11-5 所示。随电压上升,膜厚呈线性上升,颜色分别为金黄色、棕色、蓝色、黄色、紫色、绿色、黄绿色、粉红色,即按电压控制就很方便地制出膜厚与色彩,可得到重现性良好的钛表面色泽。

钛着色阳极氧化可以使用以下工序：

去油(强碱系去油剂)→水洗→初酸洗(氢氟酸水溶液)→水洗→二次酸洗(氢氟酸+过氧化氢水溶液)→水洗→阳极氧化(磷酸水溶液中定电压电解)→水洗→干燥。

其中,阳极氧化实验过程可按照下列方式进行：

①上述溶液按适当的配方配制电解液,搅拌至充分溶解;

②将导线固定于打磨好的试样做阳极,并浸于电解液中,与不锈钢阴极相距一定距离;

③将电解槽放置在冷却水槽中;

④直流或脉冲电源通电氧化,选择适当电压,经过前处理后的钛作为阳极进行恒电压处理,氧化适当时间;

⑤氧化完成后用蒸馏水冲洗;

⑥高温去离子水填充适当时间。

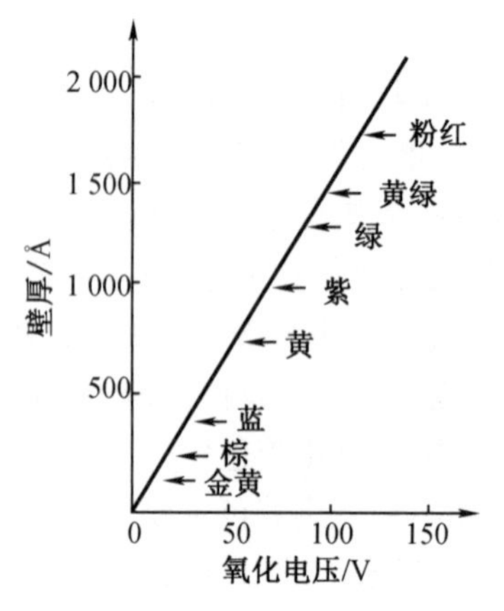

图 11-5 阳极氧化电压与膜厚的关系

钛及钛合金阳极氧化着色的方式很多,根据电解液分类,有酸性溶液、碱性溶液、盐溶液和混合溶液;根据电源特征分类,有直流氧化法、交流氧化法、脉冲氧化法。

其中,酸性溶液法,多采用二元、三元酸,如硫酸、草酸、铬酸和磷酸。硫酸作为强酸,电解时反应剧烈,不利于成膜,而且其本身的腐蚀性强,不是一种环保、优质的电解液。草酸阳极氧化是日本人发明的,由于其溶解性比硫酸小,故可以得到更厚的膜层。但是其价格比硫酸昂贵许多,所用电解电压也比硫酸高,能耗大,所以不是一种经济和适合生产的电解液。铬酸法在工业上应用广泛,但是铬元素有毒且有高致癌性,不适合生物医学用钛材料的阳极氧化。磷酸作为一种中强酸,能较好地调节阳极氧化时膜层的形成和溶解,较迅速地达到膜层的平衡。而且磷元素是生理元素,对人体无害,所以磷酸适于生物医学用钛材料的氧化着色。另外,磷酸价格便宜,使用后的废水对环境的污染相对较小,适合于工业生产。

碱性溶液法,多采用氢氧化钠、氨水一类的碱溶液,所得到的氧化膜比在酸性溶液中得到的厚,并且在较低电压下可以得到酸性溶液较高电压时的颜色。

盐溶液法,主要是各种酸、碱的盐类水溶液和有机盐溶液,例如,用纯钛在5%酒石酸铵溶液中进行阳极氧化,可以获得丰富鲜艳的颜色,而且膜层的硬度和抗拉伸性能较好,成本较低。

混合溶液法,多是2种或者2种以上的物质混合而成的溶液,利用不同物质的作用,可以有目的地提高某些性能或改进工艺方式。例如,可以将纯钛及钛合金在磷酸和葡萄糖酸钠混合液中的阳极氧化,获得丰富的色彩;或者将钛合金在磷酸、草酸、高锰酸钾混合液中的阳极氧化,得到丰富的色彩。

2. 气氛加热氧化法

在大气中,即含氧气氛中加热金属钛,钛表面就会由淡回火色逐渐形成厚氧化物薄膜,从而可以得到由黄向青、紫依次变化的不同色调,钛表面的这种着色技术叫作气氛加热氧化法或简称加热氧化法。加热氧化法的优点是可以廉价大量地对钛进行着色处理,而且形成的着色膜与基体的黏着性也很好。该法的缺点是,色彩变化少(色调种类少),色调的均匀性和再现性欠佳,再就是色调难以控制。除了在含氧气氛中加热钛使之氧化着色外,在氮气气氛中把钛加热到750 ℃以上时,钛表面也会因为生成TiN薄膜显黄金色,这种方法可以大大提高钛的耐磨性。

3. 化学氧化法

化学氧化法是一种把钛浸渍于无机酸溶液中使之氧化着色的方法。例如:把钛浸入硫酸、盐酸或硝酸中,经过长时间煮沸,钛表面氧化后可以显出从青紫色到黄色等多种不同的颜色。而钛在稀薄的氢氟酸中浸渍处理后,表面则显黑色。化学氧化着色法尽管存在氧化膜质量较差、形成氧化膜的时间长、着色种类不多而且氧化膜的耐久性不及气氛加热氧化法所形成的氧化膜等缺点,但是该法的一大优点是能在钛表面上形成黑色膜,这是用阳极氧化法和气氛加热氧化法所难于做到的。

综上所述,阳极氧化法与气氛加热氧化法和化学氧化法相比较,具有工艺简单、成本较低、表面着色的色调丰富,色调的控制也容易等优点,是一种具有发展前景的氧化着色技术。其表面着色后,色度高、色调独特,为其他彩色金属甚至有机涂料所不及,兼之耐蚀性和耐大气腐蚀性良好,氧化薄膜的强度又高,所以应用领域十分广阔。

11.5 铜及铜合金着色技术

11.5.1 铜的性质和用途

纯铜又称紫铜,通常呈紫红色光泽,具有很好的延展性,导热和导电性能较好。它熔点较低,容易再熔化、再冶炼,故容易回收再利用。铜是人类发现最早的金属之一,也是人类最早使用的金属,属于重金属。自然界中的铜是唯一的能大量天然产出的金属,也存在于各种矿石中,能以单质金属状态及黄铜、青铜和其他合金的形态存在。铜是与人类关系非常密切的有色金属,古代主要用于器皿、艺术品及武器的铸造,现在被广泛地应用于电气、轻工、机械制造、建筑、国防等领域。

铜合金是以纯铜为基体加入一种或几种其他元素所构成的合金,常用的铜合金分为黄铜、青铜、白铜三大类。

黄铜是以锌为主要添加元素的铜合金,还常添加其他元素,如铝、镍、锰、锡、硅、铅等,因其具有美观的黄色而得名。随着合金中锌含量的变化,其室温组织也有很大的不同。当锌含量低于36%时,锌能溶于铜形成单相α,称为α黄铜。α黄铜具有良好的可塑性和焊接性,但在锻造等热加工过程中易出现温脆性,具体温度随锌含量的变化而有所不同,适用于冷变形加工。合金中锌含量在36%~46%时,显微组织有α单相,还有以铜锌为基的β固溶体,称为双相黄铜,双相黄铜高温下具有很强的塑性,低温下性质硬脆,应在热状态下进行锻造。锌含量超过46%时,合金的显微组织仅由β组成,称为β黄铜。β黄铜性能硬脆,不能进行压力加工,仅用作焊料。黄铜中锌含量越高,合金的强度越高,可塑性降低,耐蚀性变差,腐蚀破裂倾向越明显。普通黄铜的用途广泛,如弹壳、供排水管、小五金件、冰箱带、奖章及各种形状复杂的工件。

含镍的铜基二元合金叫作普通白铜。在铜镍合金基础上再分别加入铝、锌、锰和铁等元素组成的多元合金叫作特殊白铜，如铝白铜、锌白铜、锰白铜、铁白铜等。铜与镍之间的原子半径差值很小，晶格类型相同，固态时两者能形成无限固溶体，按任何比例配成的铜镍二元合金，其固态都是单相组织，所以它具有优良的塑性，可以拉伸成很细的线材，一般都把它作为压力加工产品使用。这种二元合金还具有较好的耐腐蚀性、耐热性、耐寒性和特殊的电性能，是医疗器械、化工机械、各种精密仪器的重要材料。特殊白铜中的锰白铜具有比纯铜约高 27 倍的电阻率和低的电阻温度系数等优点，常用作电工测量仪器中的高电阻材料。

青铜原指铜锡合金，后除黄铜、白铜以外的铜合金均称青铜，并常在青铜名字前冠以第一主要添加元素的名。应用较为广泛的有锡青铜、铅青铜和铝青铜。锡青铜具有较好的机械性能、减磨性能、铸造性能，适用于制造轴承、齿轮、涡轮等。铅青铜自润滑性能好，易切削，但铸造性能差，主要应用于现代发动机和磨床的轴承材料。铝青铜的耐蚀性和耐磨性好，强度高，主要用于铸造高载荷的齿轮、螺旋桨和轴套等。铍青铜是以铍为主要添加元素的青铜，可热处理强化，是理想的高导、高强弹性材料。铍青铜无磁、抗火花、耐磨损、耐腐蚀、抗疲劳和抗应力松弛，易于铸造和压力加工成形。铍青铜应用于塑料或玻璃的铸模、电阻焊电极、石油开采用防爆工具、海底电缆防护罩、精密弹簧和无火花工具等。

11.5.2 铜及铜合金的着色工艺

金属着色主要分为化学着色和电解着色。

1. 化学着色法

化学着色主要利用氧化膜表面的吸附作用，将染料或有色粒子吸附在膜层的空隙内，或利用金属表面与溶液进行反应，生成有色粒子而沉积在金属表面，使金属呈现出所要求的色彩。该方法工艺设备简单，不耗电，成本低，能广泛应用于工艺品的装饰及仪器仪表的生产。

铜及其合金的化学着色法与普通金属着色方法相同。即把铜及其合金试样放置在事先配置好的着色液中，利用氧化膜表面的吸附作用，将染料或有色粒子吸附在膜层的空隙内。或使铜及其合金表面与溶液进行反应，生成有色粒子而沉积在金属表面，使试样呈现所要求的色彩。

2. 电化学着色法

电解着色技术是将试样置于适当的电解液中作为一个电极，当有电流通过时，金属微粒、金属氧化物或金属微粒与氧化物的混合体电解沉积于金属的表面，从而达到金属表面着色的目的。该方法的优点是颜色可控性好，受金属表面状况的影响较小，且处理温度低；缺点是能耗高，边缘效应明显，污染严重。

(1)阴极着色法

阴极着色法包含了阴极电解沉积着色法和阴极电解还原着色法。

阴极电解沉积着色法是将被着色铜器物置于适宜的电解液中，被着色物作为阴极，当电流通过时，金属微粒、金属黑色氧化物和金属微粒与氧化物的混合体电解沉积于阴极金属的表面。其中最典型的是黑镍电解沉积法。

阴极电解还原着色法是用阴极电解法对铜表面进行着色，表面生成氧化铜或氧化亚铜，可以获得橙红、紫红、金黄、紫蓝和墨绿等系列色彩。色彩的出现及其外观效果受到各种工艺条件的影响，通过对着色时间以及电流密度的控制，也可着成古铜色。据文献报道，电解着色时,在电解液中加入有机酸或盐可提高着色效果。

以纯铜着色为例介绍阴极电解还原着色法。

$CuSO_4$	25~65 g/L
NaOH	75~115 g/L
柠檬酸三钠	50~110 g/L
乳酸	70~130 mL/L
阴极电流密度	10~30 mA/dm^2
电压	0.1~0.4 V
温度	室温
阳极	纯铜片

在外加电流的作用下,阳极上的铜被氧化成铜离子,与柠檬酸根离子反应生成络合物,随后在阴极上被还原为 Cu_2O,附着在制件表面形成着色膜。该方法通过控制合适的电流密度和电压,随着时间的变化,可以在铜及其合金表面得到橙红、紫红、金黄、紫兰和墨绿等一系列的颜色。

(2)阳极氧化着色法

在氢氧化钠溶液中,以黄铜工件为阳极,铁板为阴极进行电解时,作为阳极的黄铜工件和电解产生的氧发生反应生成橙红色的氧化亚铜和黑色的氧化铜。黄铜表面所生成氧化物的颜色与电解时的电流密度、介质的温度及碱的浓度等因素有关,通过调节这些因素即可控制颜色。

NaOH	120~180 g/L
温度	70~80 ℃
阳极电流密度	1~3 A/dm^2
阴极	不锈钢
时间	15~25 min

先把铜件放入装置中预热一到两分钟,在 1 A/dm^2 的电流下处理 4 分钟左右。当温度和电流不变后,可通过增加 NaOH 含量和延长反应时间得到较厚的膜层,但当 NaOH 含量过高时膜层变得疏松;当 NaOH 含量较低且电流密度范围较窄时会出现膜厚不均匀的情况。电解时的电流密度、介质温度及电解液 pH 值等都能影响着色膜的颜色。若电解液温度在 60 ℃以下时,着色膜层会呈微绿色,在电解液中加入钼酸盐可以使膜层有变黑的趋势。该着色溶液稳定性好,着色膜的附着力和耐腐蚀性能都较好,因而得到了广泛的利用。

3. 着色工艺步骤

采用不同的化学着色配方和电化学着色配方可以得到不同的着色效果,其着色工艺基本相同,一般分为预处理、金属着色、后处理三个阶段。

(1)预处理

着色反应是在固体表面上进行的化学复相反应,与界面因素以及反应的动力学有不可分割的联系。铜件表面的粗糙度、结构的完整性、均匀性以及表面的化学成分对着色反应都有很大的影响,铜件表面吸附的气体及杂质污染物也不利于着色膜的形成,因此着色前进行表面预处理是非常必要的。表面预处理主要包括表面光洁处理、抛光处理和表面活化三个方面。

①表面光洁处理

通常采用砂纸打磨或机械抛光等方法来去除铜件表面的划痕、氧化皮、气泡等各种缺陷，提高表面的平整度和降低粗糙度，保证着色膜层质量。

②化学抛光或电化学抛光

化学抛光是把金属制件放在特定的介质中，金属表面凸起部分的溶解速度大于凹陷部分，从而使得金属表面变得平整光亮。化学抛光适合各种尺寸及形状复杂的零件，生产效率高，得到广泛应用。目前在生产上应用的化学抛光液按氧化剂来分主要有以下三大类：ⓐ硝酸及其盐系列，包括 $HNO_3-H_2SO_4-HCl$、$HNO_3-H_2SO_4-CH_3COOH$、$NaNO_3-H_2SO_4-HCl$、$NH_4NO_3-H_2SO_4-NaCl$ 等；ⓑ铬酸盐系列，包括 $Na_2Cr_2O_7-H_2SO_4-HCl$ 等；ⓒ过氧化氢系列，包括 $H_2O_2-H_3PO_4-HCl$ 等。

电化学抛光是指金属表面在抛光液中进行阳极电解，即抛光时制件作为阳极，通入电流后制件表面会产生电阻率较高的稠性黏膜，由于其厚度在零件表面分布不均匀，因此表面微观凸起部分黏性膜较薄，电流密度较大，金属溶解速度较快；表面微观凹陷处黏性膜较厚，电流密度较小，金属溶解速度较慢，导致微观凸起处尺寸减小快，微观凹陷处尺寸减小慢，使制件表面粗糙度降低，从而达到平整光亮的目的。

③表面活化

由于纯铜表面容易生成一层几个纳米或零点几纳米的极薄的致密的氧化膜，它会影响基体与着色膜的结合力，导致着色表面着色膜的生长速度不一致，颜色均匀性差。

(2)铜及铜合金表面着色

铜及其合金表面着色实际上就是使金属铜与着色溶液作用，形成金属表面的氧化物层、硫化物层及其他化合物膜层。选择不同的着色配方和条件可得出不同的着色效果。例如，硫基溶液可被利用的有：硫化物（如硫化钾、硫化铵等）、硫代硫酸钠、多硫化物（如过硫酸钾）等，其着色原理都是基于硫与铜产生硫化铜的特性反应，在不同的反应条件和配方中其他成分的参与下，可以形成黑、褐、棕、深古铜、蓝、紫等颜色。

铜与氨的络合作用及配方中其他离子参与反应，在不同的反应条件下也可以形成多种着色效果。在着色配方中氧化剂的加入能促进反应，但过多的氧化物会影响氧化膜的质量。

通常的着色配方都需要经过多次使用的实践检验后，才可投入正式使用。

对各类着色的配方简介如下：

①硫化物着色

硫化物着色的原理是硫化物分解的硫离子与铜反应生成硫化铜。反应如下：

$$K_2S \longrightarrow 2K+S^{2-}$$

$$Cu+S^{2-} \longrightarrow CuS+2e$$

硫化钾在空气中会自行分解，颜色由黄褐色转白，这种失效硫化钾不宜使用。因硫化钾在空气中吸收水分，易溶于水，在空气中亦能逐渐氧化，因此，应将硫化钾密封置于阴凉处储藏。硫化铵可作硫化钾的替用品，而硫化钠不宜替用。

反应中如加入氯化氨能加速膜的生成，并使膜平整匀净。铵根离子还有络合铜的作用。氯化铵加得过多会使硫化钾分解放出硫化氢。若改用氯化钠可改善，其他如加入适量氢氧化铵、氢氧化钠也会有一定效果。

典型的硫化物化学着色配方见表 11-5。

表 11-5 典型的硫化物化学着色配方

名称	1(褐色)	2(黑色)	3(灰黄色)
硫化钾(K_2S)/($g \cdot L^{-1}$)	1~1.5	5~10	
氯化氨(NH_4Cl)/($g \cdot L^{-1}$)		1~3	
氯化钠(NaCl)/($g \cdot L^{-1}$)	2		
硫化铵[$(NH_4)_2S$]/($mL \cdot L^{-1}$)			5~15
温度/℃	25~40	30~40	15~30
时间/min	0.1~0.5	0.2~1	0.2~1

温度能决定反应的进程。温度偏高则反应快,膜层粗糙易厚;若温度低则反应就慢。一般温度控制在略高于室温。

反应时间在 0.1~0.5 min,不超过 1 min。铜的色泽变化为淡褐→深褐→杨梅红→青绿→蓝→铁灰→黑灰。

硫化物着色适合于高含铜量的材料,因含铜量越低的材料,着色就越困难。另外,变色溶液最好现用现配,在浸泡变色时,使用一段时间后有黑色的沉渣,其原因是单质硫的过量释放沉积以及硫化铜沉淀的结果。

②硫代硫酸盐着色

原理为

$$Na_2S_2O_3 \longrightarrow 2Na^+ + S_2O_3^{2-}$$
$$S_2O_3^{2-} \longrightarrow S^{2-} + SO_3^{2-}$$

即通过 $Na_2S_2O_3$ 中分解出来的 S^{2-} 与着色配方中的其他金属离子或基体中溶解下来的少量铜离子结合形成表面色膜。

典型的硫代硫酸盐着色配方如下:

a. $Na_2S_2O_3$ 55 g/L,醋酸铅 7~21 g/L,温度 80 ℃;

b. $Na_2S_2O_3$ 27 g/L,醋酸铅 14~27 g/L,温度 75~90 ℃;

c. $Na_2S_2O_3$ 55 g/L,硫酸镍 14~55 g/L,温度 70~90 ℃。

该系列的着色配方通常以双组分体系为试液,即 $Na_2S_2O_3$ 分解出的 S^{2-} 和 SO_3^{2-},而另一组分水解后放出金属离子,如 Pb^{2+}、Ni^{2+} 等,形成金属硫化物的着色反应,因此,试液的浓度、组分中两者的比例、着色试液的温度以及试样浸泡的时间等因素都有相应的关系。

因为 S^{2-} 离子的产生是靠硫代硫酸钠分解,因而反应较缓和,通常需要加温,反应时间也较长,可以根据试样需要着的颜色,在选择恰当的试液浓度比和着色温度条件的同时,严格控制试样浸泡时间来实现。如在 $Na_2S_2O_3$ 与 $Pb(AC)_2$ 双组分体系中黄铜器表面着色,当 $Na_2S_2O_3$ 与 $Pb(AC)_2$ 的浓度比增大,成膜的时间延长,膜的颜色也由深变浅,呈现由黑经过蓝紫色到钢灰的颜色(当浓度比为 1:1,成膜时间为 20 h,膜为黑色,浓度比为 2:1,经 24 h 成膜时为蓝紫色,浓度比为 5:1,经 96 h 成膜为钢灰色)。

硫代硫酸钠与其他盐类组成的双组分体系,控制在一定条件下也可以形成另外的色膜。

③多硫化物的着色

典型的着色配方如下:

$K_2S_2O_8$5~15 g/L,NaOH45~55 g/L,温度 55~65 ℃,5~10 min。采用 $K_2S_2O_8$,它是一种强氧化剂,在碱性溶液中,其反应如下:

$$K_2S_2O_8+2NaOH \longrightarrow Na_2SO_4+K_2SO_4+H_2O+[O]$$

$$Cu+2NaOH+[O] \longrightarrow Na_2CuO_2+H_2O$$

$$Na_2CuO_2+H_2O \longrightarrow CuO+2NaOH$$

反应中 $K_2S_2O_8$ 在溶液中产生活泼的氧原子,使铜器表面氧化生成黑色氧化铜保护膜。由于氧原子不断供给,应适时补充,当生成紧密的氧化膜后,便冒出气泡,表明氧化处理已完成。

若溶液中的 $K_2S_2O_8$ 含量不足,提供的氧原子太少就会影响膜的生成。当 $K_2S_2O_8$ 含量过高时,分解产生的 H_2SO_4 过多,会加剧对膜的溶解,造成膜层疏松易脱落。

NaOH 在溶液中主要是中和在氧化过程中 $K_2S_2O_8$ 分解产生的 H_2SO_4,减少 H_2SO_4 对氧化膜的溶解,保证膜的厚度。若 NaOH 含量不足,H_2SO_4 就不能完全被中和,氧化膜会变成微红色。因此,要获得优质的黑色氧化膜,必须保持 NaOH 和 $K_2S_2O_8$ 的恰当比例。

反应中,若室温氧化则时间要延长,并使膜的厚度及色泽度差,氧化质量下降。温度偏高会使 $K_2S_2O_8$ 加快分解,使氧化膜生成速度急剧增加,从而不能获得致密的氧化膜。

本方法要求铜含量在 85%以上,其色泽变化为:浅褐→深褐→蓝→黑。若铜含量低于 85%,色泽就达不到黑色,而是黄褐、蓝褐或红黑色。

④利用铜氨络合溶液着色

除了硫基溶液着色外,利用氨性溶液来为铜合金着色也较为普遍,其典型的着色配方如下:

碱式碳酸铜 $CuCO_3 \cdot Cu(OH)_2$ 40 g/L;

氨水(25%)NH_4OH 200 mL/L,温度 15~30 ℃,5~15 min。

在氨性溶液中着色,最适于黄铜的着色处理,膜层光亮而呈深黑或深蓝色。氨水溶解碱式碳酸铜,生成碳酸化铜氨与碱性铜氨两个络合物:

$$CuCO \cdot Cu(OH)_2+8NH_4OH \longrightarrow [Cu(NH_3)_4]^{2+}+[Cu(NH_3)_4](OH)_2+8H_2O$$

氧化处理时,黄铜中的锌被络合:

$$Zn+6NH_4OH \longrightarrow [Zn(NH_3)_4](OH)_2+4H_2O+2NH_4^+$$

黄铜表面最终生成氧化膜:

$$[Cu(NH_3)_4]CO_3+Cu+H_2O \longrightarrow (NH_4)_2CO_3+2CuO+2NH_4^+$$

$$Cu+4NH_4^+ \longrightarrow [Cu(NH_3)_4]^{2+}+2H_2\uparrow$$

碱式碳酸铜要与氨络合才能发挥作用,因溶解过程较缓慢,所以使用的溶液要提前几天配制,待全部溶解后方能使用。

黄铜制件生成氧化膜层的速度与合金中锌含量有关,锌含量低的铜合金氧化膜生成的速度要慢些,而锌含量高的铜合金成膜速度较快。适合铜含量低于 65%的黄铜着色。

使用前加 0.5 g/L 的锌粉使溶液老化,有利于操作。在氧化过程中,溶液中氨浓度会逐渐减小,使膜产生缺陷,故要经常调整溶液。

黄铜是由铜与锌组成的合金,在加工过程中有时两者分布不均匀,使氧化时产生色差,因此,在着色前最好进行合金成分的均匀处理,即先在含有 70 g/L 的 $K_2Cr_2O_7$ 和 22 mL/L 的硫酸组成的溶液中处理 15~20 s,然后再在 30 mL/L 的硫酸溶液中浸蚀 5~15 s,以保证色膜的质量。

11.5.3 铜及铜合金着色技术展望

铜合金可以着色的色泽非常丰富和全面。目前已明确配方、技术稳定的着色颜色有：古铜色、褐色、巧克力色、蓝色、绿色、古绿色、浅绿色、橄榄绿色、灰绿色、黑色、蓝黑色、红黑色、红色、紫罗兰色、灰黄色、金黄色。但是，着色后的铜合金依然面临着容易变色等问题，因此，需要开发防变色的技术工艺。在防变色技术层面，可通过各种表面处理技术之间原理的差异来综合应用。铜饰品的防变色可以尝试结合钝化技术和涂镀技术，进一步延缓变色褪色；可以利用先进的分析检测仪器，从分子、原子水平上开发效率高、缺陷少、低碳环保无污染的缓蚀剂和涂料等，最大程度上保证使用全过程的无毒无害。

例如，涂镀技术作为研究的一个重要方向，研究者们致力于不断改善涂镀方法以求在不破坏表层金属性能的前提下使其耐蚀性、抗变色性能显著提高。树脂涂层技术能在黄铜表面生成一层透明的树脂层，隔离合金与腐蚀介质的接触，从而起到抗变色的作用。有机硅树脂 20 应用于仿金铜饰品后，在防变色、防腐蚀性气体和防湿性能方面均优于装饰性镀金。有的学者利用荷叶疏水性原理，通过电镀或化学方法给铜表面镀一层膜以阻碍腐蚀介质与铜合金接触，一定程度上抑制了腐蚀条件的发生。有的学者制备了溶胶-凝胶法超疏水层，将处理过后的铜基体浸没在 50%的 HCl 中 100 h 其超疏水性依然保持。该膜稳定抗湿，即使曝露 90 d 仍保持超疏水性。将超疏水膜技术应用于铜合金饰品的防变色方向，需要系统深入的研究工作。

面临市场的挑战，随着应用材料、纳米材料科学等学科的飞速发展，铜及其合金的表面着色工艺也需要不断地提高和完善。

随着环境污染的日益严重，人们提出更高的环境、安全、健康要求，无毒、无害以及对环境无污染的着色工艺将更加受到人们的青睐。所以今后无论是电化学还是化学着色都将朝着这个方向进行发展。另外，考虑到我国矿产资源的存储量和分布情况，选择需合理，尽可能减少稀缺、贵重元素的使用量。

人们对金属表面处理的要求也逐渐提高。对于铜及其合金而言，着色将不仅仅局限于表面装饰上，而且在抗腐蚀疲劳、耐热、抗磨和抗菌等方面也将引起重视。

11.6 不锈钢着色

不锈钢在我国的发展已有近百年的历史，它具有很好的强度、耐磨性和耐腐性，而且易加工。根据生产生活需要，不锈钢被广泛地应用在众多领域，例如石油化工、工业建筑、食品加工、家庭装潢、家电行业、运输行业、五金机电和设备制造等。随着经济的发展和生活水平的提高，人们在追求不锈钢优良的性能外，更对其装饰性和艺术性提出了需求。由单一的拉丝、镜面和压花为主流的不锈钢逐渐向彩色不锈钢转变。彩色不锈钢不仅拥有美丽的外观，而且作为装饰的使用和观赏价值比较高，受到了人们的普遍欢迎，同时不锈钢的着色技术也进一步提高了材料的耐蚀性、耐磨性和耐热性等性能。

11.6.1 不锈钢着色预处理

预处理是不锈钢制件表面在进入表面处理（包括酸洗、化学抛光与电化学抛光、电镀、钝化、着黑色、着彩色、化学加工等)前的重要处理步骤。预处理的目的在于彻底清除试样表面的污垢层和氧化层。为了使试样表面更具有光泽,还必须进行抛光处理。曝露在空气中的不锈钢表面会被弥漫在空气中的灰尘或油脂等黏附而形成污垢层。不锈钢制件在成形过程中,表面也都有可能粘上油污,存在毛刺,形成粗糙表面和氧化物,因而在表面处理前,首先必须把油污、毛刺、不平表面和氧化物除去,才能使后续加工获得满意效果。

1. 抛光

可用机械抛光、化学抛光或电化学抛光,要求表面光洁度一致,避免造成色差,最好达到镜面光亮,这样可得最鲜艳均匀的色彩。不锈钢制件机械抛光后应立即进行着色处理,若抛光后在空气中放置一段时间,外表面则会形成一层氧化膜,在着色液中不易除去,因而影响新着色膜的形成。

机械抛光是用 800#,1000#和 1800#砂纸逐级打磨至准镜面,最后用棉布蘸抛光膏抛光。如果有偏析较为显著的金属材料,最好使用机械抛光法。

化学抛光是不锈钢制品表面在化学抛光液中的化学侵蚀过程。不锈钢化学抛光应用了薄膜原理,即不锈钢表面上的微观凸起处在化学抛光液中的溶解速度比微观凹陷处大得多,结果凸起处逐渐被溶入化学抛光液中,而获得光亮的表面。抛光液一般有三类,一类主要是盐酸、硝酸、硫酸;第二类主要是硫酸、硝酸,还添加如氢氟酸、乙酸、柠檬酸等;第三类是硫酸、硝酸、磷酸及磺基水杨酸。抛光温度一般在 50~95 ℃,时间视抛光质量而定。

不锈钢电解抛光是把被抛光工件作阳极,不溶性金属作阴极,浸入电解液中通以直流电而产生选择性阳极溶解过程。由于金属表面凸起部分比凹陷部分电流密度大,溶解速度快,最后达到表面光滑平整的目的。不锈钢电解抛光液配方和工艺条件见表 11-6。

表 11-6 不锈钢电解抛光液配方和工艺条件

配方成分和工艺条件	1#	2#	3#	4#
磷酸/%	60	50~60	42	65
硫酸/%	30	20~30	—	15
铬酐/%	—	—	—	5
甘油/%	7	—	47	12
水/%	3	20	11	3
阳极电流密度/(A/dm^2)	7~15	20~100	5~15	10~20
温度/℃	50~60	50~60	100	70~90
时间/min	4~5	10	30	4~6

电解液中的磷酸、硫酸含量应定期测定和调整。当溶液中的铁含量按 Fe_2O_3 计超过 7% 时,溶液便失去抛光能力,应部分或完全更换新的溶液。

2. 除油

采用三碱法的碱性除油体系,配方和工艺条件如下:

氢氧化钠 70~90 g/L;磷酸三钠 20~40 g/L;碳酸钠 10~20 g/L;十二烷基硫酸钠 1~2 g/L;温度 45~60 ℃;时间 10~20 min。

3. 酸洗或弱腐蚀

不锈钢表面在抛光、除油后生成一层薄的氧化层，酸洗可使表面裸露，从而提高着色层的结合力和色彩的均匀性。采用50~70 mL/L磷酸在室温下浸入5~10 min即可。弱腐蚀是一种活化待处理表面，除去表面钝化膜，露出金属的方法。

可根据表面状态及对不锈钢后续处理质量要求，采用适当的预处理。

11.6.2 不锈钢着黑色

不锈钢着黑色，又叫发黑，黑色化的不锈钢不仅具有一定的装饰性，还具有优良的消光性和吸热性，因此不锈钢发黑工艺的研究受到了人们的重视。不锈钢发黑适用于光学仪器零件的消光处理。

不锈钢黑色化的方法大致可分为化学法、电化学法及物理法三大类。

1. 化学法着黑色

不锈钢着色工艺应用最为广泛的是化学着色法。化学着色方法的优点在于着色工件的形状可以复杂，并且所获得的颜色是均匀的，但是难以控制颜色再现性并且着色温度也高。

黑色氧化膜色泽与不锈钢材料有关，化学着黑色适用材料如下：①铬不锈钢，如1Cr13、1Cr17、2Cr13、3Cr13、4Cr13等；②铬镍不锈钢，如1Cr18Ni9Ti、0Cr18Ni9等；③镍铬钼不锈钢，如Cr18Ni12Mo2Ti；④其他镍铬含量较高的不锈钢；⑤无镍而铬低于13%以下的不锈钢。不适用于无铬只含镍的不锈钢，如Ni18、Ni45等。

化学着黑色法分为酸性着黑色法和碱性着黑色法，常见的是酸性着黑色法。酸性着黑色法得到的膜层色泽均匀，薄而牢固，富有弹性，结合力好，但膜层多孔，耐磨性较差，要经过固化处理才能提高其耐磨性。碱性着黑色法着色时间比较长，但黑膜的耐磨性很好，无须固化处理。酸性着黑色法大致有两类，一类是"INCO法"，在铬酐250 g/L，硫酸490 g/L的溶液中浸泡，温度70~80 ℃，处理时间随不锈钢的品种而不同；另一类是重铬酸钠法，即在41%的硫酸和11%的重铬酸钠溶液中浸泡15~30 min，温度90~100 ℃。这两种方法的缺点在于六价铬的含量太高，且温度很高，对操作者的健康不利。而且，这两种方法常因不锈钢材质的差异，而发生氧化膜层并非黑色的情况。

2. 电化学法着黑色

(1)成膜机理

根据钝化现象的成相膜理论，生成成相钝化膜的先决条件是在电极反应中有可能生成固体反应物，在不锈钢表面形成晶核，随着晶核的生长和外延而形成氧化膜，膜的组成为$(Cr,Fe)_2O_3 \cdot (Fe,Ni)_x \cdot H_2O$。

电化学法不锈钢进入着色液后，表面发生如下电化学反应：

阳极区：$M \longrightarrow M^{2+} + 2e$

阴极区：$aM^{2+} + bCr^{3+} + rH_2O \longrightarrow M_aCr_bO_r + 2rH^+$

反应进行一段时间后，金属离子和Cr^{3+}的浓度将达到临界值，而且超过了富铬的尖晶石氧化物，从而水解在制件表面形成氧化膜。

$$HCrO_4^- + 7H^+ + 3e \longrightarrow Cr^{3+} + 4H_2O$$

氧化膜一旦生成，阳极反应继续在膜孔底部进行，阴极反应转移到膜与溶液界面上，阳极反应产物如金属离子通过孔向外扩散，在无数个生长点上，始终维持着一定的金属离子

和 Cr^{3+} 浓度,并随之水解成膜。

膜层厚而黑,膜层耐晒性较差,易自动爆裂。

(2)适合于各种不锈钢电解着黑色工艺流程

①抛光处理或机械抛光→去油→水洗→活化(硝酸 15%~20%,氢氟酸 20%~22%,水 60%~63%,室温,浸 5~10 min)→水洗→电解着黑色→水洗→自然干燥→浸油或清漆。

②化学除油(碱液 60~80 ℃)→水洗→抛光→水洗→活化(硝酸∶氢氟酸∶水=2∶3∶7的混合液,室温,时间为 10 min)→水洗→电解着黑色→水洗→晾干→布轮抛光→聚苯乙烯树脂涂覆→固化→成品。

(3)电化学法着黑色溶液配方及工艺条件的影响

对于不锈钢电解着黑色,列举一个配方及工艺条件如下:

配方:重铬酸钾($K_2Cr_2O_7$)20~40 g/L;硫酸锰($MnSO_4 \cdot 4H_2O$)10~20 g/L;硫酸铵[$(NH_4)_2SO_4$]20~50 g/L;硼酸(H_3BO_3)10~20 g/L;pH 值 3~4;温度 20~28 ℃;电压 2~4 V;阳极电流密度(D_A)0.15~0.3 A/dm²;时间 10~20 min。

各配方成分作用:

①硫酸锰　着色剂,有增黑着黑膜颜色的作用。无锰离子则膜层不发黑。

②重铬酸钾　既是氧化剂,又是氧化膜生成过程中的稳定剂。含量过高或过低,都不能获得富有弹性的和具有一定硬度的膜层,将使膜层变薄、变脆和疏松。

③硫酸铵　能控制着黑膜生成的速度。若含量过高,则膜层生长速度变慢;若含量太低或无硫酸铵,则氧化膜生长速度太快而使膜层变薄,甚至使膜层性能恶化。

④硼酸和 pH 值

硼酸用于调整和稳定溶液的 pH 值。pH 值对形成膜层的力学性能起决定性作用。pH 值对膜层的脆性和附着力也影响极大。溶液 pH 值越低,则膜层脆性越大,附着力越差。这是由于 pH 值过低将在电解时大量析氢,使膜层内应力增大,脆性高。在溶液中加入硼酸,调整溶液的 pH 值后,才能克服膜层脱落的疵病。

⑤温度　溶液的温度对氧化膜的形成影响较大。温度过高,生成的膜脆性大,易开裂、疏松,防护能力低。温度一般应低于 30 ℃,形成的膜层致密,防护性能好。

⑥电压与电流　由于在电解过程中着黑膜具有一定的电阻,随着膜层厚度的增加,膜层的电阻也随之增加,因此电流会明显下降,为了保持电流的稳定,在电解着黑色过程中,应逐渐升高电压,以保持电流密度值控制在 0.15~0.3 A/dm² 范围。

此外,还有物理法着黑色的方法,主要有离子沉积氧化物或氧化物法,就是将不锈钢工件放在真空镀膜机中进行真空蒸发镀。这种方法适用于大批量产品加工,其投资大,成本高,小批量产品不经济。

11.6.3　不锈钢着彩色

1. INCO 法

INCO 法是酸性氧化法的一种,是先将不锈钢表面充分脱脂之后,在含有铬酸与硫酸的温水溶液中进行浸渍。处理过程包括着色处理和着色膜硬化处理两个步骤。

(1)着色处理

其基础液为:

CrO_3　240~300 g/L

H_2SO_4　450~500 g/L

着色处理温度:80~85 ℃

INCO 法不锈钢着色膜生成原理:当不锈钢浸入铬酸和硫酸组成的着色液中时,在不锈钢表面上发生电化学反应,不锈钢金属 M(Cr、Ni、Fe)等在阳极区放出电子变成金属离子。

阳极区:$M \longrightarrow M^{n+}+ne$(M 代表 Cr、Ni、Fe)

在阴极区含六价铬的铬酸接受电子变成三价铬(Cr^{3+}),反应式如下:

阴极区:$Cr_2O_7^{2-}+14H^++6e \longrightarrow 7H_2O+2Cr^{3+}$

随着浸渍时间的延长,不锈钢表面形成的氧化膜的厚度在变化,由于光的干涉而产生不同的颜色。就 304 奥氏体不锈钢来说,一般情况下,浸渍 15 min 可得到蓝色氧化膜,浸渍 20 min 可获得紫红色氧化膜,浸渍 22 min 时则得到黄绿色氧化膜。

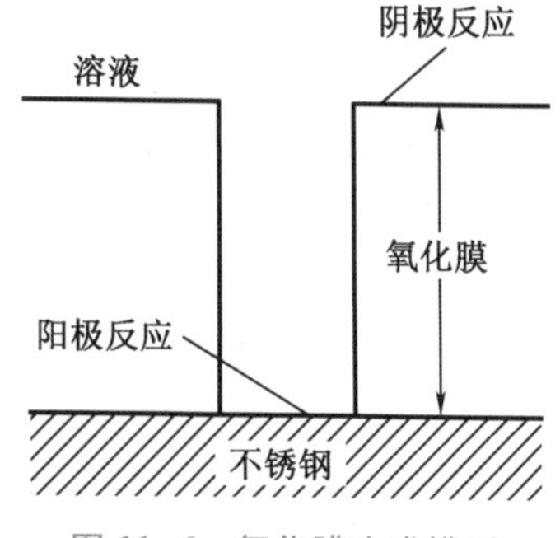

图 11-6　氧化膜生成模型

INCO 法的缺点:颜色重现性较低。采用控制时间法,由于水分蒸发溶液的组成略有变化,以及处理温度稍有变化时,颜色就不能很好地重现。

为了克服这一缺点,INCO 公司又采用了控制电位差的方法。着色可分为三个阶段,第一阶段不锈钢开始氧化。第二阶段电位差由一峰值下降之后又开始上升,曲线拐点对应的电位差为着色起始电位差。着色电位与不锈钢表面色调之间的关系,对于 304 奥氏体不锈钢而言,电位差为 6~8 mV 时呈蓝色,11~14 m 时呈金黄色,16.5 mV 时呈红色,17 mV 以上时呈绿色。进入第三阶段后,表面氧化膜逐渐变得粗糙,甚至产生粉化现象,电位差超过 30 mV 时,表面氧化膜迅速溶解。

(2)着色膜硬化处理

着色后的不锈钢还要进行膜硬化处理,即在含有少量磷酸的铬酸水溶液中,以不锈钢作为阴极,用电解处理方法进行。膜硬化处理的条件为:

CrO_3　250 g/L

H_3PO_4　25 g/L

温度　常温

电流密度　0.2~0.4 A/dm^2

电解时间　5~10 min

通过膜硬化处理,在阴极上的析出物有提高着色膜耐磨性的作用。

2. 电化学着色法

电化学着色法按照不锈钢试片所在的电极又可分为不锈钢阳极电解着色法和不锈钢阴极电解着色法。不锈钢阳极电解着色法用不锈钢做阳极,铅锡合金或其他材料做阴极,在不锈钢上施加可控制的电信号,强制不锈钢发生氧化,从而生成着色膜的方法。按施加信号的不同可分为电流法和电压法等。电流法研究较多的主要有脉冲电流法和恒定电流法两种。它是在不锈钢试样上施加可控的电流信号,使不锈钢在电解着色液中着上所需的颜色。脉冲电流法是利用脉冲电流进行着色的电化学着色法。电压法是在试样自然电位的基础上施加一个正电位或负电位,这个电位促进不锈钢试片发生氧化还原反应。它也分为脉冲电位法和恒定电位法。脉冲电位法所施加的电位信号是以脉冲的形式不断发生变化的。恒定电位法,即所施加的电位是恒定不变的。

近年来,从环保的角度考虑,放弃六价铬的不锈钢阴极电解着色工艺也逐渐得到研究,如在钼酸盐溶液中通以小电流,六价铬在阴极上获得电子被还原成低价态离子并以氧化物的形式附着在电极上,形成一层保护膜。在光线照射下,产生光的干涉现象,因膜层厚度不同而呈现各种颜色。该法消除了六价铬的污染,适合不锈钢、碳钢、铝及铝合金、铜及铜合金的着色,但是该法仍然存在明显的缺点,如膜的耐磨性、耐蚀性相对酸性化学着色法仍有一定的差距。

电化学着色法颜色可控性及重现性都很好,不锈钢表面状况对其影响很小,且处理温度较低,环境污染小。但是其也有明显的缺点,如工件的形状应简单,不能太复杂,否则电力线分布不均匀将导致颜色均匀性差。

3. 有机物涂覆着色法

有机物涂覆着色法是将不锈钢表面经过脱脂、磷化、铬酸盐处理后,涂上有机涂料,然后再进行烘烤。过去由于涂料不能很好地涂覆在钢板表面而使其不能广泛应用。到了20世纪80年代,涂覆技术的提高使其在建筑等方面得到了应用。不锈钢原板的选择,涂料的正确涂覆和烘烤,和耐蚀性高的涂料的选择是该类着色方法考虑的重要因素。常用的涂料有丙烯酸树脂、醇酸树脂、聚酯树脂、聚氨基树脂、聚氯乙烯、聚硅氧烷树脂、环氧树脂等。运用此法制备的彩色涂层钢板不仅着色良好、易成型、耐候性强,而且不影响钢板原有的力学性能和加工性能,可以进行冲裁、深冲、弯曲、铆接等加工,被广泛用于容器、建筑、家具和电器等各行业。

此外,不锈钢上搪瓷或景泰蓝着色法可以生产出与玻璃相似的平滑有光泽的、有图案花纹的彩色硬质表面,但是需要高度的技术水平才能解决涂层与不锈钢的密着性问题,所以其应用范围有限,主要用在工艺品领域。

11.6.4 不锈钢着色的研究进展及发展前景

化学和电化学着色法的出现极大地推动了彩色不锈钢的发展,但是它们均属于化学着色,大量化学试剂的使用和废弃物的生成,对环境造成极大的破坏,化学污染随处可见。

因此,人们还研究多种方法对不锈钢进行着色。比如,真空离子镀着色法。

真空离子镀技术具有环境友好,镀层纯度高、厚度均一、致密性及结合力良好等特点,因此目前已经广泛用于不锈钢零部件表面硬膜的批量化生产,并且真空离子镀层处理的不锈钢外壳具有很强的金属感和更好的外观装饰性;但是,该镀层颜色较为单调,并且结合力及其色泽稳定性与重复性的控制工艺难度很高。

传统着色技术主要是完成大面积的着色,不能实现精细化的彩色图案的着色。而近年来崛起的激光加工则在此方面填补了空白。

随着激光加工应用的研究,人们发现在某些金属表面进行激光加工时,会在被加工金属表面形成不属于金属本色的其他颜色,并且其颜色的产生与加工参数密切相关。使用一定参数组合在金属表面进行微加工,诱导其产生异于本色的颜色,这就是近些年出现的激光着色技术。

激光着色是针对材料表面的一种表面处理技术,激光以能量的形式作用在金属表面,在其光斑作用的微小区域内诱导材料发生物变、相变与几何变形,物质成分、微观结构的改变致使材料表面呈现出其他颜色,从而实现着色目的。激光诱致金属着色主要靠两种机理,一是金属材料本身必须含有铁、铬、镍、锰等元素;二是薄膜干涉机理,即金属在激光束的热作用下发生氧化反应,在表面形成一层透明或半透明的、薄的氧化薄膜。可见光照在薄膜上会产生干涉现象,从而使表面显示不同的颜色,显示的颜色主要由薄膜厚度、薄膜成分及结构(决定了光的折射率)决定。氧化薄膜的厚度在几十纳米到1.5 μm之间。

激光着色技术作为一种新型的加工手段,相较于传统的着色工艺具有显著的优势:采用激光加工的方式,无应力接触,不会造成机械损伤;激光光斑尺寸可控,可实现高精度的加工;加工路径可设计,能够实现区域的精准控制,实现多角度自由加工;激光加工精准快速,并且无废弃物的产生,没有污染源,不会对环境造成污染,是一种清洁加工技术。

激光着色技术刚发明不久,仍然有很多不成熟、不确定的因素,如控制各项激光参数,使激光与材料表面相互作用后生成所需要厚度的氧化膜依然是研究的重点,也是制约不锈钢激光着色技术工业化的难点。

11.7 表面仿金工艺

11.7.1 仿金工艺概述

一直以来,人们对生活都有着美好的追求。几千年来,无论是哪个国家或者个人,都青睐黄金。到现代,人们依旧非常喜爱金黄色的奖章、奖杯、首饰、工艺品以及各种装饰品甚至工业用品。黄金及其合金由于价格昂贵、资源稀缺而限制了人们的使用。随着人们消费意识的进步,黄金的保值观念逐渐淡薄,廉价、美观、多样的代金材料的研发满足了装饰和工艺品行业的需求。

自古以来,代金的工艺和材料就在不断发展,早在春秋战国时期就有贴金和鎏金两种装饰工艺,后来又有镀金,但这些工艺都存在脱落、划伤等缺陷。整体成分和性能一致的仿金合金材料颜色可以与16~22 K黄金的色泽相媲美,而且还有较好的耐蚀性,耐磨性和良好的加工性能,弥补了传统工艺的缺陷。

仿金合金材料价格比黄金低得多,用以替代黄金来制作各种各样的装饰品可以节约大量黄金。单从装饰效果上来说,可以“以假乱真”。

仿金合金的研究以铜基仿金合金为主,而铜基仿金合金主要是黄铜系和青铜系。在常见的金属材料中,单质铜呈赤红色,当添加Zn、Al和Sn等元素时,铜由橙红色变为黄色,颜色接近黄金。Zn、Al、Sn等元素是纯铜产生金黄色泽的主要合金元素。

纵览全部的单质金属,当金属表面处于未氧化的新鲜状态时,只有铜的颜色呈现赤红色和金的颜色呈现金黄色,而其他金属的颜色均为白色。依据波长由大到小排序,可见光依次分为红、橙、黄、绿、青、蓝和紫七种单色光,金可以吸收绿、青、蓝和紫等四种入射光的部分能量,反射出红、橙、黄三种入射光的绝大部分能量,因此肉眼可见三种反射光的混合色——金黄色。铜比金吸收更多的绿、青、蓝和紫等光的能量,而反射出的单色光范围集中于红橙,因此铜呈赤红色。以铜与其他元素的合金化为基础,铜合金反射可见光的波长范围与金接近,其颜色为金黄色,这就是仿金原理。

铝制品采用阳极氧化染金色。非金属表面可化学镀上银层或真空蒸镀铝,再涂一层黄色透明仿金涂料。不锈钢可采用化学或电化学法着上金色。干法电镀也在发展中，如阴极溅射、离子镀等，镀出的氮化钛色泽与 18K 金相似，耐磨性好，工艺过程中基本没有“三废”，已在一定范围内得到应用。

产品镀铜合金后，在空气中很易被氧化，为防止变色，提高耐磨性能，要涂上一层透明罩光涂料，这样能使仿金层保存和使用较长的时间。

也有采用在仿金层上再镀一层极薄的金（厚度 0.02~0.5 μm）的方法，由于金的良好化学稳定性，产品不易变色，外观是真金色（不称仿金色），成本提高不多，应用在中、低档产品上很受欢迎。

11.7.2 电镀仿金工艺

电镀仿金主要是采用电镀工艺在物体表面镀覆不是真金但又具有近似真金颜色的镀层。用电镀的方法沉积含有两种或两种以上金属的镀层，合金组分的含量一般不低于 1%。

目前国内外研究生产的仿金镀层材料主要有二元（如 Cu-Zn、Cu-Sn）合金、三元（如 Zn-Cu-Sn、Cu-Sn-In）合金和四元（Cu-Zn-Sn-In、Cu-Sn-In-Ni）合金。Cu-Zn 合金俗称黄铜，Cu 与 Zn 的比例会对合金色泽产生很大影响。当 Cu 含量约为 70%时，合金呈现金黄色，可用于电镀仿金。但黄铜存在易氧化变色的问题，金色的持久性不佳。Cu-Sn 合金俗称青铜，致密性、耐蚀性好，硬度较高。当合金中的 Sn 含量在 13%~15%时，合金呈现金黄色，可以用于电镀仿金。二元合金镀液成分简单，控制方便，但是二元合金仿金层色泽仅能达到 16K~18K 金色。影响仿金镀层颜色的因素很多，比如合金成分的比例，电镀仿金前基体的表面加工状态、光亮镍层的表面状态、电流密度、pH 值等，但有一点共识是，若要得到比 18K 更逼真的金色，必须以三元合金或四元合金作为镀层成分。而对于合金电镀而言，合金元素越多，镀液成分越复杂，工艺稳定性也越差。

电镀仿金工艺按照镀液是否含有氰化物可以分为氰化物电镀工艺和无氰电镀工艺。对于氰化物电镀，镀液按含氰量的多少，可分为高氰、中氰、低氰以及微氰镀液。氰化物对铜离子有很强的配位能力，且其分散能力和覆盖能力较好，镀层结晶细致，镀液呈碱性，去油能力好，能够获得结合力良好的镀层。但该工艺不仅危害工人的身体健康，而且会严重污染环境。因此无氰仿金电镀的研究也是研究的重点，受到众多企业的青睐。

近年来发展起来的无氰仿金电镀体系主要有焦磷酸盐体系、酒石酸盐体系、HEDP（羟基乙叉二膦酸）体系、柠檬酸盐体系等。

1. 氰化物电镀仿金镀层

早期的仿金电镀基本上是氰化物电镀，且多以二元（铜锌、铜锡）仿金和三元（铜锌锡）仿金为主。氰化物电镀，镀液按含氰量的多少，可分为高氰、中氰、低氰以及微氰镀液。氰化物是一种很强的配位剂，对铜离子有很强的配位能力，且其分散能力和覆盖能力较好，镀层结晶细致，镀液呈碱性，有去油能力，有优良的镀液稳定性，能够获得结合力良好的高质量镀层。其典型配方和工艺规范如表 11-7 所示。

但是氰化物是剧毒物质，不符合清洁生产要求，始终是要被替代的。因此在环保的需求下，研究人员着重开发无氰仿金电镀液体系，其中研究最广泛的是以焦磷酸盐作为主配位剂，其他还有酒石酸、柠檬酸、有机磷酸及羟基羧酸等。

表 11-7　氰化物电镀仿金镀层的工艺规范

合金类型	溶液成分		工艺条件		阴极材料	备注
	成分	含量/($g \cdot L^{-1}$)	温度/℃	电流密度/($A \cdot dm^{-2}$)		
铜-锌合金	氰化亚铜(CuCN) 氰化锌[$Zn(CN)_2$] 氰化钠(游离)(NaCN) 碳酸氢钠($NaHCO_3$) 氨水(28%)($NH \cdot H_2O$) 氨三乙酸	28~32 7~8 6~8 10~12 2~4 mL/L 22~27	35~40	1~1.5	铜(70%)- 锌(30%)合金板	为使溶液稳定,色泽均匀,可加入亚硫酸钠 5 g/L,氯化铵 2~5 g/L,酒石酸钾钠 10~20 g/L
	氰化亚铜(CuCN) 氰化锌[$Zn(CN)_2$] 氰化钠(游离)(NaCN) 碳酸钠(Na_2CO_3)	8~10 51 16 20~40	20~40	0.2~0.5	铜(60%~70%)- 锌(40%~30%)合金板	
	氰化亚铜(CuCN) 氰化锌[$Zn(CN)_2$] 氰化钠(游离)(NaCN) 碳酸钠(Na_2CO_3) 氟化钠(NaF)	9 55 15~25 6~25 2~5	20~22	2~10	铜(70%)- 锌(30%)合金板	此配方沉积速度快,用于复杂零件上色
	氰化亚铜(CuCN) 氰化锌[$Zn(CN)_2$] 氰化钠(游离)(NaCN) 碳酸钠(Na_2CO_3) 氨水(28%)($NH_3 \cdot H_2O$) 氯化氨(NH_4Cl)	40 6 20 30 0.5~1 mL/L 2~5	15~30	0.5~1.0	铜(62%~70%)- 锌(38%~30%)合金板	

表 11-7(续 1)

合金类型	溶液成分		工艺条件		阴极材料	备注
	成分	含量/(g·L^{-1})	温度/℃	电流密度/(A·dm^{-2})		
铜-锌合金	氰化亚铜(CuCN) 硫酸锌[$ZnSO_4 \cdot 7H_2O$] 氢氧化钠(NaOH) 氰化钠(游离)(NaCN) SC 添加剂	15 5 25~30 8~12 80~100 mL/L	20~40	2~3	铜(70%)- 锌(30%)合金板	
	氰化亚铜(CuCN) 氰化锌[$Zn(CN)_2$] 氰化钠(游离)(NaCN) 碳酸钠(NaCO) 酒石酸钾钠($C_4H_4O_6KNa \cdot 4H_2O$)	20 7 12 40~45 20~30	25~30	0.5~0.7		pH=8.5~9.5
铜-锡合金	氰化亚铜(CuCN) 锡酸钠($Na_2SnO_3 \cdot 3H_2O$) 氰化钠(游离)(NaCN) 氢氧化钠(NaOH)	11~22 35~45 12~15 11~18	47~52	1.5~2	铜(60%~85%)- 锡(40%~15%)合金板	可加入极少量的锌、镍或钴盐,仿金色会更为逼真
铜-锌-锡合金	氰化亚铜(CuCN) 氧化锌(ZnO) 氰化钠(NaCN) 锡酸钠($Na_2SnO_3 \cdot 3H_2O$)	25~30 7~9 60~70 5~7	40~45			

表 11-7(续 2)

合金类型	溶液成分		工艺条件		阴极材料	备注
	成分	含量/($g \cdot L^{-1}$)	温度/℃	电流密度/($A \cdot dm^{-2}$)		
铜-锌-锡合金	碳酸钠(Na_2CO_3) 氰化锌[$Zn(CN)_2$] 锡酸钠($Na_2SnO_3 \cdot 3H_2O$) 酒石酸钾钠($C_4H_4O_6KNa \cdot 4H_2O$) 氰化钠(游离)(NaCN) 氢氧化钠(NaOH) 碳酸钠(Na_2CO_3) 柠檬酸(HCEHOHO) 铅盐合剂	15~18 7~9 4~6 30~35 5~8 4~6 8~12 1~6 0.01~0.2	25~30 20~40	5~6	铜：锌为(4~5)：1	
	氰化亚铜(CuCN) 锡酸钠($Na_2SnO_3 \cdot 3H_2O$) 氰化锌[$Zn(CN)_2$] 氰化钾(KCN) 硫酸铟[$In(SO_4)_3$]	35 5 7 45 3				此配方添加 1 g/L 柠檬酸可获得黄铜色泽:添加 5~7 g/L 柠檬酸可获得 18 K 金色:添加 20 g/L 柠檬酸可获得玫瑰金色
	氰化亚铜(CuCN) 锡酸钠($Na_2SnO_3 \cdot 3H_2O$) 氨基磺酸钠(R · NH · SO;Na) 硫酸铟[$In_2(SO_4)_3$] 酒石酸盐	30 15 10 6 20 5	20~30			此配方添加 2 g/L 苹果酸或柠檬酸可获得黄铜色泽;添加 10 g/L 柠檬酸可获得 18 K 金色:添加 20 g/L 柠檬酸可获得玫瑰金色

2. 焦磷酸盐电镀仿金

焦磷酸盐体系镀液是一种无氰仿金镀液。其优点是镀液不含剧毒氰化物,工艺清洁;缺点是溶液成分复杂,较难控制,且溶液的均镀能力不够理想,仅适用于电镀形状简单的零件。

焦磷酸根是配位剂,它对 Cu^{2+}、Zn^{2+} 和 Sn^{2+} 均有配位作用,并分别形成相应的配位离子。焦磷酸根对 Cu^{2+} 的配位能力不是很强,但在焦磷酸盐镀液中铜的沉积超电势非常大,这有利于 Cu 与 Zn、Sn 的共沉积。然而,在单一的焦磷酸盐镀液中,在低电流密度区,由于铜优先析出,镀层偏红,得不到光亮的镀层;而在稍高的电流密度区,合金镀层结晶粗糙。因此,镀液中必须加入合适的添加剂或辅助配位剂(如草酸、氨三乙酸、酒石酸钾钠、柠檬酸钾等)抑制铜的优先析出,才能获得电流密度范围较宽的仿金镀层。

表 11-8　焦磷酸盐体系电镀仿金的镀液组成及工艺条件的工艺规范

组成及工艺条件	1	2	3	4	5
焦磷酸铜/($g \cdot L^{-1}$)	14~16	4~5	4~4.5	—	—
硫酸锌/($g \cdot L^{-1}$)	4~5	5~6	2~3.5	30	—
氯化亚锡/($g \cdot L^{-1}$)	1.5~2.5	0.8~1.5	—	230~250	—
焦磷酸钾/($g \cdot L^{-1}$)	300~320	230~250	80~130	120	30~40
氨三乙酸/($g \cdot L^{-1}$)	25~35	25~35	—	—	—
酒石酸钾钠/($g \cdot L^{-1}$)	—	20~30	20~30	40	—
磷酸二氢钠/($g \cdot L^{-1}$)	30~40	—	—	—	—
磷酸二氢铵/($g \cdot L^{-1}$)	—	—	—	—	20~50
柠檬酸钾/($g \cdot L^{-1}$)	15~20	—	—	—	—
柠檬酸钠/($g \cdot L^{-1}$)	—	—	—	—	1~2
氢氧化钾/($g \cdot L^{-1}$)	15~20	—	—	—	—
氨水(28%)/($mL \cdot L^{-1}$)	—	5~10	8~10	—	—
氰化钠(游离)/($g \cdot L^{-1}$)	—	8~12	—	—	—
pH 值	8.5~8.8	9~11	1.5~2.5	2	—
温度/℃	30~35	40~50	20~25	室温	—
电流密度/($A \cdot dm^{-2}$)	0.8~1	9.1~9.3	25~35	—	25~35
阳极材料(Cu/Zn)	70/30	H68	0.1~0.3	3~4	0.6~1
阴、阳极面积比	(1:2)~(1:3.5)	(1:2)~(1:3)	—	—	—

焦磷酸盐体系电镀仿金的镀液成分及工艺条件,如表 11-8 所示。为了获得更逼真的颜色,镀层成分多为三元或四元合金。

焦磷酸盐仿金电镀的优点是镀液为弱碱性,仪器设备受损不大,结晶细致,电流效率高,无毒;缺点是溶液成分复杂,较难控制,长时间使用后磷酸盐的积累会使镀液性能恶化,镀层与基体结合力弱。

3. 酒石酸盐仿金电镀

酒石酸盐体系镀液是最早研究的一种无氰 Cu-Zn 合金镀液。酒石酸盐仿金电镀是研究最早的一种无氰黄铜电镀体系，镀液无毒、无污染、易于调整。在碱性条件下，酒石酸根对 Cu^{2+} 和 Zn^{2+} 均有配位作用，其配位状态及配位离子的稳定性主要受镀液 pH 值的影响。镀层色泽受镀液 pH 值影响很大，较难稳定控制。在 pH 值为 5.5~11 的范围内，Zn^{2+} 主要以 $[Zn(OH)C_4H_4O_6]^-$ 形式存在，其不稳定常数为 2.4×10^{-8}；当 pH 值>11 时，Zn^{2+} 则以 $[Zn(OH)_4]^{2-}$ 形式存在，其不稳定常数为 3.6×10^{-16}。当 pH 值>10 时，Cu^{2+} 主要以 $[Cu(OH)_2C_4H_4O_6]^{2-}$ 形式存在，其不稳定常数为 7.3×10^{-20}。酒石酸根对 Cu^{2+} 和 Zn^{2+} 的配位能力的显著差异，有利于通过控制镀液的 pH 值来实现两种金属的共沉积。

在酒石酸盐 Cu-Zn 合金镀液中要得到光亮合金镀层，必须加入适当的添加剂，如某些醇胺类（如三乙醇胺）或氨基磺酸类（如 P-苯酚氨基磺酸钠）及其衍生物等，而且上述光亮剂混合使用时光亮效果更好。酒石酸盐体系电镀仿金的镀液组成及工艺条件，如表 11-9 所示。

表 11-9 酒石酸盐体系电镀仿金的镀液组成及工艺条件

成分及工艺条件	1	2
$CuSO_4\cdot5H_2O/(g\cdot L^{-1})$	30	30
$ZnSO_4\cdot7H_2O/(g\cdot L^{-1})$	12	14
$KNaC_4H_4O_6\cdot4H_2O/(g\cdot L^{-1})$	100	90
$NaOH/(g\cdot L^{-1})$	50	50
三乙醇胺/$(g\cdot L^{-1})$	—	14
锡酸钠/$(g\cdot L^{-1})$	—	7
柠檬酸/$(g\cdot L^{-1})$	—	20
pH 值	12.4	12.4
温度/℃	40	40
$J_k/(A\cdot dm^{-2})$	4	6

4. HEDP（羟基乙叉二磷酸）仿金电镀

HEDP 对 Cu、Zn 都有很强的配位能力，能够实现两者的共沉积。镀液具有较强的稳定性和优良的深镀能力和均镀能力，可获得 18K~22K 的仿金镀层。HEDP 体系具有溶液稳定、分散能力好、镀层色泽均匀、操作简单的特点，缺陷是电流密度不能大，镀层不能太厚，否则易产生铜粉，镀液中的铁杂质较难处理，大量的铁杂质会导致电流密度范围缩小、沉积速率减慢、镀层粗糙，影响镀层与基体的结合力。

除上述合金电镀之外，通过电镀+热处理的方式得到具有金黄色的镀层也是目前发展起来的新技术。除此以外，铜基仿金合金还可制成金属靶材，采用真空磁控溅射技术在产品表面镀覆一层金黄色的仿金薄膜。该技术是一种物理过程，对环境友好，镀膜的质量稳定，厚度易于控制和光泽度高。但是，镀膜的晶粒尺寸达纳米级，化学活性高，而且镀膜很薄，在潮湿空气下易发生变色和腐蚀，美观性大打折扣，这对铜基仿金合金的抗变色性和耐腐蚀性提出更高的要求。典型的 HEDP 镀液组成及工艺条件如表 11-10 所示。

表 11-10 典型的 HEDP 黄铜镀液组成及工艺条件

组成和工艺条件	1	2	3
硫酸铜/($g \cdot L^{-1}$)	45~50	45~50	15
硫酸锌/($g \cdot L^{-1}$)	20~28	15~20	10
HEDP/($g \cdot L^{-1}$)	80~100	80~100	130
锡酸钠/($g \cdot L^{-1}$)	—	10~15	10
碳酸钠/($g \cdot L^{-1}$)	—	20~30	60
酒石酸钾钠/($g \cdot L^{-1}$)	—	—	40
添加剂(SC)/($g \cdot L^{-1}$)	1~2	1~2	—
NH4F/($g \cdot L^{-1}$)	—	—	1.0
八烷基醇聚氧乙烯醚/($g \cdot L^{-1}$)	—	—	0.5
氯化铟/($g \cdot L^{-1}$)	—	—	0.56
柠檬酸钾/($g \cdot L^{-1}$)	20~30	—	—
pH 值	13~13.5	13.0~13.5	13
温度/℃	室温	室温	35~40
J_k/($A \cdot dm^{-2}$)	1.5~3.5	1.5~3.5	1.5

11.7.3 铝氧化仿金工艺

铝工件经阳极氧化后可染金色，氧化液采用硫酸氧化。瓷质氧化无光泽一般不用。为使仿金色逼真，工件要经机械抛光、电解抛光几道前处理工序，使表面达到足够光亮时才进行铝氧化，氧化膜至少 6 μm 以上，因此氧化时间要在 30 min 以上。

染色液常用红色与黄色调配，除此之外还有无机染料染色与电解着色，都能得到华丽的金色。

下面介绍几种应用较多的染色方法。

1. 可溶性还原染料染色

本法采用还原染料染色，要先在染料中染色，然后再经一道显色后，才使工件呈现金色。

(1)染色

溶蒽素金黄 IGK：0.035 g/L

溶蒽素橘黄 IRK：0.1 g/L

pH 值(用乙酸调节)：4~5

温度：室温

染色液配制：将计算量的上述两种染料，加入少许冷水调成糊状，用沸水使其均匀溶解，然后倒入色槽内，稀释至所需容积，用乙酸调整 pH 值至工艺范围内即可使用。

(2)显色

①配方 1

亚硝酸钠：10 g/L

硫酸:20 g/L

②配方2

高锰酸钾:1~4 g/L

硫酸:20 g/L

将染色后的工件不用清洗浸入显色液配方1或配方2中,1~2 min即成。若显色后色泽太浅,可清洗后重新染色、显色。

本法染出的工件具有18 K金色,耐晒度可达到6~7级,适用于中、高档高纯铝产品。

2. 媒染染料染色

本法用媒染染料直接染色,配方及工艺如下:

茜素黄R:1.4 g/L

茜素红S: 0.7 g/L

温度:60~80 ℃

时间:0.5~2 min

本法操作方便,不用显色。仿金效果较方法1差,适用于中、低档产品。

3. 无机染料染色

草酸铁铵:10~25 g/L

pH值:5~6

温度:50 ℃

时间:2 min

草酸铁铵在10 g/L时染出的色泽是浅金色,随含量升高逐步加深。

4. 电解着色

本法是交流电解着色,抗蚀性、抗热、抗日晒度非常好。在阳极氧化后进行电解着色时,可用不锈钢板做对极;也可两串一起下槽,正反面色差极小,配方及工艺如下:

硝酸银:0.4~10 g/L

硫酸:5~20 g/L

铝离子:5~20 g/L

交流电压:8 V

电流:0.5 A/dm^2

时间:30~40 s

温度:室温

硝酸银含量高低影响金黄色深浅,硫酸主要增强导电性,铝离子对电解着色有促进作用,可加入硫酸铝。

时间与温度的变化都会使金色色调深浅度发生变化,要严格控制。

挂具与工件要夹紧,以免操作中导电不良造成色泽不匀。

电解着色效果与铝材型号有关,因此加工前要了解工件铝材成分,最好做试验来确定最佳工艺路线。

所有工艺在染色后都要进行封闭处理。

11.7.4 仿金涂料

一般仿金要镀铜合金,但色泽不易一致,镀后还要涂罩光涂料,不仅费工时而且正品率也不够高。

喷仿金涂料工艺就是在白色光亮镀层上，喷上一层金黄色的透明涂料，使工件表面呈现雅致悦目的金色，完全可与仿金镀层相媲美，此工艺近来发展较快。

作为光亮白色镀层，可镀光亮镍、光亮锌白钝化或其他白色镀层，亮度不够可抛光。

所用仿金涂料，可购成品无油氨基仿金烘漆或聚氨酯仿金涂料，稍作稀释即可使用。

仿金涂料也可自行配制，可自购清漆加入少量黄色或红色染料（要用醇溶染料），清漆可选用氨基清漆、聚氨酯清漆、硝基清漆和醇酸漆等。不同品种有不同加工工艺，成本与质量也不相同，根据要求选用。

1. 自制仿金涂料

（1）配方1（耐酸、耐碱、耐有机溶剂性能较好）

7192 聚氨酯	80 份	7312 聚氨酯	10 份
苯并三氮唑	0.002 份		

稀释剂用环己酮、乙酸丁酯，醇溶性红、醇溶性黄少量。

烘干温度	80 ℃	烘干时间	45 min

（2）配方2（耐蚀性能较好）

①618 环氧树脂	100 份	乙基庚胺	6 份

稀释剂用二甲苯，醇溶性红、醇溶性黄少量。

烘干温度	120 ℃	烘干时间	1 h
②聚氨酯油（稀释至适用）kg		油溶黄	5~6 g
醇溶耐晒黄 CGG	少量	烘干温度	80 ℃
烘干时间	40 min		

对于非导体，如玻璃、塑料和陶瓷制品，可先进行真空蒸镀铝，再涂仿金涂料；另一种方法是进行银镜反应使表面置换一层光亮的银，再涂仿金涂料。

2. 仿金镀工艺

银镜反应的工艺操作：首先要认真做好表面清洁工作，使非导体表面能均匀附上一层水膜，然后浸入敏化液中敏化。

敏化液配方如下：

氯化亚锡	10 g/L
盐酸	40 mL/L
温度	15~40 ℃
时间	5 min

操作时放入一根锡条，并稍作抖动。取出锡条清洗，再用蒸馏水清洗一次，然后进行银镜反应。

常用银镜反应有浸渍法与喷涂法两种，成分略有差异。

（1）浸渍法（适用小工件）

①银盐液。硝酸银 3 g 用 100 mL 纯水溶解，然后慢慢滴入氨水，直至滴加时所生成的黑色沉淀又重新溶解为止。将 3 g 氢氧化钾用纯水溶解后也加入另一个容器中，再用纯水稀释至 1 L 备用。这里要注意，加氨水要稍过量使氢氧化银沉淀消失才能使银镜反应顺利进行。

②还原液。白糖 45 g 用纯水 500 mL 溶解，煮沸 10 min，再加入 4 g 酒石酸，煮沸

10 min,冷却后加入乙醇 100 mL,再用纯水稀释至 1 L 备用。

取上述银盐液 100 份,加入还原液 5 份,混合后即可将非导体浸入,至表面沉积出均匀光亮银层为止。

(2)喷涂法

①银盐液。喷涂的银盐液要浓一些,取 10~15 g/L 较适当,把硝酸银用纯水溶解后,滴加氨水至沉淀重新溶解,加 3 g/L 氢氧化钾,稀释至 1 L 备用。

②还原液。可用 0.3%~3%甲醛或硫酸联铵作还原液。

喷涂法的操作应用专用的双管喷枪,使银盐液与还原液能同时等量喷在工件上。也可用普通喷枪改装,只需把吸流管由一根改为两根,吸口放在相同恰当的角度即可使用。

银镜反应后,经清洗干燥,即可喷仿金涂料。

课后习题

一、填空题

1. 表面着色生成的化合物通常为具有相当化学稳定性的________,________、________和金属盐类,这些化合物具有一定的颜色。

2. 金属着色不仅改善了制件的________,而且也提高了制件的________,因此可以作为服装配件、电子产品配件、建筑装潢、工艺品等的防护装饰性处理。

3. 电解着色方法很多,有________、________、________、________等。

4. 铝密度小,仅为________ g/cm^3,可制成各种铝合金,如________、________、________和________等。

5. 铝及铝合金制品的着色主要采用________,即铝及铝合金材料经阳极氧化处理后,在表面形成了一层多孔的氧化膜。

6. 铝及铝合金表面的阳极氧化膜有很多种,常见的有________阳极氧化膜、________阳极氧化膜、________阳极氧化膜。

7. 根据着色物质和色素体在氧化膜中分布的不同,可以把铝阳极氧化膜着色方法分为两类:________和________。

8. 硫酸阳极氧化法是以铝为________,在稀硫酸溶液中进行直流电解,使铝制品表面产生厚度为________的多孔质氧化膜。

9. 镁是轻金属之一,密度为________ g/cm^3,镁合金具有密度低、强度和刚度较高、减震性优良、比热容低,已经成为合金材料领域最有发展前景的合金材料之一。

10. 镁合金阳极氧化是利用电解的原理,将镁合金做________,将不锈钢片或镍等材料做________,连接电源,通过调节工艺参数和电解液组分,在阳极的表面产生膜层。

11. 镁合金 DOW17 阳极氧化工艺是在________溶液中的阳极氧化方法,镁合金 HAE 阳极氧化工艺是在________溶液中的阳极氧化方法。

12. 金属钛有两种同素异构体:低温时呈密排六方晶格结构,称为________;高温时呈体心立方晶格结构,称为________。

13. 钛合金按其使用状态下的组织来分类,可分为________钛合金、________钛合金与________钛合金。

14. 钛阳极氧化时的电化学反应是:________。

15. ________是人类发现最早的重金属之一,也是人类最早使用的金属。

16. 常用的铜合金分为________、________、________三大类。

17. ________是以锌为主要添加元素的铜合金，________是含镍的铜基二元合金，________原指铜锡合金，后又称除黄铜、白铜以外的铜合金。

18. 不锈钢黑色化的方法大致可分为________、________和________三大类。

19. 化学着色方法的优点在于着色工件的形状可以复杂，并且所获得的颜色是均匀的。不锈钢着色工艺应用最为广泛的是________。

20. 随着人们消费意识的进步，黄金的保值观念逐渐淡薄，廉价、美观、多样的________的研发满足了装饰和工艺品行业的需求。

21. 仿金合金的研究以铜基仿金合金为主，而铜基仿金合金主要是________以及________。

二、名词解释

1. 表面着色
2. 化学着色
3. 热处理着色法
4. 仿金电镀
5. 激光着色

三、简答题

1. 哪些阳极氧化工艺条件对着色效果存在影响？
2. 目前，铜合金已明确配方、技术稳定的着色颜色有哪些？
3. 简述焦磷酸盐电镀仿金工艺优点。
4. 请列出钛阳极氧化着色的基本工序。
5. 以纯铜着色为例，列出阴极电解还原着色法的配方及着色过程。

课后习题答案

第12章　金属表面分析及涂(镀)层性能检测技术

【学习目标】

- 理解表面分析技术的概念、类别、特点和功能；
- 熟悉扫描电子显微镜(SEM)、莱卡金相显微镜、X射线能谱仪(XRD)、盐雾腐蚀试验箱、电化学工作站等常用表面覆盖层分析检测设备仪器及功能；
- 掌握常用表面覆盖层分析检测仪器的操作规程及各种检测数据结果分析。

【导入案例】

随着制造业的快速发展，人类对各种制品零部件的表面要求越来越高，同时对表面外观和各项性能检测越来越严，许多高精尖产品需要高端检测设备才能完成此项任务，这势必促进表面检测技术向着更高、更快的方向发展。表面处理技术以其高度的实用性和显著的优质、高效、低耗的特点在制造业、维修业中占领的市场日益增长，在航空航天、电子、汽车、能源、石油化工、矿山等工业部门得到了越来越广泛的应用。可以说几乎有表面的地方就离不开表面处理技术，表面检测技术更显重要。世界上许多国家，特别是发达国家，十分重视表面技术的研究和发展，因此，表面检测技术的应用就日显突出。

经过多年的发展，表面分析在分析的层次与精度上有了显著的提高，功能上也有了较大的扩展。有些精密的分析仪器，能同步完成材料表面的微观结构表征与原位性能测试。例如：用透射电子显微镜(TEM)在研究微观结构的同时，对纳米管、纳米带、纳米线的力学性质，碳纳米管的电学性质，磁纳米管针尖的功函数等进行原位测量。又如：用特殊设计的样品杆原位研究在温度、应力、电场、磁场等外场作用下的微观结构演变。用扫描电子显微镜(SEM)观察表面涂(镀)层微观形貌。图12-1为扫描电子显微镜及微弧氧化膜层表面和截面微观形貌。

(a)扫描电子显微镜

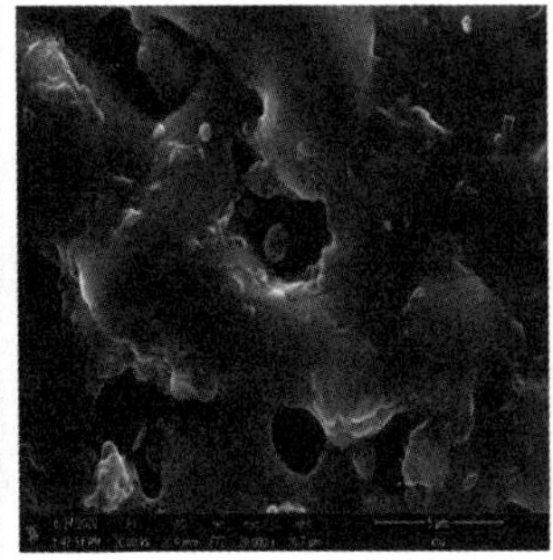

(b)表面

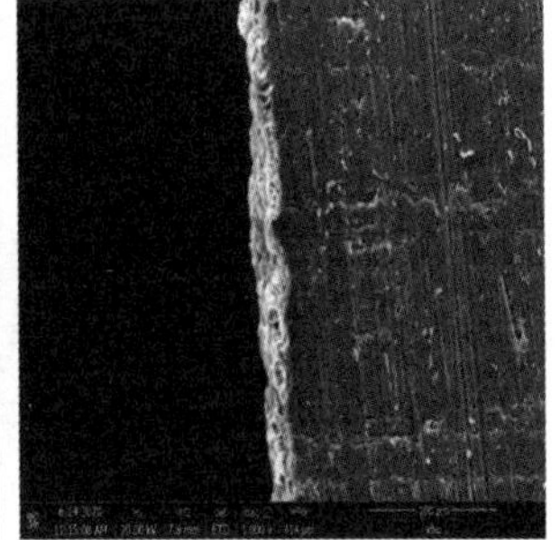

(c)截面

图12-1　扫描电子显微镜及微弧氧化膜层表面和截面微观形貌

12.1 表面分析技术的概述、特点和类别

12.1.1 表面分析技术的概述

自20世纪60年代中期,金属型超高真空系统和高效率微弱信号电子检测系统的发展,导致70年代初现代表面分析仪器商品化以来,至今已产生了约50种以上表面分析技术。表面分析技术发展的动力来自两方面:一方面是由于表面分析对了解表面性能至关重要,而表面性能又日益成为现代材料的至关重要的指标;另一方面,是科学家和工程师对探索未知的追求。从实用表面分析的角度看,在众多的表面分析技术中,有四种技术在过去的十几年内由世界上几家公司不断改进,已发展为成熟的分析工具。它们是俄歇电子能谱(AES)、X射线光电子能谱(XPS)、二次离子质谱(SIMS)和离子散射谱(ISS),它们已应用到材料研究的许多领域。

表面测试分析在表面技术中起着十分重要的作用。对材料表面性能的各种测试和对表面结构从宏观到微观的不同层次的表征是表面技术的重要组成部分。通过表面测试,正确客观地评价各个表面技术实施后以及实施过程中的表层或表面质量,不仅可以用于技术的改进、复合和创新以获得优质或具有新性质的表面层,还可以对所得的材料和零部件的使用性能做出预测,对服役中的材料和零件失效原因进行科学的分析。因此,掌握各种表面分析方法和测试技术并结合各种表面的特点,对其进行正确应用非常重要。

表面工程技术通过在材料表面制备覆盖层(包括涂层、镀层、薄膜等)来装饰或强化表面。各种表面分析仪器和检测技术的不断发展,不仅为揭示材料本性和发展新的表面工程技术提供了坚实的基础,而且为生产上分析和防止表面失效,合理地选择表面工程技术,改进工艺和设备提供了有力的手段。

12.1.2 表面分析技术的特点

通常所说的表面分析属于表面物理和表面化学的范畴,是指对材料表面进行原子数量级的信息探测的一种实验技术。无论是哪种表面分析技术,其基本原理都是利用电子束、离子束、光子束或中性离子束作为激发源作用于被分析试样,再以被试样所反射、散射或辐射释放出来的电子、离子、光子作为信号源,然后用各种检测器(探头)并配合一系列精密的电子仪器来收集、处理和分析这些信号源,就可以获得有关试样表面特性的信息。

12.1.3 表面分析技术的类别

根据表面性能的特征和所要获取的表面信息的类别,表面分析可分为:表面形貌分析、表面成分分析、表面结构分析、表面电子态分析和表面原子态分析等几方面,在工程上应用最多的是前三种分析。由于同一分析目的可能采用几种方法,而各种分析方法又具有自己的特点,所以,必须根据被测样品的要求来正确地选择表面分析的类别。

1. 表面形貌分析

材料、构件、零部件和元器件在经历各种加工处理后或在外界条件下使用一段时间之后,其表面或表层的几何轮廓及显微组织上会有一定的变化,可以用肉眼、放大镜和显微镜

来观察分析加工处理的质量以及失效原因。

表面形貌分析包括表面宏观形貌和显微组织形貌分析,主要由各种能将微细物相放大成像的显微镜来完成。各类显微镜具有不同的分辨率,以适应各种不同的使用要求。随着显微技术的发展,目前有些显微镜可以达到原子分辨能力,可直接在显微镜下观察到表面原子的排列。这样不但能获得表面形貌的信息,而且可进行真实晶格的分析。图 12-2 为钛合金高精密零件抛光表面,通过扫描电子显微镜(SEM)就可以观察到零部件表面纹理状况,对分析表面粗糙度大小极为有利。

图 12-2　用扫描电子显微镜对钛合金高精密零件抛光表面进行纹理分析

实际上,显微镜的功能不只是显微放大这一种。许多现代显微镜中还附加了一些其他信号的探测和分析装置,这使得显微镜不但能进行高分辨率的形貌观察,还可用作微区成分和结构分析。这样,就可以在一次实验中同时获得同一区域的高分辨率形貌像、化学分析和晶体学参数等数据。各种显微镜的特点及应用见表 12-1。

表 12-1　各种显微镜的特点及应用

名称	检测信号	分辨率/nm	样品	基本应用
扫描电子显微镜	二次电子、背散射电子、吸收电子	6~10	固体	形貌分析(显微组织、断口形貌); 结构分析; 成分分析; 断裂过程动态研究
透射电子显微镜	透射电子和衍射电子	0.2~0.3	薄膜和复型膜	形貌分析(显微组织、晶体缺陷); 晶体结构分析; 成分分析
扫描隧道显微镜	隧道电流	原子级,垂直 0.01,横向 0.1	固体(具有一定的导电性)	表面形貌与结构分析(表面原子三维轮廓); 表面力学行为、表面物理与化学研究
原子力显微镜	隧道电流	原子级	固体(导体、半导体、绝缘体)	表面形貌与结构分析; 表面原子间力与表面力学性质测定
场发射显微镜	场发射电子	2	针尖状电极	晶面结构分析; 晶面吸附、脱附和扩散等分析
场离子显微镜	正离子	0.3	针尖状电极	形貌分析(直接观察原子组态); 表面重构、扩散等分析

2. 表面成分分析

目前已有许多物理、化学和物理化学分析方法可以测定材料的成分。例如:利用各种物质特征吸收光谱的吸收光谱分析,以及利用各种物质特征发射光谱的发射光谱分析,都能正确、快速地分析材料的成分,尤其是微量元素。又如:X 射线荧光分析,是利用 X 射线的能量轰击样品,产生波长大于入射线波长的特征 X 射线,再经分光作为定量或定性分析的依据。这种方法速度快、准确,对样品没有破坏,适宜于分析含量较高的元素。但是,这些方法一般不能用来分析材料量少、尺寸小而又不宜做破坏性分析的样品,因此通常也难以做表面成分分析。

表面成分分析内容包括测定表面的元素组成、表面元素的化学态以及元素沿表面的横向分布和纵向深度分布等。

选择表面成分分析方法时应考虑该方法能测定元素的范围,能否判断元素的化学态,能否进行横向分布与深度剖析,以及检测的灵敏度、谱峰分辨率和对表面有无破坏性等问题。用于表面成分分析的方法主要有:电子探针 X 射线显微分析、俄歇电子能谱、X 射线光电子谱、二次离子质谱等。常用的表面成分分析方法见表 12-2 所示。

表 12-2　常用的表面成分分析方法

名称	激发源	信号源	基本应用
电子探针显微分析(EPMA)	电子	光子	用 X 射线信息分析约 1 μm 深的元素
X 射线波谱分析(WDX)	电子	光子	用 X 射线波长确定约 1 μm 深的元素
X 射线能谱分析(EDX)	电子	光子	用 X 射线光量子的能量分析约 1 μm 深的元素
俄歇电子能谱分析(AES)	电子	电子	用特征俄歇电子能量分析约 0.5~1 μm 深的元素
二次离子质谱分析(AIMS)	离子	离子	用二次离子质谱分析 1 mm 深的元素
离子散射离子谱分析(ISS)	离子	离子	用散射离子谱分析表层元素
卢瑟福背散射能谱分析(RBS)	离子	离子	用背散射的能谱分析轻质中重质元素
质子激发 X 射线荧光分析(PIXE)	离子	光子	用特征 X 射线能谱分析表层密度

3. 表面结构分析

固体表面结构分析主要用来探知表面晶体的诸如原子排列、晶胞大小、晶体取向、结晶对称性以及原子在晶胞中的位置等晶体结构信息。此外,外来原子在表面的吸附、表面化学反应、偏析和扩散等也会引起表面结构的变化,诸如吸附原子的位置、吸附模式等也是表面结构分析的内容。

表面结构分析目前仍以衍射方法为主,主要有 X 射线衍射、电子衍射、中子衍射、穆斯堡尔谱、γ 射线衍射等。其中电子衍射特别是低能电子衍射(LEED)和反射式高能电子衍射(RHEED),可用来探测单晶表面的二维排列规律。

4. 表面原子动态分析

这方面主要包括表面原子在吸附(或脱附)、振动、扩散等过程中能量或势态的测量,由此可获得许多重要的信息。例如:用热脱附谱(TDS),通过对吸附的表面加热,加速已吸附的分子脱附,然后测量脱附率在升温过程中的变化,由此可获得有关吸附状态、吸附热、脱附动力学等信息。其他分析谱仪如电子诱导脱附谱(ESD)、光子诱导脱附谱(PSD)等也可用来研究表面原子吸附态。热脱附谱是目前研究脱附动力学,测定吸附热、表面反应阶数、吸附态数和表面吸附分子浓度使用最为广泛的方法。

5. 表面的电子结构分析

表面电子所处的势场与体内不同,因而表面电子能级分布和空间分布与体内有区别。

特别是表面几个原子层内存在一些局域的电子附加能态,称为表面态,对材料的电学、磁学、光学等性质以及催化和化学反应都起着重要的作用。表面态有两种:一种是本征表面态;另一种是外来表面态。研究表面电子结构的分析谱仪主要有X射线光电子能谱、角分解光电子谱(ARPES)、场电子发射能量分布(FEED)、离子中和谱(INS)等。

12.2　常用表面分析仪器及功能

表面分析仪器可分为三类:通过放大成像以观察表面形貌为主要用途的仪器,统称为显微镜;通过表面不同的发射谱以分析表面成分、结构为主要用途的仪器,统称为分析谱仪;显微镜与分析谱仪的组合仪器,这类仪器主要是将分析谱仪作为显微镜的一个组成部分,它们在获得高分辨图像的同时还可获得材料表面结构和成分的信息。在这些仪器中,显微镜是一种多功能的仪器,它可以配备适当的谱仪,从而能同时进行形貌分析、成分分析和结晶学分析。

1. 涂(镀)层厚度测试

覆盖层厚度的检测是很有必要的,因为这影响到产品的性能、可靠性和使用寿命。检测方法有无损检测及破坏性检验两种方法,具体方法很多,本文仅对磁性法、涡流法、金相显微镜法做简单介绍。

(1)磁性法

磁性测厚仪适宜于测量磁性基体上(如钢铁)的非磁性镀层(如锌)。测量原理是:当磁性基体上的非磁性镀层厚度变化时,磁引力或磁感应亦变化。因此磁体脱离被检工件表面的断开力及镀层与磁体的磁路磁阻值,都与镀层厚度有一定的函数关系。用仪器测量这个断开力或磁阻值,就可得出镀层厚度。

(2)涡流法

涡流法适用于非磁性金属基体上非导电涂层的厚度测量,也适用于磁性基体上的各种非磁性镀层或化学保护层,也可用来测量阳极氧化膜层的厚度。

将内置有高频电流线圈的探头置于涂层上,在被测涂层内产生高频磁场,由此引起金属内部涡流,此涡流产生的磁场又反作用于探头内线圈,令其阻抗变化。随基体表面涂层厚度的变化,探头与基体金属表面的间距改变,反作用于探头线圈的阻抗亦发生相应改变。由此,测出探头线圈的阻抗值就可间接反映出涂层的厚度。粗糙度用 *Ra* 表示,单位为 μm。图 12-3 为膜层测厚仪。

图 12-3　膜层测厚仪

(3)金相显微镜法

将待测涂层试样制成涂层断面试样,然后用带有测微目镜的金相显微镜观察涂层横断面的放大图像,可直接测量涂层局部厚度的平均厚度。所制备的试样应进行切割,边缘保护、镶嵌(与一般金相制样镶嵌相同)、研磨、抛光、浸渍(目的是使试样断面的涂层和基体金属的剖面清晰地裸露出各自的色泽和表面特征,便于测量),然后水洗吹干即可测量。对化学保护层经抛磨后不必进行侵蚀。这种方法适用于一般涂层的测厚。其特点是准确度高,判别直观。图 12-4 为金相显微镜观察膜层表面和截面形貌。

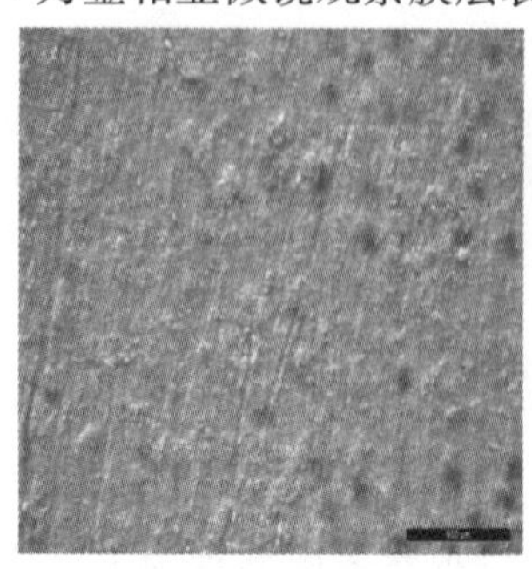

(a)表面形貌

(b)截面形貌

图 12-4 金相显微镜观察膜层表面和截面形貌

2. 涂(镀)层硬度测定

硬度是用一个较硬的物体向另一个材料压入而该材料所能抵抗压入的能力。实际上，硬度体现了被测材料在压力作用下的强度、塑性、韧性等综合性能。涂层的硬度试验有宏观硬度与显微硬度。

宏观硬度一般用布氏或洛氏硬度计，以涂层宏观压痕为测定对象所测得的硬度值。涂层中可能存在气孔、氧化物等缺陷，对所测得的宏观硬度值有一定的影响。

涂层的显微硬度指用显微硬度计，以涂层中微粒为测定对象所测得的硬度值。

涂层的宏观硬度与显微硬度在本质上是不同的，涂层宏观硬度反映的是涂层的平均硬度，而涂层显微硬度反映的是涂层中颗粒的硬度。两者的数值和意义是不同的。一般来讲，对于厚度小于几十微米的涂层，为消除基体材料对涂层硬度的影响和涂层厚度压痕尺寸的限制(若涂层太薄，则易将基体的硬度反映到测定结果中来)，可用显微硬度。反之，若涂层较厚(厚度大于几十微米)，则可用宏观硬度。图 12-5 为数字式维氏显微硬度计及测试原理。

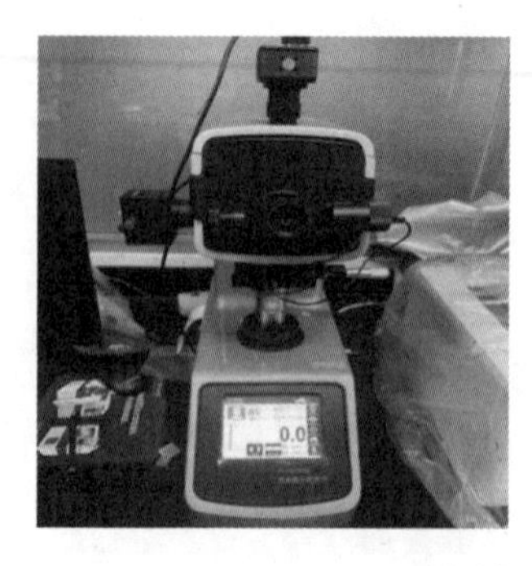

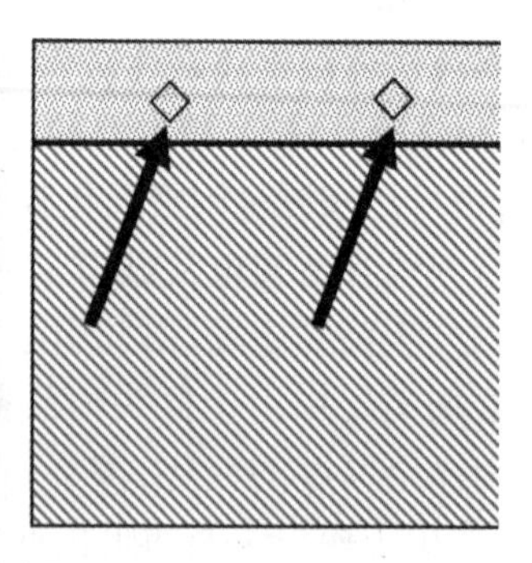

图 12-5 数字式维氏显微硬度计及测试原理

3. 涂(镀)层粗糙度测试

涂层表面粗糙度是指涂层表面具有较小间距和微观峰谷不平度的微观几何特性。涂层表面几何形状误差的特征是凹凸不平。凸起称为波峰，凹处称为波谷。两相邻波峰或波谷的间距称为波距(L)。相邻波峰与波谷的一半差称为波幅(H)。表面几何形状误差根据涂层波幅及波距的比值大小可分为形状误差、波纹度和粗糙度三类。

一般说来，涂层表面粗糙度越低，光亮度越高，涂层外观质量也就越好。但是粗糙度和光亮度是两个本质不同的概念，不能混为一谈，而且两者不总是一致的。有些涂层可能光亮度很好,但粗糙度可能并不低;有些涂层的光亮度差,但其粗糙度却很低。不仅对于装饰涂层,对耐磨涂层或减摩涂层来说,粗糙度也是很重要的性能指标。

目前常采用的粗糙度测量法有样板对照法、接触量法等几种。

(1)样板对照法

此为比较法,是粗糙度的一种定性测量方法,即将待测涂层表面与标准样板进行比较。若受检涂层与某样板一致,即可认为此样板的粗糙度是此涂层的粗糙度。

(2)接触量法

接触量法是一种表面粗糙度的定量测试方法,也称为轮廓仪测量法。其类型有机械式、光电式及电动式等几种。常用电动式轮廓仪工作原理是:传动器使测量传感器的金刚石针尖在被测涂层表面平稳移动一段距离时,由金刚石针尖顺着被涂层表面在波峰与波谷间产生位移并产生一定振动量。其振动量大小通过压电晶体转化为微弱电能,然后经晶体管放大器放大并整流后,在仪表上直接读出被测涂层表面粗糙度相应的表征参数 *Ra* 值。此值即该被测涂层的粗糙度。图 12-6 为 TR200 型粗糙度仪及数字显示屏。

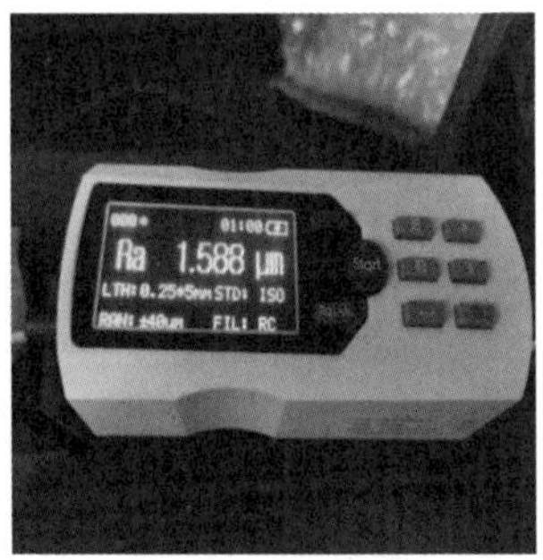

图 12-6 TR200 型粗糙度仪及数字显示屏

4. 覆盖层结合强度的测定

涂层的结合强度(附着力)是指涂层与基体结合力的大小,即单位表面积的涂层从基体(或中间涂层)上剥落下来所需的力。涂层与基体的结合强度是涂层性能的一个重要指标。若结合强度小,轻则会引起涂层寿命降低,过早失效;重则易造成涂层局部起鼓包,或涂层脱落(脱皮)无法使用。

检测覆盖层结合强度的方法很多,选择检测方法时应根据镀层的特性、基体材质、镀层厚度等因素考虑。国家轻工业局的标准 QB/T 3821—1999《轻工产品金属镀层的结合强度测试方法》规定了以下方法:弯曲法、锉刀法、划痕法、划网法、摩擦法等。

(1)弯曲法

将试样弯曲,由于镀层和基体金属伸长程度不同,镀层受到从基体剥离的力。当这个力大于镀层与基体的结合力,镀层将发生起皮、剥离。此方法适用于有各种镀层的薄型工件、线材、弹簧等电镀零件,如图 12-7 所示。

①将试样沿一直径等于试样厚度的轴弯曲 180°,然后把弯曲部分放大四倍观察。镀层不允许起皮、脱落。

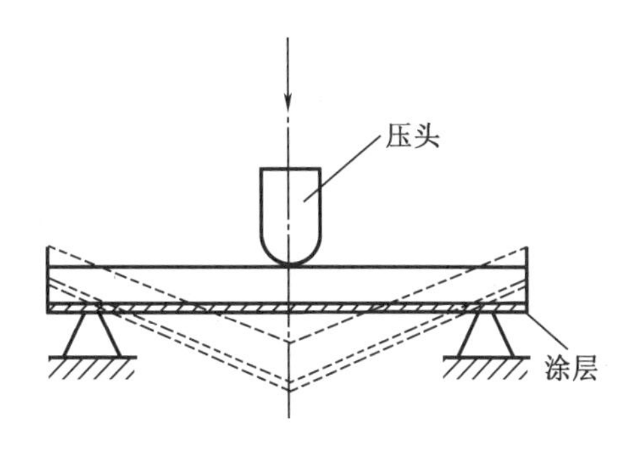

图 12-7 弯曲法测定结合力

②将试件夹在台虎钳中，反复弯曲试样，直至基体断裂。镀层不应起皮、脱落。或在放大四倍后检查，镀层与基体之间不允许分离。

③直径 1 mm 或以下的线材，应绕在直径为 1 mm 的金属线材的轴上，直径 1 mm 以上的线材，绕在直径与线材相同的金属轴上，绕成 10～15 个紧密靠近的线圈，镀层不应有起皮或脱落现象。

(2) 划痕法

采用已磨成 30°锐角的硬质钢刀，在试件表面上相距约 2 mm 划两条平行线，划线时应当以足够的压力使单行程通过金属镀层，切割到基体金属，用肉眼或 4～5 倍放大镜观察镀层，不应起皮、脱落。

(3) 栅格试验

用硬质钢针或刀片从试样表面交错地将涂层划成一定间距的平行线或方格。由于划痕时使涂层在受力情况下与基体产生作用力，若作用力大于涂层与基体的结合力，涂层将从基体上剥落。以划格后涂层是否起皮或剥落来判断涂层与基体结合力的大小，适用硬度中等、厚度较薄的涂层（如热喷涂锌或铝涂层、涂料涂层等）和塑料涂层等。图 12-8 为一套测定膜层结合力的漆膜划格器及其配件。

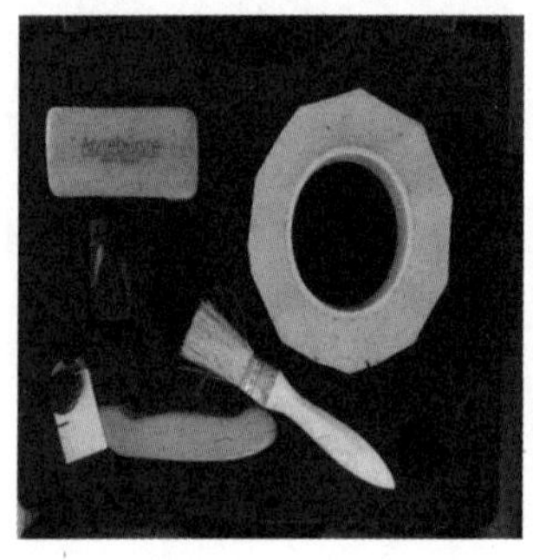

图 12-8　测定膜层结合力的漆膜划格器及其配件

(4) 冲击试验

用锤击或落球对试样表面的涂层反复冲击，涂层在冲击力作用下局部变形、发热、振动、疲劳以至最终剥落。以锤击（或落球）次数评价涂层与基体的结合强度。

①锤击试验。将试样装在专用振动器中，使振动器上的扁平冲击锤以每分钟 500～1 000 次的频率对试样表面涂层进行连续锤击。经一定时间后，若试样涂层锤击部位涂层不分层或不剥落，认为其结合力合格。

②落球试验。将试样放在专门的冲击试验机上，用一直径为 5～50 mm 的钢球，从一定高度及一定的倾斜角向试样表面冲击。反复冲击一定次数后，以试样被冲击部位的涂层不分层或不剥落为合格。

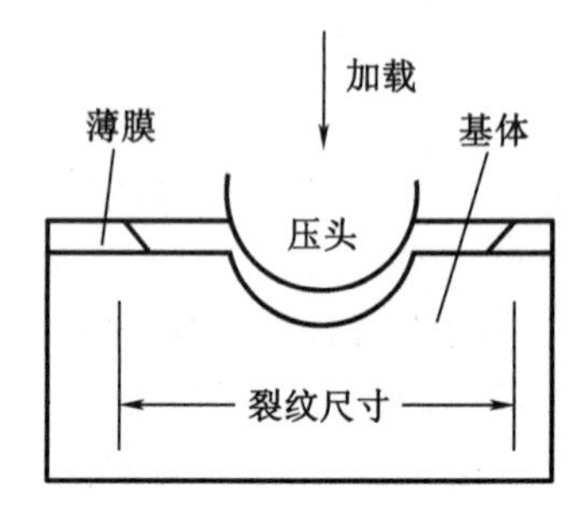

图 12-9　压痕法试验原理

(5) 压痕法

压痕法是生产实践中用得较为广泛的一种方法，它采用非应力参量来估算膜基间的界面结合强度。试验原理如图 12-9 所示，与压痕法硬度测试试验相类似，即对试样在不同载荷作用下对膜面进行压痕实验。当在载荷足够大时,膜层与基体的界面上产生横向裂纹,裂纹扩展到一定阶段就会使膜层脱落。能够观察到膜层破坏的最小载荷称为临界载荷。

5. 涂(镀)层耐蚀性

涂层耐蚀性检验的目的是检查涂层抵抗环境腐蚀的能力,考察其防护基体的寿命。涂层耐蚀性检验包括下述内容:

大气暴露(即户内外曝晒)试验,即将待测涂层试样放在大气环境(介质)中进行各种大气环境下的腐蚀试验,定期观察腐蚀过程的特征,测定腐蚀速度,以便评定涂层在大气环境下的耐蚀性;使用环境试验,即将待测涂层试样放在实际使用环境(介质)中,观察其腐蚀过程的特征。其目的是评定涂层在使用环境中的耐蚀性;人工模拟和加速腐蚀试验,即将待测涂层试样放入特定人工模拟介质中,观察腐蚀过程的特征,其目的是评定涂层耐蚀的性能。

(1)盐雾腐蚀试验机

很多年来,盐雾试验用来确定金属或涂层的耐蚀性能,科学工作者努力研究这些实验与实际使用性能的相关性及这些实验的重现性。盐雾试验包括:中性盐雾试验、乙酸盐雾试验和铜加速盐雾试验。各种盐雾试验用于评价涂层厚度的均匀性和孔隙率。盐雾试验的溶液和试验条件如表 12-3 所示。

表 12-3 盐雾试验的溶液和试验条件

项目	中性盐雾试验	醋酸盐雾试验	铜加速乙酸盐雾试验
$NaCl/(g \cdot L^{-1})$	50±5(初配) 50±10(收集液)	50±5(初配) 50±10(收集液)	50±5(初配) 50±10(收集液)
$CuCl_2/(g \cdot L^{-1})$			
pH 值		3.0~3.1(用醋酸调节)	
箱内温度/℃	35±2	35±2	
箱内湿度/%	>95	>95	>95
喷嘴压强/kPa	70~170	70~170	70~170
盐雾沉降量 $/[mL \cdot h^{-1} \cdot cm^{-2}]$	1~2	1~2	1~2
收集液 pH 值	6.5~7.2	3.1~3.3	3.1~3.3
喷雾方式	连续	连续	连续
喷雾周期/h	2,6,16,24,48,96, 240,480,720	4,8,24,48,96,144, 240,360,720	2,4,8,16,24,48,72,96, 144,240,480,720

将电镀或涂料涂覆的试样安放在盐雾试验箱中,在规定的压力下,使规定浓度的氯化钠溶液(盐水)从喷嘴连续喷出成雾状,均匀地降落在试样表面上,并维持盐水膜的经常更新作用,因而造成镀(涂)层的加速腐蚀。

中性盐雾试验适用于测定阳极性镀层的耐蚀性能,如锌、镉镀层;也可以用于阴极装饰性镀层。醋酸盐雾试验和铜加速乙酸盐雾试验适用于钢铁和锌基合金上的 Cu-Ni、Cu-Ni-

Cr、Ni-Cr 装饰性镀层,也适用于铝及其合金的阳极氧化膜。图 12-10 为盐雾试验箱及腐蚀照片。

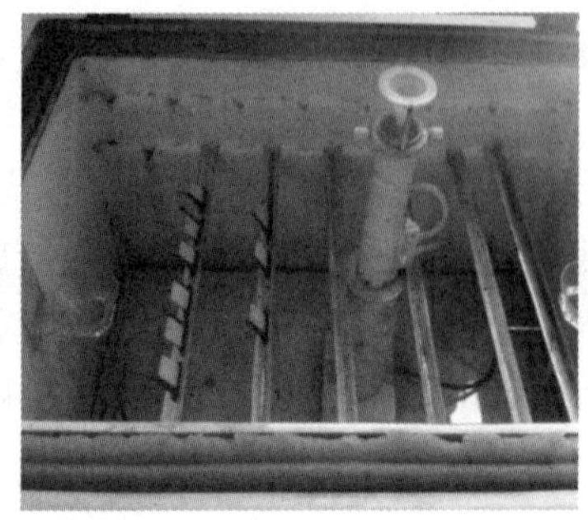

图 12-10　盐雾试验箱及腐蚀照片

(2)腐蚀膏腐蚀试验

腐蚀膏腐蚀试验(CORR 试验)是模拟工业城市的污染和雨水的腐蚀条件,对涂层进行快速腐蚀试验,是另一种人工加速腐蚀试验。腐蚀试验方法是在高岭土中加入铜、铁等腐蚀盐类配制成腐蚀膏,把这种膏涂覆在待测试样涂层表面,经自然干燥后放入相对湿度较大的潮湿箱中进行,达到规定时间后取出试样并适当清洗干燥后即可检查评定。经研究,腐蚀膏腐蚀试验与工业大气符合率为 93%,与海洋大气符合率为 83%,与乡村大气符合率为 70%。除特殊情况外,规定腐蚀周期为 24 h 的腐蚀效果相当于城市大气一年的腐蚀,相当于海洋大气 8~10 个月的腐蚀。腐蚀膏中主要腐蚀盐类的作用如下:三价铁盐引起涂层应力腐蚀(SCC);铜盐能使涂层产生点蚀、裂纹和剥落、碎裂等;氯化物加速涂层腐蚀。

腐蚀膏腐蚀试验测试简便、试验周期短、重现性好。CORR 试验适用于在钢铁、锌合金、铝合金基体上的装饰性阴极涂层,如 Cr、Ni-Cr、Cu-Ni-Cr 等腐蚀性能的测定。

(3)二氧化硫工业气体腐蚀试验

二氧化硫工业气体腐蚀试验是在一定温度和一定相对湿度下对涂层做腐蚀试验,经一定时间后检查并评定涂层腐蚀程度的方法。常用来模拟城市工业大气中的腐蚀。其结果与涂层在工业性大气环境中的实际腐蚀极其接近,同时也与盐雾腐蚀实验和腐蚀膏腐蚀试验结果大致相同,这种试验方法的适用范围是:钢铁基体上的 Cu-Ni-Cr 涂层或 Cu-Sn 合金上 Cr 涂层的耐蚀性试验。此试验也可以用来测定 Cu-Sn 合金上 Cr 涂层的裂纹,Zn-Cu 合金涂层的污点以及铜或黄铜机体上铬涂层的鼓泡、起壳等缺陷。

(4)点滴腐蚀试验

重铬酸钾点滴腐蚀实验是通过点滴重铬酸钾溶液在试样表面,通过一定时间后,观察试样表面的颜色变化。如在铝合金表面形成的膜层,点滴重铬酸钾溶液后,隔一段时间观察发现,试样表面变绿色,说明基体已被腐蚀。图 12-11 为铝合金微弧氧化膜层重铬酸钾点滴腐蚀实验。

6. 涂(镀)层耐磨性

摩擦是自然界普遍存在的一种现象。相互接触的物体在外力作用下发生相对运动或具有相对运动的趋势时,接触面之间就会产生切向的运动阻力——摩擦力,该现象称为摩擦。摩擦一般会伴随磨损的发生。磨损是材料不断损失或破坏的现象。材料的损失包括直接耗失材料以及材料从一个表面转移到另一个表面上;材料的破坏包括产生残余变形、失去表面精度和光泽等。磨损与腐蚀、断裂一起,是结构材料失效的主要形式。这三种失效方式所造成的经济损失是十分巨大的。因此,要通过耐磨性试验进行检验。

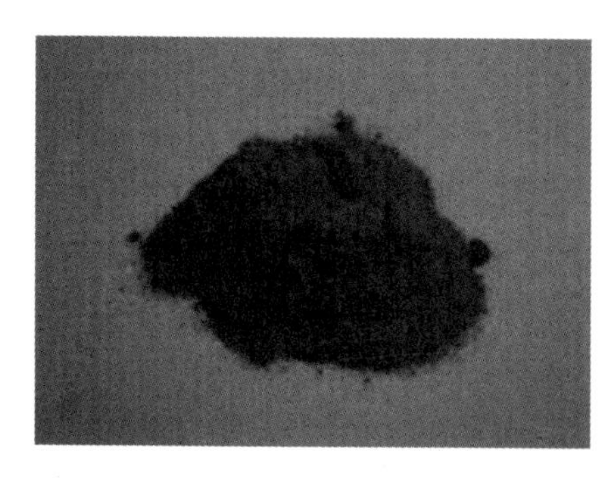

图12-11　铝合金微弧氧化膜层重铬酸钾点滴腐蚀实验

(1)磨料磨损试验

磨料磨损试验一般有两种:一种是橡胶轮磨料磨损试验,另一种是销盘式磨料磨损试验。橡胶轮磨料磨损试验原理见图12-12。磨料通过下料管以固定的速度落到旋转着的磨轮与方块形试样之间,磨轮的轮缘为规定硬度的橡胶。试样借助杠杆系统,以一定的压力压在转动的磨轮上。试样的涂层表面与橡胶轮面接触。橡胶轮的转动方向应使接触面的运动方向与磨料流动方向一致。在磨料旋转过程中,磨料对试样产生低应力磨料磨损。经一定摩擦行程后,测定试样磨失质量,即涂层的减少量,并以此评定涂层的耐磨性。典型试样尺寸为50 mm×75 mm,厚度为10 mm,在其平面上制备涂层,并用平面磨床将涂层磨平,磨削方向应平行于试样长度方向。涂层表面应无任何附着物或缺陷。

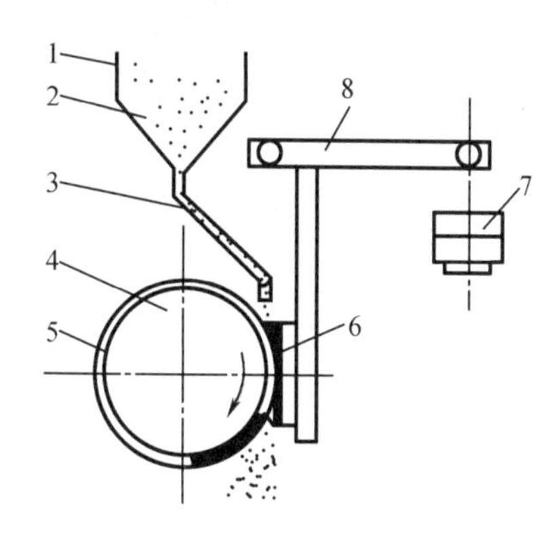

1—漏斗;2—磨料;3—下料管;4—磨轮;
5—橡胶轮缘;6—试样;7—砝码;8—杠杆。

图12-12　橡胶轮磨料磨损试验原理示意图

图12-13为销盘式磨料磨损试验示意图。将砂纸或砂布装在圆盘上,作为试验机的磨料。试样做成销钉式,在一定负荷压力下压在圆盘砂纸上。试样的涂层表面与圆盘砂纸相接触。圆盘转动,试样沿圆盘的径向做直线运动。经一定摩擦行程后测定试样的失重,即涂层的磨损量,并以此来评价涂层的耐磨性。

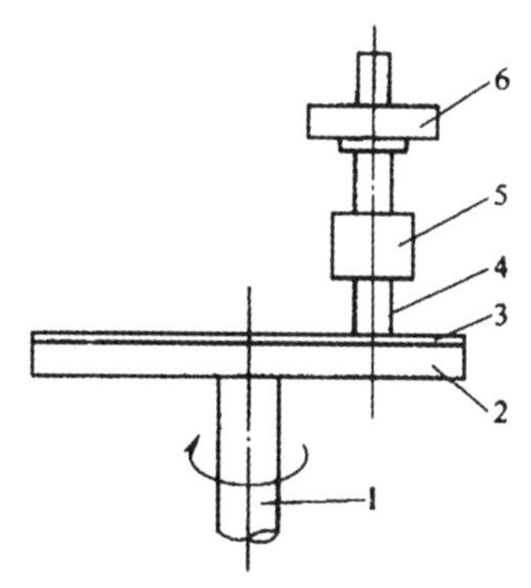

1—垂直轴;2—金属圆盘;3—砂布(纸);
4—试样;5—夹具;6—加载砝码。

图12-13　销盘式磨料磨损试验示意图

(2)摩擦磨损试验

环形试样(其外环面的环槽上制备涂层)与配副件(材料一般为GCr15或铸铁,或者与实际工况材料一致的材料)形成摩擦副。摩擦磨损试验的几种接触和运动形式如图12-14所示,共有四种。试验过程中,可采用干摩擦,也可采用润滑摩擦。摩擦速度亦可自由选取。

试验后测定涂层的减少量。根据各组摩擦副及条件的试验结果，评价涂层的耐磨性。图12-15为耐磨试验机。

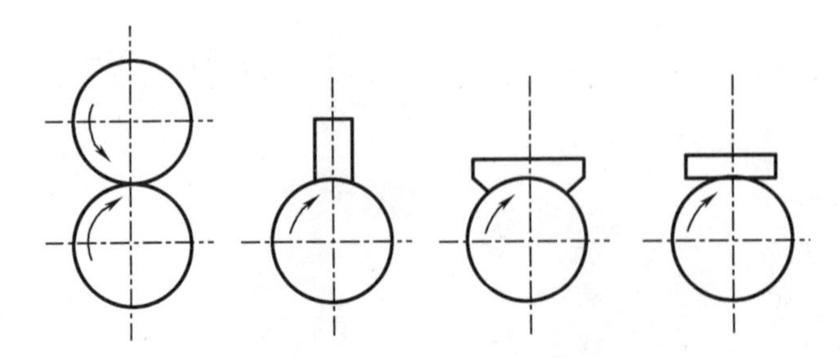

图 12-14 摩擦磨损试验的几种接触和运动形式

图 12-15 耐磨试验机

耐磨性评价标准：

$$\Delta m = m_1 - m_2$$

其中，m_1 为磨损前的质量；m_2 为磨损后的质量。

图 12-16 为 7075 铝合金微弧氧化膜层磨损前后表面形貌变化。从图中可以看出，磨损前的试样表面呈火山喷射口凸起状，磨损后的试样表面凸起形貌已经被磨掉，且在磨损过程中产生许多钩痕。

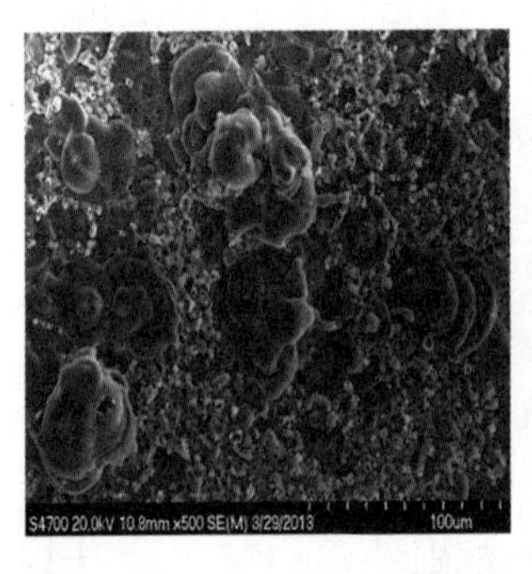

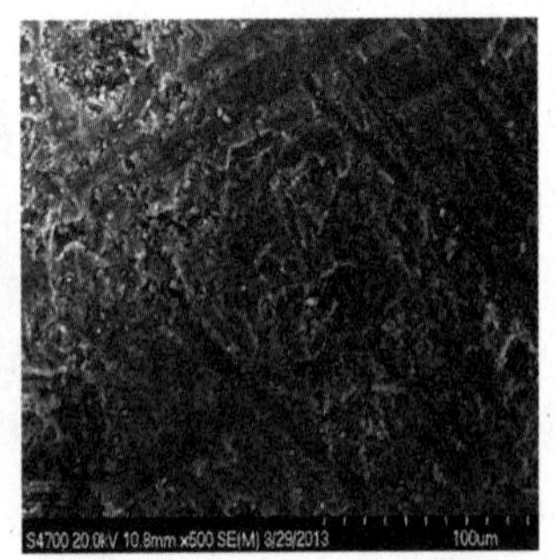

图 12-16 7075 铝合金微弧氧化膜层磨损前后表面形貌变化

(3)喷砂试验

如图 12-17 所示，试样放入橡胶保护板上并固定在点磁盘上，在喷砂室内，用射吸式喷砂枪喷砂。砂料一般选用刚玉砂。在喷砂过程中，磨料对涂层产生冲蚀磨损，喷砂时间一般选为 1 min。试验后测定涂层质量减少量。这种磨损试验特别适用于经受由气体或液体携带一定尖锐度的硬质颗粒冲刷造成的冲蚀磨损。

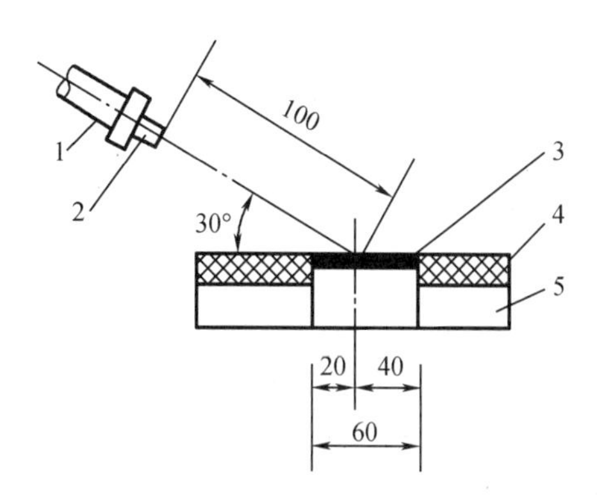

1—喷砂枪;2—喷嘴;3—试样;4—橡胶保护板;5—电磁盘。

图 12-17 喷砂试验原理示意图(单位:mm)

7. 金相显微镜

电脑型金相显微镜(或数码金相显微镜)是将光学显微镜技术、光电转换技术、计算机图像处理技术完美地结合在一起而开发研制成的高科技产品,可以在计算机上方便地观察金相图像,从而对金相图谱进行分析、评级及对图片进行输出、打印。金相学主要指借助光学(金相)显微镜和体视显微镜等对材料显微组织、低倍组织和断口组织等进行分析研究和表征的材料学科分支,既包含材料显微组织的成像及其定性、定量表征,亦包含必要的样品制备、准备和取样方法。其主要反映和表征构成材料的相和组织组成物、晶粒(亦包括可能存在的亚晶)、非金属夹杂物乃至某些晶体缺陷(例如位错)的数量、形貌、大小、分布、取向、空间排布状态等。图 12-18 为金相显微镜及钢的金相组织观察。

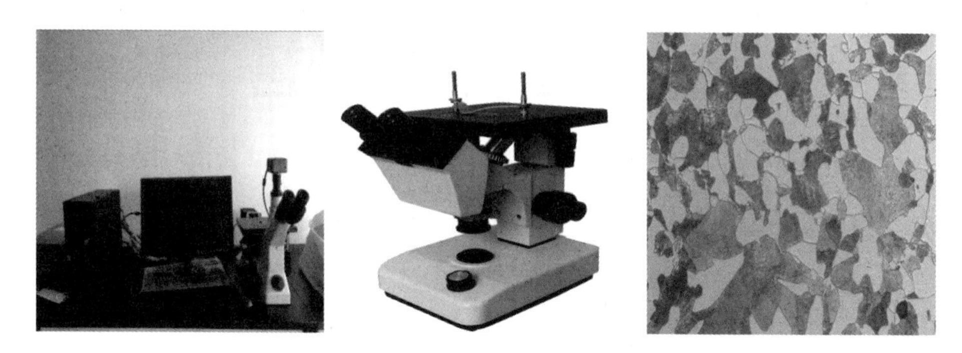

图 12-18 金相显微镜及钢的金相组织观察

8. 扫描电子显微镜

肉眼和放大镜的辨别能力很低,而用显微镜可以将微细部分放大成像便于人们用肉眼观察,已成为常用的分析工具。然而,由于受到可见光波长的限制,其分辨率最大为 200 nm,远远不能满足表面分析的要求。为此,相继出现了一系列高分辨率的显微分析仪器:以电子束特性为技术基础的电子显微镜,如透射电子显微镜、扫描电子显微镜等;以电子隧道效应为技术基础的扫描隧道显微镜、原子力显微镜等;以场离子发射为技术基础的场离子显微镜;以场电子发射为技术基础的场发射显微镜等;以声学为技术基础的声学显微镜等。其中有的显微镜分辨率可以达到约 0.1 nm 原子尺度水平。

扫描电子显微镜简称扫描电镜，是利用聚焦非常细的电子束（直径为 7～10 nm）在试样表面扫描时激发的某些物理信号，来调制同步扫描的显像管中相应位置的亮度而成像的一种显微镜。由热阴极电子枪发射出来的电子，在电场作用下加速并经 2～3 个电磁透镜聚焦成极细的电子束。置于末级透镜上方的扫描线圈控制电子束在试样表面做光栅状扫描。在电子束的轰击下，试样表面被激发而产生各种信号：反射电子、二次电子、阴极发光电子、电导试样电流、吸收试样电流、X 射线光子、俄歇电子、透射电子。这些信号是分析研究试样表面状态及其性能的重要依据。利用适当的探测器收集信号，并经放大处理后调制同步扫描的阴极射线管的光束亮度，于是在阴极射线管的荧光屏上获得一幅经放大的试样表面特征图像，以此来研究试样的形貌、成分及其他电子效应。图 12-19 为扫描电子显微镜原理图。

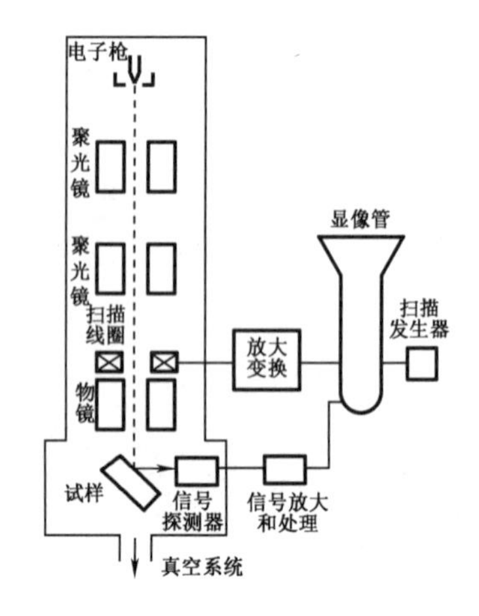

图 12-19　扫描电子显微镜原理图

目前，大多数扫描电镜的放大倍数可以从 20 倍到 20 万倍连续可调，分辨率可达 6～10 nm，具有很大的井深，成像富有立体感。扫描电镜对各种信息检测的适应性强，是一种很实用的分析工具。图 12-20 为通过扫描电镜观察到的微弧氧化膜层微观形貌。

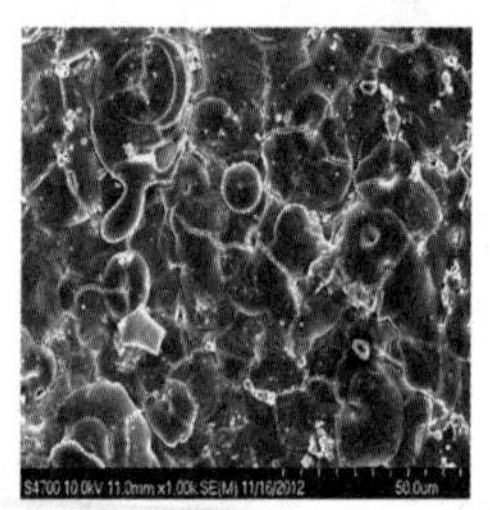

(a)放大1 000倍

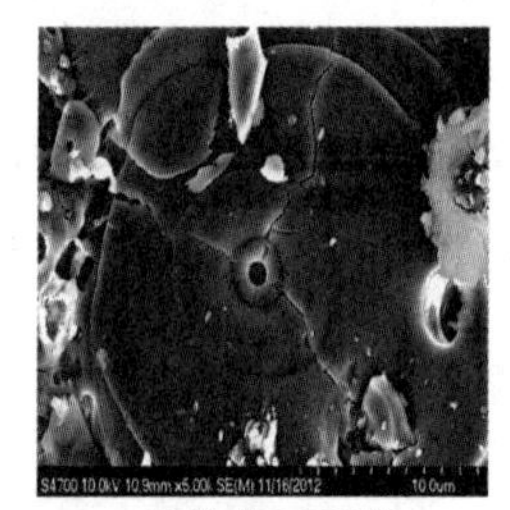

(b)放大5 000倍

图 12-20　微弧氧化膜层微观形貌

扫描电镜的样品制备非常简便。对于导体材料，除要求尺寸不得超过仪器的规定范围外，只要用导电胶把它粘贴在铜或铝制的样品座上，放入样品室即可进行分析。对于导电性差或绝缘的样品，则需喷镀导电层。

7. X 射线衍射

电子探针 X 射线显微分析仪（EPMA）简称电子探针仪，它是利用细聚焦的高能电子束轰击待分析试样，通过试样小区域内所激发的特征 X 射线谱进行微区化学成分分析的方法。若试样中含有多种元素，将会激发出含有不同波长的特征 X 射线。电子探针仪的构造与扫描电子显微镜大体相似，只是增加了接收记录 X 射线的谱仪。目前电子探针分析包括波谱分析和能谱分析两种方法。

X 射线衍射（XRD）分析是研究材料晶体结构的基本手段，常用于材料的物相分析、晶体生长结构分析和应力测定等。XRD 分析的设备和技术成熟，试样准备简单，不损伤试样，分析结果可靠，是最常用的和最方便的材料微结构分析方法之一。图 12-21 为不同微弧氧化时间下 TC4 合金的 XRD 图谱。

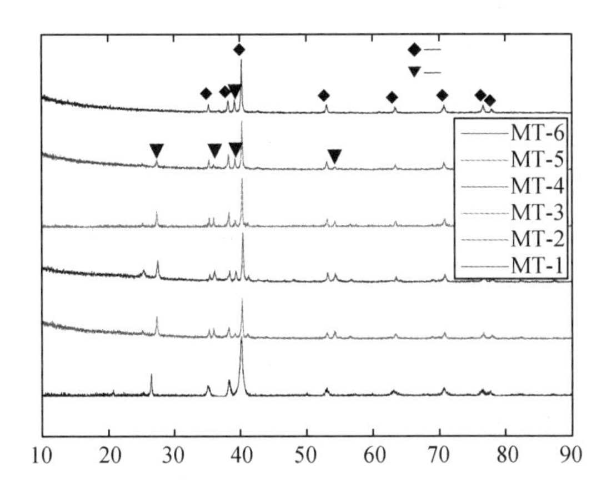

图 12-21 不同微弧氧化时间下 TC4 合金的 XRD 图谱

9. 透射电子显微镜

电子显微镜的成像原理与光学显微镜类似,其主要差别是,电子显微镜不是用可见光而是用电子束作为照明光源。图 12-22 为透射电子显微镜及原理图。

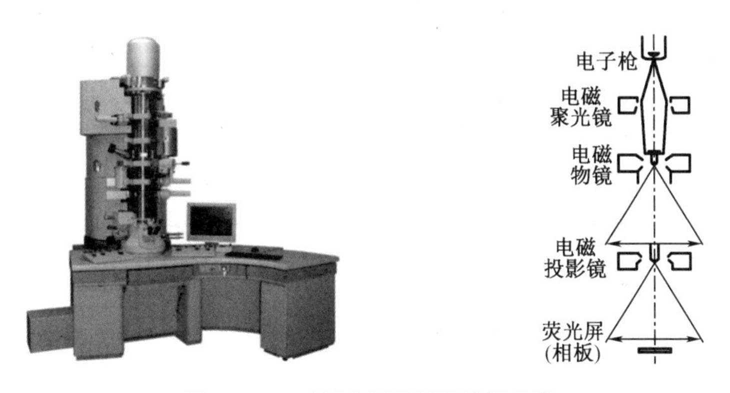

图 12-22 透射电子显微镜及原理图

人们把能分辨开来的面上的两点间的最小距离称为显微镜的分辨本领(d),它由下式表示:

$$d=0.61\lambda/(n\sin\alpha) \tag{12-1}$$

式中,λ 为光波长;n 为透镜与周围介质间的折射率;$n\sin\alpha$ 为数值孔径。

由式(12-1)可知,显微镜可分辨的距离与光波波长成正比,光波波长越短,可分辨的距离越小。

透射电子显微镜简称透射电镜,它是以较短波长的电子束作为照明源,用电磁透镜聚焦成像的一种电子光学仪器。由电子枪发出的电子在阳极加速电压的加速下,经聚光镜(2~3 个磁透镜)后平行射到试样上。穿过试样而被散射的电子束,经物镜、中间镜和投影镜三级放大,最终投影在荧光屏上形成图像。目前,一般透射电子显微镜分辨率为 0.2~0.3 nm。而加速电压达 1 000 kV 的高压电子显微镜的分辨率可达 0.1 nm,比光学显微镜提高近 2 000 倍。

但是,由于透射电镜是利用穿透试样的电子束成像,这就要求试样对入射电子束是“透明”的,所以试样必须很薄,因此制备透射电镜的试样十分困难,尤其对于如薄膜类型的表面层试样。对于加速电压为 50~100 kV 的电子束,样品厚度控制在 100~200 nm 为宜;当加速电压提高到 500~3 000 kV 时,可观察样品的厚度能提高到微米级。

10. 原子力显微镜

1986 年,G. Bining 等人以扫描隧道显微镜为基础,发明了可用于绝缘体的原子力显微镜(AFM)。原子力显微镜测量的是物质原子间的作用力。当原子间的距离减小到一定程度后,原子间的作用力将迅速上升。因此,根据显微探针受力的大小就可以直接换算出样品表面的高度,从而获得样品表面形貌的信息。

AFM 的核心部件仍然是直径只有 10 nm 左右的显微探针及压电驱动装置。AFM 分为接触模式、非接触模式和点击模式三种工作模式。在接触模式下,显微探针与样品表面相接触,探针直接感受到表面原子与探针间的排斥力。由于此时探针与样品的表面极为接近,探针感受到的斥力较强(10^{-7}~10^{-6} N),因此这时仪器的分辨能力较强。

在非接触模式下,原子力显微镜的探针以一定的频率在距表面 5~10 nm 的距离上振动。这时,它感受到的力是表面与探针间的引力,其大小只有 10^{-12} N 左右。因而与接触模式时相比,其分辨能力较低。非接触模式的优点在于探针不直接接触样品,对硬度较低的样品表面不会造成损坏,且不会引起样品表面的污染。

将上述两种模式相结合,就构成了 AFM 的第三种工作模式,即点击模式。此时,探针也处于振动状态,振幅约 100 nm。由于 AFM 不需要偏压,故适用于所有材料。同时,AFM 具有原子级的高分辨本领,可实时地得到三维立体图像,还能够探测任何类型的力,目前已派生出各种扫描力显微镜,如磁力显微镜(MFM)、电力显微镜(EFM)、摩擦力显微镜(FFM)等。

11. 质谱仪和电子能谱仪

对表面成分的分析,最有效的方法之一是 20 世纪 70 年代以来发展起来的电子能谱分析法。电子能谱分析法是采用电子束或单色光源(如 X 射线、紫外光)去照射样品,对产生的电子能谱进行分析的方法。其中以俄歇电子能谱法、X 射线光电子能谱法及紫外光电子能谱法应用最广泛。它们对样品表面浅层元素的组成一般能给出精确的分析。同时它们还能在动态条件下测量,例如对薄膜形成过程中成分的分布和变化给出较好的探测,使监测高质量的薄膜器件成为可能。

(1)俄歇电子能谱法。俄歇电子能谱法是以法国科学家俄歇(Auger)发现的俄歇效应为基础而命名。1925 年,俄歇在研究 X 射线电离稀有气体时,发现除光电子轨迹外,还有 1~3 条轨迹,根据轨迹的性质,断定它们是由原子内部发射的电子造成的,以后将这种电子发射现象称为俄歇效应。俄歇电子能谱仪是以电子束激发样品中元素的内层电子,使得该元素发射出俄歇电子,通过接收、分析这些电子的能量分布,对微小区域做成分分析的仪器。俄歇电子能谱法的主要优点是:在靠近表面 0.5~2 nm 范围内的化学分析灵敏度高,数据收集速度快,能探测周期表上氦(He)以后的所有元素,尤其对轻元素更为有效。

(2)X 射线电子能谱法。X 射线电子能谱法不仅电子可以用来激发原子的内层电子,能量足够高的光子也可以作为激发源,通过光电效应产生出具有一定能量的光电子。X 射线光电子能谱仪就是利用能量较低的 X 射线源作为激发源,通过分析样品发射出来的具有特征能量的电子,实现对样品化学成分分析的仪器。X 射线电子能谱法是一种超微量分析(样品量少)和痕量分析(绝对灵敏度高)的方法,但其分析相对灵敏度不高,只能检测样品含量在 0.1%以上的组分。

12. 扫描隧道显微镜

1982年,苏黎世实验室的G. Bining博士和H. Rohrer博士等人,研制出了世界第一台新型表面分析仪器——扫描隧道显微镜,这项成果被科学界公认为是20世纪80年代世界十大科技成就之一,他们二人还因此荣获了1986年诺贝尔物理学奖。

扫描隧道显微镜测量的是穿越样品表面与显微探针之间的隧道电流的大小。原子线度的极细探针固定在压电陶瓷制成的微驱动器上,利用隧道电流作为反馈信号,就可以获得样品表面形貌特征的信息。

扫描隧道显微镜技术的分辨本领极高,高度及水平方向上的分辨率可分别达到0.01 nm和0.1 nm。此外,样品在真空、大气、低温及液体覆盖下均可进行分析,因此,扫描隧道显微镜得到了广泛的应用。但由于扫描隧道显微镜在操作中需要施加偏电压,故只能用于导体和半导体。

12.3 其他常用表面测试分析技术

12.3.1 涂(镀)层外观质量检测

外观检查是最基本的检查项目,如果外观检查不合格,其他项目检验就无须进行。镀层应表面平滑,结晶均匀细致,色泽正常。如对于一般的镀、涂件,在涂覆后首先要用天然散射光或在日光灯下进行目测检验,镀层无针孔、麻点、起瘤、起皮、起泡、色泽不匀、斑点、烧焦、暗影、树枝状和海绵状沉积层等缺陷。次要部位上的轻微挂具接触点痕迹可以不作为缺陷。局部有缺陷的产品可以进行返修,如退除不合格镀层重新电镀,或进行补充加工。如果工件腐蚀,造成机械损伤,镀层有严重缺陷又不允许返修,就作废品处理。

涂(镀)层表面缺陷检测的种类和特点如下。

1. 针孔

针孔指涂层表面的一类像针尖凿过的类似的细孔,其疏密分布不尽相同,但在放大镜下观察则大小、形状类似。如热喷涂层的针孔是大量雾化粒子堆集时产生的,而电镀层的针孔是由电镀过程中氢气泡吸附而产生的。

2. 脱皮

脱皮指涂层与基体(或底涂层)剥落的开裂状或非开裂状缺陷。脱皮通常是由于前处理不彻底造成的。如在进行金属热喷涂时,若前处理的打砂粗糙度不够,则喷涂所得的金属涂层极易脱皮。

3. 麻点

麻点指涂层表面分布的不规则的凹坑,其特征是形状、大小、深浅不一。电镀涂层麻点一般是由于电镀过程中异物黏附造成的。其他涂层麻点大多由基体本身缺陷造成。

4. 鼓泡

鼓泡指涂层表面隆起的小泡。其特征是大小、疏密不一,且与基体分离。鼓泡一般在锌合金、铝合金上的涂层较为明显。

5. 疏松

疏松指涂层表面局部呈豆腐渣状结构。在金属热喷涂过程中,由于遮蔽效应,往往产生疏松。

6. 斑点

斑点指涂层表面的一类色斑、暗斑等缺陷。在电镀过程中,若沉积不良,异物黏附或钝化液清洗不彻底,易产生斑点。

7. 毛刺

毛刺指涂层表面一类凸起的且有刺手感觉的尖锐物。其特点是电镀向上面或高电流密度区较为明显。

8. 雾状

雾状指涂层表面存在程度不一的雾状覆盖物,多数产生于光亮涂层表面。

9. 阴阳面

阴阳面指涂层表面局部亮度不一或色泽不一的缺陷。多数情况下在同类产品中表现出一定的规律性。

除上述表面缺陷之外,涂层表面有时还有其他一些缺陷,如擦伤、水迹、丝流、树枝状等。进行涂层外观检测时,首先,要先用清洁软布或棉纱揩去涂层表面污物,或用压缩空气吹干净;其次,检测要全面、细微;再次,以有关标准或技术要求作为检测依据。

12.3.2 涂(镀)层孔隙率检测

孔隙是指贯通镀层的孔道。单位面积上的孔隙数称为孔隙率。涂层的孔隙率是涂层材料制备前后的体积相对变化比率,或涂层材料在制备前后的密度相对变化率,孔隙率是表征涂层密实程度的度量。

常用的测量方法有贴滤纸法和浇浸法,它们的原理是相同的:使检测试剂穿过孔隙和基底金属或下层镀层金属反应,生成有颜色的化合物,从而可以被发现。

1. 贴滤纸法

将检测试剂浸在滤纸上,将滤纸紧贴在被检镀层表面。有色反应产物渗到滤纸上形成有色斑点。

例如:钢铁上的 Cr、Ni-Cr、Cu-Ni-Cr 镀层。

试验溶液为:10 g/L 铁氰化钾、30 g/L 氯化铵、60 g/L 氯化钠。贴滤纸时间为 10 min。蓝点表示孔隙直到钢基体,红褐色点表示孔隙达到铜基体或铜镀层,黄色点表示孔隙达到镀镍层。

2. 浇浸法

对钢铁上的铜镀层、镍镀层、Cu-Ni、Ni-Cr、Cu-Ni-Cr、Ni-Cu-Ni-Cr 等合金镀层,都可以使用由 10 g/L 铁氰化钾、15 g/L 氯化钠和 20 g/L 白明胶配制成的试剂。将试剂浇在镀层受检表面,或将工件浸入试剂中,取出干燥后镀层表面形成白色涂膜。有色反应产物在涂膜上形成有色斑点。斑点特征和判断与贴滤纸法相同。

12.3.3 覆盖层的热性能检测

覆盖层的热性能包括耐热性、绝热性、热寿命以及抗热震等性能。最主要的是耐热性与绝热性,这是两个不同的性能、其机理和检验方法既有联系又不相同。

1. 覆盖层耐热性的检验

覆盖层的耐热性主要取决于覆盖层材料的熔点和覆盖层的孔隙率。耐热覆盖层材料包括金属、合金及陶瓷等。通常以各种耐热和金为主,其次如钨、钼等高熔点的金属,以及镍基或钴基的超合金、各种搪瓷、氧化铝、氧化锆等。此外,许多高熔点金属的碳化物、硼化物及金属陶瓷等也可作为耐热材料。覆盖层耐热性的检测方法有以下两种。

一种方法是在厚度为1 mm的钢板上制备所需要的检验覆盖层。覆盖层厚度为0.2~0.4 mm,然后用氧-乙炔焰对带有覆盖层的铜板加热,测定烧穿覆盖层和钢板所需的时间,并以此来评定和比较覆盖层的耐热性。这种实验实际上是以覆盖层材料的熔点和热寿命来衡量覆盖层的耐热性。

除上述方法外,还可以通过覆盖层的抗高温空气氧化试验来评定其耐热性。首先,可测定覆盖层本身的抗氧化性能。将从基体材料上剥离下来的覆盖层作为试样,清理干净并称重后,放入加热炉内保温1~2 h,将试样从炉内取出,在室温下冷却并称重。重复试验得出试样质量随试验时间的变化曲线,并目视检查覆盖层的氧化情况。其次,可测定覆盖层对基体高温氧化的保护性能。将带有一定厚度覆盖层的基体作为试样,称重后放入1 000~1 300 ℃的空气炉内,定期观察炉内试样的状态,如果覆盖层损坏,记录时间并结束试验;如果在24 h后覆盖层未损坏,将试样从炉内取出,在室温下自然冷却;若冷却后覆盖层仍完好,将试样称重后,再放入炉内并重复上述试验,直至覆盖层破坏。试验后将试样切开检查基体材料的氧化情况,并根据时间和试样减少的质量等来比较、评定覆盖层对基体高温氧化的保护性能。

2. 覆盖层绝热性的检验

决定覆盖层绝热性能的主要因素是覆盖层材料本身的导热性,导热性越低,则绝热性能越好。作为绝热材料,最有效的是陶瓷和金属陶瓷。通过测定覆盖层及覆盖层与基体边界的导热性,可以评定和检验覆盖层的绝热性。测定覆盖层的导热率需要一套专门的实验装置,包括以下部分:对试样加热的热源装置;对加热试样的热流量进行测定的装置;试样的移动机构以及试样的温度测定和自动记录装置。

课后习题

一、填空题

1. 随着制造业的快速发展,对各种制品零部件的表面要求越来越高,同时对________和各项性能检测越来越严,许多高精尖产品需要________才能完成此项任务,这势必促进________向着更高、更快的方向发展

2. 表面分析经过多年的发展,在分析的层次与精度上有了显著的提高,功能上也有了较大的扩展。有些精密的分析仪器,能同步完成材料表面的________与________。

3. 表面测试分析在表面技术中起着十分重要的作用。对材料表面性能的各种测试和对表面结构从________到________的不同层次的表征是表面技术的重要组成部分。

4. 通过表面测试,正确客观地评价各个表面技术实施后以及实施过程中的________或________。

5. 表面形貌分析包括________和________分析,主要由各种能将微细物相放大成像的显微镜来完成。

6. 显微镜的功能不只是显微放大这一种。许多现代显微镜中还附加了一些其他信号的探测和分析装置,这使得显微镜不但能进行高分辨率的________,还可用作________和________。

7. 表面成分分析内容包括测定________、________，以及________和________等。

8. 表面结构分析目前仍以________方法为主，主要有 X 射线衍射、电子衍射、中子衍射、穆斯堡尔谱、γ 射线衍射等。

9. 表面态有两种。一种是________；另一种是________。

10. 覆盖层厚度的检测方法有________、________、________。

11. 涂层耐蚀性检验的目的是检查涂层________的能力，考查其防护基体的寿命。

12. 扫描电子显微镜简称________（字母简称________），是利用聚焦非常细的电子束（直径 7~10 nm）在试样表面扫描时激发的某些物理信号，来调制同步扫描的显像管中相应位置的亮度而成像的一种显微镜。

13. 透射电子显微镜简称________（字母简称________），它是以较短波长的电子束作为照明源，用电磁透镜聚焦成像的一种电子光学仪器。

14. 原子力显微镜测量的是物质原子间的________。

15. 俄歇电子能谱法是在 1925 年以法国科学家________（Auger）发现的俄歇效应为基础而命名。

二、名词解释

1. 表面分析
2. 表面态
3. 硬度
4. 表面粗糙度
5. 摩擦
6. 蜕皮
7. 麻点
8. 鼓泡

三、简答题

1. 表面分析技术发展的动力来自哪两个方面？
2. 根据表面性能的特征和所要获取的表面信息的类别，表面分析可分为哪几个方面？
3. 表面分析仪器可分为哪三类？
4. 盐雾试验包括哪三种方法？
5. 涂（镀）层表面缺陷检测的种类有哪些？

课后习题答案

参 考 文 献

[1] 陆群. 表面处理技术教程[M]. 北京:高等教育出版社,2011.
[2] 李慕勤,李俊刚,吕迎,等. 材料表面工程技术[M]. 北京:化学工业出版社,2010.
[3] 王兆华,张鹏,林修洲,等. 材料表面工程[M]. 北京:化学工业出版社,2011.
[4] 郦振声,杨明安. 现代表面工程技术[M]. 北京:机械工业出版社,2007.
[5] 杜安,李士杰,何生龙,等. 金属表面着色技术[M]. 北京:化学工业出版社,2012.
[6] 曹晓明,温鸣,杜安. 现代金属表面合金化技术[M]. 北京:化学工业出版社,2007.
[7] 陶锡麒. 表面处理技术禁忌[M]. 北京:机械工业出版社,2009.
[8] 宣天鹏. 表面工程技术的设计与选择[M]. 北京:机械工业出版社,2011.
[9] 朱祖芳. 铝合金阳极氧化与表面处理技术[M]. 北京:化学工业出版社,2004.
[10] 李东光. 金属表面处理剂配方与制备 200 例[M]. 北京:化学工业出版社,2012.
[11] 王学武. 金属表面处理技术[M]. 北京:机械工业出版社,2014.
[12] 徐滨士,朱绍华,刘世参. 材料表面工程技术[M]. 2 版. 哈尔滨:哈尔滨工业大学出版社,2014.
[13] 钱苗根. 现代表面技术[M]. 2 版. 北京:机械工业出版社,2016.
[14] 徐滨士,刘世参,朱绍华,等. 装备再制造工程的理论与技术[M]. 北京:国防工业出版社,2007.
[15] 李金桂,周师岳,胡业锋. 现代表面工程技术与应用[M]. 北京:化学工业出版社,2014.
[16] 曹立礼. 材料表面科学[M]. 北京:清华大学出版社,2007.
[17] 张玉军. 物理化学[M]. 北京:化学工业出版社,2008.
[18] 李松林. 材料化学[M]. 北京:化学工业出版社,2008.
[19] 许并社. 材料界面的物理与化学[M]. 北京:化学工业出版社,2006.
[20] 陈范才. 现代电镀技术[M]. 北京:中国纺织出版社,2009.
[21] 曾荣昌,韩恩厚. 材料的腐蚀与防护[M]. 北京:化学工业出版社,2006.
[22] 薛文斌,邓志威,来永春,等. 有色金属表面微弧氧化技术评述[J]. 金属热处理,2000, 25(1):1-3.
[23] 刘秀生,肖鑫. 涂装技术与应用[M]. 北京:机械工业出版社,2007.
[24] 张学敏,郑化,魏铭. 涂料与涂装技术[M]. 北京:化学工业出版社,2006.
[25] 陈作璋,童忠良. 涂料最新生产技术与配方[M]. 北京:化学工业出版社,2015.
[26] 王海军. 热喷涂材料及应用[M]. 北京:国防工业出版社,2008.
[27] 张以忱. 真空镀膜技术[M]. 北京:冶金工业出版社,2009.
[28] 王福贞,马文存. 气相沉积应用技术[M]. 北京:机械工业出版社,2007.
[29] 张通和,吴瑜光. 离子束表面工程技术与应用 [M]. 北京:机械工业出版社,2005.
[30] 郑伟涛. 薄膜材料与薄膜技术 [M]. 2 版. 北京:化学工业出版社,2008.

[31] 鲁云,朱世杰,马鸣图,等.先进复合材料[M].北京:机械工业出版社,2004.
[32] 杨慧芬,陈淑祥.环境工程材料[M].北京:化学工业出版社,2008.
[33] 宣天鹏.材料表面功能镀覆层及其应用[M].北京:机械工业出版社,2008.
[34] 姚建华.激光表面改性技术及其应用[M].北京:国防工业出版社,2012.
[35] 张培磊,闫华,徐培全,等.激光熔覆和重熔制备 Fe-Ni-B-Si-Nb 系非晶纳米晶复合涂层[J].中国有色金属学报,2011, 21(11):2846-2851.
[36] 唐天同,王兆宏.微纳米加工科学原理 [M].北京:电子工业出版社,2010.
[37] 曹凤国.特种加工手册[M].北京:机械工业出版社,2010.
[38] 黎兵.现代材料分析技术[M].北京:国防工业出版社,2008.
[39] 张辽远.现代加工技术[M].2 版.北京:机械工业出版社,2008.
[40] 贾贤.材料表面现代分析方法[M].北京:化学工业出版社,2010.
[41] 张圣麟.铝合金表面处理技术[M].北京:化学工业出版社,2008.
[42] 刘兆晶,左洪波,束术军,等.铝合金表面陶瓷膜层形成机理[J].中国有色金属学报,2000, 10(6):859-863.
[43] 吴汉华.铝、钛合金微弧氧化陶瓷膜的制备表征及其特性研究[D].长春:吉林大学,2004.
[44] 张黔.表面强化技术基础[M].武汉:华中理工大学出版社,1996.
[45] 庞留洋.铝合金微弧氧化技术在军品零部件上的应用[J].新技术新工艺,2009(2):29-31.
[46] 王虹斌, 方志刚, 蒋百灵.微弧氧化技术及其在海洋环境中的应用[M].北京:国防工业出版社,2010.
[47] 屠振密,韩书梅,杨哲龙,等.防护装饰性镀层[M].北京:化学工业出版社,2004.
[48] 崔忠圻,覃耀春.金属学与热处理[M].2 版.北京:机械工业出版社,2007.
[49] 潘邻.化学热处理应用技术[M].北京:机械工业出版社,2004.
[50] 黄守伦.实用化学热处理与表面强化新技术[M].北京:机械工业出版社,2002.
[51] 齐宝森,陈路宾,王忠诚,等.化学热处理技术[M].北京:化学工业出版社,2006.
[52] 曾晓雁,吴懿平.表面工程学[M].北京:机械工业出版社,2001.
[53] 李金桂,吴再思.防腐蚀表面工程技术[M].北京:化学工业出版社,2003.
[54] 孙希泰.材料表面强化技术[M].北京:化学工业出版社,2005.
[55] 徐滨士,刘世参.表面工程[M].北京:化学工业出版社,2000.
[56] 姚寿山,李戈扬,胡文彬.表面科学与技术[M].北京:机械工业出版社,2005.
[57] 胡传炘.表面处理技术手册[M].2 版.北京:北京工业大学出版社,2009.
[58] 王敏杰,宋满仓.模具制造技术[M].北京:电子工业出版社,2004.
[59] 周美玲,谢建新,朱宝泉.材料工程基础[M].北京:北京工业大学出版社,2001.
[60] 潘国辉.20 钢表面激光熔凝/气体渗氮的研究[D].佳木斯:佳木斯大学,2009.
[61] 戴达煌,刘敏,余志明,等.薄膜与涂层现代表面技术[M].长沙:中南大学出版社 2008.
[62] 徐滨士,刘世参.中国材料工程大典:第 17 卷.材料表面工程(下)[M].北京:化学工业出版社,2006.
[63] 蔡珣,石玉龙,周建.现代薄膜材料与技术[M].上海:华东理工大学出版社,2007.

[64] 赵文轸.材料表面工程导论[M].西安:西安交通大学出版社,1998.
[65] 胡传炘.表面处理手册[M].北京:北京工业大学出版社,2004.
[66] 戴达煌,周克崧,袁镇海.现代材料表面技术科学[M].北京:冶金工业出版社,2005.
[67] 谭昌瑶,王钧石.实用表面工程技术[M].北京:新时代出版社,1998.
[68] 曹茂盛,陈笑,杨郦.材料合成与制备方法[M]. 3 版.哈尔滨:哈尔滨工业大学出版社,2008.
[69] 王学武.金属表面处理技术[M].北京:机械工业出版社,2008.
[70] 王增福,关秉羽,杨太平.实用镀膜技术[M].北京:电子工业出版社,2008.
[71] 陈光华,邓金祥.纳米薄膜技术与应用[M].北京:化学工业出版社,2004.
[72] SUDARSHAN T S.表面改性技术工程师指南[M].范玉殿,等译.北京:清华大学出版社,1992.
[73] UPADHYAYULA V K K,DENG S,MITCHELL M C,et al. Application of carbon nanotube technology for removal of contaminants in drinking water: A review[J]. Science of the Total Environment,2009,408(1):1-13.
[74] BADDOUR C E,BRIENS C L,BORDERE S,et al. An investigation of carbon nanotube jet grinding[J]. Chemical Engineering and Processing: Process Intensification,2008,47(12):2195-2202.
[75] COLEMAN J N,KHAN U,BLAU W J,et al. Small but strong: A review of the mechanical properties of carbon nanotube-polymer composites[J]. Carbon,2006,44(9):1624-1652.
[76] BRONIKOWSKI M J. CVD growth of carbon nanotube bundle arrays[J]. Carbon,2006,44(13):2822-2832.
[77] MATTOX D M. Ion—Plating past,present and future[J]. Surface and Coatings Technology,2000(133/134):517-521.
[78] XIE X L ,MAI Y W,ZHOU X P. Dispersion and alignment Of carbon nanotubes in polymer matrix:A review[J]. Materials Science and Engineering R, 2005, 49(4):89-112.
[79] 陈素君,陈月增.真空蒸发镀膜设备性能的改进[J].真空,2008,45(6):40-43.
[80] 余东海,王成勇,成晓玲,等.磁控溅射镀膜技术的发展[J].真空,2009,46(2):19-25.
[81] 刘本锋,赵青南,潘震,等.纳米硅薄膜及磁控溅射法沉积[J].材料导报,2009,23(12):30-33.
[82] KELLY P J,ARNEL R D. Magnetron sputtering:a review of recent developments and applications[J]. Vacuum,2000,56(3):159-172.
[83] ZHOU J,WU Z,LIU Z H. Influence and determinative factors of ion-to-atom arrival ratio in unbalanced magnetron sputtering systems[J]. Journal of University of Science and Technology Beijing,2008,15(6):775-781.
[84] MUSIL J,BAROCH P,VLEEK J,et al. Reactive magnetron sputtering of thin films:present status and trends[J]. Thin Solid Films,2005,475(1/2):208-218.
[85] CHOY K L. Chemical vapour deposition of coatings[J]. Progress in Materials Science,2003,48(2):57-170.

[86] 曾晓雁,吴懿平. 表面工程学[M]. 北京:机械工业出版社,2001.
[87] 刘勇,田保红,刘素芹. 先进材料表面处理和测试技术[M]. 北京:科学出版社,2008.
[88] 刘江龙,邹至荣,苏宝嫆. 高能束热处理[M]. 北京:机械工业出版社,1997.
[89] 黄天佑. 材料加工工艺[M]. 北京: 清华大学出版社, 2004.
[90] 李国英. 材料及其制品表面加工新技术[M]. 长沙:中南大学出版社,2003.
[91] 蔡珣. 表面工程技术工艺方法 400 种[M]. 北京: 机械工业出版社, 2006.
[92] 陈辉, 强颖怀, 欧雪梅. 离子注入技术在高分子材料表面改性中的应用[J]. 煤矿机械, 2004, 25(12): 93-94.
[93] 辛庆国, 刘录祥, 于元杰, 等. 离子注入技术及其在小麦育种中的应用[J]. 麦类作物学报, 2007, 27(2): 354-357.
[94] CHU P K, CHEN J Y, WANG L P, et al. Plasma-surface modification of biomaterials[J]. Materials Science and Engineering R, 2002, 36(5/6): 143-206.
[95] 全国金属与非金属覆盖层标准化技术委员会. 金属覆盖层 钢铁制件热浸镀锌层技术要求及试验方法:GB/T 13912—2002[S]. 北京:中国标准出版社,2002.
[96] 全国金属与非金属覆盖层标准化技术委员会. 金属覆盖层 黑色金属材料热镀锌层单位面积质量称量法:GB/T 13825—2008[S]. 北京:中国标准出版社,2008.
[97] 全国金属与非金属覆盖层标准化技术委员会. 金属覆盖层 钢铁制品热浸镀铝 技术条件:GB/T 18592—2001[S]. 北京:中国标准出版社,2001.